中国国家标准汇编

2009年修订-29

中国标准出版社　编

中国标准出版社
北京

图书在版编目（CIP）数据

中国国家标准汇编：2009年修订．29/中国标准出版社编．—北京：中国标准出版社，2010
ISBN 978-7-5066-6031-0

Ⅰ．①中… Ⅱ．①中… Ⅲ．①国家标准-汇编-中国-2009 Ⅳ．①T-652.1

中国版本图书馆CIP数据核字（2010）第169066号

中国标准出版社出版发行
北京复兴门外三里河北街16号
邮政编码：100045
网址 www.spc.net.cn
电话：68523946 68517548
中国标准出版社秦皇岛印刷厂印刷
各地新华书店经销
*
开本 880×1230 1/16 印张 35.75 字数 1 079 千字
2010年10月第一版 2010年10月第一次印刷
*
定价 220.00 元

出 版 说 明

1.《中国国家标准汇编》是一部大型综合性国家标准全集。自1983年起,按国家标准顺序号以精装本、平装本两种装帧形式陆续分册汇编出版。它在一定程度上反映了我国建国以来标准化事业发展的基本情况和主要成就,是各级标准化管理机构,工矿企事业单位,农林牧副渔系统,科研、设计、教学等部门必不可少的工具书。

2.《中国国家标准汇编》收入我国每年正式发布的全部国家标准,分为"制定"卷和"修订"卷两种编辑版本。

"制定"卷收入上一年度我国发布的、新制定的国家标准,顺延前年度标准编号分成若干分册,封面和书脊上注明"20××年制定"字样及分册号,分册号一直连续。各分册中的标准是按照标准编号顺序连续排列的,如有标准顺序号缺号的,除特殊情况注明外,暂为空号。

"修订"卷收入上一年度我国发布的、修订的国家标准,视篇幅分设若干分册,但与"制定"卷分册号无关联,仅在封面和书脊上注明"20××年修订-1,-2,-3,……"字样。"修订"卷各分册中的标准,仍按标准编号顺序排列(但不连续);如有遗漏的,均在当年最后一分册中补齐。需提请读者注意的是,个别非顺延前年度标准编号的新制定的国家标准没有收入在"制定"卷中,而是收入在"修订"卷中。

读者配套购买《中国国家标准汇编》"制定"卷和"修订"卷则可收齐上一年度我国制定和修订的全部国家标准。

3. 由于读者需求的变化,自1996年起,《中国国家标准汇编》仅出版精装本。

4. 2009年我国制修订国家标准共3 158项。本分册为"2009年修订-29",收入新制修订的国家标准11项。

中国标准出版社

2010年8月

出版说明

目　　录

ICS 07.060
A 45

中华人民共和国国家标准

GB/T 17502—2009
代替 GB 17502—1998

海底电缆管道路由勘察规范

Specifications for submarine cable and pipeline route investigation

2009-10-30 发布　　2010-04-01 实施

中华人民共和国国家质量监督检验检疫总局
中国国家标准化管理委员会　发布

前言

本标准代替 GB 17502—1998《海底电缆管道路由勘察规范》。

本标准与 GB 17502—1998 相比主要变化如下：

——增加了水下机器人、静力触探试验等术语和定义(见 3.2、3.3、3.4、3.5、3.6、3.7)；

——增加了“总则”一章(见第 4 章)；

——对路由预选时收集水文、气象资料的时限提出了要求(见 5.3)；

——修改了登陆段路由调查走廊带的范围、调查内容与技术要求(1998 年版的 9.2、9.3、9.4，本版的 6.1、6.2、6.3)；

——删除了 1998 年版的平面与高程控制测量、微波测距定位、长基线和短基线水声定位的内容；

——修改了走航式地球物理勘察导航定位和定点式勘察导航定位的技术要求(1998 年版的 5.3.1.1、5.3.1.2，本版的 7.4、7.5)；

——“工程地球物理勘察”一章增加了多波束水深测量的内容(见 8.4)，修改了对各项勘察仪器设备性能、海上实施、资料采集与处理的要求(1998 年版的 6.2、6.3、6.4、6.5，本版的 8.3、8.5、8.6、8.7)；

——1998 年版的“底质采样和土工试验”一章改为“底质采样”(见第 9 章)，增加了样品包装、样品存放的内容(见 9.3.3、9.3.4)，细化了岩性描述的内容(1998 年版的 7.4，本版的 9.3.2)；

——“工程地质钻探”一章增加了钻探船和钻探方法的内容(见 10.1.2、10.2)，细化了岩性描述的内容(1998 年版的 8.3.1a)，本版的 10.4.3)；

——增加了“原位试验”一章(见第 11 章)；

——增加了“船上和实验室土工试验”一章(见第 12 章)，包含了 1998 年版的“底质采样和土工试验”一章中的土工试验内容(1998 年版 7.5、7.6、7.7、7.8，本版的 12.2)；

——1998 年版的“地震危险性分析”一章改为“地震安全性评价”，对分析评价的内容及技术要求进行了调整(1998 年版的 12.1、12.2、12.3，本版的 14.1、14.2、14.3、14.4)；

——1998 年版的“海洋水文气象要素观测”一章改为“海洋水文气象资料收集与观测”(见第15 章)，删除了气象要素中湿度的内容；

——增加了“海底电缆管道铺设后调查”一章(见第 16 章)；

——1998 年版的“路由条件评价及报告编写”一章改为“路由条件评价与成果报告编制”(见第 17 章)，删除了推荐路由的内容，细化了应包括的报告内容及附图、附录名称(1998 年版的 13.3，本版的 17.2)；

——增加了“资料归档”一章(见第 18 章)；

——增加了资料性附录“海底电缆管道路由预选报告编写大纲”(见附录 A)；

——规范性附录 B 增加了“土的分类和定名的内容”(见 B.1、B.2)；

——增加了资料性附录“综合图样式”(见附录 C)。

本标准的附录 B 为规范性附录，附录 A、附录 C 为资料性附录。

本标准由国家海洋局提出。

本标准由全国海洋标准化技术委员会(SAC/TC 283)归口。

本标准起草单位：国家海洋局第二海洋研究所。

本标准主要起草人：叶银灿、潘国富、李全兴、陈锡土、李起彤、古妩、陈小玲、来向华、应元康。

本标准所代替标准的历次版本发布情况为：

——GB 17502—1998。

海底电缆管道路由勘察规范

1 范围

本标准规定了海底电缆管道路由勘察的内容、方法和技术要求、成果报告书编制和资料归档。

本标准适用于海底电缆工程、海底管道工程的选址和勘察，其他海底线性、浅基础构筑物的选址和勘察可参照执行。

2 规范性引用文件

下列文件中的条款通过本标准的引用而成为本标准的条款。凡是注日期的引用文件，其随后所有的修改单(不包括勘误的内容)或修订版均不适用于本标准，然而，鼓励根据本标准达成协议的各方研究是否可使用这些文件的最新版本。凡是不注日期的引用文件，其最新版本适用于本标准。

GB 12327—1998 海道测量规范

GB/T 12763.2—2007 海洋调查规范 第2部分:海洋水文观测

GB/T 12763.3—2007 海洋调查规范 第3部分:海洋气象观测

GB/T 12763.6—2007 海洋调查规范 第6部分:海洋生物调查

GB/T 17424—1998 差分全球定位系统(DGPS)技术要求

GB 17501—1998 海洋工程地形测量规范

GB 17741—2005 工程场地地震安全性评价

GB 50011—2001 建筑抗震设计规范

GB 50021—2001 岩土工程勘察规范

GB/T 50123—1999 土工试验方法标准

GB/T 50269—1997 地基动力特性测试规范

ASTM D2487—2006 土的工程分类标准(土的统一分类系统)

ASTM D5778—1995 土的电测式和孔压式探头贯入试验标准

3 术语和定义

下列术语和定义适用于本标准。

3.1

海底电缆管道 submarine cable and pipeline

包括海底电缆和海底管道。海底电缆是指铺设于海底用于通信、电力输送的电缆，包括海底光缆、海底输电电缆等；海底管道是指铺设于海底用于输水、输气、输油或输送其他物质的管状设施。

3.2

登陆段 landing section

海底电缆管道登陆点附近水深小于5 m的路由走廊带。

注：通常自岸向陆延伸至100 m处，向海至水深5 m处。

3.3

近岸段 inshore section

岸线至水深20 m的路由海区。

3.4

浅海段 shallow sea section

水深20 m～1 000 m的路由海区。

3.5

深海段　deep sea section

水深大于1 000 m的路由海区。

3.6

水下机器人　remotely operated vehicle,ROV(缩写)

可遥控、带有动力、能按指令进行作业的水下工具。

3.7

静力触探试验　cone penetration test,CPT(缩写)

将圆锥形探头按一定速率匀速压入土中,量测其贯入阻力(锥头阻力、侧壁摩阻力)等的过程。

4　总则

4.1　勘察目的与任务

4.1.1　勘察的目的是为海底电缆和管道工程的选址、设计、施工以及维护提供基础资料和科学技术依据。

4.1.2　勘察的任务是查明海底电缆管道路由区的海底工程地质条件、海洋气象水文环境、腐蚀性环境参素和海洋规划与开发活动等方面的工程环境条件。

4.2　勘察内容

勘察主要包括下列内容:

a)　水深和海底地形;

b)　海底面状况以及自然的或人为的海底障碍物;

c)　海底浅部地层的结构特征、空间分布及其物理力学性质;

d)　海底灾害地质、地震因素;

e)　海洋水文气象动力环境;

f)　腐蚀性环境参数;

g)　海洋规划和开发活动。

4.3　勘察程序

勘察应按照前期资料收集、实施方案制订、海上勘察、实验室测试分析、资料处理解释、图件与报告编制、成果验收、资料归档等程序进行。

4.4　勘察方法

采用的主要勘察方法如下:

a)　水深地形测量;

b)　侧扫声纳探测;

c)　地层剖面探测;

d)　磁法探测;

e)　底质与底层水采样;

f)　工程地质钻探;

g)　原位试验;

h)　土工试验与腐蚀性环境参数测定;

i)　海洋水文与气象要素观测。

4.5　勘察范围

勘察范围应按下列要求:

a)　海底电缆管道路由勘察在沿路由中心线两侧一定宽度的走廊带范围内进行。勘察走廊带的宽度在登陆段一般为500 m;在近岸段一般为500 m;在浅海段一般为500 m～1 000 m;在深海段一般为水深的2倍～3倍;

b) 海底分支器处的勘察在以其为中心的一定范围内进行，在浅海段勘察范围一般为1 000 m×1 000 m；在深海段勘察范围一般为3倍水深宽的方形区域；

c) 路由与已建海底电缆管道交越点的勘察在以交越点为中心的500 m范围内进行；

d) 不同船只调查区段交接处的重叠调查范围，在浅海段一般为500 m，在深海段一般为1 000 m。

4.6 勘察的一般要求

4.6.1 近海勘察船应能适应2级海况或蒲氏风级3级条件下作业，远海勘察船应能适应4级海况或蒲氏风级5级条件下作业。能保持5 kn以下航速工作，能满足路由调查对导航定位、安全、消防和救生、通信、供电、设备安装与收放、实验室等方面的要求。

4.6.2 勘察仪器设备的技术指标应满足勘察项目的要求，应在检定、校准证书有效期内使用，并处于正常工作状态；无法在室内检定、校准的仪器设备，应与传统仪器设备进行现场比对，考察其有效性；仪器设备的运输、安装、布放、操作、维护，应按其使用说明书的规定进行。

4.6.3 勘察技术人员应取得由合法资质机构颁发的与勘察项目相符的上岗资质证书，能胜任岗位工作。

4.6.4 值班人员应遵守值班和交接班制度，认真作好班报记录。班报记录应统一、规范。班报记录由值班人员填写，交接班时由接班人核验，确保内容完整可靠。

4.6.5 采用几种地球物理勘察方法同步作业时，应统一定位时间和测线、测点编号。因故测量中断或同一测线分次作业，则要按同一方法进行补测，并重叠3个定位点以上。

4.6.6 应及时记录观测到的与路由勘察相关的海上交通、渔业捕捞等海洋开发活动情况。

4.6.7 海上作业采集和观测到的各类原始资料、记录、样品等应给予唯一性标识。

4.6.8 实施全过程质量控制，对海上获取的样品、原始资料进行现场质量检查、验收，对未达到技术要求的勘察工作，应进行补测或重测，对样品的分析、测试和资料的处理结果进行质量检查。

5 路由预选

5.1 路由预选的任务是根据电缆管道的总布局选择登陆点及海域路由位置。预选路由应提出两个以上路由方案，并进行比选。

5.2 路由预选应遵循选择相对安全可靠、经济合理、便于施工和维护的海底电缆管道路由的原则。

5.3 路由预选时应收集路由区的地形地貌、地质、地震、水文、气象等自然环境资料（近岸段应包含近5年以内的水文、气象资料），尤其要收集灾害地质因素资料，如裸露基岩、陡崖、沟槽、古河谷、浅层气、浊流、活动性沙波、活动断层等，预选路由应尽可能避开这些灾害地质因素分布区。

5.4 路由预选时应尽可能收集路由区已有的腐蚀性环境参数，并评估它们对电缆管道的腐蚀性。

5.5 路由预选时应尽可能收集路由区的海洋规划和开发活动资料，主要有：

渔业：包括路由区渔船数量、捕捞方式、捕捞作业季节、休渔区、休渔期、浅海和滩涂养殖区等；

矿产资源开发：包括海洋油气田和砂矿区等的分布、资源开发规划与开采现状、海上平台和输油气管道的位置等；

交通运输：包括主要航线及船只类型（所使用的锚型）、密度、航道疏浚及抛泥等；

通信：海底光缆；

电力：海底输电电缆；

水利：海堤及围海、填海工程等；

市政：排污管道等；

海洋自然保护区：各种海洋自然保护区分布状况；

海底人为废弃物：如沉船、集装箱、锚等；

其他：如旅游区、倾废区、科学研究试验区、军事活动区等。

5.6 收集已建海底电缆管道故障史,分析故障原因,为新建电缆管道的设计、施工及维护提供有益经验。

5.7 预选路由应尽可能避开海洋油气田、含油气构造、砂矿开采区、输油气管道、码头、锚地、自然保护区、军事用海区、人为废弃物等区域,应尽可能与航线垂直穿越,尽可能避免与海底电缆管道交越,确需交越时,尽可能垂直交越。

5.8 路由预选时应对登陆段进行现场踏勘,对登陆点附近的村镇分布、土地利用、海岸性质及利用状况、海滩(潮滩)地形、冲淤特征、登陆点至登陆站的距离、登陆点附近海洋开发活动等进行调查,选择符合海洋功能区划、离登陆站近、与其他海洋规划与开发活动交叉少、有利于电缆管道登陆施工和维护的区段作为登陆点。

5.9 路由预选报告编写大纲参见附录 A。

6 登陆段调查

6.1 勘察范围

登陆段的勘察范围包括登陆点岸线附近的陆域、潮间带及水深小于 5 m 的近岸海域,以预选路由为中心线的勘察走廊带宽度一般为 500 m,自岸向海方向至水深 5 m 处,自岸向陆方向延伸 100 m。

6.2 勘察内容和技术要求

勘察内容和技术要求如下:

a) 登陆点的平面位置测量精度应达到 GPS-E 等级要求;高程测定精度应达到四等水准要求;

b) 对登陆段陆域进行地形、地物测量,对重要地物进行照相。勘察走廊带以外的地形、地物可从已有的大比例尺图件转绘;

c) 垂直岸线布设 3 条~5 条剖面,对潮滩进行地形测量、地貌调查、底质采样,详细描述底质类型及其分布,分析岸滩冲淤动态;

d) 登陆段水深地形测量按 GB 17501—1998 中第 10 章的要求,底质调查按第 9 章的要求,浅地层探测按 8.5 的要求,如工程需要应进行人工潜水探摸、水下摄像及插杆试验。

6.3 成果图件

成果图件应包括:

a) 水深图和海底地形图,一般按比例尺 1∶1 000~1∶5 000 编制;

b) 底质类型图,一般按比例尺 1∶1 000~1∶5 000 编制;

c) 综合图,一般按比例尺 1∶5 000 编制。

7 导航定位

7.1 定位中误差

定位中误差应符合下列要求:

a) 当测图比例尺大于 1∶5 000 时,海上定位中误差应不大于图上 1.5 mm;

b) 当测图比例尺不大于 1∶5 000 时,海上定位中误差应不大于图上 1.0 mm。

7.2 坐标系与投影

坐标系和投影方式应符合下列要求:

a) 平面坐标系统采用 WGS-84 大地坐标系或 1954 年北京坐标系,也可按任务委托方要求采用其他坐标系;

b) 采用高斯-克吕格投影,也可按任务委托方要求采用其他投影方式。

7.3 导航定位方法

7.3.1 导航定位方法应满足以下要求:

a) 满足导航定位作业的误差要求;

b) 定位作用距离覆盖作业区域；

c) 能连续、稳定、可靠作业；

d) 定位数据更新率不小于1次/秒。

7.3.2 DGPS导航定位应符合GB/T 17424—1998中第4章和第9章的规定，工作前应进行定位中误差比对试验。导航定位应有差分信号，有效观测卫星数应不小于4颗，卫星仰角不小于5°，点位几何因子(PDOP)不大于6，差分信号更新率不大于30 s。

7.3.3 超短基线水下声学定位系统主要用于地球物理水下拖曳探头的定位，水下声应答器安装在探头中，根据勘察船定位设备与水下声应答器的位置关系，进行探头定位；工作开始前应对定位系统进行安装姿态校正。

7.4 走航式地球物理勘察导航定位

走航式地球物理勘察导航定位应符合下列要求：

a) 勘察船应沿测线延伸线提前上线、延时下线；有拖体情况下，延伸线长度应不少于2倍拖缆长度；

b) 进行侧扫声纳探测、地层剖面探测、磁法探测等作业时，工作航速应不大于5 kn；进行水深测量单项作业时，工作航速应不大于10 kn；

c) 航迹与设计测线偏离距应不大于测线间距的20%；多波束测量时，测线最大偏离为条幅宽度的10%；

d) 定位标记点的图上间距应不大于1 cm；

e) 班报记录应详细记载测线号、首尾点号、日期时间、卫星信号质量指标、中断情况及处理意见等；

f) 勘察船定位仪器的天线与勘察设备探头水平位置应尽量重合，当二者水平距离超过图上1 mm时，应进行点位偏心改正。

7.5 定点式勘察导航定位

定点式调查导航定位应符合下列要求：

a) 当采样或测试装置到达水下预定位置时，记录定位数据。实际钻孔位置与设计钻孔位置的最大偏离，在近岸段应小于20 m，浅海段应小于50 m；

b) 采样作业时，宜将采样作业一侧船舷调置在上风位。

7.6 定位资料整理

资料整理应符合下列要求：

a) 外业资料整理按GB 17501—1998中9.4.2的要求；

b) 根据定位资料编制航迹图，按GB 17501—1998中9.8.2的要求。

8 工程地球物理勘察

8.1 主要勘察内容

工程地球物理勘察包括水深测量、侧扫声纳探测、地层剖面探测、磁法探测，其中磁法探测可根据需要进行。对不要求埋设施工的深海区，可仅进行全覆盖多波束水深测量。

8.2 测图比例尺和测线布设

8.2.1 测图比例尺

工程地球物理勘察测图比例尺应根据实际需要和海底浅部地质地貌的复杂程度确定，一般规定为：

a) 近岸段，不小于1∶5 000比例尺；

b) 浅海段，1∶5 000～1∶25 000比例尺；

c) 深海段，1∶50 000～1∶100 000比例尺。

8.2.2 测图分幅

测图分幅采用自由分幅，以较少图幅覆盖整个测区为原则。相邻图幅之间和路由转折点区域应有一定重叠，重叠量应不小于图上 3 cm。

8.2.3 图幅尺寸

标准图幅尺寸为：50 cm×70 cm、70 cm×100 cm、80 cm×110 cm，也可根据需要采用其他图幅尺寸。

8.2.4 测线布设

a) 近岸段、浅海段主测线应平行预选路由布设，总数一般不少于 3 条，其中一条测线应沿预选路由布设，其他测线布设在预选路由两侧，测线间距一般为图上 1 cm～2 cm。检测线应垂直于主测线，其间距不大于主测线间距的 10 倍；

b) 进行不要求埋设的深海段路由勘察时，在保证多波束测深全覆盖测量的前提下，主测线可少于 3 条；

c) 使用多波束测深系统进行水深测量时，应进行路由走廊带的全覆盖测量。主测线布设应使相邻测线间保证 20%的重复覆盖率；检测线根据需要布设，间距一般不大于 10 km。

8.3 单波束水深测量

8.3.1 选用的测深仪应同时具有模拟记录和数字记录两种记录方式，其主要技术指标应符合 GB 12327—1998 中 6.3.4 的规定。

8.3.2 单波束水深测量应符合下列技术要求：

a) 深度测量中误差：水深 20 m 以浅不大于 0.2 m，20 m 以深不大于水深的 1%；

b) 重合点(图上 1 mm 以内)深度不符值限差：水深 20 m 以浅不大于 0.4 m，20 m 以深不大于水深的 2%，超限点数不得超过参加比对总点数的 15%；

c) 近岸段应采用实测水位观测资料用于水位改正，验潮站水位观测中误差应不大于 5 cm，当沿岸验潮站或其他方式不能控制测区水位变化时，可采用预报水位；

d) 当动态吃水变化大于 5 cm 时，应进行动态吃水改正。

8.3.3 海上测量实施按 GB 17501—1998 中 9.2.6 的要求。

8.3.4 遇到下列情形，应进行补测或重测：

a) 定位中误差达不到 7.1 要求时；

b) 测深线偏离超过设计测线间距的 50%，或漏测超过图上 5 mm 时；

c) 深度误差达不到 8.3.2a)、8.3.2b)要求时；

d) 不同时间、不同系统的深度拼接比对结果达不到 8.3.2b)要求时；

e) 水位、声速资料不能满足深度改正要求时。

8.3.5 水深资料整理应符合下列要求：

a) 深度量取按 GB 17501—1998 中 9.5.4 的要求；

b) 深度改正按 GB 17501—1998 中 9.5.5 的要求。

8.3.6 成果图件按下列要求：

a) 水深图、海底地形图的基准面采用理论最低潮面、平均海平面或 1985 国家高程基准，当采用其他基准面时，应注明其与理论最低潮面、平均海平面或 1985 国家高程基准的关系；

b) 水深图、海底地形图的基本等深距应按表 1 选用，等深线分为首曲线和计曲线；

c) 水深图、海底地形图编制的其他要求按 GB 17501—1998 中 9.6 的规定。

表 1 水深图基本等深距

单位为米

海底面倾角	比例尺		
	1∶1 000	1∶2 000	1∶5 000
$\alpha<3°$	0.5	1	2
$3°\leqslant\alpha<10°$	1	2	5
$10°\leqslant\alpha<25°$	2	2	5
$\alpha\geqslant25°$	2	2	5

8.4 多波束水深测量

8.4.1 仪器设备

多波束测深系统的选择应考虑测深范围、测深准确度、覆盖率、更新率等因素，其主要技术指标应符合下列要求：

a) 测深仪器中误差符合 8.3.2a)的要求；

b) 换能器波束角应不大于 2°；

c) 姿态传感器横摇、纵倾测量准确度不低于 0.05°，升沉测量不低于 0.05 m 或实际升沉量的 5%，罗经测量不低于 0.1°。

8.4.2 测量技术要求

多波束水深测量应符合下列技术要求：

a) 深度测量中误差应符合 8.3.2a)的要求；

b) 重合点(图上 1 mm 以内)深度不符值限差应符合 8.3.2b)的要求；

c) 测深与定位时间延迟中误差应不大于 0.1 s，每次变更导航定位系统需重新测试导航延时；

d) 测量区域内应 100%的多波束测量覆盖，相邻主测线间应保证 20%的重复覆盖率；

e) 进行声速改正，声速剖面测量的时间密度不小于每天一次；

f) 每个航次开始前、结束后以及调查期间超过 3 天的测量间隙，应测量多波束换能器的吃水变化。换能器吃水深度改正可分段计算，按时间插值；

g) 近岸段应采用实测水位观测资料用于水位改正，验潮站水位观测中误差应不大于 5 cm，当沿岸验潮站或其他方式不能控制测区水位变化时，可采用预报水位。

8.4.3 海上测量实施

海上测量应按下列要求实施：

a) 测量前应进行多波束测深系统的稳定性试验和航行试验。稳定性试验应选择平坦海底区，对深度进行重复测量，深度比对误差符合 8.4.2a)、8.4.2b)的要求；航行试验应选择有代表性的海底地形起伏变化的区域，测定系统在不同深度、不同航速下的工作状态，要求每个发射脉冲接收到的波束数应大于总波束数的 95%，测定从静止到最大工作航速间不同速度时换能器的动态吃水变化；

b) 观察系统状态显示和波束质量显示窗口，监视系统参数设置、横摇和纵倾改正、换能器艏向改正和条幅内波束完整性等；

c) 观察航迹显示，监视有无突跳、相邻测线的重叠宽度等；

d) 当波束接收数小于发射数的 80%时，应降低勘察船船速或调整测线间距；

e) 观察记录设备工作状态，确保测量数据的完整记录；

f) 测线间条幅空白区要及时补测或列入补测计划；

g) 班报应及时记录测线开始、结束、测线号、经纬度、异常事件等。

8.4.4 补测或重测

遇到下列情形，应进行补测或重测：

a) 多波束测量覆盖率达不到 8.4.2g)要求时；

b) 出现 8.3.4a)、c)、d)、e)的情况时。

8.4.5 资料整理

8.4.5.1 原始数据文件、声速剖面文件等数据记录应进行备份。

8.4.5.2 原始数据应进行 100%的检查，剔除突变的错误数据和质量差的边缘波束数据；每个区段读取 3 个～5 个水深点，验证其大地坐标、直角坐标和水深值，确认是否有漏测的空白区。

8.4.5.3 数据编辑应包括以下内容：

a) 剔除或改正定位数据中的突跳点、航向异常点等，并将合格的定位点归算至系统换能器位置；

b) 剔除粗差、虚假信号、不合格的水深数据，但对于异常浅点的处理应慎重；

c) 深度改正包括换能器吃水深度改正、声速改正、水位改正、多波束系统参数改正等；水位改正按 8.4.2 的要求进行；

d) 拼接误差不等数据时，低准确度数据向高准确度数据调平；拼接准确度相同数据时，以高密度数据为准或调平。计算调平前后水深点的水深差值，统计算术平均值和中误差值，评价水深拼接中误差；

e) 计算重合点深度不符值和深度中误差，按 8.4.2a)、8.4.2b)的要求评估；

f) 形成由每个波束的经度、纬度、水深组成的海底地形数字信息文件，即离散数据文件；

g) 设置合理数据网格间距，实现数据的网格化；最小网格间距应保证每个网格内有 3 个水深点，最大网格间距应不大于成果图上 5 mm 的实际距离。

8.4.6 成果图件

成果图件应按下列要求编制：

a) 按表 1 中的基本等深距生成海底地形图，当基本等深线不足以表现特殊海底地形特征时，加绘辅助等深线；常规水深图应进行数据网格化插值、抽稀，插值、抽稀后图上的水深点间距应不大于图上 1 cm，保留最深水深、最浅水深、坡度变化点等特殊水深点；

b) 水深图、海底地形图其他要求按 GB 17501—1998 中 9.6 的规定。

8.5 侧扫声纳探测

8.5.1 侧扫声纳系统应满足下列要求：

a) 工作频率不低于 100 kHz，水平波束角不大于 1°，最大单侧扫描量程不小于 200 m；

b) 应能分辨海底 1 m^3 大小的物体；

c) 具有航速校正和倾斜距校正等功能；

d) 同时有模拟与数字记录。

8.5.2 侧扫声纳探测应符合下列技术要求：

a) 根据测线间距选择合理的声纳扫描量程，在路由勘察走廊带内应 100%覆盖，相邻测线扫描应保证 100%的重复覆盖率，当水深小于 10 m 时可适当降低重复覆盖率；

b) 拖鱼距海底的高度控制在扫描量程的 10%～20%，当测区水深较浅或海底起伏较大，拖鱼距海底的高度可适当增大；

c) 侧扫声纳图像清晰。

8.5.3 海上探测应按下列要求实施：

a) 调查开始前，在作业海区或邻近海域调试设备，确定最佳工作参数；

b) 拖鱼入水后，调查船应保持稳定的航速(不大于 5 kn)和航向，避免停车或倒车；

c) 采用超短基线水下声学定位系统进行拖鱼位置定位；在近岸浅水区域也可采用人工计算进行拖鱼位置改正；

d) 模拟记录声纳图像标注，其内容包括项目名称、调查日期与时间、仪器型号、仪器参数、测线号和测线起止点号等；

e) 班报记录内容包括项目名称、调查海区、作业船只、记录人、海况、海面水体障碍物、突发事件、仪器名称与型号、日期、时间、测线号、点号、航速、航向、仪器作业参数、记录纸卷号和数字记录文件名等；

f) 对现场声纳图像记录初步判读发现可疑目标时，应根据需要在其周围布设不同方向的补充测线作进一步探测。

8.5.4 资料处理应包括：

a) 识别声纳图像记录上的干扰信号和噪声；

b) 结合水深测量、底质采样等有关资料，识别和确定底质类型及分布、海底灾害地质因素、海底目标物的位置、形状、大小和分布范围；

c) 根据需要进行声纳图像镶嵌拼接。

8.5.5 成果图件包括：

a) 海底面状况图；

b) 局部或全区的声纳图像镶嵌图。

8.6 地层剖面探测

8.6.1 地层剖面仪应符合下列要求：

a) 浅地层剖面仪的声源一般采用电声或电磁脉冲，频谱为 500 Hz～15 kHz；

b) 中地层剖面仪的声源一般采用电磁脉冲或小型电火花，频谱为 200 Hz～5 kHz；

c) 发射机具有足够发射功率，接收机具有足够的频带宽和时变增益调节功能，能同时进行模拟记录剖面输出和数字采集处理与存贮。

8.6.2 地层剖面探测应符合下列技术要求：

a) 海底电缆路由勘察进行浅地层剖面探测，获得海底面以下 10 m 深度内的声学地层剖面记录；海底管道路由勘察时，根据需要同时进行浅地层剖面探测和中地层剖面探测，以获得海底面以下不小于 30 m 深度内的声学地层剖面记录；

b) 浅地层剖面探测地层分辨率优于 0.2 m，中地层剖面探测地层分辨率优于 1 m；

c) 记录剖面图像清晰，没有强噪声干扰和图像模糊、间断等现象。

8.6.3 海上探测应按下列要求实施：

a) 调查开始前，在作业海区附近调试设备，确定最佳工作参数；

b) 拖曳式声源和水听器阵应拖曳于船尾涡流区外且平行列置，水听器阵应稳定拖浮在海面以下 0.1 m～0.5 m；

c) 水深变化较大时，应及时调整记录仪的量程及延时；

d) 在风浪较大情况下，应使用涌浪补偿器或数字涌浪滤波处理方法进行滤波处理；

e) 模拟记录图像标注，其内容包括项目名称、调查日期与时间、仪器型号、仪器参数、测线号、测线起止点号和测量者等；

f) 班报记录内容包括项目名称、调查海区、测量者、仪器名称与型号、日期、时间、测线号、点号、航速、航向、仪器作业参数、记录纸卷号和数字记录文件名等；

g) 对现场记录剖面图像初步分析发现可疑目标时，应布设补充测线以确定其性质。

8.6.4 资料处理应符合下列要求：

a) 识别地层剖面图像记录上的干扰信号；

b) 根据剖面图像的反射结构、振幅、频率、同相轴连续性和反射波接触关系等特征，结合地质钻孔资料等，划分声学地层层序，解释地层沉积结构、地层构造，判断沉积类型及其工程地质特性等；分析灾害地质因素，确定其性质、形态及分布范围；

c) 依据钻孔层位对比、声速测井或其他测量方法获取的实际地层声速资料进行时间-深度转换；没有实际地层声速资料时，可根据不同地层的深度采用 1 500 m/s～1 700 m/s 的声速进行时间-深度转换，并在图上注明。

8.6.5 成果图件编制应符合下列要求：

a) 地层剖面图，其垂直与水平比例应合理；图面内容包括地形剖面线、地层界面、岩性、灾害地质要素、主要地物标志、取样站位、钻孔位置及其柱状图和测试结果等；

b) 浅部地质特征图，图面内容主要包括重要地层层次的厚度等值线或顶面埋深等值线、重要的地形地貌及浅部地质现象、灾害地质因素、地物标志、海底取样站位和钻孔位置及测试结果等；浅部地质特征图内容较少时可与海底面状况图合编。

8.7 磁法探测

8.7.1 磁法探测主要用于确定路由区海底已建电缆、管道和其他磁性物体的位置和分布。选用的磁力仪灵敏度应优于 0.05 nT，测量动态范围应不小于 20 000 nT～100 000 nT。

8.7.2 磁法探测应符合下列技术要求：

a) 磁法用于探测海底已建电缆、管道等线性磁性物体时，测线应与根据历史资料确定的探测目标的延伸方向垂直，每个目标的测线数不少于3条，间距不大于200 m，测线长度不小于500 m；相邻测线的走航探测方向应相反；

b) 磁法用于探测海底非线状磁性物体时，测线应在探测目标周围呈网格布置，每个目标的测线数不少于4条，间距和测线长度根据探测目标的大小等确定。

8.7.3 海上探测应按下列要求实施：

a) 探测开始前，在作业海区附近调试设备，确定最佳工作参数；

b) 磁力仪探头入水后，调查船应保持稳定的低航速和航向，避免停车或倒车；探头离海底的高度应在10 m以内，海底起伏较大的海域，探头距海底的高度可适当增大；

c) 采用超短基线水下声学定位系统进行探头位置定位；在近岸浅水区域也可采用人工计算进行探头位置改正；

d) 保证探测记录的完整性，漏测或记录无法正确判读时，应进行补测；

e) 模拟记录标注，其内容包括项目名称、调查日期与时间、仪器型号、仪器参数、测线号、测线起止点号和测量者等；

f) 班报记录内容包括项目名称、调查海区、测量者、仪器名称与型号、日期、时间、测线号、点号、航速、航向、仪器作业参数和数字记录文件名等；

g) 对现场记录分析发现可疑目标时，应根据需要布设补充测线。

8.7.4 资料处理应符合下列要求：

a) 识别非海底磁性物体造成的磁场异常干扰；

b) 结合侧扫声纳、地层剖面探测的成果，进行磁法探测资料解释，识别海底磁性物体，确定其性质、位置和范围，确定海底已建电缆、管道的位置和走向等。

8.7.5 成果图件包括：

a) 实测磁场强度或磁异常平面剖面图；

b) 海底磁性物体分布图，可合并于海底面状况图中，也可根据需要对其中一些较重要的部位单独成图。

9 底质采样

9.1 采样方法

底质采样分为柱状采样和表层采样两种。表层采样可使用蚌式采样器和箱式采样器；柱状采样可使用重力采样器和振动采样器。

9.2 采样技术要求

底质采样应符合下列技术要求：

a) 采样站位布设间距：近岸段为500 m～1 000 m，浅海段为2 km～10 km，深海段一般不设采样站位。应根据工程地球物理勘察初步结果对站位布设作适当调整，在地形坡度较陡、底质变化复杂或灾害地质分布区应加密采样站位；

b) 柱状样直径应不小于65 mm。粘性土柱状样长度应大于2 m；砂性土柱状样长度应大于0.5 m；表层底质采样量应不少于1 kg；

c) 柱状样采集长度达不到要求时，应再次采样，连续两次以上未采到样品时，可改为蚌式采样器或箱式采样器采样；

d) 用蚌式采样器或箱式采样器采样三次以上仍未采到样品时，应分析其原因，确认是底质因素造成时，可不再采样。

9.3 样品编录和处理

9.3.1 样品编录

样品编录内容应包括工程名称、采样站号、日期、位置、水深、采样次数、贯入深度、土样长度、扰动程度等。

9.3.2 岩性描述

岩性描述内容按10.4.3c)的要求。

9.3.3 样品包装

样品包装应符合下列要求：

a) 柱状样宜分段切割、分别编号、表明上下方向、深度、用胶带和腊密封、竖直放置在专用的土样箱中；

b) 表层样或扰动的柱状样，应用牢固的塑料袋进行包装封口，标明站号和采样深度，放置专用的土样箱中；

c) 用作地质、生物、化学等试验的样品，应根据其特殊要求进行采样、包装和存放。

9.3.4 样品存放

所有样品应存放在防晒、防冻、防压的环境中，条件许可时宜存放在有温湿控制的实验室内。

10 工程地质钻探

10.1 一般要求

10.1.1 海底管道路由勘察应进行工程地质钻探，海底电缆路由勘察一般不需要进行工程地质钻探。

10.1.2 根据作业现场环境和钻探要求选择合适的钻探船及钻探设备，根据水文气象和海底底质等情况，选择合适的锚型、锚缆和系缆长度。

10.1.3 沿路由中心线布设钻孔。钻孔间距，在近岸段一般为100 m～500 m；在浅海段一般为2 km～10 km。应根据工程要求和地球物理勘察解释结果对站位布设作适当调整。采用定向钻、盾构等施工方法的管道穿越工程，孔位布设按GB 50021—2001中4.4.8的要求。

10.1.4 钻孔孔深设计根据管道的埋深而不同，一般为8 m～10 m或是管道埋深的5倍。如钻进至设计孔深内遇到基岩，则应钻至基岩内3 m～5 m。

10.1.5 钻进深度、岩土层面深度的测量误差应在±0.2 m以内。

10.2 钻探方法

钻探方法按GB 50021—2001中9.2的要求。

10.3 采样要求与方法

10.3.1 采样间距

采样间距应根据工程要求和土质条件确定，一般为1 m～1.5 m。

10.3.2 岩芯采取率

岩芯钻探的岩芯采取率，对砂性土层不应低于50%，粘性土层不应低于75%。

10.3.3 采样方法

采样方法按GB 50021—2001中9.4的要求。

10.4 钻探编录

10.4.1 一般要求

钻探编录包括钻进班报及地质编录。记录应真实、及时，按钻进回次逐次记录。

10.4.2 钻进班报

钻进班报内容包括工程名称、作业海区、钻孔编号、钻孔坐标位置、机台高度、钻探日期、钻机类型、钻具配置、钻进方式、开孔水深、终孔水深、回次钻杆长度、回次进尺、回次孔深、回次取样长度、回次取芯率、采样方式、采样器类型、采样编号、备注(天气、海况、设备故障、跳钻、井涌、塌孔、井底落物)等。

10.4.3 地质编录

地质编录应符合下列要求：

a) 地质编录的主要内容应包括工程名称、作业海区、钻孔编号、钻孔坐标、开孔水深、回次孔深、取样长度、岩性描述及划分地层等；

b) 岩性描述以观察、手触方法为主。必要时采用现有的标准化、定量化的方法，如采用标准色版比色，以颜色代码表示岩土颜色；用袖珍贯入仪贯入指标表示粘性土的状态，用岩石质量指标值表示岩芯的完整性。用照相机拍摄岩芯照片；

c) 岩性描述应包括下列内容：

粘性土：颜色、状态、气味、光泽反映、摇震反映、干强度、韧性、结构、包含物等；

粉土：颜色、气味、湿度、密度、摇震反映、干强度、韧性、包含物等；

砂土：颜色、矿物组成、颗粒级配、颗粒形状、粘粒含量、湿度、密实度等；

碎石土：颗粒级配、颗粒形状、颗粒排列、母岩成分、风化程度、充填物性质、充填程度、密实度；

岩石：地质年代、风化程度、颜色、主要矿物、结构、构造和岩石质量指标等；

d) 根据岩性描述的工程性质，初步划分工程地质层。

10.5 样品处理

样品处理应符合下列要求：

a) 岩芯管内的样品应用推土器从采样管中推出，按上下顺序存放到岩芯箱内，用岩芯牌分开每一回次的岩芯，岩芯牌上用油漆标明钻进开始和终止深度，岩芯缺失处需标明；

b) 岩土试样样品应在现场封存，标明深度、上下、编号后竖直放置装箱。

10.6 钻孔完井报告

主要内容包括钻探目的、任务、钻孔坐标、标高、水深、施工时间、钻进与取芯方法、钻进中的异常情况、钻孔质量验收签单、初步的岩土地层划分及野外钻孔柱状图等。

11 原位试验

11.1 一般要求

原位试验应符合下列要求：

a) 原位试验包括静力触探试验、标准贯入试验等方法，勘察时应根据工程类别、岩土条件和现场作业条件等选择原位试验方法，静力触探试验是目前海底电缆管道路由勘察最常采用的原位试验方法；

b) 原位试验孔应尽可能布置在路由的中心线上；

c) 分析原位试验资料时，应注意试验条件、试验方法和土层不均匀性等对试验成果的影响，剔除异常数据。

11.2 静力触探试验(CPT)

11.2.1 适用范围

静力触探试验适用于软土、粘性土、粉土和砂土。

11.2.2 仪器设备

静力触探系统应符合下列要求：

a) 系统应装有锥尖阻力、侧壁摩阻力、孔隙水压力和倾斜度传感器；

b) 系统应能适应海浪波动等恶劣作业环境，能安全、稳定采集原位试验数据；

c) 系统应具有试验数据储存及处理系统，可在现场储存及处理原始数据；

d) 应使用标定合格的触探探头。

11.2.3 现场作业

现场作业应符合下列要求：

a) 海上作业时应保证调查船操纵、导航定位、孔位测深与静力触探的协调配合；
b) 开始试验前应进行锥尖阻力和孔隙水压力的归零校正；
c) 试验过程中，探头应连续、匀速压入土中，贯入速率应保持为 20 mm/s±5 mm/s；
d) 每次试验获得连续完整的锥端阻力、侧壁摩擦力、孔隙水压力及倾斜度等参数的深度变化曲线，保存测试结果，填写测试记录表；
e) 仪器的标定、调试和测试步骤等按照 ASTM D5778—1995 执行。

11.2.4 资料处理与应用

11.2.4.1 应进行原始记录曲线的修正，包括初始读数、曲线形状、深度校正等修正。

11.2.4.2 提交现场测试记录、探头标定结果图表、各种测试曲线和图表等。

11.2.4.3 根据各种静力触探曲线的线型特征和测试数据，划分土层、判别土类、估算土性参数等。

11.3 标准贯入试验

标准贯入试验的方法和程序可按 GB 50021—2001 中 10.5 的要求。

12 船上和实验室土工试验

12.1 船上土工试验

12.1.1 试验内容

包括含水率、密度、泥温、无侧限压缩、小型十字板剪切和小型贯入仪试验等项目，应根据工程要求、船上试验条件及土样性质确定试验内容。

12.1.2 试验技术要求

船上土工试验应符合下列技术要求：

a) 样品取上后，按 9.3 的要求进行样品编录和处理；
b) 含水率、密度、无侧限压缩试验按 GB/T 50123—1999 中的第 4 章、5.1 和第 17 章的要求；
c) 小型十字板剪切和小型贯入试验，应在截取的岩芯样段两端或箱式原状样的中间部位进行；
d) 小型十字板剪切和小型贯入仪试验适用于均质粘性土，试验时应根据土质的软硬程度，选取不同型号的测头和不同测力范围的仪器；
e) 泥温可通过已有底层水温与泥温关系进行推算，或在土样取到船上后及时测定。

12.1.3 小型贯入仪试验

小型贯入试验应按下列要求：

a) 贯入时应避开试样中的硬质包含物、虫孔和裂隙部位；
b) 贯入点与试样边缘间的距离和平行试验贯入点间的距离应不小于 3 倍测头直径；
c) 贯入过程中应保持测头与土样平面垂直，且应以 1 mm/s 的速度匀速贯入，直至测头上刻划线与土面接触为止，试验停止，记录试验读数；
d) 每个样品平行试验应不少于 3 次，取其平均值，作为测试结果；
e) 每次试验后应清除测头部的泥土，以保证试验结果的准确性；
f) 记录试验仪器型号、探头规格、样品编号、试验深度、试验结果、试验人员等内容。

12.1.4 小型十字板剪切试验

小型十字板剪切试验应按下列要求：

a) 用切土刀修平被测土样表面，将剪力板垂直插入被测土样，插入深度与剪力板高度一致；
b) 将指针拨至零点，以 6°/s 的速度匀速旋转剪力仪的扭筒，直至样品被剪断；
c) 每个样品平行试验应不少于 3 次，取其平均值，作为测试结果；
d) 记录试验仪器型号、十字板头规格、样品编号、试验深度和试验结果、试验人员等内容。

12.2 实验室土工试验

12.2.1 试验内容包括天然密度、天然含水率、比重、界限含水率、颗粒分析、固结试验和抗剪强度试验等。对于海底管道工程，根据砂土液化判别的要求，进行动三轴剪切试验。

12.2.2 实验室土工试验方法应符合下列要求：

a) 动三轴剪切试验按 GB/T 50269—1997 中第 9 章的要求；

b) 其余试验项目按 GB/T 50123—1999 的要求，根据工程要求也可参照国内或国际相关标准。

12.2.3 试验资料整理按 GB/T 50123—1999 中附录 A 的要求。土的分类见附录 B。

13 腐蚀性环境参数测定

13.1 一般规定

海底管道路由勘察应进行腐蚀性环境参数测定；海底电缆路由勘察一般不需要进行腐蚀性环境参数测定，或根据工程设计要求确定。

13.2 底层水参数测试

13.2.1 底层水采样站位的数量一般控制在底质采样站总数的五分之一，每项工程不少于 3 个站位。采集离海底 1.5 m 以内的水样。

13.2.2 底层水测试参数应包括：pH、Cl^-、$SO_4{}^{2-}$、HCO_3^-、CO^{2-}、侵蚀性 CO_2。

13.2.3 底层水化学测试按 GB 50021—2001 中 12.1.3 的要求。

13.3 海底土参数测试

13.3.1 海底土采样站位数量一般控制在底质采样站总数的五分之一，采样层位一般在电缆管道埋深位置。

13.3.2 海底土测试参数应包括：pH、Cl^-、$SO_4{}^{2-}$、HCO_3^-、$CO_3{}^{2-}$、氧化还原电位、电阻率。

13.3.3 海底土参数测试按 GB 50021—2001 中 12.1.3 的要求。

13.3.4 海底土中硫酸盐还原菌检测按 GB/T 12763.6—2007 中第 13 章的要求。

13.4 污损生物

13.4.1 污损生物包括附着生物和钻孔生物。

13.4.2 一般仅对路由海区历史资料进行整理分析，提供相关成果，如因工程需要进行污损生物的现场调查，按 GB/T 12763.6—2007 中第 13 章的要求。

13.5 腐蚀性评价

底层水和海底土的腐蚀性评价按 GB 50021—2001 中 12.2 的要求。

14 地震安全性评价

14.1 主要评价内容

海底电缆管道场地地震安全性评价主要包括工程场地地震危险性概率分析、场地地震动区划和场地地震地质灾害评价。

14.2 场地概率法地震危险性分析

在对区域（取海底电缆管道场地外延不小于 150 km 范围）和近场区（取海底电缆管道场地外延不小于 25 km 范围）进行地震活动性和地震构造环境评价、潜在震源区划分、地震动衰减关系确定的基础上，采用概率法进行地震危险性分析计算，给出海底电缆管道路由主要场点 50 年超越概率 63%、10%、2%的基岩地震动水平向峰值加速度。

14.3 场地地震动区划

14.3.1 应根据地震危险性概率分析结果，编制海底电缆管道路由场地地震动区划图，包括地震动峰值加速度区划图、地震动峰值速度区划图，需要时可编制地震烈度区划图。

14.3.2 根据海底电缆管道工程及其他相关工程的抗震设计需要，概率水平宜采用 50 年超越概率 10%。

14.3.3 区域地震活动性和地震构造环境评价、近场区地震活动性和地震构造环境评价、区域地震动衰减关系确定应按 GB 17741—2005 中第 5 章、第 6 章、第 8 章的要求。

14.3.4 沿路由中心线的计算控制点间距应不大于地理经纬度0.1°。在计算结果变化较大的地段，应加密控制点。空间计算点宜采用不大于0.1°×0.1°间隔。

14.3.5 地震动区划图成图比例尺不应小于1∶500 000。

14.3.6 地震动区划图采用分区线或等值线表述。在确定分区界限时，应特别重视海底电缆管道路由位置的计算值，同时考虑潜在震源区和地震活动性参数的可变动范围对结果的影响、地形地貌差异以及区划参数的精度等因素的影响。

14.3.7 编制地震动区划图结果的使用说明。

14.3.8 地震烈度分档按表2的规定；地震动峰值加速度分档与地震烈度对照关系按表3的规定；地震动峰值加速度分档按表4的规定；地震动峰值速度分档按表5的规定。

表2 地震烈度分档

烈度档	<Ⅵ	Ⅵ	Ⅶ	Ⅷ	≥Ⅸ
计算烈度值	<5.7	5.8～6.7	6.8～7.7	7.8～8.7	≥8.8

表3 地震动峰值加速度分档与地震烈度对照表 单位为重力加速度

地震动峰值加速度分档	<0.05 g	0.05 g	0.1 g	0.15 g	0.2 g	0.3 g	≥0.4 g
地震烈度	<Ⅵ	Ⅵ	Ⅶ	Ⅶ	Ⅷ	Ⅷ	≥Ⅸ
注：g为重力加速度。							

表4 地震动峰值加速度分档 单位为重力加速度

加速度分档	参数值范围	加速度分档	参数值范围
<0.05	<0.04	0.20	[0.19,0.28)
0.05	[0.04,0.09)	0.30	[0.28,0.38)
0.10	[0.09,0.14)	≥0.40	≥0.38
0.15	[0.14,0.19)		

表5 地震动峰值速度分档 单位为厘米每秒

速度分档	参数值范围	速度分档	参数值范围
<6	<4.7	25	[23.7～35.3]
6	[4.8～11.5]	38	[35.4～47.5]
13	[11.6～17.7]	≥50	≥47.6
19	[17.8～23.7]		

14.4 场地地震地质灾害评价

14.4.1 海底电缆管道场地地震地质灾害评价主要包括砂土液化、滑坡、塌陷和断层地表错断等评价。

14.4.2 应根据工程场地工程地质条件，确定工程场地地震地质灾害类型，评价其影响程度。

14.4.2.1 砂土液化评价

当路由区有饱和砂或饱和粉土分布时，应判别液化的可能性，并提出抗液化措施的建议。Ⅵ度时，一般情况下可不考虑砂土液化。大于Ⅵ度时，按GB 50011—2001中4.3.3的要求进行判别。

14.4.2.2 滑坡和塌陷评价

地震烈度为Ⅶ度或大于Ⅶ度的地区定为抗震设防区。抗震设防区场地应考虑潜在滑坡和塌陷评估。对海底电缆管道路由工程抗震设防区场址作潜在滑坡和塌陷评价时，按GB 50011—2001中5.2和5.3的要求。

14.4.2.3 断层地表错断评价

根据断层活动性调查结果,评价断层的地表错动特征及其对场址的可能影响。作近场区隐伏断裂活动性评定时,要充分收集和分析海底电缆管道路由工程地球物理勘察和地质钻探等有关资料,分析研究断层的最新活动时代,计算地震断层最大同震位移,并结合工程地质条件,采取适当的抗断措施或避让措施。

15 海洋水文气象资料收集与观测

15.1 水文

15.1.1 波浪

15.1.1.1 收集路由区波浪资料,指出全年中较好和较差的海况期,为海底电缆管道施工期选择提供依据。

15.1.1.2 近岸或岛屿区可设波浪观测站,路由区可收集路由附近的水文气象站资料,以及历年船舶报资料,必要时可根据风资料推算波浪要素。

15.1.1.3 波浪资料整理要求包括多年、各月、各向波浪出现频率、最大波高、平均波高及相应周期。

15.1.1.4 海底管道路由勘察可增加重现期波高及周期的计算,一般要求计算重现期为1年、10年、50年、100年的最大波高(H_{max})、有效波高(H_s)。

15.1.1.5 波浪站观测按GB/T 12763.2—2007中第8章的要求。

15.1.2 潮汐

15.1.2.1 分析路由区的潮汐性质和各类潮水位的关系。

15.1.2.2 近岸或岛屿区可设潮位观测站,进行1个月以上的潮位观测。远岸区可收集历史潮位资料,或用预报潮位。

15.1.2.3 基面与各潮面关系包括1985国家高程基准面、当地平均海平面、理论最高潮面和理论最低潮面等。

15.1.2.4 海底管道路由勘察可增加重现期极端潮位,即50年、100年一遇最高、最低潮位。

15.1.2.5 潮位站观测按GB/T 12763.2—2007中第9章的要求。

15.1.3 海流

15.1.3.1 海流资料来源:收集路由区以往实测资料,或用预报海流资料。海底管道路由勘察应在路由区根据地形条件布设足够的实测站位进行全潮水文观测及一个月周期的自动观测浮标站,获取海流资料。

15.1.3.2 海流资料应包括表、中、底三层,分析项目主要为路由区的流况,实测最大涨落潮流速,平均大潮流速,平均小潮流速,最大可能潮流速和主流向,必要时进行数值模拟。海底管道路由勘察可增加重现期(1年、10年、50年、100年)最大潮流速计算。

15.1.3.3 海流观测按GB/T 12763.2—2007中第7章的要求。

15.1.4 水温

15.1.4.1 水温观测与海流观测同时进行,也应收集路由区已有的水温观测资料。

15.1.4.2 水温观测按GB/T 12763.2—2007中第5章的要求。

15.1.5 海冰

15.1.5.1 收集路由区已有的海冰观测资料,必要时可设站观测。

15.1.5.2 海冰资料收集及观测按GB/T 12763.2—2007中第11章的要求。

15.2 海洋气象

15.2.1 收集整理路由区的气象要素,指出全年中较好和较差的气候窗,为海底电缆管道施工期选择提供依据。

15.2.2 气象资料来源:路由勘察期间在船上进行气象观测;收集路由区附近气象站资料;路由区历年船舶测报资料。

15.2.3 收集整理的气象资料应有下列内容：

a) 风，包括多年各月各向风频率，平均风速和最大风速(海面以上 10 m 处)及多年各月大风日节数；

b) 气温，包括多年各月极端最高，最低及平均气温；

c) 雾，指多年各月平均雾日。

15.2.4 海底管道路由勘察可增加重现期最大风速计算，一般要求计算 1 年、10 年、50 年、100 年的3 s，1 min，10 min，1 h 的重现期最大风速。

15.2.5 气象观测方法按 GB/T 12763.3—2007 中第 5 章至第 11 章的要求。

16 海底电缆管道铺设后调查

16.1 一般要求

16.1.1 海底管道铺设后或重大地质灾害发生后应对管道的铺设状况进行调查。宜综合采用水深测量、侧扫声纳探测和地层剖面探测等工程地球物理探测方法，查明海底沟槽开挖与管道附近的海底面状况、管道的平面位置、埋设深度、悬跨高度、悬跨长度及管道保护层外观状况等。对于重要或复杂的海底管道工程，一般应同时采用 ROV 调查。

16.1.2 对于重要的或国际间海底光缆工程，选择其中施工工艺特殊、海底状况复杂或埋设效果不理想区段进行铺设后调查，调查一般采用 ROV 方法。

16.2 测图比例尺和测线布设

16.2.1 测图比例尺

测图比例尺一般为 1：2 000～1：5 000，复杂区域为 1：1 000。

注：复杂区域是指海底管道发生悬跨、有水泥盖垫或有砂石盖层的区段。

16.2.2 测线布设

测线布设应符合下列要求：

a) 纵向测线平行路由布设三条，其中一条测线应沿路由布置，其余测线布置在路由两侧，测线间距为 25 m～100 m；

b) 横向测线垂直路由布设，测线长度不小于 50 m，间距为 50 m～250 m，在复杂区域应适当加密。

16.3 工程地球物理探测

16.3.1 工程地球物理探测应符合下列技术要求：

a) 采用单波束测深系统进行水深测量，应配备涌浪补偿系统消除涌浪的影响，应进行系统时延校正，应沿横向测线进行；

b) 采用多波束测深系统进行水深测量，应根据水深和仪器性能，选择合理的测线间距，保证相邻测线间有 100% 的重叠覆盖，应沿纵向测线进行；

c) 进行侧扫声纳探测，应选择合理的声纳量程和测线布设间距，保证在调查走廊带内有 100% 的重叠覆盖率，应沿纵向测线进行；

d) 进行地层剖面探测，应采用高分辨率浅地层剖面仪探测，获得海底以下 10 m 的穿透深度，地层分辨率优于 0.2 m，应沿横向测线进行；

e) 其余技术要求按 8.3.2、8.4.2、8.5.2 和 8.6.2 的规定。

16.3.2 海上探测实施按 8.3.3、8.4.3、8.5.3 和 8.6.3 的规定。

16.4 水下机器人(ROV)调查

16.4.1 ROV 调查应符合下列要求：

a) ROV 应能在流速小于 2 kn 条件下正常工作；配备运动传感器、水下声学定位系统、水下罗经、水下摄像机；可以搭载水深测量设备、高分辨率导航声纳、侧扫声纳、浅地层剖面仪、管线跟踪仪等调查设备；具有足够的数据传输通道；

b) ROV 工作母船应配备动力定位系统、DGPS、罗经及水下声学定位系统；有良好的操作稳定性以及长时间保持低速（一般小于 1 kn）航行的能力；有足够的甲板面积和吊装设备用于 ROV 的安装和调查过程中的收放。

16.4.2 ROV 调查应按下列技术要求实施：

a) 各种调查设备应进行校准、调试，直至达到正常工作状态，才能投入使用；

b) 调查作业前，应进行 ROV 工作母船、导航定位系统与 ROV 等调查设备的联调，直至检测目标、ROV 工作母船、ROV 的相对位置在 ROV 控制室和调查船驾驶室有正确的显示；

c) 当工作母船位于调查开始点附近时，将船艏向调整到最有利于工作母船就位和 ROV 进行收放作业位置，吊放 ROV 设备；

d) ROV 作业的前进速度通常小于 2 kn，根据水下能见度和设备采样率，调整前进速度达到最佳探测效果；进行海底电缆调查时，距离海底高度应不大于 0.2 m；进行海底管道调查时，距离海底高度应不大于 1.0 m；

e) 在作业中 ROV 的所有仪器参数和视频信息都应传输到 ROV 控制室和工作母船驾驶室，并及时保存数据；

f) 停止调查时，应提前通知工作母船驾驶室和 ROV 控制室关闭数据采集记录系统，并在结束点处作标记，同时将 ROV 回收到甲板；

g) 相邻区段调查的重叠范围应不小于 50 m。

16.5 资料处理

资料处理应符合下列要求：

a) 确定海底电缆或管道附近的障碍物和海底面状况；

b) 对裸露的海底管道应确定其位置、裸露高度、悬跨长度和偏离设计路由距离等参数，有管道沟槽时，还应确定沟槽的深度、宽度及海底管道与沟槽的接触关系；

c) 对已掩埋的海底管道应确定海底管道位置及掩埋深度；

d) 对有水泥盖垫或有砂石盖层的区段应确定海底管道位置及盖垫或盖层的厚度、覆盖范围等；

e) 确定海底管道保护层外观状况。

16.6 成果图件

成果图件包括：

a) 海底电缆管道位置图；

b) 调查区水深图；

c) 调查区海底面状况图；

d) 海底电缆管道横向剖面图；

e) 海底电缆管道纵向剖面图。

16.7 成果报告

成果报告应包含下列内容：

a) 工程背景、任务由来和调查目的；

b) 调查技术依据、ROV 工作母船和仪器设备；

c) 调查方法和调查程序；

d) 资料处理与解释方法；

e) 海底管道裸露、悬跨或掩埋状况；

f) 海底电缆管道附近海底障碍物和海底面状况；

g) 海底电缆管道铺设状况综合评价。

17 路由条件评价与成果报告编制

17.1 路由条件评价

17.1.1 一般要求

路由条件评价应在路由勘察、试验分析和收集已有资料的基础上，结合工程特点和要求进行。评价内容主要包括海底工程地质条件、海洋水文气象环境、地震安全性、腐蚀环境、海洋规划和开发活动等。

17.1.2 工程地质条件

分析路由区的地形、地貌、地质、海底面状况、底质及其土工性质等工程地质条件，评价灾害地质因素(如冲刷沟、浅层气、海底塌陷、滑坡、浊流、基岩、古河谷、活动沙波、泥底辟、盐底辟、软土夹层等)对海底电缆管道工程的影响，并提出相应的工程措施或对策建议。

17.1.3 海洋水文气象环境

分析路由区的波浪、潮汐、海流、水温、海冰、气象等因素，评价其对海底电缆管道施工、运行及维护可能的影响，并建议适宜电缆管道铺设的最佳施工期。

17.1.4 地震安全性评价

分析路由区域及近场区地震构造及地震活动环境，用概率法进行地震危险性分析计算，给出 50 年超越概率 10%的基岩地震动水平向峰值加速度值。需要时根据地震危险性概率分析结果，编制海底电缆管道路由场地地震动峰值加速度区划图、地震烈度区划图。对海底电缆管道路由场地在地震作用下可能产生的砂土液化、软土震陷和断层地表错断作用进行评价。

17.1.5 腐蚀性环境

分析海底土和底层水的腐蚀性环境参数，为海底电缆管道防腐设计提供依据。

17.1.6 海洋规划与开发活动

分析路由与海洋功能区划、海洋开发规划的符合性，评述路由区的渔捞、交通、油气开发、已建海底电缆管道、海洋保护区等海洋开发活动与路由的交叉和影响，为电缆管道设计、施工及维护提出对策或建议。

17.2 成果报告编制

17.2.1 成果报告所依据的原始资料，应进行整理、检查、分析，确认无误后方可使用。

17.2.2 成果报告要求资料完整、图表清晰、结论有据、建议合理，便于使用和适宜长期保存。

17.2.3 根据任务要求、工程特点、海洋环境条件等具体情况编制，应包括以下内容：

a) 勘察目的、任务要求；

b) 勘察技术依据、方法、程序和勘察工作量；

c) 海底工程地质条件；

d) 地震安全性评价；

e) 海床冲淤和基础的稳定性；

f) 海洋水文气象要素与设计参数；

g) 海底腐蚀性环境参数；

h) 海洋功能区划、规划与开发活动；

i) 路由条件综合评价与结论。

17.2.4 成果报告应包括下列附图：

a) 航迹图；

b) 水深图(海底地形图)；

c) 地形剖面图；

d) 地层剖面图；

e) 海底面状况图；

f) 综合图(样式参见附录 C)。

17.2.5 成果报告附录应包括对勘察过程或结果有实际参考价值的资料，如项目组织与人员名单、勘察日志、勘察船只与仪器设备、仪器校正与试验报告、底质采样或钻探记录、原位试验成果图表、室内试验成果图表、典型地球物理勘察记录、声速剖面测量记录、海洋开发活动观测记录等。

18 资料归档

18.1 归档范围

归档范围包括：

a) 任务合同书及有关的技术要求、委托书等；

b) 勘察计划、实施方案等；

c) 各种载体的重要原始记录、原始资料、实验室分析测试报告、图纸等；

d) 阶段性调查成果及其验收记录；

e) 勘察报告最终原稿(电子文稿)；

f) 报告审核及评审记录、成果报奖记录、获奖记录、成果应用记录。

18.2 归档要求

归档应按下列要求：

a) 应对勘察过程中形成的所有文字记录等材料进行整理立卷，并审核签字，经档案管理部门审查符合相关规定后归档；

b) 归档文件应格式统一、字迹工整、图样清晰、装订牢固、签字手续完备；

c) 归档资料应按保密规定划分密级，妥善保管。勘察实施过程中所形成的重要文件、材料、调查计划、原始记录、原始资料、资料汇编、图集图件、报告、规范性作业文件、追溯性记录等均应永久保管；

d) 电子文件材料应注明技术环境条件，相关软件版本、数据类型格式、操作数据、检测数据及备份要求等。

附 录 A
（资料性附录）
海底电缆管道路由预选报告编写大纲

A.1 概述

A.1.1 任务由来与工程背景
A.1.2 预选路由海区范围
A.1.3 路由预选技术依据
A.1.4 工作过程

A.2 登陆点地理位置及其周边环境

A.2.1 登陆点地理位置
A.2.2 登陆点周边环境

A.3 路由区工程地质条件

A.3.1 区域地质背景
A.3.2 海底地形与地貌特征
A.3.3 海底底质及其工程特性
A.3.4 海床冲淤活动性

A.4 路由区海洋水文气象要素

A.4.1 气象
A.4.2 海洋水文

A.5 路由区海底腐蚀性环境

A.6 路由区海洋开发活动

A.6.1 海洋功能区划及规划
A.6.2 渔业活动
A.6.3 海上交通
A.6.4 已建海底电缆管道工程
A.6.5 海底矿产资源开发活动
A.6.6 水利工程
A.6.7 海洋自然保护区
A.6.8 倾废区
A.6.9 旅游区
A.6.10 其他

A.7 预选路由条件评价及建议

A.7.1 预选路由方案
A.7.2 预选路由条件综合评价
A.7.3 结论与建议

附 录 B
（规范性附录）
土的统一分类与定名

B.1 一般规定

土的分类应根据下列指标确定：

a） 土颗粒组成及其特征；

b） 土的塑性指标：液限（ω_L）、塑限（ω_P）和塑性指数（I_P）；

c） 土中有机质含量。

B.2 土的分类和定名

B.2.1 土按有机质含量可划分为无机土、有机质土、泥炭质土、泥炭。有机质含量小于5%的土称为无机土；有机质含量不小于5%，且不大于10%的土称为有机质土；有机质含量大于10%，且不大于60%的土称为泥炭质土；有机质含量大于60%的土称为泥炭。

B.2.2 土按颗粒级配或塑性指标可划分为碎石土、砂土、粉土和粘性土。

B.2.2.1 粒径大于2 mm的颗粒质量超过总质量50%的土，应定名为碎石土，可按表B.1进一步分类。

表 B.1 碎石土分类

土的名称	颗粒形状	颗粒级配
漂石	圆形及亚圆形为主	粒径大于200 mm的颗粒质量超过总质量50%
块石	棱角形为主	
卵石	圆形及亚圆形为主	粒径大于20 mm的颗粒质量超过总质量50%
碎石	棱角形为主	
圆砾	圆形及亚圆形为主	粒径大于2 mm的颗粒质量超过总质量50%
角砾	棱角形为主	

B.2.2.2 粒径大于2 mm的颗粒质量不超过总质量的50%，且粒径大于0.075 mm的颗粒质量超过总质量50%的土，应定名为砂土，可按表B.2进一步分类。

表 B.2 砂土分类

土的名称	颗 粒 级 配
砾砂	粒径大于2 mm的颗粒质量占总质量的25%～50%
粗砂	粒径大于0.5 mm的颗粒质量超过总质量50%
中砂	粒径大于0.25 mm的颗粒质量超过总质量50%
细砂	粒径大于0.075 mm的颗粒质量超过总质量85%
粉砂	粒径大于0.075 mm的颗粒质量超过总质量50%
定名时根据颗粒级配由大到小以最先符合者确定。 当砂土中小于0.005 mm的土的塑性指数大于10时，应冠以含粘性土定语，如粘性土粗砂。	

B.2.2.3 粒径大于0.075 mm的颗粒质量不超过总质量的50%，且塑性指数不大于10的土，应定名为粉土，可按表B.3进一步分类。

表 B.3 粉土分类

土的名称	粒径/ mm	含量/ %	塑性指数 I_p
砂质粉土	>0.075	<50	$3<I_p\leqslant 7$
	<0.005	<10	
粘质粉土	>0.075	<50	$7<I_p\leqslant 10$
	<0.005	>10	

B.2.2.4 塑性指数大于10的土应定名为粘性土。

粘性土可根据塑性指数进一步划分为粉质粘土和粘土。塑性指数大于10，且不大于17的土，应定名为粉质粘土；塑性指数大于17的土应定名为粘土。

B.3 根据海洋工程实际要求，土的分类也可按照ASTM D2487—2006或其他国际相关标准执行。

B.4 ASTM D2487—2006土的分类

B.4.1 土按保留在200号美国筛(0.075 mm孔径)上的颗粒含量是否大于50%划分为粗粒土和细粒土两大类。粗粒土可根据通过4号美国筛(4.75 mm孔径)的颗粒含量是否大于50%划分为砾和砂两大组，再根据分选情况和土中细颗粒的含量进一步划分。细颗粒土可根据液限、塑性指数及有机质含量再进一步细分。

B.4.2 ASTM D2487—2006土的分类与定名见表B.4。

表B.4 土的分类与定名

<table>
<tr><th colspan="3">大类</th><th>组别符号</th><th>代表性土名</th><th colspan="3">粗粒土分类</th></tr>
<tr><td rowspan="8">粗粒土(试样的一半以上大于200号筛)</td><td rowspan="4">砾石(粗粒部分的一半以上大于4号筛)</td><td rowspan="2">纯砾(细粒土很少或没有)</td><td>GW</td><td>级配良好的砾石或砾-砂混合物，细粒土很少或没有</td><td rowspan="8">1. 根据粒径曲线确定砂和砾的百分数。
2. 根据细粒土(小于200号筛粒级)的百分比，粗粒土可分类如下：
少于5%-GW、GP、SW、SP；
大于12%-GM、GC、SM、SC；
5%～12%-界限上下的土，需用双重符号。</td><td>$C_u \geqslant 4$；
$1 \leqslant C_c \leqslant 3$</td><td rowspan="2">不均匀系数：
$C_u=\frac{d_{60}}{d_{10}}$
曲率系数：
$C_c=\frac{d_{30}^2}{d_{10}\times d_{60}}$</td></tr>
<tr><td>GP</td><td>级配不良的砾石或砾-砂混合物，细粒土很少或没有</td><td>对GW的所有级配要求均不符合</td></tr>
<tr><td rowspan="2">混细粒土的砾石(细粒土相当多)</td><td>GM</td><td>粉土质砾石、砾-砂-粉土混合物</td><td>阿太堡(Atterberg)界限在A线以下或$I_p<4$</td><td rowspan="2">在A线以上，且$4<I_p<7$的土需用双重符号表示</td></tr>
<tr><td>GC</td><td>粘土质砾石，砾-砂-粘土混合物</td><td>阿太堡界限在A线以上，且$I_p>7$</td></tr>
<tr><td rowspan="4">砂(粗粒部分的一半以上小于4号筛)</td><td rowspan="2">纯砂(细粒土很少或没有)</td><td>SW</td><td>级配良好的砂或砾砂，细粒土很少或没有</td><td colspan="2">$C_u \geqslant 6$，$1 \leqslant C_c \leqslant 3$</td></tr>
<tr><td>SP</td><td>级配不良的砂或砾砂，细粒土很少或没有</td><td colspan="2">对SW的所有级配要求均不符合</td></tr>
<tr><td rowspan="2">混细粒土的砂(细粒土相当多)</td><td>SM $\frac{d}{u}$</td><td>粉土质砂，砂-粉土混合物</td><td>阿太堡界限低于A线或$I_p<4$</td><td rowspan="2">在A线以上，且$4<I_p<7$的土需用双重符号表示</td></tr>
<tr><td>SC</td><td>粉土质砂，砂-粘土混合物</td><td>阿太堡界限在A线以上，且$I_p>7$</td></tr>
</table>

表 B.4（续）

大类		组别符号	代表性土名	细粒土分类
细粒土（试样的一半以上小于200号筛）	（液限＜50%的）粉土和粘土	ML	无机质粉土和极细砂，岩粉，粉土质或粘土质细砂，或有低塑性的粘土质粉土	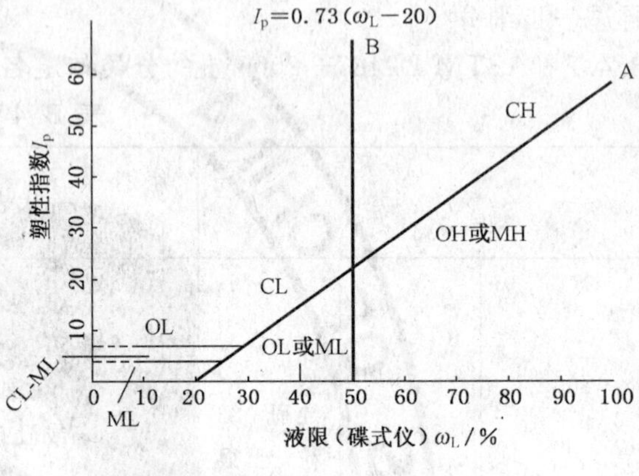 $I_p=0.73(\omega_L-20)$ Casagrande 塑性图 C 为粘质土； M 为粉质土； O 为有机土； H 表示高塑性； L 表示低塑性； A 线以上是无机质土区，以下为粉质土区及有机质土； B 线右方为高塑性土，左方为低塑性土； 200 号筛孔径为 0.075 mm； 4 号筛孔径为 4.75 mm。
		CL	低～中塑性的无机质粘土，砾质粘土，砂质粘土，粉土质粘土，瘦粘土	
		OL	低塑性有机质粉土和有机质粉土质粘土	
	（液限≥50%的）粉土和粘土	MH	无机质粉土，含云母或硅藻土的细砂质土或粉土质土，橡皮粉土	
		CH	高塑性无机质粘土，肥粘土	
	高有机质土	OH	中～高塑性的有机质粘土，有机质粉土	
		Pt	泥炭和其他高有机质土	

附 录 C
（资料性附录）
综合图样式

C.1 一般规定

C.1.1 综合图应为沿路由方向的由不同条带组成的转平图。

C.1.2 图件可采用自由分幅，以较少图幅覆盖整个测区为原则，相邻图幅之间和路由转向点两侧均应有 3 cm 的图幅重叠。

C.1.3 图幅尺寸采用标准 A0、A1、A2 图幅。

C.1.4 综合图应包括下列五个区块：

a） 航迹、水深、地形等要素；

b） 海底底质、地貌、障碍物等要素；

c） 地层剖面、岩土特性等要素；

d） 工程设计、施工等信息；

e） 图内各要素符号、制图参数、指引图、工程名称、编制单位、版本号等信息。

C.2 综合图样式

综合图样式见图 C.1。

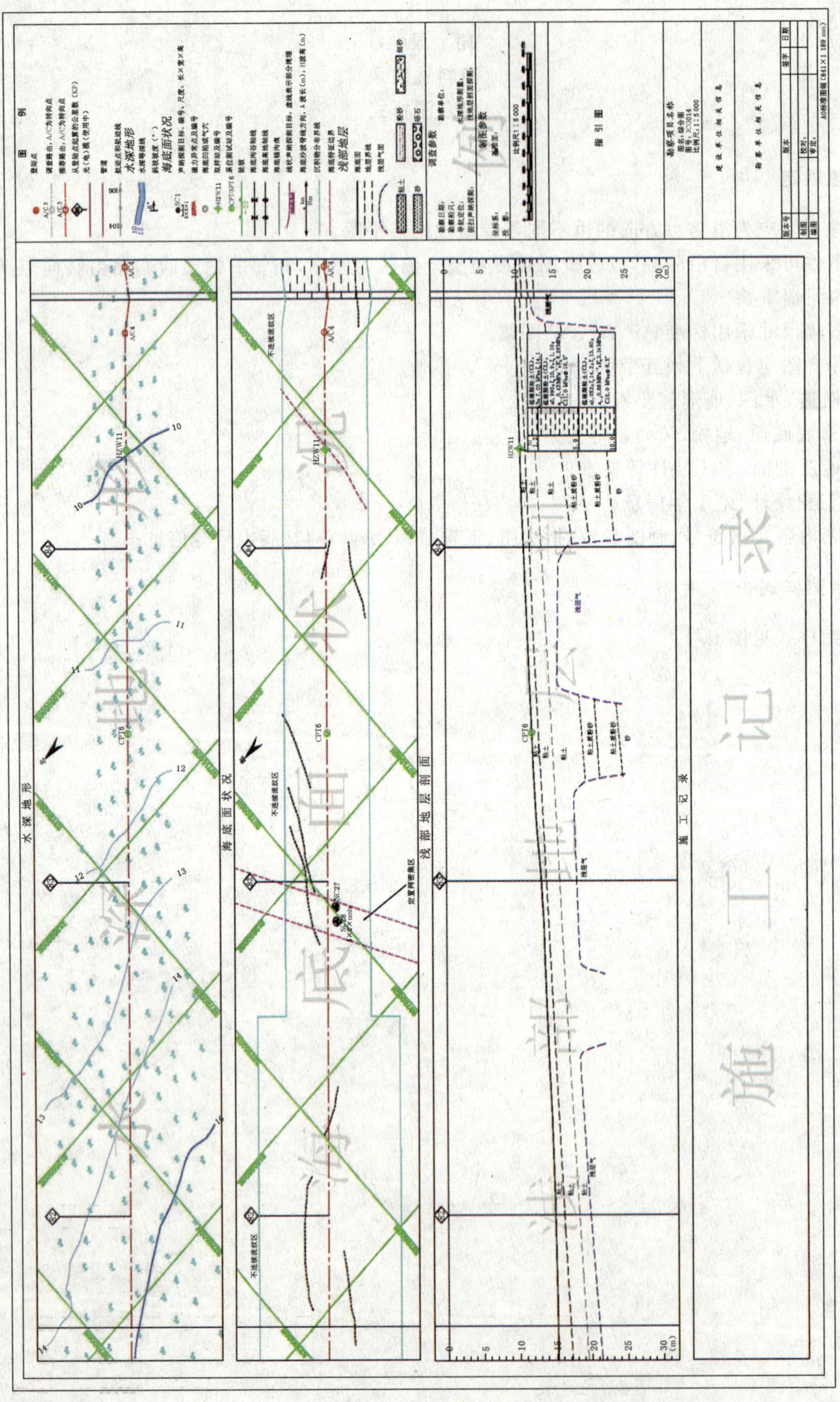

图 C.1 综合图样式

参 考 文 献

[1] GB/T 12763.8—2007 海洋调查规范 第8部分:海洋地质地球物理调查

[2] GB/T 17834—1999 海底地形图编绘规范

[3] GB 18306—2001 中国地震动参数区划图

[4] CECS 04:1988 静力触探技术标准

[5] JGJ 89—1992 原状土取样技术标准

[6] Q/HS 3011—2003 海上平台场址和海底管道路由工程地质勘察

[7] Q/HS 3012—2003 海上平台场址和海底管道路由工程物探勘察

[8] SL 237—1999 土工试验规程

[9] YD5018—2005 海底光缆数字传输系统工程设计规范

[10] BS 1377:1990 British Standard Methods of Test for Soils for Civil Engineering Purposes

[11] Norsok Standard G-001, Rev. 2, October 2004 Marine Soil Investigations

ICS 07.060
A 45

中华人民共和国国家标准

GB/T 17503—2009
代替 GB 17503—1998

海上平台场址工程地质勘察规范

Specifications for offshore platform engineering geology investigation

2009-10-30 发布　　2010-04-01 实施

中华人民共和国国家质量监督检验检疫总局
中国国家标准化管理委员会　发布

前　言

本标准代替 GB 17503—1998《海上平台场址工程地质勘察规范》。

本标准与 GB 17503—1998 相比主要变化如下：

——增加了近岸区、浅海区等术语和定义(见 3.4、3.5、3.6)；

——“总则”一章中，修改了勘察内容、勘察程序(1998 年版的 4.2、4.3，本版的 4.2、4.3)，调整了勘察范围与工作量、勘察的一般要求(1998 年版的 4.5、4.6，本版的 4.5、4.6)；

——删除了 1998 年版的陆上平面控制测量资料整理和高程控制测量资料整理、微波测距定位、长基线和短基线水声定位的内容；

——修改了走航式地球物理勘察导航定位和定点式勘察导航定位的技术要求(1998 年版的 5.3.1.1、5.3.1.2，本版的 5.4、5.5)；

——“工程地球物理勘察”一章增加了多波束水深测量的内容(见 6.3)，修改了对各项勘察仪器设备性能、海上实施、资料采集与处理的要求(1998 年版的 6.2、6.3、6.4、6.5、6.6，本版的 6.2、6.4、6.5、6.6、6.7)；

——1998 年版的“底质调查”一章改为“底质采样”(见第 7 章)，增加了样品包装、样品存放的内容(见 7.3.3、7.3.4)，细化了样品描述的内容(1998 年版的 7.3.1，本版的 7.3.2)；

——“工程地质钻探”一章增加了钻探船和钻探方法的内容(见 8.1.1、8.2)，细化了岩性描述的内容(1998 年版的 8.3.1a)，本版的 8.4.3c))；

——1998 年版的“工程地质试验”一章的海底原位试验和土工试验内容分别独立成章(1998 年版的第 9 章，本版的第 9 章和第 10 章)，增加了标准贯入试验和剪切波速试验的内容(见 9.4、9.5)，增加了小型贯入仪试验和小型十字板剪切试验技术要求的内容(见 10.1.3、10.1.4)；

——增加了“腐蚀性环境参数测定”一章(见第 11 章)；

——1998 年版的“地震危险性分析”一章改为“地震安全性评价”(见第 12 章)，修改了场址地震危险性概率分析和地震动参数确定的内容和要求(1998 年版的 10.1、10.2，本版的 12.1、12.2)，调整了场址地震地质灾害评价的内容(1998 年版的 10.3，本版的 12.3)；

——1998 版“成果图件与报告书”一章改为“成果图件和报告编制”(见第 13 章)，增加了基础工程分析的内容(见 13.1.2j)、k)、l)、m)，13.2.2h))；

——增加了“资料归档”一章(见第 14 章)；

——规范性附录 A 增加了土的分类和定名的内容(见 A1、A2)；

——增加了资料性附录“桩的可打入性分析”(见附录 C)。

本标准附录 A、附录 B 为规范性附录，附录 C 为资料性附录。

本标准由国家海洋局提出。

本标准由全国海洋标准化技术委员会(SAC/TC 283)归口。

本标准负责起草单位：国家海洋局第二海洋研究所。

本标准主要起草人：叶银灿、潘国富、陈锡土、陈小玲、来向华、应元康、李起彤、何欣。

本标准所代替标准的历次版本发布情况为：

——GB 17503—1998。

海上平台场址工程地质勘察规范

1 范围

本标准规定了海上平台场址工程地质勘察的内容、方法与技术要求、成果报告编制和资料归档。

本标准适用于海上桩式固定平台、海上重力式平台、海上自升式平台场址的工程地质勘察，其他海上固定式结构物场址的工程地质勘察可参照使用。

2 规范性引用文件

下列文件中的条款通过本标准的引用而成为本标准的条款。凡是注日期的引用文件，其随后所有的修改单(不包括勘误的内容)或修订版均不适用于本标准，然而，鼓励根据本标准达成协议的各方研究是否可使用这些文件的最新版本。凡是不注日期的引用文件，其最新版本适用于本标准。

GB/T 12327—1998 海道测量规范

GB/T 12763.6—2007 海洋调查规范 第6部分：海洋生物调查

GB/T 12763.8—2007 海洋调查规范 第8部分：海洋地质地球物理调查

GB/T 17424—1998 差分全球定位系统(DGPS)技术要求

GB 17501—1998 海洋工程地形测量规范

GB 17741—2005 工程场地地震安全性评价

GB 50021—2001 岩土工程勘察规范

GB/T 50123—1999 土工试验方法标准

GB/T 50269—1997 地基动力特性测试规范

SY/T 10030—2004 海上固定平台规划、设计和建造的推荐作法 工作应力设计法

ASTM D2487—2006 土的工程分类标准(土的统一分类系统)

ASTM D5778—1995 土的电测式和孔压式探头贯入试验标准

3 术语和定义

下列术语和定义适用于本标准。

3.1

海上桩式固定平台 pile supported fixed offshore platform

依靠打入海底的桩支撑的海上平台。

注：以桩的数量和型式不同可分为群桩式、腿柱式和导管架式三种。

3.2

海上重力式平台 offshore gravity platform

依靠若干个钢筋混凝土或钢质结构的大型圆柱体组成的底座(沉垫)支撑的海上平台。

注：一般由底座、腿柱、钢质甲板以及甲板上的组装模块等组成。

3.3

海上自升式平台 offshore jack-up platform

依靠其桩腿支撑站立在海底的海上平台。

注：由其自身的液压提升系统使平台升降来实现其就位或撤离。

3.4

近岸区 inshore area

岸线至水深20 m的海区。

3.5

浅海区 shallow sea area

水深 20 m～300 m 的海区。

3.6

深海区 deep sea area

水深大于 300 m 的海区。

4 总则

4.1 勘察目的与任务

4.1.1 勘察目的是为平台基础设计、安装以及灾害地质因素的防治措施提供基础资料。

4.1.2 勘察的任务是查明平台场址的水深、地形和海底面状况；查明平台基础影响范围内的岩、土层分布及其物理力学性质；查明影响地基稳定和钻进施工安全等的灾害地质因素；进行工程地质条件评价等。

4.2 勘察内容

海上平台场址工程地质勘察应包括下列内容：

a) 水深和海底地形；

b) 海底面状况以及自然的或人为的海底障碍物；

c) 海底地层的结构特征、空间分布及其物理力学性质；

d) 灾害地质、地震因素；

e) 腐蚀性环境参数；

f) 海洋开发活动。

4.3 勘察程序

勘察应按照前期资料收集、技术设计、海上勘察、样品分析测试、资料解释与整理、工程地质条件分析、报告编制、成果验收、资料归档等程序进行。

4.4 勘察方法

主要勘察方法如下：

a) 水深测量；

b) 侧扫声纳探测；

c) 地层剖面探测；

d) 高分辨率多道数字地震调查；

e) 磁法探测；

f) 底质与底层水采样；

g) 工程地质钻探；

h) 原位试验；

i) 土工试验与腐蚀性环境参数测定。

4.5 勘察范围与工作量

4.5.1 海上平台场址工程地质勘察应在平台位置及其四周的一定范围(即平台场址)内进行。根据工程的重要性和场址以往资料积累情况，勘察区一般确定为 1 km×1 km～4 km×4 km。

4.5.2 勘察工作量取决于平台场址的工程地质条件的复杂程度、已有的勘察资料及前人工作的成果。一般作如下规定：

a) 地球物理勘察测线以网格布置。在场址的边缘区测线间距为 100 m～250 m，场址中心区加密至 25 m～50 m；

b) 底质采样应不少于 10 个站；

c) 海上固定平台场址至少应布置1个工程地质采样孔、1个原位试验孔。根据工程要求应增加工程地质勘探孔。

4.6 勘察的一般要求

4.6.1 近海勘察船应能适应2级海况或蒲氏风级3级条件下作业，远海勘察船应能适应4级海况或蒲氏风级5级条件下作业。能保持5 kn以下航速工作，能满足海上场址勘察对导航定位、安全、消防与救生、通信、供电、设备安装与收放、实验室等方面的要求。

4.6.2 勘察仪器设备的技术指标应满足勘察项目的要求，应在检定、校准证书有效期内使用，并处于正常工作状态；无法在室内检定、校准的仪器设备，应与传统仪器设备进行现场比对，考察其有效性；仪器设备的运输、安装、布放、操作、维护，应按其使用说明书的规定进行。

4.6.3 勘察技术人员应取得由合法资质机构颁发的与勘察项目相符的上岗资质证书，能胜任岗位工作。

4.6.4 值班人员应遵守值班和交接班制度，认真作好班报记录。班报记录应统一、规范。班报记录由值班人员填写，交接班时由接班人核验，确保内容完整可靠。

4.6.5 平台场址勘察的测图一般以1∶5 000比例尺施测，也可按任务委托方要求选择比例尺施测。每一平台场址单独成图，当场址相距很近时可多个场址合并成图。

4.6.6 采用几种地球物理勘察方法同步作业时，应统一定位时间和测线、测点编号。因故测量中断或同一测线分次作业，则应按同一方法补测，并重叠3个定位点以上。

4.6.7 应及时记录观测到的与平台场址勘察相关的海上交通、渔业捕捞等海洋开发活动情况。

4.6.8 海上作业采集和观测到的各类原始资料、记录、样品等应给予唯一性标识。

4.6.9 实施全过程质量控制，对海上获取的样品、原始资料进行现场质量检查、验收，对未达到技术要求的勘察工作，应进行补测或重测，对样品的分析、测试和资料的处理结果进行质量检查。

5 导航定位

5.1 定位中误差

定位中误差应符合下列要求：

a) 当测图比例尺大于1∶5 000时，海上定位中误差应不大于图上1.5 mm；

b) 当测图比例尺不大于1∶5 000时，海上定位中误差应不大于图上1.0 mm。

5.2 坐标系与投影

坐标系和投影方式应符合下列要求：

a) 平面坐标系统采用WGS-84大地坐标系或1954年北京坐标系，也可按任务委托方要求采用其他坐标系；

b) 采用高斯-克吕格投影，也可按任务委托方要求采用其他投影方式。

5.3 导航定位方法

5.3.1 导航定位方法应满足以下要求：

a) 满足导航定位作业的误差要求；

b) 定位作用距离覆盖作业区域；

c) 能连续、稳定、可靠作业；

d) 定位数据更新率不小于1次/秒。

5.3.2 DGPS导航定位应符合GB/T 17424—1998中第4章、第9章的规定，工作前应进行定位中误差比对试验。导航定位应有差分信号，有效观测卫星数应不小于4颗，卫星仰角不小于5°，点位几何因子(PDOP)不大于6，差分信号更新率不大于30 s。

5.3.3 超短基线水下声学定位系统主要用于地球物理水下拖曳探头的定位，水下声应答器安装在探头中，根据勘察船定位设备与水下声应答器的位置关系，进行探头定位；开始工作前应对定位系统进行安装姿态校正。

5.4 走航式地球物理勘察导航定位

走航式地球物理勘察导航定位应符合下列要求：

a) 勘察船应沿测线延伸线提前上线、延时下线；有拖体情况下，延伸线长度应不少于 2 倍拖缆长度；

b) 进行侧扫声纳探测、地层剖面探测、磁法探测等作业时，工作航速应不大于 5 kn；进行水深测量单项作业时，工作航速应不大于 10 kn；

c) 航迹与设计测线偏离距应不大于测线间距的 20%；多波束测量时，测线最大偏离为条幅宽度的 10%；

d) 定位标记点的图上间距应不大于 1 cm；

e) 班报记录应详细记载测线号、首尾点号、日期时间、卫星信号质量指标、中断情况及处理意见等；

f) 勘察船定位仪器的天线与勘察设备探头水平位置应尽量重合，当二者水平距离超过图上 1 mm 时，应进行点位偏心改正。

5.5 定点式勘察导航定位

定点式调查导航定位应符合下列要求：

a) 当采样或测试装置到达水下预定位置时，记录定位数据。实际钻孔位置与设计钻孔位置的最大偏离，在近岸区应小于 20 m，浅海区应小于 50 m，深海区应小于 100 m；

b) 采样作业时，宜将采样作业一侧船舷调置在上风位。

5.6 定位资料整理

资料整理应符合下列要求：

a) 外业资料整理按 GB 17501—1998 中 9.4.2 的要求；

b) 根据定位资料编制航迹图，按 GB 17501—1998 中 9.8.2 的要求。

6 工程地球物理勘察

6.1 主要勘察内容

工程地球物理勘察包括水深测量、侧扫声纳探测、地层剖面探测、高分辨率多道数字地震调查，可根据工程要求进行磁法探测。

6.2 单波束水深测量

6.2.1 选用的测深仪应同时具有模拟记录和数字记录两种记录方式，其主要技术指标应符合 GB 12327—1998 中 6.3.4 的要求。

6.2.2 单波束水深测量应符合下列技术要求：

a) 深度测量中误差：水深 20 m 以浅不大于 0.2 m，20 m 以深不大于水深的 1%；

b) 重合点（图上 1 mm 以内）深度不符值限差：水深 20 m 以浅不大于 0.4 m，20 m 以深不大于水深的 2%，超限点数不得超过参加比对总点数的 15%；

c) 近岸区应采用实测水位观测资料用于水位改正，验潮站水位观测中误差应不大于 5 cm，当沿岸验潮站或其他方式不能控制测区水位变化时，可采用预报水位；

d) 当动态吃水变化大于 5 cm 时，应进行动态吃水改正。

6.2.3 海上测量实施按 GB 17501—1998 中 9.2.6 的要求。

6.2.4 遇到下列情形，应进行补测或重测：

a) 定位中误差达不到 5.1 要求时；

b) 测深线偏离超过设计测线间距的 50%，或漏测超过图上 5 mm 时；

c) 深度误差达不到 6.2.2a)、6.2.2b) 的要求时；

d) 水位、声速资料不能满足深度改正要求时。

6.2.5 水深资料整理应符合下列要求：

a) 深度量取按 GB 17501—1998 中 9.5.4 的要求；

b) 深度改正按 GB 17501—1998 中 9.5.5 的要求。

6.2.6 成果图件按下列要求：

a) 水深图、海底地形图的基准面采用理论最低潮面、平均海平面或 1985 国家高程基准，当采用其他基准面时，应注明其与理论最低潮面、平均海平面或 1985 国家高程基准的关系；

b) 水深图、海底地形图的基本等深距应按 0.5 m、1 m、2 m、5 m 选用，等深线分为首曲线和计曲线；

c) 水深图、海底地形图编制的其他要求按 GB 17501—1998 中 9.6 的规定。

6.3 多波束水深测量

6.3.1 仪器设备

多波束测深系统的选择应考虑测深范围、测深准确度、覆盖率、更新率等因素，其主要技术指标应符合下列要求：

a) 测深仪器中误差符合 6.2.2a)的要求；

b) 换能器波束角应不大于 2°；

c) 姿态传感器横摇、纵倾测量准确度不低于 0.05°，升沉测量不低于 0.05 m 或实际升沉量的 5%，罗经测量不低于 0.1°。

6.3.2 测量技术要求

多波束测量应符合下列技术要求：

a) 深度测量中误差应符合 6.2.2a)；

b) 重合点(图上 1 mm 以内)深度不符值限差应符合 6.2.2b)的要求；

c) 测深与定位时间延迟中误差应不大于 0.1 s，每次变更导航定位系统需重新测试导航延时；

d) 测量区域内应 100%的多波束测量覆盖，相邻主测线间应保证 20%的重复覆盖率；

e) 进行声速改正，声速剖面测量的时间密度不小于每天一次，而且声速剖面一个井场不少于一个点；

f) 每个航次开始前、结束后以及调查期间超过 3 天的测量间隙，应测量多波束换能器的吃水变化。换能器吃水深度改正可分段计算，按时间插值；

g) 近海海域应采用实测水位观测资料用于水位改正，验潮站水位观测中误差应优于 5 cm，当沿岸验潮站或其他方式不能控制测区水位变化时，可采用预报水位。

6.3.3 海上测量实施

海上测量应按下列要求实施：

a) 测量前应进行多波束测深系统的稳定性试验和航行试验。稳定性试验应选择平坦海底区，对深度进行重复测量，深度比对误差符合 6.3.2a)、6.3.2b)的要求；航行试验应选择有代表性的海底地形起伏变化的区域，测定系统在不同深度、不同航速下的工作状态，要求每个发射脉冲接收到的波束数应大于总波束数的 95%，测定从静止到最大工作航速间不同速度时换能器的动态吃水变化；

b) 观察系统状态显示和波束质量显示窗口，监视声纳参数设置、横摇和纵倾改正、换能器艏向改正和条幅内波束完整性等；

c) 观察航迹显示，监视有无突跳、相邻测线的重叠宽度等；

d) 当波束接收数小于发射数的 80%时，应降低勘察船船速或调整测线间距；

e) 观察记录设备工作状态，确保测量数据的完整记录；

f) 测线间条幅空白区要及时补测或列入补测计划；

g) 班报应及时记录测线开始、结束、测线号、经纬度、异常状况等信息。

6.3.4 补测或重测

遇到下列情形，应进行补测或重测：

a) 多波束测量覆盖率达不到6.3.2g)的要求时；

b) 出现6.2.2b)和6.2.4a)、b)、d)的情况时。

6.3.5 资料整理

6.3.5.1 原始数据文件、声速剖面文件等数据记录应进行备份。

6.3.5.2 原始数据应进行100%的检查，剔除突变的错误数据和质量差的边缘波束数据；每个区段读取3个～5个水深点，验证其大地坐标、直角坐标和水深值，确认是否有漏测的空白区。

6.3.5.3 数据编辑应按下列要求：

a) 剔除或改正定位数据中的突跳点、航向异常点等，并将合格的定位点归算至系统换能器位置；

b) 剔除粗差、虚假信号、不合格的水深数据，但对于异常浅点的处理应慎重；

c) 深度改正包括换能器吃水深度改正、声速改正、水位改正、多波束系统参数改正等；水位改正应按6.3.2的要求进行；

d) 拼接误差不等数据时，低准确度数据向高准确度数据调平；拼接准确度相同数据时，以高密度数据为准或调平。计算调平前后水深点的水深差值，统计算术平均值和中误差值，评价水深拼接中误差；

e) 计算重合点深度不符值和深度中误差，评估按6.3.2a)、6.3.2b)的要求进行；

f) 形成由每个波束的经度、纬度、水深组成的海底地形数字信息文件，即离散数据文件；

g) 设置合理数据网格间距，实现数据的网格化；最小网格间距应保证每个网格内有3个水深点，最大网格间距应不大于成果图上5 mm的实际距离。

6.3.6 成果图件

成果图件应按下列要求编制：

a) 水深图、海底地形图的基本等深距应按0.5 m、1 m、2 m、5 m选用，等深线分为首曲线和计曲线，当基本等深线不足以表现特殊海底地形特征时，加绘辅助等深线；常规水深图应进行数据网格化插值、抽稀，插值、抽稀后图上的水深点间距应不大于图上1 cm，保留最深水深、最浅水深、坡度变化点等特殊水深点；

b) 水深图、海底地形图编制的其他要求按GB 17501—1998中9.6的规定。

6.4 侧扫声纳探测

6.4.1 侧扫声纳系统应符合下列要求：

a) 工作频率不低于100 kHz，水平波束角不大于1°，最大单侧扫描量程不小于200 m；

b) 应能分辨海底1 m^3 大小的物体；

c) 应具有航速校正和倾斜距校正等功能；

d) 同时有模拟与数字记录。

6.4.2 侧扫声纳探测应符合下列技术要求：

a) 根据测线间距选择合理的声纳扫描量程，在平台场址内应100%覆盖，相邻测线扫描应保证100%的重复覆盖率，当水深小于10 m时可适当降低重复覆盖率；

b) 拖鱼距海底的高度控制在扫描量程的10%～20%，当测区水深较浅或海底起伏较大，拖鱼距海底的高度可适当增大；

c) 侧扫声纳图像清晰。

6.4.3 海上探测应按下列要求实施：

a) 调查开始前，在作业海区或邻近海域调试设备，确定最佳工作参数；

b) 拖鱼入水后，调查船应保持稳定的航速(不大于5 kn)和航向，避免停车或倒车；

c) 采用超短基线水下声学定位系统进行拖鱼位置定位;在近岸浅水区域也可采用人工计算进行拖鱼位置改正;

d) 模拟记录声纳图像标注,其内容包括项目名称、调查日期与时间、仪器型号、仪器参数、测线号和测线起止点号等;

e) 班报记录内容包括项目名称、调查海区、作业船只、记录人、海况、海面或水体障碍物、突发事件、仪器名称与型号、日期、时间、测线号、点号、航速、航向、仪器作业参数、记录纸卷号和数字记录文件名等;

f) 对现场声纳图像记录初步判读发现可疑目标时,应根据需要在其周围布设不同方向的补充测线作进一步探测。

6.4.4 资料处理应符合下列要求:

a) 识别声纳图像记录上的干扰信号和噪声;

b) 结合水深测量、底质采样等有关资料,识别和确定底质类型与分布、海底灾害地质因素、海底目标物的位置、形状、大小和分布范围;

c) 根据需要进行声纳图像镶嵌拼接。

6.4.5 成果图件包括:

a) 海底面状况图;

b) 局部或全区的纳图像镶嵌图。

6.5 地层剖面探测

6.5.1 地层剖面仪应符合下列要求:

a) 浅地层剖面仪的声源一般采用电声或电磁脉冲,频谱为500 Hz~15 kHz;

b) 中地层剖面仪的声源一般采用电磁脉冲或小型电火花,频谱为200 Hz~5 kHz;

c) 较深地层剖面仪的声源一般采用电火花、气枪、水枪或枪阵组合,频谱为60 Hz~2 kHz;

d) 发射机具有足够发射功率,接收机具有足够的频带宽和时变增益调节功能,能同时进行模拟记录剖面输出和数字采集处理与存贮。

6.5.2 地层剖面探测应符合下列技术要求:

a) 地层剖面探测包括浅地层剖面探测、中地层剖面探测和较深地层剖面探测,用以获得海底以下200 m深度内的声学地层剖面记录;可根据需要同时进行三种地层剖面探测,或进行浅、中地层剖面探测或浅、较深地层剖面探测;

b) 浅地层剖面探测地层分辨率优于0.2 m,中地层剖面探测地层分辨率优于1 m,较深地层剖面探测地层分辨率优于3 m;

c) 记录剖面图像清晰,没有强噪声干扰和图像模糊、间断等现象。

6.5.3 海上探测应按下列要求实施:

a) 调查开始前,在作业海区附近调试设备,确定最佳工作参数;

b) 拖曳式声源和水听器阵应拖曳于船尾涡流区外且平行列置,水听器阵应稳定拖浮在海面以下0.1 m~0.5 m;

c) 水深变化较大时,应及时调整记录仪的量程或延时;

d) 应使用涌浪补偿器或数字涌浪滤波方法进行滤波处理;

e) 模拟记录图像标注,其内容包括项目名称、调查日期与时间、仪器型号、仪器参数、测线号、测线起止点号和测量者等;

f) 班报记录内容包括项目名称、调查海区、测量者、仪器名称与型号、日期、时间、测线号、点号、航速、航向、仪器作业参数、记录纸卷号和数字记录文件名等;

g) 对现场记录剖面图像初步分析发现可疑目标时,应布设补充测线以确定其性质。

6.5.4 资料处理应符合下列要求:

a) 识别地层剖面图像记录上的干扰信号；

b) 根据剖面图像的反射结构、振幅、频率、同相轴连续性和反射波接触关系等特征，结合地质钻孔资料等，划分声学地层层序，解释地层沉积结构、地层构造，判断沉积类型及其工程地质特性等；分析灾害地质因素，确定其性质、形态及分布范围；

c) 依据钻孔层位对比、声速测井或其他测量方法获取的实际地层声速资料进行时间-深度转换。

6.5.5 成果图件编制应符合下列要求：

a) 地层剖面图，其垂直与水平比例应合理；图面内容包括地形剖面线、地层界面、岩性、灾害地质要素、主要地物标志、采样站位、钻孔位置及其柱状图和测试结果等；

b) 浅部地质特征图，图面内容主要包括重要地层层次的厚度等值线或顶面埋深等值线、重要的地形地貌及浅部地质现象、主要灾害地质因素、主要地物标志、海底采样站位和钻孔位置及测试结果等；浅部地质特征图内容较少时可与海底面状况图合编。

6.6 高分辨率多道数字地震调查

6.6.1 仪器设备

6.6.1.1 主机技术性能应符合下列要求：

a) 前放一致性：幅度差在$-2\%\sim2\%$；相位差(0 ± 1)ms；

b) 噪音：前放增益为2^8时，噪音不大于0.13 μV；前放增益为2^6时，噪音不大于0.19 μV；前放增益为2^4时，噪音不大于0.66 μV；

c) 漂移：任何道的漂移(0 ± 1)μV；

d) 串音：主放增益为1 FP时，串音不大于-78 dB；主放增益为2 FP时，串音不大于-72 dB；

e) 畸变：畸变不大于0.06%；

f) 陷波：任何道的衰减不小于40 dB；

g) A/D转换器纯正性：线性误差不大于0.02%；

h) 动态范围：动态范围大于78 dB；

i) 脉冲响应：振幅差在$-2\%\sim2\%$；相位差为2 ms。

6.6.1.2 震源技术性能应符合下列要求：

a) 采用小容量、小排量的气枪、水枪等；

b) 枪工作压力不低于额定压力的95%；

c) 枪控制器的准确度±0.1 ms；

d) 震源子波的频带应保持足够的宽度，特别要注意低频丰满度；

e) 组合气枪点火同步误差应控制在0.3 ms以内，最大不超过0.5 ms，超过0.3 ms的数量不应大于总数的20%。

6.6.1.3 接收电缆技术性能应符合下列要求：

a) 全缆绝缘电阻(下水前)应大于10 MΩ；

b) 电缆串音大于60 dB；

c) 电缆拖曳噪音小于0.1 Pa；

d) 各道间的相位差小于1 ms；

e) 各道间的振幅变化在15%以内；

f) 应至少每200 m配置一个深度传感器，电缆定深器可控范围3 m～30 m，电缆沉放深度一般应不大于4 m；

g) 电缆尾部配置带RGPS跟踪定位系统。

6.6.2 调查技术要求

高分辨率多道数字地震调查应符合下列技术要求：

a) 道数应不小于48道，道间距应不大于12.5 m，数据采样率应不大于1 ms，记录长度应不小于

2 000 ms；

b) 不正常工作道数应低于4%或低于3道，测线空废炮率应低于5%，连续空废炮不超过4炮；

c) 监视记录的计时线应清晰，道迹均匀，气枪同步信号和激发信号(TB)的断点清楚；每条测线的首、尾炮及每隔40炮应显示一套纸质监测记录；

d) 测线布设尽量与其他地球物理测线一致，尽可能通过已有钻孔位置，至少应有两条相互垂直的测线通过预定海上平台位置；

e) 地震仪应进行日检和月检。

6.6.3 海上调查实施

海上调查应按下列要求实施：

a) 采用水平叠加(共深度点)方法，其覆盖叠加次数与排列长度根据实际需要而定；

b) 调查开始前，在作业海区附近调试设备，主要是做电缆、震源沉放深度匹配试验，确定最佳工作参数；

c) 震源和电缆入水后，调查船保持稳定航速(不大于5 kn)和航向。提前上线距离大于后拖电缆长度的2倍，以保证在正式放炮前把电缆拖直。每条测线的首炮、尾炮和每盘记录磁带的末炮及每40炮，均在值班记录上标记一次水深数值；

d) 电缆的羽角应记录在现场值班记录上，至少每40炮记录一次，羽角不超过左右10°；

e) 回放和检查监视记录；

f) 应对测线的首末炮及每隔40炮作一次班报记录，班报记录内容应包括项目名称、调查海区、调查船名、日期、测线号、文件号、盘号、炮点号、水深、声速、深度传感器深度等。记录磁带贴上标签，标注内容与班报记录一致。

6.6.4 资料处理

资料处理应符合下列要求：

a) 检查仪器调试资料和原始记录，要求资料完整，测线、测点标识无误；

b) 地震资料处理包括野外带解编、单炮与单道显示、坏炮与坏道编辑、叠前去噪、观测系统定义、滤波与振幅补偿、震源子波反褶积、静校正、多次波衰减和速度分析、动校正和叠加、叠后时间偏移、时变滤波、动平衡和成果剖面生成等；

c) 根据地震剖面的反射结构、振幅、频率和同相轴连续性等特征，结合地质钻孔资料等，划分地震层序，解释海底沉积结构、地层构造，分析灾害地质因素，确定其性质、形态及分布；

d) 根据速度分析，提取均方根速度或平均声速、层速度，用于时间-深度的转换。

6.6.5 成果图件

根据高分辨率多道数字地震调查，综合地层剖面探测和地质钻探等资料编制下列图件：

a) 地震剖面解释图。一般应编制相互正交的两条测线的地震剖面解释图，应通过工程地质钻孔，且一条剖面线应垂直构造线走向；

b) 地质特征图。图面内容主要反映有工程意义的灾害地质因素及其形态、性质、规模等；

c) 地层等厚度图。选择具有工程意义的主要地层层次编制；

d) 地质构造图。反映海底以下约500 m以内地层与构造特征。

6.7 磁法探测

6.7.1 选用的磁力仪灵敏度应优于0.05 nT，测量动态范围应不小于20 000 nT～100 000 nT。

6.7.2 磁法探测应符合下列技术要求：

a) 磁法探测主测线与检测线交点的测量差值的均方差不大于2 nT；

b) 按4.5.2的地球物理勘察测线网格布设测线；对历史资料标明的海底磁性物体，根据需要布设一定的针对性测线，测线应与目标的延伸方向垂直。

6.7.3 海上探测应按下列要求实施：

a） 探测开始前，在作业海区附近调试设备，确定最佳工作参数；

b） 磁力仪探头入水后，调查船应保持稳定的低航速和航向，避免停车或倒车；探头离海底的高度应在 10 m 以内，海底起伏较大的海域，探头距海底的高度可适当增大；

c） 采用超短基线水下声学定位系统进行探头位置定位；在近岸浅水区域也可采用人工计算进行探头位置改正；

d） 探测记录应完整，漏测或记录无法正确判读时应进行补测；

e） 模拟记录标注，其内容包括项目名称、调查日期与时间、仪器型号、仪器参数变化情况、测线号、测线起止点号和测量者等；

f） 班报记录内容包括项目名称、调查海区、测量者、仪器名称与型号、日期、时间、测线号、点号、航速、航向、拖缆入水长度和数字记录文件名等；

g） 对现场记录分析发现可疑目标时，应根据需要布设补充测线。

6.7.4 资料处理应符合下列要求：

a） 根据需要对磁法探测资料进行校正，磁异常计算应按 GB/T 12763.8—2007 中 10.4 的要求；

b） 结合侧扫声纳、地层剖面探测成果，对磁法探测资料进行解释，识别海底磁性物体，确定其性质、位置和范围，确定海底已建电缆、管道或其他磁性物体的位置和走向等。

6.7.5 成果图件包括：

a） 实测磁场强度或磁异常平面剖面图；根据需要编制磁异常等值线图；

b） 海底磁性物体分布图，可合并于海底面状况图中，也可根据需要对其中一些较重要的部位单独成图说明。

7 底质采样

7.1 采样方法

底质采样分为表层采样和柱状采样两种。表层采样可使用蚌式采样器和箱式采样器；柱状采样可使用重力采样器和振动采样器。

7.2 采样技术要求

底质采样应符合下列技术要求：

a） 按网格状进行站位布设，站位间距应不大于 400 m。每个场址采样站位总数应不少于 10 个，柱状采样站数量不少于底质采样站的三分之一。根据工程地球物理勘察解释成果对站位布设作适当调整，应在底质变化复杂区增加采样站位；

b） 柱状样直径应不小于 65 mm。粘性土柱状样长度应大于 2 m；砂性土柱状样长度应大于 0.5 m；表层底质采样量应不少于 1 kg；

c） 柱状样采集长度达不到要求时，应再次采样，连续两次以上未采到样品时，可改为蚌式采样器或箱式采样器采样；

d） 在用蚌式采样器或箱式采样器采样三次以上仍未采到样品时，应分析其原因，确认是底质因素造成时，可不再采样。

7.3 样品编录和处理

7.3.1 样品编录

样品编录内容应包括工程名称、站号、站位、日期、站位水深、采样次数、贯入深度、土样长度或重量、扰动程度等。

7.3.2 岩性描述

岩性描述内容见 8.4.3c)。

7.3.3 样品包装

样品包装应符合下列要求：

a) 柱状样宜分段切割，分别编号，表明上下方向、深度，用胶带和腊密封，竖直放置在专用的土样箱中；

b) 表层样或扰动的柱状样，应用牢固的塑料袋进行包装封口，标明站号和采样深度，放置专用的土样箱中；

c) 用作地质、生物、化学等试验的样品，应根据其特殊要求进行采样、包装和存放。

7.3.4 样品存放

所有样品应存放在防晒、防冻、防压的环境中，条件许可时宜存放在有温湿控制的实验室内。

8 工程地质钻探

8.1 一般要求

8.1.1 钻探船

根据作业现场环境和钻探要求选择合适的钻探船和钻探设备，根据水文气象和海底底质等情况，选择合适的锚型、锚缆和系缆长度。

8.1.2 孔位布设

钻孔一般应布设在平台场址的中心位置。工程地质钻孔数量应根据工程地球物理勘察资料和平台基础类型确定，每一平台场址的勘探孔数量一般不少于2个。

8.1.3 设计孔深

不同类型平台场址的设计孔深应按下列要求：

a) 海上桩式固定平台：设计孔深应为入土桩长加上桩基影响带的宽度(桩基影响带一般按10倍的桩径考虑)，且孔深不宜小于90 m；

b) 海上重力式平台：设计孔深应大于平台底座的最大宽度，这一深度的土层应包含可能出现临界剪切面和基础沉降影响到的全部土层，且孔深不宜小于30 m；

c) 海上自升式平台：设计孔深应大于桩入土深度加上约10倍桩径的影响带宽度，且孔深不宜小于40 m；

d) 地震测试钻孔孔深应不小于100 m；

e) 其他类型平台钻孔孔深可根据工程要求进行设计。

8.2 钻探方法

钻探方法按GB 50021—2001中9.2的要求。

8.3 采样要求和方法

8.3.1 采样间距

应根据工程项目要求和土质条件确定，一般在海底以下0 m～15 m以内连续取样，15 m～30 m内为1 m～1.5 m，30 m以深不大于3 m。

8.3.2 岩芯采取率

岩芯钻探的岩芯采取率，砂性土层不应低于50%，粘性土层不应低于75%。

8.3.3 采样方法

采样方法按GB 50021—2001中9.4的要求。

8.4 钻探编录

8.4.1 一般要求

钻探编录包括钻进班报及地质编录。记录应及时、真实，按钻进回次逐次记录。

8.4.2 钻进班报

钻进班报内容包括工程名称、作业海区、钻孔编号、钻孔坐标位置、机台高度、钻探日期、钻机类型、钻具配置、钻进方式、开孔水深、终孔水深、回次钻杆长度、回次进尺、回次孔深、回次取样长度、回次取芯率、采样方式、采样器类型、采样编号、备注(天气、海况、设备故障、跳钻、井涌、塌孔、井底落物)等。

8.4.3 地质编录

地质编录应按下列要求：

a) 地质编录的主要内容应包括工程名称、作业海区、钻孔编号、钻孔坐标、开孔水深、回次孔深、取样长度、岩性描述及划分地层等；

b) 岩性描述以观察、手触方法为主。必要时采用现有的标准化、定量化的方法，如采用标准色版比色，以颜色代码表示岩土颜色；用袖珍贯入仪贯入指标表示粘性土的状态，用岩石质量指标值表示岩芯的完整性；用照相机拍摄岩芯、土芯照片；

c) 岩性描述内容：

1) 粘性土：颜色、状态、气味、光泽反映、摇震反映、干强度、韧性、结构、包含物等；

2) 粉土：颜色、气味、湿度、密度、摇震反映、干强度、韧性、包含物等；

3) 砂土：颜色、矿物组成、颗粒级配、颗粒形状、粘粒含量、湿度、密实度等；

4) 碎石土：颗粒级配、颗粒形状、颗粒排列、母岩成分、风化程度、充填物性质、充填程度、密实度；

5) 岩石：地质年代、风化程度、颜色、主要矿物、结构、构造和岩石质量指标等；

d) 根据岩性描述的工程性质，初步划分工程地质层。

8.5 样品处理

样品处理应符合下列要求：

a) 岩芯管内的样品应用推土器从采样管中推出，按上下顺序存放到岩芯箱内，用岩芯牌分开每一回次的岩芯，岩芯牌上用油漆标明钻进开始和终止深度，岩芯缺失处需标明；

b) 岩土试样应在现场封存，标明深度、上下、编号后竖直放置装箱。

8.6 钻孔完井报告

主要内容包括钻探目的、任务、钻孔坐标、标高、水深、施工时间、钻进与取芯方法、钻进中的异常情况、钻孔质量验收签单、初步的地层划分及野外钻孔柱状图等。

9 原位试验

9.1 一般规定

原位试验应符合下列要求：

a) 原位试验包括静力触探试验、十字板剪切试验、标准贯入试验、剪切波速试验等方法，勘察时应根据工程类别、岩土条件和现场作业条件等选择试验方法；

b) 原位试验孔一般布设在平台场址的中心位置，工程地质采样孔和原位试验孔的间距应小于10 m；

c) 分析原位试验资料时应注意试验条件、试验方法、土层不均匀性等对试验成果的影响，剔除异常数据。

9.2 静力触探试验(CPT)

9.2.1 适用范围

静力触探试验适用于软土、粘性土、粉土和砂土。

9.2.2 仪器设备

采用的静力触探系统应符合下列要求：

a) 海底静力触探系统(seabed CPT)或井下静力触探系统(downhole CPT)应装有锥尖阻力、侧壁摩阻力、孔隙水压力和倾斜度传感器；

b) 系统应能适应海上恶劣作业环境，能安全、稳定采集原位试验数据；

c) 系统应具有数据储存及处理系统，可在现场储存及处理原始数据；

d) 应使用标定合格的触探探头。

9.2.3 现场作业

现场作业应按下列要求：

a) 海上作业时应保证调查船操纵、导航定位、孔位测深与静力触探的协调配合；

b) 开始试验前应进行锥尖阻力和孔隙水压力的归零校正；

c) 试验过程中，探头应连续、匀速压入土中，贯入速率应保持为 20 mm/s±5 mm/s；

d) 每次试验获得连续完整的锥端阻力、侧壁摩擦力、孔隙水压力及倾斜度等参数的深度变化曲线，保存测试结果，填写测试记录表；

e) 仪器的标定、调试和测试步骤等按照 ASTM D5778—1995 执行。

9.2.4 资料处理和应用

9.2.4.1 进行原始记录曲线的修正，包括初始读数、曲线形状、深度校正等修正。

9.2.4.2 提交现场测试记录、探头标定结果图表、各种测试曲线和图表等。

9.2.4.3 根据各种静力触探曲线的线型特征和测试数据，划分土层、判别土类、估算土性参数、地基承载力等。

9.3 十字板剪切试验

9.3.1 适用范围

十字板剪切试验适用于测定均质饱和粘性土的不排水抗剪强度和灵敏度，对于不均匀土层，特别是夹有薄层粉细砂或粉土的软粘土，试验会有较大误差，使用时应谨慎。

9.3.2 仪器设备

采用的十字板剪切试验应符合下列技术要求：

a) 十字板板头形状为矩形，高径比(H/D)为 2，十字板头尺寸按表 1 确定；

b) 电测式十字板传感器绝缘电阻不应小于 500 MΩ。

表 1 原位十字板尺寸

单位为毫米

钻孔外径尺寸	直 径	高 度	叶片厚度	十字板钻杆直径
57.2	38.1	76.2	1.6	12.7
73.0	50.8	101.6	1.6	12.7
88.9	63.5	127.0	3.2	12.7
101.3	92.1	184.2	3.2	12.7

9.3.3 现场作业

现场作业应按下列要求：

a) 试验时十字板插入钻孔孔底以下的深度应不小于 5 倍套管或钻孔孔径，插入十字板时不应在十字板钻杆上施加扭力，以保证十字板能在不扰动土中进行试验；

b) 十字板剪切试验竖向间隔一般应为 1 m，当土层随深度变化复杂时，应根据静力触探成果和工程实际需要，选择有代表性的点布置试验点。遇到变层，应增加测试点；

c) 十字板剪切速度应控制在 6°/min，峰值强度一般应在 2 min～5 min 时间内测得，如条件允许，可每隔 15 s 记录一个扭力值。当扭矩出现峰值或稳定值后，要继续测读 1 min，以确认峰值或稳定扭矩；

d) 重塑土的不排水抗剪强度应在峰值强度或稳定强度出现后，将十字板顺剪切扭转方向快速连续转动 10 圈后 1 min 内测定；

e) 每一场址应至少进行一次十字板扭力钻杆与土之间的摩擦力试验，用于修正抗剪强度。

9.3.4 资料处理和应用

9.3.4.1 计算各试验点土的十字板不排水剪切强度、灵敏度等参数；

9.3.4.2 绘制十字板不排水剪切强度、灵敏度等参数随深度的变化曲线，需要时绘制抗剪强度与扭转角度的关系曲线。

9.3.4.3 根据土层条件和地区经验，对实测的十字板不排水抗剪强度进行修正。

9.3.4.4 根据工程需要，计算地基承载力、单桩承载力等参数。

9.4 标准贯入试验

标准贯入试验的方法和程序可按 GB 50021—2001 中 10.5 的要求。

9.5 剪切波速试验

进行工程场址地震安全性评价时，应进行剪切波速试验，试验方法和程序可按 GB/T 50269—1997 中第 7 章的要求。

10 船上和实验室土工试验

10.1 船上土工试验

10.1.1 试验内容

包括含水率、密度、泥温、无侧限压缩、小型十字板剪切和小型贯入仪试验等项目，应根据工程要求、船上试验条件及土样性质确定试验内容。

10.1.2 试验技术要求

船上土工试验应符合下列要求：

a) 样品取上后，按 7.3 的要求进行样品编录和处理；

b) 含水率、密度、无侧限压缩试验按 GB/T 50123—1999 中的第 4 章、5.1 和第 17 章的要求；

c) 小型十字板剪切和小型贯入试验，应在截取的岩芯样段两端或箱式原状样的中间部位进行；

d) 小型十字板剪切和小型贯入仪试验适用于均质粘性土，试验时应根据土质的软硬程度，选取不同型号的测头和不同测力范围的仪器；

e) 泥温可通过已有底层水温与泥温关系进行推算，或在土样取到船上后及时测定。

10.1.3 小型贯入仪试验

小型贯入仪试验应按下列要求：

a) 贯入时应避开试样中的硬质包含物、虫孔和裂隙部位；

b) 贯入点与试样边缘间的距离和平行试验贯入点间的距离应不小于 3 倍测头直径；

c) 贯入过程中应保持测头与土样平面垂直，且应以 1 mm/s 的速度匀速贯入，直至测头上刻划线与土面接触为止，试验停止，记录试验读数；

d) 每个样品平行试验应不少于 3 次，取其平均值，作为测试结果；

e) 每次试验后应清除测头部的泥土，以保证试验结果的准确性；

f) 记录试验仪器型号、探头规格、样品编号、试验深度、试验结果、试验人员等内容。

10.1.4 小型十字板剪切试验

小型十字板剪切试验应按下列要求：

a) 用切土刀修平被测土样表面，将剪力板垂直插入被测土样，插入深度与剪力板高度一致；

b) 将指针拨至零点，以 6°/s 的速度匀速旋转剪力仪的扭筒，直至样品被剪断，试验结束；

c) 每个样品平行试验应不少于 3 次，取其平均值，作为测试结果；

d) 记录试验仪器型号、十字板头规格、样品编号、试验深度和试验结果、试验人员等内容。

10.2 实验室土工试验

10.2.1 试验内容包括天然密度、天然含水率、比重、界限含水率、颗粒分析、渗透试验、固结试验和抗剪强度试验等。根据平台基础工程分析的要求，增加动三轴剪切试验等岩土动力学参数试验项目。

10.2.2 实验室土工试验方法应符合下列要求：

a) 动三轴剪切试验可按 GB/T 50269—1997 中第 9 章的要求；

b) 其余试验项目可按 GB/T 50123—1999 中的要求，根据工程要求也可按照国内或国际相关标准执行。

10.2.3 试验资料整理按 GB/T 50123—1999 中附录 A 的要求。土的分类见附录 A。

11 腐蚀性环境参数测定

11.1 底层水参数测试

11.1.1 底层水采样站位的数量每项工程不少于 3 个站位。采集离海底 1 m 以内的水样。

11.1.2 底层水测试参数应包括：pH、Cl^-、SO_4^{2-}、HCO_3^-、CO^{2-}、侵蚀性 CO_2。

11.1.3 底层水化学测试按 GB 50021—2001 中 12.1.3 的要求。

11.2 海底土参数测试

11.2.1 海底土采样站位数量每项工程不少于 3 个站位。根据工程要求，一般在代表性层位采样，每站的采样层位不少于 3 个。

11.2.2 海底土测试参数应包括：pH、Cl^-、SO_4^{2-}、HCO_3^-、CO_3^{2-}、氧化还原电位、电阻率。

11.2.3 海底土参数测试按 GB 50021—2001 中 12.1.3 的要求。

11.2.4 海底土中硫酸盐还原菌检测按 GB/T 12763.6—2007 中第 13 章的要求。

11.3 污损生物

11.3.1 污损生物包括附着生物和钻孔生物。

11.3.2 一般仅对路由海区历史资料进行整理分析，提供相关成果，如因工程需要进行污损生物的现场调查，按 GB/T 12763.6—2007 中第 13 章的要求。

11.4 腐蚀性评价

底层水和海底土的腐蚀性评价按 GB 50021—2001 中 12.2 的要求。

12 地震安全性评价

12.1 场址概率法地震危险性分析

场址地震危险性的概率分析包括区域（取海上平台场址外延不小于 150 km 范围）和近场区（取海上平台场址外延不小于 25 km 范围）地震活动性和地震构造环境评价、潜在震源区划分、地震动衰减关系确定、地震危险性的分析计算等，给出海上平台场址 50 年超越概率 63%、10%、2%的地震动水平向峰值加速度及重现期 200 年、1 000 年、5 000 年的基岩地震动水平向峰值加速度。

12.2 场址设计地震动参数确定

在海上平台场址地震危险性概率分析基础上，根据海上平台场址钻孔覆盖层剪切波速测定和钻孔典型土层样品动三轴试验等结果，进行土层地震动反应分析。根据 GB 17741—2005 规定采用钻探（控制性钻孔数量不少于 2 个）确定的基岩面或剪切波速不小于 500 m/s 的层顶面作为地震输入界面；当钻探深度超过 100 m，且剪切波速有明显跃升的土层分界面或由其他方法确定的界面，亦可作为地震输入界面。分析计算出海上平台场址不同概率水准、不同深度的场址地震动参数，其中包括海上平台场址海底面及以下所需深度的地震动水平向峰值加速度。根据场址地震反应分析得到的地震动时程，计算场址相关反应谱。根据计算得到的场址相关反应谱，综合确定场址设计地震动参数。

12.3 场址地震地质灾害评价

12.3.1 海上平台场址地震地质灾害评价内容主要包括断层地表错断、砂土液化和软土震陷等。

12.3.2 根据场址工程地质条件，确定场址地震地质灾害类型，评价其影响程度。

12.3.3 根据断层活动性调查结果，评价断层的地表错断特征及其对场址的可能影响。

12.3.4 当场址分布有饱和砂土或粉土时，应评价场址砂土液化的可能性及液化程度，并提出抗液化措施的建议。

12.3.5 当场址分布有软土时，应评价场址软土震陷的可能性及震陷程度，并提出抗震陷措施的建议。

13 成果图件与报告编制

13.1 成果图件编制

13.1.1 成果图件应按下列基本要求编制：

a) 充分反映平台场址的工程地质特征与灾害地质因素；

b) 资料齐全，数据准确，图面层次清楚、内容丰富、图例协调；

c) 图件比例尺一般选用 1∶5 000。

13.1.2 海上平台场址工程地质勘察应包含下列成果图件：

a) 航迹图：标注测线位置、测线号、测点号、底质采样站、工程地质钻孔及拟建平台位置；

b) 水深图（海底地形图）：标注水深值，按 0.5 m、1 m、2 m、5 m 间隔作等深线，等深线每 5 条加粗，应标明水深基准面、平面坐标系统等内容；

c) 地质构造图：主要依据地层剖面探测、高分辨率多道数字地震调查以及工程地质钻探资料综合分析后编制。反映海底以下约 500 m 以内地层与构造面的起伏、褶皱、断裂等构造特征；

d) 地质特征图：主要依据地球物理探测资料分析编制，反映对平台选址、设计、安装有潜在影响的地质特征和灾害地质因素，例如断层、滑坡、塌陷、埋藏古河谷、浅层气富集区等的位置、形态、性质、埋深等特征；

e) 地质剖面图：从断面上综合反映水深和沉积类型、地层结构、构造等重要地质特征，剖面线一般应通过工程地质钻孔且垂直构造线方向，编制相互正交的两条地质剖面图；

f) 底质类型分布图：主要依据底质采样及侧扫声纳、地层剖面探测资料编制，反映海底表层不同类型底质的空间分布特征；

g) 海底面状况图：主要依据侧扫声纳及地层剖面探测、底质采样资料编制，反映海底地貌、表层物质空间分布及障碍物的属性、形状、尺度等要素；

h) 地层等厚度图：主要依据地层剖面探测及底质采样、工程地质钻探资料编制，反映上部沉积层（或声学地层）空间变化特征及其底界面的区域起伏状态，可相应作出 A 层、（A＋B）层……（A＋B＋……N）的等厚度图，等厚度线间隔为 1 m，或根据实际情况确定。无法连续以等厚度线表示地层厚度变化的地段，则局部可采用厚度数字标注；

i) 钻孔柱状图：柱状图反映地层岩性、结构、构造、接触关系等，其左侧表示工程地质层序、时代、深度；右侧表示沉积环境、土工试验与原位试验资料等；

j) 自升式钻井平台桩腿入泥深度分析曲线，见附录 B；

k) 单位桩端承载力曲线，见附录 B；

l) 桩的极限轴向承载力曲线，见附录 B；

m) 桩的可打入性分析成果图（土动阻力曲线、锤数与打桩阻力关系曲线、预测锤击数与桩贯入深度关系曲线等），参见附录 C。

13.2 成果报告编制

13.2.1 成果报告编制应符合下列要求：

a) 充分反映工程地质勘察取得的资料和成果，重点突出，论据充分，结论明确，阐述清楚；

b) 场址的工程地质条件及灾害地质因素作为重点评价；

c) 除主要解释成果图件外，应附必要的插图、附表和照片。

13.2.2 成果报告应包含下列内容：

a) 前言：包括任务来源、工作目的、进度安排、工作量、资料质量、主要成果；

b) 场址自然地理概况；

c) 区域地质背景；

d) 地球物理勘察及其资料解释：地球物理勘察方法与程序、地形地貌特征、海底面状况与障碍物分布、地层层序与空间分布、地质构造特征等；

e) 工程地质条件评价：底质调查、工程地质钻探、工程地质试验、工程地质单元及其土质特性、灾害地质因素、海底冲淤稳定性；

f) 海洋开发活动；

g) 地震安全性评价：场址地震危险性概率分析、场址地震动参数确定及场址地震地质灾害评价；

h) 基础工程分析：承载力分析、稳定性分析、桩基础的设计分析和可打入性分析；

i) 结论与建议：场址工程地质条件、地基稳定性、基础型式及其持力层建议、推荐岩土指标参数；

j) 附录：原位试验报告、土工试验成果表、*T-Z*、*Q-Z* 和 *P-Y* 资料等。

14 资料归档

14.1 归档范围

归档范围包括：

a) 任务合同书及有关的技术要求、委托书等；

b) 勘察计划、实施方案等；

c) 各种载体的重要原始记录、原始资料、实验室分析测试报告、图纸等；

d) 阶段性调查成果及其验收记录；

e) 勘察报告最终原稿(电子文稿)；

f) 报告审核及评审记录、成果报奖记录、获奖记录、成果应用记录。

14.2 归档要求

归档应符合下列要求：

a) 应对勘察过程中形成的所有文字记录等材料进行整理立卷，并审核签字，经档案管理部门审查符合相关规定后归档；

b) 归档文件应格式统一、字迹工整、图样清晰、装订牢固、签字手续完备；

c) 归档资料应按保密规定划分密级，妥善保管。勘察实施过程中所形成的重要文件、材料、调查计划、原始记录、原始资料、资料汇编、图集图件、报告、规范性作业文件、追溯性记录等均应永久保管；

d) 电子文件材料应注明技术环境条件，相关软件版本、数据类型格式、操作数据、检测数据及备份要求等。

附 录 A
（规范性附录）
土的统一分类与定名

A.1 一般规定

土的分类应根据下列指标确定：

a) 土颗粒组成及其特征；

b) 土的塑性指标：液限(ω_L)、塑限(ω_P)和塑性指数(I_P)；

c) 土中有机质含量。

A.2 土的分类和定名

A.2.1 土按有机质含量可划分为无机土、有机质土、泥炭质土、泥炭。有机质含量小于5%的土称为无机土；有机质含量不小于5%，且不大于10%的土称为有机质土；有机质含量大于10%，且不大于60%的土称为泥炭质土，有机质含量大于60%的土称为泥炭。

A.2.2 土按颗粒级配或塑性指标可划分为碎石土、砂土、粉土和粘性土。

A.2.2.1 粒径大于2 mm的颗粒质量超过总质量50%的土，应定名为碎石土，可按表A.1进一步分类。

表 A.1 碎石土分类

土的名称	颗粒形状	颗 粒 级 配
漂石	圆形及亚圆形为主	粒径大于200 mm的颗粒质量超过总质量50%
块石	棱角形为主	
卵石	圆形及亚圆形为主	粒径大于20 mm的颗粒质量超过总质量50%
碎石	棱角形为主	
圆砾	圆形及亚圆形为主	粒径大于2 mm的颗粒质量超过总质量50%
角砾	棱角形为主	

A.2.2.2 粒径大于2 mm的颗粒质量不超过总质量的50%，且粒径大于0.075 mm的颗粒质量超过总质量50%的土，应定名为砂土，可按表A.2进一步分类。

表 A.2 砂土分类

土的名称	颗 粒 级 配
砾砂	粒径大于2 mm的颗粒质量占总质量的25%～50%
粗砂	粒径大于0.5 mm的颗粒质量超过总质量50%
中砂	粒径大于0.25 mm的颗粒质量超过总质量50%
细砂	粒径大于0.075 mm的颗粒质量超过总质量85%
粉砂	粒径大于0.075 mm的颗粒质量超过总质量50%
定名时根据颗粒级配由大到小以最先符合者确定。 当砂土中小于0.005 mm的土的塑性指数大于10时，应冠以含粘性土定语，如粘性土粗砂。	

A.2.2.3 粒径大于0.075 mm的颗粒质量不超过总质量的50%，且塑性指数不大于10的土，应定名为粉土，可按表A.3进一步分类。

表 A.3 粉土分类

<table>
<tr><th>土的名称</th><th>粒径/mm</th><th>含量/%</th><th>塑性指数</th></tr>
<tr><td rowspan="2">砂质粉土</td><td>>0.075</td><td><50</td><td rowspan="2">$3<I_p\leqslant7$</td></tr>
<tr><td><0.005</td><td><10</td></tr>
<tr><td rowspan="2">粘质粉土</td><td>>0.075</td><td><50</td><td rowspan="2">$7<I_p\leqslant10$</td></tr>
<tr><td><0.005</td><td>>10</td></tr>
</table>

A.2.2.4 塑性指数大于 10 的土应定名为粘性土。

粘性土可根据塑性指数进一步划分为粉质粘土和粘土。塑性指数大于 10,且不大于 17 的土,应定名为粉质粘土;塑性指数大于 17 的土应定名为粘土。

A.3 根据海洋工程实际要求,土的分类也可按照 ASTM D2487—2006 或其他国际相关标准执行。

A.4 ASTM D2487—2006 土的分类

A.4.1 土按保留在 200 号美国筛(0.075 mm 孔径)上的颗粒含量是否大于 50%划分为粗粒土和细粒土两大类。粗粒土可根据通过 4 号美国筛(4.75 mm 孔径)的颗粒含量是否大于 50%划分为砾和砂两大组,再根据分选情况和土中细颗粒的含量进一步划分。细颗粒土可根据液限、塑性指数及有机质含量再进一步细分。

A.4.2 ASTM D2487—2006 土的分类与定名见表 A.4。

表 A.4 土的分类与定名

<table>
<tr><th colspan="3">大 类</th><th>组别符号</th><th>代表性土名</th><th colspan="3">粗粒土分类</th></tr>
<tr><td rowspan="8">粗粒土(试样的一半以上大于 200 号筛)</td><td rowspan="4">砾石(粗粒部分的一半以上大于 4 号筛)</td><td rowspan="2">纯砾(细粒土很少或没有)</td><td>GW</td><td>级配良好的砾石或砾-砂混合物,细粒土很少或没有</td><td rowspan="8">1. 根据粒径曲线确定砂和砾的百分数。
2. 根据细粒土(小于 200 号筛粒级)的百分比,粗粒土可分类如下:
少于 5%-GW、GP、SW、SP;
大于 12%-GM、GC、SM、SC;
5% ~ 12%-界限上下的土,需用双重符号。</td><td>$C_u\geqslant4$;
$1\leqslant C_c\leqslant3$</td><td rowspan="2">不均匀系数:
$C_u=\frac{d_{60}}{d_{10}}$
曲率系数:
$C_c=\frac{d_{30}^2}{d_{10}\times d_{60}}$</td></tr>
<tr><td>GP</td><td>级配不良的砾石或砾-砂混合物,细粒土很少或没有</td><td>对 GW 的所有级配要求均不符合</td></tr>
<tr><td rowspan="2">混细粒土的砾石(细粒土相当多)</td><td>GM</td><td>粉土质砾石、砾-砂-粉土混合物</td><td>阿太堡(Atterberg)界限在 A 线以下或 $I_p<4$</td><td rowspan="2">在 A 线以上,且 $4<I_p<7$ 的土,需用双重符号表示</td></tr>
<tr><td>GC</td><td>粘土质砾石,砾-砂-粘土混合物</td><td>阿太堡界限在 A 线以上,且 $I_p>7$</td></tr>
<tr><td rowspan="4">砂(粗粒部分的一半以上小于 4 号筛)</td><td rowspan="2">纯砂(细粒土很少或没有)</td><td>SW</td><td>级配良好的砂或砾砂,细粒土很少或没有</td><td colspan="2">$C_u\geqslant6,1\leqslant C_c\leqslant3$</td></tr>
<tr><td>SP</td><td>级配不良的砂或砾砂,细粒土很少或没有</td><td colspan="2">对 SW 的所有级配要求均不符合</td></tr>
<tr><td rowspan="2">混细粒土的砂(细粒土相当多)</td><td>SM $\frac{d}{u}$</td><td>粉土质砂,砂-粉土混合物</td><td>阿太堡界限低于 A 线或 $I_p<4$</td><td rowspan="2">在 A 线以上,且 $4<I_p<7$ 的土,需用双重符号表示</td></tr>
<tr><td>SC</td><td>粉土质砂,砂-粘土混合物</td><td>阿太堡界限在 A 线以上,且 $I_p>7$</td></tr>
</table>

表 A.4（续）

<table>
<tr><th colspan="2">大　类</th><th>组别符号</th><th>代表性土名</th><th>粗粒土分类</th></tr>
<tr><td rowspan="7">细粒土（试样的一半以上小于 200 号筛）</td><td rowspan="3">（液限小于 50%的）粉土和粘土</td><td>ML</td><td>无机质粉土和极细砂，岩粉，粉土质或粘土质细砂，或有低塑性的粘土质粉土</td><td rowspan="7">$I_p=0.73(\omega_L-20)$
B
A
CH
OH或MH
CL
OL
OL或ML
CL-ML
ML
塑性指数I_p
0 10 20 30 40 50 60
0 10 20 30 40 50 60 70 80 90 100
液限（碟式仪）ω_L/%
Casagrande 塑性图
C 为粘质土；
M 为粉质土；
O 为有机土；
H 表示高塑性；
L 表示低塑性；
A 线以上是无机质土区，以下为粉质土区及有机质土；
B 线右方为高塑性土，左方为低塑性土；
200 号筛孔径为 0.075 mm；
4 号筛孔径为 4.75 mm。</td></tr>
<tr><td>CL</td><td>低～中塑性的无机质粘土，砾质粘土，砂质粘土，粉土质粘土，瘦粘土</td></tr>
<tr><td>OL</td><td>低塑性有机质粉土和有机质粉土质粘土</td></tr>
<tr><td rowspan="2">（液限不小于 50%的）粉土和粘土</td><td>MH</td><td>无机质粉土，含云母或硅藻土的细砂质土或粉土质土，橡皮粉土</td></tr>
<tr><td>CH</td><td>高塑性无机质粘土，肥粘土</td></tr>
<tr><td rowspan="2">高有机质土</td><td>OH</td><td>中～高塑性的有机质粘土，有机质粉土</td></tr>
<tr><td>Pt</td><td>泥炭和其他高有机质土</td></tr>
</table>

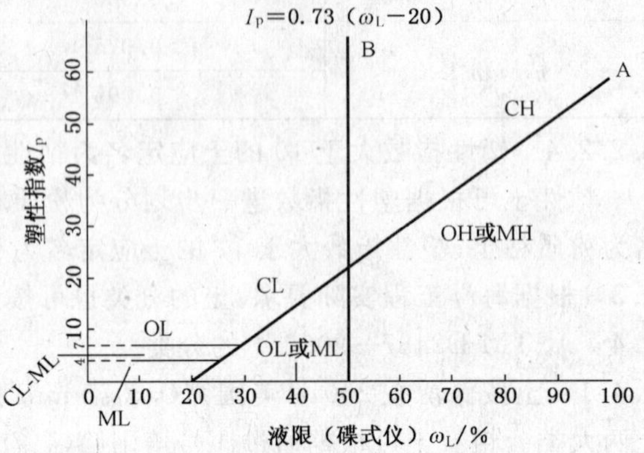

附　录　B
（规范性附录）
桩-土系统的荷载与位移分析

对于桩式海上固定平台，在桩基础设计时，为使桩基础能承受静荷载、循环荷载和瞬时荷载，不发生过大的变形或振动，应进行桩设计深度、竖向荷载-桩位移和横向荷载-桩位移的计算分析。

B.1　桩的设计打入深度

桩的设计打入深度应能使桩具有足够的能力，以承受最大的竖向计算承载力和上拔力，且具有合理的安全系数。桩的极限承载力可按B.2和B.3的规定进行计算，或采用以大量可靠资料为依据的其他计算方法计算。桩的允许承载力为极限承载力除以合理的安全系数。安全系数不应小于SY/T 10030—2004中6.3.4中要求的数值，见表B.1。

表B.1　不同荷载条件下的安全系数值

荷载条件	安全系数
设计环境条件加适当的钻井荷载	1.5
钻井作业期间的操作环境条件	2.0
设计环境条件加适当的采油作业荷载	1.5
采油作业期间的操作环境条件	2.0
设计环境条件加最小荷载（对上拔情况）	1.5

B.2　桩的轴向承载力

B.2.1　极限承载力

静荷载条件下，桩的极限承载力Q_d由SY/T 10030—2004中6.4.1-1式确定，见式(B.1)：

$$Q_d = Q_f + Q_p = f \cdot A_s + q \cdot A_p \quad \cdots\cdots (B.1)$$

式中：

Q_f——桩侧摩阻力，单位为千牛(kN)；

Q_p——桩端承载力，单位为千牛(kN)；

f——单位桩侧摩阻力，单位为千帕(kPa)；

A_s——桩测表面积，单位为平方米(m^2)；

q——单位桩端承载力，单位为千帕(kPa)；

A_p——桩端总面积，单位为平方米(m^2)。

B.2.2　粘性土中的桩侧摩阻力和桩端承载力

B.2.2.1　对于粘性土中的管桩，沿桩长上任一点的桩侧摩阻力f可按SY/T 10030—2004中6.4.2-1式计算，见式(B.2)：

$$f = \alpha C_u \quad \cdots\cdots (B.2)$$

式中：

α——无量纲系数；

C_u——计算点土的不排水剪切强度，单位为千帕(kPa)。

系数α按SY/T 10030—2004中6.4.2-2式计算，见式(B.3)：

$$\alpha = 0.5\Psi^{-0.5} \quad 当\ \Psi \leqslant 1.0$$
$$\alpha = 0.5\Psi^{-0.25} \quad 当\ \Psi > 1.0 \qquad \cdots\cdots (B.3)$$

式中：

Ψ——C_u/P'_0；

P'_0——计算点的有效上覆土压力，单位为千帕(kPa)。

B.2.2.2 粘性土中的单位桩端承载力 q 可按 SY/T 10030—2004 中 6.4.2-3 式计算，见式(B.4)：

$$q = 9C_u \qquad \cdots\cdots (B.4)$$

在成层粘性土中，桩侧摩阻力 f 按公式(B.2)计算。当桩端承载力按公式(B.4)计算时，如果桩端所处的粘性土层的相邻的土层相对较软，则桩端距离相邻土层界面应不小于3倍的桩径厚度，否则应对计算值作修整。当相邻土层与计算土层的强度相差不大时，就可不考虑桩端与相邻土层界面的距离。

B.2.3 非粘性土中的桩侧摩阻力和桩端承载力

B.2.3.1 非粘性土中的管桩侧摩阻力可按 SY/T 10030—2004 中 6.4.3-1 式计算，见式(B.5)：

$$f = KP_0\tan\delta \qquad \cdots\cdots (B.5)$$

式中：

K——横向地基压力系数；

P_0——计算点的有效上覆土压力，单位为千帕(kPa)；

δ——土与桩壁间的摩擦角，单位为度(°)。

对于开口无土塞打入桩，无论是压荷载或拉荷载的情况，均假设 K 值为0.8。对于形成土塞或端部封闭的桩，可假设其 K 值为1.0。摩擦角 δ 按表B.2选取。对于长桩，f 值宜采用 SY/T 10030—2004 中表 6.4.3-1 给出的极限值，见表B.2。

B.2.3.2 对于端部支承在非粘性土中的桩，其单位桩端承载力 q 按 SY/T 10030—2004 中 6.4.3-2 式计算，见式(B.6)：

$$q = P_0N_q \qquad \cdots\cdots (B.6)$$

式中：

P_0——桩尖处的有效上覆压力，单位为千帕(kPa)；

N_q——承载力系数。

表B.2中所列参数为推荐值。在能取得实验资料的情况下，可以采用实验值。对于密度和类别不在表B.2所列范围的土，在选择设计参数时，应进行专门的实验或现场试验。

表 B.2 非粘性硅质土的设计参数

密度	土的类别	土-桩间摩擦角/(°)	极限桩侧摩阻力值/kPa	承载力系数	极限单位桩端承载力值/MPa
极松 松 中密	砂 砂质粉土 粉土	15	47.8	8	1.9
松 中密 密实	砂 砂质粉土 粉土	20	67.0	12	2.9
中密 密实	砂 砂质粉土	25	81.3	20	4.8

表 B.2（续）

密度	土的类别	土-桩间摩擦角/(°)	极限桩侧摩阻力值/kPa	承载力系数	极限单位桩端承载力值/MPa
密实 极密	砂 砂质粉土	30	95.7	40	9.6
密实 极密	砂砾 砂	35	114.8	50	12.0
注：“砂质粉土”其强度通常随含沙量的增加而增加，随含粉粒量的增加而减小。					

B.2.3.3 对于非粘性土中的小于钻孔孔径的打入桩，其 f 和 q 值的确定，应采用考虑到施工安装造成土扰动的方法，但其值不应超过打入桩的值。表 B.2 的 f 和 q 亦可用于钻孔灌注桩，但要考虑土和灌浆界面的粘结强度。

B.2.3.4 对于成层的非粘性土层桩侧摩阻力 f 可采用表 B.2 给出的值。当桩端承载力采用表 B.2 的推荐值时，如果桩端所处的非粘性土层的相邻土层较软，则桩端距离相邻土层的层界面不小于 3 倍桩径的厚度，否则应对表列数据进行修改。如果相邻土层与桩端所处的非粘性土层的强度相差不大，则可不考虑桩端与相邻土层界面的距离。

B.2.4 岩层中灌注桩的侧摩阻力和桩端承载力

对于岩层中的钻孔灌注桩，其单位桩侧摩阻力不应超过岩石或灌浆的三轴抗剪强度，桩侧极限摩阻力值可取为钢桩同灌浆之间的极限固结强度。

岩层的桩端承载力应根据其三轴抗剪强度和可靠的承载力系数来确定，并不得超过 9.58 MPa。

B.3 桩的轴向抗拔力

桩的极限抗拔力不大于桩的总侧摩阻力 Q_f。在分析确定桩的极限抗拔力时，应考虑包括静水上浮力和土塞重量在内的桩的有效重量。对于粘性土，f 值应与公式(B.2)规定值相同。对于非粘性土，f 值根据公式(B.5)的规定计算。对于岩层，f 值应与 B.2.4 的规定值相同。

桩的抗拔力应为极限抗拔力除以安全系数。

B.4 轴向荷载-桩位移分析

在任一深度的动员的桩-土的剪力传递和桩的局部位移的图形关系可用 t-z 曲线来表示，同样，可动员的端部承载力和端部的竖向位移可用 Q-z 曲线来表示。

B.4.1 竖向荷载传递曲线(t-z)

粘土和砂土中桩的竖向荷载传递曲线采用 SY/T 10030—2004 中图 6.7.2-1，见图 B.1。

桩的竖向位移 Z_{res} 处的剩余粘结力的比值 t_{res}/t_{max} 与土应力-应变特性、应力历史、桩的安装方法、桩的加载顺序及其他因素有关。t_{res}/t_{max} 的范围从 0.70 到 0.90。

B.4.2 桩端荷载-位移曲线

桩端承载力是随着桩端位移增大而逐渐发挥出来的，当桩端位移达到桩径的 10% 时，才能完全使粘土和砂土中的端部承载力起作用。粘土和砂土中的桩端荷载与桩位移(Q-z)均可采用 SY/T 10030—2004 中图 6.7.3-1，见图 B.2 的曲线和数值。

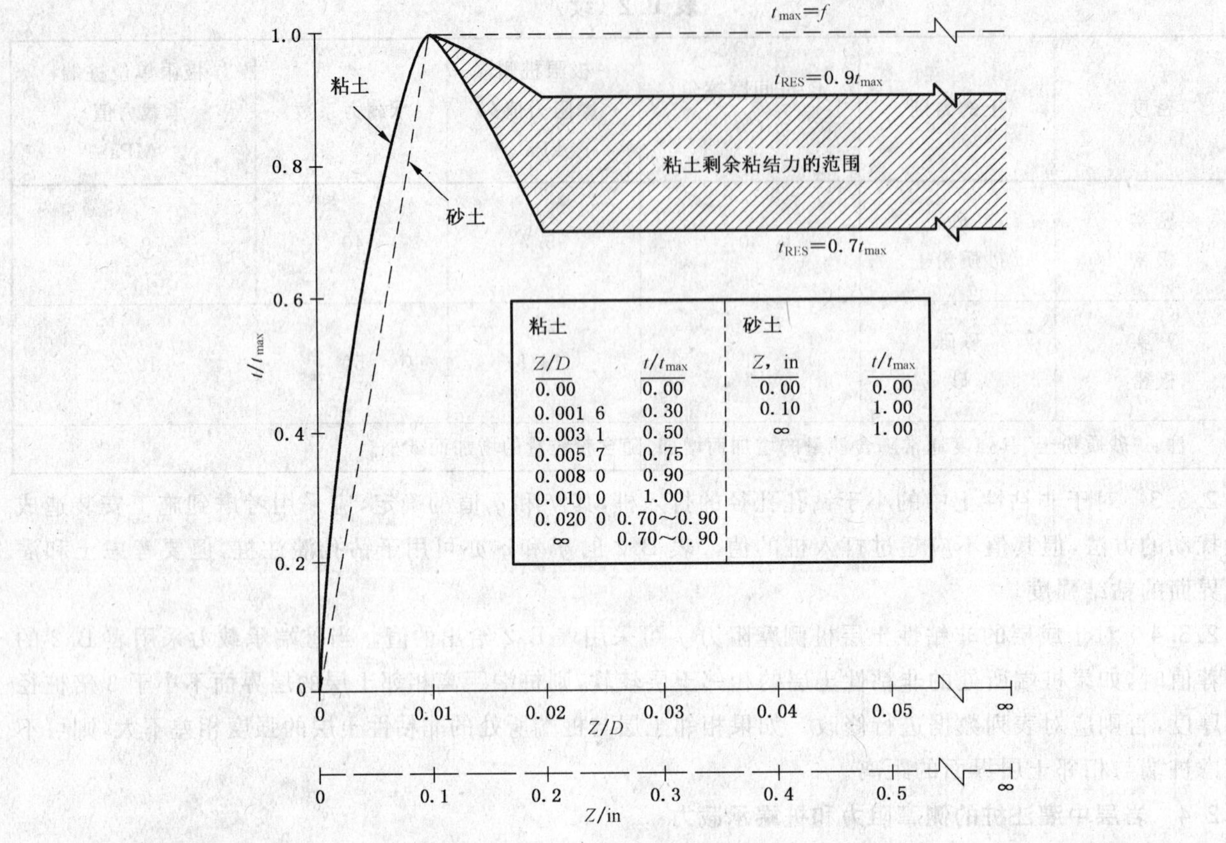

粘土		砂土	
Z/D	t/t_{max}	Z，in	t/t_{max}
0.00	0.00	0.00	0.00
0.001 6	0.30	0.10	1.00
0.003 1	0.50	∞	1.00
0.005 7	0.75		
0.008 0	0.90		
0.010 0	1.00		
0.020 0	0.70～0.90		
∞	0.70～0.90		

Z——桩的局部位移，单位为毫米(mm)；

D——桩的直径，单位为毫米(mm)；

t——可动员的桩-土粘结力，单位为千帕(kPa)；

t_{max}——桩土的最大粘结力或由B.2所计算的单位桩侧摩阻力，单位为千帕(kPa)。

注：1 in＝25.4 mm。

图 B.1 典型的桩的轴向荷载传递-位移(*t-z*)曲线

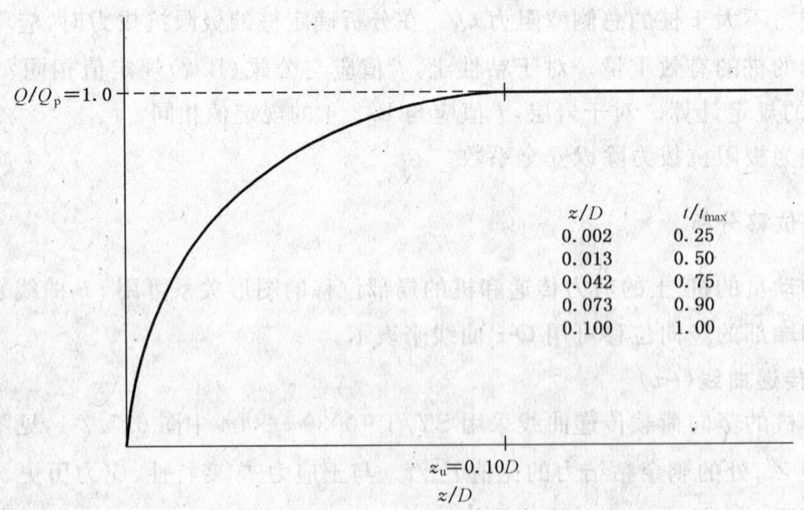

z/D	t/t_{max}
0.002	0.25
0.013	0.50
0.042	0.75
0.073	0.90
0.100	1.00

z——桩的竖向位移，单位为毫米(mm)；

D——桩的直径，单位为毫米(mm)；

Q——可动员的桩端承载力，单位为千牛(kN)；

Q_p——根据本附录计算的桩端承载力，单位为千牛(kN)。

图 B.2 桩端荷载-位移(*Q-z*)曲线

B.5 侧向荷载-桩位移分析

B.5.1 软粘土的侧向承载力

软粘土的极限单位侧向承载力 P_u 在 $8C_u$ 和 $12C_u$ 之间变化。循环荷载作用下会使侧向承载力下降而低于静荷载下的数值。如无更可靠的经验公式，极限单位侧向承载力可按 SY/T 10030—2004 中 6.8.2-1 和 6.8.2-2 式计算，见公式(B.7)和公式(B.8)：

当 X 从 0 增加到 X_R 时，P_u 根据式(B.7)和式(B.8)从 $3C_u$ 增加至 $9C_u$：

$$P_u = 3C_u + \gamma' X + JC_u X/D \quad \cdots\cdots (B.7)$$

$$P_u = 9C_u \quad 对于 X \geqslant X_R \quad \cdots\cdots (B.8)$$

式中：

P_u——极限单位横向承载力，单位为千牛(kN)；

C_u——不排水抗剪强度，单位为千帕(kPa)；

γ'——土的水下浮重度，单位为兆牛每立方米(MN/m^3)；

J——无量纲经验常数，变化范围为 0.25～0.5；

D——桩直径，单位为毫米(mm)；

X——泥面以下深度，单位为毫米(mm)；

X_R——泥面以下至土承载力减小区底部的深度，单位为毫米(mm)。对于强度不随深度变化的情况，对公式(B.7)和公式(B.8)联立求解，得出：

$$X_R = \frac{6D}{\gamma' D/C_u + J} \quad \cdots\cdots (B.9)$$

对强度随深度变化的情况，可通过绘制两公式的曲线(即 P_u 对深度)来求解式(B.7)和式(B.8)。两曲线的第一个交点就是 X_R。这个由经验得出的关系式不适用于土强度变化不规则的情况。一般情况下，X_R 的最小值约为桩直径的 2.5 倍。

B.5.2 软粘土的荷载-位移(*p-y*)曲线

桩在软粘土中的侧向荷载-位移关系通常是非线性的。对于短期静荷载作用下的情况，*p-y* 曲线采用 SY/T 10030—2004 中 6.8.3 中提供的数据。

对于在循环荷载作用下已达到平衡状态的 *p-y* 曲线，采用 SY/T 10030—2004 中 6.8.3 中提供的数据。

B.5.3 硬粘土的侧向承载力

对于侧向静荷载，硬粘土(C_u 大于 96 kPa)的极限承载力 P_u 同软粘土一样，在 $8C_u$ 和 $12C_u$ 之间变化。由于它在循环荷载作用下强度迅速降低，因此，在循环荷载下设计时应低于侧向静荷载作用下的极限承载力值。

B.5.4 硬粘土的荷载-位移(*P-Y*)曲线

硬粘土亦具有非线性的应力-应变关系，但比软粘土具有更大的脆性。在建立硬粘土的应力-应变曲线以及在循环荷载作用下的 *P-Y* 曲线时，应对大变形情况下硬粘土承载力的迅速退化作出分析判断。

B.5.5 砂土的侧向承载力

砂土的极限侧向承载力，在 SY/T 10030—2004 中公式 6.8.6-1 及公式 6.8.6-2 所确定的值间变化，见公式(B.10)及公式(B.11)，前者为浅层的数值，后者为深层的数值。在给定的深度处，应采用得到较小 P_u 值的公式来计算。

$$P_{us} = (C_1 H + C_2 D)\gamma' H \quad \cdots\cdots (B.10)$$

$$P_{ud} = C_3 D\gamma' H \quad \cdots\cdots (B.11)$$

式中：

P_u——极限承载力，kN，P_u 的下角标 s 为浅层，d 为深层；

C_1，C_2，C_3——是 ϕ' 的函数值，由 SY/T 10030—2004 中图 6.8.6-1 确定，见图 B.3；

ϕ'——砂土的内摩擦角，单位为度（°）；

D——从泥面至给定深度的平均桩直径，单位为米（m）；

γ'——土的水下浮重度，单位为千牛每立方米（kN/m^3）；

H——深度，单位为米（m）。

B.5.6 砂土的荷载-位移（*P-Y*）曲线

砂土的侧向荷载-位移（P-Y）关系是非线性的，可按 SY/T 10030—2004 中公式 6.8.7-1 确定任何给定深度 H 的近似值，见式（B.12）：

$$P = AP_u \tanh\left[\frac{KH}{AP_u}y\right] \quad \cdots\cdots\text{(B.12)}$$

式中：

A——考虑循环的或静荷载的系数，由下式计算：

$A=0.9$　　对于循环荷载

$A=[3.0-0.8(H/D)]\geqslant 0.9$　对于静荷载

P_u——深度 H 处的极限承载力，单位为千牛每米（kN/m）；

K——地基反力初始模量，单位为千牛每立方米（kN/m^3），是内摩擦角 ϕ' 的函数，由 SY/T 10030—2004 中图 6.8.6-2 确定，见图 B.4；

H——深度，单位为米（m）；

y——侧向位移，单位为米（m）。

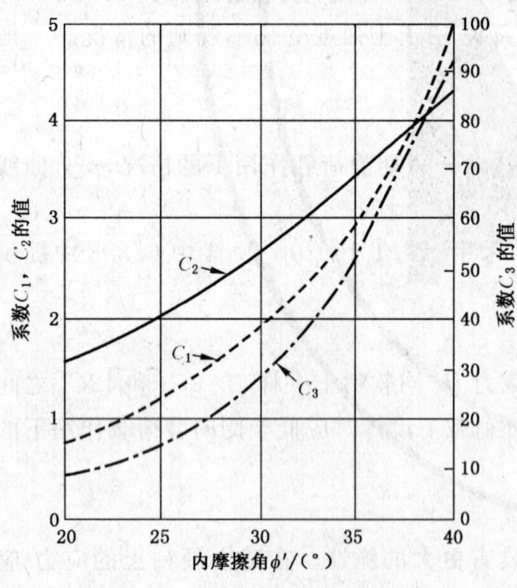

图 B.3　C 和 ϕ' 的函数关系

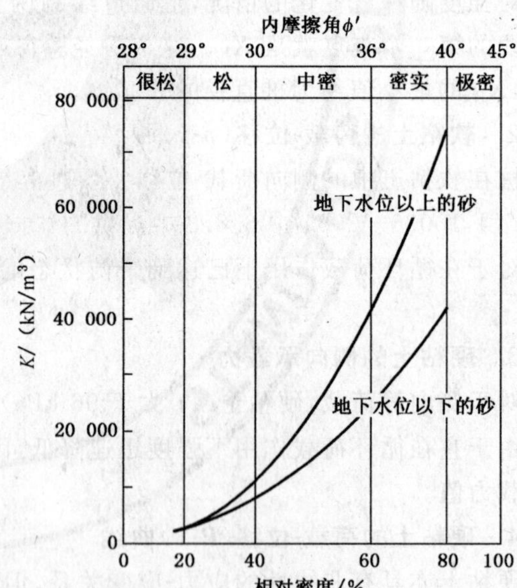

图 B.4　k 和 ϕ' 的函数关系

附 录 C
（资料性附录）
桩的可打入性分析

海上平台在进行桩基础设计时，应进行桩的可打入性分析。

C.1 桩的可打入性分析理论基础

假设将桩体看作为细长弹性杆件，则打桩过程是应力波传播过程，它可用一维波动方程进行描述：

$$\frac{\partial^2 u}{\partial t^2} = C^2 \frac{\partial^2 u}{\partial z^2} \qquad \text{(C.1)}$$

式中：

u——沿 z 方向位移；

t——时间；

C——应力波沿杆件传播速度，可由下式求得：

$$C = \sqrt{E/\rho} \qquad \text{(C.2)}$$

式中：

E——弹性模量；

ρ——质量密度。

把整个打桩系统，包括锤、帽、垫和桩划分成许多单元，每个单元都用一个刚性的集中质量块和一个无质量的弹簧来模拟，桩周土由弹簧、摩擦件和缓冲壶模拟，锤对桩的一次捶击过程就转化为锤—桩—土系统的运动问题。根据有限差分法，将波动方程变为求解一个理想化的锤—桩—土系统的各分离单元的差分方程组。

将单元在下一瞬间变速的加速度用向后差分求得，再代入单元的平衡方程，就可获得各单元的位移公式：

$$u_{(M,t)} = 2u_{(M,t-\Delta t)} - u_{(M,t-2\Delta t)} + \frac{g\Delta t^2}{W_{(M)}}\{K_{(M-1)}[u_{(M-1,t-\Delta t)} - u_{(M,t-\Delta t)}] - K_{(M)}[u_{(M,t-\Delta t)} - u_{(M+1,t-\Delta t)}] - R_{(M,t)}\} \qquad \text{(C.3)}$$

式中：

$u_{(M,t-2\Delta t)}, u_{(M,t-\Delta t)}, u_{(M,t)}$——$M$ 单元在 $t-2\Delta t, t-\Delta t$ 和 t 时刻的位移；

$u_{(M-1,t-\Delta t)}, u_{(M+1,t-\Delta t)}$——$M-1$ 和 $M+1$ 单元在 $t-\Delta t$ 时刻的位移；

g——重力加速度；

t——时间；

Δt——时间间隔；

$K_{(M-1)}, K_{(M)}$——$M-1$ 和 M 单元的桩材料弹簧常数；

$R_{(M,t)}$——M 单元 t 时刻所受侧向土阻力；

$W_{(M)}$——M 单元体重量。

而各单元变形、受力和速度分别由式 C.4、式 C.5 和式 C.6 表示：

$$C_{(M,t)} = u_{(M,t)} - u_{(M+1,t)} \qquad \text{(C.4)}$$

$$F_{(M,t)} = C_{(M,t)} K_{(M)} \qquad \text{(C.5)}$$

$$V_{(M,t)} = V_{(M,t-\Delta t)} + [F_{(M-1,t)} - F_{(M,t)} - R_{(M,t)}] - \frac{g\Delta t}{W_{(M)}} \qquad \text{(C.6)}$$

式中：

$C_{(M,t)}$——M 单元在 t 时刻变形；

$F_{(M,t)}, F_{(M-1,t)}$——M 单元和 $M-1$ 单元在 t 时刻受力；

$V_{(M,t)}$，$V_{(M,t-\Delta t)}$——M 单元在 t 时刻和 $t-\Delta t$ 时刻速度。

C.2 桩的可打入性分析内容

桩的可打入性分析应包含下列内容：

a) 核实已选定桩的尺寸及锤击设备能否将桩打到设计预定深度；

b) 确定打桩过程中桩身的拉、压应力值，以检验设计是否安全，选择合适的桩垫材料，保证沉桩能力和速率；

c) 确定桩身的最佳设计和组成、分段长度及数量；

d) 预测桩在自重下自动沉入土中的深度，即所谓"滑桩"现象，以保证施工安全。

C.3 桩的可打入性分析步骤

桩的可打入性分析应按下列步骤进行：

a) 根据桩、土参数，估算在连续打桩或延迟后复打、形成土塞或不形成土塞情况下桩不同入土深度处土的动阻力 SRD。不同打入情况的打桩土阻力与击数的关系见图 C.1；

b) 确定运动波动方程分析所需的锤、桩和土的参数。锤的参数包括锤型、最大能量、锤心重、锤心长、锤心直径、锤落距、锤垫、锤效率等；桩的参数包括设计桩长、桩径、壁厚等；土的参数包括桩侧及桩尖的最大弹性变形 QS 及 QP、桩侧及桩尖的阻尼系数 JS 及 JP、极限土阻力 Ru、桩尖阻力比等；

c) 采用波动方程计算程序，进行沉桩能力分析计算，得到桩身最大拉、压应力、打桩阻力和力、速度、位移以及加速度随时间的变化等数据和打桩反应曲线，即打入土阻力与贯入度关系曲线；

d) 根据 SRD 和由波动方程求得的打桩反应曲线，获得随深度的打桩阻力上、下限曲线(见图 C.2)，预报打桩时不同深度的锤击数。如打桩阻力过大(例如超过 800 击/米)，则需重新选择锤型或改变桩身壁厚，调整垫层材料和厚度等，再进行打桩能力分析；

e) 在自重下沉入深度按闭塞与不闭塞情况计算不同深度土阻力，选其最小值并与桩的自重比较，以估算桩在自重作用下可沉入土中的深度。

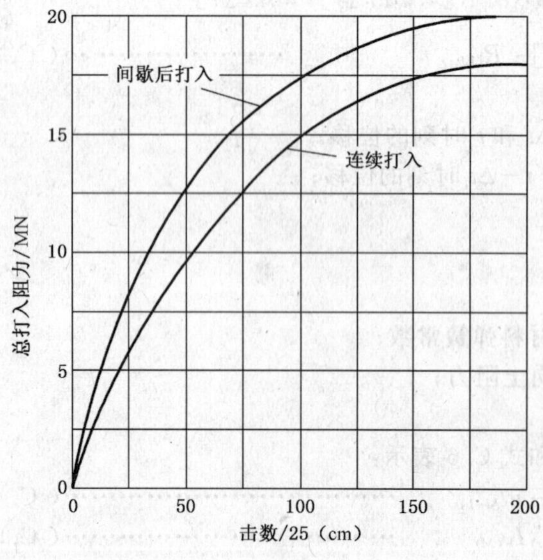

图 C.1 SRD 曲线示例

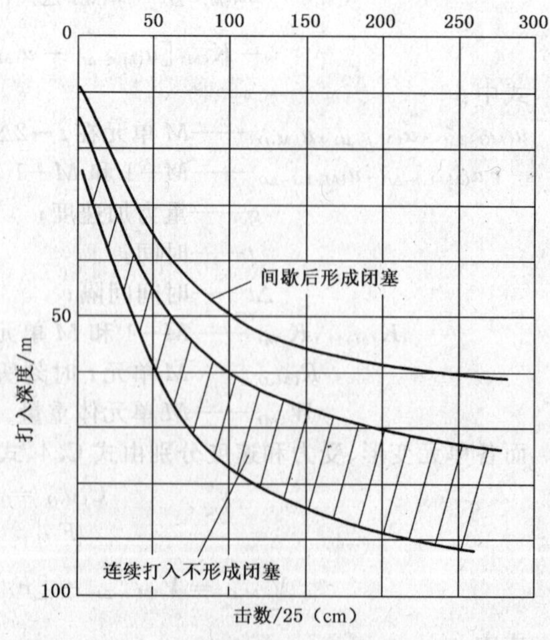

图 C.2 预测的锤击数-深度曲线示例

参 考 文 献

[1] GB/T 17834—1999 海底地形图编绘规范
[2] GB 18306—2001 中国地震动参数区划图
[3] GB 50011—2001 建筑抗震设计规范
[4] JGJ 89—1992 原状土取样技术标准
[5] Q/HS 3011—2003 海上平台场地和海底管道路由工程地质勘察
[6] Q/HS 3012—2003 海上平台场地和海底管道路由工程物探勘察
[7] SL 237—1999 土工试验规程
[8] 《桩基工程手册》编写委员会. 桩基工程手册. 北京:中国建筑工业出版社,1995.
[9] 史佩栋. 实用桩基工程手册. 北京:中国建筑工业基础出版社,1999.
[10] BS 1377:1990 British Standard Methods of Test for Soils for Civil Engineering Purposes
[11] Norsok Standard G-001, Rev. 2, October 2004 Marine Soil Investigations

ICS 67.220.10
X 14

中华人民共和国国家标准

GB/T 17527—2009
代替 GB/T 17527—1998

胡椒精油含量的测定

Determination of pepper essential oils content

2009-04-03 发布　　2009-09-01 实施

中华人民共和国国家质量监督检验检疫总局
中国国家标准化管理委员会　发布

前言

本标准代替 GB/T 17527—1998《胡椒精油含量测定方法》。

本标准与 GB/T 17527—1998 相比主要差异如下：

——将标准名称修改为《胡椒精油含量的测定》；

——将蒸馏速度由原来的 2 滴/s 改为 5 滴/min(1998 年版的 7.3,本版的 6.2)；

——修改了标准的结构(1998 年版的 6,本版的 5)；

——部分取消和修改了结果计算中的示例(1998 年版的 8,本版的 7)。

本标准由中华人民共和国农业部提出。

本标准由全国辛香料标准化技术委员会归口。

本标准起草单位:农业部食品质量监督检验测试中心(湛江)。

本标准主要起草人:杨春亮、周慧玲、黎珍连、查玉兵、林玲、程盛华。

本标准于 1998 年 10 月首次发布。

胡椒精油含量的测定

1 范围

本标准规定了胡椒精油含量的测定方法。
本标准适用于黑、白胡椒及黑、白胡椒粉中精油含量的测定。

2 术语和定义

下列术语和定义适用于本标准。

2.1

胡椒精油含量　pepper essential oil content

在本标准规定的条件下被水蒸气夹带出来的所有物质的含量，以 mL/100 g 表示。

3 原理

将试样的水悬浮液进行蒸馏，馏出液收集在有刻度的接收管中，刻度管里的胡椒精油和水彼此分离，读出胡椒精油的体积，计算胡椒精油的含量。

4 仪器

4.1　挥发油测定器(见图 1)

单位为毫米

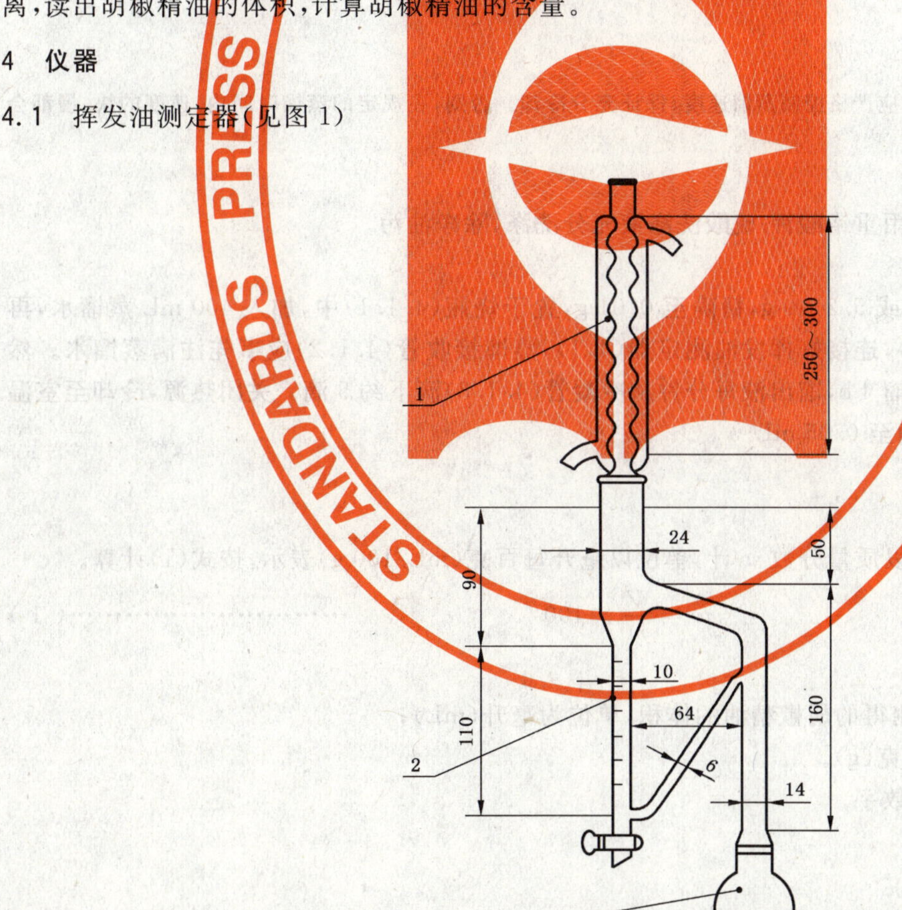

1——冷凝管；
2——蒸馏接收管(容量 5 mL，刻度 0.1 mL)；
3——圆底烧瓶(容量 1 000 mL)。

图 1　挥发油测定器

4.1.1 圆底烧瓶：容量 1 000 mL。

4.1.2 蒸馏接收管：容量 5 mL，刻度 0.1 mL。

4.1.3 冷凝管：球形。

4.2 可调式加热装置。

4.3 量筒：容量 500 mL。

4.4 防爆沸粒或玻璃珠。

4.5 组织捣碎机。

4.6 样品筛：孔径为 841 μm。

4.7 天平：感量 0.01 g。

5 试样制备

5.1 整粒胡椒

用捣碎机(4.5)将样品粉碎，直至全部通过样品筛(4.6)，储于棕色瓶中备用。

5.2 胡椒粉

将所有样品通过样品筛(4.6)检查，不能通过筛网的，用捣碎机(4.5)粉碎，直到粒径达到要求为止，储于棕色瓶中备用。

6 分析步骤

注：胡椒精油加热极易挥发，应严格控制蒸馏速度，保证充分冷却。否则，在规定的蒸馏时间内，速度的快、慢都会使结果偏低或严重偏低。

6.1 挥发油测定器的准备

挥发油测定器使用前应用重铬酸钾-硫酸洗涤液充分洗涤，除净油污。

6.2 测定

称取制备好的试样(5.1 或 5.2)40 g，精确至 0.01 g，置于烧瓶(4.1.1)中，加入 400 mL 蒸馏水，再加入防爆沸粒或玻璃珠(4.4)，连接好挥发油测定器(4.1)，蒸馏接收管(4.1.2)应事先注满蒸馏水。然后加热烧瓶(4.1.1)，缓慢蒸馏 4 h，馏出液每分钟从冷凝管(4.1.3)滴下约 5 滴。关闭热源，冷却至室温后读出胡椒精油的体积，精确至 0.05 mL。

7 结果计算

试样中胡椒精油的含量以质量分数 w 计，单位以毫升每百克(mL/100 g)表示，按式(1)计算。

$$w = \frac{V}{m} \times 100 \qquad \cdots\cdots(1)$$

式中：

V——从蒸馏接收管中测得的胡椒精油的体积，单位为毫升(mL)；

m——试样质量，单位为克(g)。

计算结果保留三位有效数字。

8 精密度

在重复性条件下获得的两次独立测试结果的绝对差值不大于这两个测定值的算术平均值的 10%，以大于这两个测定值的算术平均值的 10%情况不超过 5 %为前提。

ICS 67.200.10
X 14

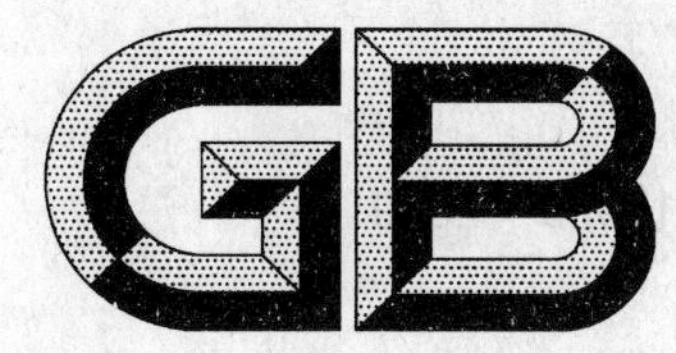

中华人民共和国国家标准

GB/T 17528—2009
代替 GB/T 17528—1998

胡椒碱含量的测定 高效液相色谱法

Determination of piperine content—Method using HPLC

(ISO 11027:1993, Pepper and pepper oleoresins—Determination of piperine content—Method using high-performance liquid chromatography, MOD)

2009-04-03 发布 2009-09-01 实施

中华人民共和国国家质量监督检验检疫总局
中国国家标准化管理委员会 发布

前　言

本标准修改采用 ISO 11027:1993《胡椒和胡椒油树脂　胡椒碱含量的测定　高效液相色谱法》(Pepper and pepper oleoresins—Determination of piperine content—Method using high-performance liquid chromatography)。

本标准与 ISO 11027:1993 的主要差异如下:

——将 ISO 11027:1993 的名称修改为 Determination of piperine content—Method using high-performance liquid chromatography;

——增加了方法的检出限;

——将 ISO 11027:1993 中 6.2 胡椒碱标准溶液的浓度范围"0.05 g/L～0.2 g/L"修改为"0.4 mg/L～2.0 mg/L";

——将 ISO 11027:1993 中 4.3 所用流动相"乙腈-1%乙酸(48+52)"修改为"甲醇-水(77+23)";

——取消 ISO 11027:1993 中 10.1 和 10.2 计算公式的计算因子,因修改后的计算公式无计算因子。

本标准代替 GB/T 17528—1998《胡椒碱含量的测定　分光光度法》。

本标准与 GB/T 17528—1998 相比主要差异如下:

——将分光光度测定法改为高效液相色谱测定法。

本标准的附录 A 为资料性附录。

本标准由中华人民共和国农业部提出。

本标准由全国辛香料标准化技术委员会归口。

本标准起草单位:农业部食品质量监督检验测试中心(湛江)。

本标准主要起草人:杨春亮、程盛华、黎珍莲、周慧玲、林玲、查玉兵。

本标准于 1998 年 10 月首次发布。

胡椒碱含量的测定　高效液相色谱法

1　范围

本标准规定了用高效液相色谱法测定胡椒碱含量的方法。

本标准适用于黑、白胡椒和黑、白胡椒粉及其含油树脂抽提产物中胡椒碱含量测定。

本标准的方法检出限为 0.008 g/100 g。

2　原理

试样中的胡椒碱用乙醇提取，用高效液相色谱紫外检测器检测，外标法定量。

3　试剂

除非另有说明，在分析中仅使用确认为分析纯的试剂和蒸馏水或去离子水或相当纯度的水。

3.1　乙醇（CH_3CH_2OH）：95%（质量分数）。

3.2　甲醇（CH_3OH）：色谱纯。

3.3　胡椒碱标准物质：纯度≥98%。

3.4　胡椒碱标准溶液：准确称取（10±0.1）mg 胡椒碱标准物质于 10 mL 棕色烧杯中，用乙醇（3.1）溶解，转移至 10 mL 棕色容量瓶中，用乙醇（3.1）定容至刻度，此溶液的质量浓度为 1 000 mg/L（临用时配制）。

3.5　胡椒碱标准工作液：用微量移液器吸取 50 μL 胡椒碱标准溶液（3.4），置于 25 mL 棕色容量瓶中，加乙醇（3.1）稀释至刻度，此溶液的质量浓度为 2.00 mg/L。

4　仪器

4.1　高效液相色谱仪：配有紫外检测器。

4.2　组织捣碎机。

4.3　样品筛：孔径为 500 μm。

4.4　棕色圆底烧瓶：100 mL，配套冷凝回流装置。

4.5　棕色容量瓶：10 mL、25 mL、100 mL。

5　试样制备

5.1　整粒胡椒

用捣碎机（4.2）将样品粉碎，直至全部通过样品筛（4.3），储于棕色瓶中备用。

5.2　胡椒粉

将所有样品通过样品筛（4.3），不能通过筛网的，用捣碎机（4.2）粉碎，直到粒径达到要求为止，储于棕色瓶中备用。

5.3　胡椒油树脂

使样品充分均匀化。

6　分析步骤

注：由于胡椒碱溶液不稳定，见光易分解，避光操作很有必要。操作中用铝箔或黑纸将烧瓶和容量瓶包裹起来，并尽可能快地测定。

6.1 提取

6.1.1 从制得的胡椒试样(5.1)或胡椒粉试样(5.2)中称取 0.2 g～0.5 g 试料，精确至 0.000 1 g，置于烧瓶(4.4)中，加入 50 mL 乙醇(3.1)，装上回流冷凝管，加热至沸，保持回流 3 h，冷却至室温后，将溶液滤入 100 mL 棕色容量瓶(4.5)中，用乙醇(3.1)少量多次冲洗抽提瓶和过滤器，洗液一并滤入容量瓶中，并加乙醇(3.1)至刻度，摇匀备用。

6.1.2 从胡椒油树脂试样(5.3)中称取 0.05 g～0.1 g 试料，精确至 0.000 1 g，置于 100 mL 棕色容量瓶(4.5)中，用乙醇(3.1)稀释至刻度，摇匀备用。

6.2 标准曲线制备

准确吸取适量胡椒碱标准工作液(3.5)，用乙醇(3.1)稀释成质量浓度分别为 0.40 mg/L、0.80 mg/L、1.20 mg/L、1.60 mg/L 和 2.0 mg/L 的标准溶液(现用现配)，然后分别吸取 10 μL 注入色谱仪(4.1)测定并绘制标准曲线。

6.3 色谱条件

6.3.1 色谱柱：C_{18}，200 mm×4.6 mm，5 μm，或相当者。

6.3.2 流动相：甲醇＋水＝77＋23。

6.3.3 流速：1.0 mL/min。

6.3.4 色谱柱温度：30 ℃。

6.3.5 检测器波长：343 nm。

6.3.6 进样量：10 μL。

6.4 测定

准确吸取 1 mL～3 mL 提取液(6.1)，置于 25 mL 棕色容量瓶(4.5)中，用乙醇(3.1)稀释至刻度，然后吸取 10 μL 注入色谱仪(4.1)进行测定，与标准曲线比较求出胡椒碱的含量。同时做空白试验。

7 结果计算

试样中胡椒碱的含量以质量分数 w 计，单位以克每百克(g/100 g)表示，按式(1)计算。

$$w = \frac{\rho \times V_1 \times 25}{V_2 \times m \times 10^6} \times 100 \qquad \cdots\cdots(1)$$

式中：

m——试料质量，单位为克(g)；

ρ——测定试液中胡椒碱的质量浓度，单位为毫克每升(mg/L)；

V_1——试料定容体积，单位为毫升(mL)；

V_2——分取提取液体积，单位为毫升(mL)。

计算结果保留三位有效数字。

8 精密度

在重复性条件下获得的两次独立测试结果的绝对差值不大于这两个测定值的算术平均值的 10%，以大于这两个测定值的算术平均值的 10%情况不超过 5%为前提。

9 胡椒碱标准色谱图

标准色谱图参见附录 A。

附　录　A
（资料性附录）
胡椒碱标准色谱图

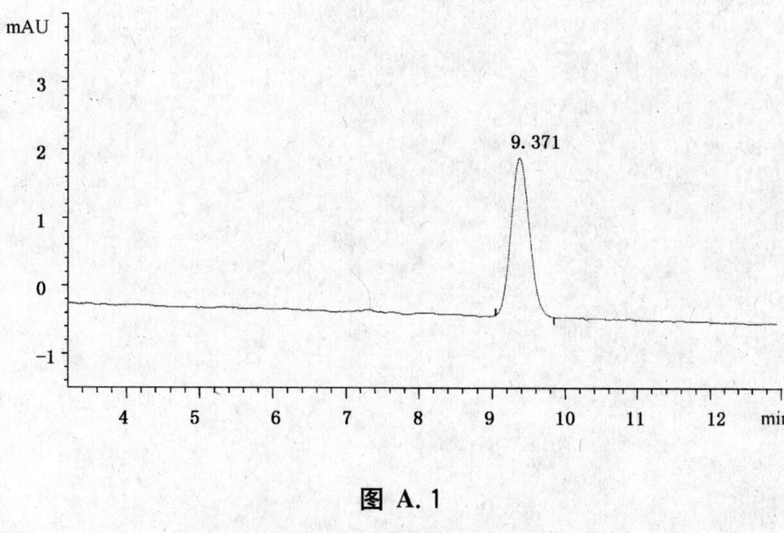

图 A.1

ICS 01.080;35.240.10
K 04

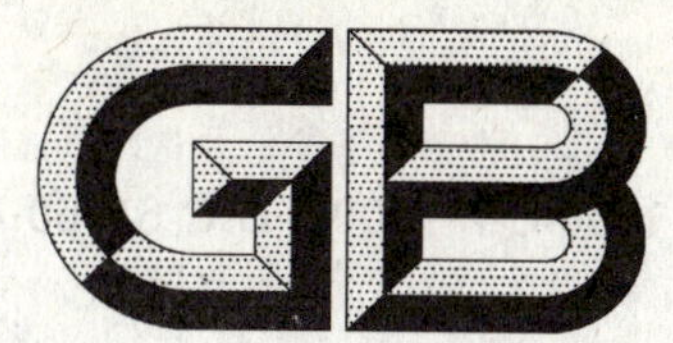

中华人民共和国国家标准

GB/T 17564.4—2009/IEC 61360-4:2005
代替 GB/T 17564.4—2001

电气元器件的标准数据元素类型和相关分类模式 第4部分:IEC标准数据元素类型和元器件类别基准集

Standard data element types with associated classification scheme for electric components—Part 4:IEC reference collection of standard data element types and component classes

(IEC 61360-4:2005, IDT)

2009-03-13 发布　　2009-11-01 实施

中华人民共和国国家质量监督检验检疫总局
中国国家标准化管理委员会　发布

前言

GB/T 17564《电气元器件的标准数据元素类型和相关分类模式》分为5个部分：

——第1部分：定义——原则和方法；

——第2部分：EXPRESS字典模式；

——第3部分：维护和认证的程序；

——第4部分：IEC标准数据元素类型和元器件类别基准集；

——第5部分：EXPRESS字典模式扩展。

本部分为GB/T 17564的第4部分。本部分等同采用IEC 61360-4:2005《电气元器件的标准数据元素类型及相关分类模式　第4部分：IEC标准数据元素类型和元器件类别基准集》。

本部分代替GB/T 17564.4—2001《电气元器件的标准数据元素类型及相关分类模式　第4部分：IEC标准数据元素类型、元器件类别和项的基准集》，与GB/T 17564.4—2001相比主要变化如下：

——删除了名称中的“项”(item)以及基准集中有关“项”的内容；

——增加了元器件几何外形并进行了详细的分类；

——增加了几何外形的结构外形图和尺寸图，分别为附录D、附录E；

——增加了数据元素类型描述的内容(数据类型、数据值和等级)；

——精简了关键词索引(仅保留数据元素类型定义推荐名称的关键词索引)；

——增加了几何外形的数据元素类型定义。

本部分的附录A、附录B、附录C、附录D、附录E均为规范性附录，附录F和附录G均为资料性附录。

本部分由全国电气信息结构、文件编制和图形符号标准化技术委员会(SAC/TC 27)提出并归口。

本部分主要起草单位：中国电子技术标准化研究所、北京机械工业自动化研究所。

本部分主要起草人：徐云驰、马健、匡常山、张衡、李玲。

本部分所替代标准的历次版本发布情况为：

——GB/T 17564.4—2001。

IEC 前言

1） IEC(国际电工委员会)是一个包括所有国家电工委员会(IEC 国家委员会)的世界性标准化组织。IEC 的目标是促进所有有关电气和电子领域标准化问题的国际合作。为此目的和除了其他活动以外,IEC 还出版国际标准。把标准制定委托给技术委员会;对涉及的项目关心的任何 IEC 国家委员会可参加这一标准制定工作。与 IEC 有协作的国际、政府和非政府组织也可参加这一制定工作。IEC 按照 IEC 与 ISO 两个组织之间的协定所确定的条件紧密地与国际标准化组织(ISO)合作。

2） 由于每个技术委员会有来自所有关心的国家委员会的代表,IEC 关于技术问题的正式决定和协定尽可能地表达相关项目的国际上一致。

3） 产生的文件以推荐的形式供国际使用,并以标准、技术报告或指南的形式出版,在这种意义上讲,文件由各国家委员会接受。

4） 为了促进国际统一,IEC 各国家委员会同意把 IEC 国际标准尽可能最大限度透明地应用在其国家和地区标准中。IEC 标准与对应的国家或地区标准的任何分歧应在后者中清楚地指出。

5） IEC 提供没有指明其批准的标志程序也不为声明是符合其标准之一的任何设备负责。

6） 提请注意本国际标准的某些元素可能有专利权项目的可能性。IEC 不应负责识别任何或所有这种专利权。

国际标准 IEC 61360-4 由 IEC 第 3 技术委员会:信息结构、文件和图形符号的 3D 分委员会:《电气元器件数据库数据集》制定。

第 2 版取消和代替 1997 年出版的第 1 版。本版包括了第 1 版的所有数据元素类型和类别定义以及更新了的分类模式和下列领域的新定义。

a） 元器件的几何特性,包括尺寸图和结构图;

b） 半导体芯片的特性;

c） 日本 JEITA 字典的数据元素类型。

根据主要的几何特性建立了电气和机电元器件封装外形的形状分类和编码体系,该内容是为了定义需要的元器件形状信息,以便:

——设计元器件位置、焊盘和插孔;

——确定占用的空间;

——得到插入和表面贴装自动处理需要的尺寸和允许偏差;

——为元器件形状的检索、选择和比较提供分类模式;

——为元器件封装外形标识建立编码体系;

——为规定元器件体、引出端和调节器件以及安装特性的形状、尺寸和相对位置提供基准图集;

——为几何形状参数建立计算机可识别形式的数据元素类型定义集。

本第 2 版用有或无连接结构的无封装和最少封装的半导体芯片扩展了分类模式和 DET 定义。它是为下述规定要求的数据规范:

——产品标识;

——产品数据;

——芯片机械信息;

——试验、质量和可靠性信息;

——搬运、储存和安装信息;

——热数据和电气模拟数据。

本第2版用来自日本JEITA字典的新条目扩展了分类模式和DET定义。

本标准的文本以下列文件为基础：

FDIS	表决报告
3D/134/FDIS	3D/136/RVD

所有批准这一标准的表决信息可在上表指出的表决报告中找到。

IEC 61360在总标题《电气元器件的标准数据元素类型及相关分类模式》下由下列部分组成：

——第1部分：定义——原则和方法；

——第2部分：EXPRESS字典模式；

——第3部分：维护和确认的程序；

——第4部分：IEC标准数据元素类型和元器件分类基准集；

——第5部分：EXPRESS字典模式扩展。

委员会决定本标准的内容在IEC网站 http://webstore.iec.ch 上与特定标准有关的资料中所标出的维持结果日前将保持不变。到期时，本标准将：

——重新确认；

——撤销；

——修订版取代，或

——增加修改单。

稍后将颁布本标准的双语版本。

IEC 引言

本部分的内容与 IEC 在线 61360 元器件数据字典的当前内容一致。

a) 完整的分类模式在附录 A 中给出。

b) 下面列出的新(或改正)的数据元素类型及其标识符在附录 C 中给出。

AAD001-001
AAD002-001
AAD003-001
AAD004-001
AAD005-001
AAD006-001
AAD007-001
AAD008-001
AAD009-001
AAD010-001
AAD011-001
AAD012-001
AAD013-001
AAD014-001
AAD015-001
AAD016-001
AAD017-001
AAD018-001
AAD019-001
AAD020-001
AAD021-001
AAD022-001
AAD023-001
AAD024-001
AAD025-001
AAD026-001
AAD027-001
AAD028-001
AAD029-001
AAD030-001
AAD031-001
AAD032-001
AAD033-001
AAD049-001
AAD054-001

AAD089-001
AAD090-001
AAD091-001
AAD093-001
AAD095-001
AAD115-001
AAD116-001
AAD117-001
AAD118-001
AAD119-001
AAD120-001
AAD121-001
AAD122-001
AAD123-001
AAD124-001
AAD125-001
AAD126-001
AAD127-001
AAD129-001
AAD130-001
AAD131-001
AAD132-001
AAD133-001
AAD134-001
AAD137-001
AAD140-001
AAD141-001
AAD142-001
AAD143-001
AAD144-001
AAD145-001
AAD146-001
AAD147-001
AAD148-001
AAD149-001

AAE000-001
AAE002-006
AAE003-006
AAE004-007
AAE060-006
AAE349-006
AAE351-006
AAE545-006
AAE618-005
AAE635-001
AAE878-005
AAF101-006
AAF311-007
AAF390-002
AAF464-001
AAF465-001
AAF466-001
AAF467-001
AAF468-001
AAF469-001
AAG000-001
AAG001-001
AAG002-001
AAG003-001
AAG004-001
AAG005-001
AAG006-001
AAG007-001
AAG008-001
AAG009-001
AAG010-001
AAG011-001
AAG012-001

AAG026-001
AAG027-001
AAG028-001
AAG029-001
AAG030-001
AAG031-001
AAG032-001
AAG033-001
AAG034-001
AAG035-001
AAG036-001
AAG037-001
AAG038-001
AAG039-001
AAG040-001
AAG041-001
AAG042-001
AAG043-001
AAG044-001
AAG045-001
AAG046-001
AAG047-001
AAG048-001
AAG049-001
AAG050-001
AAG051-001
AAG052-001
AAG053-001
AAG054-001
AAG055-001
AAG056-001
AAG057-001
AAG058-001
AAG059-001
AAG060-001

AAG074-001
AAG075-001
AAG076-001
AAG 077-001
AAG078-001
AAG079-001
AAG080-001
AAG081-001
AAG082-001
AAG083-001
AAG084-001
AAG085-001
AAG086-001
AAG087-001
AAG088-001
AAG089-001
AAG090-001
AAG091-001
AAG092-001
AAG093-002
AAG094-002
AAG095-001
AAG096-001
AAG097-001
AAG098-001
AAG099-001
AAG100-001
AAG101-001
AAG102-001
AAG103-001
AAG104-001
AAG105-001
AAG107-001
AAG108-001
AAG109-001

AAD055-001	AAD150-001	AAG013-001	AAG061-001	AAG110-001
AAD056-001	AAD151-001	AAG014-001	AAG062-001	AAG111-001
AAD060-001	AAD153-001	AAG015-001	AAG063-001	AAG112-001
AAD070-001	AAD154-001	AAG016-001	AAG064-001	AAG113-001
AAD071-001	AAD155-001	AAG017-001	AAG065-001	AAG114-001
AAD072-001	AAD156-001	AAG018-001	AAG066-001	AAG115-001
AAD078-001	AAD157-001	AAG019-001	AAG067-001	AAG116-001
AAD081-001	AAD158-001	AAG020-001	AAG068-001	AAG117-001
AAD082-001	AAD159-001	AAG021-001	AAG069-001	AAG118-001
AAD085-001	AAD160-001	AAG022-001	AAG070-001	AAG119-001
AAD086-001	AAD161-001	AAG023-001	AAG071-001	AAG120-001
AAD087-001	AAD162-001	AAG024-001	AAG072-001	AAG121-001
AAD088-001		AAG025-001	AAG073-001	AAG122-001
AAG123-001	AAJ020-001	AAJ046-001	AAJ073-001	AAJ100-001
AAG124-001	AAJ021-001	AAJ047-001	AAJ074-001	AAJ101-001
AAG125-001	AAJ022-001	AAJ048-001	AAJ075-001	AAJ102-001
AAG129-001	AAJ023-001	AAJ049-001	AAJ076-001	AAJ103-001
AAG130-001	AAJ024-001	AAJ051-001	AAJ077-001	AAJ104-001
AAG131-002	AAJ025-001	AAJ052-001	AAJ078-001	AAJ105-001
AAG133-002	AAJ026-001	AAJ053-001	AAJ079-001	AAJ106-001
AAH005-001	AAJ027-001	AAJ054-001	AAJ080-001	AAJ107-001
	AAJ028-001	AAJ055-001	AAJ081-001	AAJ108-001
AAJ001-001	AAJ029-001	AAJ056-001	AAJ082-001	AAJ109-001
AAJ002-001	AAJ030-001	AAJ057-001	AAJ083-001	AAJ110-001
AAJ003-001	AAJ031-001	AAJ058-001	AAJ084-001	AAJ111-001
AAJ004-001	AAJ032-001	AAJ059-001	AAJ085-001	AAJ112-001
AAJ006-002	AAJ033-001	AAJ060-001	AAJ086-001	AAJ113-001
AAJ007-001	AAJ034-001	AAJ061-001	AAJ087-001	AAJ114-001
AAJ008-001	AAJ035-001	AAJ062-001	AAJ088-001	AAJ115-001
AAJ009-001	AAJ036-001	AAJ063-001	AAJ089-001	AAJ116-001
AAJ011-001	AAJ037-001	AAJ064-001	AAJ090-001	AAJ117-001
AAJ012-002	AAJ038-001	AAJ065-001	AAJ091-001	AAJ118-001
AAJ013-001	AAJ039-001	AAJ066-001	AAJ092-001	AAJ119-001
AAJ014-001	AAJ040-001	AAJ067-001	AAJ093-001	AAJ120-001
AAJ015-001	AAJ041-001	AAJ068-001	AAJ094-001	AAJ121-001
AAJ016-001	AAJ042-001	AAJ069-001	AAJ095-001	AAJ122-001
AAJ017-001	AAJ043-001	AAJ070-001	AAJ096-001	AAJ123-001
AAJ018-001	AAJ044-001	AAJ071-001	AAJ098-001	AAJ124-001
AAJ019-001	AAJ045-001	AAJ072-001	AAJ099-001	

c) 下面列出的新(或改正)的类别及其标识符在附录 B 中给出。

AAA000-001	AAA307-001	AAA349-001	AAA384-001	AAA420-001
AAA002-003	AAA308-001	AAA350-001	AAA385-001	AAA421-001
AAA021-003	AAA309-001	AAA351-001	AAA386-001	AAA422-001

AAA026-002	AAA311-001	AAA352-001	AAA387-001	AAA423-001
AAA031-002	AAA312-001	AAA353-001	AAA388-001	AAA424-001
AAA056-002	AAA313-001	AAA354-001	AAA389-001	AAA426-001
AAA074-002	AAA314-001	AAA355-001	AAA390-001	AAA427-001
AAA077-002	AAA318-001	AAA356-001	AAA391-001	AAA428-001
AAA089-002	AAA319-001	AAA357-001	AAA392-001	AAA429-002
AAA092-001	AAA320-001	AAA358-001	AAA393-001	AAA430-002
AAA093-002	AAA322-001	AAA359-001	AAA394-001	AAA431-002
AAA096-002	AAA323-001	AAA360-001	AAA395-001	AAA432-002
AAA098-002	AAA324-001	AAA361-001	AAA396-001	AAA433-002
AAA100-003	AAA325-001	AAA362-001	AAA397-001	AAA434-002
AAA102-002	AAA326-001	AAA363-001	AAA398-001	AAA435-001
AAA115-002	AAA327-001	AAA364-001	AAA399-001	AAA436-001
AAA147-003	AAA328-001	AAA365-001	AAA400-001	AAA437-001
AAA148-002	AAA329-001	AAA366-001	AAA401-001	AAA438-001
AAA149-002	AAA330-001	AAA367-001	AAA402-001	AAA439-001
AAA174-002	AAA332-001	AAA368-001	AAA403-001	AAA440-001
AAA218-002	AAA333-001	AAA369-001	AAA404-001	AAA441-001
AAA229-001	AAA334-001	AAA370-001	AAA405-001	AAA442-001
AAA230-001	AAA335-001	AAA371-001	AAA406-001	AAA443-001
AAA231-001	AAA336-001	AAA372-001	AAA407-001	AAA444-001
AAA232-001	AAA337-001	AAA373-001	AAA408-001	AAA445-001
AAA295-001	AAA339-001	AAA374-001	AAA409-001	AAA446-001
AAA296-001	AAA340-001	AAA375-001	AAA410-001	AAA447-001
AAA297-001	AAA341-001	AAA376-001	AAA411-001	AAA448-001
AAA298-001	AAA342-001	AAA377-001	AAA412-001	AAA449-001
AAA299-001	AAA343-001	AAA378-001	AAA413-001	AAA450-001
AAA301-001	AAA344-001	AAA379-001	AAA414-001	AAA451-002
AAA302-001	AAA345-001	AAA380-001	AAA415-001	AAA452-001
AAA303-001	AAA346-001	AAA381-001	AAA417-001	AAA453-002
AAA304-001	AAA347-001	AAA382-001	AAA418-001	AAA454-001
AAA305-001	AAA348-001	AAA383-001	AAA419-001	AAA455-001
AAA456-001	AAA525-001	AAA550-001	AAA579-001	AAA597-001
AAA501-001	AAA526-001	AAA551-001	AAA580-001	AAA601-001
AAA502-001	AAA527-001	AAA554-001	AAA581-001	AAA602-001
AAA503-001	AAA528-001	AAA555-001	AAA582-001	AAA603-001
AAA504-001	AAA536-001	AAA556-001	AAA583-001	AAA604-001
AAA505-001	AAA537-001	AAA557-001	AAA584-001	AAA605-001
AAA509-001	AAA538-001	AAA561-001	AAA585-001	AAA606-001
AAA510-001	AAA539-001	AAA562-001	AAA586-001	AAA607-001
AAA511-001	AAA540-001	AAA563-001	AAA587-001	AAA608-001
AAA512-001	AAA541-001	AAA564-001	AAA588-001	AAA609-001
AAA513-001	AAA542-001	AAA565-001	AAA589-001	AAA610-001

AAA514-001　AAA543-001　AAA566-001　AAA590-001　AAA611-001
AAA516-002　AAA544-001　AAA569-001　AAA591-001　AAA612-001
AAA517-001　AAA545-001　AAA572-001　AAA592-001　AAA613-001
AAA518-001　AAA546-001　AAA573-001　AAA593-001
AAA522-001　AAA547-001　AAA575-001　AAA594-001
AAA523-001　AAA548-001　AAA576-001　AAA595-001
AAA524-001　AAA549-001　AAA578-001　AAA596-001

d)　下面列出的新(或改正)的结构图及其标识符在附录 D 中给出。

DAA001-001　DAA012-001　DAA023-001　DAA034-001　DAA045-001
DAA002-001　DAA013-001　DAA024-001　DAA035-001　DAA046-002
DAA003-001　DAA014-001　DAA025-002　DAA036-001　DAA047-001
DAA004-001　DAA015-001　DAA026-002　DAA037-001　DAA048-002
DAA005-001　DAA016-001　DAA027-002　DAA038-001　DAA049-001
DAA006-001　DAA017-001　DAA028-002　DAA039-001　DAA050-001
DAA007-001　DAA016-001　DAA029-002　DAA040-001　DAA051-001
DAA008-001　DAA019-001　DAA030-002　DAA041-001
DAA009-001　DAA020-001　DAA031-001　DAA042-001
DAA010-001　DAA021-001　DAA032-001　DAA043-001
DAA011-001　DAA022-001　DAA033-001　DAA044-001

e)　下面列出的新(或改正)的尺寸图及其标识符在附录 E 中给出。

DAE001-001　DAE004-001　DAE012-001　DAE042-001
DAE002-001　DAE005-001　DAE021-001　DAE092-001
DAE003-001　DAE009-001　DAE040-001　DAE119-001

电气元器件的标准数据元素类型和相关分类模式 第4部分:IEC标准数据元素类型和元器件类别基准集

1 总则

1.1 范围和目的

GB/T 17564的本部分在公共字典内规定:

——电工设备和系统用电气元器件和材料的数据元素类型定义;

——元器件类别及相关分类模式的定义;

这些定义与电气元器件(包括电子、机电元器件和电工设备及系统中用的材料)有关。

本部分的目的是用下列方式提供唯一标识的数据元素类型集:

——定义的内容准确无歧义;

——规定的值格式;

——非定量数据元素类型的规定值域。

元器件分类模式、元器件类别定义(通过特定数据元素类型将相关和有效的特性特征分配给每类元器件)用来准确无歧义定义数据元素类型并且使整个数据元素类型集可管理。

本部分的数据元素类型集预定用于计算机化系统进行元器件选择与元器件管理、零部件列表处理以及计算机辅助设计、制造和测试。

1.2 规范性引用文件

下列文件中的条款通过GB/T 17564的本部分的引用而成为本部分的条款。凡是注日期的引用文件,其随后所有的修改单(不包括勘误的内容)或修订版均不适用于本部分,然而,鼓励根据本部分达成协议的各方研究是否可使用这些文件的最新版本。凡是不注日期的引用文件,其最新版本适用于本部分。

GB/T 14733.7 电信术语 振荡、信号和相关器件(GB/T 14733.7—2008,IEC 60050(702):1992,IDT)

GB/T 17564.1 电气元器件的标准数据元素类型和相关分类模式 第1部分:定义——原则和方法(GB/T 17564.1—2005,IEC 61360-1:2004,IDT)

GB/T 17564.3 电气元器件的标准数据元素类型和相关分类模式 第3部分:维护和确认的程序(GB/T 17564.3—1999,eqv IEC 61360-3:1995)

IEC 60191-4:1999 半导体器件机械标准化 第4部分:半导体器件封装外形的编码系统与分类

ES 59008-1 半导体晶体的数据要求 第1部分:通用要求

ES 59008-2 半导体晶体的数据要求 第2部分:词汇

ES 59008-3 半导体晶体的数据要求 第3部分:机械、材料和连接要求

ES 59008-4(所有部分) 半导体晶体的数据要求 第4部分:特殊要求和建议

ES 59008-5(所有部分) 半导体晶体的数据要求 第5部分:晶体类型的特殊要求和建议

ES 59008-6-1 半导体晶体的数据要求 第6-1部分:交换数据格式和数据字典——数据交换——

DDX 文件格式

2 术语和定义

GB/T 17564.1—2005 第 2 章与 ES 59008-2 确立的以及下列术语和定义适用于本部分。

2.1

形状 shape

数据元素类型集给出的元器件封装的外形。

2.2

安装平面 seating plane

电气元器件的理论平面，如果元器件放置在电路板上的预定安装位置，它与电路板表面重合。

注 1：该平面通常用作基准平面。

注 2：并非所有元器件都有安装平面。

2.3

引出端 terminal

用来电气和/或机械地连接器件与其环境的导体。

2.4

引出端形式 terminal form

封装终端的形式。

2.5

引出端位置 terminal position

元器件封装终端顶端的物理位置定线。

2.6

外形类型 outline style

包含任何物体视觉表面平面图、元器件轮廓和/或外部边界的物理信息。

2.7

真 true

以观察该量存在时完全确定的量，或者确定的对象为特性的理想值。

注：只有排除了全部测量错误和数量无穷多才能实现该值，有限数量时，必须考虑全部数量。

2.8

真值 true value

以检测该值时存在并且完全确定的量为特性的值。

注：量的真值是一个理想概念，而且一般不可知。

2.9

封装 package

一个或多个芯片、薄膜元件或其他元器件，进行电气连接并提供机械和环境保护的外壳。

2.10

壳 case

一个或多个芯片、薄膜元件或其他元器件，进行机械连接并提供机械和环境保护的外壳。

2.11

安装孔 mounting hole

安装结构上用于机械连接和支持的孔。

2.12

安装插座 mounting socket

用来为插入其中的元器件提供电气和机械支持的连接器。

3 维护和确认方法

本部分定义的实体集是需要经常维护的动态集合。

GB/T 17564.3 规定了本分类模式定义的标准技术数据元素类型及相关分类模式和元器件类别的IEC 词汇确认机构和维护机构应遵守的程序。

4 怎样阅读附录

4.1 分类树

附录 A 中给出了完整的分类树。在标题"Class(类别)"下,该特定线上给出了类的识别符,而在标题"Class. DET(类别. DET)"下,该线上给出了已用于定义该类的分类数据元素类型识别符。

如果相关,在标题"Drawing(图)"下,给出了与指明"Class(类别)"相关的图的识别符。

4.2 类别

对于元器件分类[1),反复应用将整个元器件集分成零件的原则,从而产生类别的若干级层次树。

这种元器件分类模式的目的是以准确无歧义的结构方式排列数据元素类型。GB/T 17564.1 中给出了分类原则的详细描述和元器件类别定义的各种属性。

借助图 1a)和图 1b)来解释元器件类别的各种属性和本部分中采用的布局。附录 B 中给出了类别定义。

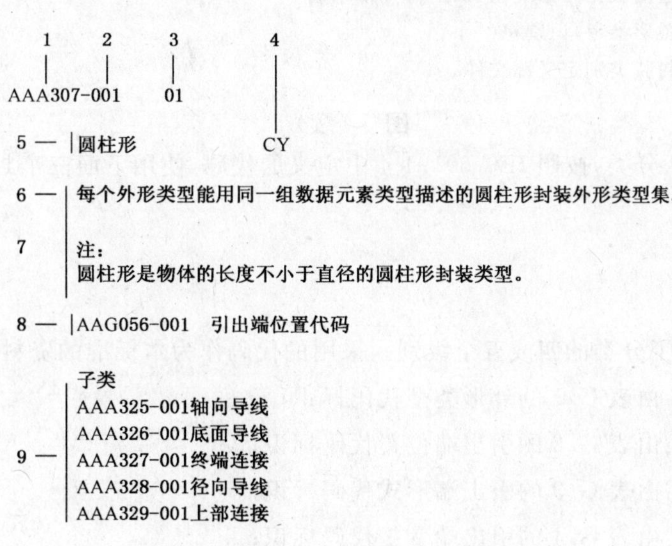

a)

图 1 元器件封装类别规范属性

1) 分类原则也适用于材料、封装、几何形状等其他实体。

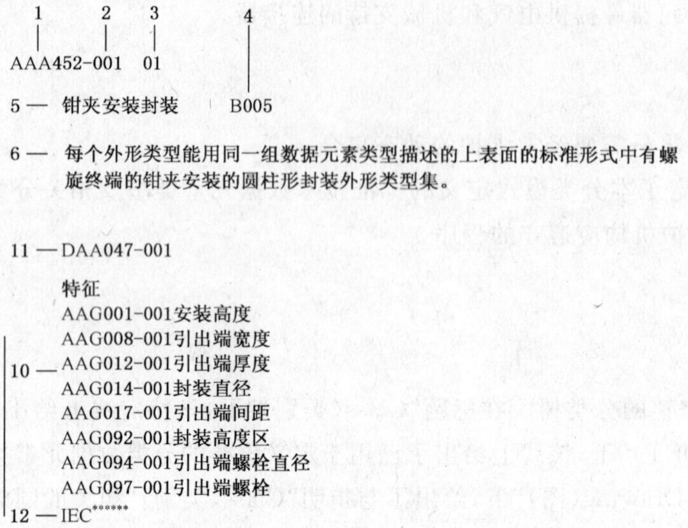

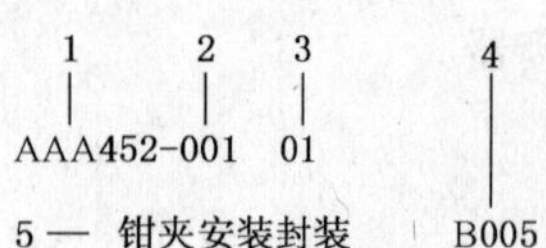

5 — 钳夹安装封装　　B005

6 — 每个外形类型能用同一组数据元素类型描述的上表面的标准形式中有螺旋终端的钳夹安装的圆柱形封装外形类型集。

11 — DAA047-001

特征
AAG001-001安装高度
AAG008-001引出端宽度
10 — AAG012-001引出端厚度
AAG014-001封装直径
AAG017-001引出端间距
AAG092-001封装高度区
AAG094-001引出端螺栓直径
AAG097-001引出端螺栓

12 — IEC******

b)

1	代码	7	注
2	版本号	8	分类数据元素类型
3	修订号	9	子类别,识别符+常用名
4	代码名	10	适用数据元素类型,识别符+常用名
5	常用名	11	图形参考,识别符
6	定义	12	封装类别定义源文件

图 1(续)

对于封装外形的形状分类,按照IEC 60191-4中定义的代码,使用下面三个封装特性。

③ 外形类型;

③ 引出端位置;

③ 引出端形式。

根据这些特性,规定了分类的四或五个级别。采用的代码作为本标准的资料性附录给出如下:

③ 第G.1章:1级:由表G.1的外形类型代码标识;

③ 第G.2章:2级:由表G.2的引出端位置代码标识;

③ 第G.3章:3级:由表G.3的引出端形式代码标识;

③ 第G.4章:4级:由表G.4的引出端变量代码标识;

③ 第G.5章:5级:由表G.5的物体变量代码标识(选项)。

4.3 数据元素类型

数据元素类型的各种属性和本部分中采用的布局借助图2来解释。数据元素类型定义各种属性的详细描述见GB/T 17564.1。

附录C中给出了数据元素类型定义。

图 2 数据元素类型规范属性

4.4 结构图

结构图说明类别的意义，该类别包含一组描述元器件几何特性的数据元素类型。

结构图的各种属性和本部分中采用的布局借助图 3 来解释。数据元素类型定义各种属性的详细描述见 GB/T 17564.1。

附录 D 中 D.1 给出了结构图的定义，附录 D 中 D.2 则给出了封装本身的结构图。

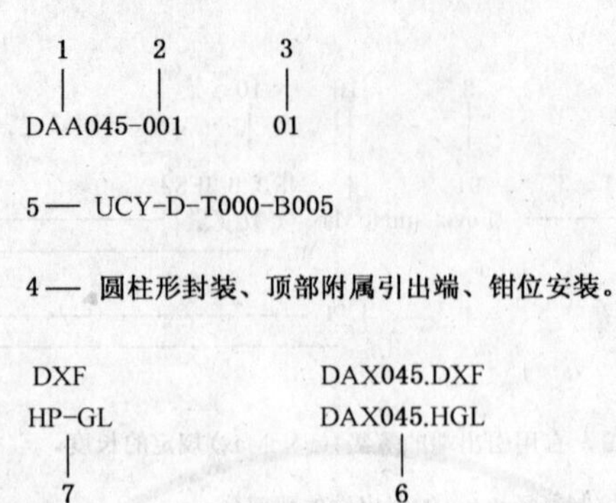

1 代码　　5 描述代号
2 版本号　　6 文件名
3 修订号　　7 文件格式
4 图标题

图 3　结构图规范属性

4.5 尺寸图

尺寸图是阐明数据元素类型定义内容的图示说明。

尺寸图的各种属性和本部分中采用的布局借助图 4 来解释。数据元素类型定义各种属性的详细描述见 GB/T 17564.1。

附录 E 中 E.1 给出了尺寸图的定义，附录 E 中 E.2 则给出了尺寸图本身。

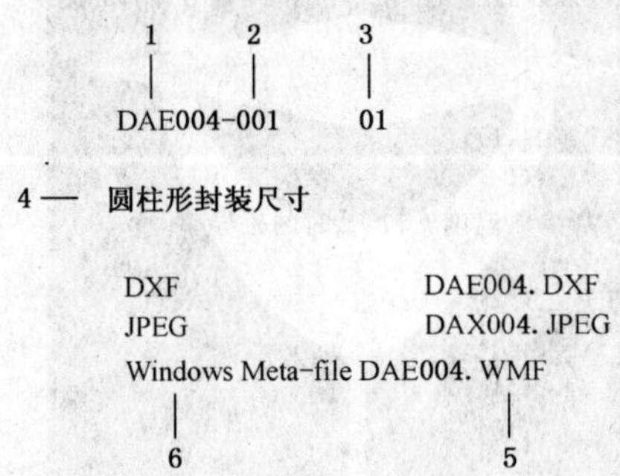

1 代码　　4 描述代号
2 版本号　　5 文件名
3 修订号　　6 文件格式

图 4　尺寸图规范属性

4.6 关键词索引

为了便于检索，附录 F 给出了数据元素类型和条件数据元素类型推荐名关键字索引。索引以表格形式给出。表中左边为关键词，中间为推荐名，右边为含关键词的数据元素类型类别的标识代码。

附　录　A
（规范性附录）
分 类 模 式

	类别.DET	类别	图形
IECREF＝IEC 基准集	AAA000-001		
CO＝元器件	AAE000-001	AAA001-001	
EE＝电气-电子	AAE001-005	AAA002-003	
AMP＝放大器	AAE002-006	AAA003-001	
LF＝低频	AAF146-005	AAA004-001	
PWA＝功率放大器	AAF169-005	AAA005-001	
VTA＝电压放大器	AAF169-005	AAA006-001	
DFA＝差分放大器	AAF191-005	AAA007-001	
ACA＝AC-耦合放大器	AAF192-005	AAA008-001	
OPA＝运算放大器(dc-耦合)	AAF192-005	AAA009-001	
SSA＝单边放大器	AAF191-005	AAA010-001	
RF＝射频	AAF146-005	AAA011-001	
WB＝宽带	AAF146-005	AAA012-001	
ANT＝天线	AAE002-006	AAA013-002	
CAP＝电容性(鞭状)	AAE511-007	AAA014-002	
IND＝电感性(铁合金的受体)	AAE551-007	AAA015-002	
RES＝电阻性(调接偶极)	AAE511-007	AAA016-002	
BAT＝电池	AAE002-006	AAA017-001	
PRI＝原电池(一次充电)	AAE510-005	AAA018-001	
SEC＝二次电池(可再充电)	AAE510-005	AAA019-001	
CAP＝电容器	AAE002-006	AAA020-002	
FIX＝固定	AAE003-006	AAA021-003	
AIR＝空气电容器	AAE004-007	AAA022-001	

CER＝陶瓷电容器	AAE004-007	AAA023-001
CL1＝1 类陶瓷电容器	AAE038-005	AAA024-001
CL2＝2 类陶瓷电容器	AAE038-004	AAA025-001
ELC＝电解电容器	AAE004-007	AAA026-002
STAN＝固体钽电解	AAJ001-001	AAA501-001
NTAN＝非固体钽电解	AAJ001-001	AAA502-001
SAL＝固体铝电解	AAJ001-001	AAA503-001
NAL＝非固体铝电解	AAJ001-001	AAA504-001
FLM＝薄膜电容器	AAE004-007	AAA027-001
GLS＝玻璃电容器	AAE004-007	AAA028-001
MIC＝云母电容器	AAE004-007	AAA029-002
MLAY＝多层电容器	AAE004-007	AAA505-001
PAP＝纸质电容器	AAE004-007	AAA030-001
VAR＝可变	AAE003-006	AAA031-002
CND＝导体	AAE002-006	AAA032-001
BAR＝裸露导体	AAF239-005	AAA033-001
INS＝绝缘导体	AAF239-005	AAA034-001
CBL＝电缆(多导体)	AAF249-005	AAA035-005
POW＝功率	AAE152-005	AAA036-001
SIG＝信号	AAE152-005	AAA037-001
LF＝低频	AAF146-005	AAA038-001
RF＝射频	AAF146-005	AAA039-001
IWR＝绝缘导线(单导体)	AAF249-005	AAA040-001
DEL＝延迟线	AAE002-006	AAA041-001
DID＝二极管器件	AAE002-006	AAA042-001
BRI＝桥式整流器	AAF305-005	AAA043-001
DIO＝二极管	AAF305-005	AAA044-001
BOD＝隧道二极管	AAE273-007	AAA045-001
REC＝整流二极管	AAE273-007	AAA046-001
SIG＝信号二极管	AAE273-007	AAA047-002

STB=稳压二极管	AAE273-007	AAA048-001
CUR=电流调节二极管	AAE312-005	AAA049-001
REF=电压基准二极管	AAE312-005	AAA050-001
REG=电压调节二极管	AAE312-005	AAA051-001
STA=限压二极管	AAE312-005	AAA052-001
SUP=瞬态抑制二极管	AAE312-005	AAA053-001
VAR=变容二极管	AAF273-007	AAA054-002
VMP=倍压器	AAF305-005	AAA055-001
FIBOPTIC=光纤	AAE002-006	AAA578-001
LINKS=光纤链接	AAJ048-001	AAA579-001
CONN=光纤连接器	AAJ048-001	AAA580-001
SWI=光纤开关	AAJ048-001	AAA581-001
BRA=光纤支路	AAJ048-001	AAA582-001
COUP=光纤耦合器/接合器	AAJ048-001	AAA583-001
ATT=光纤衰减器	AAJ048-001	AAA584-001
DET=光纤探测器	AAJ048-001	AAA585-001
ISOL=光纤隔离器	AAJ048-001	AAA586-001
NETW=光纤网络	AAJ048-001	AAA587-001
SOURC=光纤光源	AAJ048-001	AAA588-001
MOD=光纤调制器	AAJ048-001	AAA589-001
TXRX=光纤发送器/接收器	AAJ048-001	AAA590-001
WG=光纤波导管	AAJ048-001	AAA591-001
CAB=光缆	AAJ048-001	AAA592-001
FIL=光纤滤波器	AAJ048-001	AAA593-001
LENS=光透镜	AAJ048-001	AAA594-001
FIL=滤波器	AAE002-006	AAA056-002
IC=IC	AAE002-006	AAA057-001
AD=AD(模拟/数字)	AAE077-005	AAA072-001
ANA=模拟	AAE077-005	AAA058-001
DIG=数字	AAE077-005	AAA059-001

CSI＝CSI(组合时序接口)	AAE085-005	AAA060-001
MUC＝微控制器	AAE085-005	AAA061-001
MUP＝微处理器	AAE085-005	AAA062-001
PLD＝PLD(可编程逻辑器件)	AAE085-005	AAA063-001
STO＝贮存	AAE085-005	AAA064-002
CAM＝CAM	AAE772-007	AAA065-001
CCD＝电荷耦合器件	AAE772-007	AAA066-001
RAM＝RAM	AAE772-007	AAA067-001
DRM＝DRAM	AAF223-005	AAA068-001
SRM＝SRAM	AAF223-005	AAA069-001
ROM＝ROM	AAE722-007	AAA070-001
REG＝寄存器	AAE722-007	AAA071-002
PER＝周期/直流	AAE077-005	AAA073-001
IND＝电感器	AAE002-006	AAA074-002
FIX＝固定电感器	AAE003-006	AAA601-001
DFL＝偏转单元	AAF390-002	AAA225-001
CHOKE＝扼流圈	AAF390-002	AAA226-001
COIL＝线圈	AAF390-002	AAA227-001
LINUNIT＝线性控制单元	AAF390-002	AAA228-001
ANT＝天线	AAF390-002	AAA603-001
SOL＝螺线管	AAF390-002	AAA604-001
VAR＝可变电感器	AAE003-006	AAA602-001
LAM＝灯	AAE002-006	AAA075-001
LCD＝液晶显示	AAE002-006	AAA076-001
MIC＝微波元器件	AAE002-006	AAA229-001
OPT＝光电器件	AAE002-006	AAA077-002
IMAGE＝图像拾取器件	AAE545-006	AAA597-001
PHC＝光耦合器	AAE545-006	AAA078-001
PHE＝光发射器	AAE545-006	AAA079-001
IRD＝红外发光二极管	AAE555-005	AAA081-001

LAS＝激光器	AAE555-005	AAA082-001
LED＝LED	AAE555-005	AAA080-001
PHS＝光传感器	AAE545-006	AAA083-001
IR＝红外光传感器	AAE566-005	AAA084-001
U＝紫外辐射	AAE566-005	AAA085-001
VIS＝可见光辐射	AAE566-005	AAA086-001
OSC＝振荡器	AAE002-006	AAA087-001
PE＝压电器件	AAE002-006	AAA088-001
PWC＝印制布线电路	AAE002-006	AAA232-001
RES＝电阻器	AAE002-006	AAA089-002
FIX＝固定	AAE003-006	AAA090-002
LIN＝线性	AAE114-007	AAA091-002
MUL＝线性电阻器网络	AAF101-006	AAA093-002
SIN＝单线性电阻器	AAF101-006	AAA092-002
CHIP＝固定芯片电阻器	AAJ003-001	AAA512-001
FUS＝固定熔化电阻器	AAJ003-001	AAA514-001
LP＝固定低功率电阻器	AAJ003-001	AAA511-001
PREC＝固定精密电阻器	AAJ003-001	AAA509-001
PWR＝固定功率电阻器	AAJ003-001	AAA510-001
THERM＝线性正温度系数电阻器	AAJ003-001	AAA513-001
NLN＝非线性	AAE114-007	AAA094-001
LDR＝光敏电阻器	AAE122-005	AAA095-001
TDR＝热敏电阻器(温度)	AAE122-005	AAA096-002
NTC＝NTC	AAE126-005	AAA097-001
PTC＝PTC	AAE126-005	AAA098-002
VDR＝可变电阻器(电压)	AAE122-005	AAA099-001
VAR＝可变	AAE003-006	AAA100-003
POT＝电位器(3或多引出端)	AAE139-005	AAA102-002
PRESET＝预置电位器	AAJ006-002	AAA516-002
PRECROT＝旋转精密电位器	AAJ006-002	AAA607-001

SLIDE＝滑动电位器	AAJ006-002	AAA517-001
LPROT＝低功率旋转电位器	AAJ006-002	AAA609-001
PWRROT＝功率旋转电位器	AAJ006-002	AAA608-001
TT＝双端可变电阻器	AAE139-005	AAA101-001
RESON＝谐振器	AAE002-006	AAA596-001
SEN＝传感器	AAE002-006	AAA103-001
HUM＝相对湿度	AAE892-005	AAA104-001
LGT＝光	AAE892-005	AAA105-001
MGN＝磁场强度	AAE892-005	AAA106-001
NCL＝核	AAE892-005	AAA107-001
PRS＝压力	AAE892-005	AAA108-001
PRX＝接近	AAE892-005	AAA109-001
TMP＝温度	AAE892-005	AAA110-001
SPARK＝火花间隙	AAE002-006	AAA595-001
AIR＝空气火花间隙	AAJ081-001	AAA605-001
GAS＝充气火花间隙	AAJ081-001	AAA606-001
TFM＝变压器	AAE002-006	AAA111-001
POW＝功率	AAE152-001	AAA112-001
FIX＝固定	AAE003-006	AAA113-001
VAR＝可变	AAE114-001	AAA114-001
SIG＝信号	AAE152-001	AAA115-002
FIX＝固定	AAE003-006	AAA116-001
VAR＝可变	AAE003-006	AAA117-001
TRA＝晶体管	AAE002-006	AAA118-001
BIP＝双极晶体管	AAE401-001	AAA119-002
POW＝功率信号晶体管	AAE971-007	AAA120-002
LF＝低频	AAF146-005	AAA121-001
RF＝射频	AAF146-005	AAA122-001
SIG＝小信号晶体管	AAE971-007	AAA123-002
LF＝低频	AAF146-005	AAA124-001

RF＝射频	AAF146-005	AAA125-001
FET＝场效应晶体管	AAE401-001	AAA126-002
POW＝功率信号晶体管	AAE971-007	AAA127-002
LF＝低频	AAF146-005	AAA128-001
RF＝射频	AAF146-005	AAA129-001
SIG＝小信号晶体管	AAE971-007	AAA130-002
TRG＝触发器件	AAE002-006	AAA131-001
DIA＝二端开关元件	AAE724-005	AAA132-001
THY＝晶闸管	AAE724-005	AAA133-001
FTO＝快速关断晶闸管	AAE743-005	AAA134-001
GTO＝栅极关断晶闸管	AAE743-005	AAA135-001
RVB＝反向阻塞晶闸管	AAE743-005	AAA136-001
TRI＝三端双向晶闸管	AAE724-005	AAA137-001
TUB＝电子管	AAE002-006	AAA138-001
CRT＝显像管(阴极射线显像管)	AAE696-005	AAA139-001
COL＝彩色显像管	AAF202-005	AAA140-001
MCR＝单色显像管	AAF202-005	AAA141-002
GAS＝充气管	AAE696-005	AAA142-001
PHO＝光敏管	AAE696-005	AAA143-001
SCC＝空间电荷控制管	AAE696-005	AAA144-001
SCW＝空间电荷波纹管	AAE696-005	AAA145-001
TUN＝调谐器	AAE002-006	AAA146-001
EM＝机电	AAE001-005	AAA147-003
CON＝连接器	AAE060-006	AAA148-002
CIRC＝圆形连接器	AAE349-006	AAA518-001
IC＝IC 连接器	AAE349-006	AAA522-001
JACK＝插头和插座	AAE349-006	AAA526-001
ASSY＝插头组件	AAE349-006	AAA549-001
CMPLX＝综合插座板	AAJ024-001	AAA550-001
CONC＝同心插座和插头	AAJ024-001	AAA536-001

JACK＝同心插座	AAJ025-001	AAA538-001
MULT＝多同心插座	AAJ025-001	AAA539-001
PLUG＝同心插头	AAJ025-001	AAA537-001
PIN＝插针插座和插头	AAJ024-001	AAA540-001
JACK＝插针插座	AAJ026-001	AAA542-001
MULT＝多插针插座	AAJ026-001	AAA543-001
PIN＝插针插头	AAJ026-001	AAA541-001
SHLD＝屏蔽插针插座	AAJ026-001	AAA544-001
PWR＝直流电源插头和插座	AAJ024-001	AAA545-001
CAR＝汽车插头	AAJ027-001	AAA548-001
JACK＝直流电源插座	AAJ027-001	AAA547-001
PLUG＝直流电源插头	AAJ027-001	AAA546-001
MOD＝模块连接器	AAE349-006	AAA523-001
PCB＝印制电路板	AAE349-006	AAA520-001
RECT＝矩形连接器	AAE349-006	AAA519-001
RF＝RF 连接器	AAE349-006	AAA521-001
SOCK＝插座	AAE349-006	AAA527-001
ANT＝天线馈线插座	AAJ028-001	AAA565-001
FUSE＝保险丝容器和插座	AAJ028-001	AAA564-001
IC＝集成电路插座	AAJ028-001	AAA555-001
LIGHT＝照明插座	AAJ028-001	AAA563-001
PCB＝PCB 插座	AAJ028-001	AAA556-001
PWR＝电源插座	AAJ028-001	AAA557-001
SIG＝信号插座	AAJ028-001	AAA561-001
TRA＝晶体管插座	AAJ028-001	AAA554-001
TUBE＝电子管插座	AAJ028-001	AAA551-001
XTAL＝晶体振荡器插座	AAJ028-001	AAA562-001
TERM＝引出端	AAE349-006	AAA528-001
ARRY＝引出端阵列	AAJ031-001	AAA569-001
BRD＝引出端板	AAJ031-001	AAA572-001

ROD＝引出端棒	AAJ031-001	AAA573-001
SM＝小引出端	AAJ031-001	AAA566-001
CONPART＝连接器部件	AAE060-006	AAA610-001
CONTACT＝连接器触点	AAF464-001	AAA524-001
ACCY＝连接器附件	AAF464-001	AAA525-001
TOOL＝连接器工具	AAF464-001	AAA611-001
SHELL＝连接器外壳	AAF464-001	AAA612-001
INSERT＝连接器插入	AAF464-001	AAA613-001
FUS＝熔断器	AAE060-006	AAA149-002
CUR＝电流激励熔断器	AAJ012-002	AAA575-001
TERM＝热激励熔断器	AAJ012-002	AAA576-001
LSP＝扬声器	AAE060-006	AAA150-001
ELM＝电磁扬声器	AAE005-006	AAA154-001
ELS＝静电扬声器	AAE005-006	AAA157-001
ION＝离子扬声器	AAE005-006	AAA153-001
MGD＝磁动扬声器	AAE005-006	AAA152-001
MGS＝磁致伸缩扬声器	AAE005-006	AAA158-001
MVC＝电动扬声器	AAE005-006	AAA151-001
PXE＝压电扬声器	AAE005-006	AAA156-001
PNM＝气动扬声器	AAE005-006	AAA155-001
MIC＝拾音器	AAE060-006	AAA159-001
MOT＝电动机	AAE060-006	AAA160-001
LIN＝直线	AAE179-005	AAA161-001
AC＝交流	AAE178-005	AAA162-001
DC＝直流	AAE178-005	AAA163-001
STP＝步进电动机(脉冲)	AAE178-005	AAA164-001
UNI＝通用电动机(交流或直流)	AAE178-005	AAA165-001
ROT ＝旋转	AAE179-005	AAA166-001
AC＝交流	AAE178-005	AAA167-001
DC＝直流	AAE178-005	AAA168-001

STP＝步进电动机(脉冲)	AAE178-005	AAA169-001	
UNI＝通用电动机(交流或直流)	AAE178-005	AAA170-001	
REL＝继电器	AAE060-006	AAA171-001	
SWI＝开关	AAE060-006	AAA172-001	
MEC＝机械开关	AAE926-005	AAA174-002	
REE＝舌簧开关	AAE926-005	AAA173-001	
THE＝恒温开关	AAE926-005	AAA175-001	
MP＝磁性部件	AAE001-005	AAA215-001	
HRD＝硬磁(高矫顽力)	AAE759-005	AAA216-001	
SFT＝软磁(低矫顽力)	AAE759-005	AAA217-001	
GEO＝几何形状	AAG000-001	AAA301-001	
DIE＝晶体器件	AAG000-001	AAA302-001	
BAR＝一边有衬垫和没有连接结构的裸露晶体	AAD004-001	AAA295-001	
BUMP＝有凸出衬垫的裸露晶体	AAD004-001	AAA296-001	
DUAL＝两面有衬垫的裸露晶体	AAD004-001	AAA299-001	
LEAD＝有引线框的裸露晶体	AAD004-001	AAA297-001	
MPO＝最小封装晶体器件	AAD004-001	AAA298-001	
PAK＝封装外形	AAG000-001	AAA303-001	
BD＝珠形	AAG057-001	AAA304-001	
A＝轴向	AAG056-001	AAA322-001	
W＝导线	AAG058-001	AAA353-001	
T001＝直	AAG054-001	AAA391-001	DAA001-001
B＝底面	AAG056-001	AAA323-001	
W＝导线	AAG058-001	AAA354-001	
T001＝直	AAG054-001	AAA392-001	DAA002-001
T002＝变形	AAG054-001	AAA393-001	DAA003-001
CC＝芯片载体	AAG057-001	AAA305-001	
Q＝四线	AAG056-001	AAA324-001	
J＝J 弯曲	AAG058-001	AAA355-001	
T000＝标准	AAG054-001	AAA394-001	

B002＝无凸出封装	AAG055-001	AAA445-001	DAA040-001
N＝无引线	AAG058-001	AAA356-001	
T000＝标准	AAG054-001	AAA395-001	
B009＝无腔体封装(模制)	AAG055-001	AAA446-001	DAA041-001
B010＝腔体封装(陶瓷)	AAG055-001	AAA447-001	DAA042-001
CY＝圆柱形	AAG057-001	AAA307-001	
A＝轴向	AAG056-001	AAA325-001	
W＝导线	AAG058-001	AAA357-001	
T001＝直	AAG054-001	AAA396-001	
B003＝简单圆柱	AAG055-001	AAA448-001	DAA043-001
B004＝顶帽封装	AAG055-001	AAA449-001	DAA044-001
B＝底面	AAG056-001	AAA326-001	
W＝导线	AAG058-001	AAA358-001	
T003＝环形引线	AAG054-001	AAA397-001	DAA004-001
T004＝行直引线	AAG054-001	AAA398-001	DAA005-001
T005＝行变形引线	AAG054-001	AAA399-001	DAA006-001
T006＝方阵形引线	AAG054-001	AAA400-001	DAA007-001
T007＝偏移引线	AAG054-001	AAA401-001	DAA008-001
E＝终端	AAG056-001	AAA327-001	
R＝包圆	AAG058-001	AAA359-001	
T000＝标准形式	AAG054-001	AAA402-001	DAA009-001
R＝径向	AAG056-001	AAA328-001	
D＝焊接片	AAG058-001	AAA360-001	
T001＝直引线	AAG054-001	AAA403-001	DAA010-001
W＝导线	AAG058-001	AAA361-001	
T001＝直引线	AAG054-001	AAA404-001	DAA011-001
U＝上部	AAG056-001	AAA329-001	
D＝焊接片	AAG058-001	AAA362-001	
T000＝标准形式	AAG054-001	AAA405-001	
B005＝夹钳安装封装	AAG055-001	AAA450-001	DAA045-001

			B006＝按钮安装封装	AAG055-001	AAA451-002	DAA046-002
		Y＝螺杆		AAG058-001	AAA363-001	
			T000＝标准形式	AAG054-001	AAA406-001	
			B005＝夹钳安装封装	AAG055-001	AAA452-001	DAA047-001
			B006＝按钮安装封装	AAG055-001	AAA453-002	DAA048-002
DB＝圆盘形				AAG057-001	AAA308-001	
	A＝轴向			AAG056-001	AAA330-001	
		W＝导线		AAG058-001	AAA364-001	
			T001＝直引线	AAG054-001	AAA407-001	DAA012-001
	B＝底面			AAG056-001	AAA331-001	
		W＝导线		AAG058-001	AAA365-001	
			T001＝直引线	AAG054-001	AAA408-001	DAA013-001
			T002＝变形引线	AAG054-001	AAA409-001	DAA014-001
FM＝凸缘架				AAG057-001	AAA309-001	
	B＝底面			AAG056-001	AAA332-001	
		P＝插针		AAG058-001	AAA366-001	
			T007＝偏移引线	AAG054-001	AAA410-001	DAA015-001
			T003＝环形引线	AAG054-001	AAA411-001	DAA016-001
	D＝双			AAG056-001	AAA333-001	
		P＝插针		AAG058-001	AAA367-001	
			T009＝圆插针	AAG054-001	AAA412-001	DAA017-001
	S＝单			AAG056-001	AAA334-001	
		T＝穿孔		AAG058-001	AAA368-001	
			T011＝直扁平引线	AAG054-001	AAA413-001	DAA018-001
			T023＝直 V 截面引线	AAG054-001	AAA414-001	DAA019-001
	Z＝Z 形			AAG056-001	AAA335-001	
		T＝穿孔		AAG058-001	AAA369-001	
			T011＝直扁平引线	AAG054-001	AAA415-001	
			T023＝直 V 截面引线	AAG054-001	AAA416-001	
FP＝扁平壳				AAG057-001	AAA311-001	

D=双排			AAG056-001	AAA336-001	
	F=扁平		AAG058-001	AAA370-001	
		T011=直扁平	AAG054-001	AAA417-001	DAA020-001
Q=四线			AAG056-001	AAA337-001	
	G=鸥翼		AAG058-001	AAA371-001	
		T000=标准形式	AAG054-001	AAA418-001	
		B002=无凸出封装	AAG055-001	AAA454-001	DAA049-001
GA=栅格阵列			AAG057-001	AAA312-001	
B=底面			AAG056-001	AAA338-001	
	B=底座		AAG058-001	AAA372-001	
		T012=焊接球	AAG054-001	AAA419-001	DAA021-001
P=垂直			AAG056-001	AAA339-001	
	P=插针		AAG058-001	AAA373-001	
		T009=圆插针	AAG054-001	AAA420-001	
		B007=腔体向上	AAG055-001	AAA455-001	DAA050-001
		B010=腔体向下	AAG055-001	AAA456-001	DAA051-001
IP=行			AAG057-001	AAA313-001	
D=双			AAG056-001	AAA340-001	
	P=插针		AAG058-001	AAA374-001	
		T009=圆形插针	AAG054-001	AAA421-001	DAA022-001
		T010=矩形插针	AAG054-001	AAA422-001	DAA023-001
	T=穿孔		AAG058-001	AAA375-001	
		T000=标准形式	AAG054-001	AAA423-001	DAA024-001
Q=四			AAG056-001	AAA341-001	
	T=穿孔		AAG058-001	AAA376-001	
		T000=标准形式	AAG054-001	AAA424-001	
S=单			AAG056-001	AAA342-001	
	T=穿孔		AAG058-001	AAA377-001	
		T000=标准形式	AAG054-001	AAA425-001	
T=三			AAG056-001	AAA343-001	

分类						
		T=穿孔		AAG058-001	AAA378-001	
			T000=标准形式	AAG054-001	AAA426-001	
	Z=Z字形			AAG056-001	AAA344-001	
		T=穿孔		AAG058-001	AAA379-001	
			T000=标准形式	AAG054-001	AAA427-001	
LF=长形				AAG057-001	AAA314-001	
	A=轴向			AAG056-001	AAA345-001	
		W=导线		AAG058-001	AAA380-001	
			T001=直	AAG054-001	AAA428-001	
PM=柱安装				AAG057-001	AAA318-001	
	U=上面			AAG056-001	AAA346-001	
		D=焊接片		AAG058-001	AAA381-001	
			T013=一个固定标记	AAG054-001	AAA429-002	DAA025-002
			T014=两个固定标记	AAG054-001	AAA430-002	DAA026-002
		H=高电流电缆		AAG058-001	AAA382-001	
			T015=一个带标签引线	AAG054-001	AAA431-001	DAA027-002
			T016=两个带标签引线	AAG054-001	AAA432-001	DAA028-002
			T017=三个带标签引线	AAG054-001	AAA433-001	DAA029-002
			T018=一个无标签引线	AAG054-001	AAA434-001	DAA030-002
RC=矩形				AAG057-001	AAA319-001	
	A=轴向			AAG056-001	AAA347-001	
		D=焊接片		AAG058-001	AAA383-001	
			T019=条形引线	AAG054-001	AAA435-001	DAA031-001
		W=导线		AAG058-001	AAA384-001	
			T007=偏移引线	AAG054-001	AAA436-001	DAA032-001
	B=底面			AAG056-001	AAA348-001	
		W=导线		AAG058-001	AAA385-001	
			T001=直引线	AAG054-001	AAA437-001	DAA033-001
			T002=变形引线	AAG054-001	AAA438-001	DAA034-001
	E=终端			AAG056-001	AAA349-001	

名称	代码	代码	代码
N=无引线	AAG058-001	AAA386-001	
T000=标准形式	AAG054-001	AAA439-001	DAA035-001
R=包圆	AAG058-001	AAA387-001	
T000=标准形式	AAG054-001	AAA440-001	DAA036-001
SO=小外形	AAG057-001	AAA320-001	
D=双	AAG056-001	AAA350-001	
G=鸥翼	AAG058-001	AAA388-001	
T020=多引线	AAG054-001	AAA441-001	DAA037-001
T021=三引线	AAG054-001	AAA442-001	DAA038-001
Q=四	AAG056-001	AAA351-001	
G=鸥翼	AAG058-001	AAA389-001	
T000=标准形式	AAG054-001	AAA443-001	
S=单	AAG056-001	AAA352-001	
G=鸥翼	AAG058-001	AAA390-001	
T022=按钮和短片两引线	AAG054-001	AAA444-001	DAA039-001
MA=材料	AAE000-001	AAA218-001	
ACO=声学	AAF311-007	AAA219-001	
DIEL=电介质和绝缘材料	AAF311-007	AAA231-001	
MG=磁性	AAF311-007	AAA220-001	
HRD=硬磁(高矫顽力)	AAE759-005	AAA221-001	
SFT=软磁(低矫顽力)	AAE759-005	AAA222-001	
OP=光学	AAF311-006	AAA223-001	
PWL=印制布线薄板	AAF311-007	AAA230-001	
TH=热电	AAF311-007	AAA224-001	

附 录 B
(规范性附录)
类别定义

AAA000-001 01

IEC 基准集 IECREF

为标准数据元素类型的 IEC 基准集中特性特征提供名称范围的根类。

注:IEC 基准集是包含描述电气/电子和机电元器件和材料的特征分类及相关集的数据字典。

AAE000-001 IEC 基准类别

AAA001-001 02

元器件 CO

每个产品能用同一组数据元素类型描述的工业产品集。

注:元器件是用于特定(多)功能、不能分解或物理分割且准备用于更高一级组合产品中的工业产品。

特征

AAE006-006 安装特性
AAE012-005 国际标准
AAE017-005 基准温度
AAE019-005 物体长度
AAE020-005 物体高度
AAE021-005 物体宽度
AAE022-005 外径
AAE111-005 包装类型
AAE112-005 包带
AAE687-005 质量认证机构
AAE752-005 质量
AAE753-005 内径
AAE834-005 元器件说明
AAE965-005 元器件状态
AAF043-005 国家标准
AAF265-005 包装排列
AAF267-005 内部胶带间距
AAF268-005 定向
AAF269-005 标志方法
AAF276-002 最小应力温度
AAF277-002 最大应力温度
AAF278-002 应力环境温度
AAF279-002 应力相对湿度
AAF318-001 法兰宽度
AAF356-001 基准视图
AAF357-001 引出端标识符
AAF358-001 交换性指示符
AAF359-001 可置换性指示符
AAF362-001 重心(x-轴)
AAF363-001 重心(y-轴)
AAF364-001 概率分布
AAF365-001 正态平均值
AAF366-001 正态标准偏差
AAF367-001 泊松方差值
AAF368-001 泊松期望值
AAF369-001 试验电压系数
AAF370-001 MIL 规范
AAF372-001 预制引线
AAF388-001 外壳规格
AAF391-001 连接-节点代码
AAF392-001 投视代码
AAF393-001 基准点的 x-坐标
AAF394-001 基准点的 y-坐标
AAF395-001 基准点的 z-坐标
AAF396-001 比例
AAF397-001 净面积
AAF398-001 总面积
AAF399-001 净空间
AAF400-001 总空间
AAF401-001 x-坐标优选安装位置
AAF402-001 y-坐标预选安装位置
AAF403-001 z-坐标优选安装位置
AAF404-001 安装偏差 y/z
AAF405-001 安装偏差 y/x
AAF406-001 x-坐标位置定位
AAF407-001 y-坐标位置定位
AAF408-001 z-坐标位置定位
AAF409-001 圆柱半径
AAF410-001 圆柱高度
AAF411-001 对 x-轴角轴

AAF412-001　对 y-轴角轴
AAF413-001　对 z-轴角轴
AAF414-001　锥形半径
AAF415-001　锥形高度
AAF416-001　半角
AAF417-001　球体半径
AAF418-001　中心的 x-坐标
AAF419-001　中心的 y-坐标
AAF420-001　中心的 z-坐标
AAF421-001　椭圆环面的主半径
AAF422-001　椭圆环面的小半径
AAF423-001　楔形的 x-规格
AAF424-001　楔形的 y-规格
AAF425-001　楔形的 z-规格
AAF426-001　主边缘
AAF427-001　小边缘
AAF428-001　基本单元高度
AAF429-001　边缘长度
AAF430-001　内部半径
AAF431-001　外部半径
AAF432-001　小半径
AAF433-001　安装说明
AAF435-001　引出端连接类型
AAF436-001　同时性因子
AAF437-001　圆柱类型

AAE001-005　元器件主类别

子类
AAA002-003　电气/电子元器件
AAA147-001　机电元器件
AAA215-001　磁性部件

AAA002-003　01

电气/电子元器件　EE

每个元器件能用同一组数据元素类型描述的电气/电子元器件集。

注：电气/电子元器件是元器件组，如用数据元素共同集指明功能类别的分类中所采用的。

特征
AAE007-005　引出端形状
AAE008-005　引出端位置
AAE023-005　引出端直径
AAE024-005　引出端间距
AAE027-005　安装高度
AAE072-005　引出端长度
AAE149-006　安全认证
AAE257-005　功率损耗
AAE259-005　BSI 形状/尺寸代码
AAE267-005　额定温度
AAE347-005　CECC 规范
AAE540-005　电流有效值
AAE633-005　涂漆长度
AAE634-005　引出端材料
AAE688-005　热电阻
AAE785-005　信号类型
AAE841-005　贮存温度
AAE891-005　环境温度
AAE905-005　损耗降额系数
AAE987-005　功率损耗
AAF316-001　孔的间距
AAF317-001　法兰长度
AAF319-001　法兰高度
AAF320-001　体的直径
AAF321-001　间距(x 轴)
AAF322-001　间距(y 轴)
AAF337-001　节距圆直径
AAF338-001　引出端宽度
AAF339-001　引出端厚度
AAF340-001　偏移(y-轴)
AAF341-001　偏移(x-轴)
AAF342-001　法兰直径
AAF343-001　安装方法
AAF344-001　体形状
AAF345-001　引出端出口位置 SMD
AAF346-001　引出端出口位置非 SMD
AAF347-001　引出端形状非 SMD
AAF348-001　引出端形状 SMD
AAF351-001　孔数
AAF352-001　基本特征
AAF353-001　EIA 规格代码
AAF371-001　调节器放置
AAF373-001　按扣数
AAF374-001　间距数(x-轴)

AAF375-001　间距数(y-轴)
AAF376-001　引出端横截面形状

AAE002-006　EE类元器件

子类

AAA003-001　放大器
AAA013-001　天线
AAA017-001　电池
AAA020-001　电容器
AAA032-001　导体
AAA041-001　延迟线
AAA042-001　二极管器件
AAA578-001　光纤
AAA056-002　滤波器
AAA057-001　集成电路
AAA074-002　电感器
AAA075-001　灯
AAA076-001　液晶显示
AAA229-001　微波元器件
AAA077-001　光电器件
AAA087-001　振荡器
AAA088-001　压电器件
AAA232-001　印制布线电路板
AAA089-002　电阻器
AAA596-001　谐振器
AAA103-001　传感器
AAA595-001　火花隙
AAA111-001　变压器
AAA118-001　晶体管
AAA131-001　触发器件
AAA138-001　电子管
AAA146-001　调谐器

AAA003-001　02

放大器　AMP

每个放大器能用同一组数据元素类型描述的放大器集。

注：放大器是产生比输入信号更大功率输出信号的有源双端器件。

GB/T 14733.7—2008

特征

AAE697-005　电流消耗
AAE969-005　放大器封装
AAE974-005　输入驻波比
AAE975-005　输出驻波比

AAF146-005　频率应用

子类

AAA004-001　低频放大器
AAA011-001　射频放大器
AAA012-001　宽带放大器

AAA004-001　02

低频放大器　LF

每个放大器能用同一组数据元素类型描述的低频放大器集。

注：低频放大器是设计用于基带未调制信号(如：音频、视频和交换信号等)的放大器。

AAF169-005　放大量

子类

AAA005-001　功率放大器
AAA006-001　电压放大器

AAA005-001　02

功率放大器　PWA

每个放大器能用同一组数据元素类型描述的功率放大器集。

注：功率放大器是优化提供输出功率到负载的放大器。通常电压增益可以忽略而因此功率增益主要是由于电流增益。

AAA006-001　02

电压放大器　VTA

每个放大器能用同一组数据元素类型描述的电压放大器集。

注：电压放大器是主要设计用来放大信号电压，输出功率十分有限的放大器。

特征

AAF158-005　峰-峰输出电压
AAF159-005　大信号电压增益
AAF162-005　变化速率
AAF165-005　输出电阻
AAF166-005　单位增益频率

AAF167-005 增益带宽乘积
AAF168-005 总响应时间

AAF191-005 输入结构
子类
AAA007-001 差分放大器
AAA010-001 单边放大器

AAA007-001 02
差分放大器 DFA
每个放大器能用同一组数据元素类型描述的差分放大器集。
注：差分放大器是输出信号与加于其两输入端的电压代数差成比例的放大器。
特征
AAF157-005 共模输入电压
AAF160-005 共模抑制比
AAF163-005 差分输入电阻
AAF164-005 共模输入电阻

AAF192-005 耦合方法
子类
AAA008-001 运算放大器
AAA009-001 AC-耦合放大器

AAA008-001 02
运算放大器 OPA
每个放大器能用同一组数据元素类型描述的运算放大器集。
注：运算放大器是高增益差分直流耦合放大器。
特征
AAF152-005 输入偏移电流
AAF153-005 输入偏移电流温度系数
AAF154-005 平均偏置电流
AAF155-005 输入偏移电压
AAF156-005 输入偏移电压温度系数
AAF161-005 电源电压敏感度
AAF170-005 电源抑制比

AAA009-001 02
AC-耦合放大器 ACA
每个放大器能用同一组数据元素类型描述的ac-耦合放大器集。
注：AC耦合放大器是差分ac-耦合放大器。

AAA010-001 02
单边放大器 01 SSA
每个放大器能用同一组数据元素类型描述的单边放大器集。
注：单边放大器是一个输入端直接接地的放大器。

AAA011-001 02
射频放大器 RF
每个放大器能用同一组数据元素类型描述的RF放大器集。
注：射频放大器是设计成和射频载波上的信号调制一起使用的放大器。
IEC 60050-702:1992

AAA012-001 02
宽带放大器 WB
每个放大器能用同一组数据元素类型描述的宽带放大器集。
注：宽带放大器是设计成在较宽的频率范围内均匀操作、通常包括几个信号通道的放大器。
特征
AAE424-005 功率增益
AAE698-005 输出电压
AAE699-005 合成三倍差拍
AAE700-005 第二阶差拍
AAE701-005 输入回路损耗
AAE702-005 输出回路损耗
AAE703-005 交叉调制
AAE705-005 斜率电缆等效值
AAE706-005 频率响应一致性

AAA013-002 02
天线 ANT
每个天线能用同一组数据元素类型描述的天线集。
注：天线是从信号源发射射频功率到空间或截取到达的电磁场并将其转换成电信号的电感器。
IEC 60747-1:1983
特征
AAE340-005 有效频率 f_e2
AAE341-005 有效频率 f_e1

AAE511-007 阻抗类型
子类
AAA014-002 电容天线
AAA015-002 电感天线

AAA016-002　电阻天线

AAA014-002　02

电容天线　CAP

每个天线能用同一组数据元素类型描述的电容天线集。

注：电容电线是在给定条件下，主要功能由电容手段影响的天线。

特征

AAE996-005　节数

AAE997-005　拉伸长度

AAE998-005　非拉伸长度

AAA015-002　02

电感天线　IND

每个天线能用同一组数据元素类型描述的电感天线集。

注：电感电线是在给定条件下，主要功能由电感手段影响的天线。

特征

AAE151-005　绕线结构

AAE517-005　电感

AAE518-005　质量因子

AAA016-002　02

电阻天线　RES

每个天线能用同一组数据元素类型描述的电阻天线集。

注：电阻天线是在给定条件下，主要功能由电阻手段影响的天线。

AAA017-001　02

电池　BAT

每个电池能用同一组数据元素类型描述的电池集。

注：电池是由一个或多个原电池组成的电化学能量源。(派生)

特征

AAE262-005　封装技术

AAE529-005　开路电压

AAE530-005　标称容量

AAE940-005　串联的原电池数

AAE942-005　贮存寿命

AAE510-005　可充电性类型

子类

AAA018-001　原电池

AAA019-001　二次电池

AAA018-001　02

原电池　PRI

每个电池能用同一组数据元素类型描述的原电池集。

注：原电池是设计以一次单个不间断(连续)或间断(间隙)放电来提供电能的电化学系统(电池)。

IEC 60086-1:2000

特征

AAE531-005　原电池的电化学系统

AAA019-001　02

二次电池　SEC

每个电池能用同一组数据元素类型描述的二次电池集。

注：二次电池是能以化学形式储存收到的电能并能通过再转变恢复成电能的电化学系统(电池)。(派生)

IEC 60050-486:1991

特征

AAE532-005　二次电池的电化学系统

AAE941-005　充电电压

AAE943-005　充电时间

AAE944-005　充电循环次数

AAA020-001　02

电容器　CAP

每个电容器能用同一组数据元素类型描述的电容器集。

注：电容器是两个导体(平板)系统，它们的表面范围由薄绝缘媒介(介质)隔离，预期特性是电容。

特征

AAE010-005　气候种类

AAE030-005　E系列

AAE044-005　额定电压(直流)

AAE065-005　损耗角的正切值

AAE067-005　(电容)温度系数

AAF360-001 最大范围值
AAF361-001 最小范围值
AAJ053-001 范畴电压
AAJ054-001 浪涌电压
AAJ055-001 额定温度
AAJ056-001 范畴温度
AAJ057-001 电容温度变化
AAJ058-001 电容器阻抗

AAE003-006 可调性类型

子类

AAA021-003 固定电容器
AAA031-002 可变电容器

AAA021-003 01

固定电容器 FIX

每个电容器能用同一组数据元素类型描述的固定电容器集。

注：固定电容器是设计成不能改变其各部分空间关系的电容器。

特征

AAE009-005 性能等级
AAE018-001 电容下公差(%)
AAE034-005 (电容器)电路应用
AAE036-005 安全类别
AAE046-005 电容量
AAE047-001 电容量上公差(%)
AAE063-005 绝缘电阻
AAE066-005 (电容器)时间常数
AAE071-005 电容公差
AAE262-005 封装技术
AAE268-001 电容上限公差
AAE269-001 电容下限公差
AAF462-001 有公差电容
AAJ008-001 尺寸代码

AAE004-007 介质材料类型

子类

AAA022-001 固定空气电容器
AAA023-001 固定陶瓷电容器
AAA026-002 固定电解电容器
AAA027-001 固定薄膜电容器
AAA028-001 固定玻璃电容器
AAA029-002 固定云母电容器
AAA030-001 固定纸质电容器
AAA505-001 固定混合介质电容器

AAA022-001 02

固定空气电容器 AIR

每个电容器能用同一组数据元素类型描述的固定空气电容器集。

注：固定空气电容器是电介质由空气组成的固定电容器。

AAA023-001 02

固定陶瓷电容器 CER

每个电容器能用同一组数据元素类型描述的固定陶瓷电容器集。

注：固定陶瓷电容器是电介质由陶瓷材料组成的固定电容器。

AAE038-005 介质类别(陶瓷电容器)

子类

AAA024-001 固定1类陶瓷电容器
AAA025-001 固定2类陶瓷电容器

AAA024-001 02

固定1类陶瓷电容器 CL1

每个电容器能用同一组数据元素类型描述的固定1类陶瓷电容器集。

注：固定1类陶瓷电容器是为适合谐振电路应用而专门设计的陶瓷电容器，具有电容低损耗和高稳定性或者要求精确定义温度系数。陶瓷介质由其额定温度系数(阿尔法)定义。

IEC 60384-8:1988

特征

AAE035-005 温度系数代码
AAE266-005 介质子类别1

AAA025-001 02

固定2类陶瓷电容器 CL2

每个电容器能用同一组数据元素类型描述的固定2类陶瓷电容器集。

注：固定2类陶瓷电容器是介质具有高介电常数、并且适合旁路和耦合应用或适合电容低损耗和高稳定性不

是很重要的频率区分电路的陶瓷电容器。陶瓷介质在温度类型范围上以电容的非线性变化为特性。

IEC 60384-9:1988

特征

AAE037-005　EIA 温度特性代码

AAE076-005　介质子类别 2

AAA026-002　01

固定电解电容器　ELC

每个电容器能用同一组数据元素类型描述的固定电解电容器集。

注:固定电解电容器是在阳极表面电解形成氧化层作为介质并有固态或非固态介质形成阴极,通常有极性特征的固定电容器。

特征

AAE040-005　电极材料类型

AAE041-005　贮藏寿命

AAE042-005　短期漏电流

AAE043-005　连续漏电流

AAE064-005　等效串联电阻

AAE073-005　耐久性

AAE263-005　极性类型

AAE960-005　波纹电流

AAJ051-001　电解液类型

AAJ052-001　阳极类型

AAJ001-001　电解电容器类型

子类

AAA501-001　固体钽

AAA502-001　非固体钽

AAA503-001　固体铝

AAA504-001　非固体铝

AAA027-001　02

固定薄膜电容器　FLM

每个电容器能用同一组数据元素类型描述的固定薄膜电容器集。

注:固定薄膜电容器是介质由塑料薄膜组成的固定电容器。

特征

AAE031-005　电极技术

AAE033-005　电压应用

AAE039-005　薄膜介质材料

AAE045-005　额定电压(交流)

AAA028-001　02

固定玻璃电容器　GLS

每个电容器能用同一组数据元素类型描述的固定玻璃电容器集。

注:固定玻璃电容器是介质由玻璃组成的固定电容器。

AAA029-002　01

固定云母电容器　MICA

每个电容器能用同一组数据元素类型描述的固定云母电容器集。

注:固定云母电容器是介质由云母组成的固定电容器。

AAA030-001　02

固定纸质电容器　PAP

每个电容器能用同一组数据元素类型描述的固定纸质电容器集。

注:固定纸质电容器是介质由纸组成、通常塞满的固定电容器。

AAA031-002　01

可变电容器　VAR

每个电容器能用同一组数据元素类型描述的可变电容器集。

注:可变电容器是设计成其主要特性随其部件的空间关系机械改变而变化的电容器。

特征

AAE068-005　最大电容量

AAE069-005　最小电容量

AAE070-005　调节类别

AAE106-005　功能数目

AAE172-005　共轴数量

AAF014-005　驱动特性

AAJ002-001　可变电容器类型

AAA032-001　02

导体　CND

每个导体能用同一组数据元素类型描述的导体集。

注:导体是包含一个或多个电导体的元器件。

特征

AAF240-005　导体涂覆

AAF241-005 导电材料
AAF242-006 导体形状
AAF243-005 导体结构
AAF244-005 导体规格 AWG
AAF245-005 直流电阻
AAF246-005 导体直径
AAF247-005 横截面
AAF434-001 弯曲半径

AAF239-005 裸露/绝缘

子类

AAA033-001 裸露导体
AAA034-001 绝缘导体

AAA033-001 02

裸露导体 BAR

每个导体能用同一组数据元素类型描述的裸露导体集。

注：裸露导体是由单个非绝缘导电部件组成的导体。

AAA034-001 02

绝缘导体 INS

每个导体能用同一组数据元素类型描述的绝缘导体集。

注：绝缘导体是包含一个或多个绝缘导电部件的导体。

特征

AAF248-005 绝缘材料
AAF251-005 最小试验电压
AAF249-005 电缆/导线

子类

AAA035-001 电缆
AAA040-001 绝缘导线

AAA035-001 02

电缆 CBL

每个电缆能用同一组数据元素类型描述的电缆集。

注：电缆(电气)是彼此绝缘并包围在共同的捆绑或覆盖物中，具有相同柔软程度的导体组件。

特征

AAF252-005 MIL 电缆类型
AAF254-005 电缆结构
AAF255-005 电缆单元数

AAF258-005 工作电压
AAF259-005 导体之间的电容

AAE152-005 功率/信号

子类

AAA036-001 功率电缆
AAA037-001 信号电缆

AAA036-001 02

功率电缆 POW

每个电缆能用同一组数据元素类型描述的功率电缆集。

注：功率电缆是设计用来处理能量的电缆。

AAA037-001 02

信号电缆 SIG

每个电缆能用同一组数据元素类型描述的信号电缆集。

注：信号电缆是设计成用来传输信号的电缆。

AAF146-005 频率应用

子类

AAA038-001 LF 电缆
AAA039-001 RF 电缆

AAA038-001 02

LF 电缆 LF

每个电缆能用同一组数据元素类型描述的低频电缆集。

注：LF 电缆是设计成用于传输基带非调制信号(例如音频、视频和开关信号等)的电缆。

特征

AAF253-005 LF 电缆单元

AAA039-001 02

RF 电缆 RF

每个电缆能用同一组数据元素类型描述的 RF 电缆集。

注：RF 电缆是设计成用于传输射频载波上调制信号的电缆。

特征

AAF256-005 RF 电缆单元
AAF257-005 介质结构
AAF260-005 特性阻抗

AAF261-005　衰减

AAA040-001　02

绝缘导线　IWR

每个导线能用同一组数据元素类型描述的绝缘导线集。

注：绝缘导线是单个绝缘导电部件组成的导体。

特征

AAF250-005　颜色代码

AAF262-005　导线应用

AAA041-001　02

延迟线　DEL

每个延迟线能用同一组数据元素类型描述的延迟线集。

延迟线是设计成用来在信号传输中引入希望的延迟、不改变信号其他特性的线性双端口器件。

特征

AAE442-005　彩色电视发射

AAE534-005　带宽

AAE541-005　频率

AAE542-005　延迟线应用

AAE543-005　延迟时间

AAE544-005　相位延迟时间

AAE877-005　工作原理

AAE878-006　延迟线类型

AAE879-005　寄生信号等级(3-τ)

AAE880-005　寄生信号等级

AAE885-005　相位关系

AAE886-005　相位延迟漂移

AAE887-005　插入损耗

AAA042-001　02

二极管器件　DID

每个器件能用同一组数据元素类型描述的二极管器件集。

注：二极管器件是一个或多个双端半导体器件构成且也可包含电阻器和/或电容器的元器件。

特征

AAF275-002　结应力温度

AAF305-005　二极管器件种类

子类

AAA043-001　桥式整流器

AAA044-001　二极管

AAA055-001　倍压器

AAA043-001　02

桥式整流器　BRI

每个桥式整流器能用同一组数据元素类型描述的桥式整流器集。

注：桥式整流器是四个连接成桥路单元的全波整流器，当交变电流从一对结点连接上时，从另一对结点获得直流电压。

特征

AAE284-005　峰值启动电流限制

AAE285-005　不重复峰值输入电流限制

AAE286-005　平均输出电流

AAE287-005　重复峰值输出电流

AAE290-005　重复峰值输入电压

AAE291-005　输入电压有效值

AAE292-005　波峰工作输入电压

AAA044-002　02

二极管　DIO

每个二极管能用同一组数据元素类型描述的二极管集。

注：二极管是具有非对称电压-电流特性的双端半导体器件。

特征

AAE276-005　反向电流

AAE277-005　反向电压

AAE279-005　正向电压

AAE331-005　二极管封装

AAE337-005　结温

AAE489-005　二极管技术

AAE494-005　最接近通用类型

AAE496-005　二极管电容

AAE546-005　正向限制电流

AAE273-007　二极管应用

子类

AAA045-001　隧道二极管

AAA046-001　整流二极管

AAA047-001　信号二极管

AAA048-001　稳压二极管
AAA054-002　变容二极管

AAA045-001　02

隧道二极管　BOD

每个二极管能用相同数据元素类型集描述的隧道二极管集。

注：隧道二极管是以断开(非导通)状态或开启(导通)状态工作的双端半导体器件。当电压的规定最小值(穿通电压)作用在它们的端口时达到导通状态，随后低开启状态电压导通直到电流减到低于最小保持电流。

特征
AAE488-005　二极管结构

AAA046-001　02

整流二极管　REC

每个二极管能用同一组数据元素类型描述的整流二极管集。

注：整流二极管是设计成用于整流。如果与它们集成的话，包括与其相关的安装和冷却附件。

特征
AAE281-005　反向恢复时间
AAE293-005　正向重复峰值电流
AAE294-005　正向不重复峰值电流
AAE296-005　正向峰值电流
AAE297-005　反向重复峰值电流
AAE299-005　反向峰值工作电压
AAE301-005　反向不重复峰值电压
AAE302-005　反向重复峰值功率
AAE303-006　反向不重复峰值功率损耗
AAE304-005　反向不重复峰值雪崩能量
AAE305-005　焦耳积分
AAE306-005　总反向恢复时间
AAE336-005　安装基座温度
AAE488-005　二极管结构
AAE503-005　EHT 组合应用
AAE505-005　整流二极管应用
AAE966-005　平均正向电流
AAF301-005　反向恢复时间(I)
AAF302-005　击穿电压

AAA047-001　02

信号二极管　SIGD

每个二极管能用同一组数据元素类型描述的信号二极管集。

注：信号二极管是用于随时间改变和可能是模拟或数字的电子信号中抽取或处理信息的二极管。

特征
AAE281-005　反向恢复时间
AAE293-005　正向重复峰值电流
AAE294-005　正向不重复峰值电流
AAE300-005　反向重复峰值电压
AAE301-005　反向不重复峰值电压
AAE302-005　反向重复峰值功率
AAE303-006　反向不重复峰值功率损耗
AAE310-005　二极管正向电阻
AAE487-005　频带
AAE488-005　二极管结构
AAE490-005　调制方式
AAE966-005　平均正向电流
AAF301-005　反向恢复时间(I)

AAA048-001　02

稳压二极管　STB

每个二极管能用同一组数据元素类型描述的稳压器二极管集。

注：稳压二极管是由于反向强电场影响的隧道效应，展现电子从化合价带到导通带转移引起击穿的二极管。

IEC 600050-521:2002

特征
AAE318-005　反向不重复峰值电流
AAE327-006　反向不重复峰值功率损耗
AAF389-001　反向不重复峰值功率损耗

AAE312-005　二极管功能

子类
AAA049-001　电流调节二极管
AAA050-001　电压基准二极管
AAA051-001　电压调节二极管
AAA052-001　限压二极管
AAA053-001　瞬态抑制二极管

AAA049-001　02

电流调节二极管　CUR

每个二极管能用同一组数据元素类型描述的电流调节二极管集。

注：电流调节二极管是特定电压范围内电流限制在基本常值的二极管。

AAA050-001 02

电压基准二极管 REF

每个二极管能用同一组数据元素类型描述的电压基准二极管集。

注：电压基准二极管是当工作电流的偏离不超过规定范围时，两端基准电压保持规定精度的二极管。

IEC 60747-1:1983

特征

AAE316-005 工作电流

AAE317-005 峰值工作电流

AAE322-005 温度系数 S_Z

AAE323-005 差分电阻

AAE324-005 工作电压

AAA051-001 02

电压调节二极管 REG

每个二极管能用同一组数据元素类型描述的电压调节二极管集。

注：电压调节二极管是整个规定电流范围内两端形成基本恒定电压的二极管。

IEC 60747-1:1983

特征

AAE316-005 工作电流

AAE317-005 峰值工作电流

AAE322-005 温度系数 S_Z

AAE324-005 工作电压

AAE328-005 差分电阻

AAA052-001 02

限压二极管 STA

每个二极管能用同一组数据元素类型描述的限压二极管集。

注：限压二极管像限幅、箝位电路、偏压调节器和其他需要严格电压电平误差的逻辑电路要求那样严密控制导通，控制存储电荷和低泄漏的二极管。

特征

AAE293-005 正向重复峰值电流

AAE300-005 反向重复峰值电压

AAE328-005 差分电阻

AAE329-005 温度系数 S_F

AAA053-001 02

瞬态抑制二极管 SUP

每个二极管能用同一组数据元素类型描述的瞬态抑制二极管集。

注：瞬态抑制二极管是利用硒板阻塞电流-电压特性的急剧升降斜率限制瞬间过压的二极管。抑制器有两种类型：极化：具有非对称电流-电压特性的硒瞬态过压抑制器；非极化：具有对称电流-电压特性的硒瞬态过压抑制器。

特征

AAE313-005 箝位电压

AAE316-005 工作电流

AAA054-001 02

变容二极管 VARD

每个二极管能用同一组数据元素类型描述的可变电容二极管集。

注：可变电容二极管是设计成电容可通过改变它们两端之间的电压而变化的二极管。

特征

AAE310-005 二极管正向电阻

AAE311-005 二极管反向电阻

AAE487-005 频带

AAE488-005 二极管结构

AAE490-005 调制方式

AAE502-005 电容比

AAF303-005 二极管上限电容

AAF304-005 二极管下限电容

AAA055-001 02

倍压器 VMP

每个乘法器能用同一组数据元素类型描述的倍压器集。

注：倍压器是能提供超过(常常两倍以上)交流输入电压峰值的直流输出电压的整流器电路。

特征

AAE282-005 EHT 电源输出电流

AAE283-005 聚焦电源输出电流

AAE288-005 峰-峰值输入电压

AAE289-005 EHT 电源输出电压

AAE290-005 重复峰值输入电压

AAA056-002 01

滤波器 FIL

每个滤波器能用同一组数据元素类型描述的滤波器集。

注：滤波器是设计来根据特定定律传送信号波谱成分，通常，为了在某个频带通过元器件而在其他频带衰减它们的线性双端口器件。

IEC 60050-702:1992

特征
AAE527-005 中心频率
AAE533-005 输入阻抗
AAE534-005 带宽
AAE543-005 延迟时间
AAE888-005 寄生信号等级(2τ)
AAF044-005 输出阻抗
AAF119-005 频率应用
AAF120-005 梳齿深度
AAF121-005 带通衰减
AAJ059-001 滤波器类型

AAA057-001 02
集成电路 IC
每个集成电路能用同一组数据元素类型描述的集成电路集。
注：集成电路是所有或部分电路单元不可分地结合且电气互连使它们成为构造和采购不可拆分的电路。
IEC 60748-1:2002
特征
AAE074-005 IC应用领域
AAE086-005 电源电压限制
AAE106-005 功能数目
AAE210-005 输入电压限制
AAE214-005 每次输出的功率损耗
AAE336-005 安装基座温度
AAE337-005 结温
AAE442-005 彩色电视发射
AAE458-005 输入数
AAE487-005 频带
AAE490-005 调制方式
AAE686-005 IC技术
AAE690-005 电源电压
AAE691-005 电源电流
AAE786-005 工作模式
AAE838-005 IC封装代码
AAE898-005 输入电容
AAF275-002 结应力温度

AAE077-005 信号类型
子类
AAA058-001 模拟信号功能
AAA059-001 数字信号功能
AAA072-001 模拟/数字信号功能
AAA073-001 周期/直流功能

AAA058-001 02
模拟信号功能 ANA
每个功能能用同一组数据元素类型描述的模拟信号功能IC集。
注：模拟信号功能是设计对模拟信号进行运算的功能。
特征
AAE084-005 模拟功能

AAA059-001 02
数字信号功能 DIG
每个功能能用同一组数据元素类型描述的数字信号功能IC集。
注：数字信号功能是设计对数字信号进行运算的功能。
特征
AAE092-005 高电平状态输出电压
AAE093-005 高电平状态输出电压基准
AAE094-005 低电平状态输出电压基准
AAE097-005 低电平状态输出电压
AAE217-005 输入电流限制
AAE218-005 输出电流限制
AAE223-005 输入漏电流
AAE235-005 输出下降时间
AAE238-005 输出上升时间
AAE239-005 高电平截止态输出电流
AAE240-005 低电平截止态输出电流
AAE254-005 低电平状态输出电流
AAE255-005 高电平状态输出电流
AAE457-005 数字体制
AAE459-005 字大小
AAE464-005 控制模式
AAE718-005 高电平状态输入电压
AAE719-005 低电平状态输入电压
AAE787-005 输入/输出特性
AAE896-005 静态电流
AAE897-005 附加静态电流
AAE899-005 高电平状态输入电流
AAE900-005 低电平状态输入电流
AAE901-005 高电平状态电源电流
AAE902-005 低电平状态电源电流
AAE903-005 截止态电源电流
AAF207-005 输出短路电流

AAF323-005　接口兼容性

AAE085-005　数字功能

子类

AAA060-001　CSI 功能

AAA061-001　微控制器

AAA062-001　微处理器

AAA063-001　可编程逻辑器件

AAA064-002　存贮功能

AAA060-001　03

CSI 功能　CSI

每个功能能用同一组数据元素类型描述的组合/连续/接口功能 IC 集。

注：CSI 是组合/连续/接口的缩写，用于用数据元素类型共同集指明功能类别的分类。

特征

AAE231-005　传输延迟

AAE233-005　高电平到低电平传输时间

AAE237-005　低电平到高电平传输时间

AAE692-005　禁止使用的待机电流

AAE693-005　启动的待机电流

AAE790-005　CSI 功能

AAF208-005　正向门限

AAF209-005　负向门限

AAF210-005　滞后

AAF211-005　最大时钟频率

AAF212-005　建立时间

AAF213-005　保持时间

AAF214-005　输出启动时间

AAF215-005　输出截止时间

AAF216-005　高电平脉冲宽度

AAF217-005　低电平脉冲宽度

AAF218-005　亚稳窗口

AAF219-005　恢复时间

AAA061-001　02

微控制器　MUC

每个微控制器能用同一组数据元素类型描述的微控制器集。

注：微控制器是单元已经小型化到 IC 的控制器。它们常常用于单个应用，特别是实时控制。

特征

AAF223-005　机器周期

AAF224-005　时钟频率

AAF225-005　内部时钟频率

AAF226-005　地址总线宽度

AAF227-005　数据总线宽度

AAF228-005　可寻址存贮容量

AAF229-005　指令速度

AAF230-005　内部寄存器数量

AAF324-005　指令集

AAF325-005　中断类型

AAF326-005　寻址模式

AAF327-005　芯片存贮器

AAF328-005　I/O 总线宽度

AAF329-005　外围设备数

AAF330-005　外围设备字规格

AAA062-001　02

微处理器　MUP

每个微处理器能用同一组数据元素类型描述的微处理器集。

注：微处理器是单元已经小型化到 IC 的处理器。

特征

AAF221-005　总线结构

AAF222-005　指令集体系结构

AAF223-005　机器周期

AAF224-005　时钟频率

AAF225-005　内部时钟频率

AAF226-005　地址总线宽度

AAF227-005　数据总线宽度

AAF228-005　可寻址存贮容量

AAF229-005　指令速度

AAF230-005　内部寄存器数量

AAF324-005　指令集

AAF325-005　中断类型

AAF326-005　寻址模式

AAF328-005　I/O 总线宽度

AAA063-001　02

可编程逻辑器件　PLD

每个器件能用同一组数据元素类型描述的可编程逻辑器件集。

注：可编程逻辑器件是由输出项反馈到固定或可编程的可编程“与”阵列组成的器件。(PLD 也可含有寄存器)

特征

AAF231-005　PLD 可编程性

AAA064-002　02

存贮功能　STO

每个功能能用同一组数据元素类型描述的存贮功能集。

注：存贮功能是能够放置数据(信息)、能保持和能取回数据的功能单元。

ISO 2382-11:1987

特征

AAE474-005　存贮大小

AAE720-005　访问时间

AAF232-005　输出有效数据时间

AAJ098-001　地址设定时间

AAJ099-001　地址保持时间

AAJ100-001　输入设定时间

AAJ101-001　输入保持时间

AAJ102-001　时钟设定时间

AAJ103-001　时钟保持时间

AAJ104-001　输出保持时间

AAJ105-001　转换时间

AAE722-007　存贮功能

子类

AAA065-001　内容可寻址存贮器 IC

AAA066-001　电荷耦合器件 IC

AAA067-001　随机访问存贮器 IC

AAA070-001　只读存贮器 IC

AAA071-002　寄存器

AAA065-001　02

内容可寻址存贮器 IC　CAM

每个存贮器能用同一组数据元素类型描述的内容可寻址存贮器 IC 集。

注：内容可寻址存贮器是如果存贮区的部分数据与用于寻址存贮器的数据匹配，用存贮区的全部数据回答的存贮器。如果不止在一个存贮区能匹配，那么，通常读出的数据将是包含在具有最低地址值的存贮区的。

AAA066-001　02

电荷耦合器件 IC　CCD

每个电荷耦合器件能用同一组数据……型描述的电荷耦合器件 IC 集。

注：电荷耦合器件 IC 是在势阱中存贮电荷并且通过解释势阱的位置将该电荷几乎完全作为包转移的电荷转移器件。该器件通过改变电荷同一包的位置工作。

AAA067-001　02

随机访问存贮器 IC　RAM

每个存贮器能用同一组数据元素类型描述的一套随机访问存贮器 IC。

随机访问存贮器 IC 是允许以任何希望的顺序访问它们任意地址位置的存贮器。

AAF233-005　RAM 类型

子类

AAA068-001　动态 RAM IC

AAA069-001　静态 RAM IC

AAA068-001　02

动态 RAM IC　DRM

每个 IC 能用同一组数据元素类型描述的动态 RAM IC 集。

注：动态 RAM IC 是基本存贮单元(单元)需要重复应用控制信号来保持存贮的数据的存贮器。动态存贮器可使用动态寻址和/或传感电路。无论控制信号是在存贮器内或外部产生该定义适用。

特征

AAE721-005　来自 CAS 的访问时间

AAF331-005　刷新时间间隔

AAJ091-001　地址访问时间

AAJ092-001　脉冲访问时间

AAJ093-001　突发模式循环时……

AAJ094-001　随机读/写周……

AAJ095-001　RAS 访问……

AAJ096-001　时钟……

AAA069-00……

静态 RA……M

每个……同一组数据元素类型描述的静态……集。

……态 RAM IC 是数据内容不需控制信号保持的存贮器。静态存贮器可使用动态寻址和/或传感电路。

特征

AAF332-005　数据保持电流

AAF333-005　数据保持电压

AAF336-005　芯片无效待机电流

AAA070-001　03

只读存贮器 IC　ROM

每个存贮器能用同一组数据元素类型描述的只读存贮器 IC 集。

只读存贮器 IC 是其中的内容只能读和正常操作时不能改变的存贮器。

特征

AAF235-005　初始状态

AAF236-005　ROM 可编程性

AAF237-005　编程电流

AAF238-005　编程电压

AAA071-001　02

寄存器　REGI

每个寄存器能用同一组数据元素类型描述的寄存器集。

注：寄存器是可以接收、存贮和取出信息的双稳电路的一元装置。(派生)

特征

AAF211-005　最大时钟频率

AAF234-005　寄存器类型

AAA072-001　03

模拟/数字信号功能　AD

每个功能能用同一组数据元素类型描述的模拟/
信号功能 IC 集。

特 数字信号功能指明包含模拟信号以及数字信号

AAE78

AAA073-001　02

周期/直流功能　PER

每个功能能用同一组数据元
直流功能集。

注：周期/直流功能指明周期信号：对于 x 的 的周期/
$f(x+T)=f(x)$，周期为 T 的实数或复数变量
(x)；或直流信号：与交流信号相反，其电流只在一
方向流动的信号。

特征

AAE789-005　周期/直流功能

AAA074-002　01

电感器　IND

每个电感器能用同一组数据元素类型描述的电感器集。

注：电感器是由一个或多个相关绕组构成、有或没有磁芯、在电子电路中产生电感的器件。

特征

AAE262-005　封装技术

AAE517-005　电感

AAE518-005　质量因子

AAE755-005　阻抗

AAE756-005　阻抗减少

AAE758-005　Z_max 处的频率

AAF052-005　谐振频率

AAF090-005　直流电阻

AAF103-005　直流电流

AAF151-005　可调性类型

AAJ076-001　电感公差(%)

AAJ077-001　电感公差

AAE003-006　可调性类型

子类

AAA601-001　固定电感器

AAA602-001　可变电感器

AAA075-001　02

灯　LAM

每个灯能用同一组数据元素类型描述的灯集。

注：灯是为了产生光辐射、通常是可见光的人工源。

特征

AAE519-005　标称电压

AAE521-005　标称电流

AAE522-005　安装灯口代码

AAA076-001　02

液晶显示　LCD

每个显示能用同一组数据元素类型描述的液晶显示集。

液晶显示是当电场作用时，其反射或传送改变的材料特征的显示。

AAE839-005 驱动方法
AAE840-005 质量等级
AAB843-005 直流电压元器件
AAE844-005 驱动频率
AAE845-005 特定电流损耗
AAE846-005 接通时间
AAE847-005 断开时间
AAE848-005 对比率
AAE849-005 显示结构
AAE850-005 字符长度
AAE851-005 字符高度
AAE852-005 点长
AAE853-005 点高
AAE854-005 视区长度
AAE855-005 视区高度
AAE856-005 发光模式
AAE984-005 数字高度
AAE985-005 连接方法
AAE986-005 点间距
AAE989-005 背光
AAE990-005 规定电容
AAE991-005 优选视角
AAE992-005 工作电压
AAF145-005 数字长度

AAA077-001 02

光电器件 OPT

每个器件能用同一组数据元素类型描述的一套光电器件。

注：光电器件是发出或探测或对连续或非连续的光辐射做出响应或其内部利用这种辐射的半导体器件。

特征

AAE276-005 反向电流
AAE277-005 反向电压
AAE279-005 正向电压
AAE336-005 安装基座温度
AAE337-005 结温
AAE405-005 集电极电流(直流)最大值
AAE496-005 二极管电容
AAE546-005 正向限制电流
AAE816-005 光电封装

AAE545-006 光电器件功能

子类

AAA078-001 光耦合器
AAA079-001 光发射器
AAA083-001 光传感器
AAA597-001 图像拾取器件

AAA078-001 02

光耦合器 PHC

每个光耦合器能用同一组数据元素类型描述的光耦合器集。

注：光耦合器是设计成利用辐射能在电气隔离耦合的输入和输出之间传递电子信号的半导体光电器件。

特征

AAE548-005 电流转移率
AAE550-005 最小隔离电压
AAE551-005 集电极-发射极饱和电压
AAE553-005 断开时间
AAE554-005 接通时间
AAF066-005 集电极-发射极击穿电压
AAF140-005 集电极光电流
AAF141-005 关断暗电流 I_CEO
AAF142-005 关断暗电流 I_CBO

AAA079-001 02

光发射器 PHE

每个光发射器能用同一组数据元素类型描述的光发射器集。

注：光发射器是直接将电能转换成光辐射能的半导体光电器件。

特征

AAE556-005 峰值发射波长
AAE557-005 光谱带宽
AAE558-005 50%值之间的射束宽度
AAE563-005 LEO 晶体材料

AAE555-005 光发射器功能

子类

AAA080-001 发光二极管
AAA081-001 红外发光二极管
AAA082-001 激光器

AAA080-001　02

发光二极管　LED

每个二极管能用同一组数据元素类型描述的发光二极管集。

注：发光二极管是当用电流激励时能发射可见光辐射的半导体二极管，而不是半导体激光器。

特征

AAE560-005　封装颜色

AAE562-005　发光密度类别

AAE564-005　LED 光的颜色

AAE565-005　发光密度

AAA081-001　02

红外发光二极管　IRD

每个发光二极管能用同一组数据元素类型描述的红外发光二极管集。

注：红外发光二极管当用电流激励时能发射红外辐射的半导体二极管，而不是半导体激光器。

特征

AAE560-005　封装颜色

AAE564-005　LED 光的颜色

AAF064-005　辐射强度

AAF065-005　总辐射输出功率

AAA082-001　02

激光器　LAS

每个激光器能用同一组数据元素类型描述的激光器集。

注：激光器是通过用超过二极管的门槛电流的电流激励时，自由电子和空穴重新组合产生受激发射发出连续光辐射的半导体二极管。

特征

AAE561-005　辐射输出功率

AAA083-001　02

光传感器　PHS

每个光传感器能用同一组数据元素类型描述的光传感器集。

注：光传感器是利用光电效应探测光辐射的半导体器件。

特征

AAE557-005　光谱带宽

AAE558-005　50%值之间射束宽度

AAE567-005　光谱灵敏度

AAE568-005　峰值响应波长

AAF138-005　集电极光电流

AAF139-005　集电极关断暗电流

AAF143-005　反向光电流

AAF144-005　反向暗电流

AAE566-005　辐射类型

子类

AAA084-001　红外光传感器

AAA085-001　紫外光传感器

AAA086-001　可见光传感器

AAA084-001　02

红外光传感器　IR

每个传感器能用同一组数据元素类型描述的红外光传感器集。

注：红外光传感器是用波长比可见光的波长长的光辐射工作的光传感器。

特征

AAE571-005　响应率

AAE572-005　等值噪音辐射

AAE573-005　光谱响应下限

AAE574-005　光谱响应上限

AAE575-005　元件分离

AAE576-005　元件长度

AAE577-005　元件宽度

AAA085-001　02

紫外光传感器　UV

每个传感器能用同一组数据元素类型描述的紫外光传感器集。

注：紫外光传感器是用波长比可见光的短的光辐射工作的光传感器。

AAA086-001　02

可见光传感器　VIS

每个光传感器能用同一组数据元素类型描述的可见光传感器集。

注：可见光传感器是用任何能直接引起视觉感知的光辐射工作的光传感器。

AAA087-001　02

振荡器　OSC

每个振荡器能用同一组数据元素类型描述的振荡

器集。

注：振荡器是产生基本频率由器件特性确定的周期量的有源器件。

AAA088-001 02

压电器件 PE

每个器件能用同一组数据元素类型描述的压电器件集。

注：压电器件是通过压电效应，即：机械应变引起电子偏振或相反，工作的元器件。（派生）

AAA089-002 02

电阻器 RES

每个电阻器能用同一组数据元素类型描述的电阻器集。

注：电阻器是利用其电阻基本特征的器件。

特征

AAE010-005 气候种类

AAE030-005 E系列

AAE118-005 限制电阻体电压（直流）

AAE635-001 电阻器封装

AAF097-005 试验后稳定性

AAF100-005 电阻公差

AAF281-005 限制电阻体电压（交流）

AAJ010-001 额定电压

AAE003-006 调节类型

子类

AAA090-002 固定电阻器

AAA100-002 可变电阻器

AAA090-002 02

固定电阻器 FIX

每个电阻器能用同一组数据元素类型描述的固定电阻器集。

注：固定电阻器是设计成它们的主要特征不能通过机械改变它们的部件的空间关系变化的电阻器。

特征

AAE115-005 最大表面温度

AAF266-005 电感等级

AAF349-001 绝缘电阻

AAF350-001 温度系数

AAE114-007 固定电阻器的线性

子类

AAA091-002 固定线性电阻器

AAA094-001 固定非线性电阻器

AAA091-002 02

固定线性电阻器 LIN

每个电阻器能用同一组数据元素类型描述的固定线性电阻器集。

注：固定线性电阻器是引出端间的电压与通过它的电流成比例的固定电阻器。

特征

AAE113-006 温度系数

AAE116-005 电阻材料

AAE119-005 电阻

AAE621-005 电阻器噪声指数

AAF463-001 公差电阻

AAF101-006 倍数

子类

AAA092-001 单线性电阻器

AAA093-002 线性电阻器网络

AAA092-001 01

单线性电阻器 SIN

每个电阻器能用同一组数据元素类型描述的单线性电阻器集。

注：单线性电阻器是每个器件只包含一个线性电阻的线性电阻器。

AAJ003-001 单电阻器类型

子类

AAA509-001 固定精密电阻器

AAA510-001 固定功率电阻器

AAA511-001 固定低功率电阻器

AAA512-001 固定芯片电阻器

AAA513-001 固定温度调节电阻器

AAA514-001 固定熔化电阻器

AAA093-002 01

线性电阻器网络 MUL

每个电阻器网络能用同一组数据元素类型描述的线性电阻器网络集。

注：线性电阻器网络是每个器件由不止一个线性电阻器构成、包括或含有不止一个线性电阻器的线性电阻器。

特征

AAE106-005　功能数目

AAF102-005　电阻器互连

AAA094-001　02

固定非线性电阻器　NLN

每个电阻器能用同一组数据元素类型描述的固定非线性电阻器集。

注：固定线性电阻器是引出端间的电压与通过它的电流不成比例的固定电阻器。

IEC 60050-811-27-16:1991

AAE122-005　电阻依赖性

子类

AAA095-001　光敏电阻器

AAA096-001　热敏电阻器

AAA099-001　(电)压敏电阻器

AAA095-001　02

光敏电阻器　LDR

每个电阻器能用同一组数据元素类型描述的光敏电阻器集。

注：光敏电阻器是当电阻器置于电磁场辐射(通常是可见光谱区域)时，电阻值减少的电阻器。

特征

AAE123-005　暗电阻

AAE124-005　光电阻

AAE617-005　LDR 恢复速率

AAA096-002　01

热敏电阻器　TDR

每个电阻器能用同一组数据元素类型描述的热敏电阻器集。

注：热敏电阻器是温度改变时阻值改变的电阻器。

特征

AAE127-005　25 ℃时的电阻

AAE130-005　损耗因数

AAE131-005　热时间常数

AAE625-005　热敏电阻器电流

AAJ073-001　热时间常数(功率)

AAE126-005　热敏电阻器类型

子类

AAA097-001　NTC 热敏电阻器

AAA098-002　PTC 热敏电阻器

AAA097-001　02

NTC 热敏电阻器　NTC

每个热敏电阻器能用同一组数据元素类型描述的 NTC 热敏电阻器集。

注：NTC 热敏电阻器是零功率电阻随温度增加而减少的热敏电阻器。

特征

AAE132-005　热敏指数 B25/85

AAE616-005　热敏感度指数 B25/75

AAF282-005　热敏感度公差

AAA098-002　01

PTC 热敏电阻器　PTC

每个热敏电阻器能用同一组数据元素类型描述的 PTC 热敏电阻器集。

注：PTC 热敏电阻器是在其工作温度范围部分之上增加温度，零功率电阻呈现有效增加的热敏电阻器。

特征

AAE135-005　热容量

AAE136-005　跃变电流

AAE137-005　非跃变电流

AAE138-005　转换温度

AAE618-005　PTC 应用

AAE619-005　PTC 峰值浪涌电流

AAE620-005　PTC 峰值电流

AAE626-005　PTC 转换电阻

AAE629-005　PTC 残余电流

AAJ060-001　额定电压

AAJ061-001　最大工作电压

AAJ062-001　最大电流

AAJ063-001　功率耗散

AAA099-001　02

(电)压敏电阻器　VDR

每个电阻器能用同一组数据元素类型描述的(电)压敏电阻器集。

注：(电)压敏电阻器是阻值根据作用的电压有巨大变化的电阻器。

特征

AAE298-005　不重复可变电阻器峰值电流

AAE319-005　最大箝位电压
AAE334-005　1 mA 时可变电阻器电压
AAE429-005　压敏电阻器电容
AAE430-005　最大能量吸收容量

AAA100-003　01

可变电阻器　VAR

每个电阻器能用同一组数据元素类型描述的可变电阻器集。

注：可变电阻器是设计成它们的主要特征能通过机械改变它们的部件的空间关系变化的电阻器。

特征

AAE113-006　温度系数
AAE116-005　电阻材料
AAE119-005　电阻
AAE146-005　共轴公差
AAE172-005　共轴数量

AAE139-005　引出端数目

子类

AAA101-001　双端可变电阻器
AAA102-001　电位器

AAA101-001　02

双端可变电阻器　TT

每个电阻器能用同一组数据元素类型描述的双端可变电阻器集。

注：双端可变电阻器是有一个移动触点和一个固定引出端的可变电阻器(例如可变电阻器)，以区别它们和其他有至少三个引出端的可变电阻器(电位器)。

AAA102-001　01

电位器　POT

每个电位器能用同一组数据元素类型描述的电位器集。

注：电位器是用作电压分配器的元器件，它有三个引出端，两个和电阻单元的终端相连，而第三个与可沿电阻单元机械移动的移动触点相连。

特征

AAE141-005　电阻定律(IEC)
AAE142-005　驱动件类型
AAE144-005　安装位置
AAF014-005　驱动特性

AAJ006-002　调节类型

子类

AAA607-001　旋转精密电位器
AAA608-001　功率旋转电位器
AAA609-001　低功率旋转电位器
AAA516-002　预置电位器
AAA517-001　滑动电位器

AAA103-001　02

传感器　SEN

每个传感器能用同一组数据元素类型描述的传感器集。

注：传感器是将某种信号转换成电信号的电信号变换器。

特征

AAE893-005　传感器工作原理

AAE892-005　传感器输入量

子类

AAA104-001　湿度传感器
AAA105-001　光传感器
AAA106-001　磁场传感器
AAA107-001　核传感器
AAA108-001　压力传感器
AAA109-001　接近传感器
AAA110-001　温度传感器

AAA104-001　02

湿度传感器　HUM

每个传感器能用同一组数据元素类型描述的湿度传感器集。

注：湿度传感器是根据湿度工作的传感器。湿度即：水蒸气的质量除以气体混合物的体积。实际的湿度除体积、除以相同温度下饱和状态时的湿度除体积。

特征

AAE857-005　工作湿度
AAE858-005　贮存湿度
AAE860-005　基准电容
AAE861-005　敏感度

AAA105-001　02

光传感器　LGT

每个传感器能用同一组数据元素类型描述的光传

感器集。

注：光传感器是根据光，即：能直接引起视觉感觉的任何光辐射，工作的传感器。

AAA106-001 02

磁场传感器 MGN

每个传感器能用同一组数据元素类型描述的磁场传感器集。

注：磁场传感器是根据磁场工作的传感器。

特征

AAE862-005 开路敏感度

AAE863-005 磁场强度

AAA107-001 02

核传感器 NCL

每个传感器能用同一组数据元素类型描述的核传感器集。

注：核传感器是根据原子核内发生反应时释放的辐射工作的传感器。

AAA108-001 02

压力传感器 PRS

每个传感器能用同一组数据元素类型描述的压力传感器集。

注：压力传感器是根据压力，即：力除以面积，工作的传感器。

特征

AAE864-005 压力模式

AAE865-005 敏感度

AAE866-005 工作压力

AAA109-001 02

接近传感器 PRX

每个传感器能用同一组数据元素类型描述的接近传感器集。

注：接近传感器是根据接近，即：空间接近，工作的传感器。

特征

AAE867-005 输出电流

AAE868-005 基座温度

AAE869-005 转换距离磁滞

AAE870-005 基座长度

AAE871-005 基座宽度

AAE872-005 工作频率

AAA110-001 02

温度传感器 TMP

每个传感器能用同一组数据元素类型描述的温度传感器集。

注：温度传感器是根据温度，即：热强度，工作的传感器。

特征

AAE874-005 基准电阻

AAE875-005 电阻比率 R_Tamb/R_Tref

AAE876-005 温度系数

AAA111-001 02

变压器 TFM

每个变压器能用同一组数据元素类型描述的变压器集。

注：变压器是有两个或多个通过电磁感应将交变电压和电流系统转变成另一个通常是频率相同、值不同的电压和电流的静止设备块。

特征

AAE151-005 绕线结构

AAE155-005 绝缘电阻

AAF047-005 屏蔽

AAF090-005 直流电阻

AAE152-005 功率/信号

子类

AAA112-001 功率变压器

AAA115-002 信号变压器

AAA112-001 02

功率变压器 POW

每个变压器能用同一组数据元素类型描述的功率变压器集。

注：功率变压器是设计为处理能量的变压器。

特征

AAE158-005 对地间距

AAE159-005 爬弧距离

AAE160-005 标称输出电流

AAE163-005 输入电压

AAE165-005 输出功率

AAE166-005 工作频率

AAF048-005 初级线圈数

AAF098-005　功率变压器应用
AAF099-005　次级线圈数

AAE003-006　可调性类型

子类

AAA113-001　固定功率变压器
AAA114-001　可变功率变压器

AAA113-001　02

固定功率变压器　FIX

每个变压器能用同一组数据元素类型描述的固定功率变压器集。

注：固定功率变压器是设计成其主要特征不能通过它们部件的空间关系改变的功率变压器。

特征

AAE164-005　无负载输出电压

AAA114-001　02

可变功率变压器　VAR

每个变压器能用同一组数据元素类型描述的可变功率变压器集。

注：可变功率变压器是设计成其主要特征可通过机械改变它们部件的空间关系变化的功率变压器。

特征

AAE167-005　变压器型式
AAE168-005　最大输出电流
AAE169-005　输出电压
AAE170-005　电刷寿命
AAE171-005　电刷寿命期望值
AAE172-005　共轴数量
AAE173-005　总机械旋转

AAA115-002　01

信号变压器　SIG

每个变压器能用同一组数据元素类型描述的信号变压器集。

注：信号变压器是设计成处理信号的变压器。

特征

AAE156-005　上限频率
AAE157-005　下限频率
AAJ075-001　信号变压器类型

AAE003-005　可调性类型

子类

AAA116-001　固定信号变压器
AAA117-001　可变信号变压器

AAA116-001　02

固定信号变压器　FIX

每个变压器能用同一组数据元素类型描述的变压器集。

注：固定信号变压器是设计成其主要特征不能通过它们部件的空间关系改变的信号变压器。

AAA117-001　02

可变信号变压器　VAR

每个变压器能用同一组数据元素类型描述的可变信号变压器集。

注：可变信号变压器是设计成其主要特征可通过机械改变它们部件的空间关系变化的信号变压器。

AAA118-001　02

晶体管　TRA

每个晶体管能用同一组数据元素类型描述的晶体管集。

注：晶体管是能提供功率放大和有三个或四个引出端的半导体器件。

特征

AAE337-005　结温
AAE487-005　频带
AAE490-005　调制方式
AAE494-005　最接近通用类型
AAE637-005　晶体管封装
AAE968-005　补偿类型
AAF275-002　结应力温度

AAE401-005　晶体管技术

AAA119-002　双极晶体管
AAA126-001　场效应晶体管

AAA119-002　02

双极晶体管　BIP

每个晶体管能用同一组数据元素类型描述的双极晶体管集。

注：双极晶体管是具有至少两个结和其功能依赖于(对立电荷的)最小载波和最大载波两者的晶体管。

特征

AAE402-005　直流电流增益

AAE405-005　集电极电流(直流)最大值
AAE407-005　集电极电流峰值
AAE413-005　集电极-发射极电压 V_CE
AAE414-005　集电极-发射极电压 V_CE
AAE415-005　集电极-发射极峰值电压
AAE416-005　集电极-发射极饱和电压
AAE417-005　集电极-基极电压 V_CBO
AAE420-005　集电极电容
AAE421-005　反馈电容
AAE425-005　跃迁频率
AAE638-005　晶体管极性
AAE640-005　集电极电流比率
AAE641-005　集电极饱和电流
AAF066-005　集电极-发射极击穿电压
AAF109-005　集电极关断电流 I_CB
AAF110-005　发射极关断电流 I_EBO
AAF112-005　发射极-基极电压 V_EBO
AAF113-005　集电极-发射极电压 V_CE
AAF114-005　基极-发射极饱和电压
AAF115-005　集电极关断电流 I_CE
AAF116-005　集电极-基极电容
AAF117-005　发射极-基极输入电容

AAE971-007　信号处理类型

子类
AAA120-002　双极功率晶体管
AAA123-002　双极小信号晶体管

AAA120-002　02

双极功率晶体管　POWT

每个晶体管能用同一组数据元素类型描述的双极功率晶体管集。

注：双极功率晶体管是设计成功率-信号应用，结和安装基座之间具有少于 15 K/W 热电阻的双极晶体管。

特征
AAE336-005　安装基座温度
AAE422-005　输出功率
AAE424-005　功率增益

AAF146-005　频率应用

子类
AAA121-001　双极 LF 功率晶体管
AAA122-001　双极 RF 功率晶体管

AAA121-001　02

双极 LF 功率晶体管　LF

每个晶体管能用同一组数据元素类型描述的双极 LF 功率晶体管集。

注：双极 LF 功率晶体管是设计与音频、视频和开关信号等基带非调制信号使用的双极功率晶体管。

特征
AAF055-005　延迟(断开)时间
AAF056-005　延迟(导通)时间
AAF057-005　下降时间
AAF058-005　上升时间
AAF059-005　断开时间
AAF060-005　导通时间

AAA122-001　02

双极 RF 功率晶体管　RF

每个晶体管能用同一组数据元素类型描述的双极 RF 功率晶体管集。

注：双极 RF 功率晶体管是设计与无线电频率载波调制过的信号使用的双极功率晶体管。

特征
AAE707-005　峰值包络功率 PEP
AAE711-005　互调失真 d_im
AAE712-005　互调失真 d_3
AAE714-005　同步输出功率
AAE715-005　效率

AAA123-002　02

双极小信号晶体管　SIGT

每个晶体管能用同一组数据元素类型描述的双极小信号晶体管集。

注：双极小信号晶体管是设计成小信号应用，结和安装基座之间具有大于 15 K/W 热电阻的双极晶体管。

特征
AAE106-005　功能数目
AAE410-005　小信号电流增益
AAE418-005　基极-发射极电压差
AAE426-005　关断频率
AAE642-005　差分电流变化
AAE644-005　差分电压变化

AAE647-005　平均噪声指数
AAE648-005　聚光点噪声指数

AAF146-005　频率应用
子类
AAA124-001　双极 LF 小信号晶体管
AAA125-001　双极 RF 小信号晶体管

AAA124-001　02
双极 LF 小信号晶体管　LF
每个晶体管能用同一组数据元素类型描述的双极 LF 小信号晶体管集。
注：双极 LF 小信号晶体管是设计与音频、视频和开关信号等基带非调制信号使用的双极小信号晶体管。
特征
AAF055-005　延迟(断开)时间
AAF056-005　延迟(导通)时间
AAF057-005　下降时间
AAF058-005　上升时间
AAF059-005　断开时间
AAF060-005　导通时间

AAA125-001　02
双极 RF 小信号晶体管　RF
每个晶体管能用同一组数据元素类型描述的双极 RF 小信号晶体管集。
注：双极 RF 小信号晶体管是设计与无线电频率载波调制过的信号使用的双极小信号晶体管。
特征
AAE711-005　互调失真 d_im
AAE712-005　互调失真 d_3
AAE713-005　单向功率增益

AAA126-002　02
场效应晶体管　FET
每个晶体管能用同一组数据元素类型描述的场效应晶体管集。
注：场效应晶体管是通过导体信道的电流受作用于栅极和源极端之间电压产生的电场控制的晶体管。
特征
AAE364-005　栅极类型
AAE366-005　沟道类型
AAE368-005　漏极电流(直流)
AAE370-005　漏极电流(直流)
AAE371-005　漏极关断电流
AAE372-005　栅极关断电流
AAE373-005　源极关断电流
AAE374-005　共模抑制比
AAE377-005　漏-源限制电压
AAE379-005　漏极-衬底限制电压
AAE384-005　栅-源门限电压
AAE386-005　栅-源关断电压
AAE387-005　源-衬限制电压
AAE390-005　反馈电容
AAE391-005　漏-源导通态电阻
AAE393-005　漏-源导通态电阻
AAE394-005　漏-源截止态电阻
AAE396-005　转移导纳
AAE655-005　栅极输入电容
AAE656-005　转移传导率
AAE982-005　输入电容
AAE983-005　输出电容
AAF118-005　栅-源限制电压

AAE971-007　信号处理类型
子类
AAA127-002　场效应功率晶体管
AAA130-002　场效应小信号晶体管

AAA127-002　02
场效应功率晶体管　POWT
每个晶体管能用同一组数据元素类型描述的场效应晶体管集。
注：场效应功率晶体管是设计成功率-信号应用，结和安装基座之间具有少于 15 K/W 热电阻的场效应晶体管。
特征
AAE336-005　安装基座温度

AAF146-005　频率应用
子类
AAA128-001　场效应 LF 功率晶体管
AAA129-001　场效应 RF 功率晶体管

AAA128-001　02
场效应 LF 功率晶体管　LF
每个晶体管能用同一组数据元素类型描述的场效

应 LF 功率晶体管集。

注：场效应 LF 功率晶体管是设计与音频、视频和开关信号等基带非调制信号使用的场效应功率晶体管。

特征

AAE976-005　上升时间

AAE977-005　下降时间

AAE978-005　导通时间

AAE979-005　断开时间

AAE980-005　（导通）延迟时间

AAE981-005　（断开）延迟时间

AAA129-001　02

场效应 RF 功率晶体管　RF

每个晶体管能用同一组数据元素类型描述的场效应 RF 功率晶体管集。

注：场效应 RF 功率晶体管是设计与无线电频率载波调制过的信号使用的场效应功率晶体管。

AAA130-001　02

场效应小信号晶体管　SIGT

每个晶体管能用同一组数据元素类型描述的场效应小信号晶体管集。

注：场效应小信号晶体管是设计成小信号应用，结和安装基座之间具有大于 15 K/W 热电阻的场效应晶体管。

特征

AAE380-005　等值噪声电压

AAE383-005　栅-源电压差

AAE389-005　栅-源电压热漂移

AAE657-005　聚光点噪声指数

AAE716-005　穿透速率之差

AAE717-005　转换阻抗之差

AAE973-005　FET 技术

AAE976-005　上升时间

AAE977-005　下降时间

AAE978-005　导通时间

AAE979-005　断开时间

AAE980-005　（导通）延迟时间

AAE981-005　（断开）延迟时间

AAA131-001　02

触发器件　TRG

每个器件能用同一组数据元素类型描述的触发器件集。

注：触发器件是构成三个或多个能从断开状态切换到开启状态或相反的结的双稳半导体器件。

特征

AAE331-005　二极管封装

AAE336-005　安装基座温度

AAE337-005　结温

AAF275-002　结应力温度

AAE724-005　触发器件功能

子类

AAA132-001　二端开关元件

AAA133-001　晶闸管

AAA137-001　三端双向晶闸管

AAA132-001　02

二端开关元件　DIA

每个二端开关元件能用同一组数据元素类型描述的二端开关元件集。

注：二端开关元件是双向二极管晶闸管：主要特性的第一和第三象限中实质上具有相同行为的两端触发器件。

IEC 60747-6:2000

特征

AAE293-005　正向重复峰值电流

AAE725-005　击穿电压

AAE726-005　输出电压

AAA133-001　02

晶闸管　THY

每个晶闸管能用同一组数据元素类型描述的晶闸管集。

注：晶闸管是主要特性的第一和第三象限中具有不同行为的三端触发器件。

特征

AAE276-005　反向电流

AAE305-005　焦耳积分

AAE728-005　导通态电流有效值

AAE729-005　重复峰值导通态电流

AAE730-005　不重复峰值导通态电流

AAE732-005　栅极触发电流

AAE738-005　截止态电压

AAE739-005　重复峰值截止态电压

AAE740-005　截止态电压上升速率

AAE742-005 栅极触发电压
AAE744-005 平均导通态电流
AAF135-005 截止态电流
AAF136-005 保持电流
AAF137-005 锁定电流

AAE743-005 晶闸管功能

子类

AAA134-001 快速断开晶闸管
AAA135-001 栅极断开晶闸管
AAA136-001 反向阻塞晶闸管

AAA134-001 02

快速断开晶闸管 FTO

每个晶闸管能用同一组数据元素类型描述的快速断开晶闸管集。

注：快速断开晶闸管是电流在时间上可以 1 μs 级导通或断开的晶闸管。

特征

AAE734-005 导通态电流上升速率
AAE747-005 整流断开时间

AAA135-001 02

栅极断开晶闸管 GTO

每个晶闸管能用同一组数据元素类型描述的栅极断开晶闸管集。

注：栅极断开晶闸管是将适当极性的控制信号作用于栅极端可从导通状态切换到断开状态或者相反的晶闸管。

特征

AAE745-005 可控制阳极电流
AAE746-005 下降时间

AAA136-001 02

反向阻塞晶闸管 RVB

每个可控硅晶体管能用同一组数据元素类型描述的反向阻塞晶闸管集。

注：反向阻塞晶闸管是切换到正阳极电压并且负阳极电压呈现反向阻塞状态的单向晶闸管。

特征

AAE300-005 反向重复峰值电压
AAE734-005 导通态电流上升速率
AAE748-005 阴极-栅极到阴极电流
AAE749-005 阳极-栅极到阳极电流
AAE750-005 阴极-栅极触发电压
AAE751-005 阳极-栅极到阳极电压

AAA137-001 02

三端双向晶闸管 TRI

每个三端双向晶闸管能用同一组数据元素类型描述的三端双向晶闸管集。

注：三端双向晶闸管是双向三极晶闸管：主要特性的第一和第三象限中行为的第一和第三象限中实质上具有相同切换行为的三端触发器件。

IEC 60747-6:2000

特征

AAE276-005 反向电流
AAE305-005 焦耳积分
AAE728-005 导通态电流有效值
AAE729-005 重复峰值导通态电流
AAE730-005 不重复峰值导通态电流
AAE732-005 栅极触发电流
AAE734-005 导通态电流上升速率
AAE738-005 截止态电压
AAE739-005 重复峰值截止态电压
AAE740-005 截止态电压上升速率
AAE741-005 整流电压上升速率
AAE742-005 栅极触发电压
AAF135-005 截止态电流
AAF136-005 保持电流
AAF137-005 锁定电流

AAA138-001 02

电子管 TUB

每个电子管能用同一组数据元素类型描述的电子管集。

注：电子管是由真空或气密外壳中气体媒介的电极之间的电子或离子进行导电的电子器件，仅用于发光的器件除外。

IEC 60050-531:1974

特征

AAE579-005 加热器电压
AAE580-005 加热器电流

AAE696-005 电子管类型

子类

AAA139-001　显像管
AAA142-001　充气电子管
AAA143-001　光敏电子管
AAA144-001　空间电荷控制电子管
AAA145-001　空间电荷波纹电子管

AAA139-001　02

显像管　CRT

每个电子管能用同一组数据元素类型描述的显像管集。

注：显像管是信号-图像转换管，产生明确和可控制的电子束并指向给出可见或其他可探测显示或效果的表面。

IEC 60050-531:1974

特征

AAE581-005　总长度
AAE588-005　偏转角
AAE589-005　管颈直径
AAE590-005　阳极电压
AAE592-005　屏幕对角线长
AAE593-005　有用屏幕水平宽度
AAE594-005　有用屏幕垂直高度
AAE595-005　显像管大小(cm)
AAE596-005　玻璃发射
AAE598-005　管基类型
AAE605-005　荧光体代码
AAE606-005　应用代码
AAE804-005　屏幕曲率半径
AAF203-005　平均阳极电流
AAF204-005　峰值阳极电流
AAF205-005　垂直分辨率
AAF271-005　屏幕形状
AAF272-005　显像管尺寸(inch)
AAF315-005　阳极限制电压

AAF202-005　色度

子类

AAA140-001　彩色显像管
AAA141-001　单色显像管

AAA140-001　02

彩色显像管　COL

每个电子管能用同一组数据元素类型描述的彩色显像管集。

注：彩色显像管是通过改变不同色度的三种屏幕荧光体励磁的相对强度能产生彩色图像的显像管。

特征

AAE584-005　栅极2关断电压
AAE585-005　聚焦电压
AAE591-005　阴极关断电压
AAE805-005　水平像素间距
AAE806-005　水平分辨率
AAF314-005　聚焦限制电压

AAA141-001　02

单色显像管　MCR

每个电子管能用同一组数据元素类型描述的单色显像管集。

注：单色显像管是产生只有一种色度图像的显像管，色度通常由具有单对彩色坐标的屏幕荧光体决定。

特征

AAE578-005　栅极1关断电压
AAE586-005　聚焦电压
AAE603-005　阴极关断电压
AAF206-005　栅格2电压

AAA142-001　02

充气电子管　GAS

每个电子管能用同一组数据元素类型描述的充气显像管集。

注：充气显像管是电气特性实质通过电离特意引入的气体或蒸气建立的电子管。

AAA143-001　02

光敏电子管　PHO

每个电子管能用同一组数据元素类型描述的光敏电子管集。

注：光敏电子管是功能由光电效应决定的电子管。

AAA144-001　02

空间电荷控制电子管　SCC

每个电子管能用同一组数据元素类型描述的空间电荷控制电子管集。

注：空间电荷控制电子管是工作模式以由电极电压控制空间电荷限制电流为基础的电子管。

AAA145-001 02

空间电荷波纹电子管 SCW

每个电子管能用同一组数据元素类型描述的空间电荷波纹电子管集。

注：空间电荷波纹电子管是功能以通过带电子束空间电荷波纹的电磁场相互作用进行能量变换为基础的真空电子管。

AAA146-001 02

调谐器 TUN

每个调谐器能用同一组数据元素类型描述的调谐器集。

注：调谐器是仅能产生接收器第一部分功能和传送无线电频率、中频、或解调信息某些其他设备的封装单元。

AAA147-002 02

机电元器件 EM

每个元器件能用同一组数据元素类型描述的机电元器件集。

注：机电元器件是利用操作包含机械运动的电磁能量的元器件。

特征

AAE007-005 引出端形状
AAE008-005 引出端位置
AAE023-005 引出端直径
AAE024-005 引出端间距
AAE027-005 安装高度
AAE072-005 引出端长度
AAE149-006 安全认证
AAE257-005 功率损耗
AAE259-005 BSI 形状/尺寸代码
AAE347-005 CECC 规范
AAE540-005 电流有效值
AAE633-005 涂漆长度
AAE634-005 引出端材料
AAE754-005 引出端数
AAE785-005 信号类型
AAE841-005 贮存温度
AAE891-005 环境温度
AAE987-005 功率损耗
AAF316-001 孔的间距
AAF317-001 法兰长度
AAF319-001 法兰高度
AAF320-001 体的直径
AAF321-001 间距(x-轴)
AAF322-001 间距(y-轴)
AAF337-001 节距圆直径
AAF338-001 引出端宽度
AAF339-001 引出端厚度
AAF340-001 偏移(y-轴)
AAF341-001 偏移(x-轴)
AAF342-001 法兰直径
AAF343-001 安装方法
AAF344-001 体形状
AAF345-001 引出端出口位置 SMD
AAF346-001 引出端出口位置非 SMD
AAF347-001 引出端形状非 SMD
AAF348-001 引出端形状 SMD
AAF351-001 孔数
AAF352-001 基本特征
AAF373-001 按扣数
AAF374-001 间距数(x-轴)
AAF375-001 间距数(y-轴)
AAF376-001 引出端横截面形状

AAE060-005 EM 元器件种类

子类

AAA148-002 连接器
AAA610-001 连接器部件
AAA149-002 熔断器
AAA150-001 扬声器
AAA159-001 拾音器
AAA160-001 电动机
AAA171-001 继电器
AAA172-001 开关

AAA148-002 01

连接器 CON

每个连接器能用同一组数据元素类型描述的连接器集。

注：连接器是为了给合适的配对元器件提供连接或断开的元器件。

特征

AAE155-005 绝缘电阻
AAE159-005 爬弧距离

AAE345-005　阴性插口
AAE348-005　插针排列
AAE350-005　接触件涂复
AAE351-006　壳体材料
AAE352-005　引出端到接触件的角度
AAE353-005　接触件类别
AAE354-005　定位
AAE355-005　接触体材料
AAE356-005　连接器形状
AAE357-005　性能类别
AAE358-005　接触件电流最大值
AAE359-005　接触件数量
AAE360-005　行数
AAE361-005　机械耐久性
AAE362-005　连接器开口
AAE363-005　壳体内的接触长度
AAE920-005　接触电阻
AAF045-005　啮合力
AAF046-005　分离力
AAF051-005　锁紧装置
AAF053-005　外壳侧旁的引出端长度
AAF124-005　集成元器件
AAF125-005　接触件弹性材料
AAF126-005　UL 燃烧性
AAF127-005　IEC 燃烧性
AAF128-005　封装颜色
AAF148-005　插座类型
AAF150-005　每行触点数
AAF434-001　弯曲半径
AAJ037-001　终止类型
AAJ038-001　耦合类型
AAJ039-001　触点间距
AAJ042-001　连接器额定电压
AAJ043-001　连接器额定电流
AAJ044-001　连接器直径

AAE349-006　连接器类型

子类

AAA518-001　圆形连接器
AAA519-001　矩形连接器
AAA520-001　PCB 连接器
AAA521-001　RF 连接器
AAA522-001　IC 卡连接器
AAA523-001　模块连接器
AAA526-001　插头和插座
AAA527-001　插座
AAA528-001　引出端

AAA149-002　01

熔断器　FUS

每个熔断器能用同一组数据元素类型描述的熔断器集。

注：熔断器是通过熔化一个或几个其特别设计和均衡分布的元器件，当电流超过给定值足够的时间时，通过截断电流断开它们插入其中的电路的器件。熔断器包括形成完整器件的所有部件。

GB/T 2900.18—1992

特征

AAE519-005　标称电压
AAE523-005　焦耳积分
AAE524-005　速度
AAE525-005　额定电流
AAF122-005　额定断开容量
AAF123-005　电压降
AAJ034-001　熔断器预燃时间

AAJ012-002　熔断器类型

子类

AAA575-001　电流激励熔断器
AAA576-001　热激励熔断器

AAA150-001　02

扬声器　LSP

每个扬声器能用同一组数据元素类型描述的扬声器集。

注：扬声器是通过从电气振动波获得声波并设计成将声波功率辐射到周边媒介的换能器。

特征

AAE338-005　最大噪声电压
AAF090-005　直流电阻
AAE339-005　上限额定频率
AAE340-005　有效频率 f_e2
AAE341-005　有效频率 f_e1
AAF193-005　敏感度

AAE005-006　变能器原理

子类

AAA151-001　电动扬声器
AAA152-001　磁动扬声器
AAA153-001　离子扬声器
AAA154-001　电磁扬声器
AAA155-001　气动扬声器
AAA156-001　压电扬声器
AAA157-001　静电扬声器
AAA158-001　磁致伸缩扬声器

AAA151-001　02

电动扬声器　MVC

每个扬声器能用同一组数据元素类型描述的电动扬声器集。

注：电动扬声器是通过在稳定磁场中移动运载变化电流的导体或线圈工作的扬声器。

特征

AAE048-005　最大噪声功率
AAE049-005　额定阻抗
AAE050-005　谐振频率
AAE051-005　中心柱直径
AAE053-005　磁铁材料
AAE054-005　声障板孔长度
AAE055-005　频率应用
AAE056-005　声障板孔宽度
AAE061-005　法兰形状

AAA152-001　02

磁动扬声器　MGD

每个扬声器能用同一组数据元素类型描述的磁动扬声器集。

注：磁动扬声器是通过移动附在振动板上的磁铁和由固定线圈的电流激励工作的扬声器。

AAA153-001　02

离子扬声器　ION

每个扬声器能用同一组数据元素类型描述的离子扬声器集。

注：离子扬声器是通过等离子区和周边空气之间的相互作用工作的扬声器。

AAA154-001　02

电磁扬声器　ELM

每个扬声器能用同一组数据元素类型描述的电磁扬声器集。

注：电磁扬声器是通过移动连接到薄膜上并由可变磁场驱动的磁铁工作的扬声器。

AAA155-001　02

气动扬声器　PNM

每个扬声器能用同一组数据元素类型描述的气动扬声器集。

注：气动扬声器是通过控制气流的变化工作的扬声器。

AAA156-001　02

压电扬声器　PXE

每个扬声器能用同一组数据元素类型描述的压电扬声器集。

注：压电扬声器是利用材料的压电特征工作的扬声器。

AAA157-001　02

静电扬声器　ELS

每个扬声器能用同一组数据元素类型描述的静电扬声器集。

注：静电扬声器是利用静电力工作的扬声器。

AAA158-001　02

磁致伸缩扬声器　MGS

每个扬声器能用同一组数据元素类型描述的磁力控制扬声器集。

注：磁致伸缩扬声器是利用材料的磁致伸缩特征工作的扬声器。

AAA159-001　02

拾音器　MIC

每个拾音器能用同一组数据元素类型描述的拾音器集。

注：拾音器是通过从声音振动获得电气信号的电声换能器。

特征

AAE340-005　有效频率 f_e2
AAE341-005　有效频率 f_e1
AAE533-005　输入阻抗

AAA160-001　02

电动机　MOT

每个电动机能用同一组数据元素类型描述的电动机集。

注：电动机是将电能转换成机械能的(电力)机器。

特征

AAE174-005　磁铁类型

AAE175-005　线圈连接

AAE176-005　电枢材料

AAE177-005　集成元器件

AAE180-005　电动势

AAE182-005　输入功率

AAE517-005　电感

AAF090-005　直流电阻

AAF131-005　相位数

AAE179-005　运动轨迹

子类

AAA161-001　直线电动机

AAA166-001　旋转电动机

AAA161-001　02

直线电动机　LIN

每个电动机能用同一组数据元素类型描述的直线电动机集。

注：直线电动机是已经分开并展开成两个平板，以便转子和定子之间的移动是直线而不是旋转的电动机。

特征

AAF049-005　速度

AAF132-005　行程

AAF133-005　额定力

AAE178-005　电源电流类型

子类

AAA162-001　直线交流电动机

AAA163-001　直线直流电动机

AAA164-001　直线步进电动机

AAA165-001　直线通用电动机

AAA162-001　02

直线交流电动机　AC

每个电动机能用同一组数据元素类型描述的直线交流电动机集。

注：直线交流电动机是本质设计成与交变电流或电压应用的直线电动机。

特征

AAE184-005　（交流）额定输入电压

AAA163-001　02

直线直流电动机　DC

每个电动机能用同一组数据元素类型描述的直线直流电动机集。

注：直线交流电动机是本质设计成与直流电流或电压应用的直线电动机。

特征

AAE186-005　（直流）额定输入电压

AAE187-005　机械时间常数

AAA164-001　02

直线步进电动机　STP

每个电动机能用同一组数据元素类型描述的直线步进电动机集。

注：直线步进电动机是当定子线圈以程序化方式施加电压时，转子以角度增加的方式旋转的直线电动机。

特征

AAE203-005　每相电流

AAE204-005　额定输入电压(脉冲)

AAE205-005　推入速度

AAE206-005　拔拉速率

AAF061-005　步进长率

AAF062-005　保持力

AAA165-001　02

直线通用电动机　UNI

每个电动机能用同一组数据元素类型描述的直线通用电动机集。

注：直线通用电动机是能用直流或标准电源频率的单相交变电流工作的直线电动机。

AAA166-001　02

旋转电动机　ROT

每个电动机能用同一组数据元素类型描述的旋转电动机集。

注：旋转电动机是以沿着一条轴转动为特性的电动机。

特征

AAE188-005　旋转方向

AAE189-005　转子惯量

AAE190-005　最大径向力

AAE191-005 额定力矩
AAE200-005 最大轴向力

AAE178-005 电源电流类型

子类

AAA167-001 旋转交流电动机
AAA168-001 旋转直流电动机
AAA169-001 旋转步进电动机
AAA170-001 旋转通用电动机

AAA167-001 02

直线交流电动机 AC

每个电动机能用同一组数据元素类型描述的直线交流电动机集。

注：直线交流电动机是本质设计成与交变电流或电压应用的旋转电动机。

特征

AAE183-005 同步交流电动机
AAE184-005 额定输入电压(交流)
AAE194-005 同步速度
AAE195-005 额定速度
AAE196-005 启动力矩

AAA168-001 02

直线直流电动机 DC

每个电动机能用同一组数据元素类型描述的直线直流电动机集。

注：直线直流电动机是本质设计成与直流电流或电压应用的旋转电动机。

特征

AAE186-005 额定输入电压(直流)
AAE187-005 机械时间常数
AAE195-005 额定速度
AAE197-005 额定输入电流
AAE199-005 启动力矩

AAA169-001 02

旋转步进电动机 STP

每个电动机能用同一组数据元素类型描述的旋转步进电动机集。

注：旋转步进电动机是当定子线圈以程序化方式施加电压时，转子以角度增加的方式旋转的旋转电动机。

特征

AAE201-005 拔拉力矩
AAE202-005 推入力矩
AAE204-005 额定输入电压(脉冲)
AAE205-005 推入速率
AAE206-005 拔拉速率
AAE207-005 保持力矩
AAE208-005 步进角

AAA170-001 02

旋转通用电动机 UNI

每个电动机能用同一组数据元素类型描述的旋转通用电动机集。

注：旋转通用电动机是能用直流或标准电源频率的单相交变电流工作的旋转电动机。

AAA171-001 02

继电器 REL

每个继电器能用同一组数据元素类型描述的继电器集。

注：继电器是设计成控制器件的电气输入电路中的某些条件出现后，通过分离接触点来闭合和开启一个或多个电气电路的(电气)器件。

IEC 60050-446:1983

特征

AAE155-005 绝缘电阻
AAE350-005 接触件涂复
AAE355-005 接触体材料
AAE506-005 开关功能
AAE508-005 密封
AAE509-005 U/I 种类
AAE512-005 触点电压(交流)
AAE513-005 限制触点电压
AAE515-005 触点电流(交流)
AAE907-005 稳定性
AAE911-005 激励电流(直流)
AAE912-005 激励电流(交流)
AAE915-005 激励电压(直流)
AAE916-005 激励电压(交流)
AAE918-005 线圈-触点电容
AAE919-005 触点电容
AAE920-005 接触电阻
AAE921-005 触点组装件数量
AAE922-005 机械寿命

AAE923-005　工作时间
AAE924-005　释放时间
AAE925-005　触点件力
AAE928-005　触点功率(交流)
AAE930-005　抖动时间
AAF048-005　初级线圈数
AAF050-005　释放电压(交流)
AAF090-005　直流电阻
AAF106-005　触点电流(直流)
AAF107-005　触点电压(直流)
AAF125-005　接触件弹性材料
AAF129-005　释放电压(直流)
AAF130-005　触点功率(直流)

AAA172-001　02

开关　SWI

每个开关能用同一组数据元素类型描述的开关集。

注：开关是设计成在外部量的控制下，通过可分离接触点闭合和开启一个或多个电气电路的器件。(派生)

特征

AAE155-005　绝缘电阻
AAE208-005　步进角
AAE350-005　接触件涂复
AAE351-005　壳体材料
AAE355-005　接触体材料
AAE506-005　开关功能
AAE512-005　触点电压(交流)
AAE513-005　限制触点电压
AAE515-005　触点电流(交流)
AAE920-005　接触电阻
AAE921-005　触点组装件数量
AAE922-005　机械寿命
AAE928-005　触点功率(交流)
AAE929-005　稳定位置的数量
AAE930-005　抖动时间
AAF106-005　触点电流(直流)
AAF107-005　触点电压(直流)
AAF125-005　接触件弹性材料
AAF130-005　触点功率(直流)
AAF134-005　集成功能

AAE926-005　激励量

子类

AAA173-001　舌簧开关
AAA174-002　机械开关
AAA175-001　恒温开关

AAA173-001　02

舌簧开关　REE

每个开关能用同一组数据元素类型描述的舌簧开关集。

注：舌簧开关是将接触点安装在密封在玻璃管中的铁磁舌簧(薄片)上，设计用外部磁场驱动的开关。

AAA174-002　01

机械开关　MEC

每个开关能用同一组数据元素类型描述的机械开关集。

注：机械开关是用外部机械力驱动的开关。

特征

AAE931-005　开关驱动
AAE932-005　驱动力
AAJ064-001　杆数
AAJ065-001　行程
AAJ066-001　角程
AAJ067-001　工作寿命
AAJ068-001　转动类型
AAJ069-001　转动长度
AAJ070-001　转动直径
AAJ071-001　附加特性
AAJ072-001　密封

AAA175-001　02

恒温开关　THE

每个开关能用同一组数据元素类型描述的恒温开关集。

注：恒温开关是功能由温度变化控制且当传感器单元所置的环境空间温度或固定它们的表面温度达到预定值，其触点自动接通或断开负载电路的开关。

GB/T 4210—1984

AAA215-001 02

磁性部件　MP

每个部件能用同一组数据元素类型描述的磁性部件集。

注：磁性部件是除表面可能涂覆或磨光外完全由相同磁性材料组成的产品。

AAE759-005　矫顽力类别

子类

AAA216-001　硬磁性部件

AAA217-001　软磁性部件

AAA216-001　02

硬磁性部件　HRD

每个部件能用同一组数据元素类型描述的硬磁性部件集。

注：硬磁性部件是具有高矫顽力的磁性部件。

AAA217-001　02

软磁性部件　SFT

每个部件能用同一组数据元素类型描述的软磁性部件集。

注：软磁性部件是具有低矫顽力的磁性部件。

特征

AAE764-005　软磁性材料等级

AAE765-005　磁芯规格代码

AAE766-005　磁芯形状

AAE770-005　电感因子

AAE771-005　有效磁导率

AAE775-005　总功率损耗

AAE776-005　有效磁通路长度

AAE777-005　磁芯因子 C_1

AAE778-005　(空气)间隙长度

AAE782-005　有效横截面面积

AAF283-005　最小横截面面积

AAF309-005　附件名称

AAA218-001　02

材料　MA

每个材料能用同一数据元素类型集描述的材料集。

注：材料是预计还要进行包括化学和核处理等物理处理的产品，其间它们的几何形状或成分将改变。

特征

AAF286-005　密度

AAF311-006　材料类型

子类

AAA219-001　声学材料

AAA231-001　电介质和绝缘材料

AAA220-001　磁性材料

AAA223-001　光学材料

AAA230-001　印制布线薄板

AAA224-001　热-电材料

AAA219-001　02

声学材料　ACO

每个材料能用同一数据元素类型集描述的声学材料集。

注：声学材料是与声音有关、包含声音、发生声音、由声音引起、由声音驱动或运载声音的材料。

AAA220-001　02

磁性材料　MG

每个材料能用同一数据元素类型集描述的磁性材料集。

注：磁性材料是呈现铁磁性的材料。

特征

AAE760-005　电阻系数

AAE761-005　居里温度

AAE759-005　矫顽力类别

子类

AAA221-001　硬磁性材料

AAA222-001　软磁性材料

AAA221-001　01

硬磁性材料　HRD

每个材料能用同一数据元素类型集描述的硬磁性材料集。

注：硬磁性材料是展现具有高矫顽力铁磁性的材料。

特性

AAE762-005　硬磁性材料等级

AAF287-005　矫顽力 H_cB

AAF288-005　矫顽力 H_cJ

AAF289-005　(BH)_max 处的场强

AAF290-005　饱和磁场强度

AAF291-005　温度系数 H_cJ

AAF292-005　剩磁磁通密度

AAF293-005　(BH)_max 磁通密度

AAF294-005　弹回磁导率

AAF295-005　最大 BH 乘积

AAF296-005　B_r x H_cJ 乘积

AAF297-005　温度系数 B_r

AAA222-001　02

软磁性材料　SFT

每个材料能用同一数据元素类型集描述的软磁性材料集。

注：软磁性材料是展现具有低矫顽力铁磁性的材料。

特性

AAE764-005　软磁性材料等级

AAE769-005　磁通量密度

AAE772-005　初始磁导率

AAE773-005　磁导率幅值

AAF298-005　损耗系数

AAF299-005　磁导衰减系数

AAF300-005　特定总损耗

AAF306-005　磁滞材料常数

AAF307-005　磁导率温度系数

AAF308-005　饱和磁通密度

AAA223-001　02

光学材料　OP

每个材料能用同一数据元素类型集描述的光学材料集。

注：光学材料是光或红外线、紫外线或 X-射线辐射透明的材料，例如：玻璃和某些单晶、多晶材料。

AAA224-001　02

热-电材料　TH

每个材料能用同一数据元素类型集描述的热-电材料集。

注：热-电材料是能将热能转换成电能或直接从电能提供冷却的材料。

AAA225-001　02

偏转单元　DFL

每个偏转单元能用同一数据元素类型集描述的偏转单元集。

注：偏转单元是用于产生磁场，使显像管中的电子束发生垂直和水平偏转的激励线圈和行线圈组件。

特征

AAE607-005　行线圈电感

AAE608-005　激励线圈电感

AAE609-005　行线圈电阻

AAE610-005　激励线圈电阻

AAE611-005　行偏转电流

AAE612-005　激励偏转电流

AAF273-005　显示格式

AAF274-005　行频

AAA226-001　02

扼流圈　CHOKE

每个扼流圈能用同一数据元素类型集描述的扼流圈集。

注：扼流圈是用于电路中对高于规定频率范围的频率表现高阻抗而对直流电流无任何限制的电感。

AAA227-001　02

线圈　COIL

每个线圈能用同一数据元素类型集描述的线圈集。

注：线圈是用于在电路中引入电感、产生磁通量，或机械地对改变磁通量起反应的一定圈数的电线。

AAA228-001　02

线性控制单元　LINUNIT

每个单元能用同一数据元素类型集描述的线性控制单元集。

注：线性控制单元是在扫描时间内调节扫描速度变化使几何变形最小的控制单元。

AAA229-001　02

微波元器件　MIC

每个元器件能用同一数据元素类型集描述的、在微波频率段工作的元器件集。

特征

AAF260-005　特性阻抗

AAJ041-001　电压驻波比

AAJ056-001　范畴温度

AAJ117-001　微波元器件类型

AAJ118-001　连接类型

AAJ119-001　插入损耗

AAJ120-001　隔离

AAJ121-001　最大功率处理

AAJ122-001　频率范围

AAA230-001　02

印制布线薄板　PWL

每个薄板能用同一数据元素类型集描述、印制布线的覆铜薄板集。

特征

AAJ040-001　电路板厚度

AAJ107-001　印制电路基材

AAJ108-001　铜厚度

AAJ109-001　层数

AAA231-001　02

电介质和绝缘材料　DIEL

每个材料能用同一数据元素类型集描述的电介质或绝缘材料集。

特征

AAJ106-001　电介质材料

AAA232-001　02

印制布线电路　PWC

每个电路能用同一数据元素类型集描述的刚性、半刚性或柔性印制布线电路集。

特征

AAJ040-001　电路板厚度

AAJ107-001　印制电路基材

AAJ108-001　铜厚度

AAJ109-001　层数

AAJ110-001　电路长度

AAJ111-001　电路宽度

AAJ112-001　印制导线宽

AAJ113-001　印制导线间距

AAJ114-001　连接器材料

AAJ115-001　连接器间距

AAA233-001　02

特点　FEA

每个特点能用同一数据元素类型集描述的特性特征的特点集。

注：特点是部件/元器件库应用域的对象的自动和单独摘要。它可能被表示为其他类的特定的子类。

AAF440-001　特征

子类

AAA234-001　复数值

AAA235-001　公差值

AAA234-001　02

复数值　CPLX

将特性值表示为能用同一数据元素类型集描述的复数量的特征集。

注：复数值是可以用有实数和虚部的卡迪尔形式或有幅值和辐角(相位角)的极坐标形式表示的物理量值。

特征

AAF454-001　相位角

AAF455-001　相位角

AAF441-001　复数

子类

AAA236-001　阻抗

AAA237-001　导纳

AAA235-001　02

公差值　TOL

能用同一数据元素类型集描述的特性值的百分比(%)公差表示的特征集。

注：公差值是可以表示为量的标称值以及该标称值百分比或绝对值偏差的物理量值。

特征

AAF443-001　对称公差

AAF444-001　负公差

AAF445-001　正公差

AAF442-001　公差值

子类

AAA238-001　公差电容

AAA239-001　公差电阻

AAA236-001　02

阻抗　IMP

将电气元器件的阻抗表示为每个值集能用同一数据元素类型集描述的复数量的特征集。

注：阻抗是表示为复数值的电压和电流比。

特征

AAF456-001　阻抗的模数
AAF457-001　电阻
AAF458-001　电抗

AAA237-001　02

导纳　ADM

将电气元器件的导纳表示为每个值集能用同一数据元素类型集描述的复数量的特征集。

注：导纳是表示为复数值的电流和电压比。

特征
AAF459-001　导纳的模数
AAF460-001　电导
AAF461-001　电纳

AAA238-001　02

公差电容　TOCAP

将电气元器件的电容用每个值集能用同一数据元素类型集描述的相关公差表示的特征集。

特征
AAF446-001　电容
AAF447-001　对称电容公差
AAF448-001　负电容公差
AAF449-001　正电容公差

AAA239-001　02

公差电阻　TOLRES

将电气元器件的电阻用每个值集能用同一数据元素类型集描述的相关公差表示的特征集。

特征
AAF450-001　电阻
AAF451-001　对称电阻公差
AAF452-001　负电阻公差
AAF453-001　正电阻公差

AAA295-001　02

裸晶　BARE

没有附属物并且只有一个表面上有衬垫、每个器件的几何形状和物理特征能用同一数据元素类型集描述的裸露晶体器件集。

注：裸晶是未封装的分离半导体，或成单独晶体形式的集成电路，或适合连接到衬底或封装的一个表面上有衬垫的切割或未切割晶片。

特征
AAD005-001　基座材料
AAD006-001　连接要求代码
AAD007-001　基座连接
AAD012-001　终端数
AAD013-001　制造商衬垫标识符
AAD014-001　衬垫几何形状名称
AAD015-001　衬垫 x 位置
AAD016-001　衬垫 y 位置
AAD017-001　衬垫方向
AAD018-001　结合点数
AAD024-001　衬垫形状
AAD025-001　衬垫长度
AAD026-001　衬垫宽度
AAD027-001　多边形顶点数
AAD028-001　顶点数
AAD029-001　顶点 x 坐标
AAD030-001　顶点 y 坐标
AAD078-001　钝化材料
AAD091-001　连接要求
AAD093-001　基座连接
AAD116-001　衬垫几何形状数
AAD119-001　背部光洁度
AAD120-001　衬垫金属涂覆
AAD121-001　衬垫直径
AAD148-001　主体材料
AAD149-001　最大组装温度

AAA296-001　02

凸出晶体　BUMP

具有用于连接衬底的凸出点、每个器件的几何形状和物理特征能用同一数据元素类型集描述的裸露晶体器件集。

注：凸出晶体是加有用于互连和/或机械附属物的凸出点的未封装晶体或晶片。这些可能是已经有焊料或其他金属凸出点加到晶体上的衬垫金属镀层的典型晶体(也称为倒装晶片)。

特征
AAD122-001　凸出点尺寸
AAD123-001　凸出高度
AAD124-001　凸出材料
AAD126-001　底层填料

AAD146-001 凸出高度

AAD147-001 凸出高度公差

AAA297-001 02

有附加引线框的晶体 LEAD

具有用于连接衬的引线框、每个器件的几何形状和物理特征能用同一数据元素类型集描述的裸露晶体器件集。

注：有附加引线框的晶体是加有连接到晶体上衬垫的引线框或类似引出端以允许互连和/或机械附属物的未封装晶体。

特征

AAD125-001 引线框材料

AAD126-001 底层填料

AAA298-001 02

最少封装晶体器件 MPD

每个器件的几何形状和物理特征能用同一数据元素类型集描述的最少封装晶体器件的特征集。

注：最少封装晶体器件是已经加有一些外部封装介质和互连结构以便保护和容易处理的晶体或晶片。

特征

AAD126-001 底层填料

AAD150-001 封装材料

AAD155-001 MPD 供货形式

AAA299-001 01

有两边的裸露晶体器件 DUAL

每个器件的几何形状和物理特征能用同一数据元素类型集描述的两个表面上有连接的裸露晶体器件的特征集。

特征

AAD005-001 基座材料

AAD013-001 制造商衬垫标识符

AAD014-001 衬垫几何形状名称

AAD015-001 衬垫 x 位置

AAD016-001 衬垫 y 位置

AAD017-001 衬垫方向

AAD018-001 结合点数

AAD024-001 衬垫形状

AAD025-001 衬垫长度

AAD026-001 衬垫宽度

AAD027-001 多边形顶点数

AAD028-001 顶点数

AAD029-001 顶点 x 坐标

AAD030-001 顶点 y 坐标

AAD078-001 钝化材料

AAD081-001 晶体表面

AAD116-001 衬垫几何形状数

AAA301-001 001

几何形状 GEO

每个产品能用同一组数据元素类型描述的工业产品集。

AAG000-001 几何形状类型

子类

AAA302-001 晶体器件

AAA303-001 封装外形

AAA302-001 002

晶体器件 DIE

每个器件能用同一组数据元素类型描述的晶体器件集。

注：晶体器件包括裸露半导体晶体或晶片、有或没有连接结构，或最少封装的晶体或晶片。

特征

AAD001-001 晶体标识符

AAD002-001 晶体名称

AAD003-001 晶体版本

AAD008-001 晶体试验等级代码

AAD009-001 晶体回收率

AAD010-001 晶体描述

AAD011-001 晶片尺寸

AAD019-001 信号名称

AAD020-001 信号类型

AAD021-001 电气基准

AAD022-001 信号方向

AAD023-001 交换代码

AAD031-001 电源可变性

AAD032-001 电源电压

AAD033-001 衬垫电源电流

AAD049-001 电源名称

AAD054-001 电源电流

AAD055-001 供应包装代码

AAD056-001 供应形式代码

AAD060-001　试验程序描述
AAD070-001　晶体梯级 x 尺寸
AAD071-001　晶体梯级 y 尺寸
AAD072-001　晶体厚度
AAD082-001　试验名称
AAD085-001　晶体类型
AAD086-001　晶体类型描述
AAD087-001　供货形式
AAD088-001　供货形式描述
AAD089-001　供货包装
AAD090-001　供货包装描述
AAD095-001　晶体回收率代码
AAD115-001　几何形状单位
AAD117-001　尺寸公差
AAD118-001　厚度公差
AAD127-001　晶体图片
AAD129-001　晶体中心 x-位置
AAD130-001　晶体中心 y-位置
AAD131-001　失效率
AAD132-001　试验流程
AAD133-001　温度规范
AAD134-001　过程选择
AAD137-001　符合性等级
AAD140-001　晶体制造商
AAD141-001　晶体供应商
AAD142-001　晶体数据源
AAD143-001　封装部件名称
AAD144-001　几何形状视图
AAD145-001　引出端数
AAD151-001　功率限制
AAD153-001　试验可靠性代码
AAD154-001　试验成熟性代码
AAD156-001　基准名称
AAD157-001　基准文件名称
AAD158-001　基准宽度
AAD159-001　基准高度
AAD160-001　基准 x 位置
AAD161-001　基准 y 位置
AAD162-001　基准方向

AAD004-001　晶体类型代码

子类

AAA295-001　裸晶
AAA299-001　有两边的裸露晶体器件
AAA296-001　凸出晶体
AAA297-001　有附加引线框的晶体
AAA298-001　最少封装晶体器件

AAA303-001　01

封装外形　PAK

每个封装能用同一组数据元素类型描述的元器件封装集。

注：封装外形是包括空间尺寸的封装好的元器件的物理形状的几何描述。

特征

AAG037-001　引出端位置数
AAG038-001　缺失引出端数量
AAG059-001　实际引出端数量
AAG066-001　结构图基准代码
AAG067-001　源文件标识
AAG068-001　源文件页码
AAG069-001　制造商封装代码
AAG070-001　标准封装代码
AAG071-001　标准文件基准
AAG072-001　引出端计数顺序
AAG073-001　表面安装标记

AAG057-001　封装类型代码

子类

AAA304-001　珠形
AAA305-001　芯片载体
AAA307-001　圆柱形
AAA308-001　圆盘形
AAA309-001　凸缘架
AAA311-001　扁平壳
AAA312-001　栅格阵列
AAA313-001　直线形
AAA314-001　长形
AAA318-001　柱杆架
AAA319-001　矩形
AAA320-001　小外形

AAA304-001　01

珠形　BD

每个外形类型能用同一组数据元素类型描述的珠形封装外形类型集。

注：珠形是主体是球形或几乎是球形的封装类型。

AAG056-001　引出端位置代码

子类

AAA322-001　轴向引线

AAA323-001　底面引线

AAA305-001　01

芯片载体　CC

每个外形类型能用同一组数据元素类型描述的芯片载体封装外形类型集。

注：芯片载体是主体形状为矩形且有很短的连接或表面上有连接的封装类型。

AAG056-001　引出端位置代码

子类

AAA324-001　四线

AAA307-001　01

圆柱形　CY

每个外形类型能用同一组数据元素类型描述的圆柱形封装外形类型集。

注：圆柱形是主体的长度不小于直径的圆柱形的封装类型。

AAG056-001　引出端位置代码

子类

AAA325-001　轴向

AAA326-001　底面

AAA327-001　终端

AAA328-001　径向

AAA329-001　上部连接

AAA308-001　01

圆盘形　DB

每个外形类型能用同一组数据元素类型描述的圆盘形封装外形类型集。

注：圆盘形是主体的长度小于直径的圆柱形的封装类型。

AAG056-001　引出端位置代码

子类

AAA330-001　轴向引线

AAA331-001　底面引线

AAA309-001　01

凸缘架　FM

每个外形类型能用同一组数据元素类型描述的凸缘架封装外形类型集。

注：凸缘架是预计安装形成封装一部分的凸缘的封装类型。

AAG056-001　引出端位置代码

子类

AAA332-001　底面引线

AAA333-001　双排引线

AAA334-001　单排引线

AAA335-001　Z形引线

AAA311-001　01

扁平壳　FP

每个外形类型能用同一组数据元素类型描述的扁平壳封装外形类型集。

注：扁平壳是预计安装和连接从水平面主体延长的引线的扁平壳的封装类型。

AAG056-001　引出端位置代码

子类

AAA336-001　双排引线

AAA337-001　四引线

AAA312-001　01

栅格阵列　GA

每个外形类型能用同一组数据元素类型描述的栅格阵列封装外形类型集。

注：栅格阵列是主体有矩形并带有放置在一个面的规则图案中的引线的封装类型。

AAG056-001　引出端位置代码

子类

AAA338-001　底面引线

AAA339-001　垂直形

AAA313-001　01

直线形　IP

每个外形类型能用同一组数据元素类型描述的直线形封装外形类型集。

注：直线形是引线排成一行或多行的封装类型。

AAG056-001 引出端位置代码

子类

AAA340-001 双排引线

AAA341-001 四排引线

AAA342-001 单排引线

AAA343-001 三排引线

AAA344-001 Z形引线

AAA314-001 01

长形 LF

每个外形类型能用同一组数据元素类型描述的长形封装外形类型集。

注：长形是长度超过横截面尺寸但是不能被描述成圆柱形或矩形的封装类型。

AAG056-001 引出端位置代码

子类

AAA345-001 轴向引线

AAA318-001 01

柱杆架 PM

每个外形类型能用同一组数据元素类型描述的柱杆架封装外形类型集。

注：柱杆架是封装由柱或钉头安装和固定的封装类型。

AAG056-001 引出端位置代码

子类

AAA346-001 上端连接

AAA319-001 01

矩形 RC

每个外形类型能用同一组数据元素类型描述的矩形封装外形类型集。

注：矩形是主体接近矩形盒形状的封装类型。

AAG056-001 引出端位置代码

子类

AAA347-001 轴向引线

AAA348-001 底面

AAA349-001 终端

AAA320-001 01

小外形 SO

每个外形类型能用同一组数据元素类型描述的小外形封装外形类型集。

注：小外形是以小尺寸为特性和通常用来由小鸥翼引线来进行表面安装的封装类型。

AAG056-001 引出端位置代码

子类

AAA350-001 双排引线

AAA351-001 四排引线

AAA352-001 单排引线

AAA322-001 01

轴向引线 A

每个外形类型能用同一组数据元素类型描述的有轴向引线的圆柱形封装外形类型集。

注：轴向引线以远离封装中心的相反方向沿其一个轴从封装向外延伸。

AAG058-001 引出端形状代码

子类

AAA353-001 电线

AAA323-001 01

底面引线 B

每个外形类型能用同一组数据元素类型描述的有底面引线的圆柱形封装外形类型集。

注：底面引线是从在或接近其安装平面的封装面引出的引线。

AAG058-001 引出端形状代码

子类

AAA354-001 电线

AAA324-001 01

四线 Q

每个外形类型能用同一组数据元素类型描述的四芯片载体封装外形类型集。

注：四引线沿矩形封装的全部四边放置。

AAG058-001 引出端形状代码

子类

AAA355-001 J-弯头

AAA356-001 无引线

AAA325-001 01

轴向引线 A

每个外形类型能用同一组数据元素类型描述的有轴向引线的圆柱形封装外形类型集。

注：轴向引线以远离封装中心的相反方向沿其一个轴从封装向外延伸。

AAG058-001 引出端形状代码

子类

AAA357-001 电线

AAA326-001 01

底面引线 B

每个外形类型能用同一组数据元素类型描述的有底面引线的圆柱形封装外形类型集。

注：底面引线是从在或接近其安装平面的封装面引出的引线。

AAG058-001 引出端形状代码

子类

AAA358-001 电线

AAA327-001 01

终端连接 E

每个外形类型能用同一组数据元素类型描述的有终端连接的圆柱形封装外形类型集。

注：终端连接是在或围绕封装终端形成的连接。

AAG058-001 引出端形状代码

子类

AAA359-001 包圆

AAA328-001 01

径向 R

每个外形类型能用同一组数据元素类型描述的有径向引线的圆柱形封装外形类型集。

注：径向引线以垂直于一个封装主轴的方向从封装向外延伸。

AAG058-001 引出端形状代码

子类

AAA360-001 焊接片

AAA361-001 电线

AAA329-001 01

上部连接 U

每个外形类型能用同一组数据元素类型描述的有上部连接的圆柱形封装外形类型集。

注：上部连接是放置在安装平面相反的封装面出现的连接。

AAG058-001 引出端形状代码

子类

AAA362-001 焊接片

AAA363-001 螺杆

AAA330-001 01

轴向引线

每个外形类型能用同一组数据元素类型描述的有轴向引线的圆盘形封装外形类型集。

注：轴向引线以远离封装中心的相反方向沿一个轴向封装外延伸。

AAG058-001 引出端形状代码

子类

AAA364-001 电线

AAA331-001 01

底面引线 B

每个外形类型能用同一组数据元素类型描述的有底面引线的圆盘形封装外形类型集。

注：底面引线是从在或接近其安装平面的封装面引出的引线。

AAG058-001 引出端形状代码

子类

AAA365-001 电线

AAA332-001 01

底面引线 B

每个外形类型能用同一组数据元素类型描述的有底面引线的凸缘形封装外形类型集。

注：底面引线是从在或接近其安装平面的封装面引出的引线。

AAG058-001　引出端形状代码

子类

AAA366-001　插针

AAA333-001　01

双排引线　D

每个外形类型能用同一组数据元素类型描述的有两排引线的凸缘形封装外形类型集。

注：双排引线是以两个平行行成对放置的引线。

AAG058-001　引出端形状代码

子类

AAA367-001　插针

AAA334-001　01

单排引线　S

每个外形类型能用同一组数据元素类型描述的有一排引线的凸缘形封装外形类型集。

注：单排引线是沿封装的一边以单行放置的引线。

AAG058-001　引出端形状代码

子类

AAA368-001　穿孔

AAA335-001　01

Z形引线　Z

每个外形类型能用同一组数据元素类型描述的有Z形图像引线的凸缘形封装外形类型集。

注：Z形引线是以两个平行行放置的引线，行中的每个引线与另一行中两个引线之间的空间相对。

AAG058-001　引出端形状代码

子类

AAA369-001　穿孔

AAA336-001　01

双排引线　D

每个外形类型能用同一组数据元素类型描述的双重扁平封装外形类型集。

注：双排引线是以两个平行行放置的引线。

AAG058-001　引出端形状代码

子类

AAA370-001　扁平

AAA337-001　01

四引线　Q

每个外形类型能用同一组数据元素类型描述的四线扁平封装外形类型集。

注：四引线是环绕矩形封装全部四个面放置的引线。

AAG058-001　引出端形状代码

子类

AAA371-001　鸥翼

AAA338-001　01

底面引线　B

每个外形类型能用同一组数据元素类型描述的有底面引线的栅格阵列封装外形类型集。

注：底面引线是从在或接近其安装平面的封装面引出的引线。

AAG058-001　引出端形状代码

子类

AAA372-001　底座

AAA339-001　01

垂直形　P

每个外形类型能用同一组数据元素类型描述的插针栅格阵列封装外形类型集。

注：垂直引线是封装面上并与其垂直放置的刚性插针引线。

AAG058-001　引出端形状代码

子类

AAA373-001　插针

AAA340-001　01

双排引线　D

每个外形类型能用同一组数据元素类型描述的双重直线形封装外形类型集。

注：双排引线是以两个平行行放置的引线。

AAG058-001　引出端形状代码

子类

AAA374-001　插针

AAA375-001　穿孔

AAA341-001　01

四引线　Q

每个外形类型能用同一组数据元素类型描述的四重直线形封装外形类型集。

注：四引线是环绕矩形封装全部四个面放置的引线。

AAG058-001　引出端形状代码

子类

AAA376-001　穿孔

AAA342-001　01

单排引线　S

每个外形类型能用同一组数据元素类型描述的单行直线形封装外形类型集。

注：单排引线是沿封装的一个面单行放置的引线。

AAG058-001　引出端形状代码

子类

AAA377-001　穿孔

AAA343-001　01

三排引线　T

每个外形类型能用同一组数据元素类型描述的三行直线形封装外形类型集。

注：单排引线是沿封装的一个面单行放置的引线。

AAG058-001　引出端形状代码

子类

AAA378-001　穿孔

AAA344-001　01

Z 形引线　Z

每个外形类型能用同一组数据元素类型描述的 Z 形直线形封装外形类型集。

注：Z 形引线是以两个平行行放置的引线，行中的每个引线与另一行中两个引线之间的空间相对。

AAG058-001　引出端形状代码

子类

AAA379-001　穿孔

AAA345-001　01

轴向引线　A

每个外形类型能用同一组数据元素类型描述的有轴向引线的长形封装外形类型集。

注：轴向引线以相对的方向远离封装中心沿一个轴向封装外延伸。

AAG058-001　引出端形状代码

子类

AAA380-001　电线

AAA346-001　01

上端连接　U

每个外形类型能用同一组数据元素类型描述的有上端连接的柱杆架封装外形类型集。

注：上端连接是与坐落于安装平面的面相对的封装面出现的连接。

AAG058-001　引出端形状代码

子类

AAA381-001　焊接片

AAA382-001　高电流电缆

AAA347-001　01

轴向引线　A

每个外形类型能用同一组数据元素类型描述的有轴向引线的矩形封装外形类型集。

注：轴向引线以相反的方向远离封装中心沿一个轴向封装外延伸。

AAG058-001　引出端形状代码

子类

AAA383-001　焊接片

AAA384-001　电线

AAA348-001　01

底面引线　B

每个外形类型能用同一组数据元素类型描述的有底面引线的矩形封装外形类型集。

注：底面引线是从在或最接近其安装平面的封装面引出的引线。

AAG058-001　引出端形状代码

子类

AAA385-001　电线

AAA349-001　01

终端连接　E

每个外形类型能用同一组数据元素类型描述的有终端连接的矩形封装外形类型集。

注：终端连接是在或围绕封装终端形成的连接。

AAG058-001　引出端形状代码

子类

AAA386-001　无引线

AAA387-001　包圆

AAA350-001　01

双排引线　D

每个外形类型能用同一组数据元素类型描述的双重小封装外形类型集。

注：双排引线是以两个平行行放置的引线。

AAG058-001　引出端形状代码

子类

AAA388-001　鸥翼

AAA351-001　01

四排引线　Q

每个外形类型能用同一组数据元素类型描述的四重小封装外形类型集。

注：四排引线是环绕矩形封装全部四个面放置的引线。

AAG058-001　引出端形状代码

子类

AAA389-001　鸥翼

AAA352-001　01

单排引线　S

每个外形类型能用同一组数据元素类型描述的单行小封装外形类型集。

注：单排引线是沿封装的一个面单行放置的引线。

AAG058-001　引出端形状代码

子类

AAA390-001　鸥翼

AAA353-001　01

电线　W

每个外形类型能用同一组数据元素类型描述的有轴向电线引线的圆柱形封装外形类型集。

AAG054-001　引出端变量代码

子类

AAA391-001　标准引线

AAA354-001　01

电线　W

每个外形类型能用同一组数据元素类型描述的有底面电线引线的圆柱形封装外形类型集。

AAG054-001　引出端变量代码

子类

AAA392-001　直引线

AAA393-001　变形引线

AAA355-001　01

J-弯头　J

每个外形类型能用同一组数据元素类型描述的有J-弯头引线的四线芯片载体封装外形类型集。

AAG054-001　引出端变量代码

子类

AAA394-001　标准引线

AAA356-001　01

无引线　N

每个外形类型能用同一组数据元素类型描述的四方无引线芯片载体封装外形类型集。

AAG054-001　引出端变量代码

子类

AAA395-001　标准形式

AAA357-001　01

电线　W

每个外形类型能用同一组数据元素类型描述的有

轴向电线引线的圆柱形封装外形类型集。

AAG054-001　引出端变量代码
子类
AAA396-001　直引线

AAA358-001　01
电线　W
每个外形类型能用同一组数据元素类型描述的有底面引线的圆柱形封装外形类型集。

AAG054-001　引出端变量代码
子类
AAA397-001　环形引线
AAA398-001　行直引线
AAA399-001　行变形引线
AAA400-001　方形栅格引线
AAA401-001　偏移引线

AAA359-001　01
包圆封装　R
每个外形类型能用同一组数据元素类型描述的有终端连接包圆封装的圆柱形封装外形类型集。

AAG054-001　引出端变量代码
子类
AAA402-001　标准形式

AAA360-001　01
焊接片　D
每个外形类型能用同一组数据元素类型描述的有径向焊接片引线的圆柱形封装外形类型集。

AAG054-001　引出端变量代码
子类
AAA403-001　直引线

AAA361-001　01
电线　W
每个外形类型能用同一组数据元素类型描述的有径向电线引线的圆柱形封装外形类型集。

AAG054-001　引出端变量代码
子类
AAA404-001　直引线

AAA362-001　01
焊接片　D
每个外形类型能用同一组数据元素类型描述的有上端连接焊接片连接的圆柱形封装外形类型集。

AAG054-001　引出端变量代码
子类
AAA405-001　标准形式

AAA363-001　01
螺杆　Y
每个外形类型能用同一组数据元素类型描述的有上端螺杆连接的圆柱形封装外形类型集。

AAG054-001　引出端变量代码
子类
AAA406-001　标准形式

AAA364-001　01
电线　W
每个外形类型能用同一组数据元素类型描述的有轴向电线引线的圆盘封装外形类型集。

AAG054-001　引出端变量代码
子类
AAA407-001　直引线

AAA365-001　01
电线　W
每个外形类型能用同一组数据元素类型描述的有底面电线引线的圆盘封装外形类型集。

AAG054-001　引出端变量代码
子类
AAA408-001　直引线
AAA409-001　变形引线

AAA366-001　01
插针　P
每个外形类型能用同一组数据元素类型描述的有

底面插针的凸缘架封装外形类型集。

AAG054-001　引出端变量代码

子类

AAA410-001　偏移引线

AAA411-001　环形引线

AAA367-001　01

插针　P

每个外形类型能用同一组数据元素类型描述的有双排插针的凸缘架封装外形类型集。

AAG054-001　引出端变量代码

子类

AAA412-001　圆插针

AAA368-001　01

穿孔　T

每个外形类型能用同一组数据元素类型描述的有单排穿孔引线的凸缘架封装外形类型集。

AAG054-001　引出端变量代码

子类

AAA413-001　直扁平引线

AAA414-001　直 V-截面引线

AAA369-001　01

穿孔　T

每个外形类型能用同一组数据元素类型描述的有Z形图像穿孔引线的凸缘架封装外形类型集。

AAG054-001　引出端变量代码

子类

AAA415-001　直扁平引线

AAA416-001　直 V-截面引线

AAA370-001　01

扁平　F

每个外形类型能用同一组数据元素类型描述的有平板引线的双重平板封装外形类型集。

AAG054-001　引出端变量代码

子类

AAA417-001　直扁平引线

AAA371-001　01

鸥翼　G

每个外形类型能用同一组数据元素类型描述的有鸥翼引线的四重平板封装外形类型集。

AAG054-001　引出端变量代码

子类

AAA418-001　标准形式

AAA372-001　01

底座　B

每个外形类型能用同一组数据元素类型描述的有底座引线的栅格阵列封装外形类型集。

AAG054-001　引出端变量代码

子类

AAA419-001　焊接球

AAA373-001　01

插针　P

每个外形类型能用同一组数据元素类型描述的有插针引线的栅格阵列封装外形类型集。

AAG054-001　引出端变量代码

子类

AAA420-001　圆插针

AAA374-001　01

插针　P

每个外形类型能用同一组数据元素类型描述的有插针引线的双排直线形封装外形类型集。

AAG054-001　引出端变量代码

子类

AAA421-001　圆形插针

AAA422-001　矩形插针

AAA375-001　01

穿孔　T

每个外形类型能用同一组数据元素类型描述的有

穿孔引线的双排直线形封装外形类型集。

AAG054-001　引出端变量代码
子类
AAA423-001　标准形式

AAA376-001　01
穿孔　T
每个外形类型能用同一组数据元素类型描述的有穿孔引线的四排直线形封装外形类型集。

AAG054-001　引出端变量代码
子类
AAA424-001　标准形式

AAA377-001　01
穿孔　T
每个外形类型能用同一组数据元素类型描述的有穿孔引线的单行直线形封装外形类型集。

AAG054-001　引出端变量代码
子类
AAA425-001　标准形式

AAA378-001　01
穿孔　T
每个外形类型能用同一组数据元素类型描述的有穿孔引线的三行直线形封装外形类型集。

AAG054-001　引出端变量代码
子类
AAA426-001　标准形式

AAA379-001　01
穿孔　T
每个外形类型能用同一组数据元素类型描述的有穿孔引线的Z形直线形封装外形类型集。

AAG054-001　引出端变量代码
子类
AAA427-001　标准形式

AAA380-001　01
电线　W
每个外形类型能用同一组数据元素类型描述的有轴向导线引线的长形封装外形类型集。

AAG054-001　引出端变量代码
子类
AAA428-001　直引线

AAA381-001　01
焊料片　D
每个外形类型能用同一组数据元素类型描述的有上部焊料片连接器的柱形安装封装外形类型集。

AAG054-001　引出端变量代码
子类
AAA429-001　一个固定标记
AAA430-001　两个固定标记

AAA382-001　01
高电流电缆　H
每个外形类型能用同一组数据元素类型描述的有上部高电流电缆连接器的柱形安装封装外形类型集。

AAG054-001　引出端变量代码
子类
AAA431-001　一个带标签引线
AAA432-001　两个带标签引线
AAA433-001　三个带标签引线
AAA434-001　一个无标签引线

AAA383-001　01
焊接片　D
每个外形类型能用同一组数据元素类型描述的有轴向焊接片连接器的矩形封装外形类型集。

AAG054-001　引出端变量代码
子类
AAA435-001　条形引线

AAA384-001　01
电线　W
每个外形类型能用同一组数据元素类型描述的有

轴向导线引线的矩形封装外形类型集。

AAG054-001　引出端变量代码

子类

AAA436-001　偏移引线

AAA385-001　01

电线　W

每个外形类型能用同一组数据元素类型描述的有底面导线引线的矩形封装外形类型集。

AAG054-001　引出端变量代码

子类

AAA437-001　直引线

AAA438-001　变形引线

AAA386-001　01

无引线　N

每个外形类型能用同一组数据元素类型描述的有底端连接的无引线矩形封装外形类型集。

AAG054-001　引出端变量代码

子类

AAA439-001　标准形式

AAA387-001　01

包圆　R

每个外形类型能用同一组数据元素类型描述的有环绕底端连接的矩形封装外形类型集。

AAG054-001　引出端变量代码

子类

AAA440-001　标准形式

AAA388-001　01

鸥翼　G

每个外形类型能用同一组数据元素类型描述的有鸥翼引线的双重小封装外形类型集。

AAG054-001　引出端变量代码

子类

AAA441-001　多引线

AAA442-001　三引线

AAA389-001　01

鸥翼　G

每个外形类型能用同一组数据元素类型描述的有鸥翼引线的四重小封装外形类型集。

AAG054-001　引出端变量代码

子类

AAA443-001　标准形式

AAA390-001　01

鸥翼　G

每个外形类型能用同一组数据元素类型描述的有鸥翼引线的单个小封装外形类型集。

AAG054-001　引出端变量代码

子类

AAA444-001　按钮和短片的两条引线

AAA391-001　01

直引线　T001

每个外形类型能用同一组数据元素类型描述的有直轴向导线引线的珠形封装外形类型集。

特征

AAG009-001　引出端直径

AAG014-001　封装直径

AAG089-001　封装长度

AAG090-001　总长度

AAG091-001　弯曲引出端间距

AAG111-001　引出端长度

DAA001-001　直轴向导线引线珠形封装

AAA392-001　01

直引线　T001

每个外形类型能用同一组数据元素类型描述的有直底面导线引线的珠形封装外形类型集。

特征

AAG001-001　安装高度

AAG009-001　引出端直径

AAG013-001　封装长度

AAG016-001　封装宽度

AAG017-001　引出端间距

AAG129-001　引出端长度
DAA002-001　直底面导线引线珠形封装

AAA393-001　01

变形引线　T002

每个外形类型能用同一组数据元素类型描述的有变形底面导线引线的珠形封装外形类型集。

特征

AAG001-001　安装高度
AAG009-001　引出端直径
AAG013-001　封装长度
AAG016-001　封装宽度
AAG017-001　引出端间距
AAG129-001　引出端长度
DAA003-001　成形底面导线引线珠形封装

AAA394-001　01

标准形式　T000

每个外形类型能用同一组数据元素类型描述的有标准J-弯曲引线的四芯片架封装外形类型集。

AAG055-001　体变量代码

子类

AAA445-001　无凸出封装

AAA395-001　01

标准形式　T000

每个外形类型能用同一组数据元素类型描述的有标准引线的四无引线芯片架封装外形类型集。

AAG055-001　体变量代码

子类

AAA446-001　无腔体封装(模制)
AAA447-001　腔体封装(陶瓷)

AAA396-001　01

直引线　T001

每个外形类型能用同一组数据元素类型描述的有直轴向导线引线的圆柱形封装外形类型集。

AAG055-001　体变量代码

子类

AAA448-001　简单圆柱形
AAA449-001　顶帽封装

AAA397-001　01

环形引线　T003

每个外形类型能用同一组数据元素类型描述的有底面导线引线的圆柱形封装外形类型集。

特征

AAG001-001　安装高度
AAG004-001　引出端圆直径
AAG009-001　引出端直径
AAG014-001　封装直径
AAG026-001　标记高度
AAG027-001　标记宽度
AAG028-001　标记长度
AAG029-001　引出端长度
AAG047-001　标记数据角
AAG049-001　角度引出端间距
AAG062-001　封装直径
DAA004-001　底面环形引线圆柱形封装

AAA398-001　01

行直引线　T004

每个外形类型能用同一组数据元素类型描述的有行底面导线引线的圆柱形封装外形类型集。

特征

AAG001-001　安装高度
AAG008-001　引出端宽度
AAG009-001　引出端直径
AAG012-001　引出端厚度
AAG014-001　封装直径
AAG016-001　封装宽度
AAG017-001　引出端间距
AAG027-001　标记宽度
AAG044-001　引出端基准位置
AAG129-001　引出端长度
DAA005-001　直线形底面引线圆柱形封装

AAA399-001　01

行变形引线　T005

每个外形类型能用同一组数据元素类型描述的有线形成形底面导线引线的圆柱形封装外形类型集。

特征

AAG001-001 安装高度
AAG002-001 隔开高度
AAG003-001 封装高度
AAG008-001 引出端宽度
AAG009-001 引出端直径
AAG012-001 引出端厚度
AAG014-001 封装直径
AAG016-001 封装宽度
AAG017-001 引出端间距
AAG027-001 标记宽度
AAG044-001 引出端基准位置
AAG129-001 引出端长度
DAA006-001 直线成形底面引线圆柱形封装

AAA400-001 01
方形栅格引线 T006
每个外形类型能用同一组数据元素类型描述的有方形栅格上底面导线引线的圆柱形封装外形类型集。
特征
AAG001-001 安装高度
AAG009-001 引出端直径
AAG014-001 封装直径
AAG017-001 引出端间距
AAG018-001 法兰区高度
AAG027-001 标记宽度
AAG028-001 标记长度
AAG053-001 引出端行间距
AAG062-001 封装直径
AAG080-001 引出端行间距
AAG129-001 引出端长度
DAA007-001 方形栅格上底面引线圆柱形封装

AAA401-001 01
偏移引线 T007
每个外形类型能用同一组数据元素类型描述的有偏移底面导线引线的圆柱形封装外形类型集。
特征
AAG001-001 安装高度
AAG009-001 引出端直径
AAG014-001 封装直径
AAG017-001 引出端间距
AAG044-001 引出端基准位置
AAG129-001 引出端长度
DAA008-001 直线偏移底面引线圆柱形封装

AAA402-001 01、
标准形式 T000
每个外形类型能用同一组数据元素类型描述的有标准包圆底端连接的圆柱形封装外形类型集。
特征
AAG009-001 引出端直径
AAG014-001 封装直径
AAG077-001 引出端长度
AAG090-001 总长度
AAG104-001 制图顺序代码
DAA009-001 环绕终止圆柱形封装

AAA403-001 01
直引线 T001
每个外形类型能用同一组数据元素类型描述的有直径向焊料片引线的圆柱形封装外形类型集。
特征
AAG001-001 安装高度
AAG008-001 引出端宽度
AAG012-001 引出端厚度
AAG014-001 封装直径
AAG017-001 引出端间距
AAG089-001 封装长度
AAG129-001 引出端长度
DAA010-001 径向标记引线圆柱形封装

AAA404-001 01
直引线 T001
每个外形类型能用同一组数据元素类型描述的有直径向导线引线的圆柱形封装外形类型集。
特征
AAG001-001 安装高度
AAG009-001 引出端直径
AAG014-001 封装直径
AAG017-001 引出端间距
AAG089-001 封装长度
AAG129-001 引出端长度
DAA011-001 径向导线引线圆柱形封装

AAA405-001　01

标准形式　T000

每个外形类型能用同一组数据元素类型描述的有标准形式上焊料片连接的圆柱形封装外形类型集。

AAG055-001　体变量代码

子类

AAA450-001　夹钳安装封装

AAA451-001　按钮安装封装

AAA406-001　01

标准形式　T000

每个外形类型能用同一组数据元素类型描述的有标准形式上螺钉连接的圆柱形封装外形类型集。

AAG055-001　体变量代码

子类

AAA452-001　钳夹安装封装

AAA453-001　按钮安装封装

AAA407-001　01

直引线　T001

每个外形类型能用同一组数据元素类型描述的有直轴向导线引线的圆盘形封装外形类型集。

特征

AAG009-001　引出端直径

AAG014-001　封装直径

AAG017-001　引出端间距

AAG089-001　封装长度

AAG090-001　总长度

AAG091-001　弯曲引出端间距

AAG111-001　引出端长度

DAA012-001　直轴向导线引线圆盘形封装

AAA408-001　01

直引线　T001

每个外形类型能用同一组数据元素类型描述的有直底面导线引线的圆盘形封装外形类型集。

特征

AAG001-001　安装高度

AAG009-001　引出端直径

AAG013-001　封装长度

AAG016-001　封装宽度

AAG017-001　引出端间距

AAG129-001　引出端长度

DAA013-001　直底面引线圆盘形封装

AAA409-001　01

变形引线　T002

每个外形类型能用同一组数据元素类型描述的有成形底面导线引线的圆盘形封装外形类型集。

特征

AAG001-001　安装高度

AAG009-001　引出端直径

AAG013-001　封装长度

AAG016-001　封装宽度

AAG017-001　引出端间距

AAG129-001　引出端长度

DAA014-001　成形底面引线圆盘形封装

AAA410-001　01

偏移引线　T007

每个外形类型能用同一组数据元素类型描述的有偏移底面插针的凸缘安装封装外形类型集。

特征

AAG001-001　安装高度

AAG009-001　引出端直径

AAG014-001　封装直径

AAG017-001　引出端间距

AAG018-001　法兰区高度

AAG029-001　引出端长度

AAG039-001　安装孔直径

AAG042-001　安装孔间距

AAG045-001　引出端基准位置

AAG083-001　大法兰半径

AAG084-001　小法兰半径

AAG085-001　法兰总长度

AAG086-001　法兰总宽度

AAG108-001　引出端基准位置

DAA015-001　偏移底面引线椭圆形凸缘安装封装

AAA411-001　01

环形引线　T003

每个外形类型能用同一组数据元素类型描述的有

底面插针的凸缘安装封装外形类型集。

特征

AAG001-001　安装高度

AAG004-001　引出端圆直径

AAG009-001　引出端直径

AAG014-001　封装直径

AAG018-001　法兰区高度

AAG029-001　引出端长度

AAG039-001　安装孔直径

AAG042-001　安装孔间距

AAG047-001　标记数据角

AAG049-001　角度引出端间距

AAG083-001　大法兰半径

AAG084-001　小法兰半径

AAG085-001　法兰总长度

AAG086-001　法兰总宽度

DAA016-001　底面环形引线椭圆形凸缘安装封装

AAA412-001　01

圆插针　T009

每个外形类型能用同一组数据元素类型描述的有双排圆插针的凸缘安装封装外形类型集。

特征

AAG001-001　安装高度

AAG009-001　引出端直径

AAG013-001　封装长度

AAG016-001　封装宽度

AAG017-001　引出端间距

AAG019-001　法兰高度

AAG027-001　标记宽度

AAG029-001　引出端长度

AAG039-001　安装孔直径

AAG042-001　安装孔间距

AAG043-001　弯曲半径

AAG046-001　封装垂悬物

AAG053-001　引出端行间距

AAG081-001　凸缘长度

DAA017-001　双排线形引线凸缘安装封装

AAA413-001　01

直扁平引线　T011

每个外形类型能用同一组数据元素类型描述的有单行直、扁平、穿孔引线的凸缘安装封装外形类型集。

特征

AAG001-001　安装高度

AAG005-001　隔开主尺寸

AAG008-001　引出端宽度

AAG012-001　引出端厚度

AAG013-001　封装长度

AAG016-001　封装宽度

AAG017-001　引出端间距

AAG018-001　法兰区高度

AAG031-001　引出端长度

AAG039-001　安装孔直径

AAG040-001　引出端显露高度

AAG042-001　安装孔间距

AAG063-001　法兰长度

AAG111-001　引出端长度

DAA018-001　单行、直扁平引线凸缘安装封装

AAA414-001　01

直 V-截面引线　T023

每个外形类型能用同一组数据元素类型描述的有单行直、V-截面、穿孔引线的凸缘安装封装外形类型集。

特征

AAG001-001　安装高度

AAG005-001　隔开主尺寸

AAG009-001　引出端直径

AAG013-001　封装长度

AAG016-001　封装宽度

AAG017-001　引出端间距

AAG018-001　法兰区高度

AAG031-001　引出端长度

AAG039-001　安装孔直径

AAG040-001　引出端显露高度

AAG042-001　安装孔间距

AAG063-001　法兰长度

AAG111-001　引出端长度

DAA019-001　单行、直 V-截面引线凸缘安装封装

AAA415-001　01

直扁平引线　T011

每个外形类型能用同一组数据元素类型描述的有Z形图案的单行直、扁平、穿孔引线的凸缘安装封装外形类型集。

AAA416-001　01

直V-截面引线　T023

每个外形类型能用同一组数据元素类型描述的有Z形图案单行直、V-截面、穿孔引线的凸缘安装封装外形类型集。

AAA417-001　01

直扁平引线　T011

每个外形类型能用同一组数据元素类型描述的有直扁平引线的双平板封装外形类型集。

特征

AAG001-001　安装高度

AAG008-001　引出端宽度

AAG012-001　引出端厚度

AAG013-001　封装长度

AAG016-001　封装宽度

AAG017-001　引出端间距

AAG021-001　封装宽度区

AAG024-001　总宽度

AAG034-001　引出端长度

AAG040-001　引出端显露高度

AAG046-001　封装垂悬物

DAA020-001　双平板

AAA418-001　01

标准形式　T000

每个外形类型能用同一组数据元素类型描述的有标准形式鸥翼引线的四平板封装外形类型集。

AAG055-001　体变量代码

子类

AAA454-001　无凸出封装

AAA419-001　01

焊接球　T012

每个外形类型能用同一组数据元素类型描述的有底面焊料球的栅格阵列封装外形类型集。

特征

AAG001-001　安装高度

AAG002-001　隔开高度

AAG003-001　封装高度

AAG009-001　引出端直径

AAG013-001　封装长度

AAG016-001　封装宽度

AAG017-001　引出端间距

AAG053-001　引出端行间距

AAG080-001　引出端行间距

AAG107-001　引出端式样

AAG109-001　引出端位置数量

AAG110-001　引出端位置数量

AAG112-001　引出端基准位置

AAG113-001　引出端基准位置

DAA021-001　球形栅格阵列封装

AAA420-001　01

圆插针　T009

每个外形类型能用同一组数据元素类型描述的有圆插针的插针栅格阵列封装外形类型集。

AAG055-001　体变量代码

子类

AAA455-001　腔体向上

AAA456-001　腔体向下

AAA421-001　01

圆形插针　T009

每个外形类型能用同一组数据元素类型描述的有矩形插针的双直线形封装外形类型集。

特征

AAG001-001　安装高度

AAG002-001　隔开高度

AAG003-001　封装高度

AAG009-001　引出端直径

AAG013-001　封装长度

AAG016-001　封装宽度

AAG017-001　引出端间距

AAG029-001　引出端长度

AAG044-001　引出端基准位置

AAG046-001　封装垂悬物
AAG053-001　引出端行间距
DAA022-001　矩形插针双直线形封装

AAA422-001　01
矩形插针　T010
每个外形类型能用同一组数据元素类型描述的有圆插针的双直线形封装外形类型集。
特征
AAG001-001　安装高度
AAG002-001　隔开高度
AAG003-001　封装高度
AAG008-001　引出端宽度
AAG013-001　封装长度
AAG016-001　封装宽度
AAG017-001　引出端间距
AAG029-001　引出端长度
AAG044-001　引出端基准位置
AAG046-001　封装垂悬物
AAG053-001　引出端行间距
DAA023-001　圆插针双直线形封装

AAA423-001　01
标准形式　T000
每个外形类型能用同一组数据元素类型描述的有标准形式穿孔引线的双直线形封装外形类型集。
特征
AAG001-001　安装高度
AAG002-001　隔开高度
AAG003-001　封装高度
AAG005-001　隔开主尺寸
AAG008-001　引出端宽度
AAG012-001　引出端厚度
AAG013-001　封装长度
AAG016-001　封装宽度
AAG017-001　引出端间距
AAG029-001　引出端长度
AAG036-001　安装宽度
AAG046-001　封装垂悬物
AAG051-001　有角度引出端展开
AAG087-001　引出端行间距
AAG088-001　引出端行张开
DAA024-001　标准穿孔引线双直线形封装

AAA424-001　01
标准形式　T000
每个外形类型能用同一组数据元素类型描述的有标准形式穿孔引线的四直线形封装外形类型集。

AAA425-001　01
标准形式　T000
每个外形类型能用同一组数据元素类型描述的有标准形式穿孔引线的单直线形封装外形类型集。

AAA426-001　01
标准形式　T000
每个外形类型能用同一组数据元素类型描述的有标准形式穿孔引线的三直线形封装外形类型集。

AAA427-001　01
标准形式　T000
每个外形类型能用同一组数据元素类型描述的有标准形式穿孔引线的 Z 字形直线形封装外形类型集。

AAA428-001　01
直引线　T001
每个外形类型能用同一组数据元素类型描述的有直轴向导线引线的长形封装外形类型集。

AAA429-002　01
一个固定标记　T013
每个外形类型能用同一组数据元素类型描述的有一个上端焊料片连接的支架封装外形类型集。
特征
AAG001-001　安装高度
AAG014-001　封装直径
AAG018-001　法兰区高度
AAG062-001　封装直径
AAG092-001　封装高度区域
AAG093-002　按扣螺栓直径
AAG095-001　按扣长度
AAG096-001　按扣螺栓
AAG116-001　封装直径

AAG118-001　标签孔直径
AAG131-001　六角形宽度
AAG133-001　无螺栓按扣长度
DAA025-002　一个固定标记的帽盖安装封装

AAA430-002　01

两个固定标记　T014

每个外形类型能用同一组数据元素类型描述的有两个上端焊料片连接的支架封装外形类型集。

特征

AAG014-001　封装直径
AAG018-001　法兰区高度
AAG062-001　封装直径
AAG092-001　封装高度区域
AAG093-002　按扣螺栓直径
AAG095-001　按扣长度
AAG096-001　按扣螺栓
AAG119-001　标签孔直径
AAG120-001　标签孔直径
AAG131-001　六角形宽度
AAG133-001　无螺栓按扣长度
DAA026-002　两个固定标记的帽盖安装封装

AAA431-002　01

一个带标签引线　T015

每个外形类型能用同一组数据元素类型描述的有一个带标记上端高电流电缆连接的支架封装外形类型集。

特征

AAG014-001　封装直径
AAG018-001　法兰区高度
AAG062-001　封装直径
AAG093-002　按扣螺栓直径
AAG095-001　按扣长度
AAG096-001　按扣螺栓
AAG118-001　标签孔直径
AAG121-001　标签孔距离
AAG124-001　高度区
AAG131-001　六角形宽度
AAG133-001　无螺栓按扣长度
DAA027-002　一个柔性有标记引线的帽盖安装封装

AAA432-002　01

两个带标签引线　T016

每个外形类型能用同一组数据元素类型描述的有两个带标记上端高电流电缆连接的支架封装外形类型集。

特征

AAG014-001　封装直径
AAG018-001　法兰区高度
AAG062-001　封装直径
AAG093-002　按扣螺栓直径
AAG095-001　按扣长度
AAG096-001　按扣螺栓
AAG119-001　标签孔直径
AAG120-001　标签孔直径
AAG122-001　标签孔距离
AAG123-001　标签孔距离
AAG124-001　高度区域
AAG131-001　六角形宽度
AAG133-001　无螺栓按扣长度
DAA028-002　两个柔性有标记引线的帽盖安装封装

AAA433-002　01

三个带标签引线　T017

每个外形类型能用同一组数据元素类型描述的有两个带标记上端高电流电缆连接的支架封装外形类型集。

特征

AAG014-001　封装直径
AAG018-001　法兰区高度
AAG062-001　封装直径
AAG093-002　按扣螺栓直径
AAG095-001　按扣长度
AAG096-001　按扣螺栓
AAG119-001　标签孔直径
AAG120-001　标签孔直径
AAG122-001　标签孔距离
AAG123-001　标签孔距离
AAG124-001　高度区
AAG131-001　六角形宽度
AAG133-001　无螺栓按扣长度
DAA029-002　三个柔性有标记引线的帽盖安装封装

AA434-002　01

一个无标签引线　T018

每个外形类型能用同一组数据元素类型描述的有一个无标记上端高电流电缆连接的支架封装外形类型集。

特征

AAG001-001　安装高度
AAG009-001　引出端直径
AAG014-001　封装直径
AAG018-001　法兰区高度
AAG062-001　封装直径
AAG092-001　封装高度区
AAG093-002　按扣螺栓直径
AAG095-001　按扣长度
AAG096-001　按扣螺栓
AAG116-001　封装直径
AAG124-001　高度区
AAG125-001　总高度
AAG131-001　六角形宽度
AAG133-001　无螺栓按扣长度
DAA030-002　一个柔性引线、无标记的帽盖安装封装

AA435-001　01

条形引线　T019

每个外形类型能用同一组数据元素类型描述的有轴向条形引线的矩形封装外形类型集。

特征

AAG001-001　安装高度
AAG008-001　引出端宽度
AAG012-001　引出端厚度
AAG013-001　封装长度
AAG016-001　封装宽度
AAG111-001　引出端长度
DAA031-001　轴向条形引线的矩形封装

AA436-001　01

偏移引线　T007

每个外形类型能用同一组数据元素类型描述的有轴向偏移焊料片的矩形封装外形类型集。

特征

AAG001-001　安装高度
AAG009-001　引出端直径
AAG013-001　封装长度
AAG016-001　封装宽度
AAG044-001　引出端基准位置
AAG090-001　总长度
AAG091-001　曲引出端间距
AAG111-001　引出端长度
DAA032-001　偏移轴向导线引线的矩形封装

AA437-001　01

直引线　T001

每个外形类型能用同一组数据元素类型描述的有直底面导线引线的矩形封装外形类型集。

特征

AAG001-001　安装高度
AAG009-001　引出端直径
AAG013-001　封装长度
AAG016-001　封装宽度
AAG017-001　引出端间距
AAG129-001　引出端长度
DAA033-001　直底面引线的矩形封装

AA438-001　01

变形引线　T002

每个外形类型能用同一组数据元素类型描述的有成形底面导线引线的矩形封装外形类型集。

特征

AAG001-001　安装高度
AAG009-001　引出端直径
AAG013-001　封装长度
AAG016-001　封装宽度
AAG017-001　引出端间距
AAG129-001　引出端长度
DAA034-001　成形底面引线的矩形封装

AA439-001　01

标准形式　T000

每个外形类型能用同一组数据元素类型描述的有终端连接的标准形式的无引线的矩形封装外形类型集。

特征

AAG001-001　安装高度
AAG013-001　封装长度
AAG016-001　封装宽度

AAG031-001　引出端长度
AAG032-001　引出端长度
DAA035-001　镀金属终端的矩形封装

AA440-001　01

标准形式　T000

每个外形类型能用同一组数据元素类型描述的有标准形式环绕终端连接的矩形封装外形类型集。

特征

AAG001-001　安装高度
AAG002-001　隔开高度
AAG016-001　封装宽度
AAG040-001　引出端显露高度
AAG052-001　引出端安装角
AAG076-001　引出端宽度
AAG077-001　引出端长度
AAG090-001　总长度
AAG104-001　结构顺序代码
AAG105-001　弯曲引出端间距
DAA036-001　环绕终端的矩形封装

AA441-001　01

多引线　T020

每个外形类型能用同一组数据元素类型描述的有多个鸥翼引线的双重小封装外形类型集。

特征

AAG001-001　安装高度
AAG002-001　隔开高度
AAG003-001　封装高度
AAG012-001　引出端厚度
AAG013-001　封装长度
AAG016-001　封装宽度
AAG017-001　引出端间距
AAG024-001　总宽度
AAG034-001　引出端长度
AAG046-001　引出端垂悬物
AAG052-001　引出端安装角
AAG076-001　引出端宽度
AAG077-001　引出端长度
DAA037-001　多个鸥翼引线的双重小外形封装

AA442-001　01

三引线　T021

每个外形类型能用同一组数据元素类型描述的有三个鸥翼引线的双重小封装外形类型集。

特征

AAG001-001　安装高度
AAG002-001　隔开高度
AAG003-001　封装高度
AAG012-001　引出端厚度
AAG013-001　封装长度
AAG016-001　封装宽度
AAG017-001　引出端间距
AAG024-001　总宽度
AAG034-001　引出端长度
AAG046-001　封装垂悬物
AAG052-001　引出端安装角
AAG076-001　引出端宽度
AAG077-001　引出端长度
DAA038-001　三个鸥翼引线的小外形封装

AA443-001　01

标准形式　T000

每个外形类型能用同一组数据元素类型描述的有标准形式鸥翼引线的四个小封装外形类型集。

AA444-001　01

按钮和短片的两条引线　T022

每个外形类型能用同一组数据元素类型描述的有帽盖和短小突出的两条鸥翼引线的单个小封装外形类型集。

特征

AAG001-001　安装高度
AAG012-001　引出端厚度
AAG013-001　封装长度
AAG016-001　封装宽度
AAG017-001　引出端间距
AAG019-001　法兰高度
AAG031-001　引出端长度
AAG034-001　引出端长度
AAG040-001　引出端显露高度

AAG063-001　法兰长度
AAG076-001　引出端宽度
AAG077-001　引出端长度
AAG114-001　法兰宽度
DAA039-001　帽盖和短小突出的两条鸥翼引线的小外形封装

AA445-001　01

无凸出封装　B002

每个外形类型能用同一组数据元素类型描述的有标准J弯曲引线的四个无凸出的芯片载体封装外形类型集。

特征

AAG001-001　安装高度
AAG002-001　隔开高度
AAG003-001　封装高度
AAG013-001　封装长度
AAG016-001　封装宽度
AAG017-001　引出端间距
AAG023-001　总长度
AAG024-001　总宽度
AAG028-001　标记长度
AAG053-001　引出端行间距
AAG076-001　引出端宽度
AAG077-001　引出端长度
AAG079-001　其他标记长度
AAG080-001　引出端行间距
AAG109-001　引出端位置数量
AAG110-001　引出端位置数量
AAG130-001　标记角度
DAA040-001　四个芯片载体、J弯曲引线的无凸出封装

AA446-001　01

无腔体封装(模制)　B009

每个外形类型能用同一组数据元素类型描述的有标准引线的四个无引线芯片载体无腔体封装外形类型集。

特征

AAG001-001　安装高度
AAG013-001　封装长度
AAG016-001　封装宽度
AAG017-001　引出端间距
AAG028-001　标记长度
AAG053-001　引出端行间距
AAG076-001　引出端宽度
AAG077-001　引出端长度
AAG078-001　凸缘高度
AAG080-001　引出端行间距
AAG081-001　凸缘长度
AAG082-001　凸缘宽度
AAG109-001　引出端位置数量
AAG110-001　引出端位置数量
AAG112-001　引出端基准位置
AAG113-001　引出端基准位置
AAG115-001　标记引出端长度
DAA041-001　四个芯片载体无引线无腔体封装(铸模)

AA447-001　01

腔体封装(陶瓷)　B010

每个外形类型能用同一组数据元素类型描述的有标准引线的四个无引线芯片载体腔体封装外形类型集。

特征

AAG001-001　安装高度
AAG013-001　封装长度
AAG016-001　封装宽度
AAG017-001　引出端间距
AAG028-001　标记长度
AAG053-001　引出端行间距
AAG076-001　引出端宽度
AAG077-001　引出端长度
AAG078-001　凸缘高度
AAG079-001　其他标记长度
AAG080-001　引出端行间距
AAG081-001　凸缘长度
AAG082-001　凸缘宽度
AAG109-001　引出端位置数量
AAG110-001　引出端位置数量
AAG112-001　引出端基准位置
AAG113-001　引出端基准位置
AAG115-001　标记引出端长度
DAA042-001　四个芯片载体无引线腔体封装(陶瓷)

AA448-001 01

简单圆柱形 B003

每个外形类型能用同一组数据元素类型描述的有直轴向导线引线的简单圆柱形封装外形类型集。

特征

AAG009-001 引出端直径

AAG014-001 封装直径

AAG089-001 封装长度

AAG090-001 总长度

AAG091-001 曲引出端间距

AAG111-001 引出端长度

DAA043-001 直轴向导线引线圆柱形封装

AA449-001 01

顶帽封装 B009

每个外形类型能用同一组数据元素类型描述的有直轴向导线引线的顶帽圆柱形封装外形类型集。

特征

AAG001-001 安装高度

AAG009-001 引出端直径

AAG014-001 封装直径

AAG018-001 法兰区高度

AAG062-001 封装直径

AAG091-001 曲引出端间距

AAG098-001 主引出端长度

AAG099-001 次引出端长度

AAG100-001 主总长度

AAG101-001 次总长度

AAG102-001 突出物直径

AAG103-001 突出物宽度

DAA044-001 直轴向导线引线顶帽封装

AA450-001 01

钳夹安装封装 B005

每个外形类型能用同一组数据元素类型描述的有标准形式上端焊接片连接的圆柱形钳夹安装封装外形类型集。

特征

AAG001-001 安装高度

AAG008-001 引出端宽度

AAG012-001 引出端厚度

AAG014-001 封装直径

AAG017-001 引出端间距

AAG111-001 引出端长度

AAG117-001 标签孔宽度

DAA045-001 顶标记引出端钳夹安装圆柱形封装

AA451-002 01

按钮安装封装 B006

每个外形类型能用同一组数据元素类型描述的有标准形式上端焊接片连接的圆柱形按钮安装封装外形类型集。

特征

AAG001-001 安装高度

AAG008-001 引出端宽度

AAG012-001 引出端厚度

AAG014-001 封装直径

AAG017-001 引出端间距

AAG092-001 封装高度区

AAG093-002 按扣螺栓直径

AAG095-001 按扣长度

AAG096-001 帽盖穿线

AAG111-001 引出端长度

AAG117-001 标签孔宽度

AAG133-001 无螺栓按扣长度

DAA046-002 顶标记引出端帽盖安装圆柱形封装

AA452-001 01

钳夹安装封装 B005

每个外形类型能用同一组数据元素类型描述的有标准形式上端螺钉连接的圆柱形钳夹安装封装外形类型集。

特征

AAG001-001 安装高度

AAG008-001 引出端宽度

AAG012-001 引出端厚度

AAG014-001 封装直径

AAG017-001 引出端间距

AAG092-001 封装高度区

AAG094-001 引出端螺栓直径

AAG097-001 引出端螺栓

DAA047-002 顶螺钉引出端钳夹安装圆柱形封装

AA453-001 01

按钮安装封装 B006

每个外形类型能用同一组数据元素类型描述的有标准形式上端螺钉连接的圆柱形按钮安装封装外形类型集。

特征

AAG001-001 安装高度
AAG008-001 引出端宽度
AAG012-001 引出端厚度
AAG014-001 封装直径
AAG017-001 引出端间距
AAG092-001 封装高度区
AAG093-002 按钮螺栓直径
AAG094-002 引出端螺栓直径
AAG095-001 按扣长度
AAG096-001 按扣螺栓
AAG097-001 引出端螺栓
AAG133-001 无螺栓按扣长度
DAA048-002 顶端螺钉引出端帽盖安装圆柱形封装

AA454-001 01

无凸出封装 B002

每个外形类型能用同一组数据元素类型描述的有标准形式鸥翼引线的四面平板包装的无凸出封装外形类型集。

特征

AAG001-001 安装高度
AAG002-001 隔开高度
AAG003-001 封装高度
AAG012-001 引出端厚度
AAG013-001 封装长度
AAG016-001 封装宽度
AAG017-001 引出端间距
AAG023-001 总长度
AAG024-002 总宽度
AAG052-002 引出端安装角
AAG053-001 引出端行间距
AAG076-001 引出端宽度
AAG077-001 引出端长度
AAG080-001 引出端行间距
AAG109-001 引出端位置数量
AAG110-001 引出端位置数量
DAA049-001 四边平板包装、鸥翼引线、无凸出封装

AA455-001 01

腔体向上 B007

每个外形类型能用同一组数据元素类型描述的有圆插针的插针-栅格-阵列腔体向上封装外形类型集。

特征

AAG001-001 安装高度
AAG002-001 隔开高度
AAG003-001 封装高度
AAG009-001 引出端直径
AAG013-001 封装长度
AAG016-001 封装宽度
AAG017-001 引出端间距
AAG078-001 凸缘高度
AAG081-001 凸缘长度
AAG082-001 凸缘宽度
AAG107-001 引出端式样
AAG109-001 引出端位置数量
AAG110-001 引出端位置数量
AAG112-001 引出端基准位置
AAG113-001 引出端基准位置
DAA050-001 腔体向上、插针-栅格阵列封装

AA456-001 01

腔体向下 B008

每个外形类型能用同一组数据元素类型描述的有圆插针的插针-栅格-阵列腔体向下封装外形类型集。

特征

AAG001-001 安装高度
AAG002-001 隔开高度
AAG003-001 封装高度
AAG009-001 引出端直径
AAG013-001 封装长度
AAG016-001 封装宽度
AAG017-001 引出端间距
AAG078-001 凸缘高度
AAG081-001 凸缘长度
AAG082-001 凸缘宽度
AAG107-001 引出端式样

AAG109-001　引出端位置数量
AAG110-001　引出端位置数量
AAG112-001　引出端基准位置
AAG113-001　引出端基准位置
DAA051-001　腔体向下、插针-栅格阵列封装

AA501-001　01

固体钽电解质　STAN

电容器中钽的薄膜、导线或烧结金属块表面阳极氧化形成的氧化膜用作电介质，而且，与该电介质紧密接触的固体电解质用作阴极的一部分，并且每个电容器能用同一数据元素类型集描述的固定电解电容器集。

AA502-001　01

非固体钽电解质　NTAN

电容器中钽表面阳极氧化形成的氧化物用作电介质，而注入液体电解质和与该电介质紧密接触放置的纸或纤维用作阴极的一部分，并且每个电容器能用同一数据元素类型集描述的固定电解电容器集。

AA503-001　01

固体铝电解质　SAL

电容器中铝的薄膜、导线或烧结金属块表面阳极氧化形成的氧化膜用作电解质，而且，与该电介质接触的固体电解质用作阴极的一部分，并且每个电容器能用同一数据元素类型集描述的固定电解电容器集。

特征

AAJ007-001　内置熔断器

AA504-001　01

非固体铝电解质　NAL

电容器中铝膜表面阳极氧化形成的氧化物用作电介质，而注入液体电解质和与该电介质紧密接触放置的纸或纤维用作阴极的一部分，并且每个电容器能用同一数据元素类型集描述的固定电解电容器集。

AA505-001　01

固定混合电介质电容器　MIX

电介质由两种或多种不同材料层形成，并且每个电容器能用同一数据元素类型集描述的固定电容器集。

AA509-001　01

固定精密电阻器　PREXC

每个电阻器能用同一数据元素类型集描述、具有稳定特性的固定电阻器集。

AA510-001　01

固定功率电阻器　PWR

每个电阻器能用同一数据元素类型集描述、预定用于高功率的固定电阻器集。

特征

AAJ009-001　结构

AA511-001　01

固定低功率电阻器　LP

每个电阻器能用同一数据元素类型集描述、预定用于低功率的固定电阻器集。

AA512-001　01

固定芯片电阻器　CHIP

每个电阻器能用同一数据元素类型集描述、预定用于表面安装的固定电阻器集。

AA513-001　01

固定温度调节电阻器　THERM

每个电阻器能用同一数据元素类型集描述、用于温度调节的固定电阻器集。

特征

AAJ013-001　电阻 TC 公差

AA514-001　01

固定熔化电阻器　FUS

每个电阻器能用同一数据元素类型集描述的固定熔化电阻器集。

特征

AAJ011-001　熔断功率

AA516-002　01

预置电位器　PRESET

每个电位器能用同一数据元素类型集描述、预定用于一旦设置好滑块位置就提供固定电阻比率的

电位器集。

注：预置电位器是可用工具机械调节但不准备在正常工作时调节的电位器。

特征

AAE173-005　总机械旋转

AAJ015-001　旋转力矩

AAJ017-001　调节方向

AAJ018-001　密封类别

AAJ123-001　电位器类型

AAJ124-001　圈数量

AA517-001　01

直线滑块电位器　SLIDE

调节通过由滑块的直线运动进行、而且每个电位器能用同一数据元素类型集描述的电位器集。

注：直线滑块电位器是通过沿直线路径移动可机械调节的电位器。

特征

AAJ019-001　滑动长度

AAJ020-001　滑动力

AAJ021-001　杠杆停止力

AA518-001　01

圆形连接器　CIRC

每个连接器能用同一数据元素类型集描述、有圆形外壳或护盖的连接器集。

AA519-001　01

矩形连接器　RECT

每个连接器能用同一数据元素类型集描述、有矩形或接近矩形阵列触点的连接器集。

AA520-001　01

PCB 连接器　PCB

每个连接器能用同一数据元素类型集描述、预定与印制电路板使用的连接器集。

特征

AAJ022-001　PCB 连接器类型

AAJ040-001　电路板厚度

AA521-001　01

RF 连接器　RF

每个连接器能用同一数据元素类型集描述、预定在无线电频率电路环境中使用的连接器集。

特征

AAE487-005　频带

AAF260-005　特征阻抗

AAJ041-001　电压驻波比

AA522-001　01

IC 卡连接器　IC

每个连接器能用同一数据元素类型集描述、预定与 IC 卡使用的连接器集。

特征

AAJ040-001　电路板厚度

AA523-001　01

模块连接器　MOD

每个连接器能用同一数据元素类型集描述的组模块连接器集。

AA524-001　01

连接器触点　CONTACT

每个触点能用同一组数据元素类型描述的连接器触点集。

注：连接器触点是一对一配合形成电气连接的连接器内的导电部分。

特征

AAE350-005　接触件涂覆

AAE353-005　接触件类别

AAE358-005　接触件电流最大值

AAJ023-001　接触类型

AA525-001　01

连接器附件　ACCY

每个附件能用同一组数据元素类型描述的连接器附件集。

注：连接器附件是可与连接器一起使用来扩大连接器应用范围的元器件。附件不起电气作用和包括帽、盖、垫圈和保护罩等物品。

特征

AAF465-001　附件类型

AA526-001　01

插头和插座　JACK

每个连接器能用同一数据元素类型集描述的插头

或插座连接器集。

AAJ024-001 插头/插座类型

子类

AAA536-001 同心插头和插座

AAA540-001 插针插头和插座

AAA545-001 直流电源插头和插座

AAA549-001 插头组件

AAA550-001 综合插座板

AA527-001 01

插座 SOCK

每个插座能用同一数据元素类型集描述、安装和连接电气/电子元器件的插座集。

AAJ028-001 插座类型

子类

AAA551-001 显像管插座

AAA554-001 晶体管插座

AAA555-001 集成电路插座

AAA556-001 PCB插座

AAA557-001 电源插座

AAA561-001 信号插座

AAA562-001 石英晶体插座

AAA563-001 照明设备插座

AAA564-001 熔断器支架和插座

AAA565-001 天线馈线插座

AA528-001 01

引出端 TERM

每个引出端能用同一数据元素类型集描述的引出端集。

AAJ031-001 引出端类型

子类

AAA566-001 小引出端

AAA569-001 引出端阵列

AAA572-001 引出端板

AAA573-001 引出端棒

AA536-001 01

同心插头和插座 CONC

每个连接器能用同一数据元素类型集描述的同心插头或插座连接器集。

AAJ025-001 同心插头/插座类型

子类

AAA537-001 同心插头

AAA538-001 同心插座

AAA539-001 多同心插座

AA537-001 01

同心插头 PLUG

每个插头能用同一数据元素类型集描述的同心插头集。

AA538-001 01

同心插座 JACK

每个插座能用同一数据元素类型集描述的同心插座集。

特征

AAJ045-001 插入方向

AA539-001 01

多同心插座 MULT

每个插座能用同一数据元素类型集描述的多同心插座集。

AAJ045-001 插入方向

AA540-001 01

插针插头和插座 PIN

每个连接器能用同一数据元素类型集描述的插针插头和插座集。

AAJ026-001 插针插头/插座类型

子类

AAA541-001 插针插头

AAA542-001 插针插座

AAA543-001 多插针插座

AAA544-001 屏蔽插针插座

AA541-001 01

插针插头 PLUG

每个插头能用同一数据元素类型集描述的插针插头集。

AA542-001 01

插针插座 JACK

每个插座能用同一数据元素类型集描述的插针插座集。

特征

AAJ045-001 插入方向

AA543-001 01

多插针插座 MULT

每个插座能用同一数据元素类型集描述的多插针插座集。

AAJ045-001 插入方向

AA544-001 01

屏蔽插针插座 SHLD

每个插座能用同一数据元素类型集描述的屏蔽插针插座集。

AAJ045-001 插入方向

AA545-001 01

直流电源插头和插座 PWR

每个连接器能用同一数据元素类型集描述、用于直流电源的插头或插座集。

AAJ027-001 直流电源插头/插座类型

子类

AAA546-001 直流电源插头

AAA547-001 直流电源插座

AAA548-001 汽车插头

AA546-001 01

直流电源插头 PLUG

每个插头能用同一数据元素类型集描述、用于直流电源的插头集。

AA547-001 01

直流电源插座 JACK

每个插座能用同一数据元素类型集描述、用于直流电源的插座集。

特征

AAJ045-001 插入方向

AA548-001 01

汽车插头 CAR

每个插头能用同一数据元素类型集描述、用于汽车中直流电源的插头集。

AA549-001 01

插头组件 ASSY

每个组件能用同一数据元素类型集描述的插头组件集。

AA550-001 01

综合插座板 CMPLX

每个插座板能用同一数据元素类型集描述的综合插座板集。

AA551-001 01

显像管插座 TUBE

每个插座能用同一数据元素类型集描述、安装和连接真空显像管的插座集。

特征

AAJ029-001 电子管插座类型

AA554-001 01

晶体管插座 TRA

每个插座能用同一数据元素类型集描述、安装和连接晶体管的插座集。

AA555-001 01

集成电路插座 IC

每个插座能用同一数据元素类型集描述、安装和连接集成电路的插座集。

特征

AAJ046-001 封装类型

AA556-001 01

PCB 插座 PCB

每个插座能用同一数据元素类型集描述、安装和连接到 PC 板的插座集。

AA557-001 01

电源插座 PWR

每个连接器能用同一数据元素类型集描述的连接器集。

特征

AAE512-005 触点电压(交流)

AAE515-005 触点电流(交流)

AAF106-005 触点电流(直流)

AAF107-005 触点电压(直流)

AAJ030-001 电源插座类型

AAJ047-001 开关类型

AA561-001 01

信号插座 SIG

每个插座能用同一数据元素类型集描述的插

座集。

AA562-001　01

石英晶体插座　XTAL

每个插座能用同一数据元素类型集描述、安装和连接石英晶体的插座集。

AA563-001　01

照明设备插座　LIGHT

每个插座能用同一数据元素类型集描述、预定用于照明设备的插座集。

AA564-001　01

熔断器支架和插座　FUSE

每个插座或支架能用同一数据元素类型集描述、安装和连接熔断器的插座或支架集。

AA565-001　01

天线馈线插座　ANT

每个插座能用同一数据元素类型集描述、预定用于连接天线馈线的插座集。

AA566-001　01

小引出端　SM

每个引出端能用同一数据元素类型集描述的小引出端集。

注：小引出端是只让设备连接一个、两个或三个导体为特点的引出端。

特征

AAJ032-001　小引出端类型

AA569-001　01

引出端阵列　ARRY

每个阵列能用同一数据元素类型集描述的引出端阵列集。

特征

AAJ033-001　引出端阵列类型

AA572-001　01

引出端板　BRD

每个引出端板能用同一数据元素类型集描述的引出端板集。

AA573-001　01

引出端棒　ROD

每个引出端棒能用同一数据元素类型集描述的引出端棒集。

AA575-001　01

电流激励熔断器　CUR

每个熔断器能用同一数据元素类型集描述的过流驱动熔断器集。

AA576-001　01

热激励熔断器　THERM

每个熔断器能用同一数据元素类型集描述的热驱动熔断器集。

特征

AAJ036-001　有源元件

AA578-001　01

光纤　FIBOPTIC

每个元器件能用同一数据元素类型集描述的光纤器件集。

AAJ048-001　光纤元器件

子类

AAA579-001　光纤链接
AAA580-001　光纤连接器
AAA581-001　光纤开关
AAA582-001　光纤支路
AAA583-001　光纤耦合器/接合器
AAA584-001　光纤衰减器
AAA585-001　光纤探测器
AAA586-001　光纤隔离器
AAA587-001　光纤网络
AAA588-001　光纤光源
AAA589-001　光纤调制器
AAA590-001　光纤发射和接收器
AAA591-001　光纤波导管
AAA592-001　光缆
AAA593-001　光纤滤波器
AAA594-001　光透镜

AA579-001　01

光纤链接　LINK

每个元器件能用同一数据元素类型集描述的光纤

链接集。

AA580-001 01

光纤连接器 CONN

每个连接器能用同一数据元素类型集描述的光纤连接器集。

AA581-001 01

光纤开关 SWI

每个开关能用同一数据元素类型集描述的光纤开关集。

AA582-001 01

光纤支路 BRA

每个元器件能用同一数据元素类型集描述的光纤支路集。

AA583-001 01

光纤耦合器/接合器 COOP

每个元器件能用同一数据元素类型集描述的光纤耦合器或接合器集。

AA584-001 01

光纤衰减器 ATT

每个元器件能用同一数据元素类型集描述的光纤衰减器集。

AA585-001 01

光纤探测器 DET

每个元器件能用同一数据元素类型集描述的光纤探测器集。

AA586-001 01

光纤隔离器 ISOL

每个元器件能用同一数据元素类型集描述的光纤隔离器集。

AA587-001 01

光纤网络 NETW

每个网络能用同一数据元素类型集描述的光纤衰网络集。

AA588-001 01

光纤光源 SOURC

每个光源能用同一数据元素类型集描述、用于光纤系统的光纤光源集。

AA589-001 01

光纤调制器 MOD

每个元器件能用同一数据元素类型集描述的光纤调制器集。

AA590-001 01

光纤发射器和接收器 TXRX

每个元器件能用同一数据元素类型集描述的光纤发射器和接收器集。

AA591-001 01

光纤波导管 WG

每个元器件能用同一数据元素类型集描述的光纤波导器集。

AA592-001 01

光缆 CAB

每个缆线能用同一数据元素类型集描述的光纤缆线集。

AA593-001 01

光纤滤波器 FIL

每个过滤器能用同一数据元素类型集描述的光纤过滤器集。

AA594-001 01

光透镜 LENS

每个透镜能用同一数据元素类型集描述和光纤系统使用的透镜集。

AA595-001 01

火花隙 SPARK

每个能用同一组数据元素类型描述的火花隙集。

特征

AAJ082-001 直流击穿电压

AAJ083-001 击穿电压公差

AAJ084-001 电容

AAJ087-001 绝缘电阻

AAJ081-001 火花隙类型

子类

AAA605-001 空气火花隙

AAA606-001 充气火花隙

AA596-001　01

谐振器　RESON

每个能用同一组数据元素类型描述的谐振器集。

AAJ088-001　谐振器类型

AAJ089-001　谐振频率

AAJ090-001　质量因数

AA597-001　01

图像拾取器件　IMAGE

每个器件能用同一组数据元素类型描述的图像拾取器件集。

特征

AAJ074-001　图像拾取器件类型

AA601-001　01

固定电感器　FIX

每个电感器能用同一组数据元素类型描述的固定电感器集。

AAF390-002　电感器类型

子类

AAA225-001　偏转单元

AAA226-001　扼流圈

AAA227-001　线圈

AAA228-001　线性控制单元

AAA603-001　天线电感器

AAA604-001　螺线管

AA602-001　01

可变电感器　VAR

每个电感器能用同一组数据元素类型描述的可变电感器集。

特征

AAJ078-001　可变电感器类型

AAJ079-001　最小电感

AAJ080-001　最大电感

AA603-001　01

天线电感器　ANT

每个电感器能用同一组数据元素类型描述、与天线使用的电感器集。

AA604-001　01

螺线管　SOL

每个螺线管能用同一组数据元素类型描述的螺线管集。

AA605-001　01

空气火花隙　AIR

每个火花隙能用同一组数据元素类型描述的空气火花隙集。

AA606-001　01

充气火花隙　GAS

每个火花隙能用同一组数据元素类型描述的充气火花隙集。

特征

AAJ085-001　抗压强度

AAJ086-001　浪涌电流

AA607-001　01

旋转精密电位器　PRECROT

每个电位器能用同一数据元素类型集描述、有连续变化旋转调节的精密电位器集。

注：精密旋转电位器是通过旋转轴实现机械调节和能高精度设置位置的电位器。

特征

AAE145-005　电位器轴杆材料

AAE147-005　轴杆长度

AAE148-005　轴杆直径

AAE173-005　总机械旋转

AAJ014-001　电位器尺寸

AAJ015-001　旋转力矩

AAJ123-001　电位器类型

AAJ124-005　圈数

AA608-001　01

功率旋转电位器　PWRROT

每个电位器能用同一数据元素类型集描述、有连续变化旋转调节的功率电位器集。

注：功率旋转电位器是通过旋转轴实现机械调节和以能消耗 10 W 以上功率为典型特性的电位器。

特征

AAE145-005　电位器轴杆材料

AAE147-005　轴杆长度

AAE148-005　轴杆直径

AAE173-005　总机械旋转

AAJ014-001　电位器尺寸

AAJ015-001　旋转力矩

AAJ123-001　电位器类型

AAJ124-005　圈数

AA609-001　01

低功率旋转电位器　LPROT

每个电位器能用同一数据元素类型集描述、有连续变化旋转调节的低功率电位器集。

注：低功率旋转电位器是通过旋转轴实现机械调节和以能消耗功率最高到 10 W 为典型特性的电位器。

特征

AAE145-005　电位器轴杆材料

AAE147-005　轴杆长度

AAE148-005　轴杆直径

AAE173-005　总机械旋转

AAJ014-001　电位器尺寸

AAJ015-001　旋转力矩

AAJ123-001　电位器类型

AAJ124-005　圈数

AA610-001　01

连接器部件　CONPRT

每个部件能用同一组数据元素类型描述的连接器部件集。

注：连接器部件是可用于组装成完整连接器、用作连接器附件或连接器组装或分解时需要的元器件。

AAF464-001　连接器部件类型

子类

AAA524-001　连接器触点

AAA525-001　连接器附件

AAA611-001　连接器工具

AAA612-001　连接器外壳

AAA613-001　连接器插入

AA611-001　01

连接器工具　TOOL

每个工具能用同一组数据元素类型描述的连接器工具集。

注：连接器工具是组装、分解、安装或维修连接器时需要的工具。包括扳手、钥匙、夹具和量规等物品。

特征

AAF466-001　工具类型

AA612-001　01

连接器外壳　SHELL

每个外壳能用同一组数据元素类型描述的连接器外壳集。

注：连接器外壳是通常提供机械啮合的连接器外部壳体。

特征

AAE351-006　壳体材料

AAF467-001　屏蔽类型

AA613-001　01

连接器插入　INERT

每个插入能用同一组数据元素类型描述的连接器插入集。

注：连接器插入由绝缘材料组成并为连接器外壳内的连接器触点提供支持。

特征

AAF468-001　插入物类型

AAF469-001　插入物材料

附 录 C
(规范性附录)
数据元素类型定义

AAD001-001 02 M..17 A52
简单 字符串
晶体标识符 晶体 ID
根据 IEC 60191 代码标识晶体的代码。
注:代码形式为:A-XBCC-Dnn/mmm,其中:
A 是形状类别代码
X 是封装材料代码
B 是引出端位置代码
CC 是体型代码
D 是引出端形状代码
nn 是引出端数量
mmm 是顺序号,以区别其他代码相同的唯一晶体。
IEC 60191-4:1999

AAD002-001 01 M..17 A52
简单 字符串
晶体名称 晶体名称
制造商给晶体的名称或标识符。
IEC 62258

AAD003-001 01 M..17 A52
简单 字符串
晶体版本 晶体版本
制造商给出标识晶体版本的代码。
IEC 62258

AAD004-001 01 M..4 A52
简单 非定量代码
晶体类型代码 晶体代码
给晶体或晶片提供的物理性状记忆代码。
BARE =一边有衬垫而没有连接结构的裸露晶体
BUMP=有凸出衬垫的裸露晶体
DUAL=两个表面有衬垫的裸露晶体
LEAD =有附加引线框的裸露晶体
MPD =最少封装的晶体器件
IEC 62258
备注:
如果晶体或晶片是初始形式,那么代码是 BARE 或 DUAL。代码为 BMUP 或 LEAD 的晶体是处理后分别加到焊料凸出或金属引线框上。

AAD005-001 01 M..17 A57
简单 字符串
基座材料 基座
形成晶体处理技术基座的主体材料构造。
IEC 62258
备注:
大部分情况下,基座由硅等单一材料组成。

AAD006-001 02 M..4 A56
简单 非定量代码
连接要求代码 连接要求代码
用于标识电气连接到基座要求的记忆代码。
CONN=必须连接
ISOL =必须绝缘
N/A =不适用
N/K =要求未知
OPT =连接可选
IEC 62258
备注:
代码值为 ISOL 时,可以不连接到基座上。
代码值为 OPT 时,可选择是否连接到基座上,但是进行的任何连接必须在基座连接规定的电源上。
代码值为 CONN 时,基座必须连接到引出端或电源引出端上。
代码值为 N/A 时,连接到基座不合适或不可能。
代码值为 N/K 时,未提供连接要求信息。

AAD007-001 01 M..17 A56
简单 字符串
基座连接 基座连接
有要求时,必须连接基座的电源连接名称。
注:基座必须绝缘时不需要值。
IEC 62258
备注:
分配的值是其他数据库内规定的连接名称。

AAD008-001 01 M..17 A59
简单 字符串
晶体试验等级代码 试验等级
制造商给出适用于晶体评定性能特征和进行烧制试验计划的代码和编号。
IEC 62258

AAD009-001 01 NR2..2.2 Q59
等级 minTyp 实数度量
%
晶体回收率 回收率
回收率
根据送货到客户的规范运作的等级(minTyp)规定的晶体回收率(%)。
注:对于低缺陷比率,回收率和 DPM(10^{-6})的关系是公式:回收率=100-DPM/1.0E4。
IEC 62258
备注:
当提供最小数字时,该数字通常是送货质量保证。给出典型数字时,该数字应理解为所用过程的平均值。

AAD010-001 01 M..70 A58
简单 字符串
晶体描述 晶体描述
描述晶体的物理性状,适用时,包括焊料凸出和引线框的信息。
IEC 62258

AAD011-001 01 NR2 S..3.3 T03
等级 nom 实数度量
m
晶片尺寸 W_size
W_{size}
制造的晶片上的晶片直径。
注:由于这只是作为信息的标称值,英寸应以 1 in 等于 25 mm 的比率转换。
IEC 62258

AAD012-001 02 NR1..4 Q56
等级 nom 整数度量
1
终端数 n_term
终端标识符 n_{term}
唯一标识每个器件终端的数值。
IEC 62258
备注:
当制造商分派唯一数字给每个引出端时,应采用该编号标识。
不是上述情况时,对于是环外围引出端的器件,应按从包含引出端的那边观察,从离晶体顶部左角最近的引出端开始逆时针方向分派数字。

AAD013-001 01 M..17 A91
简单 字符串
制造商衬垫标识符 制造商衬垫 ID
制造商在其数据单中分配给衬垫的标识。
IEC 62258

AAD014-001 01 M..17 A91
简单 字符串
衬垫几何形状名称 衬垫几何形状名
用来标识特殊衬垫几何形状的名称。
IEC 62258
备注:
可使用任意名称,而且它仅用作衬垫几何形状定义和衬垫实例之间的连接物。在任何特殊晶体的名称清单内名称必须唯一。

AAD015-001 01 NR3 S..3.3ES2 T03
等级 nom 实数度量
m
衬垫 x 位置 衬垫 x
pad_x
以晶体几何形状原点作为原点的衬垫几何形状中心的 x 坐标值(m)。
注:对于多边形衬垫,衬垫的几何形状中心认为是 x 和 y 尺寸极端的中间。
IEC 62258
DAE002-001 晶体尺寸

AAD016-001 01 NR3 S..3.3ES2 T03
等级 nom 实数度量
m
衬垫 y 位置 衬垫 y
pad_y

以晶体几何形状原点作为原点的衬垫几何形状中心的 y 坐标值(m)。

注：对于多边形衬垫，衬垫的几何形状中心认为是 x 和 y 尺寸极端的中间。

IEC 62258

DAE002-001 晶体尺寸

AAD017-001 02 M..7 A58

简单 字符串

衬垫方向 衬垫方向

相对于基准轴的衬垫方向代码。

注：衬垫方向以顺时针方向用度给出，后面可选跟字母代码来指明镜像。如果有字母 MX，衬垫方向是在 X 轴的镜像，而如果包括字母 MY，衬垫方向是在 Y 轴的镜像。MX 和 MY 可能同时出现，则全部镜像角应是相对引出端形状的几何形状基准中心的。应首先进行镜像操作(如果有)，然后，按方向角旋转引出端。

IEC 62258

AAD018-001 01 NR 1..2 Q56

等级 nom 整数度量

1

结合点数 结合点

n_{bond}

衬垫上结合可以和应该进行的分离点数。

IEC 62258

AAD019-001 01 M..35 A91

简单 字符串

信号名称 信号名

给器件引出端出现信号的名称。

IEC 62258

AAD020-001 01 M..8 A91

简单 非定量代码

信号类型 信号类型

I/O 类型

与引出端相关的信号类型的代码。

值表明信号是模拟或数字，或者连接到引出端是否提供电源或非逻辑功能等。

A ＝模拟信号

B ＝数字信号

G ＝接地

I ＝数字输入

N ＝不连接

O ＝数字输出

T ＝试验点

U ＝未知连接

V ＝电源电压

X ＝内部连接

IEC 62258

AAD021-001 01 M..17 A91

简单 字符串

电气基准 电气基准

定义电源或逻辑信号功能的基准。

注：分配的值必须是电源、数字或模拟连接表中信号定义的名称。

IEC 62258

AAD022-001 01 A2 A56

简单 非定量代码

信号方向 I/O 方向

输入/输出方向

引出端信号流方向的代码。

BI ＝双向

IP ＝只有输入

OP ＝只有输出

IEC 62258

AAD023-001 01 M..17 A56

简单 字符串

交换代码 交换代码

指明引出端与其他引出端连接互换性的代码。

IEC 62258

AAD024-001 02 A..4 A58

简单 非定量代码

衬垫形状 衬垫形状

晶体上结合衬垫的形状代码。

CIRC ＝圆形

ELL ＝椭圆

POLY ＝多边形

RECT ＝矩形

IEC 62258

AAD025-001 01 NR3..3.3ES2 T03

等级 nom 实数度量

m

衬垫长度 b

b

x-轴方向测得的矩形或椭圆形衬垫长度(m)。
IEC 62258
DAE002-001 晶体尺寸

AAD026-001 01 NR3..3.3ES2 T03
等级 nom 实数度量
m
衬垫宽度 c
c
y-轴方向测得的矩形或椭圆形衬垫宽度(m)。
IEC 62258
DAE002-001 晶体尺寸

AAD027-001 01 NR1..2 Q56
等级 nom 整数度量
1
多边形顶点数 n_v
n_v
多边形衬垫顶点的数量。
IEC 62258
备注:
多边形衬垫必须至少有三个顶点。

AAD028-001 01 NR1..2 Q56
等级 nom 整数度量
1
顶点数 v_p
v_p
多边形衬垫的顶点数量。
IEC 62258

AAD029-001 01 NR3 S..3.3ES2 T03
等级 nom 实数度量
m
顶点 x 坐标 x_v
x_v
多边形衬垫对于衬垫中心的最高点 x-坐标的值(m)。
IEC 62258

AAD030-001 01 NR3 S..3.3ES2 T03
等级 nom 实数度量
m
顶点 y 坐标 y_v
y_v
多边形衬垫对于衬垫中心的最高点 y-坐标的值(m)。
IEC 62258

AAD031-001 01 A3 A56
简单 非定量代码
m
电源可变性 可变性
指明电源固定或可变的代码。
FIX =固定电源
VAR =可变电源
IEC 62258

AAD032-001 02 NR2 S..3.3 E06
等级 miNoMax 实数度量
V
电源电压 V_sup
V_{sup}
连接到电源引出端的直流电压(V)等级(miNoMax)规定的值。

注:对于固定电源,标称值用给出该值最大允许偏移的最小和最大值给出。
对于可变电源电压,最小值和最大值是电源电压范围的允许极值。

IEC 62258

AAD033-001 01 NR3..3.3ES2 E01
等级 max 实数度量
A
衬垫电源电流 I_pad
衬垫电流 I_{pad}
应该流过电源衬垫单个结合点的电流的最大绝对值(A)。
IEC 62258

AAD049-001 01 M..17 A91
简单 字符串
电源名称 电源名称
给器件供电电源引出端的名称。
IEC 62258

备注：

所用的名称通常包括 Vcc，Vss，Vdd，GND，V+和 V−。

AAD054-001 01 NR3 S..3.3ES2 E01
等级 typMax 实数度量
A
电源电流 I_sup
I_{sup}
流过连接到同一电源电压的集成电路的全部引出端的直流电流(A)的等级(typMax)规定的总值。
注：该值是对对应电源电压的最大值给出的。
IEC 62258

AAD055-001 01 M..8 A53
简单 非定量代码集
供应包装代码 包装代码
用于提供晶体或晶片的包装形式的记忆代码。
BOX =晶片盒中无锯末供货
FILM =塑料膜上有锯末供货
GELFRAME =锯末晶片 GEL-PAK™供货
GELPAK =GEL-PAK™供货
SURFTAPE =SurfTape™供货
TAPE =绸纹胶带供货
WAFFLE =简易包装或托盘供货
IEC 62258

AAD056-001 01 M..8 A55
简单 非定量代码集
供应形式代码 供应代码
晶体以晶片形式或单个晶体供货的记忆代码。
BARE =无连接结构的单个晶体
BUMP =单个有突出的晶体
MPD =最小封装形式的单个晶体
SWAN =有锯末晶片
WAFFLE =无锯末晶片
IEC 62258

AAD060-001 01 M..2000 A11
简单 字符串
试验程序描述 试验程序
用于试验和评价晶体的程序的描述。
IEC 62258

AAD070-001 01 NR3..3.3ES2 T03
等级 nom 实数度量
m
晶体梯级 x 尺寸 D
晶体长度 D
在为晶片建立的直角坐标 x 轴向测得的晶片上晶体图像的梯级间距的标称值(m)。
IEC 62258
备注：
晶体长度通常与梯级间距紧密相关，但是精确值取决于锯槽宽度、误差等。
DAE002-001 晶体尺寸

AAD071-001 01 NR3..3.3ES2 T03
等级 nom 实数度量
m
晶体梯级 y 尺寸 E
晶体宽度 E
在为晶片建立的直角坐标 y 轴向测得的晶片上晶体图像的梯级间距的标称值(m)。
IEC 62258
备注：
晶体宽度通常与梯级间距紧密相关，但是精确值取决于锯槽宽度、误差等。
DAE002-001 晶体尺寸

AAD072-001 01 NR3..3.3ES2 T01
等级 nom 实数度量
m
晶体厚度 A
晶片厚度 A
厚度
晶体或晶片两个平面间的垂直距离(m)。
IEC 62258
DAE002-001 晶体尺寸

AAD078-001 01 M..35 A57
简单 字符串
钝化材料 钝化
用于为了钝化覆盖晶体表面的材料。
IEC 62258

AAD081-001 01 A1 A58

简单 非定量代码
晶体表面 晶体表面
当两面都有衬垫时，标识置于衬垫上的晶体表面的代码。
注：当晶体只有一面有衬垫时，值可能为空。
B =下面
U =上面
IEC 62258

AAD082-001 01 M..35 A59
简单 字符串
试验名称 试验名称
用于试验和评价晶体的程序的短标题。
注：这是 AAD060-001 中更完整描述的程序的短名称。
IEC 62258

AAD085-001 01 M..35 A52
简单 字符串
晶体类型 晶体类型
晶体或晶片物理形式的短标题。
注：这是 AAD084-001 中更完整描述的形式的短名称。值表由 AAD004-001 的值意义组成。
IEC 62258

AAD086-001 01 M..175 A52
简单 字符串
晶体类型描述 晶体描述
晶体或晶片物理形式的描述。
IEC 62258

AAD087-001 01 M..35 A55
简单 字符串
供货形式 供货形式
提供晶体或晶片形式的短标题。
注：这是 AAD088-001 中更完整描述的形式的短名称。
IEC 62258

AAD088-001 01 M..175 A55
简单 字符串
供货形式描述 供货形式描述
提供晶体或晶片形式的描述。
IEC 62258

AAD089-001 01 M..35 A53
简单 字符串
供货包装 包装
用于提供晶体或晶片的包装的形式的短标题。
注：这是 AAD090-001 中更完整描述的形式的短名称。
IEC 62258

AAD090-001 01 M..175 A53
简单 字符串
供货包装描述 包装描述
用于提供晶体或晶片的包装的形式的描述。
IEC 62258

AAD091-001 01 M..35 A56
简单 字符串
连接要求 连接要求
电气连接到基座的要求。
IEC 62258

AAD093-001 01 M..175 A56
简单 字符串
基座连接 基座连接描述
如果有，连接到晶体基座的要求的描述。
IEC 62258

AAD095-001 02 X1 A59
简单 字符串
晶体回收率代码 回收率代码
给出晶体实际回收率数字范围的单字符代码。
注：该代码是 0～F 的单个 16 进制数字。
IEC 62258

AAD115-001 01 M..17 A58
简单 字符串
几何形状单位 几何形状单位
标识给出晶体尺寸的单位的代码。
注：按照 IEC 61360，单位应该以米(m)给出，并且它们是默认单位。
μm =微米(微)
m =米
mil =密尔(1.0E-3 in)
mm =毫米
IEC 62258

AAD116-001　　01　NR1..4　　Q56
等级 nom 整数值
1
衬垫几何形状数　　n_g
n_g
已经分配了不同几何形状名称的、晶体上不同几何形状的数量。
IEC 62258

AAD117-001　　01　NR3..3.3ES2　　T03
等级 noms 实数度量
m
尺寸公差　　S_tol
S_{tol}
晶体长度和宽度尺寸的误差(m)。
IEC 62258

AAD118-001　　01　NR3..3.3ES2　　T03
等级 nom 实数度量
m
厚度公差　　T_tol
T_{tol}
晶体或晶片厚度的误差(m)。
IEC 62258

AAD119-001　　01　M..35　　A55
简单 字符串
背部光洁度　　背部光洁度
适用于晶体与进行连接相对的基座表面的光洁度。
IEC 62258

AAD120-001　　01　M..70　　A57
简单 字符串
衬垫金属涂覆　　金属涂覆
用来形成连接晶体上衬垫的材料。
注：给出的信息应包括采用的材料和所有层的厚度。
IEC 62258

AAD121-001　　01　NR3..3.3ES2　　T03
等级 nom 实数度量
m
衬垫直径　　$ fb
ϕb
圆形衬垫的标称直径(m)。
IEC 62258

AAD122-001　　01　M..70　　A58
简单 字符串
凸出尺寸　　凸出尺寸
凸出晶体上凸出的尺寸、形状和高度描述。
IEC 62258

AAD123-001　　01　NR3..3.3ES2　　T03
等级 miNoMax 实数度量
m
凸出高度　　A_1
A_1
凸出所置平面与凸出晶体上表面之间的等级(miNoMax)规定的垂直距离(m)。
IEC 62258
备注：
凸出晶体的安装高度通常低于 A_1。

DAE003-001　凸出晶体尺寸

AAD124-001　　01　M..35　　A57
简单 字符串
凸出材料　　凸出材料
凸出晶体上用于形成凸出的材料。
IEC 62258

AAD125-001　　01　M..35　　A57
简单 字符串
引线框材料　　引线材料
有附加引线框的晶体上用于形成引线的材料。
IEC 62258

AAD126-001　　01　M..70　　A55
简单 字符串
底层填料　　底层填料
凸出晶体或最小封装器件与其安装表面之间的底层填料的任何要求或建议的详细描述。
IEC 62258

AAD127-001　　01　M..35　　A58
简单 字符串

晶体图片　　　　　　　晶体图片
包含显现所有衬垫位置的晶体的文件或文档基准。
IEC 62258

AAD129-001　　01　NR3 S..3.3ES2　T03
　　　　　　　等级　nom 实数度量
　　　　　　　　　　m
晶体中心 x 位置　　　X_0
　　　　　　　　　　X_0
从几何原点在晶体表面几何中心 x 方向测得的标称距离(m)。
IEC 62258
DAE002-001　晶体尺寸

AAD130-001　　01　NR3 S..3.3ES2　T03
　　　　　　　等级　nom 实数度量
　　　　　　　　　　m
晶体中心 y 位置　　　Y_0
　　　　　　　　　　Y_0
从几何原点在晶体表面几何中心 y 方向测得的标称距离(m)。
IEC 62258
DAE002-001　晶体尺寸

AAD131-001　　01　NR2..2.2　Q59
　　　　　　　等级　typMax 实数度量
　　　　　　　　　　ppm
失效率　　　　　　　DPM
　　　　　　　　　　DPM
可能预计交付给客户失效的晶体的平均分数(部件/百万)。

注：对于低失效率，DPM 通过公式：DPM＝1.0E4×(100－回收率)和回收率(%)相关。

IEC 62258
备注：
提供最大数字时，这通常是交付质量保证。给出典型数字时，这就理解为采用过程的平均数。

AAD132-001　　01　X1　A59
　　　　　　　简单　非定量代码
试验流程　　　　　　试验流程
适用于晶体或晶片的基本试验程序的代码。
A　＝交流和直流试验
D　＝只有直流试验
K　＝全部功能的交流和直流试验
N　＝不试验
S　＝全部速度的交流和直流试验
X　＝无数据
IEC 62258

AAD133-001　　01　X1　A59
　　　　　　　简单　非定量代码
温度规范　　　　　　温度规范
试验温度
适用于晶体或晶片试验的基本温度规范的代码。
A　＝只有环境
C　＝冷、热和环境(三个试验)
H　＝热和环境(两个试验)
K　＝规则的全部范围
S　＝覆盖特殊要求
X　＝无数据
IEC 62258

AAD134-001　　01　X1　A59
　　　　　　　简单　非定量代码
过程选择　　　　　　选择
试验选择
适用于晶体或晶片的试验、检查和烘烤基本选择的代码。
B　＝烧烤
K　＝晶片级的特殊 KGD 试验
L　＝批接收试验
M　＝电子显微镜检查
R　＝辐射
S　＝晶片级的特殊压力试验
V　＝视觉检查
X　＝无数据
IEC 62258

AAD137-001　　01　X1　A52
　　　　　　　简单　非定量代码
符合性等级　　　　　符合性
指明按 ES 59008-1 中规定的与 ES 59008 相关部分符合性等级的代码。
1　＝符合性等级 1

2　　=符合性等级 2
3　　=符合性等级 3
IEC 62258

AAD140-001　01　M..35　A21
简单　字符串
晶体制造商　制造商
晶体器件的原始制造商。
IEC 62258

AAD141-001　01　M..35　A21
简单　字符串
晶体供应商　供应商
与原始制造商不同时,提供晶体器件的机构。
IEC 62258

AAD142-001　01　M..35　A21
简单　字符串
晶体数据源　数据源
与原始制造商不同时,提供晶体器件数据的机构。
IEC 62258

AAD143-001　01　M..35　A51
简单　字符串
封装部件名称　封装部件
相当于晶体器件的封装部件的制造商类型数或部件名称。
IEC 62258

AAD144-001　01　X..8　A58
简单　非定量代码
几何形状视图　几何形状视图
规定适用于晶体器件制图中采用的所有几何形状的几何视图的代码。
BOTTOM =从底面看(无源边)
TOP　=从顶面看(有源边)
IEC 62258

AAD145-001　01　NR1..4　Q56
简单　整数度量
1
引出端数　n_2
n_2
晶体器件上引出端的全部数量。
IEC 62258

AAD146-001　01　NR3..3.3ES2　T03
等级　nom 实数度量
m
凸出高度　h_b
h_b
晶体表面与安装晶体平面之间垂直距离测得的凸出晶体上晶体的标称距离(m)。
IEC 62258
DAE003-001　凸出晶体尺寸

AAD147-001　01　NR3 S..3.3ES2　T03
等级　minMax 实数度量
m
凸出高度误差　h_b_tol
h_{btol}
凸出晶体面上凸出高度的误差(m)。
IEC 62258
DAE002-001　晶体尺寸

AAD148-001　01　M..17　A57
简单　字符串
主体材料　主体材料
当与形成有源晶体的基地材料不同时,形成晶体处理技术基座的主体材料构造。
IEC 62258

AAD149-001　01　NR2 S..3.3　H02
等级　max 实数度量
Cel
最大组装温度　T_assy
T_{assy}
晶体器件背部表面组装时可能升高的最大温度(Cel)。
IEC 62258

AAD150-001　01　M..70　A57
简单　字符串
封装材料　包封
用于形成电子元器件外壳或涂层起保护作用的材料。

IEC 62258

AAD151-001　01　NR3..3.3ES2　E35
等级 max 实数度量
W
功率限制　P_lim
P_{lim}
典型最坏条件下半导体器件耗散的最大功率(W)。
IEC 62258

AAD153-001　01　X1　A59
简单 非定量代码
试验可靠性代码　可靠性
指明晶体器件可靠性信息可用性的代码。
K　＝基于半导体晶体的数据
P　＝基于封装配合物的数据
X　＝无数据
Y　＝NDA 书面收据的数据
IEC 62258

AAD154-001　01　X1　A59
简单 非定量代码
试验成熟性代码　成熟性
指明晶体器件生产过程成熟性的代码。
D　＝研究中的半导体器件
N　＝新设计不推荐
O　＝即将废弃的晶体
P　＝已开始试验性生产
S　＝有样品量的晶体
U　＝不再有的晶体
V　＝大量生产:参数、回收率稳定
X　＝无数据
Y　＝NDA 书面收据的数据
IEC 62258

AAD155-001　01　M..35　A55
简单 字符串
MPD 供货形式　MPD 供货
最小封装器件供给用户的形式。
IEC 62258

AAD156-001　01　M..17　A91
简单 字符串
基准名称　基准名称
用来标识特定基准的名称。
IEC 62258
备注:
所用名称是任意的,并且仅用于链接基准几何形状定义和基准实例。对于任何特定晶体器件,名称列表中的名称必须唯一。

AAD157-001　01　M..35　A62
简单 字符串
基准文件名称　基准文件
包含晶体器件基准的图像的文件名称。
IEC 62258

AAD158-001　01　NR3..3.3ES2　T03
等级 nom 实数度量
m
基准宽度　x_f
x_{f}
平行于 x 轴方向测量的基准的标称长度(m)。
IEC 62258

AAD159-001　01　NR3..3.3ES2　T03
等级 nom 实数度量
m
基准高度　y_f
y_{f}
平行于 y 轴方向测量的基准的标称宽度(m)。
IEC 62258

AAD160-001　01　NR3 S..3.3ES2　T03
等级 nom 实数度量
m
基准 x 位置　fid_x
fid_{x}
以晶体几何中心原点为起点的基准几何中心 x 坐标的标称值(m)。
IEC 62258

AAD161-001　01　NR3 S..3.3ES2　T03
等级 nom 实数度量
m
基准 y 位置　fid_y

fid_y

以晶体几何中心原点为起点的基准几何中心 y 坐标的标称值(m)。

IEC 62258

AAD162-001　02　M..7　A58

简单　字符串

基准方向　基准方向

与基准轴有关的衬垫的方向代码。

注：基准方向以顺时针方向角度(度)给出、选择性后接指明镜像的字母代码。如果包含字母 MX,基准方向是在 X 轴的镜像,而如果包括字母 MY,基准方向是在 Y 轴的镜像。MX 和 MY 可能同时出现,则全部镜像角应是相对基准形状的几何形状基准中心的。应首先进行镜像操作(如果有),然后,按方向角旋转基准。

IEC 62258

AAE000-001　01　X..8　A52

简单　非定量代码

IEC 基准类别　IEC 类别

项所属的 IEC 基准集中主类的代码。

CO　=元器件

FEA　=特性

GEO　=几何形状

MA　=材料

AAE001-005　01　X..3　A52

简单　非定量代码

元器件主类别　主类别

元器件所属的主要功能类别的代码。

EE　=电气-电子

EM　=机电

ME　=机械

MP　=磁性零件

AAE002-006　01　X..8　A52

简单　非定量代码

EE 元器件种类　EE 种类

电气-电子元器件所属的种类的代码。

AMP　=放大器

ANT　=天线

BAT　=电池

CAP　=电容器

CND　=导体

DEL　=延迟线

DID　=二极管器件

FIBOPTIC　=光学纤维

FIL　=滤波器

IC　=集成电路

IND　=电感器

LAM　=灯

LCD　=液晶显示器

OPT　=光电器件

OSC　=振荡器

PE　=压电器件

PWC　=印制布线元器件

RES　=电阻器

RESON　=谐振器

SEN　=传感器

SPARK　=火花隙

TFM　=变压器

TRA　=晶体管

TRG　=触发器件

TUB　=电子管

TUN　=频率选择器

AAE003-006　01　X..3　A56

简单　非定量代码

可调性类型　可调性

电容器、电阻器、电感器或变压器的机械可调性类型的代码。

FIX　=固定

VAR　=可变

AAE004-007　01　X..8　A57

简单　非定量代码

介质材料类型　介质类型

(电容器)介质

固定电容器的介质材料类型的代码。

AIR　=固定空气电容器

CER　=固定陶瓷电容器

ELC　=固定电解电容器

FLM　=固定薄膜电容器

GLS　=固定玻璃电容器

MICA　=固定云母电容器

MIX　=固定混合介质电容器

PAP　　　＝固定纸电容器

AAE005-006　　01　X..3　　A51
简单 非定量代码
变换器原理　　变换原理
驱动单元类型
扬声器的变换器原理的代码。
IEC/TC 84(Sec)38(13.1.1)(1986)
MVC　　＝电动扬声器
MGD　　＝磁动扬声器
ION　　＝离子扬声器
ELM　　＝电磁扬声器
ELS　　＝静电扬声器
ION　　＝离子扬声器
MGD　　＝磁动扬声器
MGS　　＝磁致伸缩扬声器
MVC　　＝电动扬声器
PNM　　＝气动扬声器
PXE　　＝压电扬声器

AAE006-006　　01　M..8　　A55
简单 非定量代码
安装特性　　安装特性
设计用来将元器件固定到其配对件上的安装特性的代码
35×15　＝宽 35 mm,高 15 mm
35×7.5　＝宽 35 mm,高 7.5 mm
75×25　＝宽 75 mm,高 25 mm
BRC　＝固定夹
C20　＝宽 20 mm
C30　＝宽 30 mm
C40　＝宽 40 mm
C50　＝宽 50 mm
HOL　＝通孔
INS　＝插入
SMD　＝表面安装
STD　＝螺栓
TAP　＝攻丝孔

AAE007-005　　01　M..3　　A58
简单 非定量代码
引出端类型　　引出端形状
电气/电子或电气机械元器件的引出端形状的代码。
BUS　＝母线
CAP　＝端帽
FLT　＝平坦
PIN　＝印制线路引出头
SCR　＝螺纹
SOL　＝实心引线
STD　＝螺栓
STL　＝绞合引线
TAG　＝焊片

AAE008-005　　01　M..8　　A58
简单 非定量代码
引出端位置　　引出端位置
指明电气/电子或机电元器件引出端位置的代码。
AXIAL　＝轴向
CIRC　＝环形
DIL　＝双列直插
GA　＝网格排列
QIL　＝四列直插
RAD　＝径向
SEND　＝单端
SIL　＝单列直插

AAE009-005　　01　M..3　　A59
简单 非定量代码
性能等级　　性能等级
识别固定电容器性能等级的 IEC 标准代码。
GB/T 7332—1996
1　＝长寿命
2　＝通用
备注：
每项试验的要求见 GB/T 7332 和 GB/T 5993。

AAE010-005　　02　M..17　　A59
简单 非定量代码
气候种类　　气候种类
指明电阻器或电容器所属的气候种类的 IEC 标准代码。
IEC 60068-1:1988(8)
备注：
分别对应于它们要承受的低温、高温和暴露于湿热(静态)的天数的一连串三组数字，由斜杠分开指明气候种类。

(除非另有说明,否则第一组中数字指明低于摄氏零度的温度)。

——第一组:指明工作的最低环境温度(低温试验)的两位数字。

——第二组:指明工作的最高环境温度(高温试验)的三位数字,温度只需使用两位数字时,在前面加“0”以补足三位一组。

——第三组:指明湿热(静态)试验(Ca)天数的两位数字,试验期只需使用一位数字时,在前面加“0”以补足两位数字。

AAE012-005 02 M..35 A61
简单 非定量代码
国际标准 国际标准
引用描述元器件的国际标准。
备注:
引用 IEC 出版物的格式示例:
IEC 60147-1D(VI.1.5.1)(1978)=IEC 出版物
IEC/TC 47(CO)797(5.1)(1981)=中央办公室的出版物
IEC/TC 47(Sec)797(5.1)(1981)=秘书处的出版物
引用 ISO 出版物的格式示例:
ISO 9999(1985)=ISO 出版物
ISO/D 9999(1985)=建议草案
ISO/DIS 9999(1985)=国际标准草案

AAE013-005 01 NR3 S..3.3ES2 E06
等级 实数度量
V
电压(直流) @U_dc
$@U_{dc}$
作为变量,施加于电气/电子或机电元器件上的直流电压(V)。

AAE014-005 02 NR1 S..4 H02
简单 整数度量
Cel
环境温度 @T_amb
自由空气环境温度 $@T_{amb}$
$@T_a$
作为变量,元器件的自由空气环境温度(℃)。
IEC 60068-1:1988(4.6.4)
备注:
IEC 60068-1:1988
对于自由空气条件中的热散发样品,环境温度是距样品的热散发作用可忽略的距离处的空气温度。

AAE017-005 01 NR1 S..4 H02
等级 nom 整数度量
Cel
基准温度 T_ref
T_{ref}
施加于元器件上的基准环境温度(℃)。
注:当在共同的环境温度下规定几个特性时,可能使用 T_{ref}。

AAE018-001 01 NR2 S..3.3 E09
等级 nom 实数度量
%
电容下公差% C_lt(%)
C_{lt}(%)
固定电容器的额定电容的下限公差百分比(%)。

AAE019-005 01 NR3..3.3ES2 T03
等级 miNoMax 实数度量
m
体长度 l_body
l_{body}
元器件物体在 X 方向的长度(m)的等级(miNoMax)所规定的值。

AAE020-005 01 NR3..3.3ES2 T03
等级 miNoMax 实数度量
m
体高度 h_body
h_{body}
元器件物体在 Z 方向的高度(m)的等级(miNoMax)所规定的值。

AAE021-005 01 NR3..3.3ES2 T03
等级 miNoMax 实数度量
m
体宽度 b_body

b_{body}

元器件物体在Y方向的宽度(m)的等级(miNoMax)所规定的值。

AAE022-005 01 NR3..3.3ES2 T03

等级 miNoMax 实数度量

m

外径 d_out

d_{out}

有圆截面体的元器件的外径(m)的等级(miNoMax)所规定的值。

AAE023-005 01 NR3..3.3ES2 T03

等级 miNoMax 实数度量

m

引出端直径 d_term

d_{term}

按照电气/电子或机电元器件的引出端的直径(m)的等级(miNoMax)所规定的值。

AAE024-005 01 NR3..3.3ES2 T03

等级 nom 实数度量

m

引出端间距 p_term

p_{term}

电气/电子或机电元器件引出端的标称间距(m)。

GB/T 2900.25—1994

AAE027-005 01 NR3..3.3ES2 T03

等级 miNoMax 实数度量

m

安装高度 h_mnt

座落高度 h_{mnt}

以座落平面为基准,按元器件安装高度(m)的等级(miNoMax)所规定的值。

备注:

BSI:安装高度(座落高度):

以垂直于基准面所测得的元器件距基准面最高部位的距离。

BSI:座落平面(基准平面):

基准平面上垂直于该平面方向元器件最远部分的距离。

安装元器件的电路的表平面。

AAE028-005 02 NR3..3.3ES2 T07

简单 实数度量

s

持续时间 @dt

时间间隔 @dt

作为变量,输入量(电流、电压等)作用于元器件上的时间期间(s)。

AAE029-005 01 NR3..3.3ES2 F03

简单 实数度量

Hz

频率 @f

@f

作为变量,作用于电气/电子或机电元器件上的正弦输入量(电流、功率、电压等)的频率(Hz)。

AAE030-005 02 M..8 A52

简单 非定量代码

E系列 E系列

识别电阻器的电阻值或电容器的电容值所属的推荐值系列的IEC代码。

GB/T 2471—1995

E12 =E12

E192 =E192

E24 =E24

E3 =E3

E48 =E48

E6 =E6

E96 =E96

备注:

E192系列由理论值10××n/192(其中指数n为整个的正数或负数)的四舍五入值组成。

E96系列通过省略交替项从E192系列派生而来。

E48系列通过省略交替项从E96系列派生而来。

E24系列由理论值10××n/24(指数n为整个的正数或负数)的圆整值组成。

AAE031-005 02 M..3 A55

简单 非定量代码

电极技术 电极技术

识别形成固定薄膜电容器电极的技术的代码。

MFL =金属箔

MLZ　＝敷金属

AAE033-005　02　M..3　A56

简单　非定量代码

电压应用　电压应用

为固定薄膜电容器设计用于电压应用的代码。

AC　＝交流，主要设计用于交流电压。

DC　＝直流，主要设计用于直流电压。

PL　＝脉冲，供电流或电压脉冲使用。

AAE034-005　02　M..3　A56

简单　非定量代码

(电容器)电路应用　电路应用

固定电容器设计用于电路应用的代码。

CPL　＝耦合

DCL　＝去耦

DEL　＝延迟

DFL　＝偏转

FLT　＝滤波

RIS　＝无线电干扰抑制

SMT　＝整流

TC　＝温度补偿

TIM　＝记时

TUM　＝调谐

AAE035-005　01　M..8　A56

简单　非定量代码

温度系数代码　$a

1类固定陶瓷电容器电容温度系数的 IEC 标准代码。

GB/T 5966—1996

N1000 ＝－1000×10××－6/K

N150　＝－150×10××－6/K

N1500 ＝－1500×10××－6/K

N220　＝－220×10××－6/K

N2200 ＝－2200×10××－6/K

N33　＝－33×10××－6/K

N330　＝－330×10××－6/K

N3300 ＝－3300×10××－6/K

N470　＝－470×10××－6/K

N4700 ＝－4700×10××－6/K

N5600 ＝－5600×10××－6/K

N75　＝－75×10××－6/K

N750　＝－750×10××－6/K

NP0　＝0

P100　＝＋100×10××－6/K

AAE036-005　01　M..3　A56

简单　字符串

安全类别　安全类别

抑制无线电干扰的固定电容器的安全/电压类别的 IEC 标准代码。

U　＝失效有冲击危害；≤125 V 电源电压

X1　＝失效无冲击危害；>1.2 kV 脉冲

X2　＝失效无冲击危害；≤1.2 kV 脉冲

Y　＝失效有冲击危害；125 V～250 V 电源电压

AAE037-005　02　M..3　A56

简单　字符串

EIA 温度特性代码　EIA TCh 代码

2类固定陶瓷电容器的温度特性 EIA 代码。

备注：

第一位(字母)字符表示 T_amb-min：

X ＝－55 ℃

Y ＝－30 ℃

Z ＝＋10 ℃

第二位(字母)字符表示 T_amb-max：

2 ＝＋45 ℃

4 ＝＋65 ℃

5 ＝＋85 ℃

6 ＝＋105 ℃

7 ＝＋125 ℃

第三位(字母)字符表示电容量变化：

A ＝＋/－1%

B ＝＋/－1.5%

C ＝＋/－2.2%

D ＝＋/－3.3%

E ＝＋/－4.7%

F ＝＋/－7.5%

P ＝＋/－10%

R ＝＋/－15%

S ＝＋/－22%

T ＝＋22/－33%

U ＝＋22/－56%

V ＝＋22/－82%

X7R 对应于 IEC 子类 2B4
Y5V 对应于 IEC 子类 2F4

AAE038-005　02　X..3　A57
简单　非定量代码
介质类别(陶瓷电容器)　陶瓷介质类别
固定陶瓷电容器(对于介电常数、损耗和温度稳定性)的介质材料类别的 IEC 标准代码。
CL1 ＝1 类陶瓷电容器
CL2 ＝2 类陶瓷电容器

AAE039-005　03　M..8　A57
简单　非定量代码
薄膜介质材料　薄膜介质材料
用来识别固定薄膜电容器介质材料的塑料的 ISO 标准代码。
PC ＝聚碳酸脂
PETP＝聚乙烯-对苯二甲酸脂
PP ＝聚丙烯
PS ＝聚苯乙烯

AAE040-005　02　M..8　A57
简单　非定量代码
电极材料类型　电极材料
电解电容器电极材料类型的代码。
Al ＝铝
NSAl＝空心铝
SAl ＝实心铝
Ta ＝钽

AAE041-005　02　NR1..4　T07
等级　nom 整数度量
h
贮藏寿命　贮藏寿命
贮藏寿命
在固定电解电容器的规定环境温度下贮存试验的持续时间(h)。
试验后和重新条件试验时,电容器应满足电容量、损耗角、直流漏电流和阻抗等变化规定的要求。
AAE014-005＝环境温度
IEC 60384-1:1999
备注:
这是延长持续时间的 IEC 高温试验的修改。

AAE042-005　03　NR3..3.3ES2　E01
等级　max 实数度量
A
短期漏电流　I_泄漏(st)
$I_{leak(st)}$
在规定的环境温度下,施加额定电压达到规定的持续时间后,根据 GB/T 2693 确定的固定电解电容器的最大漏电流(A)。
AAE014-005＝环境温度
AAE028-005＝持续时间
备注:
连续工作期间的漏电流,见 AAE043-005。

AAE043-005　02　NR3..3.3ES2　E01
等级　max 实数度量
A
连续漏电流　I_leak(cont)
$I_{leak(cont)}$
在规定的环境温度下,在额定电压下连续工作期间根据 GB/T 2693 确定的固定电解电容器的最大泄电流(A)。
AAE014-005＝环境温度
IEC/TC 40(Sec)2250(516.02.62)(1986)
备注:
在给出持续时间后的漏电流:见 AAE042-005。

AAE044-005　01　NR3..3.3ES2　E06
等级　max 实数度量
V
额定电压(直流)　U_Rdc
U_{Rdc}
在任何低于额定温度的工作环境温度下,可连续地施加于电容器上的最大直流电压(V)。

AAE045-005　01　NR3..3.3ES2　E06
等级　max 实数度量
V
额定电压(交流)　U_Rac
交流电压　U_{Rac}
在任何低于额定温度的工作环境温度下,可连续地施加于薄膜电容器上的、电源频率(50 Hz～60 Hz)的最大交流电压(V)有效值(rms)。
注:IEC 已将它的定义从有效值改为峰值。

备注:
交流电容器:额定电压(交流)。
直流电容器:最大交流电压。

AAE046-005 01 NR3..3.3ES2 E09
等级 miNoMax 实数度量
F
电容量 C
C
在规定频率和基准条件下的固定电容器的电容量(F)等级(miNoMax)所规定的值。
AAE029-005=频率
AAE995-005=基准条件

AAE047-001 02 NR2 S..3.3 E09
等级 nom 实数度量
%
电容量上公差% C_ut(%)
C_{ut}(%)
固定电容器额定电容量的上公差百分比(%)。

AAE048-005 03 NR2..3..3 E49
等级 max 实数度量
W
最大噪声功率 P_n
功率处理容量 P_n
额定功率
从公式最大噪声电压的平方除以额定阻抗算出来的电动扬声器的最大噪声功率(W)。

AAE049-005 02 NR1..4 E33
等级 nom 整数度量
Ohm
额定阻抗 R
R
电动扬声器的标称替代直流电阻(Ω)。
注:当定义电源的有效电功率时使用。

AAE050-005 02 NR3..3.3ES2 F03
等级 max 实数度量
Hz
谐振频率 f_rsn
最低谐振频率 f_{rsn}
基本谐振频率
电动扬声器在扬声器规定的安装下的最低共振频率的最大值(Hz)。
AAE342-005=扬声器安装

AAE051-005 01 NR3..3.3ES2 T03
等级 nom 实数度量
m
中心柱直径 d_pole
芯直径 d_{pole}
电动扬声器的中心柱的四舍五入标称直径(m)。

AAE053-005 01 M..8 A57
简单 非定量代码
磁铁材料 磁铁材料
磁铁
电动扬声器的磁铁材料类型的代码。
CER =陶瓷
RES =稀土氧化物
STA =钢合金

AAE054-005 01 NR3..3.3ES2 T03
等级 nom 整数度量
m
声障板孔长度 L_bfl
l_{bfl}
电动扬声器声障板孔的推荐标称长度。
IEC 60268-14:1980

AAE055-005 01 M..8 A56
简单 非定量代码
频率应用 频率应用
指明为电动扬声器推荐的应用频率范围的代码。
FULLR =全频
SQUAW =通话盒(中频)
TWEET =高音扬声器(高频)
WOOF =低音扬声器(低频)

AAE056-005 01 NR3..3.3ES2 T03
等级 nom 整数度量
m
声障板孔宽 B_bfl
b_{bfl}

电动扬声器声障板孔的推荐标称宽度(m)。

IEC 60268-14:1980

AAE060-005　　01　X..3　　A52

简单　非定量代码

EM 种类元器件　　EM 种类

机电元器件所属种类的代码。

CON　＝连接器

CONPART　＝连接器部件

FUS　＝熔断器

LSP　＝扬声器

MIC　＝拾音器

MOT　＝电动机

REL　＝继电器

SWI　＝开关

AAE061-005　　01　M..3　　A58

简单　非定量代码

法兰形状　　法兰形状

电动扬声器外凸缘形状的代码。

CRC　＝圆形

CRE　＝带耳圆形

ELE　＝带耳椭圆形

ELT　＝椭圆形

OCT　＝八边形

RCT　＝长方形

SQR　＝正方形

IEC 60268-14:1980

AAE063-005　　04　NR3..3.3ES2　E33

等级　min 实数度量

Ω

绝缘电阻　　R_ins

R_{ins}

在基准条件下,按 GB/T 2693 确定的固定电容器引出端之间的最小绝缘电阻(Ω)。

AAE995-005＝基准条件

备注:

1. 施加电压 1 min±5 s 后所测得的绝缘电阻。GB/T 2693 中描述了这一电压和额定电压(直流)的关系。

电容器的电压额定值	测量的电压
U_R 或 U_C<10 V	U_R 或 U_C+/−10%
10 V≤U_R 或 U_C<100 V	10+/−1 V
100 V≤U_R 或 U_C<500 V	100+/−15 V
500 V≤U_R 或 U_C	500+/−50 V

2. AAE063-005 是 IEC 对特定电容器类型规定的,也见 AAE065-005。

AAE064-005　　02　NR3..3.3ES2　E44

等级　max 实数度量

Ω

等效串联电阻　　*ESR*

ESR

在规定频率和基准条件下,电解电容器的最大等效串联电阻(Ω)。

注:ESR 对应阻抗的实部。

AAE029-005＝频率

AAE995-005＝基准条件

AAE065-005　　03　NR3..3.3ES2　E44

等级　nom 实数度量

l

损耗角的正切值　　tan$d

损耗因数　　tanδ

在规定频率和基准条件下,电容器损耗角的正切值。

注:损耗角的正切值等于等效串联电阻除以容抗。

AAE029-005＝频率

AAE995-005＝基准条件

备注:

GB/T 6253:对于可变电容器的 tanδ 试验,动片应在最小和最大位置调节。

IEC 要求规定电压。

tanδ 的 N.B. 倒数是质量因数 Q。

AAE066-005　　01　NR3..3.3ES2　F02

等级　min 实数度量

s

(电容器)时间常数　　*RC*

RC 乘积　　*RC*

固定电容器的终端之间绝缘电阻和标称电容量的

最小乘积(s)。

备注:

根据IEC,这一DE类型供下列电容器组使用:

聚碳酸脂薄膜	>0.33 μF
聚乙烯-对苯二甲酸脂	>0.33 μF
聚丙烯薄膜	>0.33 μF
聚丙烯薄膜/箔	>0.1 μF
聚苯乙烯	>0.1 μF
云母	>0.01 μF
1类陶瓷	>10 nF
2类陶瓷	>25 nF
无线电干扰抑制	>0.33 μF

对于更低值用R_ins(AAE063-005)

AAE067-005　01　NR3 S..3.3ES2　H03
等级　miNoMax实数度量
K××−1
(电容)温度系数　*TC*
TC
固定电容器相对于标称电容量的温度系数(K××−1)的等级(miNoMax)所规定的值。
GB/T 2693—1990
备注:
按IEC 60148-1:1974给出的动片调节位置和温度下测得可变电容器的温度系数。

AAE068-005　01　NR3..3.3ES2　E09
等级　miNoMax实数度量
F
最大电容量　C_max
C_{max}
移动可变电容器的驱动装置时可获得的最大电容量(F)的等级(miNoMax)所规定的值。

AAE069-005　01　NR3..3.3ES2　E09
等级　miNoMax实数度量
F
最小电容量　C_min
C_{min}
移动可变电容器的驱动装置时可获得的最小电容量(F)的等级(miNoMax)所规定的值。

AAE070-005　01　M..3　A56
简单　非定量代码
调节类别　调节类别
可变电容器或电位器调节类别的代码。
CTL　=控制(电位器)
PRE　=预置
TRM　=微调电容器
TUN　=调谐(电容器)

AAE071-005　02　NR2 S..3.3　E09
等级　nom实数度量
%
电容误差　C_tol
c_{tol}
标识电容器类别的电容量的标称误差百分比(%)。
备注:
仅用于正负误差值相等的情况。

AAE072-005　01　NR3..3.3ES2　T03
等级　miNoMax实数度量
m
引出端长度　l_term
l_{term}
延伸到安装平面以下的电气/电子或机电元器件的引出端长度(m)的等级(miNoMax)所规定的值。

AAE073-005　02　NRl..4　T07
等级　nom整数度量
h
耐久性　耐久性
耐久性
按GB/T 5993在额定电压(直流)和规定的环境温度下,固定电解电容器应承受的耐久性试验的标称持续时间(h)。
AAE014-005=环境温度

AAE074-005　03　M..8　A56
简单　非定量代码
IC应用领域　IC应用领域
识别在设备中采用定向IC应用的代码。

AO =应用领域
ARI =** 交通报警系统
AUD =* 音响
AUT =* 汽车
CAM =** 照相机
CAR =** 汽车音响
CD =** 光盘
CLWTCH =* 钟和表
CREC =** 摄像机
DCOM =** 数据通信
DIAL =** 拨号盘
DIS =** 显示
E/W =*** 东/西校正
GAM =** 游戏
GP =通用
HAID =** 助听
HOR =**** 水平
MOB =*** 移动电话
MTR =*** 多音频振铃
PASY =** 寻呼系统
RC =** 无线电录音机
REC =** 录音机
REM =** 遥控
RR =** 无线电接收机
SPS =*** 语音合成器
SYNC =*** 同步
TCOM =* 电信
TEL =** 电话
TV =** 电视接收机
TXT =*** 电文
VCR =** 录像机
V-DEFL =*** 垂直偏转
VERT =**** 垂直
VID =* 视频

AAE076-005 02 M..3 A57

简单 字符串

介质子类别 2 介质子类别 2

按照电容温度特性确定的 2 类固定陶瓷电容器的子类别的 IEC 标准代码。

GB/T 5968—1996

备注:

第一位(数字)字符总是 2(见 AAE038-005)

第二位(字母)字符表示在 20 ℃时 C_R 的最大电容变化百分比。

	$U_{dc}=0$	$U_{dc}=U_{R(dc)}$
B	+/−10	+10/−15
C	+/−20	+20/−30
D	+20/−30	+20/−40
E	+20/−56	+20/−70
F	+30/−80	+30/−90
R	+/−15	+15/−40
X	+/−15	+15/−25

第三位(数字)字符表示温度范围:

1	−55/+125 ℃
2	−55/+85 ℃
3	−40/+85 ℃
4	−25/+85 ℃
5	+10/+85 ℃

AAE077-005 01 X..3 A56

简单 非定量代码

信号类型 信号类型

根据被处理信号的类型识别 IC 功能的代码。

AD =AD(模拟/数字)
ANA =模拟
DIG =数字
PER =周期/直流

AAE084-005 03 M..8 A56

简单 非定量代码

模拟功能 模拟功能

识别 IC 模拟信号功能的代码。

AMP =放大器
BDP =* 带通
COMP =比较器
DCC =* 直流控制的
DEC =解码器
DEM =解调器
DOLBY =** 杜比
ENC =编码器
FIL =滤波器

FS =* 频率合成器
MIX =* 混合器
MOD =调制器
OPAMP =* 运算
PREAMP =* 前置放大器
PRESC =* 前置换算器
RED =* 噪声降低
SUP =* 干扰抑制
TUN =调谐器

AAE085-005 01 X..3 A56
简单 非定量代码
数字功能 数字功能
识别 IC 数字功能的代码。
CSI =CSI(组合连续接口)
MUC =微控制器
MUP =微处理器
PLD =PLD(可编程逻辑器件)
STO =存贮

AAE086-005 02 NR2 S..3.3 E06
等级 minMax 实数度量
V
电源电压限制 V_sup
直流电源电压 V_{sup}
限制施加于 IC 上的直流电源电压(V)的等级(minMax)所规定的值。
备注:
人所共知的电源电压符号:
V_{CC}:对 TTL、NMOS 和 HCMOS 电路
V_{DD}:对 CMOS 电路
V_{P} :对模拟电路
V_{EE}:对 ECL 电路

AAE092-005 01 NR2 S..3.3 E06
等级 minTypMax 实数度量
V
高电平状态输出电压 V_OH
高电平输出电压 V_{OH}
高输出电压
在规定的电源电压、输出电流、逻辑输入电压下和规定温度(T_1 和 T_2)之间的温度范围内,IC 数字功能的高电平状态直流输出电压(V)的等级(minTypMax)所规定的值。
AAE102-005=电源电压
AAE226-005=输出电流
AAE958-005=温度 T_1
AAE959-005=温度 T_2
GB/T 17574—1998
备注:
要求逻辑输入电压的值落在 V_{IH} 或 V_{IL} 范围内。

AAE093-005 01 NR2 S..3.3 E06
等级 minTypMax 实数度量
V
高电平状态输出电压基准 V_OHref
高电平输出电压 V_{OHref}
高输出电压
在基准输入电压、规定的电源电压和输出电流下及规定温度(T_1 和 T_2)之间的温度范围内,IC 数字功能的保证高电平状态直流输出电压(V)的等级(minTypMax)所规定的值。
AAE102-005=电源电压
AAE226-005=输出电流
AAE958-005=温度 T_1
AAE959-005=温度 T_2
GB/T 17574—1998
备注:
要求基准输入电压值为零(GND/V_{SS})或等于电源电压(V_{CC}/V_{DD})。

AAE094-005 01 NR2 S..3.3 E06
等级 minTypMax 实数度量
V
低电平状态输出电压基准 V_OLref
低电平输出电压 V_{OLref}
低输出电压
在基准输入电压、规定的电源电压和输出电流下及规定温度(T_1 和 T_2)之间的温度范围内,IC 数字功能的保证低电平状态直流输出电压(V)的等级(minTypMax)所规定的值。
AAE102-005=电源电压
AAE226-005=输出电流
AAE958-005=温度 T_1
AAE959-005=温度 T_2
GB/T 17574—1998

备注：

要求基准输入电压值为零(GND/V_{SS})或等于电源电压(V_{CC}/V_{DD})。

AAE097-005 01 NR2 S..3.3 E06

等级 minTypMax 实数度量

V

低电平状态输出电压 V_OL

低电平输出电压 V_{OL}

在规定的电源电压、输出电流、逻辑输入电压下和规定温度(T_1 和 T_2)之间的温度范围内，IC 数字功能的低电平状态直流输出电压(V)的等级(minTypMax)所规定的值。

AAE102-005＝电源电压

AAE226-005＝输出电流

AAE958-005＝温度 T_1

AAE959-005＝温度 T_2

GB/T 17574—1998

备注：

要求逻辑输入电压的值落在 V_{IH} 或 V_{IL} 范围内。

AAE102-005 01 NR2 S..3.3 E06

简单 实数度量

V

电源电压 @V_sup

直流电源电压 @V_{sup}

作为变量，施加于 IC 上的直流电源电压(V)。

备注：

人所共知的电源电压符号：

V_{CC}：对 TTL、NMOS 和 HCMOS 电路

V_{DD}：对 CMOS 电路

V_P ：对模拟电路

V_{EE}：对 ECL 电路

AAE106-005 03 NR1..4 Q56

等级 nom 整数度量

l

功能数目 N_func

N_{func}

多功能元器件同一功能的数目。

备注：

如一个 IC 上相同的功能。

AAE111-005 01 M..3 A53

简单 非定量代码

包装类型 包装类型

产品在规定包装等级上包装类型的代码。

AMM ＝弹药箱

BAG ＝袋

BLI ＝泡沫塑料

BOX ＝盒

CAS ＝暗盒

CON ＝集装箱

PAL ＝码垛盘

RAL ＝铁路运输包装

RL ＝盘卷

TRA ＝托盘

备注：

这一数据元素类型必须和 AAF270-005(包装等级)组合用。

AAE112-005 02 M..3 A53

简单 非定量代码

包带 包带

产品自动包装时包带的代码。

AX ＝轴(轴向引线的带)

BL ＝泡沫塑料(SMD 的带)

CB ＝纸板(SMD 的带)

RD ＝单向(径向引线的带)

AAE113-005 01 NR1..4 H03

等级 max 整数度量

K^{-1}

温度系数 $\alpha

α

固定线性电阻器或电位器的电阻(K^{-1})的最大可逆变化。

IEC 60115-1(1999)

AAE114-007 01 X..8 A57

简单 非定量代码

固定电阻器的线性 线性

固定电阻器所属的线性类别的代码。

LIN ＝线性

NLN ＝非线性

AAE115-005　01　NR1..4　H02
等级 max 整数度量
Cel
最大表面温度　T_surf
最大物体温度　T_{surf}
热聚焦温度
固定电阻器的最大表面温度(℃)。
IEC 60115-1:1999

AAE116-005　02　M..8　A57
简单 非定量代码
电阻材料　电阻材料
电阻体材料
固定线性或可变电阻器的电阻材料的代码。
C　=碳
CEM　=* 粘合
CER　=* 陶瓷(矩形)
CERMET　=陶瓷/金属
EN　=* 上釉
MGL　=金属釉
MTL　=金属
WW　=线绕
备注:
对于电位器,用项 cermet(金属陶瓷)来代替金属釉。
Cermet 是陶瓷和金属的首字母缩写词,这种类型电位器,电阻体是在陶瓷基座上的沉积的金属釉化合物。

AAE118-005　01　NR1..4　E06
等级 max 整数度量
V
限制电阻体电压(直流)　U_max(dc)
限制电压(直流)　$U_{max(dc)}$
可施加于电阻器上的最大限制直流电压(V)。

AAE119-005　01　NR3..3.3ES2　E33
等级 miNoMax 实数度量
Ω
电阻　R
R
R_{ac}
固定线性电阻器或可变电阻器的电阻(Ω)的等级(miNoMax)所规定的值。
IEC 60115-1:1999
备注:
符号 R_{ac} 供电位器用。R_{ac} 的值是在电位器的端点引出端之间和两引出端电阻器的端部之间测得的值。

AAE122-005　01　X..3　A56
简单 非定量代码
电阻依赖性　电阻依赖性
非线性固定电阻器所属的物理依赖性的代码。
LDR　=光敏电阻器
TDR　=热敏电阻器(温度)
VDR　=压敏电阻器(电压)

AAE123-005　01　NR3..3.3ES2　E33
等级 min 实数度量
Ω
暗电阻　R_D
R_D
光敏电阻器的暗电阻(Ω)的最大值。

AAE124-005　01　NR3..3.3ES2　E33
等级 minMax 实数度量
Ω
光电阻　R_L
R_L
光敏电阻器光电阻(Ω)值的等级(minMax)所规定的值。

AAE125-005　01　NR2..3.3　E01
简单 实数度量
A
电流(脉冲)　@I_pul
$@I_{pul}$
作为变量、通过电气-电子或机电元器件的脉冲电流(A)的峰值。

AAE126-005　02　X..3　A56
简单 非定量代码
热敏电阻器类型　TDR 类型
属于热敏电阻器的温度系数的符号的代码。

NTC　　＝负温度系数
PTC　　＝正温度系数

AAE127-005　01　NR3..3.3ES2　E33
等级 miNoMax 实数度量
Ω
25 ℃时的电阻　R_25
R_{25}
在25 ℃的环境温度下，热敏电阻器电阻的等级(miNoMax)所规定的值。

AAE130-005　01　NR2..3.3　H07
等级 nom 实数度量
W/K
损耗因数　＄D
Δ
在规定的环境温度条件下，热敏电阻器功率损耗变化与总的电阻体温度变化的比率(W/K)。
AAE014-005＝环境温度
IEC 60539-1:2002

AAE131-005　01　NR2..3.3　F02
等级 nom 实数度量
s
热时间常数　＄t
τ
τ_{th}
热敏电阻器的标称热时间常数(s)。
备注：
IEC 60539-1:2002
零功率条件下，当经受温度阶跃性变化时，热敏电阻器的起始温度与最后温度之差的63.8%的温度变化所需要的时间(测量条件见12.7)。
AAE014-005＝环境温度

AAE132-005　02　NR1..4　H01
等级 miNoMax 整数度量
K
热敏指数 B25/85　B_25/85
B_25/85 值　$B_{25/85}$
在25 ℃和85 ℃之间、NTC热敏电阻器的平均温度敏感指数(K)的等级(miNoMax)所规定的值。
GB/T 6663

AAE135-005　02　NR3..3.3ES2　H15
等级 nom 实数度量
J/K
热容量　C
C
H
PTC电阻器或压电器件的标称热容量(J/K)。
ISO 31-4(1992)

AAE136-005　01　NR3..3.3ES2　E01
等级 min 实数度量
A
跃变电流　I_t
I_t
在规定的环境温度下，将使PTC热敏电阻器从低阻区域跃变到高阻区域的最小交流电流(A)有效值(rsm)。
AAE014-005 ＝ 环境温度

AAE137-005　01　NR3..3.3ES2　E01
等级 max 实数度量
A
非跃变电流　I_nt
I_{nt}
在规定的环境温度下。PTC热敏电阻器保持在低阻区域时的最大交流电流(A)有效值(rsm)。
AAE014-005 ＝ 环境温度

AAE138-005　01　NR1..4　H02
等级 nom 整数度量
Cel
转换温度　T_sw
转换温度　T_{sw}
在零功率条件下，PTC热敏电阻器的电阻值是R_{min}值的两倍时的标称温度(℃)。

AAE139-005　01　X..3　A52
简单 非定量代码
引出端数目　引出端数目
识别可变电阻器引出端数目的代码。
POT＝电位器(3或更多引出端)
TT　＝双引出端可变电阻器

AAE141-005　01　M..8　A52
简单 非定量代码
电阻定律（IEC）　电阻定律
电位器电阻定律的IEC代码。
IEC/TC 40(CO)506(2.2.37)(1982)
定律-A=线性定律
定律-B=对数定律
定律-C=反对数定律
备注：
端接a和b之间测得的电阻值关系或U_{ab}/U_{ac}与运动触点机械位置的输出比率的关系。

AAE142-005　01　M..3　A52
简单 非定量代码
驱动件类型　驱动件类型
运动触点驱动件类型
电位器运动触点驱动件类型的代码。
ROT=旋转
SLD=滑动

AAE144-005　01　M..3　A58
简单 非定量代码
安装位置　安装位置
带有印制电路插针的电位器的(预定)安装位置的代码。
HOR=水平式
VER=垂直式

AAE145-005　02　M..3　A57
简单 非定量代码
电位器轴杆材料　轴杆材料
轴杆材料
旋转电位器的轴杆材料的代码。
MTL =金属
PL　=塑料

AAE146-005　01　NR1..4　E06
等级 max 整数度量
dB
共轴公差　共轴公差
共轴公差
单轴电位器的最大共轴公差(dB)。

AAE147-005　01　NR3..3.3ES2　T03
等级 nom 实数度量
m
轴杆长度　l_spin
l_{spin}
旋转电位器的轴杆的标称长度(m)。
备注：
轴杆长度以电位器的安装表面为基准进行测量。

AAE148-005　01　NR3..3.3ES2　T03
等级 nom 实数度量
m
轴杆直径　d_spin
d_{spin}
旋转电位器轴杆的标称直径(m)。

AAE149-005　02　M..17　A59
简单 非定量代码
安全认证　安全认证
已经认可电气/电子或机电元器件安全性的认证机构的缩写名。
BEAB(BSI)=英国电气认证委员会
CEBEC　=比利时电工委员会
CSA　=加拿大标准协会
DEMKO　=丹麦电气设备检验委员会
EI　=芬兰电子工业协会
HHS　=美国健康和人类服务协会
JIS　=日本工业标准(委员会)
KEMA　=荷兰电气设备检验所
LCIE　=电子工业试验中心
MED　=医药生产规定(西德)
NEMKO　=挪威电气设备检验与认证委员会
OEVE　=奥地利电工协会
ROV　=X射线规定(西德)
SEMKO　=瑞典电气设备检验所
SEV　=瑞士电工协会
UL　=美国保险商实验室
VDE　=德国电气工程师协会

AAE150-005　01　NR3..3.3ES2　E06
简单 实数度量
V
电压(交流)　@U_ac

@U_{ac}

作为变量、施加于电气-电子或机电元器件上的正弦电压(V)有效值(rsm)。

AAE151-005　01　M..8　A52

简单 非定量代码

绕线结构　绕线结构

分离

变压器或电感天线的绕线结构的代码。

AUTO=自动

SEPRT=分离

AAE152-005　01　X..3　A56

简单 非定量代码

功率/信号　功率/信号

变压器或电缆的应用的代码。

POW=功率

SIG=信号

AAE155-005　01　NR3..3.3ES2　E33

等级 min 实数度量

Ω

绝缘电阻　R_ins

R_{ins}

开关、继电器、变压器或连接器的导电部件和不导电部件之间的最小绝缘电阻(Ω)。

GB/T 2423—1995

备注：

GB/T 13028

施加约 500 V 的直流电压测量绝缘电阻，电压作用后的 1 min 进行测量。

AAE156-005　01　NR3..3.3ES2　F03

等级 nom 实数度量

Hz

上限频率　f_upr

f_{upr}

信号变压器的标称上限频率(Hz)。

AAE157-005　01　NR1..4　F03

等级 nom 整数度量

Hz

下限频率　f_low

f_{low}

信号变压器的标称下限频率(Hz)。

AAE158-005　01　NR3..3.3ES2　T03

等级 min 实数度量

m

对地间距　间距

打火间隙　间距

打火距离

功率变压器的对地最小间距(m)。

GB/T 2900.15—1997

AAE159-005　01　NR3..3.3ES2　T03

等级 min 实数度量

m

爬弧距离　d_crpg

泄漏路径　d_{crpg}

功率变压器或连接器的导电和不导电部件之间的最小爬弧距离(m)。

GB/T 13028—1991

AAE160-005　01　NR1 S..4　E01

等级 nom 整数度量

A

标称输出电流　I_out

I_{out}

在标称输入电压和标称频率时，功率变压器的标称输出电流(A)。

GB/T 13028—1991

备注：

对于可变功率变压器，标称输出电流在整个可变范围内有效。

AAE163-005　01　NR1..4　E06

等级 miNoMax 整数度量

V

输入电压　U_in

电源电压　U_{in}

功率变压器的正弦电压(V)有效值(rms)的等级(miNoMax)所规定的值。

备注：

GB/T 13028—1991

对多相电压，指的是线电压。

AAE164-005 01 NR1..4 E06
等级 max 整数度量
V
无负载输出电压 U_out(open)
$U_{out(open)}$
在标称输入电压和标称频率时的最大无负载输出电压(V)有效值(rms)。
GB/T 13028—1991

AAE165-005 02 NR3..3.3ES2 E49
等级 nom 实数度量
VA
输出功率 P_out
P_{out}
功率变压器的标称功率(VA)有效值(rms)。
IEC 60076-1:1976(3.4.6)

AAE166-005 01 NR3..3.3ES2 F03
等级 miNoMax 实数度量
Hz
工作频率 f_oper
f_{oper}
功率变压器的频率(Hz)的等级(miNoMax)所规定的值。
IEC 60076-1:1976

AAE167-005 02 M..3 A56
简单 非定量代码
变压器型式 变压器型式
可变功率变压器型式的代码。
BNC=长形 (保护性机架)
LBR=试验室 (有柄、电缆、熔断器的长形型式)
PNL=面板 (无保护导电部件)

AAE168-005 01 NR1..4 E01
等级 max 整数度量
V
最大输出电流 I_out
连续过载 I_{out}
在标称输入电压和标称频率上,可变功率变压器的最有效电刷位置处的最大连续正弦输出电压(A)有效值(rms)。

AAE169-005 02 NR1..4 E06
等级 nom 整数度量
V
输出电压 U_out
U_{out}
可变功率变压器在总旋转角处的标称正弦输出电压(V)有效值(rms)。
IEC 60186:1987(4.9)

AAE170-005 02 NR3..3.3ES2 Q59
等级 min 实数度量
1
电刷寿命 N_turn
N_{turn}
可变功率变压器的电刷的双向转动的最小保证寿命数。
注:试验后,接触电阻应在其公差范围内。

AAE171-005 02 NR3..3.3ES2 Q59
等级 min 实数度量
1
电刷寿命期望值 N_turn(exp)
$N_{turn(exp)}$
可变功率变压器的电刷的双向转动数的最小期望值。

AAE172-005 02 NR1..4 Q56
等级 nom 整数度量
1
共轴数量 N_gang
可变元件的数量 N_{gang}
有共同驱动装置的可变元件(电容器、电阻器、功率变压器)的数量。

AAE173-005 01 NR1..4 T01
等级 nom 整数度量
deg
总机械旋转 $ α_rot
机械旋转角 α_{rot}
运动旋转电位器或可变功率变压器的接触驱动件的总的旋转的标称角(°)。

AAE174-005 01 M..3 A51
简单 非定量代码
磁铁类型 磁铁类型
磁化系统
磁铁材料
电动机衔铁的磁铁类型的代码。
ELM=电磁
HBD=混合
NOM=无磁
PMM=永磁

AAE175-005 01 M..3 A51
简单 非定量代码
线圈连接 线圈连接
电动机线圈连接的代码。
CMP =混合
SRS =串联
SHP =并联(平行)

AAE176-005 01 M..3 A51
简单 非定量代码
电枢材料 电枢材料
电动机电枢材料类型的代码。
IRL=无铁
IRN=铁

AAE177-005 03 M..8 A51
简单 非定量代码
集成元器件 集成元器件
指明用电动机或继电器集成在一起的元器件的代码。
BRAKE =制动器
EBRAKE =电磁制动器
ENCOD =编码器
PBRAKE =永磁制动器
GEAR =变速箱
LGEAR =线性变速箱
MBRAKE=机械制动器
PINION =小齿轮
RGEAR =旋转变速箱
SPARKS =打火抑制器
TACHO =测速发电机

AAE178-005 01 X..3 A52
简单 非定量代码
电源电流类型 I_sup 类型
设计电动机的电源电流类型的代码。
AC =ac(交流)
DC =dc(直流)
STP =步进电动机(脉冲)
UNI =通用电动机(交流或直流)

AAE179-005 01 X..3 A52
简单 非定量代码
运动轨迹 轨迹
电动机电枢运动轨迹的代码。
LIN =直性
ROT=旋转

AAE180-005 01 NR3..3.3ES2 E06
等级 nom 实数度量
V/(r/min)
电动势 *E*
E
电动机绕组中由磁场和运动引起的标称额定感应电压{V/(r/min)}。
IEC 60050-131:2002

AAE182-005 02 NR3..3.3ES2 E49
等级 nom 实数度量
W
输入功率 P_in
p_{in}
为电动机供电的标称电功率(W)。
IEC 60050-151:2001

AAE183-005 02 M..8 A52
简单 非定量代码
同步交流电动机 同步电动机
指明交流电动机同步机构的代码。
ASYN =异步
SYN =同步
SREL =磁阻

AAE184-005 01 NR3..3.3ES2 E06
等级 nom 实数度量

V
额定输入电压(交流) U_ac
驱动电压 U_{ac}
交流电动机引出端的标称交流电压(V)有效值(rms)。
注:对多相电源,指的是线电压。
IEC 60034-1:1994(9.1)

AAE186-005 01 NR3..3.3ES2 E06
等级 nom 实数度量
V
额定输入电压(直流) U_dc
U_{dc}
直流电动机引出端的标称直流电压(V)。
IEC 60034:1983

AAE187-005 01 NR3..3.3ES2 F02
等级 min 实数度量
s
机械时间常数 $t
τ
无负载直流电动机从静止开始启动到达额定输入电压无负载速度的63%时需要时间(s)的最小值。

AAE188-005 02 M..3 A56
简单 非定量代码
旋转方向 旋转方向
从旋转电动机的轴杆看的旋转方向的代码。
CCW =逆时针(反时针)
CW =顺时针
REV =双向
备注:
沿着轴从电动机的驱动端前至非驱动端看上去的旋转方向。

AAE189-005 03 NR3..3.3ES2 K07
等级 nom 实数度量
$Kg \cdot m^2$
转子惯量 I
I
J
旋转电动机转子的标称转动惯量(kgm^2)。

AAE190-005 02 NR2..3.3 K09
等级 max 实数度量
N
最大径向力 F_rad
F_{rad}
电动机轴杆的最大径向力(N)。

AAE191-005 02 NR3..3.3ES2 K12
等级 nom 实数度量
N·m
额定力矩 T_rat
最大工作力矩 T_{rat}
最大载荷力矩
旋转电动机的标称力矩(N·m)。
IEC 60050(411)(1996)

AAE192-005 02 NR3..3.3ES2 K12
简单 实数度量
N·m
力矩 @T
@T
作为变量、旋转电动机的力矩(N·m)。

AAE193-005 01 NR3..3.3ES2 F03
简单 实数度量
r/min
速度 @V
@V
作为变量、旋转电动机的速度(r/min)。

AAE194-005 01 NR1..4 F03
等级 nom 整数度量
r/min
同步速度 v_syn
v_{syn}
同步旋转交流电动机的标称旋转速度(r/min)。
注:在给出(固定)频率下,这是连接机器和机器上电极数量或发送数量的系统的结果。
IEC 60050-411:1996

AAE195-005 01 NR3..3.3ES2 F03
等级 nom 实数度量
r/min

额定速度　　v_rat
v_{rat}
在额定输入电压和额定力矩时,旋转交流同步或直流电动机的标称速度(r/min)。

AAE196-005　02　NR3..3.3ES2　K12
等级 min 实数度量
N·m
启动力矩　　T_strt
T_{strt}
旋转交流电动机用额定输入交流电压启动的最小启动力矩(N·m)。
注:对电容器电动机,必须规定电容。
IEC 60050-411:1996

AAE197-005　02　NR3..3.3ES2　E01
等级 nom 实数度量
A
额定输入电流　　I
I
在额定输入电压和额定工作力矩下,旋转直流电动机的标称直流输入电流(A)。

AAE199-005　02　NR3..3.3ES2　K12
等级 min 实数度量
N·m
启动力矩　　T_strt
T_{strt}
旋转直流电动机用额定输入电压(直流)发动的最小启动力矩(N·m)。
IEC 60050-411:1996

AAE200-005　02　NR2..3.3　K09
等级 max 实数度量
N
最大轴向力　　F_ax
F_{ax}
旋转电动机轴杆上的最大轴向力(N)。
注:轴向是指与轴一致(拉或推)。

AAE201-005　02　NR2..3.3　K12
等级 max 实数度量
N·m
拔拉力矩　　T_pull-out
破坏力矩　　$T_{pull-out}$
最大工作力矩
在不损失步进的情况下,当在给定的步进速率下运动时,旋转步进电动机能产生的最大力矩(N·m)。
AAE209-005=步进速率
IEC 60050-411:1996

AAE202-005　02　NR3..3.3ES2　K12
等级 max 实数度量
N·m
推入力矩　　T_pull-in
最大推入　　$T_{pull-in}$
在不损失步进的情况下,当在给定的步进速率下启动时,旋转步进电动机能产生的最大力矩(N·m)。
AAE209-005=步进速率
IEC 60050-411:1996

AAE203-005　01　NR3..3.3ES2　E01
等级 nom 实数度量
A
每相电流　　I_ph
I_{ph}
直线步进电动机的标称输入电流(A)有效值(rms)。

AAE204-005　01　NR3..3.3ES2　E06
等级 nom 实数度量
V
额定输入电压(脉冲)　U_pul
U_{pul}
步进电动机引出端的标称脉冲电压(V)。
IEC 60034-1:2004

AAE205-005　01　NR1..4　F03
等级 max 整数度量
step/s
推入速率　　推入速率
推入速率
无负载步进电动机在不损失步进的情况下能启动的最大转换速率(step/s)。

AAE206-005　01　NR1..4　F03
等级 max 整数度量

step/s

拔拉速率　　拔拉速率

拔拉速率

无负载步进电动机在不损失步进的情况下能实现的最大转换速率(step/s)。

AAE207-005　02　NR3..3.3ES2　K12

等级 max 实数度量

N·m

保持力矩　　T_hold

T_{hold}

在不引起连续旋转情况下，能外部施加于激励电动机轴杆上的最大稳定力矩(N·m)。

AAE208-005　01　NR1 S..4　T01

等级 nom 整数度量

deg

步进角　　$ α_step

$α_{step}$

步进电动机或机械旋转开关的相邻步进位置之间的标称角度(°)。

AAE209-005　02　NR3..3.3ES2　F03

简单 实数度量

step/s

步进速率　　@step rate

@step rate

作为变量，旋转步进电动机的每秒步进数。

AAE210-005　01　NR2 S..3.3　E06

等级 minMax 实数度量

V

输入电压限制　　V_Ilin

V_{Ilin}

施加于 IC 上的限制直流输入电压(V)的等级(minMax)所规定的值。

AAE212-005　01　NR3..3.3ES2　E33

简单 实数度量

Ω

负载电阻　　@R_L

@R_L

作为变量、电气/电子或机电元器件输出端的负载电阻(Ω)。

AAE214-005　02　NR2..3.3　H07

等级 max 实数度量

W

每次输出的功率损耗　P/out

每次输出的直流功率损耗P/out

在规定环境温度下，IC 的每次输出的最大允许功率损耗(W)。

AAE014-005 ＝ 环境温度

AAE217-005　02　NR3 S..3.3ES2　E01

等级 max 实数度量

A

输入电流限制　　I_Ilim

直流输入二极管电流　I_{Ilim}

输入箝位电流　　I_{INlim}

I_{IKlim}

IC 数字功能的最大限制直流输入电流(A)。

备注：

对包含有保护二极管的 IC，当施加的输入电压超过电源电压或降到 GND 或 V_{SS} 电平以下时发生箝位。

AAE218-005　02　NR3 S..3.3ES2　E01

等级 max 实数度量

A

输出电流限制　　I_Olim

直流输出二极管电流　I_{Olim}

输出箝位电流　　I_{OKlim}

IC 数字功能的最大限制直流输出电流(A)。

备注：

对包含有保护二极管的 IC，当施加的输出电压超过电源电压或降到 GND 或 V_SS 电平以下时发生箝位。

AAE223-005　01　NR3 S..3.3ES2　E01

等级 max 实数度量

A

输入漏电流　　I_I

I_I

I_{IN}

在规定电源电压和规定温度(T_1 和 T_2)之间的温度范围内,IC 数字功能的最大保证输入漏电流(A)。

AAE102-005 =电源电压

AAE958-005 =温度 T_1

AAE959-005 =温度 T_2

备注:

要求的输入条件(V_I):

对 CMOS 和 HCMOS,零(GND/V_{SS})或电源电压(V_{CC}/V_{DD})。

对 TTL,只有等于 V_{CC} 的输入电压有效。

AAE224-005 01 NR2 S..3.3 E06

简单 实数度量

V

输入电压 @V_I

@V_I

作为变量、IC 的直流输入电压(V)。

AAE225-005 02 NR3..3.3ES2 T07

简单 实数度量

s

上升时间 @t_r

@t_r

作为变量、施加于电气-电子或机电元器件上的信号的步进功能变化(10%~90%)的上升时间。

AAE226-005 01 NR3 S..3.3ES2 E01

简单 实数度量

A

输出电流 @I_O

@I_O

作为变量、IC 的直流输出电流(A)。

AAE228-005 01 NR2 S..3.3 E06

简单 实数度量

V

输出电压 @V_o(dc)

@$V_{o(dc)}$

作为变量、IC 的直流输出电压(V)。

AAE231-005 02 NR3..3.3ES2 T07

等级 minTypMax 实数度量

s

传输延迟 t_PD

延迟时间 t_{PD}

在规定温度(T_1 和 T_2)之间的温度范围内,IC 的组合、连续或接口功能的传输延迟时间(s)的等级(minTypMax)所规定的值。

AAE958-005 =温度 T_1

AAE959-005 =温度 T_2

AAE233-005 02 NR3..3.3ES2 T07

等级 minTypMax 实数度量

s

高电平到低电平传输时间 t_PHL

高电平到低电平延迟时间 t_{PHL}

在规定温度(T_1 和 T_2)之间的温度范围内,IC 组合、连续或接口功能的高到低传输时间(s)的等级(minTypMax)所规定的值。

AAE958-005=温度 T_1

AAE959-005=温度 T_2

IEC 60748-2:1997

AAE235-005 02 NR3..3.3ES2 T07

等级 max 实数度量

s

输出下降时间 t_f

高到低转换时间 t_f

转换时间 t_{THL}

在规定温度(T_1 和 T_2)之间的温度范围内和规定的负载电容、电源电压时,IC 数字功能输出端的最大保证高电平到低电平转换的时间(s)。

AAE256-005 =负载电容

AAE102-005 =电源电压

AAE958-005 =温度 T_1

AAE959-005 =温度 T_2

IEC 60748-2:1997

备注:

斜坡开始规定的电压电平是 10%,斜坡最后为 90%。

AAE237-005 02 NR3..3.3ES2 T07

等级 minTypMax 实数度量

s

低到高传输时间 t_PLH

低到高延迟时间 t_{PLH}

在规定温度(T_1 和 T_2)之间的温度范围内,IC 组合、连续或接口功能的低到高传输时间(s)的等级(minTypMax)所规定的值。

AAE958-005 =温度 T_1

AAE959-005 =温度 T_2

IEC 60748-2:1997

AAE238-005　02　NR3..3.3ES2　T07

等级 max 实数度量

s

输出上升时间　t_r

低到高转换时间　t_r

转换时间　t_{TLH}

在规定温度(T_1 和 T_2)之间的温度范围内和规定的输出电容、输入电压时,IC 的数字功能输出的最大保证低电平到高电平转换的时间(s)。

AAE256-005 =负载电容

AAE102-005 =电源电压

AAE958-005 =温度 T_1

AAE959-005 =温度 T_2

IEC 60748-2:1997

备注:

上升沿开始规定的电压电平是 10%,结束为 90%。

AAE239-005　03　NR3 S..3.3ES2 E01

等级 max 实数度量

A

高电平截止态输出电流 I_OZH

三态输出漏电流　I_{OZH}

截止态电流　I_{OZ}

在规定温度(T_1 和 T_2)之间的温度范围内和最大电源电压下,IC 的三态数字功能的最大保证高电平截止态直流输出电流(A)。

AAE958-005=温度 T_1

AAE959-005=温度 T_2

IEC 60748-2:1997

备注:

适合于具有三态输出的数字 IC。

假设施加要求的外部高电平状态输出电压(V_{OH}或V_{CC}或 V_{DD})及合适的输入条件(V_{IL}和/或 V_{IH})。

AAE240-005　03　NR3 S..3.3ES2 E01

等级 max 实数度量

A

低电平截止态输出电流 I_OZL

三态输出漏电流　I_{OZL}

截止态电流　I_{OZ}

在规定温度(T_1 和 T_2)之间的温度范围内和最大电源电压下,IC 的三态数字功能的最大保证低电平直流输出电流(A)。

AAE958-005=温度 T_1

AAE959-005=温度 T_2

IEC 60748-2:1997

备注:

适合于具有三态输出的数字 IC。

假设施加要求的外部低电平输出电压(V_{OL}或 V_{SS}或 GND)及合适的输入条件(V_{IL} 和/或 V_{IH})。

AAE254-005　02　NR3 S..3.3ES2 E01

等级 min 实数度量

A

低电平状态输出电流 I_OL

低电平输出电流　I_{OL}

输出吸收电流　I_{OL}

在规定温度(T_1 和 T_2)之间的温度范围内和规定电源电压、输出电压下,IC 三态数字功能的最小保证低电平直流输出电流(A)。

AAE102-005=电源电压

AAE228-005=输出电压

AAE958-005=温度 T_1

AAE959-005=温度 T_2

IEC 60748-2:1997

备注:

关于数字 IC 的输出端的最小电流渗入容量指的是,当输入为零(GND/V_{SS})或电源电压电平(V_{CC}/V_{DD})时,在数字 IC 的输出端的最小电流渗入容量下,仍保持规定输出电压(V_{OL})。

AAE255-005　02　NR3 S..3.3ES2 E01

等级 min 实数度量

A

高电平状态输出电流 I_OH

高电平输出电流　I_{OH}

输出电源电流

在规定温度(T_1 和 T_2)之间的温度范围内和规定电源电压、输出电压下,IC 三态数字功能的最大保证高电平直流输出电流(A)。

AAE102-005=电源电压

AAE228-005=输出电压

AAE958-005=温度 T_1

AAE959-005=温度 T_2

IEC 60748-2:1997

备注:

关于数字 IC 的输出端的最小电源容量指的是,当输入为零(GND/V_{SS})或电源电压电平(V_{CC}/V_{DD})时,数字 IC 保持规定输出电压(V_{OH})的最小电源容量。

AAE256-005　01　NR3..3.3ES2　E09

简单　实数度量

F

负载电容　@C_L

@C_L

作为变量、电气/电子或机电元器件输出端的负载电容(F)。

AAE257-005　01　NR2..3.3　H07

等级 max 实数度量

W

功率损耗　P

P

电气-电子或机电在温度类型的规定温度下可能连续损耗的最大功率(W)。

AAE683-005=温度类型

AAE685-005=温度

AAE259-005　01　M..8　A58

简单　非定量代码

BSI 形状/尺寸代码　形状/尺寸

放置在印制电路板上的电气-电子或机电元器件的形状/尺寸的 BSI 代码。

BR =珠形封装,两径向引线

CS =圆柱形封装,单端、两引线

CT =圆柱形封装,螺栓安装

DA=圆片封装,两径向引线

DD=圆片封装,双焊片

DL=双列直插封装,多引线

DP=圆片封装,印制电路板安装

DR=圆片封装,双径向引线

DS =圆片封装,螺栓安装

DT=圆片封装,灌封焊片

FP =扁平封装,多引线

PA=电位器,面板安装

PB=电位器,面板安装

PC=电位器,面板安装

PD=电位器,面板安装

PE=电位器,面板安装

PF=电位器,面板安装

PP =矩形封装,三引线、水平装配

PQ=矩形封装,三引线、垂直装配

RA=矩形封装,两轴向引线

RC=矩形封装,金属化端(SMD)

RR=矩形封装,两径向引线

RS=矩形封装,两带状引线

TA=管形封装,两轴向引线

TR=管形封装,两径向引线

XA=椭圆封装,两安装孔、两引线

XB=螺栓安装封装,一固定焊片

XC=圆柱金属冒封装,多引线

XD=顶帽封装,轴向引线

XE=螺栓安装封装,两固定焊片

XF=螺栓安装封装,一带焊片柔软引线

XG=螺栓安装封装,两带焊片柔软引线

XH=螺栓安装封装,一柔软引线

XK=扁平封包装,三列直插引线

XL=近圆封装,在圆形上的引线

XM=扁平封装,安装孔,两/三引线

XN=扁平封装,三预成型引线

XP=模压壳体,三安装脚

XR=扁平有凸缘的封装,安装孔、2/3 引线

BS 6943:1988

备注:

完整的代码由三部分组成:

a) 两字母图形代码,后接

b) 给出显著性能的数字代码,可为主要尺寸或引线数,后接

c) 连字符号和区别有同样图形和数字代码的元器件的序列号。

参考图形见源文件。

AAE260-005　　02　　NR1 S..4　　　H02

简单　整数度量

Cel

壳体温度　　　　　@T_case

表面温度　　　　　@T_{case}

作为变量，元器件的壳体温度(℃)。

IEC 60068-1:1988

AAE262-005　　01　　M..8　　　A55

简单　非定量代码

封装技术　　　　　包封

指明已在电气-电子或机电元器件中应用的封装技术的代码。

LACQ　　＝涂漆

MOULD　＝模压

POTTED　＝罐封

SLEEVE　＝套管包封

SEAL　　＝焊封涂层

WRAP　　＝填充绕引出端

AAE263-005　　01　　M..8　　　A56

简单　非定量代码

极性类型　　　　　极性

指明固定电容器设计为单向或交流/双向电压的极性类型的代码。

BIPOL　＝双极：交流电压和/或双向直流电压

POLAR　＝极性：单向电压

AAE266-005　　03　　M..3　　　A57

简单　非定量代码

介质子类别 1　　　介质子类别 1

由其温度系数和公差决定的、类别 1 固定陶瓷电容器的子类别的 IEC 标准代码。

1A＝1A

1B＝1B

1C＝1C

1D＝1D

1F＝1F

GB/T 5966—1996

备注：

第一位(数字)字符总是 1(见 AAE038-005)

第二位(字母)字符指明电容温度系数的公差：

子类别代码	A	B	F	C	D
温度系数(10^{-6}/K)	温度公差系数(10^{-6}/K)				
＋100～－220	＋/－15	＋/－30			
－330～－470	＋/－30	＋/－60			
750～－1 000	＋/－60	＋/－120	＋/－250		
－1 500			＋/－250		
－2 200～－3 300			＋/－500		
－4 700			＋/－1 000		
－5 600			＋/－1 000		
＋140＞TC＞－1 000				C	
＋250＞TC＞－1 750					D

各值的意义见 GB/T 5966 表Ⅱ。

AAE267-005　　01　　NR1..4　　　H02

等级 max 整数度量

Cel

额定温度　　　　　T_rat

T_{rat}

规定的一组额定值同时作用在电气/电子或机电元器件时的最大温度(℃)。

注：通常指的是电流、电压和/或功率。

AAE268-001　　01　　NR3 S..3.3ES2 E09

等级 nom 实数度量

F

电容上限公差　　　C_ut

C_{ut}

固定电容器额定电容的上限公差(F)。

AAE269-001　　01　　NR3 S..3.3ES2 E09

等级 nom 实数度量

F

电容下限公差　　　C_lt

C_{lt}

固定电容器额定电容的下限公差(F)。

AAE271-005 01 NR1..4 H02
简单 整数度量
Cel
结温 @T_j
有效结温 @T_j
作为变量，晶体管、二极管、触发器件、光电器件或IC的结的温度(℃)。
GB/T 17573—1998

AAE272-005 01 NR1..4 H02
简单 整数度量
Cel
安装基座温度 @T_mb
@T_{mb}
作为变量，晶体管、二极管、触发器件、光电器件或IC的安装基座的温度(℃)。
JESD 77B:2000

AAE273-007 01 X..8 A56
简单 非定量代码
二极管应用 二极管应用
二极管应用类型的代码。
BOD =隧道二极管
REC =整流二极管
SIGD =信号二极管
STB =稳压二极管
VARD=变容二极管

AAE274-005 02 NR3..3.3ES2 E01
简单 实数度量
A
正向电流 @I_F
@I_F
作为变量，在正向通过二极管或电子器件的二极管部件的直流电流(A)。
GB/T 4023—1997

AAE275-005 01 NR3..3.3ES2 E01
简单 实数度量
A/s
正向电流变化率 @dI_F/dt
@dI_F/dt
作为变量，二极管的正向电流的变化率(A/s)。

AAE276-005 03 NR3..3.3ES2 E01
等级 max 实数度量
反向电流 I_R
连续直流反向电流 I_R
在规定反向电压和温度类型的温度下，二极管、光电器件、晶闸管或三端双向晶闸管的最大连续反向直流电流(A)。
AAE335-005=反向电压
AAE683-005=温度类型
AAE685-005=温度
IEC 60747-2:2000

AAE277-005 02 NR2..3.3 E06
等级 max 实数度量
V
反向电压 V_R
偏离电压 V_R
在规定温度类型的温度下，可在相反方向连续施加于二极管或光电器件的二极管部分上的最大电压(V)。
AAE683-005=温度类型
AAE685-005=温度
IEC 60747-2:2000

AAE279-005 02 NR2..3.3 E06
等级 minTypMax 实数度量
V
正向电压 V_F
导通态电压 V_F
在规定的正向电流和温度类型的温度下，通过二极管或光电器件的二极管部分的正向电压(V)的等级(minTypMax)所规定的值。
AAE274-005=正向电流
AAE683-005=温度类型
AAE685-005=温度
IEC 60747-2:2000

AAE281-005 02 NR3..3.3ES2 T07
等级 max 实数度量
s
反向恢复时间 t_rr
t_{rr}

在规定的正向电流变化和结温下，为从规定的正向电流转换到规定的反向电压时，二极管的最大反向恢复时间(s)。

AAE271-005＝结温

AAE274-005＝正向电流

AAE275-005＝正向电流变化率

AAE335-005＝反向电压

IEC 60747-2:2000

AAE282-005　01　NR3..3.3ES2　E01

等级 max 实数度量

A

EHT 电源输出电流　I_O(EHT)

$I_{O(EHT)}$

电压乘法器的 EHT 电源输出端的最大输出电流(A)。

AAE283-005　01　NR3..3.3ES2　E01

等级 max 实数度量

A

聚焦电源输出电流　I_Ofoc

I_{Ofoc}

电压乘法器的聚焦电源输出端的最大输出电流(A)。

AAE284-005　03　NR2..3.3　E01

等级 max 实数度量

A

峰值启动电流限制　I_IIMlim

I_{IIMlim}

桥式整流器的最大限制峰值启动电流(A)。

AAE285-005　03　NR2..3.3　E01

等级 max 实数度量

A

不重复峰值输入电流限制　I_ISMlim

I_{ISMlim}

通过桥式整流器的最大限制不重复峰值输入电流(A)。

AAE286-005　01　NR2..3.3　E01

等级 max 实数度量

A

平均输出电流　I_O(AV)

$I_{O(AV)}$

在规定的最大安装基座温度下，桥式整流器的最大平均输出电流(A)。

AAE287-005　01　NR2..3.3　E01

等级 max 实数度量

A

重复峰值输出电流　I_ORM

I_{ORM}

桥式整流器的最大重复峰值输出电流(A)。

AAE288-005　02　NR3..3.3ES2　E06

等级 max 实数度量

A

峰-峰值输入电压　I_in(p-p)

$I_{in(p-p)}$

电压乘法器的最大峰-峰值输入电压(V)。

AAE289-005　02　NR3..3.3ES2　E06

等级 max 实数度量

V

EHT 电源输出电压　I_O(EHT)

$I_{O(EHT)}$

电压乘法器在 EHT 输出端的最大输出电压(V)。

AAE290-005　01　NR1..4　E06

等级 max 整数度量

V

重复峰值输入电压　V_IRM

V_{IRM}

桥式整流器或电压乘法器的最大重复峰值输入电压 (V)。

AAE291-005　01　NR1..4　E06

等级 max 整数度量

V

输入电压有效值　V_I(RMS)

$V_{I(RMS)}$

桥式整流器的最大输入电压(A)有效值(rsm)。

AAE292-005　01　NR1..4　E06

等级 max 整数度量

V

波峰工作输入电压 V_IWM

V_{IWM}

桥式整流器的最大峰值输入电压(V)。

注：不包括所有的重复和不重复的瞬间电压。

AAE293-005 03 NR3..3.3ES2 E01

等级 max 实数度量

A

正向重复峰值电流 I_FRM

I_{FRM}

在规定正向电压下，通过二极管或二端交流开关的最大正向重复峰值电流(A)。

注：包括全部重复瞬间电流。

AAE499-005＝正向电流

IEC 60747-2:2000

AAE294-005 01 NR1..4 E01

等级 max 整数度量

A

正向不重复峰值电流 I_FSM

I_{FSM}

脉冲作用前，在规定结温和规定持续时间内，二极管的最大正向不重复峰值电流(A)。

AAE028-005＝持续时间

AAE271-005＝结温

IEC 60747-2:2000

备注：

半正弦波的持续时间是 10 ms。

AAE296-005 02 NR1..4 E01

等级 max 整数度量

A

正向工作峰值电流 I_FWM

I_{FWM}

效率二极管的最大工作峰值正向电流(A)。

AAE297-005 02 NR3..3.3ES2 E01

等级 max 实数度量

A

反向重复峰值电流 I_RRM

重复峰值恢复电流 I_{RRM}

在规定的正向电流变化率和结温下，从规定的正向电流转换到规定的反向电流时，整流二极管的最大反向重复峰值电流(A)。

AAE271-005＝结温

AAE274-005＝正向电流

AAE275-005＝正向电流变化速率

AAE335-005＝反向电压

AAE298-005 02 NR2..3.3 E01

等级 max 实数度量

A

不重复可变电阻器峰值电流 I_nrp

不重复浪涌电流 I_{nrp}

不重复瞬间电流

在规定的视在波前时间和视在半峰值宽度条件下，通过可变电阻器的最大限制不重复脉冲电流值(A)。

AAE125-005＝电流(脉冲)

AAE332-005＝视在波前时间

AAE333-005＝视在半峰值宽度

AAE299-005 01 NR1..4 E06

等级 max 整数度量

V

反向峰值工作电压 V_RWM

反向工作电压 V_{RWM}

通过整流二极管的最大峰值反向电压(V)。

注：不包括全部重复和不重复的瞬间电压(V)。

IEC 60747-2:2000

AAE300-005 02 NR1..4 E06

等级 max 整数度量

V

反向重复峰值电压 V_RRM

V_{RRM}

通过二极管或反向阻塞晶闸管的最大反向重复峰值电压(V)。

IEC 60747-2:2000

AAE301-005 03 NR1..4 E06

等级 max 整数度量

V

反向不重复峰值电压 V_RSM

V_{RSM}

整流二极管或信号二极管的最大反向不重复峰值电压(V)。

IEC 60747-2:2000

备注:

注:重复电压通常是电路的一种功能并增加器件的功率损耗。不重复瞬间电压通常是由于外部引起的并假设它的影响在下一个瞬间电压到达前已经完全消失。

AAE302-005　02　NR2..3.3　H07

等级 max 实数度量

W

反向重复峰值功率　P_RRM

P_{RRM}

在规定的持续时间、频率和结温下,在击穿区域内工作,雪崩整流二极管或信号二极管中损耗的重复方波功率脉冲的最大幅值(W)。

注:对雪崩二极管的某些类型,规定 V_RRM 代替 P_RRM。

AAE028-005=持续时间

AAE029-005=频率

AAE271-005=结温

AAE303-006　01　NR2..3.3　H07

等级 max 实数度量

W

反向不重复峰值功率损耗　P_RSM

P_{RSM}

脉冲作用前,在规定的脉冲持续时间和结温下,整流或信号二极管中损耗的单个不重复方波脉冲的最大幅值(W)。

AAE271-005=结温

AAE028-005=持续时间

AAE304-005　03　NR3..3.3ES2　H20

等级 max 实数度量

J

反向不重复峰值雪崩能量E_RSM

E_{RSM}

在脉冲作用前和感应负载断开,在规定的反向电流和最大结温时,整流二极管的最大反向不重复峰值雪崩形式的脉冲能量(J)。

AAE994-005=反向电流

备注:

注:E_RSM 也能根据 P_RSM 进行计算。

AAE305-005　01　NR2 S..3.3　H06

等级 max 实数度量

J

焦耳积分　$(I^2)t$

熔断的 I^2t　I^2t

在规定的时间持续周期内,晶闸管、三端双向晶闸管或二极管吸收能量(J)的最大能量。

注:当从用熔断器保护电路的观点来考虑时,在熔断器的工作时间上的焦耳积分值是指特定的能量,即:电路电阻 1 Ω 的热量所释放的能量。

AAE028-005=持续时间

IEC 60050-441,补充件 1:2000

备注:

给出这一值供选择熔断器用。

AAE306-005　03　NR3..3.3ES2　T07

等级 max 实数度量

s

总反向恢复时间　t_tot

t_{tot}

当根据规定的正向电流以及采用规定的正向电流变化率和结温转换到约 0.7 V(并联晶体管的饱和电压)的反向电压且二极管反向电流等于零时,功率二极管的最大总反向恢复时间(s)。

注:反向电流为零的时刻由改变应用电路中所使用的回扫脉冲进行测量而确定回扫脉冲的前沿时刻是进入功效率二极管的反向电流的时刻。

AAE271-005=结温

AAE274-005=正向电流

AAE275-005=正向电流变化率

AAE994-005=反向电流

AAE310-005　02　NR2..3.3　E44

等级 minTypMax 实数度量

Ω

二极管正向电阻　r_D

二极管串联电阻　r_D

在规定频率和正向电流下,信号二极管或变容二极管的串联电阻(Ω)的等级(minTypMax)所规定的值。

AAE029-005=频率

AAE274-005=正向电流

AAE311-005 02 NR2..3.3 E44

等级 minTypMax 实数度量

Ω

二极管反向电阻 r_s

二极管串联电阻 r_s

在规定的频率和调好的二极管电容下，调谐变容二极管的串联电阻(Ω)的等级(minTypMax)所规定的值。

注：规定的二极管电容必须用反向电压调节。

AAE029-005＝频率

AAE497-005＝二极管电容

AAE312-005 01 X..3 A56

简单 非定量代码

二极管功能 二极管功能

稳压二极管的功能的代码。

CUR＝电流调节二极管

REF＝电压基准二极管

REG＝电压调节二极管

STA＝稳压二极管

SUP＝瞬间抑制二极管

AAE313-005 01 NR2..3.3 E06

等级 max 实数度量

V

箝位电压 V_(CL)R

$V_{(CL)R}$

在规定的反向不重复峰值电流、视在波前时间和视在半峰值宽度下，瞬间抑制二极管的最大箝位电压(V)。

AAE315-005＝反向不重复峰值电流

AAE332-005＝视在波前时间

AAE333-005＝视在半峰值宽度

备注：

8/20 脉冲	8 μs 视在波前时间
	20 μs 视在半峰值宽度
4/10 脉冲	4 μs 视在波前时间
	10 μs 视在半峰值宽度

AAE315-005 02 NR2..3.3 E01

简单 实数度量

A

反向不重复峰值电流 @I_RSM

$@I_{RSM}$

作为变量，稳压二极管的反向不重复峰值电流(A)。

GB/T 16927.1—1997

AAE316-005 01 NR3..3.3ES2 E01

等级 max 实数度量

A

工作电流 I_Z

I_Z

可连续施加于电压基准二极管、电压调节二极管或瞬间抑制二极管上的最大反向直流电流(A)。

AAE317-005 01 NR3..3.3ES2 E01

等级 max 实数度量

A

峰值工作电流 I_ZM

I_{ZM}

稳压二极管的最大峰值工作电流(A)。

AAE318-005 02 NR2..3.3 E01

等级 max 实数度量

A

反向不重复峰值电流 I_RSM

I_{RSM}

在规定的视在波前时间和视在半峰值宽度下，稳压二极管的最大反向不重复峰值电流(A)。

AAE332-005＝视在波前时间

AAE333-005＝视在半峰值宽度

GB/T 16927.1—1997

备注：

8/20 脉冲	8 μs 视在波前时间
	20 μs 视在半峰值宽度
4/10 脉冲	4 μs 视在波前时间
	10 μs 视在半峰值宽度
6/320 脉冲	6 μs 视在波前时间
	320 μs 视在半峰值宽度
10/1000 脉冲	10 μs 视在波前时间
	1 000 μs 视在半峰值宽度

AAE319-005　01　NR1..4　E06
等级 max 整数度量
V
最大箝位电压　U_clam
I_类别时的最大峰值电压 U_{clam}
类别电流电压(IEC)
当在基准条件下一个规定的脉冲电流以规定的视在波前时间和视在半峰值宽度通过压敏电阻器时，压敏电阻器上的最大箝位电压(V)。
AAE125-005＝电流(脉冲)
AAE332-005＝视在波前时间
AAE333-005＝视在半峰值宽度
AAE995-005＝基准条件
GB/T 10193—1997

AAE322-005　01　NR2 S..3.3　E06
等级 max 实数度量
%/K
温度系数 S_Z　S_Z
S_Z
在规定的工作电流下，电压基准二极管或电压稳压二极管的最大温度系数(%/K)。
AAE500-005＝工作电流

AAE323-005　01　NR2..3.3　E33
等级 max 实数度量
Ω
差分电阻　r_dif
r_{dif}
在规定的工作电流下，电压基准二极管的最大差分电阻(δV_F 和 δI_F 的商)(Ω)。
AAE500-005＝工作电流

AAE324-005　01　NR2..3.3　E06
等级 miNoMax 实数度量
V
工作电压　V_Z
基准电压　V_Z
调节电压　V_{ref}
在规定的工作电流下，电压调节二极管或电压基准二极管的工作电压(V)的等级(miNoMax)所规定的值。
AAE500-005＝工作电流

AAE326-005　01　NR2..3.3　H02
简单 实数度量
Cel
联络点温度　@T_tp
@T_{tp}
作为变量、电压调节二极管结点的温度(℃)。

AAE327-006　01　NR1..4　H07
等级 max 实数度量
W
反向不重复峰值功率损耗 P_ZSM
P_{ZSM}
P
脉冲作用前，在已知规定时间持续周期的方波脉冲和结温下，稳压二极管的最大反向不重复峰值功率损耗(W)。
AAE271-005＝结温
AAE028-005＝持续时间

AAE328-005　02　NR2..3.3　E33
等级 max 实数度量
Ω
差分电阻　r_dif
r_{dif}
在规定正向电流和频率为 1 000 Hz 下，电压调节二极管或稳压二极管的最大 δV_F 除 δI_F 的商(Ω)。
AAE274-005＝正向电流

AAE329-005　01　NR3 S..3.3ES2　E06
等级 max 实数度量
V/K
温度系数 S_F　S_F
S_F
在规定正向电流和正向电压下，稳压二极管的最大温度系数(V/K)。
AAE274-005＝正向电流
AAE499-005＝正向电压

AAE331-005　01　M..17　A58
简单 字符串
二极管封装　二极管封装
二极管包封
二极管或触发器件的包封的代码。

AAE332-005　02　NR3..3.3ES2　T07
简单　实数度量
s
视在波前时间　@t_1
@t_1
作为变量、施加于稳压器二极管上的脉冲的视在波前时间 t_1(s)。
注：如果在波前有振荡，应该用类似用于振荡发光脉冲的方法模拟根据通过这些振荡画出的平均曲线得出10%和90%的值。
GB/T 16927.1—1997
备注：
根据这一定义测得的波前时间与对于GB/T 16927.1中发光脉冲给出的值之间的差通常少于10%。

AAE333-005　02　NR3..3.3ES2　T07
简单　实数度量
s
视在半峰值宽度　@t_2
@t_2
作为变量、施加于稳压二极管的脉冲电流的视在半峰值时间 t_2(s)。
GB/T 16927.1—1997

AAE334-005　01　NR1..4　E06
等级 minMax 整数度量
V
1 mA时可变电阻器电压U_var(1 mA)
$U_{var(1\ mA)}$
当1 mA电流通过时，可变电阻器上的直流电压(V)的等级(minMax)所规定的值。

AAE335-005　001　NR2..3.3　E06
简单　实数度量
V
反向电压　@V_R
偏离电压　@V_R
作为变量，以相反方向施加于二极管或光电器件上的直流电压(V)。
IEC 60747-2:2000

AAE336-005　01　NR1..4　H02
等级 max 整数度量
Cel
安装基座温度　T_mb
T_{mb}
晶体管、二极管、触发器件、光电器件或IC的安装基座的最大温度(℃)。
JESD 77B:2000

AAE337-005　01　NR1..4　H02
等级 max 整数度量
Cel
结温　T_j
有效结温　T_j
晶体管、二极管、触发器件、光电器件或IC的最大结温(℃)。
GB/T 17573—1998

AAE338-005　01　NR1..4　E06
等级 max 整数度量
V
最大噪声电压　U_n
电压处理能力　U_n
在规定的滤波器及扬声器安装方式下，规定的持续时间上扬声器的最大模拟过程噪声电压(V)。
注：
作用最大电压值后，不会导致热或机械损坏故障。
AAE028-005＝持续时间
AAE342-005＝扬声器安装
AAE343-005＝滤波器

AAE339-005　02　NR3..3.3ES2　F03
等级 nom 实数度量
Hz
上限额定频率　f_upr
f_{upr}
扬声器的标称上限额定频率(Hz)。

AAE340-005　01　NR3..3.3ES2　F03
等级 min 实数度量
Hz
有效频率 f_e2　f_e2
f_{e2}
扬声器、拾音器或天线的上限有效频率(Hz)的最小值。
备注：
对扬声器，－10 dB的频率。

AAE341-005 01 NR3..3.3ES2 F03
等级 max 实数度量
Hz
有效频率 f_el f_el
f_{el}
扬声器、拾音器或天线的下限有效频率(Hz)的最大值。
备注：
对扬声器，−10 dB 的频率。

AAE342-005 01 M..3 A51
简单 非定量代码
扬声器安装 @lsp 安装
扬声器安装排列的代码。
ENC ＝带箱体
HSF ＝半敞开自由场
UNM＝未安装
BFL ＝障板
备注：
注：扬声器系统的性能由扬声器单元本身的性能及其声音负载决定。声音负载依赖于如下的安装排列：
a) 标准障板或规定的箱体
b) 无障板和箱体情况下的自由空气中
c) 与障板平面齐平的半敞开自由场。

AAE343-005 01 M..3 A51
简单 非定量代码
滤波器 @滤波器
网络
和扬声器一起使用的滤波器的代码。
L＝L 网络
S＝串联网络
W＝无滤波器
备注：
L 网络是电容器和线圈串联后再和扬声器并联。

AAE345-005 01 M..3 A58
简单 非定量代码
阴性插口 阴性插口
插座-插口
下端插口
连接器插口的代码。
ONE ＝单向
TWO＝两向(下端插口)

AAE347-005 01 M..17 A59
简单 字符串
CECC 规范 CECC 规范
在 CECC 质量认证体系下发布的电气/电子或机电元器件的规范的 CECC 代码。
CECC 00100
备注：
CECC ＝Cenelec 电子元器件委员会
Cenelec ＝欧洲电工标准化委员会
质量认证：
对产品的制造进行连续的监督以保证符合制造它的规范的要求。
GEN ＝总规范
SEC ＝分规范
DET ＝详细规范

AAE348-005 01 M..3 A58
简单 非定量代码
插针排列 插针排列
连接器的插针排列的代码。
CIR ＝圆形
CON＝同心形
SQU＝矩形
STA＝交错形

AAE349-005 01 M..8 A56
简单 非定量代码
连接器类型 连接器类型
按照连接器的插合部分或连接器将永久装接到元器件的类型确定连接器类型的代码。
CIRC ＝圆形连接器
IC ＝IC 卡连接器
JACK ＝插头或插座
MOD ＝模块连接器
PCB ＝PCB 连接器
RECT ＝矩形连接器
RF ＝rf 连接器
SOCK ＝插座
TERM ＝引出端

AAE350-005 01 M..8 A57
简单 非定量代码
接触件涂覆 接触件涂覆

连接器、继电器或开关接触件的涂覆材料的代码。
Ag　＝银
Au　＝金
CuZn ＝黄铜
Ni　＝镍
PCuSn ＝磷青铜
Pd　＝钯
Sn　＝锡
Zn　＝锌

AAE351-005　01　M..8　A57
简单 非定量代码
壳体材料　壳体材料
连接器或开关的壳体的材料的代码。
CER ＝陶瓷
DAP ＝己二烯苯二甲酸盐
MET ＝金属
PA ＝聚氨基化合物
PC ＝聚碳酸脂(马克龙)
PLA ＝塑料
PPOX ＝多苯基烯氧化物(尼龙)
PTFE ＝聚特富乙烯(特富龙)

AAE352-005　01　M..8　A58
简单 非定量代码
引出端到接触件的角度　引出端到接触件的角度
连接器引出端与接触件之间的角度的代码。
DEG　＝45°
RIGHT ＝90°(直角)
STRAI ＝180°(直线)

AAE353-005　01　M..3　A58
简单 非定量代码
接触件类别　接触件类别
接触件类别
导向类别
连接器接触件的类型的 IEC 代码。
F＝阴(插孔)GB/T 14557
H＝无极性 GB/T 14557
M＝阳(针) GB/T 14557
IEC 60807-1:1991(8)

AAE354-005　01　M..8　A58
简单 非定量代码
定位　定位
实现连接器定位的方式的代码。
CONTAC ＝接触件
JUMPER ＝跨接件
PIN　＝插针
PLUG　＝插头
SHELL　＝壳体
备注:
定位是连接器上为防止不正确插合的形状特性。

AAE355-005　01　M..8　A57
简单 非定量代码
接触体材料　接触体材料
连接器、继电器或开关接触体的材料的代码。
BeCu ＝铍铜
Cu　＝铜
CuSn ＝青铜
CuZn ＝黄铜
Ni　＝镍
PCuSn ＝磷青铜

AAE356-005　02　M..3　A58
简单 非定量代码
连接器形状　连接器形状
连接器壳体的形状的代码。
CIR ＝圆形(圆形)
D　＝D 形连接器
REC＝矩形

AAE357-005　02　M..3　A59
简单 非定量代码
性能类别　性能类别
连接器性能类别的代码。
1 ＝1
1a＝1a
2 ＝2
3 ＝3
备注:
性能类别是机械耐久性和气候种类的组合。
对应值表:

性能类别	机械耐久性	气候种类
		min/max/天
1	500	55/125/56
1a	500	65/125/65
2	400	55/125/00
3	50	55/125/00

AAE358-005 01 NR3..3.3ES2 E01
等级 max 实数度量
A
接触件电流最大值 I_cont
I_{cont}
在规定的环境温度下，连接器每个接触件的最大连续电流(A)有效值(rsm)。
AAE014-005＝环境温度

AAE359-005 02 NR1..4 Q56
等级 nom 整数度量
l
接触件数量 N_cont
接触件位置 N_{cont}
连接器接触件的总数量。

AAE360-005 02 NR1..4 Q56
等级 nom 整数度量
l
行数 N_row
N_{row}
连接器接触件行的数目。
备注：
用来排列矩形或梯形形式的接触件总数量的行。

AAE361-005 02 NR1..4 Q59
等级 min 整数度量
l
机械耐久性 N_endu
插入 N_{endu}
连接器能在没有电气负载的条件下，承受啮合和分离的最少次数。
注：试验后，连接器应满足 GB/T 14557 中规定的要求。
GB/T 14557—1993

AAE362-005 02 NR3..3.3ES2 T03
等级 min 实数度量
m
连接器开口 d_con
印制板厚度 d_{con}
间距
接收印制板的覆金属基座材料，包括导电层(单层或多层)但不包括附加涂覆层的边缘连接器的最小开口(m)。
IEC 60194:1999

AAE363-005 01 NR3..3.3ES2 T03
等级 nom 实数度量
m
壳体内的接触长度 l_cont
l_{cont}
预定用插合部分产生接触的连接器的接触件的那一部分的标称长度(m)。
GB/T 4210—1984
备注：
端引出端在连接器壳体外的。

AAE364-005 02 M..3 A55
简单 非定量代码
栅极类型 栅极类型
指明场效应晶体管的栅极类型的代码。
EDP =* 耗散
ENH=* 增强
INS =绝缘栅
JUN =结栅

AAE366-005 01 M..3 A57
简单 非定量代码
沟道类型 沟道类型
指明场效应晶体管的沟道材料类型的代码。
N=N-沟道
P=P-沟道

AAE367-005 02 NR3 S..3.3ES2 E01
简单 实数度量
A
漏极电流(直流) @I_D
@I_D

作为变量,通过场效应晶体管的漏极的直流电流(A)。

AAE368-005 01 NR3 S..3.34ES2 E01
等级 max 实数度量
A
漏极电流(直流) I_D
I_D
场效应晶体管的最大直流漏极电流(A)。

AAE370-005 01 NR3 S..3.3ES2 E01
等级 minMax 实数度量
A
漏极电流(直流) I_DSS
I_{DSS}
在规定的漏极电源电压下和电源到栅极短路时,场效应晶体管的直流漏极电流(A)的等级(minMax)所规定的值。
AAE376-005=漏-源电压

AAE371-005 01 NR3 S..3.3ES2 E01
等级 max 实数度量
A
漏极关断电流 I_DSX
I_{DSX}
在规定的漏-源电压、栅-源电压和源-衬电压下,场效应晶体管的最大保证漏极关断电流(A)。
AAE376-005=漏-源电压
AAE381-005=栅-源电压
AAE388-005=源-衬电压
IEC 60747-8:2000

AAE372-005 01 NR3 S..3.3ES2 E01
等级 minTypMax 实数度量
A
栅极关断电流 I_GSS
反向栅极电流 I_{GSS}
在漏极与源极短路和规定的栅-源电压、温度类型的温度下,场效应晶体管的反向栅极电流(A)的等级(minTypMax)所规定的值。
AAE381-005=栅-源电压
AAE685-005=温度
AAE683-005=温度类型

AAE373-005 01 NR3 S..3.3ES2 E01
等级 max 实数度量
A
源极关断电流 I_SDX
I_{SDX}
在规定的漏-源电压、漏极-栅极电压和漏极-衬底电压下,场效应晶体管的最大保证电源关断电流(A)。
AAE376-005=漏-源电压
AAE375-005=漏极-栅极电压
AAE378-005=漏极-衬底电压
IEC 60747-8:2000

AAE374-005 01 NR1..4 E06
等级 min 整数度量
dB
共模抑制比 *CMRR*
CMRR
在规定的漏极电流、漏极-栅极电压和频率下,双栅场效应晶体管的最小保证共模抑制比(dB)。
AAE029-005=频率
AAE367-005=漏极电流(直流)
AAE375-005=漏极-栅极电压

$CMMR = -20\lg\left|\Delta\frac{g_{os}}{g_{fs}}\right|$(dB)

AAE375-005 02 NR1..4 E06
简单 整数度量
V
漏极-栅极电压 @V_DG
@V_{DG}
作为变量,场效应晶体管的漏极和栅极端之间的直流电压(V)。

AAE376-005 01 NR1 S..4 E06
简单 整数度量
V
漏-源电压 @V_DS
@V_{DS}
作为变量、场效应晶体管的漏极和源极端之间的直流电压(V)。

AAE377-005 02 NR1 S..4 E06
等级 max 整数度量

V

漏-源限制电压 V_DSlim

V_{DSlim}

场效应晶体管的漏极和源极之间的最大限制直流电压(V)。

AAE378-005 02 NR1 S..4 E06

简单 整数度量

V

漏极-衬底电压 @V_DB

@V_{DB}

作为变量,场效应晶体管的衬底和漏极之间的直流电压(V)。

AAE379-005 02 NR1 S..4 E06

等级 max 整数度量

V

漏极-衬底限制电压 V_DBlim

V_{DBlim}

V_{DUlim}

场效应晶体管的漏极和衬底之间的最大限制直流电压(V)。

AAE380-005 01 NR3..3.3ES2 E06

等级 max 实数度量

V

等值噪音电压 V_n

等值输入噪音电压 V_n

在规定的漏极电流、漏-源电压和带宽下,场效应晶体管的最大等值噪音电压(V)。

AAE367-005=漏极电流(直流)

AAE376-005=漏-源电压

AAE934-005=带宽

GB/T 17573—1998

AAE381-005 01 NR1 S..4 E06

简单 整数度量

V

栅-源电压 @V_GS

@V_{GS}

作为变量,场效应晶体管的栅极和源极之间的直流电压(V)。

AAE383-005 01 NR3..3.3ES2 E06

等级 max 实数度量

V

栅-源电压差 | $DV_GS |

| ΔV_{GS} |

在规定的漏极电流和漏极-栅极电压下,双栅场效应晶体管的直流栅-源电压(V)之差的最大绝对值。

AAE367-005=漏极电流(直流)

AAE375-005=漏极-栅极电压

AAE384-005 02 NR1 S..4 E06

等级 minTypMax 整数度量

V

栅-源门限电压 V_GSth

V_{GSth}

$V_{GS(T)}$

$V_{GS(TO)}$

在规定的漏极电流和漏-源电压下,增强场效应晶体管的栅极和源极端之间的直流门限电压(V)的等级(minTypMax)所规定的值。

AAE367-005=漏极电流(直流)

AAE376-005=漏-源电压

IEC 60747-8:2000

AAE386-005 01 NR1 S..4 E06

等级 minTypMax 整数度量

V

栅-源关断电压 V_GSoff

V_{GSoff}

$V_{(P)GS}$

在规定的漏极电流和漏-源电压及温度类型的温度下,耗尽型场效应晶体管的栅-源关断电压(V)的等级(minTypMax)所规定的值。

AAE367-005=漏极电流(直流)

AAE376-005=漏-源电压

AAE685-005=温度

AAE683-005=温度类型

IEC 60747-8:2000

AAE387-005 02 NR1 S..4 E06

等级 max 整数度量

V

源-衬限制电压　　V_SBlim

V_{SBlim}

场效应晶体管的源极和衬底之间的最大限制直流电压(V)。

AAE388-005　01　NR1 S..4　E06

等级 max 整数度量

V

源-衬电压　　@V_SB

@V_{SB}

作为变量,场效应晶体管的源极和衬底之间的直流电压(V)。

AAE389-005　02　NR3..3.3ES2　E06

等级 max 实数度量

V/K

栅-源电压热漂移　　d($DV_GS)/dT

| $d(\Delta V_{GS})/dT$ |

在规定的漏极-栅极电压、漏极电流和环境温度下,双栅场效应晶体管的栅-源电压差的热漂移的最大绝对值(V/K)。

AAE014-005=环境温度

AAE375-005=漏极-栅极电压

AAE367-005=漏极电流(直流)

AAE390-005　01　NR3..3.3ES2　E09

等级 minTypMax 整数度量

F

反馈电容　　C_rs

传输电容　　C_{rs}

C_{rss}

在规定的频率、漏-源电压和栅-源电压下,场效应晶体管的漏极和对交流的输入短路的栅极之间的电容(F)的等级(minTypMax)所规定的值。

AAE029-005=频率

AAE376-005=漏-源电压

AAE381-005=栅-源电压

IEC 60747-8:2000

AAE391-005　02　NR3..3.3ES2　E33

等级 minTypMax 实数度量

Ω

漏-源导通态电阻　　R_DSon

R_{DSon}

在规定的漏极电流和温度类型的温度下,使器件偏移到导通态所施加的规定的栅-源电压的场效应晶体管的漏极和源极之间的直流电阻(Ω)的等级(minTypMax)所规定的值。

AAE367-005=漏极电流(直流)

AAE381-005=栅-源电压

AAE685-005=温度

AAE683-005=温度类型

IEC 60747-8:2000

AAE393-005　02　NR3..3.3ES2　E33

等级 max 实数度量

Ω

漏-源导通态电阻　　r_ds(on)

$r_{ds(on)}$

在规定的漏-源电压、源-衬电压和频率下,使器件偏移到导通态所施加的规定的栅-源电压的单极场效应晶体管的漏极和源极之间的最小小信号电阻(Ω)。

AAE376-005=漏-源电压

AAE381-005=栅-源电压

AAE388-005=源-衬电压

AAE029-005=频率

IEC 60747-8:2000

AAE394-005　02　NR3..3.3ES2　E33

等级 min 实数度量

Ω

漏-源截止态电阻　　R_DSoff

r_{DSoff}

在规定的漏-源电压、源-衬电压下,使器件偏移到截止态所施加的规定的栅-源电压的场效应晶体管的漏极和源极之间的最小直流电阻(Ω)。

AAE376-005=漏-源电压

AAE381-005=栅-源电压

AAE388-005=源-衬电压

IEC 60747-8:2000

AAE396-005　02　NR3..3.3ES2　E45

等级 minTypMax 实数度量

S

转移导纳　　|Y_fs|

$|Y_{fs}|$

在规定的频率、漏极电流、栅-源电压和漏-源电压下,场效应晶体管的转移导纳(S)的模量等级(minTypMax)所规定的值。

AAE029-005=频率

AAE367-005=漏极电流(直流)

AAE376-005=漏-源电压

AAE381-005=栅-源电压

AAE400-005 01 NR1..4 H02

简单 整数度量

Cel

散热温度 @T_h

@T_h

作为变量,晶体管、二极管、触发器件、光电器件或IC的散热温度(℃)。

AAE401-005 01 X..3 A55

简单 非定量代码

晶体管技术 晶体管技术

晶体管所属技术的代码。

BIP =双极晶体管

FET=场效应晶体管

AAE402-005 02 NR3..3.3ES2 E01

等级 minTypMax 实数度量

1

直流电流增益 h_FE

h_{FE}

在规定的集电极电流、集电极-发射极电压和结温下,共发射极结构双极晶体管的集电极电流和基极电流的静态比率的等级(minTypMax)所规定的值。

AAE271-005=结温

AAE406-005=集电极电流(直流)

AAE412-005=集电极-发射极电压

IEC 60748

AAE405-005 02 NR3..3.3ES2 E01

等级 max 实数度量

A

集电极电流(直流)最大值 I_C

I_C

双极晶体管或光电器件的最大直流集电极电流(A)。

IEC 60748

AAE406-005 01 NR3 S..3.3ES2 E01

简单 实数度量

A

集电极电流(直流) @I_C

@I_C

作为变量,双极晶体管或电子器件的晶体管部件的直流集电极电流(A)。

IEC 60748

AAE407-005 01 NR3..3.3ES2 E01

等级 max 实数度量

A

集电极电流峰值 I_CM

I_{CM}

在规定的持续时间内,双极晶体管的集电极电流的最大峰值(A)。

AAE028-005=持续时间

AAE408-005 01 NR3 S..3.3ES2 E01

简单 实数度量

A

发射极电流(直流) @I_E

@I_E

作为变量,双极晶体管的直流发射极电流(A)。

IEC 60748

AAE409-005 01 NR3 S..3.3ES2 E01

简单 实数度量

A

基极电流(直流) @I_B

@I_B

作为变量,双极晶体管的直流基极电流(A)。

AAE410-005 03 NR1..4 E01

等级 minTypMax 整数度量

1

小信号电流增益 h_fe

h_{fe}

在规定的集电极电流、集电极-发射极电压、结温和频率下，共发射极结构双极晶体管的集电极电流和基极电流的动态比率的等级(minTypMax)所规定的值。

AAE029-005＝频率

AAE271-005＝结温

AAE406-005＝集电极电流(直流)

AAE412-005＝集电极-发射极电压

IEC 60748

AAE412-005　01　NR2 S..3.3　E06

简单　实数度量

V

集电极-发射极电压　@V_CE

$@V_{CE}$

作为变量，双极晶体管的集电极和发射极之间的直流电压(V)。

IEC 60748

AAE413-005　02　NR2 S..3.3　E06

等级 max 实数度量

V

集电极-发射极电压 V_CER V_CER

V_{CER}

在规定的基极和发射极端之间的电阻下，双极晶体管的集电极和发射极端之间的最大直流电压(V)。

AAE906-005＝基极-发射极电阻

IEC 60748

AAE414-005　02　NR3 S..3.3ES2　E06

等级 max 实数度量

V

集电极-发射极电压 V_CEO　V_CEO

V_{CEO}

在断开基极端的情况下，双极晶体管的集电极和发射极端之间的最大电压(V)。

IEC 60748

AAE415-005　01　NR2 S..3.3　E06

等级 max 实数度量

V

集电极-发射极峰值电压　V_CESM

V_{CESM}

当基极端到发射极端短路时，双极晶体管的最大峰值集电极-发射极电压(V)。

IEC 60748

AAE416-005　01　NR2 S..3.3　E06

等级 minTypMax 实数度量

V

集电极-发射极饱和电压　V_CEsat

V_{CEsat}

在规定的集电极电流、基极电流和结温下，双极晶体管的集电极-发射极饱和电压(V)的等级(minTypMax)所规定的值。

注：这是当基极-发射极和基极-集电极结两者都正向偏移时，集电极和发射极端之间的电压。

AAE271-005＝结温

AAE409-005＝基极电流(直流)

AAE406-005＝集电极电流(直流)

IEC 60748

AAE417-005　01　NR2 S..3.3　E06

等级 max 实数度量

V

集电极-基极电压 V_CBO　V_CBO

V_{CBO}

断开发射极端时，双极晶体管的集电极和基极端之间的最大电压(V)。

IEC 60748

AAE418-005　01　NR3..3.3ES2　E06

等级 max 实数度量

V

基极-发射极电压差　| V_1BE-V_2BE |

$| V_{1BE}-V_{2BE} |$

在规定的发射极电流总和和相等的集电极-基极电压及相等的集电极电流下，双双极晶体管的基极-发射极电压的最大差(V)的绝对值。

AAE408-005＝发射极电流(直流)

AAE419-005＝集电极-基极电压

AAE419-005　01　NR2 S..3.3　E06

简单　实数度量

V

集电极-基极电压 @V_CB

@V_{CB}

作为变量，双极晶体管的集电极和基极端之间的直流电压(V)。

JESD 77B:2000

AAE420-005 01 NR3..3.3ES2 E09

等级 minMax 实数度量

F

集电极电容 C_c

C_c

在规定的发射极电流、集电极-基极电压和频率下，双极晶体管的集电极和发射极端之间的电容(F)的等级(minMax)所规定的值。

AAE029-005＝频率

AAE408-005＝发射极电流(直流)

AAE419-005＝集电极-基极电压

AAE421-005 01 NR3..3.3ES2 E09

等级 minTypMax 实数度量

F

反馈电容 C_re

传输电容 C_{re}

在规定的集电极电流、集电极-发射极电压和频率下，共发射极结构的双极晶体管的集电极和基极端之间测得的电容(F)的等级(minTypMax)所规定的值。

AAE029-005＝频率

AAE406-005＝集电极电流(直流)

AAE412-005＝集电极-发射极电压

JESD 77B:2000

AAE422-005 02 NR2..3.3 E49

等级 nom 实数度量

W

输出功率 P_L

负载功率 P_L

在规定的集电极-发射极电压、频率和散热温度下，双极晶体管的标称 rf 输出功率(W)。

AAE412-005＝集电极-发射极电压

AAE029-005＝频率

AAE400-005＝散热温度

IEC 60050-713:1998

AAE424-005 02 NR2..3.3 E49

等级 minTypMax 实数度量

dB

功率增益 G_p

G_p

在规定的电源电压、频率、输出功率和温度类型的温度下，双极晶体管或宽带放大器的输出功率和输入功率的比率(dB)的等级(minTypMax)所规定的值。

AAE029-005＝频率

AAE102-005＝电源电压

AAE683-005＝温度类型

AAE685-005＝温度

AAE955-005＝输出功率

AAE425-005 02 NR3..3.3ES2 F03

等级 minTypMax 实数度量

Hz

跃迁频率 f_T

f_T

在规定的集电极电流和集电极-发射极电压下，当输出短路时，小信号电流增益已减少到 1 时，频率(Hz)的等级(minTypMax)所规定的值。

AAE412-005＝集电极-发射极电压

AAE406-005＝集电极电流(直流)

IEC 60748

AAE426-005 02 NR3..3.3ES2 F03

等级 minTypMax 实数度量

Hz

关断频率 f_hfe

h_fe 为-3dB 处的频率 f_{hfe}

在规定的集电极电流和集电极-发射极电压下，在低频下，小信号电流增益低于其值 3 dB 时，双极晶体管的频率(Hz)的等级(minTypMax)所规定的值。

AAE406-005＝集电极电流(直流)

AAE412-005＝集电极-发射极电压

IEC 60748

AAE427-005 01 NR2 S..3.3 E06

简单 实数度量

V

基极-发射极电压 @V_BE
@V_{BE}
作为变量、双极晶体管的基极和发射极端之间的直流电压(V)。
JESD 77B:2000

AAE429-005 01 NR3..3.3ES2 E09
等级 nom 实数度量
F
压敏电阻器电容 C_var
C_{var}
在规定频率下,压敏电阻器的标称电容(F)。
AAE029-005＝频率

AAE430-005 01 NR2..3.3 H06
等级 max 实数度量
J
最大能量吸收容量 E_abs
E_{abs}
压敏电阻器能吸收的能由具有规定视在波前时间和视在半峰值宽度的脉冲电流的最大限制能量容量(J)。
AAE125-005＝电流(脉冲)
AAE332-005＝视在波前时间
AAE333-005＝视在半峰值宽度

AAE442-005 01 M..8 A56
简单 非定量代码
彩色电视发射 彩色电视发射
施加于延迟线或IC的彩色电视发射的类型的代码。
MULTI＝多标准体制
NTSC ＝国家电视体制委员会
PAL ＝相位交变线
SECAM＝连续彩色和存储

AAE457-005 01 M..3 A56
简单 非定量代码
数字体制 数字体制
IC数字信号功能的数字体制的代码。
ISO/IEC 2382-5:1999
BIN＝二进制
SEC＝十进制
OCT＝八进制
HEX＝十六进制

AAE458-005 02 NR1..4 Q62
等级 nom 整数度量
1
输入数 N_in
N_{in}
IC功能的输入的数量。

AAE459-005 01 NR1..4 J01
等级 nom 整数度量
bit
字大小 N_bit
字长 N_{bit}
位数
适用于IC数字功能的每个字的字节数。
ISO 2382-4:1999

AAE464-005 01 M..3 A56
简单 非定量代码
控制模式 控制模式
IC功能的控制模式的代码。
E＝触发边缘
L＝触发电平
R＝复位
S＝设置

AAE474-005 02 NR3..3.3ES2 J01
等级 nom 实数度量
1
存贮大小 存贮大小
存贮容量 存贮大小
字数
规定IC上数字存贮功能的数据存贮容量的字数。
ISO/IEC 2382-5:1999
备注:
数字存贮IC的数据存贮容量有时称为存贮结构和(字数)×(每字字节数)
例如:256×1;256×4;1024×8等。

AAE487-005 02 M..3 A56
简单 非定量代码
频带 频带
电气-电子元器件应用的频带的名字的IEC标准缩写。

RF ＝射频 3 kHz～300 GHz
VLF ＝超低频 3 kHz～30 kHz
LF ＝低频 30 kHz～300 kHz
MF ＝中频 300 kHz～3 000 kHz
HF ＝高频 3 MHz～30 MHz
VHF ＝甚高频 30 MHz～300 MHz
UHF ＝超高频 300 MHz～3 000 MHz
SHF ＝特高频 3 GHz～30 GHz
EHF ＝极高频 30 GHz～300 GHz
BB ＝基带：
AF ＝音频 约 0 kHz～20 kHz
VF ＝视频 约 0 MHz～20 MHz
PB ＝通带：
IF ＝中间频率

AAE488-005 01 M..3 A56
简单 非定量代码
二极管结构 二极管结构
隧道二极管、整流二极管、信号二极管或变容二极管的结构模式的代码。
CAn＝共阳极的 n 个二极管
CCn＝共阴极的 n 个二极管
SCn＝串联的 n 个二极管
SEn＝分离的 n 个二极管
SIN＝单个二极管
备注：
值为 2～9(并包括)时标注为 n。

AAE489-005 01 M..3 A55
简单 非定量代码
二极管技术 二极管技术
二极管技术类型的代码。
AVA＝雪崩二极管
PIN＝插形二极管
SCH＝肖特基二极管
TUN＝隧道二极管

AAE490-005 03 M..8 A56
简单 非定量代码
调制方式 调制
电气-电子元器件应用的调制类型的 IEC 标准缩写。
AM ＝调幅
ASK ＝幅值偏移控键
DM ＝ * δ 调制
DSB ＝ * 双边带
DSBSC ＝ * 双边带抑制载流子
FM ＝ 调频
FSK ＝ 频率偏移控键
ISB ＝ * 独立边带
MPSK ＝ * 多相位偏移控键
n-FSK ＝ * n-条件频率偏移控键
PAM ＝脉冲调幅
PCM ＝ 脉冲代码调制
PDCM ＝ * 差分脉冲代码调制
PDM ＝ * 脉冲持续时间调制
PDSK ＝ * 差分相位偏移控键
PFM ＝ * 脉冲频率调制
PM ＝ 调相
PPM ＝ * 脉冲位置调制
PSK ＝ 相位偏移控键
PTM ＝ 脉冲时间调制
QAM ＝ * 正交调幅
QPSK ＝ * 积分相位偏移控键
SSB ＝ * 单边带
VSB ＝ * 残余边带

AAE494-005 02 M..35 A56
简单 字符串
最接近通用类型 最接近通用类型
作为所考虑的表面安装的二极管或晶体管，有可比的电气规范的最接近通用类型的类型数。

AAE496-005 01 NR3..3.3ES2 E09
等级 minTypMax 实数度量
F
二极管电容 C_d
C_d
在规定的反向电压和频率下，二极管或光电器件的引出端之间电容(F)的等级(minTypMax)所规定的值。
AAE029-005＝频率
AAE335-005＝反向电压
GB/T 6571—1995

AAE497-005　01　NR3..3.3ES2　E09
简单 实数度量
F
二极管电容　@C_d
@C_d
作为变量，变容二极管的电容(F)。
注：规定的二极管电容必须用反向电压调节。
GB/T 6571—1995

AAE499-005　01　NR2..3.3　E06
简单 实数度量
V
正向电压　@V_F
导通态电压　@V_F
作为变量，二极管或光电器件两端的正向电压(V)。
IEC 60747-2:2000

AAE500-005　01　NR3..3.3ES2　E01
简单 实数度量
A
工作电流　@I_Z
@I_Z
作为变量，连续地作用于电压基准二极管或电压调整二极管的直流工作电流(A)。

AAE502-005　02　NR2..3.3　E09
等级 minTypMax 实数度量
1
电容比　C_d1/C_d2
C_{d1}/C_{d2}
在规定的频率处，在反向电压范围内，反向电压(V_1 和 V_2)规定的调节变容二极管的电容比的等级(minTypMax)所规定的值。
AAE029-005=频率
AAE961-005=电压 V_1
AAE962-005=电压 V_2
$$\frac{在(V_R=V_1)的C_{d1}}{在(V_R=V_2)的C_{d2}}$$

AAE503-005　01　M..3　A56
简单 非定量代码
EHT 组合应用　EHT 组合应用
EHT 整流二极管组合应用模式的相位数量。
1=单相
2=两相
3=三相

AAE505-005　01　M..3　A56
简单 非定量代码
整流二极管应用　整流二极管应用
整流二极管应用的代码。
EHT=超高压整流二极管
EFF=效率二极管

AAE506-005　01　M..8　A56
简单 非定量代码
开关功能　开关功能
继电器或开关接触组件的转换功能的代码。
注:并非所有值都适用于开关。
B　=B 断开 (开-关)
BB　=G 断开-断开
BBM　=H 断开-断开-接通
BM　=C 断开-接通 (转换)
BMB　=E 断开-接通-断开
BMM　=L 断开-接通-接通
BNB　=M 正常闭合双向断开
DB　=Y 双断开
DBDM　=Z 双断开双接通
DBDM-T　=W DB 倍接通(引出端在电枢上)
DB-T　=V 双断开 (引出端在电枢上)
DM　=X 双接通
DM-T　=U 双接通(引出端在电枢上)
M　=A 接通(关-开)
MB　=D 接通-断开
MBM　=I 接通-断开-接通
MM　=F 接通-接通
MMB　=J 接通-接通-断开
MNM　=K 正常敞开双向接通

AAE508-005　01　M..8　A56
简单 非定量代码
密封　密封
继电器密封的 IEC 标准代码。
RT0 =无密封触点
RTI =密封触点
RTII=密封继电器

AAE509-005　03　M..3　A56

简单　非定量代码

U/I 种类　U/I 种类

继电器触点电压和触点电流的种类的IEC标准代码。

注：一个触点可能不只一个范畴特性。

0=种类0触点(0～30 mV;0～10 mA)

1=种类1触点(30 mV～60 V;10 mA～100 mA)

2=种类2触点(60 V～250 V;100 mA～1 A)

3=种类3触点(250 V～600 V;1 A～100 A)

AAE510-005　02　X..3　A56

简单　非定量代码

可充电性类型　可充电性

电池可充电性类型的代码。

PRI＝原电池(一次充电)

SEC＝二次电池(可再充电)

AAE511-007　02　X..8　A56

简单　非定量代码

阻抗类型　阻抗类型

天线阻抗类型的代码。

CAP＝容性(鞭状)

IND＝感性(铁合金的受体)

RES＝阻性(调节偶极)

AAE512-005　02　NR3..3.3ES2　E06

等级 max 实数度量

V

触点电压(交流)　U_cont(ac)

额定工作电压(交流)$U_{cont(ac)}$

电阻负载时，开关或继电器的最大工作转换电压(V)有效值(rms)。

注：额定电压是在闭合前或敞开后的接触体之间的电压。

IEC 60127-1:1988(3.16)

AAE513-005　02　NR3..3.3ES2　E06

等级 max 实数度量

V

限制触点电压　U_cont(lim)

绝缘电压　$U_{cont(lim)}$

跨越敞开触点的开关或继电器的最大直流电压(V)。

IEC 60947-1:2004

AAE515-005　03　NRI..4　E01

等级 max 整数度量

A

触点电流(交流)　I_cont(ac)

$I_{cont(ac)}$

电阻负载时，开关或继电器的最大工作转换电流(A)有效值(rms)。

IEC 60947-1 (2004)

AAE517-005　01　NR3..3.3ES2　E22

等级 miNoMax 实数度量

H

电感　*L*

L

感性天线、电感器、电动机或变压器在规定频率下的电感(H)的等级(miNoMax)所规定的值。

AAE029-005 ＝频率

备注：

对于天线，f＝ 10 kHz。

AAE518-005　03　NR3..3.3ES2　E46

等级 miNoMax 实数度量

1

质量因子　*Q*

Q

感性天线或电感器在规定频率下的质量因子的等级(miNoMax)所规定的值。

AAE029-005＝频率

AAE519-005　01　NR3 S..3.3ES2　E06

等级 nom 实数度量

V

标称电压　*V*

V

灯或熔断器的标称电压(V)。

备注：

IEC 60432-1:1999

因特定原因，灯用双电压标志，其额定电压应为电压范围的平均值。

AAE521-005　03　NR3..3.3ES2　E01

等级 nom 实数度量

A

标称电流　　I_nom

I_{nom}

在规定频率和标称电压下,灯的标称电流(A)。

AAE029-005=频率

IEC 60598-1:2003

AAE522-005　02　M..3　A58

简单 非定量代码

安装灯口代码　　灯口

灯的安装灯口的代码。

BAY =卡口

LEA =引线

PIN =直插

SCR =螺纹

AAE523-005　01　NR3..3.3ES2　H06

等级 nom 实数度量

J

焦耳积分　　(I * * 2) * t

I^2t

熔断器在工作时间期间电流平方的积分的标称值(J)。

注1:工作时间是预弧光时间和发光时间的总和。

注2:从用熔断器保护的电路的观点来看,熔断器在工作时间的焦耳积分值是指一个规定的能量,即:电路电阻为1 Ω热量所释放的能量。

IEC 60050-441,补充件 1:2000

AAE524-005　02　M..3　A56

简单 非定量代码

速度　　速度

指明熔断器的相对预弧光时间/电流特性的IEC标准代码。

F =弧光

FF =甚快弧光

M =中等

T =延迟时间

TT=长时间延迟

IEC 60127-1:1988

AAE525-005　02　NR3..3.3ES2　E01

等级 max 实数度量

A

额定电流　　I_n

I_n

在规定的环境温度下,熔断器的最大连续直流或交流电流(A)有效值(rms)。

AAE014-005=环境温度

IEC 62271-100:2001

AAE527-005　01　NR3..3.3ES2　F03

等级 miNoMax 实数度量

Hz

中心频率　　f_c

f_c

滤波器带通或带止的中心频率(Hz)的等级(miNoMax)所规定的值。

AAE528-005　02　NR2 S..3.3　F09

简单 实数度量

dB

响应等级　　@L_resp

$@L_{resp}$

作为变量,表示滤波器或延迟线的数量的响应曲线点上的等级和最大等级比较的等级变化的值(dB)。

IEC 60050-806:1996 派生

AAE529-005　03　NR2..3.3　E06

等级 miNoMax 实数度量

V

开路电压　　V_open

V_{open}

电池的开路电压(V)的等级(miNoMax)所规定的值。

IEC/TC 1(CO)1336:1992

AAE530-005　02　NR2..3.3　E02

等级 nom 实数度量

Ah

标称容量　　*Ah*

Ah

电池的标称容量(Ah)。

AAE531-005　01　M..3　A55

简单　非定量代码

原电池的电化学系统　原电池的电化学系统
原电池的电化学系统的 IEC 标准代码。
A＝氧-锌-铵/氯化锌
B＝氟化碳-锂-铵/氯化锌
C＝二氧化锰-锂-有机电解质
L＝二氧化锰-锌-碱金属氢氧化物
M＝氧化汞-锌-碱金属氢氧化物
N＝氧化汞＋MnO_2-锌-碱金属氢氧化物
P＝氧-锌-碱金属氢氧化物
S＝氧化银-锌-碱金属氢氧化物
T＝二价氧化银-锌-碱金属氢氧化物
X＝二氧化锰-锌-铵/氯化锌
IEC 60086-1:2000
备注：

代码	阳极	阴极	电解质
X	二氧化锰	锌	铵/氯化锌
A	氧	锌	铵/氯化锌
B	氟化碳	锂	铵/氯化锌
C	二氧化锰	锂	有机电解质
L	二氧化锰	锌	碱金属氢氧化物
M	氧化汞	锌	碱金属氢氧化物
N	氧化汞 ＋ MnO_2	锌	碱金属氢氧化物
P	氧	锌	碱金属氢氧化物
S	氧化银	锌	碱金属氢氧化物
T	二价氧化银	锌	碱金属氢氧化物

AAE532-005　02　M..8　A55
简单　非定量代码
二次电池的电化学系统　二次电池的电化系统
二次电池的电化学系统的代码。
AgCd＝银-镉-碱性
AgZn＝银-锌-碱性
NiCd＝镍-镉-碱性
NiFe＝镍-铁-碱性
NiZn＝镍-锌-碱性
Pb＝铅-酸-硫酸
备注：

代码	阳极	阴极	电解质
NiCd	镍	镉	碱性
AgZn	银	锌	碱性
Pb	铅	酸	硫酸
NiFe	镍	铁	碱性
AgCd	银	镉	碱性
NiZn	镍	锌	碱性

AAE533-005　02　NR3..3.3ES2　E44
等级 nom 实数度量
Ω
输入阻抗　| z_in |
| z_{in} |
滤波器或拾音器在规定频率下的输入阻抗(Ω)的模的最小值。
AAE029-005＝频率
IEC 60050-131:2002

AAE534-005　01　NR3..3.3ES2　F03
等级 minMax 实数度量
Hz
带宽　B
B
在规定的响应等级下，滤波器或延迟线的带宽(Hz)的等级(minMax)所规定的值。
AAE528-005＝响应等级
IEC 60050-702:1992

AAE540-005　01　NR3..3.3ES2　E01
等级 max 实数度量
A
电流有效值　I_rms
I_{rms}
在规定的环境温度下，电气—电子或机电元器件的最大电流(A)有效值(rms)。
AAE014-005＝环境温度

AAE541-005　01　NR3..3.3ES2　F03
等级 nom 实数度量
Hz
频率　f
f
延迟线的标称频率(Hz)。

AAE542-005　01　M..3　A56
简单　非定量代码
延迟线应用　延迟应用
延迟线的推荐应用的代码。
CTV＝彩色电视
VCR＝录像机
VLP＝放像机

AAE543-005　02　NR3..3.3ES2　T07
等级 miNoMax 实数度量
s
延迟时间　$t
τ
滤波器或延迟线在规定的频率下的延迟时间(s)的等级(miNoMax)所规定的值。
AAE029-005＝频率
IEC 60050-351:1998

AAE544-005　02　NR3..3.3ES2　T07
等级 nom 实数度量
s
相位延迟时间　t_del
t_{del}
延迟线的标称相位延迟时间(s)。
IEC 60050-55:1970
备注：
注：相位延迟时间是通过网络的总的相位延迟(周数)与频率(Hz)的比。

AAE545-005　02　X..8　A56
简单 非定量代码
光电器件功能　光电功能
光电器件所属的功能的代码。
GB/T 15651—1995
PHC＝光耦合器
PHE＝光发射器
PHS＝光传感器

AAE546-005　03　NR3..3.3ES2　E01
等级 max 实数度量
A
正向限制电流　I_Flim
I_{Flim}
在正方向流过二极管或光电器件的二极管部分的最大限制直流电流(A)。
IEC 60747-2:2000

AAE547-005　01　NR2 S..3.3　E06
简单 实数度量
V
电源电压　@V_B
@V_B
@V_{DD}
@V_{CC}
作为变量，通过外部电路施加于光电器件上的直流电源电压(V)。

AAE548-005　02　NR2..3.3　E01
等级 minTypMax 实数度量
1
电流转移率　*CTR*
CTR
I_C/I_F
在规定的二极管正向电流、集电极—发射极电压和结温下，光耦合器中集电极电流和二极管正向电流的直流转移比的等级(minTypMax)所规定的值。
AAE271-005＝结温
AAE274-005＝正向电流
AAE412-005＝集电极—发射极电压
JESD 77B:2000

AAE550-005　02　NR3..3.3ES2　E06
等级 min 实数度量
V
最小隔离电压　V_IORM
V_{IORM}
光耦合器必须承受规定持续时间的、短路二极管引线和短路晶体管引线两端间的最大保证直流试验电压(V)。
AAE028-005＝持续时间
GB/T 15651—1995

AAE551-005　02　NR2 S..3.3ES2　E06
等级 max 实数度量
V
集电极—发射极饱和电压 V_CEsat
V_{CEsat}
在规定的正向电流、集电极电流和结温下，光耦合器的最大保证集电极—发射极饱和电压(V)。
AAE271-005＝结温
AAE274-005＝正向电流
AAE406-005＝集电极电流(直流)

AAE553-005 03 NR3..3.3ES2 T07
等级 nom 实数度量
s
断开时间 t_off
t_{off}
在规定的正向电流、集电极电流、电源电压、负载电阻和结温下，光耦合器的输入脉冲前端(最大值的90%)和对应的输出信号落在最大值的10%时经过的标称时间(s)。
AAE212-005＝负载电阻
AAE271-005＝结温
AAE274-005＝正向电流
AAE406-005＝集电极电流(直流)
AAE547-005＝电源电压

AAE554-005 02 NR3..3.3ES2 T07
等级 nom 实数度量
s
接通时间 t_on
t_{on}
在规定的正向电流、集电极电流、电源电压、负载电阻和结温下，光耦合器的输入脉冲的开始(最大值的10%)和对应的输出信号至少为最大值的90%之间经过的标称时间(s)。
AAE406-005＝集电极电流(直流)
AAE547-005＝电源电压
AAE212-005＝负载电阻
AAE274-005＝正向电流
AAE271-005＝结温

AAE555-005 01 X..3 A56
简单 非定量代码
光发射器功能 PHE 功能
光发射器所属的功能类型的代码。
IRD＝红外发射二极管
LAS＝激光
LED＝LED 发光二极管
GB/T 15651—1995

AAE556-005 02 NR3..3.3ES2 L03
等级 nom 实数度量
m
峰值发射的波长 $1_peak
峰值发射波长 λ_{peak}
在规定的二极管正向电流和环境温度下，光谱发射密度最大时的标称波长(m)。
AAE274-005＝正向电流
AAE014-005＝环境温度
GB/T 15651—1995

AAE557-005 02 NR3..3.3ES2 L03
等级 nom 实数度量
m
光谱带宽 D1
$\Delta\lambda$
在规定的环境温度下，光传感器的响应率或光发射器的密度不小于其最大值的一半时的标称波长间隔(m)。
AAE014-005＝环境温度
备注：
密度适用于光发射器；响应率适用于光敏感器件。

AAE558-005 01 NR1..4 T01
等级 nom 整数度量
deg
50%值之间的射束宽度 $α_1/2
半值射束角 $\theta_{1/2}$
$\alpha_{50\%}$
光发射器密度或光传感器响应率的半值方向之间的射束宽度的标称角(°)
JESD 77B:2000
备注：
密度适用于光发射器；响应率适用于光传感器。

AAE560-005 02 M..35 A91
简单 非定量代码
封装颜色 封装颜色
包封颜色
LED 或 IRED 封装的颜色的名称。
扩散蓝色 ＝扩散蓝色
洁净无颜色＝洁净无颜色
扩散无颜色＝扩散无颜色
洁净绿色 ＝洁净绿色
扩散绿色 ＝扩散绿色
洁净红色 ＝洁净红色
扩散红色 ＝扩散红色

洁净黄色＝洁净黄色
扩散黄色＝扩散黄色
备注：
对所用的材料和在发射条件下产生的颜色见AAE563-005 和 AAE564-005。

AAE561-005　02　NR3..3.3ES2　L10
等级 nom 实数度量
W
辐射输出功率　$f_e
辐射通量　Φ_e
P_{out}
在规定的波长和外壳温度下，激光光发射器的标称辐射输出功率(W)。
AAE260-005＝壳体温度
AAE569-005＝峰值的波长
SJ/Z 9011.1—1987

AAE562-005　01　M..17　A56
简单　字符串
发光密度类别　I_v(cl)
$I_{v(cl)}$
LED 发光密度类别的代码。

AAE563-005　01　M..17　A57
简单　非定量代码
LED 晶体材料　LED 晶体材料
光发射器晶体材料的缩写名称。
GaAlAs　＝GaAlAs
GaAs　＝GaAs
GaAsP　＝GaAsP
GaAsP/GaP＝GaAsP/GaP
GaP　＝GaP
GaP(ZnO)　＝GaP(ZnO)
GaPAs　＝GaPAs
备注：
有关产生的颜色，见 AAE564-005。

AAE564-005　01　M..17　A91
简单　非定量代码
LED 光的颜色　光颜色
光颜色
由 LED 或 IRED 发出的光的颜色的代码。
green　＝绿
hyper-red　＝过红
infrared　＝红外
orange　＝橙
standard-red＝标准红色
super-red　＝超红
ultra-red　＝极红
yellow　＝黄
备注：
有关的发射材料，见 AAE563-005。

AAE565-005　02　NR3..3.3ES2　L29
等级 min 实数度量
cd
发光密度　I_v
I_v
在规定的正向电流和环境温度下，LED 的标称发光密度(cd)。
AAE014-005＝环境温度
AAE274-005＝正向电流
SJ/Z 9011.1—1987

AAE566-005　03　X..3　A56
简单　非定量代码
辐射类型　辐射类型
光传感器对应的光辐射类型的代码。
IEC 60050-845:1987
IR　＝红外辐射
UV　＝紫外辐射
VIS　＝可见光辐射

AAE567-005　01　NR3..3.3ES2　E01
等级 min 实数度量
A/W
光谱灵敏度　S_$l
S_λ
S_R
在规定的波长、反向电压和环境温度下，光传感器的光电流与入射辐射功率的最小比(A/W)。
AAE014-005＝环境温度
AAE335-005＝反向电压
AAE569-005＝峰值的波长

AAE568-005 02 NR3..3.3ES2 L03
等级 nom 实数度量
m
峰值响应的波长 $l_peak
峰值响应波长 λ_{peak}
在规定的反向电压和环境温度下，光传感器的光谱发光密度是最大的标称波长(m)。
AAE014-005＝环境温度
AAE335-005＝反向电压

AAE569-005 02 NR3..3.3ES2 L03
简单 min 实数度量
m
峰值的波长 @$l_p
峰值波长 @λ_p
作为变量，激光光发射器的密度或光传感器的响应度的波长(m)。

AAE570-005 02 NR3..3.3ES2 L16
简单 min 实数度量
W/m2
辐照度 @E_e
辐照度 E @E_e
作为变量，施加于光传感器的辐照度(W/m²)。
ISO 31-6:1992

AAE571-005 01 NR3..3.3ES2 E06
等级 nom 实数度量
V/W
响应率 响应率
电压响应率 响应率
在规定的波长、斩波频率和环境温度下，红外辐射光传感器的信号有效值与入射、斩波、辐射功率的标称比(V/W)。
AAE569-005＝峰值的波长
AAE014-005＝环境温度
AAE935-005＝斩波频率

AAE572-005 02 NR3 S..3.3ES2 L10
等级 nom 实数度量
W/(Hz⁻¹/2)
等值噪音辐射 *NEP*
噪音等值功率 *NEP*
在规定的波长、斩波频率和带宽下，红外辐射光传感器的标称等值噪音功率(W/Hz⁻¹/2)。
AAE569-005＝峰值的波长
AAE935-005＝斩波频率
AAE934-005＝带宽
IEC 60050-531:1974

AAE573-005 01 NR3..3.3ES2 L03
等级 typ 实数度量
m
光谱响应下限 $l_min
λ_{min}
在规定的电源电压和环境温度下，红外辐射光传感器给出最大输出的至少90%的响应的波长(m)的典型下限。
AAE014-005＝环境温度
AAE547-005＝电源电压
备注：
对于更低的光谱响应，即：对全光谱范围，也见AAE574-005。

AAE574-005 01 NR3..3.3ES2 L03
等级 typ 实数度量
m
光谱响应上限 $l_max
λ_{max}
在规定的电源电压和环境温度下，红外辐射光传感器给出最大输出的至少90%的响应的波长(m)的典型上限。
AAE014-005＝环境温度
AAE547-005＝电源电压
备注：
对于更低的光谱响应，即：对全光谱范围，也见AAE573-005。

AAE575-005 02 NR3..3.3ES2 T03
等级 nom 实数度量
m
元件分离 s_gap
元件间距 s_{gap}
红外辐射光传感器的敏感元件之间的标称距离(m)。

AAE576-005　01　NR3..3.3ES2　T03
等级 nom 实数度量
m
元件长度　l_elem
l_{elem}
红外辐射光传感器的敏感元件的标称长度(m)。

AAE577-005　01　NR3..3.3ES2　T03
等级 nom 实数度量
m
元件宽度　b_elem
b_{elem}
红外辐射光传感器的敏感元件的标称宽度(m)。

AAE578-005　01　NR2 S..3.3　E06
等级 minMax 实数度量
V
栅格 1 关断电压　V_g1(co)
控制栅格电压　$V_{g1(co)}$
在标称栅格 2 电压下,单色显像管的聚焦光栅的直观消光的栅格 1 上关于阴极的直流电压(V)的等级(minMax)所规定的值。
IEC 60050-531:1974
备注:
适用于驱动栅格显像管。

AAE579-005　01　NR2..3.3　E06
等级 nom 实数度量
V
加热器电压　V_f
V_f
跨越电子管的加热器引出端上的标称交流或直流电压(V)有效值(rms)。
IEC 60050-531:1974

AAE580-005　01　NR3..3.3ES2　E01
等级 nom 实数度量
A
加热器电流　I_f
I_f
流过电子管加热器的标称交流或直流电流(A)有效值(rms)。
IEC 60050:1974(531-16-12)

AAE581-005　01　NR2..3.3　T03
等级 max 实数度量
m
总长度　l_o
l_o
产品的最大总长度(m)。

AAE584-005　01　NR2 S..3.3　E06
等级 minMax 实数度量
V
栅格 2 关断电压　V_g2(co)
$V_{g2(co)}$
在最大阴极电压下,彩色显像管的聚光点的直观消光的栅格 2 对栅格 1 上的直流电压(V)的等级(minMax)所规定的值。
备注:
调节程序:
使在最大电压的所有阴极,V_g2 增加到色彩之一恰好成为可见的值。然后,在其他颜色也成为可见之前降低保持电子枪的阴极电压。

AAE585-005　01　NR3..3.3ES2　E06
等级 nom 实数度量
%
聚焦电压　V_foc
V_{foc}
彩色显像管聚焦时,在栅格 3 对栅格 1 上关于阳极电压的标称直流电压(%)。

AAE586-005　01　NR3..3.3ES2　E06
等级 minMax 实数度量
V
聚焦电压　V_foc
V_{foc}
单色显像管聚焦时,在栅格 4 对栅格 1 上的直流电压(V)的等级(minMax)所规定的值。

AAE588-005　01　NR1..4　T01
等级 nom 整数度量
deg
偏转角　$ a_defl
α_{defl}
用于识别显像管的有用屏幕的对角线上的标称偏转角(deg)。

AAE589-005　01　NR2..3.3　T03
等级 nom 实数度量
m
管颈直径　d_neck
d_{neck}
显像管的管颈的标称外直径(m)。

AAE590-005　01　NR3..3.3ES2　E06
等级 miNoMax 实数度量
V
阳极电压　V_a
最后加速器电压　V_a
显像管阳极上的直流电压(V)的等级(miNoMax)所规定的值。
备注：
所有与栅格1(阴极驱动)或阴极(栅格驱动)有关的电压。

AAE591-005　01　NR2 S..3.3　E06
等级 miNoMax 实数度量
V
阴极关断电压　V_k(co)
阴极电压　$V_{k(co)}$
彩色显像管的聚光点直观消光的在阴极对栅格1的直流电压(V)的等级(minMax)所规定的值。
备注：
见调节程序的 AAE584-005。

AAE592-005　01　NR1..4　T03
等级 nom 整数度量
cm
屏幕对角线长　d_scr
d_{scr}
作为产品标识用的显像管的有用屏幕对角线的标称凸出长度(cm)。
备注：
在 Pro 电子型号名称代码中，对于 TV 显像管和监视器管，由两或三位数字组成的相当于第二位(数字)符号的屏幕对角线长度(cm)。
其他显像管见 AAE595-005。

AAE593-005　01　NR3..3.3ES2　T03
等级 min 实数度量
m
有用屏幕水平宽度　b_scr
b_{scr}
沿显像管水平轴测得的有用屏幕的最小凸出宽度(m)。

AAE594-005　01　NR3..3.3ES2　T03
等级 min 实数度量
m
有用屏幕垂直高度　h_scr
h_{scr}
沿显像管垂直轴测得的有用屏幕的最小凸出高度(m)。

AAE595-005　01　NR1..4　T03
等级 nom 整数度量
cm
显像管大小(cm)　d_gls(c)
$d_{gls(c)}$
作为产品标识用的显像管玻壳的标称整个外对角线长度(cm)。
备注：
在 Pro 电子型号名称代码中，对于显像管而不是 TV 图像和监视器管，相当于第一位数字的面对角线长度(cm)。
TV 图像管和监视器管见 AAE592-005。

AAE596-005　02　NR2..3.3　L13
等级 nom 实数度量
%
玻璃发射　玻璃发射
光发射　玻璃发射
通过显像管屏幕发射的，相对于产生的光的量的可见光的标称量(%)。
备注：
在屏幕中心所测量的。

AAE598-005　01　M..8　A58
简单 非定量代码
管基类型　管基类型
显像管管基类型的 EIA 代码。
B10-277 =B10-277
B12-246 =B12-246

B12-262 =B12-262

B7-208 =B7-208

B8-228 =B8-228

B8-274 =B8-274

B8-288 =B8-288

B8H =(neo-eightar/IEC 60067)

E7-91 =E7-91

AAE603-005 01 NR2 S..3.3 E06

等级 minMax 实数度量

V

阴极关断电压 V_k(co)

$V_{k(co)}$

在最小栅格2电压下,单色显像管的聚焦光栅直观消光的阴极对栅格1的直流电压(V)的等级(minMax)所规定的值。

备注:

适用于阴极驱动显像管。

AAE605-005 01 M..3 A91

简单 字符串

荧光体代码 荧光体代码

显像管荧光体类型的Pro电子代码。

备注:代码见命名文件中的表D。

备注:

1) 在Pro电子类型名称代码中,由一个或两字母组合组成相当于第五位(字母)符号的荧光体代码。

2) 该表给出发光和荧光颜色、CIE颜色坐标、余辉和可比较的EIA名称。

3) 第一个字母指明根据Kelly图区域的发光(或余辉屏幕时间很长情况的荧光)的颜色。发光颜色是在连续os跳动激励(即:光栅显示)期间看到的颜色和荧光颜色是激励停止后看到的颜色。

第二个字母指明屏幕特性中其他特定的差别。

4) 对于彩色TV显像管,荧光体由字母X或字母XX定义。

对于彩色监视器管,荧光体(常常是三色)可由字母X、XX或有些其他不包含字母I和O的两字母组合来定义。

对单色TV显像管,荧光体由字母WW定义。

对单色监视器,荧光体可由字母WW或有些其他不包含字母I和O的两字母组合来定义。

AAE606-005 01 M..3 A56

简单 非定量代码

应用代码 应用代码

指明显像管主要应用的Pro电子/EIA代码。

A =TV显像管

D =示波器管,单迹

E =示波器管,双迹

F =雷达显示管

L =存储显示管

M=监视器管

P =投影管

Q =飞速聚光扫描

R =带纤维光输出的记录管

Pro Electron:1988

备注:

在Pro Electron类型名称代码中,应用代码对应第一位(字母)符号且应由一个字母组成。

AAE607-005 01 NR3..3.3ES2 E22

等级 nom 实数度量

H

行线圈电感 L_H

L_H

并联连接的偏转单元的行偏转线圈的标称电感(H)。

备注:

电感可包括串联连接的损耗线圈。

AAE608-005 01 NR3..3.3ES2 E22

等级 nom 实数度量

H

激励线圈电感 L_V

L_V

串联连接的偏转单元的激励偏转线圈的标称电感(H)。

备注:

如果并联连接,电感要低4倍。

AAE609-005 01 NR3..3.3ES2 E33

等级 nom 实数度量

Ω

行线圈电阻 R_H

R_H

并联连接的偏转单元的行偏转线圈的直流标称电阻(Ω)。
备注：
电阻可包括串联连接的损耗线圈的电阻。

AAE610-005 01 NR3..3.3ES2 E33
等级 nom 实数度量
Ω
激励线圈电阻 R_V
R_V
串联连接的偏转单元的激励偏转线圈的标称直流电阻(Ω)。
备注：
如果并联连接,电阻要低4倍。

AAE611-005 02 NR3..3.3ES2 E01
等级 nom 实数度量
A
行偏转电流 I_H
I_H
在标称阳极电压下,使显像管组件屏幕上聚光点水平地从边缘偏转到边缘的标称峰-峰电流(A)。

AAE612-005 02 NR3..3.3ES2 E01
等级 nom 实数度量
A
激励偏转电流 I_V
I_V
在标称阳极电压下,使显像管组件屏幕上聚光点垂直地从边缘偏转到边缘的标称峰-峰电流(A)。

AAE616-005 02 NR1..4 H01
等级 miNoMax 整数度量
K
热敏感度指数 B25/75 B_25/75
B_25/75 值 $B_{25/75}$
NTC 热敏电阻器在 25 ℃和 75 ℃之间的平均温度敏感度指数(K)的等级(miNoMax)所规定的值。
IEC 60539:2002

AAE617-005 01 NR3..3.3ES2 E33
等级 min 实数度量
Ω/s
LDR 恢复速率 恢复速率
恢复速率
在规定的持续时间后、初始照明度等级和颜色温度下,光敏电阻器从亮到暗的电阻的最小恢复速率(Ohm/s)。
AAE028-005＝持续时间
AAE623-005＝颜色温度
AAE624-005＝照明度

AAE618-005 01 M..8 A56
简单 非定量代码
PTC 应用 PTC 应用
指明其应用的 PTC 热敏电阻器的代码。
DEGA＝消磁彩色 TV 管(双 PTC)
HEAT＝加热元件
PROT＝过载保护
SENS＝温度敏感

AAE619-005 01 NR2..3.3 E01
等级 min 实数度量
A
PTC 峰值浪涌电流 I_peak(inr)
$I_{peak(inr)}$
在规定的交流电压和环境温度下,消磁 PTC 热敏电阻器的最小峰值交流浪涌电流(A)。
AAE014-005＝环境温度
AAE150-005＝电压(交流)

AAE620-005 01 NR2..3.3 E01
等级 max 实数度量
A
PTC 峰值电流 I_peak
I_{peak}
在规定的交流电压、环境温度和交流电压接通的持续时间下,消磁 PTC 热敏电阻器的最大峰值交流电流(A)。
AAE014-005＝环境温度
AAE028-005＝持续时间
AAE150-005＝电压(交流)

AAE621-005 01 NR2..3.3 E06
等级 max 实数度量

dB

电阻器噪声指数　F_res

电流噪声指数　F_{res}

关于施加的固定线性电阻器的直流电压，一个频率的十进制的最大电流噪声指数(dB)。

GB/T 7016—1986

备注：

用 dB 表示的电流噪声指数“十进制的 mV/V”是用来表示单个电阻的“无噪声”的术语。

与电流噪声相关的理想矩形通带是几何上以 1 000 Hz(c/s)为中心的一个频率的十进制。

指数定义如下：

电流噪声指数＝20log_10 v_rms/V_T dB(频率的十进制)。

这里：v_rms 是频率十进制的开路电流噪声电压有效值的微伏数，V_T 是试验条件下施加于电阻器上的直流电压数。

由于电流噪声功率频谱近似 $1/f$ 频率特性，指数提供了在任何频率十进制的电流噪声估计值。

AAE622-005　02　M..3　A59

简单 非定量代码

脉冲形状　@脉冲形状

作为变量，施加于电气/电子或机电元器件上的脉冲形状的代码。

EXP＝指数或“全发光”脉冲

REC＝矩形脉冲

SQW＝方波脉冲

备注：

引用：全发光脉冲——GB/T 16927

矩形脉冲——IEC 60050-702:1992

AAE623-005　01　NR1..4　H01

简单 整数度量

K

颜色温度　@T_col

@T_{col}

作为变量，施加于光敏电阻器上的光的颜色温度(K)。

AAE624-005　02　NR1..4　L34

简单 整数度量

lx

照明度　@E

@E

作为变量，施加于光敏电阻器上的光的照明度(lx)。

AAE625-005　01　NR3..3.3ES2　E01

等级 max 实数度量

A

热敏电阻器电流　I_TDR

I_{TDR}

在规定的直流电压和环境温度下，通过热敏电阻器的最大直流电流(A)。

AAE013-005＝电压(直流)

AAE014-005＝环境温度

AAE626-005　01　NR3..3.3ES2　E33

等级 miNoMax 实数度量

Ω

PTC 转换电阻　R_sw

R_{sw}

R_b

相应转换温度的 PTC 热敏电阻器的零功率电阻(Ω)的等级(miNoMax)所规定的值。

IEC 60738-1:1998

备注：

对应于转换温度的零功率电阻的值。

注：表示转换电阻是指由规定的放大系数的最小电阻(R_{min})。它也可表示为电阻的绝对值和独立的 R_{min}。

AAE629-005　01　NR3..3.3ES2　E01

等级 max 实数度量

A

PTC 残余电流　I_res

I_{res}

在规定的交流电压和环境温度下，PTC 热敏电阻器的最大残余电流(A)。

AAE014-005＝环境温度

AAE150-005＝电压(交流)

AAE633-005　01　NR3..3.3ES2　T03

等级 max 实数度量

m

涂漆长度　l_lacq

L_{lacq}

有轴向引线的电气/电子或机电元器件体的最大长度(m),包括引线的涂漆部分。

AAE634-005　01　M..8　A57

简单 非定量代码

引出端材料　引出端材料

电气-电子或机电元器件引出端材料的代码。

AgPd =银-钯

NiSn =镍-锡

AAE635-001　01　M..17　A58

简单 字符串

电阻器封装代码　电阻器封装

包封代码

电阻器包封类型的代码。

AAE637-005　01　M..17　A58

简单 字符串

晶体管封装代码　晶体管封装

包封代码

晶体管包封类型的代码。

AAE638-005　02　M..3　A55

简单 非定量代码

晶体管极性　极性

形成双极晶体管的结的半导体材料类型的缩写名称。

NPN=负-正-负

PNP=正-负-正

备注:

N-类型:传导电子密度超过游离空穴密度的含杂质半导体。

P-类型:游离空穴密度超过传导电子密度的含杂质半导体。

AAE640-005　02　NR2..3.3　E01

等级 minMax 实数度量

1

集电极电流比率　I_1c/I_2c

I_{1c}/I_{2c}

在规定的相等集电极-基极电压、相等基极-发射极电压和规定的总发射极电流下,两双极晶体管的集电极电流的比的等级(minMax)所规定的值。

AAE408-005=发射极电流(直流)

AAE419-005=集电极-基极电压

AAE427-005=基极-发射极电压

AAE641-005　02　NR2..3.3　E01

等级 max 实数度量

A

集电极饱和电流　I_Csat

I_{Csat}

在规定的直流饱和电压增益和环境温度下,给出转换双极晶体管的集电极-发射极和基极-发射极饱和电压时的最大集电极电流(A)。

注:在 I_{Csat} 处,转换特性也应是采用象供 V_{CEsat} 和 V_{Besat} 使用的基极电流的 $+I_B$ 和 $-I_B$ 同样值的电阻电路(t_d、t_r、t_s 和 t_f)的特性。

AAE014-005=环境温度

AAE952-005=饱和直流电流增益

AAE642-005　01　NR3..3.3ES2　E01

等级 nom 实数度量

A/K

差分电流变化　$DI/$DT

$|\Delta I/\Delta T|$

在规定的总发射极电流和规定的相等集电极-基极电压下、在规定温度(T_1 和 T_2)之间的温度范围内,两双极晶体管的差分电流随温度改变(A/K)的绝对值。

AAE408-005=发射极电流(直流)

AAE419-005=集电极-基极电压

AAE958-005=温度 T_1

AAE959-005=温度 T_2

AAE644-005　01　NR3..3.3ES2　E06

等级 max 实数度量

V/K

差分电压变化　$DV/$DT

$|\Delta V/\Delta T|$

在规定的总发射极电流和规定的相等集电极-基极电压下、在规定温度(T_1 和 T_2)之间的温度范围内,两双极晶体管的差分电压随温度改变(V/K)的绝对值。

AAE419-005=集电极-基极电压

AAE408-005=发射极电流(直流)

AAE958-005＝温度 T_1
AAE959-005＝温度 T_2

AAE647-005　02　NR2..3.3　E49
等级 max 实数度量
dB
平均噪声指数　F_AV
平均噪声因子　F_{Av}
噪声指数
在规定的集电极电流、集电极-发射极电压、电源阻抗和带宽下，双极晶体管的最大平均噪声指数(dB)。
AAE406-005＝集电极电流(直流)
AAE412-005＝集电极-发射极电压
AAE936-005＝电源阻抗
AAE934-005＝带宽
GB/T 17573—1998
备注：
平均噪声指数：
1) 当输入引出端的噪声温度是在提供给输出噪声的所有频率下的参考噪声温度 T_0 时，在输出频带内的总输出噪声功率与
2) 在信号输入频带内由信号输入引出端的噪声产生的条款 1)的那部分输出噪声功率的比率。

AAE648-005　02　NR2..3.3　E49
等级 minTypMax 实数度量
dB
聚光点噪声指数　F
聚光点噪声因子　F
噪声指数
在规定的集电极电流、集电极-发射极电压、电源阻抗和频率下，双极晶体管的聚光点噪声指数(dB)的等级(minTypMax)所规定的值。
AAE406-005＝集电极电流(直流)
AAE412-005＝集电极-发射极电压
AAE936-005＝电源阻抗
AAE029-005＝频率
GB/T 17573—1998
备注：
聚光点噪声指数：
1) 当所有输入引出端的噪声温度是在提供给输出噪声的所有频率的基准噪声温度 T_{no} 时，单输出频率处的每单位带宽(光谱密度)的总输出噪声功率与
2) 在信号输入频率处由信号输入引出端的噪声产生的条款 1)那部分输出噪声功率的比率。

AAE655-005　01　NR3..3.3ES2　E09
等级 max 实数度量
F
栅极输入电容　C_ig
C_{ig}
在规定的漏极电流、漏-源电压、栅-源电压和频率下，N-型隧道场效应晶体管的栅极处的最大输入电容(F)。
AAE029-005＝频率
AAE376-005＝漏-源电压
AAE381-005＝栅-源电压
AAE367-005＝漏极电流(直流)
GB/T 4586—1994

AAE656-005　02　NR3..3.3ES2　E45
等级 minTypMax 实数度量
S
转移传导率　g_fs
g_{fs}
在规定的漏极电流和漏-源电压下，正向偏压场效应晶体管的转移传导的实部(S)的标称值的等级(minTypMax)所规定的值。
AAE367-005＝漏极电流(直流)
AAE376-005＝漏-源电压

AAE657-005　02　NR2..3.3　E49
等级 minTypMax 实数度量
dB
聚光点噪声指数　F
聚光点噪声因子　f
噪声指数
在规定的漏极电流、漏-源电压、栅-源电压、电源阻抗和频率下，场效应晶体管的聚光点噪声指数(dB)的等级(minTypMax)所规定的值。
AAE029-005＝频率
AAE367-005＝漏极电流(直流)
AAE376-005＝漏-源电压
AAE381-005＝栅-源电压

AAE936-005＝电源阻抗
GB/T 17573—1998
备注：
聚光点噪声指数：
1) 当所有输入引出端的噪声温度是在提供给输出噪声的所有频率的基准噪声温度 T_no 时，在单输出频率处的每单位带宽（光谱密度）的总输出噪声功率与
2) 在信号输入频率处由信号输入引出端的噪声产生的条款 1)那部分输出噪声功率的比率。

AAE682-006　02　M..17　A91
简单 非定量代码
等级　@等级
物理量的值等级的缩写名，以区别它与同一物理量的其他可能或允许的值。
minMax　＝最小/最大
minTypMax ＝最小/典型/最大
miNoMax　＝最小/标称/最大
minTyp　＝最小/典型
typMax　＝典型/最大

AAE683-005　02　M..8　A56
简单 非定量代码
温度类型　@T 类型
指明元器件的特定部分或适用于其环境的温度类型的 IEC 代码。
T_mb　＝安装基座温度
T_j　＝结温
T_tp　＝联结点温度
T_amb　＝环境温度
T_case　＝壳体（包封）温度
T_h　＝散热温度
备注：
这一数据元素类型要与 AAE685-005 组合使用。

AAE684-005　01　NR3 S..3.3ES2 E01
简单 实数度量
A/s
导通态电流上升速率 @dI_T/dt
@dI_T/dt
作为变量，晶闸管导通态电流上升的速率（A/s）。

AAE685-005　01　NR1 S..4　H02
简单 整数度量
Cel
温度　@T
@T
作为变量，元器件或其环境的温度（℃）。
备注：
这一数据元素类型要与 AAE683-005 组合使用。

AAE686-005　03　M..8　A55
简单 非定量代码
IC 技术　IC 技术
指明 IC 半导体技术的代码。
ACL　＝** 先进的 CMOS 逻辑
ALS　＝*** 先进的低功率肖特基 TTL
ASTTL　＝*** 先进的肖特基 TTL
BICMOS ＝组合的双极和 CMOS
BIP　＝双极
CMOS　＝* 互补 CMOS
ECL　＝* 发射极耦合逻辑
FAST　＝*** 快速 TTL
HCMOS　＝** 高速 CMOS
I2L　＝* 集成注入逻辑
LSTTL　＝*** 低功率肖特基 TTL
MIXMOS ＝组合的 NMOS 和 CMOS
MOS　＝金属氧化物半导体
NMOS　＝* N-型 MOS
PMOS　＝* P-型 MOS
STDTTL ＝** 标准 TTL
STTL　＝** 肖特基 TTL
TTL　＝* 晶体管逻辑

AAE687-005　01　M..8　A59
简单 非定量代码
质量认证机构　QA 机构
质量保证
质量确认
产品质量确认的机构的缩写名称。
AQAP ＝联合质量保证程序
CECC ＝Cenelec 电子元器件委员会
IECQ ＝IEC 质量认证体系
MIL ＝军用标准（美国）

AAE688-005　02　NR2..3.3　H12
等级 max 实数度量
K/W
热电阻　R_th
R_{th}
规定的热电阻类型的电气-电子或机电元器件的最大工作热电阻(K/W)。
AAE689-005＝热电阻类型
ISO 31-4:1978

AAE689-005　01　M..17　A56
简单 非定量代码
热电阻类型　@R_th(类型)
@$R_{th(type)}$
规定电气/电子元器件热电阻类型的代码。
R_th(h-a)　＝从散热器到自由空气环境的 R_th
R_th(j-a)　＝从结到自由空气环境的 R_th
R_th(j-c)　＝从结到外壳的 R_th
R_th(j-h)　＝从结到散热器的 R_th
R_th(j-mb)＝从结到安装基座的 R_th
R_th(j-t)　＝从结到联结点的 R_th
R_th(mb-h)＝从安装基座到散热器的 R_th
备注:
这一数据元素类型要与 AAE688-005 组合使用。

AAE690-005　01　NR2 S..3.3　E06
等级 minTypMax 实数度量
V
电源电压　V_sup
直流电源电压　V_{sup}
施加于 IC 上,直流电源电压的等级(minTypMax)所规定的值。
备注:
共知的电源电压符号:
V_{CC}　对 TTL、NMOS 和 HCMOS 电路
V_{DD}　对 CMOS 电路
V_{P}　对模拟电路
V_{EE}　对 ECL 电路

AAE691-005　01　NR3 S..3.3ES2 E01
等级 minTypMax 实数度量
A
电源电流　I_sup
直流电源电流　I_{sup}
IC 直流电源电流的等级(minTypMax)所规定的值。
备注:
共知的电源电流符号:
I_{CC}　对 TTL、NMO 和 HCMOS 电路
I_{DD}　对 CMOS 电路
I_{GND}　对 CMOS 和 HCMOS 电路的静态功率电源电流(地电流)
I_{P}　对模拟电路

AAE692-005　02　NR3 S..3.3ES2 E01
等级 max 实数度量
A
禁止使用的待机电流　I_stbD
I_{stbD}
I_{CCstbD}
具有输出禁止使用的 IC 的组合、连续或接口功能的最大待机电源电流(A)。

AAE693-005　02　NR3 S..3.3ES2 E01
等级 max 实数度量
A
启动的待机电流　I_stbE
I_{stbE}
I_{CCstbE}
具有输出启动的 IC 的数字组合、连续或接口功能的最大待机电源电流(A)。

AAE696-005　01　X..3　A56
简单 非定量代码
电子管类型　电子管类型
电子管所属的种类的代码。
CRT＝显像管(阴极射线管)
GAS＝充气管
PHO＝光敏管
SCC＝空间电荷控制管
SCW＝空间电荷波纹管

AAE697-005　01　NR3..3.3ES2　E01
等级 minTypMax 实数度量
A
电流消耗　I_tot

I_{tot}

在规定的电源电压和温度类型的温度下，施加于放大器的直流电源电压（V）的等级（minTypMax）所规定的值。

AAE102-005＝电源电压

AAE685-005＝温度

AAE683-005＝温度类型

AAE698-005　01　NR2..3.3　E06

等级 minTypMax 实数度量

dB(mv)

输出电压　V_O

V_o

在规定的电源电压、互调失真和温度类型的温度下，宽带放大器上输出电压（dBmV）的等级（minTypMax）所规定的值。

AAE102-005＝电源电压

AAE683-005＝温度类型

AAE685-005＝温度

AAE709-005＝互调失真 d_im

备注：

根据三频方法测量的互调失真：

$V_p=V_o$	$f_p=287.25$ MHz
$V_q=V_o-6$ dB	$f_q=294.25$ MHz
$V_r=V_o-6$ dB	$f_r=296.25$ MHz

测量频率是 $f_{(p+q+r)}=285.25$ MHz

60 dB 意味着 60 dB 是 1 V 的大约 1 mV。

AAE699-005　02　NR2 S..3.3　E06

等级 minTypMax 实数度量

dB

合成三倍差拍　*CTB*

CTB

宽带放大器下面两个值的商（dB）的等级（minTypMax）所规定的值：

1）当规定的相邻频道数有输入信号产生等值的输出电压时，从任意三个频率成分的重叠产生的规定 TV 频道下所测得的频率成分总和与

2）在规定电源电压、温度类型的温度下，需要的输出信号等级。

AAE102-005＝电源电压

AAE683-005＝温度类型

AAE685-005＝温度

AAE700-005　02　NR2 S..3.3　E06

等级 minTypMax 实数度量

dB

第二阶差拍　d_2

d_2

宽带放大器下面两个值的商（dB）的等级（minTypMax）所规定的值：

1）规定频率（或频道）下所测得的有规定幅值和频率（或频道）的两个输入信号的重叠产生的频率成分的幅值与

2）在规定电源电压、温度的温度类型下，两个原频率中之一的幅值。

AAE102-005＝电源电压

AAE683-005＝温度类型

AAE685-005＝温度

备注：

测量方法：

$V_p=V_o$	$f_p=f_1$	频道 p
$V_q=V_o$	$f_q=f_2$	频道 q

在（f_1+f_2）下所测量的第二阶差拍。

AAE701-005　01　NR1 S..4　E06

等级 minTypMax 整数度量

dB

输入回路损耗　S_11

S_{11}

下面两个值的复数比（dB）的等级（minTypMax）所规定的值：

1）正弦入射电流与

2）在规定电源电压、输入阻抗、温度类型的温度和规定频率（f_1 和 f_2）之间的频率范围下，宽带放大器输入端的对应反射电流。

AAE102-005＝电源电压

AAE683-005＝温度类型

AAE685-005＝温度

AAE936-005＝电源阻抗

AAE963-005＝频率 f_1

AAE964-005＝频率 f_2

AAE702-005　01　NR1 S..4　E06

等级 minTypMax 整数度量

dB

输出回路损耗　S_22

S_{22}

下面两个值的复数比(dB)的等级(minTypMax)所规定的值:

1) 正弦入射电流与
2) 在规定电源电压、输出阻抗、温度类型的温度和在规定频率(f_1 和 f_2)之间的频率范围下,宽带放大器输出端的对应反射电流。

AAE102-005=电源电压
AAE683-005=温度类型
AAE685-005=温度
AAE938-005=负载阻抗
AAE963-005=频率 f_1
AAE964-005=频率 f_2

AAE703-005　01　NR1 S..4　E06
等级 minTypMax 整数度量
dB
交叉调制　Xmod
X_{mod}

在规定的电源电压、温度类型的温度下,当有相等输出电压的每个载波频率规定的数量施加于模块输入时,宽带放大器输出所测得的交叉调制(dB)的等级(minTypMax)所规定的值。

注 1: 所有的载波频率用 50%的工作循环进行通/断转换和重复频率:对 60 Hz 电源频率为 15.750 kHz 和对 50 Hz 电源频率为 15.625 kHz。

注 2: 100%规定为 0 dB
1%规定为−40 dB。

AAE102-005=电源电压
AAE683-005=温度类型
AAE685-005=温度

AAE704-005　02　NR2..3.3　E49
简单 实数度量
W
同步输出功率　@P_o(syn)
$@P_{o(syn)}$

作为变量,按照三频方法测得的双极 rf 功率晶体管或宽带放大器的工作同步输出功率(W)。

备注:

三频方法:

视频	f_v	等级=−8 dB
声载频	f_v+5.5 MHz	等级=−7 dB
侧带信号	f_v−1.1 MHz	等级=−16dB
零等级 0 dB 与峰值同步等级对应		

AAE705-005　02　NR2 S..3.3　E49
等级 minTypMax 实数度量
dB
斜率电缆等效值　*SL*
SL

在规定电源电压和温度范围的温度下,用优化的电缆等效阻抗,在规定的频率范围频率(f_1 和 f_2)测得的宽带放大器的功率增益(dB)之差的等级(minTypMax)所规定的值。

AAE102-005=电源电压
AAE683-005=温度类型
AAE685-005=温度
AAE963-005=频率 f_1
AAE964-005=频率 f_2

AAE706-005　03　NR2..3.3　E49
等级 minTypMax 实数度量
dB
频率响应一致性　*FL*
频率响应均匀性　*FL*
均匀性

在规定的电源电压、温度类型的温度和在规定频率(f_1 和 f_2)之间的频率范围下,用优化电缆等效阻抗测得的功率增益和理论算出的功率增益的宽带放大器的增益差(dB)的等级(minTypMax)所规定的值。

AAE102-005=电源电压
AAE685-005=温度
AAE683-005=温度类型
AAE963-005=频率 f_1
AAE964-005=频率 f_2

AAE707-005　02　NR2..3.3　E49
等级 minTypMax 实数度量
W
峰值包络功率 PEP　*PEP*
PEP

在规定的集电极-发射极电压、集电极电流、频率和温度类型的温度下,按照两信号方法测得的 SSB 工作模式中双极晶体管的峰值包络功率(W)的等级(minTypMax)所规定的值。

AAE029-005=频率
AAE406-005=集电极电流(直流)

AAE412-005＝集电极-发射极电压
AAE683-005＝温度类型
AAE685-005＝温度

AAE708-005　02　NR2..3.3　E49
简单 实数度量
W
峰值包络功率　@PEP
@PEP
作为变量，按两信号方法测得的SSB工作模式中双极晶体管或宽带放大器的峰值包络功率(W)的值。

AAE709-005　01　NR1 S..4　E06
简单 整数度量
dB
互调失真 d_im　@d_im
@d_{im}
作为变量，按照三频方法测得的双极rf功率晶体管或宽带放大器的互调失真(dB)。
备注：

视频	f_v	等级＝−8 dB
声载频	f_v+5.5 MHz	等级＝−7 dB
侧带信号	f_v−1.1 MHz	等级＝−16 dB
零等级 0 dB 与峰值同步等级对应		

AAE710-005　01　NR1 S..4　E06
简单 整数度量
dB
互调失真 d_3　@d_3
@d_3
作为变量，按照二频方法测得的双极rf功率晶体管的互调失真(dB)。
备注：
二频方法：

f_1＝28.000 MHz	$V_1=V_o-6$ dB
f_2＝28.001 MHz	$V_2=V_o-6$ dB
测量的谐波成分是： (f_2+1 kHz)−(f_1−1 kHz)＝3 kHz	

AAE711-005　01　NR2..3.3　E06
等级 minTypMax 实数度量
dB
互调失真 d_im　d_im
d_{im}
在规定的同步输出功率、视频、集电极-发射极电压、集电极电流和温度类型的温度下，按照三频方法测得的rf双极功率晶体管的互调失真(dB)的等级(minTypMax)所规定的值。
AAE029-005＝频率
AAE406-005＝集电极电流(直流)
AAE412-005＝集电极-发射极电压
AAE683-005＝温度类型
AAE685-005＝温度
AAE704-005＝同步输出功率
备注：

视频	f_v	等级＝−8 dB
声载频	f_v+5.5 MHz	等级＝−7 dB
侧带信号	f_v−1.1 MHz	等级＝−16 dB
零等级 0 dB 与峰值同步等级对应		

AAE712-005　01　NR2 S..3.3　E06
等级 minTypMax 实数度量
dB
互调失真 d_3　d_3
d_3
在规定的峰值包络功率、频率、集电极-发射极电压、集电极电流和温度类型的温度下，按二频方法测得的双极rf功率晶体管的第三阶差拍互调失真(dB)的等级(minTypMax)所规定的值。
AAE029-005＝频率
AAE406-005＝集电极电流(直流)
AAE412-005＝集电极-发射极电压
AAE683-005＝温度类型
AAE685-005＝温度
AAE708-005＝峰值包络功率
备注：
二频方法：
f_1＝28.000 MHz，V_1＝V_o-6 dB
f_2＝28.001 MHz，V_2＝V_o-6 dB
测量的谐波成分是：
(f_2＋1 kHz)－(f_1－1 kHz)＝3 kHz

AAE713-005　02　NR2..3.3　E49
等级 minTypMax 实数度量
dB

单向功率增益　　　　G_UM
G_{UM}

假设在规定的集电极-发射极电压、集电极电流、频率和温度类型的温度下，s_{re}(共发射极结构的反向传输系数)为零，当作四端网络考虑、在其输出端的共轭匹配的双极晶体管的功率增益(dB)的等级(minTypMax)所规定的值。

AAE029-005＝频率
AAE406-005＝集电极电流(直流)
AAE412-005＝集电极-发射极电压
AAE683-005＝温度类型
AAE685-005＝温度

$$G_{UM} = 10\log \frac{S_{fe}^2}{(1-S_{ie}^2)(1-S_{oe}^2)}$$

AAE714-005　03　NR2..3.3　E49
等级 minTypMax 实数度量
W

同步输出功率　　　　P_o(syn)
$P_{o(syn)}$

在规定的互调失真、频率、集电极-发射极电压、集电极电流和温度类型的温度下，按照三频方法测得的双极 rf 功率晶体管的同步输出功率(W)的等级(minTypMax)所规定的值。

AAE029-005＝频率
AAE406-005＝集电极电流(直流)
AAE412-005＝集电极-发射极电压
AAE683-005＝温度类型
AAE685-005＝温度
AAE709-005＝互调失真 d_im

备注：

三频方法：

视频	f_v	等级＝－8 dB
声载频	f_v＋5.5 MHz	等级＝－7 dB
侧带信号	f_v－1.1 MHz	等级＝－16 dB
零等级 0 dB 与峰值同步等级对应		

AAE715-005　02　NR1..4　E49
等级 minTypMax 整数度量
%

效率　　　　$ h
η

在规定的应用、频率、负载功率、集电极电流、集电极-发射极电压和温度类型的温度下，双极功率晶体管负载上的发热功率与供给晶体管的总功率的比值(%)的等级(minTypMax)所规定的值。

AAE029-005＝频率
AAE406-005＝集电极电流(直流)
AAE412-005＝集电极-发射极电压
AAE683-005＝温度类型
AAE685-005＝温度

备注：

对 CW 工作，发热功率等于 P_L；
对 BBS 工作，发热功率等于 $PEP/2$；
供给晶体管的总功率为 $V_C \times I_C$。

AAE716-005　02　NR1 S..4　E06
等级 minTypMax 整数度量
V/V

穿透速率之差　　　　$ Dg_os/g_fs
$\Delta g_{os}/g_{fs}$

在规定的恒定漏极电流、漏极-栅极电压和温度类型的温度下，双场效应晶体管的栅-源电压差的变化与漏极-栅极电压的变化之比(V/V)的等级(minTypMax)所规定的值。

AAE367-005＝漏极电流(直流)
AAE375-005＝漏极-栅极电压
AAE683-005＝温度类型
AAE685-005＝温度

$$\Delta \frac{g_{os}}{g_{fs}} = \frac{d\Delta V_{GS}}{dV_{DG}}$$

AAE717-005　03　NR1 S..4　E44
等级 minTypMax 整数度量
Ω

转移阻抗之差　　　　| $ d1/g_fs|
$|\Delta 1/g_{fs}|$

在规定的恒定漏极电流、漏极-栅极电压和温度类型的温度下，双场效应晶体管的栅-源电压差的变化与漏极电流的变化之比(Ohm)的等级(minTypMax)所规定的值。

AAE367-005＝漏极电流(直流)
AAE375-005＝漏极-栅极电压
AAE683-005＝温度类型
AAE685-005＝温度

$\Delta \frac{1}{g_{fs}} = \frac{d\Delta V_{GS}}{dI_D}$

AAE718-005　01　NR2 S..3.3　E06

等级 minTypMax 实数度量

V

高电平状态输入电压　V_IH

高输入电压　V_{IH}

高电平输入电压

在规定的电源电压下和在规定的温度(T_1 和 T_2)之间的温度范围内,施加于 IC 数字功能的高电平状态直流输入电压(V)的等级(minTypMax)所规定的值。

AAE102-005＝电源电压

AAE958-005＝温度 T_1

AAE959-005＝温度 T_2

GB/T 17574—1998

AAE719-005　01　NR2 S..3.3　E06

等级 minTypMax 实数度量

V

低电平状态输入电压　V_IL

低输入电压　V_{IL}

低电平输入电压

在规定的电源电压下和在规定的温度(T_1 和 T_2 之间的温度范围内,施加于 IC 数字功能的低电平状态直流输入电压(V)的等级(minTypMax)所规定的值。

AAE102-005＝电源电压

AAE958-005＝温度 T_1

AAE959-005＝温度 T_2

GB/T 17574—1998

AAE720-005　02　NR3..3.3ES2　T07

等级 max 实数度量

s

访问时间　t_ACC

地址到输出延迟　t_{ACC}

来自 RAS 的访问时间　t_{RAC}

IC 存储功能的从地址到输出的最大访问时间间隔(s)。

注:在动态 RAM 的情况中,它为行地址选通与输出之间的时间间隔(T_{RAC})。

ISO 2382-12:1988

AAE721-005　02　NR3..3.3ES2　T07

等级 max 实数度量

s

来自 CAS 的访问时间　t_CAC

t_{CAC}

已有其他必要的输入,CAS(列地址选通)输入脉冲到来到 DRAM 输出有效数据信号之间的最大时间间隔(s)。

GB/T 17574—1998

AAE722-007　02　X..8　A56

简单 非定量代码

存贮功能　存贮功能

存贮/寄存功能

识别数字 IC 存贮功能的代码。

CAM ＝CAM

CCP ＝电荷耦合器件

RAM ＝RAM

ROM ＝ROM

REG ＝寄存器

AAE724-005　01　X..3　A56

简单 非定量代码

触发器件功能　触发功能

触发器件功能的代码。

DIA ＝二端交流开关

THY＝晶闸管

TRI ＝三端双向晶闸管

AAE725-005　02　NR1..4　E06

等级 minMax 整数度量

V

击穿电压　V_(BO)

$V_{(BO)}$

在规定的截止态电压上升速率下,二端交流开关是当差分电阻为零而主电压已到达最大值时的击穿点的直流电压值(V)的等级(minMax)所规定的值。

AAE727-005＝截止态电压上升速率

IEC 60747-6:2000

AAE726-005　01　NR1 S..4　E06

等级 min 整数度量

V
输出电压 V_O
弹回电压 V_O
在规定的电压上升速率(dV/dt)和结温下，二端交流开关的最小输出电压(V)。
AAE271-005＝结温
AAE727-005＝截止态电压上升速率

AAE727-005 01 NR3 S..3.3ES2 E06
简单 实数度量
V/s
截止态电压上升速率 @dV_D/dt
@dV_D/dt
作为变量，二端交流开关或晶闸管的截止态电压的上升速率(V/s)。

AAE728-005 03 NR1..4 E01
等级 max 整数度量
A
导通态电流有效值 I_T(RMS)
$I_{T(RMS)}$
晶闸管或三端双向晶闸管中从阳极到阴极流经的最大限制导通态电流(A)有效值(rms)。
IEC 60747-6:2000

AAE729-005 03 NR1..4 E01
等级 max 整数度量
A
重复峰值导通态电流 I_TRM
I_{TRM}
晶闸管或三端双向晶闸管中，包含所有重复瞬态电流的最大限制峰值导通态电流(A)。
IEC 60747-6:2000

AAE730-005 02 NR3 S..3.3ES2 E01
等级 max 实数度量
A
不重复峰值导通态电流 I_TSM
浪涌导通态电流 I_{TSM}
在规定的持续时间和安装基座温度下，晶闸管或三端双向晶闸管中的最大限制非重复峰值导通态电流(A)。
AAE028-005＝持续时间
AAE272-005＝安装基座温度
IEC 60747-6:2000

AAE731-005 01 NR3 S..3.3ES2 E01
简单 实数度量
A
栅极电流 @I_G
@I_G
作为变量，晶闸管或三端双向晶闸管中的栅极电流(A)。

AAE732-005 01 NR3 S..3.3ES2 E01
等级 min 实数度量
A
栅极触发电流 I_GT
I_{GT}
在规定的截止态电压和结温下，晶闸管或三端双向晶闸管从截止态转换到导通态所要求的最小栅极电流(A)。
AAE737-005＝截止态电压
AAE271-005＝结温
IEC 60747-6:2000

AAE733-005 01 NR3 S..3.3ES2 E01
简单 实数度量
A
导通态电流 @I_T
@I_T
作为变量，晶闸管或三端双向晶闸管中从阳极到阴极流经的直流导通态电流(A)。
IEC 60747-6:2000

AAE734-005 02 NR3 S..3.3ES2 E01
等级 max 实数度量
A/s
导通态电流上升速率 dI_T/dt
dI_T/dt
在规定的栅极电流上升速率下，使规定的栅极电流触发到规定的导通态电流后的导通态电流的最大限制上升速率(A/s)。
AAE731-005＝栅极电流
AAE733-005＝导通态电流
AAE736-005＝栅极电流上升速率

IEC 60747-6:2000

AAE735-005　01　NR3 S..3.3ES2 E01
简单 实数度量
A/s
整流电流上升速率　@dI_com/dt
@dI_{com}/dt
作为变量，三端双向晶闸管的整流电流的上升速率(A/s)。

AAE736-005　01　NR3 S..3.3ES2 E01
简单 实数度量
A/s
栅极电流上升速率　@dI_G/dt
@dI_G/dt
晶闸管或三端双向晶闸管的栅极电流的上升速率(A/s)。

AAE737-005　01　NR3 S..3.3ES2 E06
简单 实数度量
V
截止态电压　@V_D
@V_D
作为变量，晶闸管或三端双向晶闸管阳极和阴极之间的截止态电压(V)。
IEC 60747-6:2000

AAE738-005　01　NR3 S..3.3ES2 E06
等级 max 实数度量
V
截止态电压　V_D
V_D
晶闸管或三端双向晶闸管截止态下阳极和阴极之间的最大限制连续电压(V)，不包括重复和非重复电压。
IEC 60747-6:2000

AAE739-005　02　NR3 S..3.3ES2 E06
等级 max 实数度量
V
重复峰值截止态电压　V_DRM
V_{DRM}
跨接晶闸管或二端交流开关两端的最大限制重复峰值截止态电压(V)，包括所有重复电压但不包括所有非重复电压。
IEC 60747-6:2000

AAE740-005　02　NR3 S..3.3ES2 E06
等级 max 实数度量
V/s
截止态电压上升速率　dV_D/dt
dV_D/dt
在规定的截止态电压和结温下，将不触发器件的最大截止态电压上升速率(V/s)。
AAE271-005＝结温
AAE737-005＝截止态电压
IEC 60747-6:2000

AAE741-005　02　NR3 S..3.3ES2 E06
等级 max 实数度量
V
整流电压上升速率　dV_com/dt
dV_{com}/dt
dV_D/dt
在规定的整流电流上升速率值、导通态电流有效值(rms)、截止态电压和安装基座温度下，不引起从截止态转换到导通态的、立即在相反方向流经导通态电流传导的最大整流电压的上升速率(V/s)。
AAE272-005＝安装基座温度
AAE735-005＝整流电流上升速率
AAE737-005＝截止态电压
AAF063-005＝导通态电流有效值
IEC 60747-6:2000

AAE742-005　01　NR3 S..3.3ES2 E06
等级 min 实数度量
V
栅极触发电压　V_GT
V_{GT}
在规定的截止态电压和结温下，晶闸管或二端交流开关从截止态切换到导通态所要求的最小栅极电压(V)。
AAE271-005＝结温
AAE737-005＝截止态电压
IEC 60747-6:2000

AAE743-005 01 X..3 A56
简单 非定量代码
晶闸管功能 晶闸管功能
晶闸管功能的代码。
FTO＝快速关断晶闸管
GTO＝栅极关断晶闸管
RVB＝反向阻塞晶闸管

AAE744-005 02 NR3..3.3ES2 E01
等级 max 实数度量
A
平均导通态电流 I_T(AV)
$I_{T(AV)}$
在规定的安装基座温度下，在一个电源循环周期内，晶闸管导通态下，从阳极到阴极流经的最大限制平均直流电流(A)。
AAE272-005＝安装基座温度
IEC 60747-6:2000
备注：
一个 50 Hz 的电源循环＝20 ms。
一个 60 Hz 的电源循环＝16.7 ms。

AAE745-005 01 NR1..4 E01
等级 max 整数度量
A
可控制阳极电流 I_TCRM
I_{TCRM}
能控制的最大限制直流阳极电流(A)，即导电状态由栅极关断晶闸管的栅极-阴极电压的反向偏转。

AAE746-005 02 NR3..3.3ES2 T07
等级 max 实数度量
s
下降时间 t_f
时间常数 t_f
在规定的导通态电流值、截止态电压和结温下，导通态电流的 90％到这一电流减少到 10％时刻之间的最大时间间隔(s)。
AAE271-005＝结温
AAE733-005＝导通态电流
AAE737-005＝截止态电压

AAE747-005 02 NR3 S..3.3ES2 T07
等级 max 实数度量
s
整流断开时间 t_q
t_q
在阳极-阴极电压外部转换后的导通态电流减少到零的时刻与在没有接通的情况下晶闸管能支持的规定的导通态电压以规定的导通态电压上升速率通过零的时刻之间的最大时间间隔(s)。
AAE683-005＝温度类型
AAE684-005＝导通态电流上升速率
AAE685-005＝温度
AAE727-005＝截止态电压上升速率
AAE733-005＝导通态电流
AAE737-005＝截止态电压
IEC 60747-6:2000

AAE748-005 02 NR3 S..3.3ES2 E01
等级 min 实数度量
A
阴极-栅极到阴极电流 I_GKT
I_{GKT}
在规定的截止态电压和结温度下，将触发四极管晶闸管的最小直流阴极-栅极到阴极的电流(A)。
AAE271-005＝结温
AAE737-005＝截止态电压

AAE749-005 02 NR3 S..3.3ES2 E01
等级 min 实数度量
A
阳极-栅极到阳极电流 I_GAT
I_{GAT}
在规定的截止态电压、阴极-栅极与栅极之间的电阻和结温下，将触发四极管晶闸管的最小阳极-栅极到阳极的电流(A)。
AAE271-005＝结温
AAE737-005＝截止态电压
AAE956-005＝电阻

AAE750-005 02 NR3 S..3.3ES2 E06
等级 min 实数度量
V
阴极-栅极触发电压 V_GKT

V_{GKT}

在规定的截止态电压和结温下，将触发四极管晶闸管的最小阴极-栅极到阴极的电压(V)。

AAE271-005=结温

AAE737-005=截止态电压

AAE751-005 02 NR3 S..3.3ES2 E06

等级 min 实数度量

V

阳极-栅极到阳极电压 V_GAT

V_{GAT}

在规定的截止态电压和结温下，将触发四极管晶闸管的最小阳极-栅极到阳极电压(V)。

AAE271-005=结温

AAE737-005=截止态电压

AAE752-005 01 NR3..3.3ES2 K01

等级 nom 实数度量

kg

质量 m

m

元器件的标称质量(kg)。

AAE753-005 01 NR3..3.3ES2 T03

等级 miNoMax 实数度量

m

内径 d_in

d_{in}

有圆形横切面体的元器件的内径(m)的等级(miNoMax)所规定的值。

AAE754-005 02 NR1..4 Q56

等级 nom 整数度量

1

引出端数 N_term

针数 N_{term}

电气/电子或机电元器件的电气引出端的数量。

AAE755-005 02 NR3..3.3ES2 E44

等级 min 实数度量

Ohm

阻抗 |z_s|

$|z_s|$

在规定的频率下，电感器的阻抗(Ω)地模的最小值。

AAE029-005=频率

备注：

适用于穿上直铜线的焊球。

AAE756-005 02 NR1..4 E44

等级 max 整数度量

dB

阻抗减少 dDZ

dDZ

在规定频率(f_1 和 f_2)之间的频率范围上，电感器相对于频率 f_1 的阻抗模的最大阻抗模(dB)减少。

AAE963-005=频率 f_1

AAE964-005=频率 f_2

备注：

适用于绕接六槽卷边。

AAE758-005 01 NR3..3.3ES2 F03

等级 nom 实数度量

Hz

Z_max 处的频率 f_Zmax

f_{Zmax}

电感器的阻抗模达到其最大值的标称频率(Hz)。

备注：

适用于绕接六槽卷边。

AAE759-005 01 X..3 A57

简单 非定量代码

矫顽力类别 矫顽力类别

磁性零件或磁性材料的矫顽力类别的代码。

HRD =硬磁体(高矫顽力)

SFT =软磁体(低矫顽力)

AAE760-005 03 NR2..3.3 E36

等级 min 实数度量

Ω/m

电阻系数 $r_r

r_r

磁性材料的最小直流电阻系数(Ω/m)。

AAE761-005 01 NR1 S..4 H02

等级 min 整数度量

Cel

居里温度 T_C

居里点 T_C

磁性材料为铁磁体或含铁磁体之下和材料为顺磁性时之上的最小温度(℃)。

注：状态变化不是完全突然地，因此，上面的定义可能没有给出充分地定义实际用途的值。为了得到更确定的值，作为温度功能的特定的饱和磁化平方的曲线(即：δ^2)应推断到 $\delta^2=0$，然后，居里点可作为这一推断满足温度轴的点。

IEC 60050-221:1990

AAE762-005 01 M..8 A57

简单 字符串

硬磁性材料等级 硬材料等级

按照制造商规定的硬磁性材料等级的代码。

备注：

材料等级代码可用来作为硬磁性零件的磁性特性。

AAE764-005 01 M..8 A57

简单 字符串

软磁性材料等级 软材料等级

按照制造商规定的软磁性材料等级的代码。

备注：

材料等级代码可用来作为软磁性零件的磁性特性。

AAE765-005 01 M..17 A58

简单 字符串

磁芯规格代码 磁芯规格代码

软磁性零件的磁芯或磁芯两半的形状和规格的代码。

备注：

代码组成：

E-磁芯	字母 E 后接标称长度/宽度(mm)
EC-磁芯	字母 EC 后接标称长度(mm)
ETD-磁芯	字母 ETD 后接标称长度(mm)
P-磁芯	字母 P 后接标称外径/标称长度(mm)
RM-磁芯	字母 RM 后接基座正方形的标称边长(mm)
X-磁芯	字母 X 后接基座正方形的标称边长(mm)

代码扩展：

代码可以通过增加其他标称值进行扩展，如：高或宽。

AAE766-005 01 M..3 A58

简单 非定量代码

磁芯形状 磁芯形状

软磁体或构成磁芯的一套零件的形状的代码。

E =E-磁芯(一半)

EC =EC-磁芯(一半)

EP =EP-磁芯(一套)

ETD =ETD-磁芯(一半)

H =H-磁芯(与窗口或 U-磁芯一起构成一套)

I =I-磁芯(一半)

IMP =阻抗器

MHC =多孔磁芯

P =P-磁芯(一套)

PH =PH-磁芯(一半)

R =环形-磁芯

RM =方形-磁芯(一套)

ROD =棒

TUB =管

U =U-磁芯(一半)

X =X-磁芯(一套)

YKR =环形磁轭

备注：

对磁芯分成两半的有效磁芯参数 DEs AAE770-005、AAE771-005、AAE776-005 、AAE777-005、AAE782-005 和 AAE783-005 在与同一配对件组合进行确定，对于 I-磁芯在与 U-磁芯组合中确定。

AAE767-005 01 NR1..4 E17

简单 整数度量

A/M

峰值磁场强度 @H_peak

@H_{peak}

作为变量，施加于磁性材料上的峰值磁场强度(A/m)。

AAE768-005 01 NR3..3.3ES2 E19

简单 实数度量

T

峰值磁通量密度 @B_peak

峰值磁通量密度 @B_{peak}

作为变量，施加于磁性材料上的峰值磁流量密度(T)。

AAE769-005　01　NR3..3.3ES2　E19

等级 minTypMax 实数度量

T

磁通量密度　B

磁导　B

在规定的频率、环境温度和峰值磁场强度下，软磁性材料的磁通量密度(T)的等级(minTypMax)所规定的值。

AAE014-005＝环境温度

AAE029-005＝频率

AAE768-005＝峰值磁通量密度

AAE770-005　01　NR3..3.3ES2　E22

等级 minTypMax 实数度量

H

电感因子　A_L

A_L

在规定的频率、环境温度和峰值磁通量密度下，放在软磁性零件上的线圈的电感(H)除以匝数的平方的等级(minTypMax)所规定的值。

AAE014-005＝环境温度

AAE029-005＝频率

AAE768-005＝峰值磁通量密度

$$A_L = \frac{L}{N^2}$$

这里，L 是放上磁芯对的线圈电感，N 是线圈上的圈数。

IEC 60050-221:1990

AAE771-005　02　NR1..4　E25

等级 minTypMax 整数度量

1

有效磁导率　＄m_e

μ_e

在规定的频率、环境温度和峰值磁通量密度下，软磁性零件的有效磁导率的等级(minTypMax)所规定的值。

注：适用于非单一的磁芯，如：有空气间隙的磁芯。

AAE014-005＝环境温度

AAE029-005＝频率

AAE768-005＝峰值磁通量密度

IEC 60050-221:1990

AAE772-005　02　NR1..4　E25

等级 minTypMax 整数度量

1

初始磁导率　＄m_i

μ_i

当磁场强度趋向零时，软磁性材料的磁导率幅值的限制值的等级(minTypMax)所规定的值。

$$\mu_i = \lim_{H \to 0} \mu_a$$

IEC 60050-221:1990

AAE773-005　02　NR1..4　E25

等级 minTypMax 整数度量

1

磁导率幅值　＄m_a

μ_a

在规定的频率、环境温度和峰值磁通量密度下，从磁通量密度峰值和施加的交变磁场强度中获得的软磁性材料相对磁导率的等级(minTypMax)所规定的值。

注1：适用于实际波形的峰值。

注2：假设材料是在旋磁条件下。

AAE014-005＝环境温度

AAE029-005＝频率

AAE768-005＝峰值磁通量密度

$$\mu_a = \frac{1}{\mu_0} \cdot \frac{B_{peak}}{H_{peak}}$$

IEC 60050-221:1990

AAE775-005　01　NR2..3.3　E07

等级 max 实数度量

W

总功率损耗　P_tot

功率损耗　P_{tot}

在规定的频率、环境温度和峰值磁通量密度下，软磁性零件的最大总功率损耗(W)。

注：总损耗可包括：涡流损耗、滞后损耗、旋转滞后损耗、残留损耗、磁回转共振损耗。

AAE014-005＝环境温度

AAE029-005＝频率

AAE768-005＝峰值磁通量密度

IEC 60050-221:1990

AAE776-005 01 NR2..3.3 T03

等级 nom 实数度量

m

有效磁通路长度 l_e

l_e

软磁性部件的标称有效磁通路长度(m)。

注：这是相同材料特性的假设的等值环行磁芯的磁通路长度(m)。

$l_e = \frac{C_1^2}{C_2}$

这里：C_1 是磁芯因子 C_1(AAE777-005)和

$C_2 = \sum \frac{1}{A^2}$

IEC 60050-221:1990

AAE777-005 01 NR2..3.3 T03

等级 nom 实数度量

m^{-1}

磁芯因子 C_1 C_1

磁芯电感参数 C_1

软磁性零件的相应的截面区域(m^{-1})上的磁通路长度元件的商的总和的标称值。

$C_1 = \sum \frac{1}{A}$

IEC 60050-221:1990

AAE778-005 01 NR2..3.3 T03

等级 miNoMax 实数度量

m

(空气)间隙长度 l_gap

间隙长度 l_{gap}

在软磁性部件的磁路中的(空气)间隙长度(m)的等级(miNoMax)所规定的值。

AAE782-005 02 NR3..3.3ES2 T05

等级 nom 实数度量

m^2

有效横截面面积 A_e

A_e

软磁性零件的标称有效横截面面积(m^2)。

注：这是相同材料特性的假设的等值环行磁芯的横截面面积。

$A_e = \frac{C_1}{C_2}$

这里：C_1 是磁芯因子 C_1(AAE777-005)和

$C_2 = \sum \frac{1}{A^2}$

IEC 60050-221:1990

AAE785-005 02 M..3 A56

简单 非定量代码

信号类型 信号类型

施加于电气/电子或机电元器件上的信号类型的代码。

AUD =音频

B/W =黑白

CHR =色度

COL =彩色

DATA =数字数据

LUM =亮度

MCH =单色

MON =单声

SPE =语言

STE =立体声

TV =电视

VID =视频

AAE786-005 01 M..8 A56

简单 非定量代码

工作模式 工作模式

IC 功能的工作模式的代码。

ASYN =异步

BID =双向

DOWN =向下

DUPL =双工

PAR =并联

SER =串联

SIMP =单工

SYN =同步

UNI =单向

UP =向上

AAE787-005 02 M..8 A56

简单 非定量代码

输入/输出特性 I/O 特性

数字 IC 功能的输入或输出特性的代码。

3-ST =三态

ADDRES =可寻址

BUF =有缓冲的
DARL =达林顿
I2C =I2C 总线容量
INV =反向
LTCH =锁存
NONINV =非反向
O-COL =开路集电极
O-DRN =开路漏极
TOTEM =推拉输出电路
UNBUF =无缓冲的

AAE788-005 01 M..3 A56
简单 非定量代码
AD 功能 AD 功能
识别 IC 的模拟/数字信号功能的代码。
ADC =模拟-数字转换器
DAC =数字-模拟转换器
SPS =语言合成器

AAE789-005 03 M..8 A56
简单 非定量代码
周期/直流功能 周期/直流功能
识别 IC 周期或直流功能的代码。
MONO =单稳
MOTDRI =电动机驱动
MPVD =微电源电压选择器
OSC =振荡器
PLL =相位锁定回路
POW =电源
PPS =电源组件系统
PUL =脉冲
REG =调节器
SAW =锯齿形
SH =抽样和保持
SIN =正弦波
SMPS =转换模式电源
SQUARE =方波(多振子)
STA =稳压器
TIM =记时

AAE790-005 04 M..8 A56
简单 非定量代码
CSI 功能 CSI 功能
IC 的组合、连续或接口功能的代码。
ADDER =加法电路
ALU =算术逻辑单元
AND =与
ARITHM =算术功能
BCD =BCD 计数器
BDR =总线驱动器
BICNT =二进制计数器
BIST =双稳触发元件
BUF =缓冲器
BUS =总线通信
CCONV =代码转换器
CNT =计数器
COM =通信(含有协议)
COMP =比较器
D =D 触发器
DDR =显示驱动器
DEC =解码器
DECNT =十进制计数器
DEMUX =多路分解器
DMAC =DMA 控制器
DRI =驱动器
DSKC =硬盘控制
EDC =误差检测/校正
ENC =编码器
GATE =栅极
I2C =I2C 总线
INTC =中断控制器
INV =反向器
JK =JK 触发器
L =锁类型
LACG =先进进位发生器
LAN =局域网
LDR =线驱动器
LSH =等级变换器
MAC =存储访问控制器
MM =存储器管理
MUX =多路转换器
NAND =非与
NOR =非或
OR =或
PARCH =奇偶校验器

REC　　=接收器
RS232　　=RS232
SCH　　=斯密特触发器
SEQ　　=序列发生器
SR　　=设置/复位型
SUBTR　　=减法器
SWITCH　=开关
TRANS　　=无线电收发器
UART　　=URRT
USART　　=USART
VME　　=VME 总线
XNOR　　=同
XOR　　=异或

AAE804-005　01　NR2..3.3　T03
等级 nom 实数度量
m
屏幕曲率半径　r_scr
面板半径　r_{scr}
屏幕中心处显像管屏幕的标称半径(m)。

AAE805-005　01　NR3..3.3ES2　T03
等级 nom 实数度量
m
水平像素间距　p_pix
增加规格　p_{pix}
彩色显像管的像素的标称水平间距(m),它由屏幕上同一荧光体的带或点之间的距离确定。

AAE806-005　02　NR1..4　Q56
等级 min 整数度量
1
水平分辨率　分辨率 H
分辨率 H
彩色显像管屏幕在水平方向的可显示像素的最小数目。

AAE816-005　02　M..17　A58
简单 字符串
光电封装　光电封装
包封
光电器件的封装代码。

AAE834-005　01　M..175　A62
简单 字符串
元器件说明　说明
根据制造商对元器件的说明。
备注:
在其他数据元素类型、无正文说明中的结构数据。

AAE838-005　01　M..17　A58
简单 字符串
IC 封装代码　IC 封装代码
包封代码
IC 的包装代码。

AAE839-005　01　M..8　A56
简单 非定量代码
驱动方法　MUX 比率
驱动模式　MUX 比率
多路比率
编址液晶显示器的代码,即:连接在一起并且以比率值给出图块的数量(用点矩阵显示、图像元件或像素)。
0.086111111 =64
0.111111111 =100
0.180555556 =200
0.208333333 =240
1:01　=DD=直接驱动
1:02　=2
1:03　=3
1:04　=4
1:08　=8
1:16　=16
1:32　=32
备注:
1) 每个组的共电极或图块的数量决定多路比率。当图块数量是 n 时,且多路比是 M,那么,所用的连接数对直接驱动是 $n/M+M$ 而不是 $n+1$。
2) 多路驱动是当图块的几个电极和后面板的电极连接在一起时。

AAE840-005　01　M..3　A56
简单 非定量代码
质量等级　质量等级

液晶显示器质量等级的代码(由允许的贮存温度范围决定的)。
10=商业等级=−25 ℃~+70 ℃
20=扩展等级=−40 ℃~+90 ℃

AAE841-005　01　NR1 S..4　H02
等级 minMax 整数度量
Cel
贮存温度　T_stg
T_{stg}
元器件的允许贮存温度(℃)的等级(minMax)所规定的值。

AAE842-005　02　NR2 S..3.3　E06
简单 实数度量
V
工作电压　@V_oper
驱动电压　@V_{oper}
作为变量,施加于液晶显示器上的交流方波电压(V)的峰-峰值。

AAE843-005　01　NR2 S..3.3　E06
等级 max 实数度量
V
直流电压部分　V_dc
V_{dc}
液晶显示器电压的直流部分的最大限制值(V)。

AAE844-005　02　NR2 S..3.3　F03
等级 minTypMax 实数度量
Hz
驱动频率　f_drv
f_{drv}
在规定的驱动方法,液晶显示器的驱动交流电压的频率(Hz)的等级(minTypMax)所规定的值。
AAF264-005=驱动方法

AAE845-005　02　NR2 S..3.3　E01
等级 minTypMax 实数度量
A/m²
特定电流损耗　I_s
激励显示区域电流　I_s
在规定的驱动方法、32 Hz 的驱动频率、典型的工作电压值和 25 ℃环境温度下,液晶显示器的激励显示区的热定电流损耗(A/mm²)的等级(minTypMax)所规定的值。
AAF264-005=驱动方法

AAE846-005　03　NR3..3.3ES2　T07
等级 minTypMax 实数度量
s
接通时间　t_on
t_{on}
在规定的驱动方式、典型的工作电压、32 Hz 驱动频率和规定的环境温度下,液晶显示器的输入脉冲串的开始(10%)和对应的发光到达其最大值的 90%之间经过的时间(s)等级(minTypMax)所规定的值。
AAE014-005=环境温度
AAF264-005=驱动方法
备注:
t_{on}是输入脉冲串开始和对应的发光到达其最大值的 90%时经过的时间。
t_{on}也是 t_d 或 $t_{d(on)}$ 和 t_r(t_d 是延迟时间而 t_r 是上升时间)的和。

AAE847-005　03　NR3..3.3ES2　T07
等级 minTypMax 实数度量
s
断开时间　t_off
t_{off}
在规定的驱动方法、典型的工作电压、32 Hz 驱动频率和规定的环境温度下,液晶显示器的输入脉冲串的末尾 90%和对应的发光降到其最大值的 10%之间经过的时间等级(minTypMax)所规定的值。
AAF264-005=驱动方法
AAE014-005=环境温度
备注:
t_{off}是输入脉冲串末端和对应的发光降到其最大值的 10%之间经过的时间。
t_{off}也是 t_s 或 $t_{d(off)}$ 和 t_f(t_s 是存贮时间而 t_f 是下降时间)的和。

AAE848-005　04　NR2..3.3　L32
等级 min 实数度量
1

对比率　　　　　*CNR*
亮度对比率　　　*CNR*
发光对比率　　　L_{ctr}
在规定的工作电压值、环境温度和视角下，液晶显示器的发光区的亮度与暗区的亮度之间的最大可获得比率的最小保证值。
AAE014-005＝环境温度
AAE842-005＝工作电压
AAE993-005＝视角
备注：
比率常常是一个大于1的值。这意味着：对于负向图像模式，它是被编址显示区的亮度与未被编址显示区的亮度的比率，而对正向图像模式，它是未被编址区的亮度与被编址区的亮度的比率。

AAE849-005　01　M..3　A58
简单 非定量代码
显示结构　　　显示结构
布局结构
指明液晶显示的布局和结构的代码。
A＝字母数字
B＝多功能
D＝图块
G＝点阵显示
M＝图块
N＝字母数字显示
P＝多功能显示
R＝图块显示
S＝字母数字显示
T＝点阵显示
U＝多功能显示
V＝多功能显示
W＝点阵显示
Z＝活门

AAE850-005　01　NR3..3.3ES2　T03
等级 nom 实数度量
m
字符长度　　　l_char
l_{char}
液晶显示模块的字符的标称长度(m)。
备注：
长度在水平方向测得。

AAE851-005　01　NR3..3.3ES2　T03
等级 nom 实数度量
m
字符高度　　　h_char
h_{char}
液晶显示模块的字符的标称高度(m)。
备注：
高度在垂直方向测得。

AAE852-005　01　NR3..3.3ES2　T03
等级 nom 实数度量
m
点长　　　l_dot
l_{dot}
液晶显示模块的点的标称长度(m)。
备注：
长度在水平方向测得。

AAE853-005　01　NR3..3.3ES2　T03
等级 nom 实数度量
m
点高　　　h_dot
h_{dot}
液晶显示模块的点的标称高度(m)。
备注：
高度在垂直方向测得。

AAE854-005　01　NR3..3.3ES2　T03
等级 miNoMax 实数度量
m
视区长度　　　l_view
l_{view}
液晶显示模块的视区的长度(m)的等级(miNoMax)所规定的值。
备注：
长度在水平方向测得。

AAE855-005　01　NR3..3.3ES2　T03
等级 miNoMax 实数度量
m
视区高度　　　h_view
h_{view}
液晶显示模块的视区的高度(m)的等级(miNoMax)

所规定的值。

备注：

高度在垂直方向测得。

AAE856-005　01　M..3　A58

简单 非定量代码

发光模式　发光模式

发光模式

液晶显示器的发光和图像模式的代码。

F＝发射反射，正

G＝发射反射，负

R＝反射，正

S＝反射，负

T＝发射，正

U＝发射，负

备注：

产生有关数据是可见的模式，即：

反射：LCD 中的扩散反射器反射环境光；

发射：显示从后面由人造光源照亮；

发射反射：上面两者的组合。

正：接通时，图像是黑的且保持显示区是灰色。

负：接通时，图像是灰色且保持显示区是黑色。

AAE857-005　01　NR1..4　K02

等级 minMax 整数度量

%

工作湿度　RH_amb

RH_{amb}

相对于湿度传感器的饱和湿度的环境湿度(%)的等级(minMax)所规定的值。

ISO 9346:1987

AAE858-005　01　NR1..4　K02

等级 minMax 整数度量

%

贮存湿度　RH_stg

RH_{stg}

相对于湿度传感器的饱和湿度的贮存环境湿度(%)的等级(minMax)所规定的值。

ISO 9346:1987

AAE859-005　01　NR1..4　K02

简单 整数度量

%

相对湿度　@RH

@RH

作为变量，相对于施加于湿度传感器的饱和湿度的环境湿度(%)。

注 1：相对湿度：实际湿度除体积，除以相同温度下，饱和状态时的湿度除体积。

注 2：湿度除体积：水蒸气的质量除以气体混合物的体积。

ISO 9346:1987

AAE860-005　01　NR3..3.3ES2　E09

等级 nom 实数度量

F

基准电容　C_ref

C_{ref}

在基准条件下，电容性湿度传感器的标称电容(F)。

注：基准条件是：

T_amb　＝25 ℃

RH_amb ＝43%

频率　＝100 kHz

AAE861-005　02　NR3..3.3ES2　E09

等级 miNoMax 实数度量

F

敏感度　s_H

s_H

在规定的相对湿度(RH_1 和 RH_2)之间的范围内，电容变化与环境相对湿度变化之比(F/%)的等级(miNoMax)所规定的值。

AAE953-005＝相对湿度 RH_2

AAE954-005＝相对湿度 RH_1

AAE862-005　02　NR2..3.3　E06

等级 nom 实数度量

(V/V)/(A/m)

开路敏感度　s_open

s_{open}

在规定的环境温度下，半导体磁场传感器的 1)输出电压与 2)电源电压和磁场的乘积的比率{(V/V)/(A/M)}的标称值。

AAE104-005＝环境温度

备注：

在规定环境温度下的磁场传感器敏感度和表示为：$\frac{V/V}{A/m}$。

AAE863-005 01 NR2 S..3.3 E17

等级 minMax 实数度量

A/m

磁场强度 H

H

磁场传感器的磁场强度(A/m)的等级(minMax)所规定的值。

AAE864-005 02 M..3 A56

简单 非定量代码

压力模式 压力模式

应用模式

半导体压力传感器的应用模式的缩写。

ABS=绝对

REL=相对；对于大气压力的正/负

AAE865-005 01 NR2..3.3 E06

等级 nom 实数度量

V/(VPa)

敏感度 s

s

在规定的环境温度下，半导体压力传感器的1)输出电压与2)电源电压和压力的乘积的比率{V/(V·Pa)}的标称值。

AAE104-005=环境温度

AAE866-005 02 NR2 S..3.3 K15

等级 minMax 实数度量

Pa

工作压力 P_oper

P_{oper}

压力传感器的压力(Pa)的等级(minMax)所规定的值。

AAE867-005 01 NR2 S..3.3 E01

等级 max 实数度量

A

输出电流 I_open

I_{open}

在规定的电源电压下，半导体电感性接近传感器的最大直流输出电流(A)。

AAE102-005=电源电压

AAE868-005 01 NR1 S..4 H02

等级 minTypMax 整数度量

Cel

基座温度 T_s

T_s

电感性接近传感器的基座的温度(℃)的等级(minTypMax)所规定的值。

AAE869-005 02 NR1..4 T03

等级 minMax 整数度量

%

转换距离磁滞 H

差分行程 H

转换距离行程

在规定电源电压和环境温度下，电感性接近传感器的转换距离的磁滞(%)的等级(minMax)所规定的值。

AAE014-005=环境温度

AAE102-005=电源电压

AAE870-005 01 NR3..3.3ES2 T03

等级 nom 实数度量

m

基座长度 L_s

L_s

混合电感性接近传感器的基座的标称总长度(m)。

AAE871-005 01 NR3..3.3ES2 T03

等级 nom 实数度量

m

基座宽度 W_S

W_S

混合电感性接近传感器的基座的标称总宽度(m)。

AAE872-005 02 NR1..4 F03

等级 max 整数度量

Hz

工作频率 f_sw

转换频率　　f_{sw}

在混合电感性接近传感器的输出一侧，由产生转换的驱动件引起的输入电流的最大转换频率(Hz)。

AAE874-005　01　NR1..4　E33

等级 nom 整数度量

Ω

基准电阻　　R_Tref

R_{Tref}

在规定的传感器电流和基准温度下，半导体温度传感器的标称电阻(Ω)。

AAE945-005＝电流(直流)

备注：

有些传感器与极性无关。

AAE875-005　03　NR2..3.3　E33

等级 nom 实数度量

1

电阻比率 R_Tamb/R_Tref　R_Tamb/R_Tref

R_{Tamb}/R_{Tref}

在规定环境温度下温度传感器的欧姆电阻与基准温度下的电阻的比率的标称值。

AAE014-005＝环境温度

AAE876-005　01　NR2 S..3.3　H02

等级 nom 实数度量

%/K

温度系数　　TC

TC

在基准温度和规定的传感器电流下，温度传感器的标称电阻的标称反向变化(%/K)。

AAE945-005＝电流(直流)

AAE877-005　01　M..3　A51

简单 非定量代码

工作原理　　工作原理

延迟线的工作原理的代码。

EL＝电气

PE＝压电

AAE878-005　02　M..8　A51

简单 非定量代码

延迟线类型　　延迟线类型

延迟线类型的代码。

ACT　＝有源

CAB　＝电缆

IC　＝集成电路

PAS　＝无源

SAW　＝表面声波

ULTRA　＝超声波

AAE879-005　01　NR3..3.3ES2　E06

等级 max 实数度量

dB

寄生信号等级 (3-τ)　L_3$t

$L_{3\tau}$

在标称频率和规定的基准条件下，以三倍延迟时间τ测得的和相对于输出端的1τ信号的延迟线的输出端的寄生信号的最大等级(dB)。

注：用5 μs长输入突发信号测量反射。

AAE995-005＝基准条件

备注：

在输入信号的标称延迟处，1τ信号是延迟线的输出端出现的第一个突发信号。

AAE880-005　02　NR3 S..3.3ES2　E06

等级 max 实数度量

dB

寄生信号等级　　L_sig

L_{sig}

在标称频率和规定的基准条件下，以相对于1τ信号的5倍或更多倍的延迟时间τ测得的延迟线的输出端的寄生信号的最大等级(dB)。

注：用5 μs长输入突发信号测量反射。

AAE995-005＝基准条件

备注：

在输入信号的标称延迟处，1τ信号是延迟线的输出端出现的第一个突发信号。

AAE885-005　02　NR3..3.3ES2　E43

等级 nom 实数度量

deg

相位关系　　$f

Φ

延迟线的输出信号与输入信号的标称相位差(°)。

AAE886-005　02　NR3..3.3ES2　T07
等级 max 实数度量
s
相位延迟漂移　t_drft
t_{drft}
工作温度范围内，相对于 25 ℃时相位延迟时间的延迟线的最大相位延迟漂移(s)。

AAE887-005　02　NR1 S..4　E49
等级 miNoMax 整数度量
dB
插入损耗　插入损耗
插入增益　插入损耗
转换器衰减
延迟线插入损耗(dB)的等级(miNoMax)所规定的值。
IEC 60050-702:1992
备注：
插入损失：
传输路径上一点的功率与在这一点的前面把两端电气网络插入传输路径上后的同一点的功率的比率，通常用分贝表示。
注：若定义插入损耗的比率小于 1，其分贝值是负数，可用其相反或相对、称为插入增益的分贝值。

AAE888-005　01　NR3..3.3ES2　E06
等级 miNoMax 实数度量
dB
寄生信号等级(2τ)　spur 2＄t
spur2τ
在标称频率和规定的基准条件下，以两倍延迟时间 τ 和相对于输出端的 1τ 信号的梳齿滤波器的输出端的寄生信号的等级(minMax)所规定的值。
注：用 5 μs 长输入突发信号测量反射。
AAE995-005＝基准条件
备注：
旁通延迟线(用作梳齿滤波器)。

AAE891-005　01　NR1 S..4　H02
等级 minMax 整数度量
Cel
环境温度　T_amb
温度种类　T_{amb}
T_a
元器件的环境温度(℃)的等级(minMax)所规定的值。

AAE892-005　01　X..3　A56
简单 非定量代码
传感器输入量　输入量
传感器转换成电信号的物理量的代码。
HUM＝相对湿度
LGT＝光
MGN＝磁场强度
NCL＝核能
PRS＝压力
PRX＝接近
TMP＝温度

AAE893-005　01　M..3　A56
简单 非定量代码
传感器工作原理　工作原理
传感器工作原理的代码。
CAP＝电容性
IND＝电感性
MR＝磁阻性
SEM＝半导体
TUB＝电子管

AAE895-005　01　NR3 S..3.3ES2　E01
简单 实数度量
A
输入电流　@I_in
@I_{in}
作为变量，IC 的直流输入电流(A)。

AAE896-005　02　NR3 S..3.3ES2　E01
等级 max 实数度量
A
静态电流　I_q
静态电源电流　I_q
I_{CC}
I_{DD}
在规定的电源电压、零输出电流和在规定温度(T_1 和 T_2)之间的温度范围内，CMOS 和 HCMOS 数字 IC 的最大保证总静态直流电源电流(A)。

AAE102-005＝电源电压
AAE958-005＝温度 T_1
AAE959-005＝温度 T_2
备注：
每个封装的总静态电源电流；
所有输入必须是零（GND/V_{SS}）或电源电压等级（V_{CC}/V_{DD}）。

AAE897-005 02 NR3 S..3.3ES2 E01
等级 max 实数度量
A
附加静态电流 $DI_CC
附加 q-电源电流 ΔI_{CC}
每次输入的 ΔI_CC AQSC
在规定的电源电压、零输出电流和在规定温度（T_1 和 T_2）之间的温度范围内，HCMOS IC 的每次输入的最大保证附加静态直流电源电流（A）。
AAE102-005＝电源电压
AAE958-005＝温度 T_1
AAE959-005＝温度 T_2
备注：
适用于有 TTL 兼容输入的 HCOMS 电路的子类。
除有关的输入外，必须施加 V_{CC}-2.1 V（对 TTL 为 V_{OH}）的电压，所有其他输入必须是零（GND/V_{SS}）或电源电压等级（V_{CC}）。

AAE898-005 01 NR3..3.3ES2 E09
等级 minTypMax 实数度量
F
输入电容 C_in
C_{in}
IC 输入时的电容（F）的等级（minTypMax）所规定的值。

AAE899-005 01 NR3 S..3.3ES2 E01
等级 max 实数度量
A
高电平状态输入电流 I_IH
高电平输入电流 I_{IH}
在最大电源电压、规定的输入电压下和在规定温度（T_1 和 T_2）之间的温度范围内，IC 的 TTL 数字功能的最大保证高电平状态直流输入电流（A）。

AAE224-005＝输入电压
AAE958-005＝温度 T_1
AAE959-005＝温度 T_2

AAE900-005 01 NR3 S..3.3ES2 E01
等级 max 实数度量
A
低电平状态输入电流 I_IL
低电平输入电流 I_{IL}
在最大电源电压、规定的输入电压和在规定温度（T_1 和 T_2）之间的温度范围内，IC 的 TTL 数字功能的最大保证低电平状态直流输入电流（A）。
AAE224-005＝输入电压
AAE958-005＝温度 T_1
AAE959-005＝温度 T_2

AAE901-005 01 NR3 S..3.3ES2 E01
等级 max 实数度量
A
高电平状态电源电流 I_CCH
电源电流 I_{CCH}
在最大电源电压下，TTL 数字 IC 的最大保证总高电平状态直流电源电流（A）。
备注：
每个封装的总高电平状态电源电流；
必须施加合适的输入信号（V_{IH} 和/或 V_{IL}）以便在所有输出获得高电平状态。

AAE902-005 01 NR3 S..3.3ES2 E01
等级 max 实数度量
A
低电平状态电源电流 I_CCL
电源电流 I_{CCL}
在最大电源电压下，TTL 数字 IC 的最大保证总低电平状态直流电源电流（A）。
备注：
每个封装的总低电平状态电源电流；
必须施加合适的输入信号（V_{IH} 和/或 V_{IL}）以便在所有输出获得低电平状态。

AAE903-005 02 NR3 S..3.3ES2 E01
等级 max 实数度量
A

截止态电源电流　I_CCZ
电源电流　I_{CCZ}
在最大电源电压和在规定温度(T_1 和 T_2)之间的温度范围内，三态 TTL 数字 IC 的最大保证总截止态直流电源电流(A)。
AAE958-005＝温度 T_1
AAE959-005＝温度 T_2
备注：
每个封装的总截止态电源电流；
对有关的输入必须施加合适的截止信号。

AAE904-005　02　NR3..3.3ES2　T07
简单 实数度量
s
下降时间　@t_f
@t_f
作为变量，施加于电气-电子或机电元器件上的信号的阶跃性变化(90%到10%)的下降时间(s)。

AAE905-005　01　NR3..3.3ES2　H07
等级 min 实数度量
W/K
损耗降额系数　P_der
P_{der}
在高于额定温度的环境温度下，电气-电子或机电元器件的最小要求的损耗降额系数(W/K)。

AAE906-005　01　NR3..3.3ES2　E33
简单 实数度量
Ω
基极-发射极电阻　@R_BE
@R_{BE}
作为变量，在双极晶体管的基极与发射极端之间所连接的电阻(Ω)。

AAE907-005　01　M..3　A52
简单 非定量代码
稳定性　稳定性
在除去激励量后，继电器的条件的代码。
MON＝单稳
BIS＝双稳

AAE911-005　01　NR3..3.3ES2　E01
等级 nom 实数度量
A
激励电流(直流)　I_in(dc)
$I_{in(dc)}$
当施加于继电器线圈上能使它在基准温度下工作时的标称直流电流(A)。
IEC 60255-1:1998

AAE912-005　01　NR3..3.3ES2　E01
等级 nom 实数度量
A
激励电流(交流)　I_in(ac)
$I_{in(ac)}$
当施加于继电器线圈上，能使它在基准温度下工作时的标称交流电流(A)。
IEC 60255-1:1998

AAE915-005　01　NR3..3.3ES2　E06
等级 nom 实数度量
V
激励电压(直流)　U_in(dc)
$U_{in(dc)}$
当施加于继电器线圈上能使它在基准温度下工作时的标称直流电压(V)。
IEC 60255-1:1998

AAE916-005　01　NR3..3.3ES2　E06
等级 nom 实数度量
V
激励电压(交流)　U_in(ac)
$U_{in(ac)}$
当施加于继电器线圈上能使它工作的标称交流电压(V)。
IEC 60255-1:1998

AAE918-005　01　NR3..3.3ES2　E09
等级 max 实数度量
F
线圈-触点电容　C_cl(cont)
$C_{cl(cont)}$
在继电器触点件与线圈之间的最大寄生电容(F)。

AAE919-005　01　NR3..3.3ES2　E09

等级 max 实数度量

F

触点电容 C_cont

C_{cont}

在继电器两个触点件之间的最大寄生电容(F)。

AAE920-005 02 NR3..3.3ES2 E33

等级 max 实数度量

Ω

接触电阻 R_cont

接触电路电阻 R_{cont}

连接器、继电器或开关的配对触点组之间的最大电阻(Ω)。

注：根据 GB/T 10232 的测量程序。

GB/T 4210—1984

AAE921-005 02 NR1..4 Q56

等级 nom 整数度量

1

触点组装件数量 N_cont(assy)

刀数 $N_{cont(assy)}$

继电器或开关的触点组装件的数量。

AAE922-005 03 NR3..3.3ES2 Q59

等级 min 实数度量

1

机械寿命 N_cycl

N_{cycl}

继电器或开关在没有电气负载条件下的最少保证工作循环的次数。

注：试验后接触电阻应该在公差范围内。

AAE923-005 02 NR3..3.3ES2 T07

等级 max 实数度量

s

工作时间 t_oper

t_{oper}

在施加激励功率的时刻与继电器完成规定功能的时刻之间的最长时间(s)。

IEC 60255-1-00:1998

AAE924-005 02 NR1 S..4 T07

等级 max 整数度量

s

释放时间 t_rel

t_{rel}

在施加激励量的时刻与继电器复位的时刻之间的最长时间(s)。

IEC 61810-7:1997

备注：

当继电器从工作状态变化到释放状态时，继电器释放。

AAE925-005 01 M..8 A56

简单 非定量代码

触点件力 触点力

施加于继电器触点件上的力的种类的代码。

EM =机电继电器

REED =舌簧(磁性)

THER =热电继电器

AAE926-005 01 X..3 A56

简单 非定量代码

激励量 激励量

开关的激励量的代码。

MEC =机械开关

REE =舌簧开关

THE =恒温开关

AAE928-005 02 NR2..3.3 E49

等级 max 实数度量

VA

触点功率(交流) P_cont(ac)

$P_{cont(ac)}$

组合施加于开关或继电器上阻性负载的实际交流触点电压和实际交流触点电流的乘积的最大转换视在功率(VA)。

备注：

视在功率小于触点电流和触点电压的乘积。

AAE929-005 02 NR1..4 Q56

等级 nom 整数度量

1

稳定位置的数量 N_stab

稳定位置 N_{stab}

开关的稳定位置的数量。

AAE930-005　02　NR1 S..4　T07
等级 max 整数度量
s
抖动时间　t_bnc
t_{bnc}
在继电器或开关的触点电路第一次闭合(断开)的时刻与电路最后闭合(断开)的时刻之间的最大时间间隔(s)。
IEC 60050-446:1983

AAE931-005　01　M..8　A56
简单 非定量代码
开关驱动　驱动
机械开关驱动件的代码。
CORD　=拉线操作
LEVER　=杠杆/绳
MEM　=隔膜
PULL　=推拉
PUSH　=按钮
ROCKER　=船形按钮
ROTARY　=旋转
SLIDE　=滑动
TUMBLE　=拨动

AAE932-005　02　NR2..3.3　K09
等级 nom 实数度量
N
驱动力　F_act
F_{act}
引起机械开关改变位置的驱动件上的操作的标称力(N)。
GB/T 4210—1984

AAE933-005　01　NR3..3.3ES2　E01
简单 实数度量
A
电流(交流)　@I_ac
@I_{ac}
作为变量,施加于电气-电子或机电元器件上的正弦电流(A)有效值(rms)。

AAE934-005　01　NR3..3.3ES2　F03
简单 实数度量
Hz
带宽　@B
@B
作为变量,施加于电气/电子或机电元器件上的频率范围(Hz)。
备注:
也见 AAE963-005 和 AAE964-005。

AAE935-005　01　NR3..3.3ES2　F03
简单 实数度量
Hz
斩波频率　@f_chop
@f_{chop}
作为变量,以有规律的时间间隔施加于光电器件上的光束中断的次数(Hz)。

AAE936-005　02　NR2..3.3　E44
简单 实数度量
Ω
电源阻抗　@|Z_S|
@$|Z_S|$
作为变量,连接到电气-电子或机电元器件输入端上的电源的复数阻抗(Ω)的模。

AAE937-005　01　NR3..3.3ES2　T03
简单 实数度量
m
联结点距离　@s_tp-body
@$s_{tp\text{-}body}$
作为变量,沿引线从二极管的联结点到管体测得的距离(m)。

AAE938-005　02　NR2..3.3　E44
简单 实数度量
Ω
负载阻抗　@|Z_L|
@$|Z_L|$
作为变量,连接到电气-电子或机电元器件输出端上的负载的复数阻抗(Ω)的模。

AAE940-005　02　NR1..4　Q56
等级 nom 整数度量
1

串联的原电池数　　N_cell

N_{cell}

电池中串联的原电池的实际数量。

AAE941-005　02　NR2..3.3　E06

等级 max 实数度量

V

充电电压　　V_chrg

V_{chrg}

用标称容量值的 0.1 倍的恒定电流充电时，二次电池的最大电压(V)。

IEC 60050-482:2004

AAE942-005　02　NR3..3.3ES2　T07

等级 min 实数度量

d

贮存寿命　　t_stg

搁置寿命　　t_{stg}

在规定的环境温度下，原电池或电池最后保持最初容量的 80%时的最少贮存时间周期(d)。

AAE014-005＝环境温度

IEC 60050-482:2004

AAE943-005　03　NR3..3.3ES2　T07

等级 minMax 实数度量

s

充电时间　　t_chrg

t_{chrg}

在规定的环境温度和规定的直流电流下，放过电的二次电池到达完全充电状态后的时间(s)的等级(minMax)所规定的值。

AAE014-005＝环境温度

AAE945-005＝电流(直流)

IEC 60050-482:2004　派生

AAE944-005　02　NR1..4　Q56

等级 max 整数度量

1

充电循环次数　　N_chrg

循环寿命　　N_{chrg}

在规定的时间期间，二次电池保持其标称容量的 80%的末尾时充电/放电循环的最大次数。

AAE028-005＝持续时间

AAE945-005　01　NR3..3.3ES2　E01

简单 实数度量

A

电流(直流)　　@I_dc

@I_{dc}

作为变量，施加于电气/电子或机电元器件上的直流电流(A)。

AAE952-005　02　NR1..4　E01

简单 整数度量

1

饱和直流电流增益　　@h_FEsat

强增益　　@h_{FEsat}

作为变量，双极晶体管饱和条件下的直流电流增益。

AAE953-005　01　NR1..4　K02

简单 整数度量

%

相对湿度 RH_2　　@RH_2

@RH_2

作为变量，施加于湿度传感器的湿度范围的上限相对湿度 RH_2。

AAE954-005　01　NR1..4　K02

简单 整数度量

%

相对湿度 RH_1　　@RH_1

@RH_1

作为变量，施加于湿度传感器的湿度范围的下限相对湿度 RH_1。

AAE955-005　03　NR2..3.3　E49

简单 实数度量

W

输出功率　　@P_L

负载功率　　@P_L

作为变量，电气-电子或机电元器件的输出功率(W)。

IEC 60050-713:1998

AAE956-005　01　NR3..3.3ES2　E33

简单 实数度量

Ω
电阻 @R
@R
作为变量，施加于电气-电子元器件引出端的电阻(Ω)。

AAE957-005 01 NR3..3.3ES2 E09
简单 实数度量
F
电容 @C
@C
作为变量，施加于电气-电子或机电元器件引出端的电容值(F)。

AAE958-005 01 NR1 S..4 H02
简单 整数度量
Cel
温度 T_1 @T_1
@T_1
作为变量，施加于元器件上的温度范围的下限温度 T_1(℃)。
备注：
对上限温度 T_2 见 AAE959-005。如果 T_2 留下为空白，温度范围的上限由最大工作温度决定。可用 T_1 和 T_2 相等的值来指明单个规定的温度。

AAE959-005 01 NR1 S..4 H02
简单 整数度量
Cel
温度 T_2 @T_2
@T_2
作为变量，施加于元器件上的温度范围的上限温度 T_2(℃)。
备注：
对下限温度 T_1 见 AAE958-005。如果 T_1 留下为空白，温度范围的下限由最小工作温度决定。可用 T_1 和 T_2 相等的值来指明单个规定的温度。

AAE960-005 01 NR3..3.3ES2 E01
等级 max 实数度量
A
波纹电流 I_rppl
I_{rppl}
在规定的环境温度下，可连续地施加于固定电解电容器上的规定频率的最大交变电流(A)有效值(rms)。
AAE029-005＝频率
AAE014-005＝环境温度

AAE961-005 01 NR2 S..3.3 E06
简单 实数度量
V
电压 V_1 @V_1
@V_1
作为变量，施加于电气-电子或机电元器件上的电压范围的下限电压 V_1(V)。

AAE962-005 01 NR2 S..3.3 E06
简单 实数度量
V
电压 V_2 @V_2
@V_2
作为变量，施加于电气-电子或机电元器件上的电压范围的上限电压 V_2(V)。

AAE963-005 01 NR3..3.3ES2 F03
简单 实数度量
Hz
频率 f_1 @f_1
@f_1
作为变量，施加于电气-电子或机电元器件上的频率范围的下限频率 f_1(Hz)。

AAE964-005 01 NR3..3.3ES2 F03
简单 实数度量
Hz
频率 f_2 @f_2
@f_2
作为变量，施加于电气-电子或机电元器件上的频率范围的上限频率 f_2(Hz)。

AAE965-005 01 M..8 A83
简单 非定量代码
元器件状态 状态

根据制造商的元器件状态的代码。
DEV＝开发类型
MAINT＝维护类型
PROD＝生产类型或流行类型

AAE966-005　01　NR2..3.3　E01
等级 max 实数度量
A
平均正向电流　I_F(AV)
$I_{F(AV)}$
在规定的温度类型温度下，整流二极管或信号二极管的最大平均正向电流(A)。
AAE685-005＝温度
AAE683-005＝温度类型

AAE968-005　01　M..35　A56
简单 字符串
补偿类型　补偿类型
具有相反极性的晶体管的制造商的类型数字代码，对晶体管补偿在考虑中。
备注：
NPN(P-沟道)晶体管和 NPN(N-沟道)等效，相反亦然。

AAE969-005　01　M..17　A55
简单 字符串
放大器封装　放大器封装
包封
放大器封装的代码。

AAE971-007　01　X..8　A56
简单 非定量代码
信号处理类型　信号处理
晶体管信号处理类型的代码。
POWT＝功率信号晶体管
SIGT＝小信号晶体管

AAE973-005　01　M..8　A55
简单 非定量代码
FET-技术　FET 技术
场效应晶体管技术的代码。
JFET＝结型场效应晶体管
MOSFET＝金属氧化物半导体 FET

AAE974-005　02　NR2 S..3.3　E06
等级 max 实数度量
1
输入驻波比　VSWR_in
$VSWR_{in}$
在规定的电源电压值、温度类型的温度和在规定频率(f_1 和 f_2)之间的频率范围内，放大器输入端的最大电压驻波比。
AAE102-005＝电源电压
AAE683-005＝温度类型
AAE685-005＝温度
AAE963-005＝频率 f_1
AAE964-005＝频率 f_2
备注：
假设电源和负载阻抗是等于特性阻抗。

AAE975-005　02　NR2 S..3.3　E06
等级 max 实数度量
1
输出驻波比　VSWR_out
$VSWR_{out}$
在规定的电源电压值、温度类型的温度和在规定频率(f_1 和 f_2)之间的频率范围内，放大器输出端的最大电压驻波比。
AAE102-005＝电源电压
AAE683-005＝温度类型
AAE685-005＝温度
AAE963-005＝频率 f_1
AAE964-005＝频率 f_2
备注：
假设电源和负载阻抗是等于特性阻抗。

AAE976-005　02　NR3..3.3ES2　T07
等级 minTypMax 实数度量
s
上升时间　t_r
t_r
在基准条件下，在场效应晶体管的漏极电流波动值的 10% 和 90% 之间测得的时间(s)的等级(minTypMax)所规定的值。
AAE995-005＝基准条件
备注：
1)　假设内电阻和栅-源电阻为 50 Ω；

2） 规定场效应晶体管的时间的基准条件通常是：
——漏-源电压；
——栅-源电压；
——栅极电流(直流)；
——基准温度。

AAE977-005　02　NR3..3.3ES2　T07
等级 minTypMax 实数度量
s
下降时间　t_r
t_r
在基准条件下，在场效应晶体管的漏极电流波动值的 90％和 10％之间测得的时间(s)的等级(minTypMax)所规定的值。
AAE995-005 ＝基准条件
备注：
1） 假设内电阻和栅-源电阻为 50 Ω；
2） 规定场效应晶体管的时间的基准条件通常是：
——漏-源电压；
——栅-源电压；
——栅极电流(直流)；
——基准温度。

AAE978-005　02　NR3..3.3ES2　T07
等级 minTypMax 实数度量
s
导通时间　t_on
t_{on}
在基准条件下，在场效应晶体管的栅-源电压值变化的 10％和漏极电流波动值的 90％之间测得的时间(s)的等级(minTypMax)所规定的值。
AAE995-005 ＝基准条件
备注：
1） 假设内电阻和栅-源电阻为 50 Ω；
2） $t_{on}=t_d+t_r$
3） 规定场效应晶体管的时间的基准条件通常是：
——漏-源电压；
——栅-源电压；
——栅极电流(直流)；
——基准温度。

AAE979-005　02　NR3..3.3ES2　T07
等级 minTypMax 实数度量
s
断开时间　t_off
t_{off}
在基准条件下，在场效应晶体管的栅-源电压变化值的 90％和漏极电流波动值的 10％之间测得的时间(s)的等级(minTypMax)所规定的值。
AAE995-005 ＝基准条件
备注：
1） 假设内电阻和栅-源电阻为 50 Ω；
2） $t_{off}=t_{d(off)}+t_f$；
$t_{d(off)}$也已知为 t_s(存贮时间)。
3） 规定场效应晶体管的时间的基准条件通常是：
——漏-源电压；
——栅-源电压；
——栅极电流(直流)；
——基准温度。

AAE980-005　02　NR3..3.3ES2　T07
等级 minTypMax 实数度量
s
(导通)延迟时间　t_d(on)
$t_{d(on)}$
t_d
在基准条件下，在场效应晶体管的栅-源电压值变化的 10％和漏极电流波动值的 10％之间测得的时间(s)的等级(minTypMax)所规定的值。
AAE995-005 ＝基准条件
备注：
1） 假设内电阻和栅-源电阻为 50 Ω；
2） 规定场效应晶体管的时间的基准条件通常是：
——漏-源电压；
——栅-源电压；
——栅极电流(直流)；
——基准温度。

AAE981-005　02　NR3..3.3ES2　T07
等级 minTypMax 实数度量
s
(断开)延迟时间　t_d(off)
$t_{d(off)}$
t_s
在基准条件下，在场效应晶体管的栅-源电压值变化的90％和漏极电流波动值的90％之间测得的时间(s)的等级(minTypMax)所规定的值。

AAE995-005 =基准条件

备注:

1) 假设内电阻和栅-源电阻为 50 Ω;

2) $t_{d(off)}$也已知为 t_s(存贮时间);

3) 规定场效应晶体管的时间的基准条件通常是:

——漏-源电压;

——栅-源电压;

——栅极电流(直流);

——基准温度。

AAE982-005 03 NR3..3.3ES2 E09

等级 minTypMax 实数度量

F

输入电容 C_iss

短路输入电容 C_{iss}

在规定的频率、漏-源电压和栅-源电压下,场效应晶体管漏-源连接对交流电压短路时,栅极和源极连接之间的保证电容(F)的等级(minTypMax)所规定的值。

AAE029-005 =频率

AAE376-005 =漏-源电压

AAE381-005 =栅-源电压

IEC 60747-8:2000

AAE983-005 03 NR3..3.3ES2 E09

等级 minTypMax 实数度量

F

输出电容 C_oss

短路输出电容 C_{oss}

在规定的频率、漏-源电压和栅-源电压下,场效应晶体管栅-源连接对交流电压短路时,漏极和源极连接之间的保证电容(F)的等级(minTypMax)所规定的值。

AAE029-005 =频率

AAE376-005 =漏-源电压

AAE381-005 =栅-源电压

IEC 60747-8:2000

AAE984-005 01 NR3..3.3ES2 T03

等级 nom 实数度量

m

数字高度 h_dig

h_{dig}

液晶显示的数字的标称高度(m)。

备注:

在垂直方向测量高度。

AAE985-005 02 M..8 A62

简单 非定量代码

连接方法 连接

连接到液晶显示方法的代码。

FIXPIN =固定插针

FOIL =箔

RUBBER =导电橡胶

AAE986-005 01 NR3..3.3ES2 T03

等级 nom 实数度量

m

点间距 点间距

点间距

在液晶显示模块的两个相邻点之间的标称间距(m)。

AAE987-005 02 NR3..3.3ES2 E49

等级 max 实数度量

W

功率损耗 P_cons

P_{cons}

电气/电子或机电元器件的最大保证功率损耗(W)。

AAE989-005 01 M..17 A62

简单 字符串

背光 背光

与液晶显示块一起使用的背光的产品代码。

AAE990-005 01 NR3..3.3ES2 E09

等级 minTypMax 实数度量

F/m²

特定电容 C_s

C_s

在典型的工作电压、32 Hz 驱动频率、25 ℃环境温度和规定的驱动方法下,液晶显示的模块与背面板之间的特定的电容(F/m²)的等级(minTypMax)所规定的值。

AAF264-005 =驱动方法

AAE991-005　01　M..17　A58

简单 非定量代码

优选视角　视角方向

液晶显示器的视角方向的代码。

10 寸＝在 LCD 平面上为 150°

12 寸＝在 LCD 平面上为 90°

3 寸 ＝在 LCD 平面上为 0°

5 寸 ＝在 LCD 平面上为 300°

6 寸 ＝在 LCD 平面上为 270°

9 寸 ＝在 LCD 平面上为 180°

备注：

在制造过程中，能对 LCD 的定向层进行处理以便能够内装所谓的优选视角。在这一方向显示对比是最大。6 寸视角意味着从下面优选视角（在 LCD 平面上为 270°），而 12 寸（或 90°）优选视角意思是从上面优选视角。不考虑精确的上升角。

AAE992-005　02　NR2 S..3.3　E06

等级 minTypMax 实数度量

V

工作电压　V_oper

驱动电压　V_{oper}

在规定的驱动方法、32 Hz 驱动频率和 25 ℃环境温度下，要施加于液晶显示的峰-峰交流方波电压（V）的等级（minTypMax）所规定的值。

AAF264-005 ＝驱动方法

AAE993-005　02　NR2..3.3　T01

简单 实数度量

deg

视角　@ $ a_view

$@a_{view}$

作为变量，液晶显示的视角方向与平面的垂直线之间的角度（°）。

AAE994-005　01　NR3..3.3ES2　E01

简单 实数度量

A

反向电流　@I_R

$@I_R$

作为变量，在相反方向流经二极管或光电器件的直流电流（A）。

AAE995-005　02　M..175　A59

简单 字符串

基准条件　@基准条件

作为变量，施加于元器件上的基准条件的说明。

注：当在一套相同的条件下规定许多特性时，可用基准条件。

AAE996-005　02　NR1..4　Q56

等级 nom 整数度量

1

节数　N_sect

N_{sect}

电容性天线的节数。

备注：

适用于可拉伸天线。

AAE997-005　01　NR3..3.3ES2　T03

等级 nom 实数度量

m

拉伸长度　l_ext

l_{ext}

当所有的节在拉伸位置时，电容性天线的标称长度（m）。

AAE998-005　01　NR3..3.3ES2　T03

等级 nom 实数度量

m

非拉伸长度　l_next

l_{next}

当所有的节在非拉伸位置时，电容性天线的标称长度（m）。

AAF014-005　03　M..8　A56

简单 非定量代码

驱动特征　驱动特征

元器件的驱动特征的代码。

CROSDR ＝交叉凹槽

HEX ＝六边形

HEXSKT ＝六边形插座

PHILL ＝十字螺丝驱动

POZI ＝pozi 驱动

SLOT ＝槽

SQUARE ＝正方形

SUPA　＝supa 驱动
TORX　＝torx 驱动
X　＝X 类型
备注：
对于电气-电子元器件，六边形、交叉凹槽和槽各值是有效的。

AAF043-005　03　M..35　A61
简单 非定量代码
国家标准　国家标准
引用描述元器件的地区或国家标准。
备注：
AFNOR＝法国标准化协会
ANSI　＝美国国家标准学会
ASTM　＝美国材料与试验协会
BEC　＝比利时电子技术委员会
BIN　＝比利时标准化学会
BSI　＝英国标准学会
CSA　＝加拿大标准协会
DIN　＝德国标准化学会
MIL　＝美国军用规范
NNI　＝荷兰标准化协会
UL　＝美国保险商实验所
UNE　＝西班牙标准化学会
UNI　＝意大利全国标准协会

AAF044-005　02　NR3..3.3ES2　E44
等级 nom 实数度量
Ω
输出阻抗　|Z_out|
$|Z_{out}|$
在规定频率下，滤波器的输出阻抗(Ω)模数的标称值。
AAE029-005＝频率
IEC 60050-131:2002

AAF045-005　02　NR2..3.3　K09
等级 max 实数度量
N
啮合力　F_eng
插入力　F_{eng}
使连接器与其插合件啮合所需的最大力(N)。
注：这个力包括耦合、锁定或类似装置的作用。
GB/T 4210—1984

AAF046-005　02　NR2..3.3　K09
等级 min 实数度量
N
分离力　F_sep
拔出力　F_{sep}
使连接器从其插合件分离所需的最小力(N)。
注：这个力包括连接、锁定或类似装置的作用。
GB/T 4210—1984

AAF047-005　02　M..3　A56
简单 非定量代码
屏蔽　屏蔽
变压器屏蔽的代码。
PRI＝初级
SEC＝次级

AAF048-005　02　NR1..4　Q56
等级 nom 整数度量
1
初级线圈数　N_pri(coil)
$N_{pri(coil)}$
功率变压器或继电器的初级线圈数。

AAF049-005　01　NR3..3.3ES2　F03
等级 nom 实数度量
m/s
速度　V_mot
V_{mot}
直线电动机的标称速度(m/s)。

AAF050-005　02　NR3..3.3ES2　E06
等级 min 实数度量
V
释放电压(交流)　U_rel(ac)
$U_{rel(ac)}$
激励的继电器释放时的最大交流电压(V)。
IEC 61810-7:1997

AAF051-005　01　M..8　A58
简单 非定量代码
锁紧装置　锁紧装置
连接器锁紧装置的代码。
BAYON＝卡口

SCREW =螺纹
SNAP =快速直插(卡答)
GB/T 4210—1984

AAF052-005 01 NR3..3.3ES2 F03
等级 miNoMax 实数度量
Hz
谐振频率 f_rsn
f_{rsn}
电感器谐振频率(Hz)的等级(miNoMax)所规定的值。

AAF053-005 01 NR3..3.3ES2 T03
等级 nom 实数度量
m
外壳侧旁的引出端长度 l_term
l_{term}
直角或45°角连接器外壳侧旁的引出端零件的标称长度(m)。

AAF055-005 02 NR3..3.3ES2 T07
等级 minTypMax 实数度量
s
延迟(断开)时间 t_d(off)
载体存贮时间 $t_{d(off)}$
t_s
在基准条件下,在双极晶体管输入脉冲值的90%与对应输出脉冲值的90%之间测得的时间(s)的等级(minTypMax)所规定的值。
AAE995-005=基准条件
备注:
规定双极晶体管时间的基准条件通常是:
——电源电压;
——集电极电流;
——基极电流;
——基准温度。

AAF056-005 02 NR3..3.3ES2 T07
等级 minTypMax 实数度量
s
延迟(导通)时间 t_d(on)
延迟时间 $t_{d(on)}$
t_d
在基准条件下,双极晶体管打开晶体管的输入脉冲值的10%和对应输出脉冲值的10%之间测得的时间(s)的等级(minTypMax)所规定的值。
AAE995-005 =基准条件
备注:
规定双极晶体管时间的基准条件通常是:
——电源电压;
——集电极电流;
——基极电流;
——基准温度。

AAF057-005 02 NR3..3.3ES2 T07
等级 minTypMax 实数度量
s
下降时间 t_f
t_f
在基准条件下,在双极晶体管的输出脉冲从规定的高百分比(通常为90%)降到规定的其最大值的低百分比(10%)所需的时间(s)的等级(minTypMax)所规定的值。
AAE995-005 =基准条件
备注:
规定双极晶体管时间的基准条件通常是:
——电源电压;
——集电极电流;
——基极电流;
——基准温度。

AAF058-005 02 NR3..3.3ES2 T07
等级 minTypMax 实数度量
s
上升时间 t_r
t_r
在基准条件下,在双极晶体管的输出脉冲从规定的低百分比(通常为10%)上升到规定的其最大值的高百分比(90%)所需的时间(s)的等级(minTypMax)所规定的值。
AAE995-005 =基准条件
备注:
对双极晶体管规定时间的基准条件正常是:
——电源电压;
——集电极电流;
——基极电流;

——基准温度。

AAF059-005　02　NR3..3.3ES2　T07

等级 minTypMax 实数度量

s

断开时间　t_off

t_{off}

在基准条件下,在双极晶体管的输入脉冲末端(至少为最大值的 90%)与对应输出信号降到最大值的 10%时的时间(s)流经的等级(minTypMax)所规定的值。

AAE995-005 =基准条件

IEC 60747-8:2000

备注:

1)　$t_{off}=t_s+t_f$。

2)　规定双极晶体管时间的基准条件通常是:

——电源电压;

——集电极电流;

——基极电流;

——基准温度。

AAF060-005　02　NR3..3.3ES2　T07

等级 minTypMax 实数度量

s

导通时间　t_on

t_{on}

在基准条件下,在双极晶体管的输入脉冲开始(通常为最大值的 10%)与对应输出信号至少为最大值的 90%时的时间(s)流经的等级(minTypMax)所规定的值。

AAE995-005 =基准条件

GB/T 4586—1994

备注:

1)　$t_{on}=t_d+t_r$。

2)　规定双极晶体管时间的基准条件通常是:

——电源电压;

——集电极电流;

——基极电流;

——基准温度。

AAF061-005　01　NR3..3.3ES2　T03

等级 nom 实数度量

m

步进长度　l_step

l_{step}

直线步进电动机的相邻步进位置之间的标称长度(m)。

AAF062-005　02　NR3..3.3ES2　K09

等级 max 实数度量

N

保持力　F_hold

F_{hold}

能外部施加于激励直线步进电动机电枢上而不引起连续步进的最大稳定力(N)。

AAF063-005　02　NR1..4　E01

简单 整数度量

A

导通状态电流有效值　@I_T(RMS)

@$I_{T(RMS)}$

作为变量,晶闸管或三端双向晶闸管中从阳极到阴极流经的导通状态电流(A)有效值(rms)。

IEC 60747-6:2000

AAF064-005　02　NR3..3.3ES2　L29

等级 minTypMax 实数度量

W/sr

辐射强度　I_e

I_e

在规定的正向电流和温度类型的温度下,红外发射二极管的辐射强度(W/sr)的等级(minTypMax)所规定的值。

AAE274-005 =正向电流

AAE685-005 =温度

AAE683-005 =温度类型

AAF065-005　02　NR3..3.3ES2　L10

等级 typ 实数度量

W

总辐射输出功率　$f_e

辐射流量　Φ_e

P_{out}

在规定的正向电流和温度类型的温度下,红外发射二极管的典型总辐射输出功率(W)。

AAE274-005 ＝正向电流
AAE685-005 ＝温度
AAE683-005 ＝温度类型

AAF066-005 02 NR3..3.3ES2 E06
等级 min 实数度量
V
集电极-发射极击穿电压 V_(BR)CEO
$V_{(BR)CEO}$
在规定的集电极电流和温度类型的温度下，当集电极端偏置到发射极端的相反方向而当基极端开路时，双极晶体管或光耦合器的集电极端与发射极端之间的最小击穿电压(V)。
AAE406-005 ＝集电极电流(直流)
AAE683-005 ＝温度类型
AAE685-005 ＝温度
JESD 77B:2000
备注：
当相对于发射极端，NPN 晶体管为正或 PNP 晶体管为负，此时集电极端即为偏置到相反方向。

AAF090-005 02 NR3..3.3ES2 E33
等级 max 实数度量
Ω
直流电阻 R_dc
R_{dc}
线绕元器件的线圈的直流电流的最大电阻(Ω)。
备注：
线绕元器件示例：
电感器、电动扬声器、电动机、继电器、变压器。

AAF096-005 01 M..8 A59
简单 非定量代码
稳定性试验 @稳定性试验
元器件提交稳定性试验的类型的代码。
CLIM ＝气候试验
LOAD ＝负载试验
OVERL ＝短时超载

AAF097-005 02 NR2..3.3 E33
等级 max 实数度量
%
试验后稳定性 稳定性
稳定性
根据文件 GB/T 5729，a)规定的试验前和后电阻器电阻的最大差与 b)试验前电阻的比率(%)。
AAE096-005 ＝稳定性试验

AAF098-005 01 M..8 A51
简单 非定量代码
功率变压器应用 应用
指明固定功率变压器的应用的代码。
DRI ＝直线偏转驱动变压器
LDO ＝直线偏转输出变压器
SAFETY ＝安全变压器
SMPS ＝转换模式功率电源变压器
SUPPLY ＝电源变压器

AAF099-005 02 NR1..4 Q56
等级 nom 整数度量
1
次级线圈数 N_sec(coil)
$N_{sec(coil)}$
功率变压器次级线圈数。

AAF100-005 01 NR2 S..3.3 E33
等级 nom 实数度量
%
电阻公差 R_tol
R_{tol}
识别电阻器类别的电阻的标称公差(%)。
备注：
仅用于正负公差值相等的情况。

AAF101-006 01 X..3 A56
简单 非定量代码
倍数 倍数
固定线性电阻器的倍数的代码。
MUL ＝多倍
SIN ＝单倍

AAF102-005 01 M..3 A56
简单 非定量代码
电阻器互连 互连
固定线性电阻器网络互连类型的代码。
COM ＝共同引出端式

DIV =分压式
ISO =绝缘式
LAD =梯形
TER =终端负载式

AAF103-005 01 NR3..3.3ES2 E01
等级 max 实数度量
A
直流电流 I_dc
I_{dc}
在规定的环境温度下，电气-电子或机电元器件的最大直流电流(A)。
AAE014-005=环境温度

AAF106-005 02 NR1..4 E01
等级 max 整数度量
A
触点电流(直流) I_cont(dc)
额定工作电流(直流) $I_{cont(dc)}$
开关或继电器在阻性负载下的最大直流转换电流(A)。
IEC 60947-1:2004

AAF107-005 02 NR3..3.3ES2 E06
等级 max 实数度量
V
触点电压(直流) U_cont
额定工作电压(直流) U_{cont}
开关或继电器在阻性负载下的最大直流转换电压(V)。
注：额定电压是在闭合前或断开后触点之间的电压。
IEC 60127-1:1988

AAF109-005 02 NR3..3.3ES2 E01
等级 minTypMax 实数度量
A
集电极关断电流 I_CB I_CBO
I_{CBO}
在规定的集电极-基极电压值和温度类型的温度下，当双极晶体管的集电极端直流电流偏置到对基极端反向和发射极端开路时，该电流(A)的等级(minTypMax)所规定的值。
AAE419-005=集电极-基极电压
AAE685-005=温度
AAE683-005=温度类型
JESD 77B:2000
备注：
当相对于发射极端，NPN 晶体管为正或 PNP 晶体管为负，此时集电极端认为偏置到相反方向。

AAF110-005 02 NR3..3.3ES2 E01
等级 minTypMax 实数度量
A
发射极关断电流 I_EBO I_EBO
I_{EBO}
在规定的发射极-基极电压值和温度类型的温度下，当双极晶体管的发射极端直流电流偏置到对基极端反向和集电极端开路时，该电流(A)的等级(minTypMax)所规定的值。
AAE427-005=基极-发射极电压
AAE683-005=温度类型
AAE685-005=温度
JESD 77B:2000
备注：
当相对于基极端，NPN 晶体管为正或 PNP 晶体管为负，此时发射极端认为偏置到相反方向。

AAF112-005 01 NR2 S..3.3 E06
等级 max 实数度量
V
发射极-基极电压 V_EBO V_EBO
V_{EBO}
在集电极端开路下，双极晶体管的发射极和基极端之间的最大限制电压(V)。
JESD 77B:2000

AAF113-005 02 NR2 S..3.3 E06
等级 max 实数度量
V
集电极-发射极电压 V_CEX V_CEX
V_{CEX}
在规定的基极和发射极端之间的电压下，双极晶体管的集电极和发射极端之间的最大限制直流电压(V)。
AAE427-005=基极-发射极电压
IEC 60748

AAF114-005　02　NR2 S..3.3　E06

等级 minTypMax 实数度量

V

基极-发射极饱和电压 V_BEsat

V_{BEsat}

在规定的集电极电流、基极电流和温度类型的温度下，双极晶体管的基极-发射极电压（V）的等级（minTypMax）所规定的值。

注：这是当基极-发射极和基极-集电极两者的结都正向偏置时，基极和发射极端之间的电压。

AAE406-005＝集电极电流（直流）

AAE409-005＝基极电流（直流）

AAE683-005＝温度类型

AAE685-005＝温度

IEC 60748

AAF115-005　02　NR3..3.3ES2　E01

等级 minTypMax 实数度量

A

集电极关断电流 I_CE　I_CES

I_{CES}

在规定的集电极-发射极电压值和温度类型的温度下，当双极晶体管的集电极端的电流偏置到对发射极端反向和基极端到发射极端短路时，该电流（A）的等级（minTypMax）所规定的值。

AAE412-005＝集电极-发射极电压

AAE685-005＝温度

AAE683-005＝温度类型

JESD 77B:2000

备注：

当相对于发射极端，NPN 晶体管为正或 PNP 晶体管为负，此时集电极端认为偏置到相反方向。

AAF116-005　02　NR3..3.3ES2　E09

等级 max 实数度量

F

集电极-基极电容　C_ob

C_{ob}

在规定的集电极-基极电压值、频率和温度类型的温度下，共基极结构和发射极端开路时的双极晶体管的集电极和基极端之间的最大电容值（F）。

AAE029-005＝频率

AAE419-005＝集电极-基极电压

AAE683-005＝温度类型

AAE685-005＝温度

AAF117-005　03　NR3..3.3ES2　E09

等级 max 实数度量

F

发射极-基极输入电容 C_ib

C_{ib}

在规定的发射极-基极电压值、频率和温度类型的温度下，共基极结构和集电极端开路时的双极晶体管的发射极和基极端之间的最大电容值（F）。

AAE029-005＝频率

AAE427-005＝基极-发射极电压

AAE683-005＝温度类型

AAE685-005＝温度

AAF118-005　02　NR1 S..4　E06

等级 max 整数度量

V

栅-源电压限制　V_GSlim

V_{GSlim}

场效应晶体管的栅极和源极之间的最大限制直流电压（V）。

AAF119-005　01　M..3　A51

简单 非定量代码

频率应用　频率应用

滤波器的频率应用的代码。

AP ＝全通

BP ＝带通

BS ＝带阻

HP ＝高通

LP ＝低通

AAF120-005　02　NR1..4　E49

等级 min 整数度量

dB

梳齿深度　梳深

梳齿深度

梳齿滤波器的梳齿的深度（dB）。

AAF121-005　02　NR1..4　F13

等级 max 整数度量

dB

带通衰减　　带通衰减

带通衰减

带通滤波器的最大带通衰减(dB)。

AAF122-005　01　NR1..4　E01

等级 nom 整数度量

A

额定断开容量　　I_br

I_{br}

熔断器连接能断开的标称保护电流(A)。

IEC 60269-1:1998

AAF123-005　02　NR3 S..3.3ES2　E06

等级 max 实数度量

V

电压降　　U_drop

U_{drop}

在额定电流下，跨接熔断器连接两端的最大直流或交流电压(V)有效值。

IEC 60127-1:1988

AAF124-005　01　M..8　A51

简单 非定量代码

集成元器件　　集成元器件

与连接器集成的元器件的代码。

COVER ＝盖

EARTH ＝接地

HANDLE ＝柄

HOUSE ＝壳

LATCH ＝锁

SHIELD ＝屏蔽

AAF125-005　01　M..8　A57

简单 非定量代码

接触件弹性材料　　接触件弹性材料

连接器、继电器或开关的接触件的弹性材料的代码。

BeCu ＝铍铜

PCuSn ＝磷青铜

AAF126-005　01　M..8　A59

简单 非定量代码

UL 燃烧性　　UL 燃烧性

连接器燃烧性的 UL 代码。

94-5V ＝94-5V

94HB ＝94HB

94HBF ＝94HBF

94HBF-1 ＝94HBF-1

94HBF-2 ＝94HBF-2

94V-0 ＝94V-0

94V-1 ＝ 94V-1

94V-2 ＝94V-2

94VTM-0 ＝94VTM-0

94VTM-1 ＝94VTM-1

94VTM-2 ＝94VTM-2

AAF127-005　01　M..3　A59

简单 非定量代码

IEC 燃烧性　　IEC 可燃

连接器燃烧性的 IEC 代码。

FH1 ＝FH1

FH2 ＝FH2

FH3 ＝FH3

FV0 ＝FV0

FV1 ＝FV1

FV2 ＝FV2

备注：

FH ＝水平燃烧

FV ＝垂直燃烧

AAF128-005　01　M..3　A91

简单 非定量代码

封装颜色　　封装颜色

包封颜色

连接器体颜色的 UL 代码。

BG ＝米黄色

BK ＝黑色

BL ＝兰色

BN ＝棕色

BZ ＝青铜色

GN ＝绿色

GY ＝灰色

IV ＝乳白色

NC ＝天然色(未经染色)

OR ＝橙色

PK ＝粉红色

PD =红色
TN =棕褐色
VT =紫色
WT =白色
YL =黄色

AAF129-005 02 NR3..3.3ES2 E06
等级 max 实数度量
V
释放电压(直流) U_rel(dc)
$U_{rel(dc)}$
已激励的继电器释放的最大直流电压(V)。
IEC 61810-7:1997

AAF130-005 02 NR2..3.3 E49
等级 max 实数度量
VA
触点功率(直流) P_cont(dc)
$P_{cont(dc)}$
作为组合施加于开关或继电器电阻性负载上的实际直流电压和实际直流电流的乘积的最大转换视在功率(W)。
备注:
视在功率是小于触点电流和触点电压的乘积。

AAF131-005 02 NR1..4 Q56
等级 nom 整数度量
1
相位数 N_ph
N_{ph}
电动机的实际相位数。

AAF132-005 01 NR3..3.3ES2 T03
等级 max 实数度量
m
行程 s_mot
s_{mot}
直线电动机的最大行程(m)。

AAF133-005 01 NR3..3.3ES2 K12
等级 nom 实数度量
N
额定力 F_nom
F_{nom}
直线电动机的标称力(N)。

AAF134-005 01 M..8 A51
简单 非定量代码
集成功能 集成功能
与开关集成的元器件的代码。
LAMP =灯
LED =发光二极管
KNOB =按钮
RING =阻塞环
BAR =载体
PLATE =隔离板
OO =通/断指示

AAF135-005 01 NR3 S..3.3ES2 E01
等级 max 实数度量
A
截止态电流 I_D
I_D
在规定的高截止态电压和温度类型温度下,晶闸管或三端双向晶闸管的正向的最大直流截止态电流(A)。
AAE737-005=截止态电压
AAE685-005=温度
AAE683-005=温度类型
备注:
该截止态电压等于 V_D-max、V_DWM 或 V_RDM(最坏外壳情形)。

AAF136-005 01 NR3 S..3.3ES2 E01
等级 minTypMax 实数度量
A
保持电流 I_H
I_H
在规定的温度类型温度下,保持晶闸管或三端双向晶闸管导通态所要求的直流正向电流(A)的等级(minTypMax)所规定的值。
AAE683-005=温度类型
AAE685-005=温度

AAF137-005 01 NR3 S..3.3ES2 E01
等级 minTypMax 实数度量
A

锁定电流　　I_L

I_L

在规定的温度类型温度下，触发脉冲除去后，保持晶闸管或三端双向晶闸管导通态所要求的直流正向电流(A)的等级(minTypMax)所规定的值。

AAE683-005＝温度类型

AAE685-005＝温度

AAF138-005　02　NR3..3.3ES2　E01

等级 minTypMax 实数度量

A

集电极光电流　　I_CEO(L)

$I_{CEO(L)}$

在断开基极和规定的集电极-发射极电压、某些波长发光和温度类型温度下，光传感器晶体管的直流集电极电流(A)的等级(minTypMax)所规定的值。

AAE412-005＝集电极-发射极电压

AAE569-005＝峰值波长

AAE570-005＝辐照度

AAE683-005＝温度类型

AAE685-005＝温度

备注：

当发光出现时，称为集电极光电流。

AAF139-005　02　NR3..3.3ES2　E01

等级 minTypMax 实数度量

A

集电极关断暗电流　　I_CEO(D)

$I_{CEO(D)}$

在断开基极和零发光、规定的集电极-发射极电压值和温度类型温度下，光传感器晶体管的直流集电极电流(A)的等级(minTypMax)所规定的值。

AAE412-005＝集电极-发射极电压

AAE683-005＝温度类型

AAE685-005＝温度

备注：

如果发光为零，称为集电极暗电流。

AAF140-005　02　NR3..3.3ES2　E01

等级 minTypMax 实数度量

A

集电极光电流　　I_CEO(L)

$I_{CEO(L)}$

在断开基极和规定的集电极-发射极电压、正向电压、正向电流和温度类型温度下，光耦合器的直流集电极电流(A)的等级(minTypMax)所规定的值。

AAE274-005＝正向电流

AAE412-005＝集电极-发射极电压

AAE499-005＝正向电压

AAE683-005＝温度类型

AAE685-005＝温度

AAF141-005　02　NR3..3.3ES2　E01

等级 minTypMax 实数度量

A

关断暗电流 I_CEO　　I_CEO(D)

$I_{CEO(D)}$

在断开基极和零正向电流、规定的集电极-发射极电压和温度类型温度下，光耦合器的直流集电极电流(A)的等级(minTypMax)所规定的值。

AAE412-005＝集电极-发射极电压

AAE683-005＝温度类型

AAE685-005＝温度

AAF142-005　02　NR3..3.3ES2　E01

等级 minTypMax 实数度量

A

关断暗电流 I_CBO　　I_CBO(D)

$I_{CBO(D)}$

在断开发射极和零正向电流、规定的集电极-基极电压值和温度类型温度下，光耦合器的直流集电极电流(A)的等级(minTypMax)所规定的值。

AAE419-005＝集电极-基极电压

AAE683-005＝温度类型

AAE685-005＝温度

AAF143-005　02　NR3..3.3ES2　E01

等级 minTypMax 实数度量

A

反向光电流　　I_R(L)

$I_{R(L)}$

在规定的反向电压值、规定的波长发光和温度类型温度下，光传感器二极管的反向直流电流(A)的等级(minTypMax)所规定的值。

AAE335-005=反向电压
AAE569-005=峰值波长
AAE570-005=辐照
AAE683-005=温度类型
AAE685-005=温度
备注:
当有发光出现时,称为反向光电流。

AAF144-005　02　NR3..3.3ES2　E01
等级 minTypMax 实数度量
A
反向暗电流　I_R(D)
$I_{R(D)}$
在零发光和规定的反向电压值及温度类型的温度下,光传感器二极管的反向直流电流(A)的等级(minTypMax)所规定的值。
AAE335-005=反向电压
AAE683-005=温度类型
AAE685-005=温度
备注:
当发光为零时,称为反向暗电流。

AAF145-005　01　NR3..3.3ES2　T03
等级 nom 实数度量
m
数字长度　l_dig
l_{dig}
液晶显示的数字的标称长度(m)。
备注:
在水平方向测量长度。

AAF146-005　02　X..3　A56
简单 非定量代码
频率应用　频率应用
识别放大器、信号电缆或晶体管的频率的代码。
LF　=低频
RF　=射频
WB　=宽带
备注:
宽带仅用于放大器。

AAF148-005　02　M..8　A56
简单 非定量代码
插座类型　插座类型
连接器插座类型的代码。
EDGE　=印制板插座
SBAT　=电池插座
SFUS　=熔断器插座
SIC　=IC 插座
SLAM　=灯插座
SLCD　=显示器插座
SOPT　=LED 插座
SREL　=继电器插座
STRA　=晶体管插座
STUB　=电子管插座

AAF150-005　02　NR1..4　Q56
等级 nom 整数度量
1
每行触点数　N_cont/row
$N_{cont/row}$
连接器每行触点数。

AAF151-005　01　M..3　A56
简单 非定量代码
可调性类型　可调性
识别电感器机械可调性类型的代码。
FIX　=固定
VAR　=可变

AAF152-005　01　NR3 S..3.3ES2　E01
等级 max 实数度量
A
输入偏移电流　I_IO
I_{IO}
在基准条件下,直流电流(A)的最大值等于运算放大器达到零输出电压时两个输入引出端的电流之差。
AAE995-005=基准条件
IEC 60748-3:1986

AAF153-005　01　NR3 S..3.3ES2　E01
等级 max 实数度量
A/Cel
输入偏移电流温度系数　$a_IIO
a_{IIO}

在工作温度范围内和标称电源电压下，运算放大器输入偏移电流变化的系数(A/℃)的最大值。
IEC 60748-3:1986

AAF154-005　01　NR3 S..3.3ES2 E01
等级 max 实数度量
A
平均偏置电流　I_IB
输入偏置电流　I_{IB}
在基准条件下，等于在静态中的运算放大器进入差分输入引出端的电流算术平均值的直流电流(A)最大值。
AAE995-005＝基准条件
IEC 60748-3:1986

AAF155-005　01　NR3 S..3.3ES2 E06
等级 max 实数度量
V
输入偏移电压　V_IO
V_{IO}
在基准条件下，施加于运算放大器输入引出端之间产生零输出电压所需的直流电压(V)的最大值。
AAE995-005＝基准条件
IEC 60748-3:1986

AAF156-005　01　NR3 S..3.3ES2 E06
等级 max 实数度量
V/Cel
输入偏移电压温度系数　$a_VIO
a_{VIO}
在工作温度范围内和标称电源电压下，运算放大器输入偏移电压变化的系数(V/℃)的最大值。
IEC 60748-3:1986

AAF157-005　02　NR2 S..3.3　E06
等级 max 实数度量
V
共模输入电压　V_IC
共模输入电压范围　V_{IC}
施加于差分放大器上的最大共模输入电压(V)，如果超过可能引起放大器中断规范内的功能。
IEC 60748-3:1986

AAF158-005　01　NR2 S..3.3　E06
等级 min 实数度量
V
峰-峰输出电压　V_OPP
输出电压波动　V_{OPP}
在工作温度范围内和规定的负载电阻与电源电压下，电压放大器的峰-峰输出电压(V)的最小值。
AAE102-005＝电源电压
AAE212-005＝负载电阻
IEC 60748-3:1986

AAF159-005　02　NR3..3.3ES2　E06
等级 min 实数度量
1
大信号电压增益　A_VOL
A_{VOL}
在规定的电源电压和负载电阻下，电压放大器的最大输出电压波动与输入电压变化的最小保证比。
AAE102-005＝电源电压
AAE212-005＝负载电阻

AAF160-005　01　NR1..4　E06
等级 minTypMax 实数度量
dB
共模抑制比　k_CMR
k_{CMR}
$CMRR$
在工作温度范围内和规定的电源电压下，差分放大器的差模电压放大和共模电压放大(dB)的比的等级(minTypMax)所规定的值。
AAE102-005＝电源电压
IEC 60748-3:1986

AAF161-005　01　NR3..3.3ES2　E06
等级 max 实数度量
V/V
电源电压敏感度　k_svs
k_{svs}
在基准条件下，运算放大器在全部维持电源电压保持恒定值时，输入偏移电压的变化与对应的任一电源电压变化的比率(V/V)的最大绝对值。
AAE995-005＝基准条件

IEC 60748-3:1986

AAF162-005　02　NR1..4　E06
等级 min 整数度量
V/s
变化速率　SR
输出电压最大变化速率　*SR*
S_{VOM}
在规定的负载电阻、最大输出电压波动和基准条件下,保证最大变化速率(V/s)的电压放大器的最小输出电压。
AAE212-005＝负载电阻
AAE995-005＝基准条件
IEC 60748-3:1986

AAF163-005　01　NR3..3.3ES2　E33
等级 min 实数度量
Ω
差分输入电阻　r_id
r_{id}
在基准条件下,差分放大器的输入之间的最小电阻(Ω)。
AAE995-005＝基准条件
IEC 60748-3:1986
备注:
为了能将输入阻抗作为纯电阻,测量信号频率必须足够地低以便在放大器输入引出端用或不用串联电阻测量的电压之间没有明显的相位差。

AAF164-005　01　NR3 S..3.3ES2 E33
等级 min 实数度量
Ω
共模输入电阻　r_ic
r_{ic}
在规定的基准条件下,在差分放大器的并联输入与电气基准点之间的最小电阻(Ω)。
AAE995-005＝基准条件
IEC 60748-3:1986

AAF165-005　01　NR3 S..3.3ES2 E33
等级 typ 实数度量
Ω
输出电阻　r_out
r_{out}
在基准条件下,电压放大器输出的典型电阻(Ω)。
AAE995-005＝基准条件
备注:
这是使输出为零时,观测输出引出端的电阻。
这个参数只在小信号条件下,以高于几百周的频率进行确定,以消除漂移和热反馈的影响。

AAF166-005　01　NR3..3.3ES2　F03
等级 min 实数度量
Hz
单位增益频率　f_1
小信号单位增益　f_1
在基准条件下,电压放大器的电压开环放大的模等于一个单位时的频率(Hz)的最小值。
AAE995-005＝基准条件
IEC 60748-3:1986
备注:
对于有每个倍频程 6 dB 的衰减的放大器,频率也称为单位增益带宽。

AAF167-005　02　NR3..3.3ES2　F03
等级 min 实数度量
Hz
增益带宽乘积　*GB*
增益带宽　*GB*
在规定的频率和基准条件下,电压放大器的小信号增益带宽的乘积(Hz)的最小值。
AAE029-005＝频率
AAE995-005＝基准条件
备注:
对于有每个倍频程 6 dB 的衰减的放大器,增益带宽乘积在这一区域内是常数。

AAF168-005　02　NR3..3.3ES2　T07
等级 max 实数度量
s
总响应时间　t_tot
回复时间　t_{tot}
在基准条件下,在小信号条件下和为单位增益补偿的电压放大器的延迟时间、斜度时间和抖动时间(s)的总和的最大值。
AAE995-005＝基准条件
IEC 60748-3:1986

备注:
抖动时间是斜度时间末尾与输出信号幅度最后一次到达包含最后输出信号等级的规定的等级范围时刻之间的时间间隔。这一等级范围称为抖动公差且通常为最后输出信号的0.1%。

AAF169-005 01 X..3 A56
简单 非定量代码
放大量 放大量
识别低频放大器的放大数量的代码。
PWA=功率放大器
VTA=电压放大器

AAF170-005 01 NR1..4 E06
等级 min 整数度量
dB
电源抑制比 PSRR
电源电压抑制比 *PSRR*
K_{SVR}
在基准条件下,使运算放大器的全部维持电源电压保持常数时的任一电源电压变化与产生输入偏移电压变化的比(dB)的最小绝对值。
AAE995-005=基准条件
IEC 60748-3:1986

AAF191-005 01 X..3 A56
简单 非定量代码
输入结构 输入结构
识别电压放大器的输入结构类型的代码。
DFA=差分放大器
SSA=单边放大器

AAF192-005 01 X..3 A56
简单 非定量代码
耦合方法 耦合
识别差分放大器耦合方法的代码。
ACA=交流耦合放大器
OPA=运算放大器(直流耦合)

AAF193-005 02 NR1..4 G21
等级 min 整数度量
dB
敏感度 敏感度
输出声压等级 敏感度
对1 W的正弦输入功率和基准轴上1 m的距离所涉及的有效频率范围内,在任何频率时相对于基准声压等级的扬声器的最小声压等级(dB)。
IEC/TC 84(Sec)38(20.3):1986

AAF202-005 01 X..3 A91
简单 非定量代码
色度 色度
显像管色度类型的代码。
COL =彩色显像管
MCR =单色显像管

AAF203-005 01 NR3..3.3ES2 E01
等级 max 实数度量
A
平均阳极电流 I_a(av)
$I_{a(av)}$
显像管的最大限制长期平均阳极电流(A)。
IEC 60050-531:1974
备注:
作为试验图片、计算机图形、电文数据或静止电视画面持续超过30 s的显示期间,“长期”是指图像无期限地静止。

AAF204-005 01 NR3..3.3ES2 E01
等级 max 实数度量
A
峰值阳极电流 I_a(peak)
$I_{a(peak)}$
显像管的最大限制长期峰值阳极电流(A)。
IEC 60050-531:1974
备注:
作为试验、计算机图形、电文数据或静止电视画面显示持续超过30 s的显示期间,“长期”是指图像无期限地静止。

AAF205-005 02 NR1..4 Q56
等级 nom 整数度量
1
垂直分辨率 分辨率 *V*
分辨率 *V*
显像管的可视水平线的数量。

IEC 60050-531:1974

备注:

用收缩光栅方法在屏幕中心测量。

AAF206-005　01　NR2 S..3.3　E06

等级 miNoMax 实数度量

V

栅格 2 电压　V_g2

V_{g2}

在单色显像管栅格 2 上的直流电压(V)的等级所规定的值。

备注:

对阴极(栅格驱动) 相对于栅格 1(阴极驱动)的所有电压。

AAF207-005　02　NR3 S..3.3ES2　E01

等级 minMax 实数度量

A

输出短路电流　I_OS

动态输出电流　I_{OS}

在最大电源电压和规定温度(T_1 和 T_2)之间的温度范围内,输出短路时,数字 TTL IC 的输出电流(A)的等级(minMax)所规定的值。

注 1:在某一时间不应有多于一个输出的短路。

注 2:短路持续时间不应超过 1 s。

AAE958-005=温度 T_1

AAE959-005=温度 T_2

备注:

输出短路电流最初预定再向 TTL 用户保证器件可经得起意外接地。例如:在线电路试验期间。这一参数已成为给线电容充电电路的能力的估量并用于计算传播延迟。

在 CMOS 器件中,由于纯电容负载允许推算交流参数来计算传播延迟的增加,因此不需要规定这一参数。

AAF208-005　01　NR2 S..3.3　E06

等级 min 实数度量

V

正向门限　V_IT+

V_{IT+}

V_{ITP}

在规定的温度(T_1 和 T_2)之间的温度范围内,当输入电压上升时,能使输出改变其逻辑状态的 IC 的组合、连续或接口功能的最小输入电压等级(V)。

AAE958-005=温度 T_1

AAE959-005=温度 T_2

GB/T 17574—1998

AAF209-005　01　NR2 S..3.3　E06

等级 max 实数度量

V

负向门限　V_IT−

V_{IT-}

V_{ITN}

在规定的温度(T_1 和 T_2)之间的温度范围内,当输入电压下降时,能使输出改变其逻辑状态的 IC 的组合、连续或接口功能的最大输入电压等级(V)。

AAE958-005=温度 T_1

AAE959-005=温度 T_2

GB/T 17574—1998

AAF210-005　01　NR3..3.3ES2　E06

等级 min 实数度量

V

滞后　V_hys

V_{hys}

在规定的温度(T_1 和 T_2)之间的温度范围内,IC 的组合、连续或接口功能的正向和负向门限电压之间的最小差(V)。

AAE958-005=温度 T_1

AAE959-005=温度 T_2

GB/T 17574—1998

AAF211-005　01　NR3..3.3ES2　F03

等级 max 实数度量

Hz

最大时钟频率　f_clk(max)

$f_{clk(max)}$

在规定温度(T_1 和 T_2)之间的温度范围内,可施加于 IC 上的组合、连续或接口功能或寄存功能,在 50%工作循环周期的最大时钟频率(Hz)。

AAE958-005=温度 T_1

AAE959-005=温度 T_2

AAF212-005　02　NR3..3.3ES2　T07

等级 min 实数度量

s

建立时间　t_su

t_{su}

在规定温度(T_1 和 T_2)之间的温度范围内，在输入引出端保持的信号的应用与对应 IC 的组合、连续或接口功能的记时脉冲的连续有效转换之间的最小时间间隔(s)。

注 1：建立时间是两个信号之间的实际时间并可能不足以达到预定的结果。规定最小值是指保证数字电路正确工作的最短时间间隔。

注 2：建立时间可以是负值。在这种情况中，最小限制确定保证数字电路正确工作的时间间隔的最长时间间隔(有源转换与其他信号应用之间)。

AAE958-005＝温度 T_1

AAE959-005＝温度 T_2

GB/T 17574—1998

AAF213-005　02　NR3 S..3.3ES2　T07

等级 min 实数度量

s

保持时间　t_h

t_h

在规定温度(T_1 和 T_2)之间的温度范围内，对应 IC 的组合、连续或接口功能的记时脉冲的连续有源转换之后信号在输入引出端保持期间的最小时间间隔(s)。

注 1：保持时间是两个信号之间的实际时间并可能不足以达到预定的结果。规定最小值是指保证数字电路正确工作的最短时间间隔。

注 2：建立时间可以是负值。在这种情况中，最小限制确定保证数字电路正确工作的时间间隔的最长时间间隔(有源转换与其他信号应用之间)。

AAE958-005＝温度 T_1

AAE959-005＝温度 T_2

GB/T 17574—1998

AAF214-005　02　NR3..3.3ES2　T07

等级 min 实数度量

s

输出启动时间　t_lz

t_{lz}

t_{oe}

在规定温度(T_1 和 T_2)之间的温度范围内，在输入引出端保持的信号的应用与 IC 组合、连续或接口功能的引起输出引出端从高阻抗(断开)状态改变到确定的有源等级之一(高或低)之间的最小时间间隔(s)。

AAE958-005＝温度 T_1

AAE959-005＝温度 T_2

GB/T 17574—1998

AAF215-005　02　NR3..3.3ES2　T07

等级 max 实数度量

s

输出截止时间　t_hz

t_{hz}

t_{od}

在规定温度(T_1 和 T_2)之间的温度范围内，在输入引出端保持的信号的应用与 IC 组合、连续或接口功能的引起输出引出端从确定的有源等级之一(高或低)改变到高阻抗(断开)状态之间的最大时间间隔(s)。

AAE958-005＝温度 T_1

AAE959-005＝温度 T_2

GB/T 17574—1998

AAF216-005　02　NR3..3.3ES2　T07

等级 min 实数度量

s

高电平脉冲宽度　t_WH

高电平脉冲持续时间　t_{WH}

在规定温度(T_1 和 T_2)之间的温度范围内，施加于 IC 组合、连续或接口功能的正确工作所需的最小高电平时的最小脉冲宽度(s)。

AAE958-005＝温度 T_1

AAE959-005＝温度 T_2

GB/T 17574—1998

AAF217-005　02　NR3..3.3ES2　T07

等级 min 实数度量

s

低电平脉冲宽度　t_WL

低电平脉冲持续时间　t_{WL}

在规定温度(T_1 和 T_2)之间的温度范围内，施加于 IC 组合、连续或接口功能的正确工作所需的最小低电平时的最小脉冲宽度(s)。

AAE958-005＝温度 T_1
AAE959-005＝温度 T_2
GB/T 17574—1998

AAF218-005　02　NR3..3.3ES2　T07
等级 nom 实数度量
s
亚稳窗口　t_meta
t_{meta}
在规定温度(T_1 和 T_2)之间的温度范围内，不合适的激励在IC组合、连续或接口功能输出时对亚稳图形给出上升的标称时间间隔(s)。
AAE958-005＝温度 T_1
AAE959-005＝温度 T_2

AAF219-005　02　NR3..3.3ES2　T07
等级 min 实数度量
s
恢复时间　t_rec
除去时间　t_{rec}
在规定温度(T_1 和 T_2)之间的温度范围内，在异步控制输入脉冲的轨迹边缘与IC组合、连续或接口功能将对应同步输入的同步(时钟)输入脉冲的激励边缘上基准点之间的最小时间间隔(s)。
AAE958-005＝温度 T_1
AAE959-005＝温度 T_2

AAF221-005　01　M..3　A56
简单 非定量代码
总线结构　总线结构
识别微处理器总线结构的代码。
MUL＝多总线结构(哈佛)
SIN＝单总线结构(凡.纽曼)

AAF222-005　01　M..8　A56
简单 非定量代码
指令集体系结构　指令集体系结构
识别微处理器指令集体系结构的代码。
CISC＝复合的指令集计算机
RISC＝简化的指令集计算机

AAF223-005　02　NR1..4　F01
等级 nom 整数度量
1
机器周期　M
时钟周期数　M
微控制器或微处理器进行寄存器读或写操作的内部时钟周期数。

AAF224-005　01　NR3..3.3ES2　F03
等级 minMax 实数度量
Hz
时钟频率　f_clk
f_{clk}
在规定温度(T_1 和 T_2)之间的温度范围内，可施加于微控制器或微处理器上的时钟频率(Hz)的等级(minMax)所规定的值。
AAE958-005＝温度 T_1
AAE959-005＝温度 T_2

AAF225-005　01　NR3..3.3ES2　F03
等级 minMax 实数度量
Hz
内部时钟频率　f_clk(int)
$f_{clk(int)}$
在规定温度(T_1 和 T_2)之间的温度范围内，微控制器或微处理器的内部时钟频率(Hz)的等级(minMax)所规定的值。
AAE958-005＝温度 T_1
AAE959-005＝温度 T_2

AAF226-005　01　NR1..4　J01
等级 nom 整数度量
bit
地址总线宽度　地址总线宽度
地址总线宽度
微控制器或微处理器的地址总线的宽度(bit)。

AAF227-005　01　NR1..4　J01
等级 nom 整数度量
bit
数据总线宽度　数据总线宽度
数据总线宽度
微控制器或微处理器的数据总线的宽度(bit)。

AAF228-005　02　NR3..3.3ES2　J01
等级 nom 实数度量
1
可寻址存贮容量　N_word
N_{word}
微控制器或微处理器通过其相应的外部地址总线访问的程序寄存器的存储容量的字节数。
备注：
可寻址存贮器容量等于 2^n，其中 n 等于地址总线宽度(bit)。

AAF229-005　02　NR3..3.3ES2　J05
等级 nom 实数度量
i/s
指令速度　*Mips*
Mips
在规定的外部施加的最大时钟频率下，微控制器或微处理器的指令处理速度(i/s)。
注：指令处理速度由使用的试验程序的种类决定。
ISO/IEC 2382-1:1993

AAF230-005　02　NR1..4　Q56
等级 nom 整数度量
1
内部寄存器数量　N_reg
N_{reg}
微控制器或微处理器的内部寄存器的数量。

AAF231-005　02　M..8　A56
简单 非定量代码
PLD 可编程性　可编程性
识别 PLD 的可编程性的代码。
MPLD　=掩码编程 PLD
OTPLD　=一次编程 PLD
EPLD　=可擦 PLD
UVPLD　=UV 可擦 PLD
EEPLD　=电气可擦 PLD
LDPLD　=可带负载 PLD

AAF232-005　02　NR3..3.3ES2　T07
等级 min 实数度量
s
输出有效数据时间　t_data
t_{data}
在规定温度(T_1 和 T_2)之间的温度范围内，适用于存贮 IC 在时间间隔的末端能引起输出数据改变的输入条件改变后，输出数据连续有效期间的最小时间间隔(s)。
AAE958-005=温度 T_1
AAE959-005=温度 T_2
GB/T 17574—1998

AAF233-005　01　X..3　A56
简单 非定量代码
RAM 类型　RAM 类型
识别 IC RAM 功能的代码。
DRM=DRAM
SRM=SRAM

AAF234-005　01　M..8　A56
简单 非定量代码
寄存器类型　寄存器类型
识别 IC 寄存器功能的代码。
SHR　=移位寄存器
FIFO　=先进先出寄存器
LIFO　=后进先出寄存器

AAF235-005　01　M..8　A55
简单 非定量代码
初始状态　初始状态
未编程状态
识别最初(未编程)或已擦 EPROM 输出的逻辑状态的代码。
HIGH　=高电平状态
LOW　=低电平状态

AAF236-005　02　M..8　A56
简单 非定量代码
ROM 可编程性　ROM 编程
识别 ROM 可编程性的代码。
EEPROM　=电气可擦 ROM
EPROM　=可擦 ROM
MROM　=掩码编程 ROM
OTPROM　=一次可编程 ROM
UVPROM　=UV 可擦 ROM

AAF237-005　01　NR2..3.3　E01

等级 max 实数度量

A

编程电流　I_PP

I_{PP}

在基准温度下，在编程期间，EPROM 编程电流(A)的最大值。

AAF238-005　01　NR2..3.3　E06

等级 minMax 实数度量

V

编程电压　V_PP

V_{PP}

在基准温度下，在编程期间，EPROM 编程电压(V)的等级(minMax)所规定的值。

AAF239-005　01　X..3　A58

简单 非定量代码

裸露/绝缘　裸露/绝缘

指明导体是由单个裸露导体组成或包含一个或多个被绝缘的导电件的代码。

BAR ＝裸露导体

INS ＝绝缘导体(导线或电缆)

AAF240-005　01　M..8　A57

简单 非定量代码

导体涂覆　导体涂覆

导体的导电件的涂覆材料的代码。

Ag ＝银

Ni ＝镍

Sn ＝锡

AAF241-005　01　M..8　A57

简单 非定量代码

导电材料　导电材料

导体的导电件的材料的代码。

Al ＝铝

Cu ＝铜

CuCd ＝铜-镉

CuCdCr ＝铜-镉-铬

CuCr ＝铜-铬

CuNi ＝铜-镍

CuSn ＝青铜

CuZn ＝黄铜

Fe/Cu ＝铁芯/铜覆盖

AAF242-006　01　M..8　A58

简单 非定量代码

导体形状　导体形状

导体的导电件形状的代码。

OVAL ＝椭圆形

ROUND ＝圆形

RECTAN ＝矩形

SECTOR ＝扇形

AAF243-005　03　M..8　A58

简单 非定量代码

导体结构　导体结构

导体的导电件结构的代码。

BRAID ＝编织的导体

BUNCH ＝线束导体

LITZ ＝编织的导体

SOLID ＝实心导体

STRAND ＝绞合的导体

TINSEL ＝锡铅导体

AAF244-005　01　M..8　A58

简单 字符串

导体规格 AWG　AWG 代码

导体的导电件的规格的 AWG 代码。

备注：

对于数值见实心圆导线的标准标称直径和横截面面积。

AAF245-005　02　NR3..3.3ES2　E33

等级 nom 实数度量

Ω

直流电阻　R_dc

R_{dc}

R_{o}

导体的导电件的每单位长度上的标称直流电阻(Ω/m)。

AAF246-005 02 NR3..3.3ES2 T03

等级 miNoMax 实数度量

m

导体直径 d_cond

d_{cond}

圆形导体导电件的直径(m)的等级(miNoMax)所规定的值。

AAF247-005 03 NR3..3.3ES2 T05

等级 nom 实数度量

m2

横截面 A_cross

A_{cross}

导体的导电件的标称横截面面积(m^2)。

AAF248-005 02 M..8 A52

简单 非定量代码

绝缘材料 绝缘材料

被绝缘导体的绝缘层材料的 ISO 代码。

E/TFE =乙烯/四氟乙烯
ECTFE =乙基纤维素四氟乙烯
ENAM =珐琅
FEP =氟基环氧
PA =酰胺
PAPER =纸
PE =聚乙烯
PFA =全氟烷氧基烷烃
POLY =聚合物
PP =聚丙烯
PTFE =聚四氟乙烯
PUR =聚胺酯
PVC =聚氯乙烯
RUBBER =橡胶
TEXTILE =纺织物
UP =非饱和聚酯

备注:

只有聚合物按 ISO 编码。

AAF249-005 01 X..3 A55

简单 非定量代码

电缆/导线 电缆/导线

指明被绝缘导体的多种导体的代码。

CBL=电缆(多导体)

IWR=绝缘导线(单导体)

AAF250-005 02 M..3 A91

简单 非定量代码

颜色代码 颜色代码

被绝缘导体的绝缘层的颜色的 IEC 代码。

0 =黑色
1 =棕色
2 =红
22 =粉红
3 =橙
4 =黄
5 =绿
55 =蓝绿
6 =蓝
7 =紫
8 =灰
9 =白

AAF251-005 03 NR1 S..4 E06

等级 min 整数度量

V

最小试验电压 U_bd(min)

最小击穿电压 $U_{bd(min)}$

介电强度

被绝缘导体能承受的绝缘的最小直流电压值(V)。

IEC 60851-5:1996

AAF252-005 01 M..8 A58

简单 字符串

MIL 电缆类型 MIL 代码

电缆类型的 MIL 代码。

备注:

对于数值见命名文件。

AAF253-005 01 M..3 A58

简单 非定量代码

LF 电缆单元 LF 电缆单元

指明 LF 电缆包含的基本单元类型的代码。

1 =单个

1S　＝屏蔽单个
2　＝对
2S　＝屏蔽对
3　＝三线
3S　＝屏蔽三线
4　＝四线
4S　＝屏蔽四线
5　＝五线
5S　＝屏蔽五线

AAF254-005　01　M..3　A58
简单 非定量代码
电缆结构　CBL 结构
电缆结构的代码。
BND＝线束电缆
FLT＝带状电缆

AAF255-005　02　NR1..4　Q51
等级 nom 整数度量
1
电缆单元数　N_elem
N_{elem}
电缆中基本单元的数量。
备注：
基本单元的类型由 AAF253-005 和 AAF256-005 确定。

AAF256-005　01　M..3　A58
简单 非定量代码
RF 电缆单元　RF 电缆单元
指明 RF 电缆基本单元类型的代码。
CX　＝同轴电缆(同心)
PP　＝平行线对
PPS　＝屏蔽平行线对

AAF257-005　03　M..8　A58
简单 非定量代码
介质结构　介质结构
RF 电缆介质的结构的代码。
AIR　＝空气隔离介质
FOAM　＝泡沫
SEMAIR　＝半空气隔离介质
SOLID　＝实心介质
THREAD＝螺纹
TUBE＝管/螺纹

AAF258-005　01　NR1..4　E06
等级 nom 整数度量
V
工作电压　U
U
为电缆设计的在任何两个导体之间的标称交流电压(V)有效值(rms)。
IEC 60183:1984

AAF259-005　01　NR3..3.3ES2　E09
等级 nom 实数度量
F/m
导体之间的电容　C_c_c
C_{c_c}
在电缆的一对导体之间的每单位长度的标称电容(F/m)。

AAF260-005　02　NR3..3.3ES2　E44
等级 miNoMax 实数度量
Ω
特性阻抗　|z|
$|z|$
在规定的频率下，电缆上一对导体的特性阻抗(Ohm)的模的等级(miNoMax)所规定的值。
AAE029-005＝频率

AAF261-005　02　NR1..4　F10
等级 nom 整数度量
dB/m
衰减　衰减
衰减
在规定频率下，电缆中一对导体的标称功率衰减(dB)。
AAE029-005＝频率
IEC 60096:1986

AAF262-005　01　M..3　A56
简单 非定量代码
导线应用　应用
绝缘导线的应用的代码。

WND=绕线
CNT=连接线

AAF264-005　01　M..8　A56
简单 非定量代码
驱动方法　@MUX-比率
驱动方法　@MUX-比率
作为变量，施加于液晶显示或模块上的驱动方法的代码。
01∶08　=1∶08
0.086111111　=0.086111111
0.111111111　=0.111111111
0.180555556　=0.180555556
0.208333333　=0.208333333
01∶01　=DD 直流驱动
01∶02　=01∶02
01∶03　=01∶03
01∶16　=01∶16
01∶32　=01∶32
01∶04　=01∶04

AAF265-005　01　M..3　A53
简单 非定量代码
包装排列　包装排列
第一等级包装中产品的排列的代码。
ARR　=排列
CON　=可伸缩的
LSE　=松动
MET　=金属带
TAP　=胶带
WND　=缠绕

AAF266-005　02　M..8　A53
简单 非定量代码
电感等级　电感等级
固定电阻器的电感等级的代码。
LI=低电感
NI=正常电感

AAF267-005　01　NR3..3.3ES2　T03
等级 nom 实数度量
m
内部胶带间距　b_tape　b_{tape}
供具有带轴引线胶粘产品用的两胶带内部之间的标称距离(m)。
IEC 60286-1:1997

AAF268-005　01　M..3　A53
简单 非定量代码
定向　定向
胶粘产品的轴向定向的代码。
F=正向
R=反向
备注:
定向适用于:
a)　带极性的元器件的阳极;
b)　晶体管的集电极/漏极;
c)　有多于三个引出端的元器件的引出端1。

AAF269-005　02　M..3　A53
简单 非定量代码
标志方法　标志方法
在产品包装上标志方法的代码。
BAR =条形码
CHA =字符代码
COL =颜色代码

AAF270-005　01　M..3　A53
简单 字符串
包装等级　@包装等级
产品包装等级的代码。
注：包装的第一等级是装封一或多个产品，其后的较高等级包装装封紧接着的较低等级的包装的一个或多个。
备注:
这一数据元素类型必须和AAE111(包装类型)组合使用。
值可能是:
1=第一级
2=第二级
3=第三级
等等。

AAF271-005　01　M..8　A58
简单 非定量代码
屏幕形状　屏幕形状

指明 TV 图像或监视器管屏幕形状的名称。
CONVEX =常规
FLAT =平面(面平板半径>1 000 mm)
FLATSQR =平面直角(如平面但圆角半径<10 mm)

AAF272-005 01 NR1..4 T03
等级 nom 整数度量
inch
显像管尺寸(inch) d_gls(i)
$d_{gls(i)}$
用作产品标识,显像管玻壳的标称全外对角线长(inch)。

AAF273-005 02 M..8 A58
简单 非定量代码
显示格式 显示格式
为监视器显像管偏转单元设计的显示格式的名称。
landscape =横向(水平)
portrait =纵向(垂直)

AAF274-005 01 NR3..3.3ES2 F03
等级 max 实数度量
Hz
行频 f_line
f_{line}
在规定的环境温度下,可能施加于监视管偏转单元上的最大行频(Hz)。
AAE014-005=环境温度
备注:
由偏转线圈的最大工作铜的温度限制行频。

AAF275-002 01 NR1..4 H02
等级 nom 整数度量
Cel
结应力温度 结应力温度
实际结应力温度
在应力期间,晶体管、二极管、触发器件、光电器件或集成电路的标称结温度(℃)。

AAF276-002 01 NR1 S..4 H02
等级 min 整数度量
Cel
最小应力温度 最小应力温度
在循环应力期间,施加于元器件上的最低温度(℃)。
备注:
最大应力温度见 AAF277-002。

AAF277-002 01 NR1 S..4 H02
等级 max 整数度量
Cel
最大应力温度 最大应力温度
在循环应力期间,施加于元器件上的最高温度(℃)。
备注:
最小应力温度见 AAF276-002。

AAF278-002 03 NR1 S..4 H02
等级 nom 整数度量
Cel
应力环境温度 环境应力温度
应力环境自由空气温度
在高温寿命试验期间,施加于产品上的标称自由空气环境温度(℃)。

AAF279-002 01 NR1..4 K02
等级 nom 整数度量
%
应力相对湿度 相对应力湿度
在湿度电阻应力期间,施加于元器件上的相对于饱和湿度的环境湿度(%)的标称值。
备注:
相对湿度:实际湿度除体积再除以相同的温度下饱和时的湿度除体积。
湿度除体积:水蒸气的质量除以气体混合物的体积。

AAF281-005 01 NR1..4 E06
等级 max 整数度量
V
限制电阻体电压(交流) U_max(ac)
限制电压(交流) $U_{max(ac)}$
可能施加于电阻器上的最大限制交流电压(V)。

AAF282-005 03 NR1..4 H01
等级 nom 整数度量

%

热敏感度公差(%)　B_25/85(tol)

B_25/85 公差　$B_{25/85(tol)}$

识别 NTC 热敏电阻器的热敏感度指数(%)的标称公差值。

IEC 60539-1:2002

备注:

仅用于正负公差值相等的情况。

AAF283-005　02　NR3..3.3ES2　T05

m^2

最小横截面积　A_min

等级 nom 实数度量

A_{min}

软磁性零件的最小横截面积(m^2)的标称值。

AAF284-005　01　NR1..4　E17

简单 整数度量

A/m

磁场强度　@H

@H

作为变量,施加于磁性零件或磁性材料上的磁场强度(A/m)。

AAF286-005　01　NR3..3.3ES2　K02

等级 nom 实数度量

kg/m^3

密度　$r_d

ρ_d

材料的标称密度(kg/m^3)。

AAF287-005　01　NR1..4　E17

等级 minTypMax 整数度量

A/m

矫顽力 H_cB　H_cB

H_{cB}

通过单一变化磁场将磁通密度从饱和到零所必需施加于硬磁体上的磁场强度(A/m)的等级(minTypMax)所规定的值。

IEC 60050-221:1990

AAF288-005　01　NR1..4　E17

等级 minTypMax 整数度量

A/m

矫顽力 H_cJ　H_cJ

H_{cJ}

通过单一变化磁场将极化从饱和到零所必需施加于硬磁体上的磁场强度(A/m)的等级(minTypMax)所规定的值。

IEC 60050-221:1990

AAF289-005　01　NR3..3.3ES2　E17

等级 nom 实数度量

A/m

(BH)_max 的场强　H_d

H_d

硬磁性材料的 BH 乘积最大时,磁场强度(A/m)的标称值。

AAF290-005　01　NR3..3.3ES2　E17

等级 min 实数度量

A/m

饱和磁场强度　H_s

H_s

在硬磁性材料的饱和磁化下,磁场强度(A/m)的标称值。

AAF291-005　01　NR3 S..3.3ES2　H03

等级 typ 实数度量

(A/m)/K

温度系数 H_cJ　$a_HcJ

α_{HcJ}

在规定温度(T_1 和 T_2)之间的温度范围内,硬磁性材料的极化矫顽力的平均温度系数的典型值((A/m)/K)。

AAE958-005=温度 T_1

AAE959-005=温度 T_2

$$\alpha_{HcJ}=\frac{H_{cJ2}-H_{cJ1}}{(T_2-T_1)}$$

这里:H_{cJ1} 和 H_{cJ2} 分别是温度 T_1 和 T_2 时的矫顽力。

AAF292-005　01　NR3..3.3ES2　E19

等级 minTypMax 实数度量

T

剩磁磁通密度　B_r

剩磁 B_r

在无自消磁磁场情况下，当磁场强度降到零时，磁化的硬磁性材料中保留的磁通密度(T)的等级(minTypMax)所规定的值。

IEC 60050-221:1990

AAF293-005 01 NR3..3.3ES2 E19

等级 nom 实数度量

T

(BH)_max 磁通密度 B_d

B_d

在硬磁性材料的 BH 乘积最大时，磁通密度(T)的标称值。

AAF294-005 02 NR1..4 E25

等级 nom 整数度量

1

弹回磁导率 $ m_rec

μ_{rec}

对应硬磁性材料的弹回线斜率的磁导率的标称值。

注：当磁铁饱和且然后经受小于矫顽力的消磁时，弹回线是横穿接近于子磁滞回路的直线。

IEC 60050-221:1990

AAF295-005 01 NR3..3.3ES2 E30

等级 minTypMax 实数度量

J/m^3

最大 BH 乘积 BH_max

BH_{max}

在硬磁性材料的消磁曲线上所达到的磁通密度和磁场强度的最大乘积(J/m^3)的等级(minTypMax)所规定的值。

注：BH 乘积等于磁铁每单元体积的磁铁的外部磁场中储存的总能量的两倍。

IEC 60050-221:1990

AAF296-005 01 NR3..3.3ES2 E30

等级 minTypMax 实数度量

J/m^3

B_r×H_cJ 乘积 B_r×H_cJ

$B_r \times H_{cJ}$

硬磁性材料的剩磁磁通密度 B_r 和矫顽力 H_{cJ} 的乘积(J/m^3)的等级(minTypMax)所规定的值。

AAF297-005 01 NR3 S..3.3ES2 H03

等级 typ 实数度量

%/K

温度系数 B_r $ a_Br

α_{Br}

在规定温度(T_1 和 T_2)之间的温度范围内，相对于硬磁性材料在基准温度下的剩磁的平均温度系数(%/K)的典型值。

AAE958-005＝温度 T_1

AAE959-005＝温度 T_2

$$\alpha_{Br}=\frac{B_{r1}-B_{r2}}{B_{rref}(T_2-T_1)}$$

这里：B_{r1} 和 B_{r2} 分别是温度 T_1 和 T_2 的剩磁。

AAF298-005 02 NR3..3.3ES2 E25

等级 max 实数度量

1

损耗系数 tan $ d/ $ m_r

$\tan\delta/\mu_r$

在规定的环境温度和频率下，软磁性材料的磁损角的正切除相对渗透性的最大值。

AAE014-005＝环境温度

AAE029-005＝频率

$$\frac{\tan\delta}{\mu_r}=\frac{\mu''}{(\mu')^2}$$

IEC 60050-221:1990

AAF299-005 02 NR3..3.3ES2 E25

等级 max 实数度量

1

磁导衰减系数 D_F

D_F

消磁后的 T_1 与 T_2 之间的时间间隔的软磁性材料的最大磁导率分数差除 T_1 处的渗透性和 t_2/t_1 的对数。

AAE014-005＝环境温度

AAF312-005＝时间 t_1

AAF312-005＝时间 t_2

$$D_F=\frac{\mu_1-\mu_2}{(\mu_1)^2\lg\frac{t_2}{t_1}}$$

这里：μ_1 和 μ_2 分别是在给定的间隔开始和结束处的相对渗透性的值。

IEC 60050-221:1990

AAF300-005　01　NR2..3.3　H07

等级 max 实数度量

W/m³

特定总损耗　P_V

总损耗体积密度　P_V

在规定的频率、环境温度和峰值磁通密度下，软磁性材料吸收的最大总功率除体积(J/m³)。

注：总损耗可包括：涡流损耗、磁滞损耗、旋转磁滞损耗、剩余损耗、旋磁谐振损耗。

AAE029-005＝频率

AAE014-005＝环境温度

AAE768-005＝峰值磁通量密度

IEC 60050-221:1990

AAF301-005　02　NR3..3.3ES2　T07

等级 max 实数度量

s

反向恢复时间(I)　t_rr(I)

$t_{rr(I)}$

在规定的结温度下，当从规定的正向电流转换到规定的反向电流时，二极管的最大反向恢复时间(s)。

AAE271-005＝结温

AAE274-005＝正向电流

AAE994-005＝反向电流

IEC 60747:2000

AAF302-005　01　NR3 S..3.3ES2　E06

等级 min 实数度量

V

击穿电压　V_(BR)R

$V_{(BR)R}$

在规定的反向电流和温度类型的温度下，二极管开始雪崩击穿时的最小击穿电压(V)。

AAE683-005＝温度类型

AAE685-005＝温度

AAE994-005＝反向电流

备注：

有时在脉冲条件下测量以避免过分的损耗。

AAF303-005　01　NR3..3.3ES2　E09

等级 minTypMax 实数度量

F

二极管上限电容　C_dl

C_{dl}

在低反向电压、频率和温度类型温度的规定值下，变容二极管的引出端之间的高电容(F)的等级(minTypMax)所规定的值。

AAE961-005＝电压 V_1

AAE029-005＝频率

AAE685-005＝温度

AAE683-005＝温度类型

备注：

当施加的反向电压从低值增加到高值时，变容二极管从高值到低值改变它的特性电容，反之亦然。

AAF304-005　.01　NR3..3.3ES2　E09

等级 minTypMax 实数度量

F

二极管下限电容　C_d2

C_{d2}

在高反向电压、频率和温度类型温度的规定值下，可变电容二极管的引出端之间的下限电容(F)的等级(minTypMax)所规定的值。

AAE962-005＝电压 V_2

AAE029-005＝频率

AAE685-005＝温度

AAE683-005＝温度类型

备注：

当施加的反向电压从低值增加到高值时，变容二极管从高值到低值改变它的特性电容，反之亦然。

AAF305-005　01　X..3　A56

简单 非定量代码

二极管器件种类　二极管器件

二极管器件所属种类的代码。

BRI　＝桥式整流器

DIO　＝二极管

VMP　＝电压乘法器

AAF306-005　01　NR3..3.3ES2　E25

等级 max 实数度量

T^{-1}

磁滞材料常数　$h_B

η_B

在规定的环境温度和频率下，软磁性材料在瑞利区工作时，由于磁滞的损耗系数除磁通密度(T^{-1})峰值的最大值。

AAE029-005＝频率

AAE014-005＝环境温度

$\eta=\frac{\tan\delta_h}{\mu_r B_{peak}}$

这里：$\tan\delta_h/\mu_r$ 是由于磁滞的损耗系数而 B_{peak} 是磁通密度值。

IEC 60050-221:1990

备注：

瑞利区：

在材料中磁通密度和磁场强度之间的关系的图形表示中，在靠近原点的区域内，磁通密度能通过磁场强度的二次方程式描述。

AAF307-005　02　NR3 S..3.3ES2　E25

等级 minTypMax 实数度量

K^{-1}

磁导率的温度系数　$ a_F

磁阻率的温度系数　α_F

在规定的频率下，软磁性材料由于温度的变化引起磁导率的变化的倒数除温度的变化(K-1)的等级(minTypMax)所规定的值。

AAE029-005＝频率

$$\alpha_F=-\frac{\frac{1}{\mu_\Theta}-\frac{1}{\mu_{ref}}}{\Theta-\Theta_{ref}}=\frac{\mu_\Theta-\mu_{ref}}{\mu_\Theta\mu_{ref}(\Theta-\Theta_{ref})}$$

这里：μ_Θ 和 μ_{ref} 分别是在温度 Θ 和 Θ_{ref} 时的磁导率。

IEC 60050-221:1990

AAF308-005　01　NR3..3.3ES2　E19

等级 typ 实数度量

T

饱和磁通密度　B_s

B_s

在规定的环境温度下，软磁性材料饱和时的磁通密度的典型值。

ANSI/IEEE Std 100:1988

备注：

1)　饱和：

外部磁场作用增强到继续增加磁场已不能显著地增加磁极化时，磁性材料的状态。

IEC 60050-901:1996

2)　饱和磁化等于自发磁化。

AAF309-005　01　M..17　A52

简单 字符串

附件名称　附件名称

在电感器和变压器组件中要使用的软磁性零件的附件的名称。

AAF311-007　01　X..8　A57

简单 非定量代码

材料类型　材料类型

材料类型的代码。

ACO＝声学

MG　＝磁性

OP　＝光学

TH　＝热-电

AAF312-005　02　NR3..3.3ES2　T07

简单 实数度量

s

时间 t_1　@t_1

@t_1

作为变量，量值施加于产品上的时间间隔的开始时间 t_1(s)。

备注：

结束时间 t_2 见 AAF313-005。

AAF313-005　02　NR3..3.3ES2　T07

简单 实数度量

s

时间 t_2　@t_2

@t_2

作为变量，量值施加于产品上的时间间隔的结束时间 t_2(s)。

备注：

开始时间 t_1 见 AAF312-005。

AAF314-005　01　NR3..3.3ES2　E06

等级 max 实数度量

V

聚焦限制电压　V_foc(lim)

$V_{foc(lim)}$

彩色显像管聚焦用，在相对于栅格 1 的栅格 3 上直流电压(V)的设计最大限制值。

AAF315-005 01 NR3..3.3ES2 E06

等级 max 实数度量

V

阳极限制电压 V_a(lim)

$V_{a(lim)}$

显像管的阳极上的最大限制直流电压(V)。

AAF316-001 01 NR3..3.3ES2 T03

等级 nom 实数度量

m

孔的间距 p_hole

p_{hole}

平行于 x 坐标的电气/电子或机电元器件的孔的标称间距(m)。

AAF317-001 01 NR3..3.3ES2 T03

等级 miNoMax 实数度量

m

法兰长度 l_flange

l_{flange}

元器件在 x 方向的法兰的长度(m)的等级(miNoMax)所规定的值。

AAF318-001 01 NR3..3.3ES2 T03

等级 miNoMax 实数度量

m

法兰宽度 b_flange

b_{flange}

元器件在 y 方向的法兰的宽度(m)的等级(miNoMax)所规定的值。

AAF319-001 01 NR3..3.3ES2 T03

等级 miNoMax 实数度量

m

法兰高度 h_flg

h_{flg}

电子/电气或机电元器件的法兰的高度(m)的等级(miNoMax)所规定的值。

AAF320-001 01 NR3..3.3ES2 T03

等级 miNoMax 实数度量

m

体的直径 d_body

d_{fbosy}

电气/电子或机电元器件的体的直径(m)的等级(miNoMax)所规定的值。

AAF321-001 01 NR3..3.3ES2 T03

等级 nom 实数度量

m

间距(x-轴) P_x

P_x

平行于 x 坐标的电气/电子或机电元器件的引出端的标称间距(m)。

AAF322-001 01 NR3..3.3ES2 T03

等级 nom 实数度量

m

间距(y-轴) P_y

P_y

平行于 y 坐标的电气/电子或机电元器件的引出端的标称间距(m)。

AAF323-005 01 M..8 A56

简单 非定量代码

接口兼容性 兼容性

数字 IC 输入和输出与外围电路的接口兼容性。

TTL =和 TTL 电路直接兼容

CMOS =和 CMOS 电路直接兼容

AAF324-005 01 M..35 A56

简单 非定量代码

指令集 指令集

识别 IC 微控制器和微处理器的指令集的代码。

68000 =指令设置 68000

8048 =指令设置 8048

8048 增强 =增强指令设置 8048

8051 =指令设置 8051

AAF325-005 01 M..35 A56

简单 非定量代码

中断类型 中断类型

识别微控制器或微处理器的中断类型的代码。

可掩蔽 =可掩蔽

不可掩蔽 =不可掩蔽

优先 =优先

软件 ＝软件产生
外部 ＝外部引导
内部 ＝内部引导

AAF326-005 01 M..17 A56
简单 非定量代码
寻址模式 寻址模式
识别微控制器或微处理器的寻址模式的代码。
直接寻址＝直接寻址
相对寻址＝相对寻址
立即寻址＝立即寻址
间接寻址＝间接寻址
变址寻址＝变址寻址

AAF327-005 01 NR3..3.3ES2 J01
等级 nom 实数度量
1
芯片存贮器 芯片存贮器
规定特定的存贮类型的微控制器芯片存贮器功能的容量的字数。
AAF334-005＝存贮器类型

AAF328-005 01 NR1..4 J01
等级 nom 整数度量
bit
I/O 总线宽度 I/O 总线宽度
I/O 总线宽度
为 I/O 提供地址的微控制器或微处理器的地址总线的宽度(bit)。

AAF329-005 02 NR1..4 Q56
等级 nom 整数度量
1
外围设备数量 n_peri
n_{peri}
规定的外围设备类型的微控制器的外围设备的数量。
AAF335-005＝外围设备类型

AAF330-005 01 NR1..4 Q62
等级 nom 整数度量
bit
外围设备字规格 外围设备字规格
外围设备字规格
适用于规定的外围设备类型的微控制器上的外围设备的位数。
AAF335-005＝外围设备类型

AAF331-006 01 NR3..3.3ES2 T07
等级 max 实数度量
s
刷新时间间隔 t_rf
刷新时间 t_{rf}
在规定温度(T_1 和 T_2)之间的温度范围内，预定把 DRAM 单元中的电平恢复到其初始电平的连续信号开始之间的最大时间间隔(s)。
AAE958-005＝温度 T_1
AAE959-005＝温度 T_2
JESD 100B.01:2002

AAF332-005 03 NR3 S..3.3ES2 E01
等级 minTypMax 实数度量
A
数据保持电流 I_DDR
I_{DDR}
在规定的电源电压和规定温度(T_1 和 T_2)之间的环境温度范围内，SRAM 数据保持期间电源电流(A)的等级(minTypMax)所规定的值。
AAE102-005＝电源电压
AAE958-005＝温度 T_1
AAE959-005＝温度 T_2

AAF333-005 01 NR2 S..3.3 E06
等级 min 实数度量
V
数据保持电压 V_DDR
V_{DDR}
施加于 SRAM 上保证数据完整的最小电源电压(V)。

AAF334-005 01 M..8 A56
简单 非定量代码
存贮器类型 @存贮器类型
微控制器芯片存贮器类型的代码。
EEPROM ＝电可擦 ROM
MROM ＝掩码编程 ROM
RAM ＝RAM
UVPROM ＝UV 可擦 ROM

AAF335-005 01 M..3 A56
简单 非定量代码
外围设备类型 @外设类型
微控制器外围设备类型的代码。
TIM =定时器
ADC =模拟-数字转换器
INT =外部中断线
PIO =并联 I/O 端口
PWM =脉宽调制输出线
SIO =串联 I/O 端口

AAF336-005 01 NR3 S..3.3ES2 E01
等级 max 实数度量
A
芯片无效待机电流 I_SB
待机电流 I_{SB}
I_{SBL}
I_{SBLL}
在规定的输入电压、规定温度(T_1 和 T_2)之间的温度范围内,芯片无效的 SRAM 的最大待机电源电流(A)。
AAE224-005=输入电压
AAE958-005=温度 T_1
AAE959-005=温度 T_2
备注:
在待机电流上选择一些静态 RAM,然后这些选择有了后缀 L 和 LL。那么各自的待机电流符号是 S_BL 和 S_BLL。

AAF337-001 01 NR3..3.3ES2 T03
等级 nom 实数度量
m
节距圆直径 d_p
d_p
电气/电子或机电元器件的引出端的节距圆的标称直径(m)。

AAF338-001 01 NR3..3.3ES2 T03
等级 nom 实数度量
m
引出端宽度 b_term
b_{term}
电气/电子或机电元器件的引出端的标称宽度(m)。

AAF339-001 01 NR3..3.3ES2 T03
等级 nom 实数度量
m
引出端厚度 t_term
t_{term}
电气/电子或机电元器件的引出端的标称厚度(m)。

AAF340-001 01 NR3..3.3ES2 T03
等级 nom 实数度量
m
偏移(y-轴) s_y
s_y
平行于 y 轴的、电气/电子或机电元器件引出端的标称偏移(m)。

AAF341-001 01 NR3..3.3ES2 T03
等级 nom 实数度量
m
偏移(x-轴) s_x
s_x
平行于 x 轴的、电气/电子或机电元器件引出端的标称偏移(m)。

AAF342-001 01 NR3..3.3ES2 T03
等级 miNoMax 实数度量
m
法兰直径 d_flg
d_{flg}
电气/电子或机电元器件法兰的直径(m)的等级(miNoMax)所规定的值。

AAF343-001 01 M..3 A52
简单 非定量代码
安装方法 安装方法
电气/电子或机电元器件安装方法的代码。
A =表面安装
B =插入式
C =法兰安装
D =螺栓安装

AAF344-001 01 M..3 A58
简单 非定量代码

体形状　　体形状

电气/电子或机械元器件的体的形状的代码。

A　＝矩形

B　＝椭圆形

C　＝水平圆柱

D　＝垂直圆柱

E　＝球形

F　＝罐形

G　＝垂直圆柱六角法兰

H　＝垂直圆柱椭圆法兰

J　＝垂直圆柱圆形法兰

K　＝直角矩形法兰

L　＝垂直圆柱矩形法兰

AAF345-001　01　M..3　A58

简单 非定量代码

引出端出口位置 SMD　引出端出口位置

指明电气/电子或机电元器件引出端的出口位置的代码。

A　＝单端 3

B　＝端头

C　＝径向

D　＝双端 3(1＋2)

E　＝双端 4(2＋2)

F　＝双端 4(1＋3)

G　＝双端 n

H　＝三端

J　＝四端

AAF346-001　02　M..3　A58

简单 非定量代码

引出端出口位置非 SMD　引出端出口 SMD

指明电气/电子或机电元器件引出端的出口位置的代码。

A　＝轴向

B　＝径向

C　＝轴向两引出端

D　＝偏移两引出端

E　＝对角

F　＝圆周

G　＝四($x+y$)

H　＝顶部

J　＝一排

K　＝双端

L　＝栅格排列

AAF347-001　02　M..3　A58

简单 非定量代码

引出端形状非 SMD　引出端形状

电气/电子或机电元器件引出端形状的代码。

A　＝直线

B　＝90°弯角

C　＝180°弯角

D　＝SIL 偏移弯角

E　＝DIL 交叉弯角

F　＝DIL 交叉偏移弯角

G　＝QUIL 交叉偏移弯角

AAF348-001　01　M..3　A58

简单 非定量代码

引出端形状 SMD　引出端形状 SMD

电气/电子或机电元器件引出端形状的代码。

A　＝直线

B　＝翼形

C　＝J-弯曲

D　＝J-转化弯曲

E　＝S-弯曲

F　＝卷绕

G　＝C-弯曲

H　＝帽盖

J　＝金属化

AAF349-001　01　NR3..3.3ES2　E33

等级 min 实数度量

Ω

绝缘电阻　R_ins

R_{ins}

在规定的直流电压下，按照 V-块方法测得的固定电阻器的最小绝缘电阻（Ω)。

AAE013-005＝电压(直流)

IEC 60115-1:2001

备注：

绝缘电阻应该按 IEC 60115-1 中规定的 V-块方法进行测量。

AAF350-001　01　NR3 S..3.3ES2　H03

等级 minMax 实数度量

K^{-1}

温度系数 *TC*

TC

在规定温度(T_1 和 T_2)之间的温度范围内,固定电阻器温度系数(K^{-1})的等级(minMax)所规定的值。

AAE958-005=温度 T_1

AAE959-005=温度 T_2

IEC 60115-1:1999

AAF351-001 01 NR1..4 Q56

等级 nom 实数度量

1

孔数 N_hole

N_{hole}

电气/电子或机电元器件的孔的数量。

AAF352-001 01 M..3 A52

简单 非定量代码

基本特征 基本特征

电气/电子或机电元器件的形状的基本特征的代码。

MMT =安装方式

BSH =体形状

TPS =引出端出口位置 SMD

TPN =引出端出口位置非 SMD

TSS =引出端形状 SMD

TSN =引出端形状非 SMD

AAF353-001 01 M..8 A58

简单 字符串

EIA 规格代码 EIA 规格

在印制板上放置的电气/电子或机电元器件规格的 EIA 代码。

备注:

完整的代码由四位数字字符组成:

a) 前两位数字表示长度的英寸值;

b) 后两位数字表示宽度的英寸值。

AAF356-001 01 M..8 A58

简单 非定量代码

基准视图 基准视图

指明在元器件上的视角的代码。

BOTTOM =底部

FRONT =前面

SIDE =侧面

TOP =顶部

AAF357-001 01 M..3 A56

简单 字符串

引出端标识符 引出端标识符

用来识别元器件的特定终端的符号。

备注:

应建立如何识别过程应当发生的规则。

AAF358-001 01 M..3 A56

简单 字符串

交换性指示符 交换指示符

指明一个功能或一个元器件的引出端对或引出端组是否可以交换的标志。

备注:

应建立对引出端组分别地可交换引出端对的识别的规则。

AAF359-001 01 M..3 A56

简单 字符串

可置换性指示符 可置换性指示符

指明一个功能或一个元器件的引出端是否可以置换的标志。

备注:

应建立对可置换引出端的识别的规则。

AAF360-001 01 NR3..3.3ES2 E09

等级 nom 实数度量

F

最大范围值 最大范围值

最大范围值

在特定的 E-系列中是可用的电容器的标称电容(F)的最大值。

AAF361-001 01 NR3..3.3ES2 E09

等级 nom 实数度量

F

最小范围值 最小范围值

最小范围值

在特定的E-系列中是可用的电容器的标称电容(F)的最小值。

AAF362-001　01　NR3..3.3ES2　T03
等级 nom 实数度量
m
(x 轴)重心　C_grav(x-轴)
$C_{\text{grav(x-轴)}}$
相对于元器件基准点的元器件重心的 x-位移(m)的标称值。

AAF363-001　01　NR3..3.3ES2　T03
等级 nom 实数度量
m
(y 轴)重心　C_grav(y-轴)
$C_{\text{grav(y-轴)}}$
相对于元器件基准点的元器件重心的 y-位移(m)的标称值。

AAF364-001　01　M..17　A91
简单 非定量代码
概率分布　概率分布
给出一个随机变量产生任意给定值或属于一组给定值的概率的函数的名称。
注：在随机变量值的整个集上的概率等于1。
BINOMIAL ＝二项式分布
NORMAL ＝正态分布(拉普拉斯-高斯)
POISSON ＝泊松分布

AAF365-001　01　NR3..3.3ES2　Q59
等级 nom 实数度量
1
正态平均值　$m
μ
正态(拉普拉斯-高斯)概率分布中的平均值。

AAF366-001　01　NR3..3.3ES2　Q59
等级 nom 实数度量
1
正态标准偏差　$s
σ
正态(拉普拉斯-高斯)概率分布中的标准偏差值。

AAF367-001　01　NR3..3.3ES2　Q59
等级 nom 实数度量
1
泊松方差值　m
m
泊松概率分布中的方差值。

AAF368-001　01　NR3..3.3ES2　Q59
等级 nom 实数度量
1
泊松期望值　m
m
泊松概率分布中的期望值。

AAF369-001　01　NR2..3.3　E06
等级 nom 实数度量
1
试验电压系数　k_V(test)
$k_{\text{V(test)}}$
在试验条件下为了获得要施加于器件上的试验电压值，额定电压要乘上的乘数。
CECC 30.000

AAF370-001　01　M..17　A59
简单 字符串
MIL 规范　MIL 规范
在MIL质量认证体系条件下发放电气-电子或机电元器件的规范的MIL代码。
备注：
MIL:军用规范或标准(美国)
质量认证：对产品制造商的连续监督以保证其制造的产品符合规范的要求。

AAF371-001　01　M..8　A58
简单 非定量代码
调节器放置　调节器放置
放置在印制电路板上的电气/电子或机电元器件的调节器放置的代码。
BACK ＝背面＋y 轴
BOTTOM ＝底面－z 轴
FRONT ＝前面－y 轴
LEFT ＝左面－x 轴
RIGHT ＝右面＋x 轴
TOP ＝顶上＋z 轴

AAF372-001　01　M..8　A58
简单　非定量代码
预制引线　预制引线
在元器件与安装板之间形成一个距离的引线的预制的代码。
BENDED　=弯曲(90°)
CROPPED　=修剪
FLANGE　=带法兰
SHOULDER =有台肩
SNAPIN　=快速直插
SPACED　=有间距
STRAIGHT =直线

AAF373-001　01　NR1..4　Q56
等级 nom 整数度量
1
按扣数　N_std
N_{std}
在电气/电子或机电元器件上为紧固设计的按扣数量。

AAF374-001　01　NR1..4　Q56
等级 nom 整数度量
1
间距数(x-轴)　N_p(x)
$N_{p(x)}$
电气/电子或机电元器件平行于 x 坐标的引出端之间的间距的数量。

AAF375-001　01　NR1..4　Q56
等级 nom 整数度量
1
间距数(y-轴)　N_p(y)
$N_{p(y)}$
电气/电子或机电元器件平行于 y 坐标的引出端之间的间距的数量。

AAF376-001　01　M..3　A58
简单 非定量代码
引出端横截面形状　引出端截面形状
电气/电子或机电元器件引出端的截面形状的代码。
CIR =圆形
REC =矩形

AAF388-001　01　M..17　A58
简单 字符串
外壳规格　外壳规格
引证外壳规格的编码系统和在元器件的系统内的特定外壳规格代码的组合。
备注:
引用 JEDEC 出版物的格式的示例:JESD30(PLCC)

AAF389-001　01　NR1..4　H07
等级 max 整数度量
W
反向不重复峰值功率损耗　P_ZSM
P_{ZSM}
P
在脉冲作用前,在具有规定波前时间、半峰值时间和结温度的指数电流功能时的稳定的二极管的最大反向不重复峰值功率(W)损耗。
AAE271-005=结温
AAE332-005=视在波前时间
AAE333-005=视在半峰值宽度
备注:
符合规范的电流脉冲在 GB/T 16927.1 第 8 章中给出。

AAF390-002　01　X..8　A56
简单 非定量代码
电感器类型　电感器类型
识别最初开发的电感器功能或应用的代码。
ANT　=天线电感器
CHOKE　=扼流圈
COIL　=线圈
DFL　=偏转线圈
LINUNIT =线性控制单元
SOL　=螺线管

AAF391-001　02　X..3　A56
简单 非定量代码
连接-节点代码　连接-节点代码
元器件连接-节点类型的代码。
E　=电气的

F　＝功能的
L　＝交连
M　＝物质(材料)
MG　＝气体
ML　＝液体
MS　＝固体
O　＝光纤
W　＝波传播

AAF392-001　01　X..8　A58
简单　非定量代码
投视代码　投视代码
物品的两维投视的代码缩写。
ABOVE　＝从上面投视
REAR　＝从后面投视
LEFT　＝从左边投视
RIGHT　＝从右边投视
BELOW　＝从下面投视
FRONT　＝从前面投视
备注:
全部投视的基准点应定义为在安装板从前面投视的中心。

AAF393-001　04　NR3..3.3ES2　T03
等级 miNoMax 实数度量
m
基准点的 x-坐标　x-坐标基准点
x-坐标基准点
基准点到零点的 x-轴上的距离(m)的等级(miNoMax)所规定的值。

AAF394-001　04　NR3..3.3ES2　T03
等级 miNoMax 实数度量
m
基准点的 y-坐标　y-坐标基准点
y-坐标基准点
基准点到零点的 y-轴上的距离(m)的等级(miNoMax)所规定的值。

AAF395-001　04　NR3..3.3ES2　T03
等级 miNoMax 实数度量
m
基准点的 z-坐标　z-坐标基准点
z-坐标基准点
基准点到零点的 z-轴上的距离(m)的等级(miNoMax)所规定的值。

AAF396-001　01　NR2..3.3　T03
等级 nom 实数度量
1
比例　比例
比例
真实事物的幅值与模型幅值的比例的分母值。

AAF397-001　01　NR3..3.3ES2　T05
等级 nom 实数度量
m^2
净面积　净面积
净面积
定义几何物体有效物理轮廓的两维平面的面积(m^2)值。

AAF398-001　02　NR3..3.3ES2　T05
等级 nom 实数度量
m^2
总面积　总面积
总面积
与由于安装、保护、工作、服务和维护等原因的几何物体有关的两维平面的面积(m^2)值。
备注:
——它完全包围了几何物体的净面积。
——总面积定义为通常不可能由其他几何物体占据的平面。

AAF399-001　01　NR3..3.3ES2　T06
等级 nom 实数度量
m^3
净空间　净空间
净空间
定义几何物体有效物理轮廓的三维空间的体积(m^3)值。
备注:填满。

AAF400-001　02　NR3..3.3ES2　T06
等级 nom 实数度量
m^3
总空间　总空间

总空间

与由于安装、保护、工作、服务和维护等原因的几何物体有关的三维空间的体积(m^3)值。

备注：

——它完全包围了几何物体的净空间。

——总空间定义为通常不可能由其他几何物体占据的平面。

AAF401-001 02 NR3..3.3ES2 T03

等级 nom 实数度量

m

x-坐标优选安装位置 *x*-坐标优选位置

x-坐标优选位置

元器件优选安装位置在 *x*-轴方向上的距离值(m)。

AAF402-001 02 NR3..3.3ES2 T03

等级 nom 实数度量

m

y-坐标优选安装位置 *y*-坐标优选位置

y-坐标优选位置

元器件优选安装位置在 *y*-轴方向上的距离值(m)。

AAF403-001 02 NR3..3.3ES2 T03

等级 nom 实数度量

m

z-坐标优选安装位置 *z*-坐标优选位置

z-坐标优选位置

元器件优选安装位置在 *z*-轴方向上的距离值。

AAF404-001 01 NR2..3.3 T01

等级 nom 实数度量

deg

安装偏差 *y*/*z* 安装偏差 *y*/*z*

安装偏差 *y*/*z*

指明在器件实现其工作期间的条件下，三维坐标系统的 *y*/*z* 平面内的最大旋转偏差 *y*-轴的角度(°)的绝对值的规范。

AAF405-001 01 NR2..3.3 T01

等级 nom 实数度量

deg

安装偏差 *y*/*x* 安装偏差 *y*/*x*

安装偏差 *y*/*x*

指明在器件实现其工作期间的条件下，三维坐标系统的 *y*/*x* 平面内的最大旋转偏差 *y*-轴的角度(°)的绝对值的规范。

AAF406-001 02 NR3..3.3ES2 T03

等级 miNoMax 实数度量

m

x-坐标位置定位 *x*-坐标位置定位

x-坐标位置定位

构件实体几何基本单元对称轴上的点定位的 *x*-坐标的长度(m)的等级(miNoMax)所规定的值。

AAF407-001 02 NR3..3.3ES2 T03

等级 miNoMax 实数度量

m

y-坐标位置定位 *y*-坐标位置定位

y-坐标位置定位

构件实体几何基本单元对称轴上的点定位的 *y* 坐标的长度(m)的等级(miNoMax)所规定的值。

AAF408-001 02 NR3..3.3ES2 T03

等级 miNoMax 实数度量

m

z 坐标位置定位 *z* 坐标位置定位

z 坐标位置定位

构件实体几何基本单元对称轴上的点定位的 *z* 坐标的长度(m)的等级(miNoMax)所规定的值。

AAF409-001 01 NR3..3.3ES2 T03

等级 nom 实数度量

m

圆柱半径 r_cyl

r_{cyl}

圆柱的半径值(m)。

AAF410-001 01 NR3..3.3ES2 T03

等级 miNoMax 实数度量

m

圆柱高度 h_cyl

h_{cyl}

圆柱的两个平圆周面之间的距离(m)的等级(miNoMax)所规定的值。

AAF411-001　02　NR2 S..3.3　T01

等级 nom 实数度量

deg

对 x-轴角轴　$a_x

α_x

构件实体几何基本单元的轴的定向与放置坐标系统的 x-轴定向之间的角度值(°)。

AAF412-001　02　NR2 S..3.3　T01

等级 nom 实数度量

deg

对 y-轴角轴　$a_y

α_y

构件实体几何基本单元的轴的定向与放置坐标系统的 y-轴定向之间的角度值(°)。

AAF413-001　02　NR2 S..3.3　T01

等级 nom 实数度量

deg

对 z-轴角轴　$a_z

α_z

构件实体几何基本单元的轴的定向与放置坐标系统的 z-轴定向之间的角度值(°)。

AAF414-001　01　NR3..3.3ES2　T03

等级 nom 实数度量

m

锥形半径　r_cone

r_{cone}

直角圆锥顶的轴向上的锥形轴向半径(m)的值。

AAF415-001　01　NR3..3.3ES2　T03

等级 nom 实数度量

m

锥形高度　h_cone

h_{cone}

如果半径大于零,为直角圆锥的两个平圆周面之间的距离(m)的等级(miNoMax)所规定的值,若半径等于零,则为底到顶的距离(m)的等级(miNoMax)所规定的值。

AAF416-001　01　NR2..3.3　T01

等级 nom 实数度量

deg

半角　$a_semi

α_{semi}

圆锥轴与直角圆锥形的锥形表面的母线之间的角度值(°)。

AAF417-001　01　NR3..3.3ES2　T03

等级 nom 实数度量

m

球体半径　r_sphere

r_{sphere}

球体半径(m)的长度值。

AAF418-001　01　NR3..3.3ES2　T03

等级 miNoMax 实数度量

m

中心的 x-坐标　x-c_sphere

$x\text{-}c_{sphere}$

球体中心在 x-轴上的距离(m)的等级(miNoMax)所规定的值。

AAF419-001　01　NR3..3.3ES2　T03

等级 miNoMax 实数度量

m

中心的 y-坐标　y-c_sphere

$y\text{-}c_{sphere}$

球体中心在 y-轴上的距离(m)的等级(miNoMax)所规定的值。

AAF420-001　01　NR3..3.3ES2　T03

等级 miNoMax 实数度量

m

中心的 z-坐标　z-c_sphere

$z\text{-}c_{sphere}$

球体中心在 z-轴上的距离(m)的等级(miNoMax)所规定的值。

AAF421-001　01　NR3..3.3ES2　T03

等级 miNoMax 实数度量

m

椭圆环面的主半径　r_(major-torus)

$r_{(major\text{-}torus)}$

椭圆环面的准线的半径(m)的等级(miNoMax)所规定的值。

AAF422-001　01　NR3..3.3ES2　T03

等级 miNoMax 实数度量

m

椭圆环面的小半径　r_(minor-torus)

$r_{(minor\text{-}torus)}$

椭圆环面的母线的半径(m)的等级(miNoMax)所规定的值。

AAF423-001　01　NR3..3.3ES2　T03

等级 miNoMax 实数度量

m

楔形 x-规格　x_wedge

x_{wedge}

沿放置 x-轴的直角楔形的长度(m)的等级(miNoMax)所规定的值。

AAF424-001　01　NR3..3.3ES2　T03

等级 miNoMax 实数度量

m

楔形 y-规格　y_wedge

y_{wedge}

沿放置 y-轴的直角楔形的长度(m)的等级(miNoMax)所规定的值。

AAF425-001　01　NR3..3.3ES2　T03

等级 miNoMax 实数度量

m

楔形 z-规格　z_wedge

z_{wedge}

沿放置 z-轴的直角楔形的长度(m)的等级(miNoMax)所规定的值。

AAF426-001　01　NR3..3.3ES2　T03

等级 miNoMax 实数度量

m

主边缘　edge_major

$edge_{major}$

直角锥形的正方形底面的边缘的长度(m)的等级(miNoMax)所规定的值。

AAF427-001　01　NR3..3.3ES2　T03

等级 miNoMax 实数度量

m

小边缘　edge_minor

$edge_{minor}$

直角切去锥形的正方形顶面的边缘的长度(m)的等级(miNoMax)所规定的值。

AAF428-001　01　NR3..3.3ES2　T03

等级 miNoMax 实数度量

m

基本单元高度　h_prim

h_{prim}

直角构件实体几何基本单元的顶端与底面之间或两平行面之间的距离(m)的等级(miNoMax)所规定的值。

AAF429-001　01　NR3..3.3ES2　T03

等级 miNoMax 实数度量

m

边缘长度　l_edge

l_{edge}

正 N 边形柱的边缘的长度(m)的等级(miNoMax)所规定的值。

AAF430-001　01　NR3..3.3ES2　T03

等级 miNoMax 实数度量

m

内部半径　r_inner

r_{inner}

直圆形管的内半径的长度(m)的等级(miNoMax)所规定的值。

AAF431-001　01　NR3..3.3ES2　T03

等级 miNoMax 实数度量

m

外部半径　r_outer

r_{outer}

直圆形管的外部半径的长度(m)的等级(miNoMax)所规定的值。

AAF432-001　01　NR3..3.3ES2　T03

等级 miNoMax 实数度量

m

小半径　r_minor

r_{minor}

球形扇形的圆形平面的半径的长度(m)的等级(miNoMax)所规定的值。

AAF433-001 01 M..175 A56
简单 字符串
安装说明 安装说明
给出与元器件安装有关的附加信息的文本。

AAF434-001 01 NR3..3.3ES2 T03
等级 nom 实数度量
m
弯曲半径 r_bend
r_{bend}
将导体或连接器弯曲成曲线时,制造商规定的最大允许半径的值(m)。

AAF435-001 01 M..3 A58
简单 非定量代码
引出端连接类型 终端连接类型
为引出端或连接器设计的连接类型的代码。
01=锡接
10=袋装电缆连接
02=熔接
05=螺纹连接
06=绕接线
07=接点
08=绝缘穿刺连接

AAF436-001 01 NR2..3.3 T07
等级 nom 实数度量
1
同时性因子 F_simult
F_{simult}
元器件 1)处理的有效时间与 2)处理的最大可用时间的比值。

AAF437-001 01 NR1..4 Q56
等级 nom 整数度量
1
圆柱类型 n_column
柱面数 $F_{columnt}$
指明定义圆柱类型的拐角个数的值。

AAF440-001 01 X..8 A52
简单 非定量代码
特征 特征
主要特征类别的代码。
CPLX =复数值
TOL =公差值

AAF441-001 01 X..8 A52
简单 非定量代码
复数 复数
含有用复数表示的值的特征类别代码。
ADM =导纳
IMP =阻抗

AAF442-001 01 X..8 A52
简单 非定量代码
公差值 公差
含有带公差的值的特征类别代码。
TOLCAP=公差电容
TOLRES=公差电阻

AAF443-001 01 NR2 S..3.3 R71
等级 nom 实数度量
%
对称公差 %tol
百分比公差 %tol
正负公差值相等时,特征特性标称值的百分比公差(%)。

AAF444-001 01 NR2 S..3.3 R71
等级 nom 实数度量
%
负公差 %tol−
%tol−
正负公差值不相等时,特征特性标称值的百分比公差(%)负值。

AAF445-001 01 NR2 S..3.3 R71
等级 nom 实数度量
%
正公差 %tol+
%tol+
正负公差值不相等时,特征特性标称值的百分比公差(%)正值。

AAF446-001　01　NR3..3.3ES2　E09
等级 nom 实数度量
F
电容　C
C
电容特性电子元器件的电容标称值(F)。

AAF447-001　01　NR3..3.3ES2　E09
等级 nom 实数度量
F
对称电容公差　C_tol
C_{tol}
正负公差值相等时，电气元器件电容的标称值的绝对公差(F)。

AAF448-001　01　NR3..3.3ES2　E09
等级 nom 实数度量
F
负电容公差　Ctol−
C_{tol-}
正负公差值不相等时，电气元器件电容的标称值的绝对公差(F)的负值。

AAF449-001　01　NR3..3.3ES2　E09
等级 nom 实数度量
%
正电容公差　Ctol+
C_{tol+}
正负公差值不相等时，电气元器件电容的标称值的绝对公差(F)的正值。

AAF450-001　01　NR3..3.3ES2　E33
等级 nom 实数度量
Ω
电阻　R
R
电阻特性电子元器件的电阻标称值(Ω)。

AAF451-001　01　NR3..3.3ES2　E33
等级 nom 实数度量
Ω
对称电阻公差　R_tol
R_{tol}
正负公差值相等时，电气元器件电阻的标称值的绝对公差(Ω)。

AAF452-001　01　NR3..3.3ES2　E33
等级 nom 实数度量
Ω
负电阻公差　Ctol−
C_{tol-}
正负公差值不相等时，电气元器件电阻的标称值的绝对公差(Ω)的负值。

AAF453-001　01　NR3..3.3ES2　E33
等级 nom 实数度量
Ω
正电阻公差　Ctol+
C_{tol+}
正负公差值不相等时，电气元器件电阻的标称值的绝对公差(Ω)的正值。

AAF454-001　01　NR1 S1..3　E43
等级 miNoMax 整数度量
rad
相位角　$f
ϕ
复数电子量相位角(rad)的等级(miNoMax)给出的值。

AAF455-001　01　NR3 S..3.3ES2　E43
等级 miNoMax 实数度量
rad
相位角　$f
ϕ
复数电子量相位角(rad)的等级(miNoMax)给出的值。

AAF456-001　01　NR3..3.3ES2　E44
等级 miNoMax 实数度量
Ω
阻抗的模数　Z
阻抗的绝对值　Z
阻抗特性电子元器件阻抗(Ω)的等级(miNoMax)给出的模或绝对值。

AAF457-001　01　NR3..3.3ES2　E44

等级 miNoMax 实数度量

Ω

电阻 R

R

阻抗特性电子元器件阻抗(Ω)的等级(miNoMax)给出的电阻或实数部分。

AAF458-001 01 NR3..3.3ES2 E44

等级 miNoMax 实数度量

Ω

电抗 S

S

阻抗特性电子元器件阻抗(Ω)的等级(miNoMax)给出的电抗或虚数部分。

AAF459-001 01 NR3..3.3ES2 E45

等级 miNoMax 实数度量

S

导纳的模数 Y

导纳的绝对值 Y

导纳特性电子元器件导纳(S)的等级(miNoMax)给出的模或绝对值。

AAF460-001 01 NR3..3.3ES2 E45

等级 miNoMax 实数度量

S

电导 G

G

导纳特性电子元器件导纳(S)的等级(miNoMax)给出的电阻或实数部分。

AAF461-001 01 NR3..3.3ES2 E45

等级 miNoMax 实数度量

S

电纳 B

B

导纳特性电子元器件导纳(S)的等级(miNoMax)给出的电抗或虚数部分。

AAF462-001 01 E09

类别实例 AAA238-001

有公差电容 C

C

在规定的频率和基准条件下,固定电容器及其公差的电容值。

AAE029-005=频率

AAE995-005=基准条件

AAF463-001 01 E33

类别实例 AAA239-001

有公差电阻 R

R

在规定的基准条件下,固定电阻器及其公差的电阻值。

AAE995-005=基准条件

AAF464-001 01 M..8 A56

简单 非定量代码

连接器部件类型 连接器部件

连接器部件类型的代码。

ACCY =连接器附件

CONTACT =连接器接触器

INSERT =连接器插入物

SHELL =连接器外壳

TOOL =连接器工具

AAF465-001 01 M..80 A56

简单 字符串

附件类型 附件

连接器附件类型的描述。

AAF466-001 01 M..80 A56

简单 字符串

工具类型 工具

与连接器使用的工具类型的描述。

AAF467-001 01 M..80 A56

简单 字符串

屏蔽类型 屏蔽

连接器屏蔽类型的描述。

AAF468-001 01 M..80 A56

简单 字符串

插入物类型 插入物

连接器插入物类型的描述。

AAF469-001　01　M..80　A57
简单 字符串
插入物材料　插入物材料
构成连接器插入物的材料类型的描述。

AAG000-001　01　X..3　A52
简单 非定量代码
几何形状类型　几何形状类型
电气-电子元器件具有的几何形状类型的代码。
DIE　=晶体器件
PAK　=封装外形

AAG001-001　01　NR3..3.3ES2　T03
等级 miNoMax 实数度量
m
安装高度　A
安装高度　A
从垂直于平面方向测量，安装平面上元器件最远部分的等级(miNoMax)规定的距离(m)。
BS 3934-1:1992
DAE001-001 封装长度、宽度和高度

AAG002-001　01　NR3..3.3ES2　T03
等级 miNoMax 实数度量
m
隔开高度　A_1
间隔　A_1
从安装平面与基座平面之间的等级(miNoMax)规定的垂直距离(m)。
BS 3934-1:1975
DAE001-001 封装长度、宽度和高度

AAG003-001　01　NR3..3.3ES2　T03
等级 miNoMax 实数度量
m
封装高度　A_2
封装厚度　A_2
从垂直于平面方向测量，基座平面上元器件最远部分的等级(miNoMax)规定的距离(m)。

BS 3934-1:1975
DAE001-001 封装长度、宽度和高度

AAG004-001　01　NR3..3.3ES2　T03
等级 miNoMax 实数度量
m
引出端圆直径　$fa
ϕa
引出端位置所处的圆的等级(miNoMax)规定的直径(m)。
注：不止一个引出端圆出现时，ϕa 是最大圆的直径。
BS 3934-1:1975
DAE004-001 圆柱封装尺寸

AAG005-001　01　NR3..3.3ES2　T03
等级 miNoMax 实数度量
m
隔开主尺寸　B
侧翼厚度　B
隔开横截面的等级(miNoMax)规定的主要尺寸(m)。
注：本尺寸适用于单独的隔开或者使元器件有效与安装平面隔开的侧翼终端的较宽截面的宽度。
BS 3934-1:1975
DAE005-001 直线行封装尺寸

AAG006-001　01　NR3..3.3ES2　T03
等级 miNoMax 实数度量
m
隔开小尺寸　B_1
侧翼厚度　B_1
隔开横截面的等级(miNoMax)规定的辅助尺寸(m)。
注：本尺寸适用于单独的隔开或者使元器件有效与安装平面隔开的侧翼终端的较宽截面的厚度。
BS 3934-1:1975

AAG007-001　01　NR3..3.3ES2　T03
等级 miNoMax 实数度量
m
隔开直径　$fB
ΦB
隔开横截面的等级(miNoMax)规定的直径(m)。
BS 3934-1:1975

AAG008-001　01　NR3..3.3ES2　T03

等级 miNoMax 实数度量

m

引出端宽度　b

引线宽度　b

方形引出端或矩形横截面引出端的主轴的长度的等级(miNoMax)规定的宽度(m)。

注：该尺寸适用于(可)用来连接安装了引出端的电路的引出端那部分。

BS 3934-1:1975

DAE005-001 直线行封装尺寸

AAG009-001　01　NR3..3.3ES2　T03

等级 miNoMax 实数度量

m

引出端直径　$fb

引线直径　Φb

包含引出端的外接圆的等级(miNoMax)规定的直径(m)。

BS 3934-1:1975

备注：

引出端不必有圆形横截面。

DAE009-001 引线长度和宽度

AAG010-001　01　NR3..3.3ES2　T03

等级 miNoMax 实数度量

m

引出端直径　$fb_0

引线直径　Φb_0

包含引出端的外接圆的等级(miNoMax)规定的直径(m)。

注：Φb_0 指 L_0 规定的引出端上的引出端直径。

BS 3934-1:1975

备注：

引出端不必有圆形横截面。

DAE009-001 引线长度和宽度

AAG011-001　01　NR3..3.3ES2　T03

等级 miNoMax 实数度量

m

引出端直径　$fb_2

引线直径　Φb_2

包含引出端的外接圆的等级(miNoMax)规定的直径(m)。

注：Φb_2 指 L_2-L_1 规定的引出端上的引出端直径。

BS 3934-1:1975

备注：

引出端不必有圆形横截面。

AAG012-001　01　NR3..3.3ES2　T03

等级 miNoMax 实数度量

m

引出端厚度　c

引线厚度　c

矩形横截面引出端的小轴的等级(miNoMax)规定的长度(m)。

注：该尺寸适用于用来或可能用来连接它安装的电路的引出端的部件。

BS 3934-1:1975

DAE012-001 引出端张开尺寸

AAG013-001　01　NR3..3.3ES2　T03

等级 miNoMax 实数度量

m

封装长度　D

D

在平行于安装平面的平面上测量，封装等级(miNoMax)规定的大尺寸(m)。不包括为了在长度方向安装的引出端。

注：如果安装用的引出端在宽度方向延伸超出封装的终端，封装长度包括这类引出端的宽度。

BS 3934-1:1975

备注：

如果只在封装的一边或两边有引出端，就认为是宽度的延伸。

DAE001-001 封装长度、宽度和高度

AAG014-001　01　NR3..3.3ES2　T03

等级 miNoMax 实数度量

m

封装直径　$fD

ϕD

在平行于安装平面的平面上测量，封装等级(miNoMax)规定的主直径(m)，不包括引出端。

BS 3934-1:1975

DAE004-001 圆柱封尺寸

AAG015-001 01 NR3..3.3ES2 T03

等级 miNoMax 实数度量

m

隔开间距 *d*

d

隔开中心的真实位置之间的等级(miNoMax)规定的直线间距(m)。

BS 3934-1:1975

AAG016-001 01 NR3..3.3ES2 T03

等级 miNoMax 实数度量

m

封装宽度 *E*

E

在平行于安装平面的平面上测量，封装等级(miNoMax)规定的小尺寸(m)。不包括引出端。

BS 3934-1:1975

备注：

如果只在封装的一边或两边有引出端，就认为是宽度的延伸。

DAE001-001 封装长度、宽度和高度

AAG017-001 01 NR3..3.3ES2 T03

等级 miNoMax 实数度量

m

引出端间距 *e*

引线间距 *e*

引出端真实中心位置之间的等级(miNoMax)规定的直线间距(m)。

BS 3934-1:1975

DAE005-001 直线行封装尺寸

AAG018-001 01 NR3..3.3ES2 T03

等级 miNoMax 实数度量

m

法兰区高度 *F*

F

在垂直于基座方向测量，法兰区的等级(miNoMax)规定的总尺寸(m)。包括任何嵌条。

BS 3934-1:1975

AAG019-001 01 NR3..3.3ES2 T03

等级 miNoMax 实数度量

m

法兰高度 F_1

法兰厚度 F_1

在垂直于基座方向测量，法兰区的等级(miNoMax)规定的总尺寸(m)。包括任何嵌条。

BS 3934-1:1975

AAG020-001 01 NR3..3.3ES2 T03

等级 miNoMax 实数度量

m

封装长度区 G_D

G_D

封装长度方向区的等级(miNoMax)规定的长度(m)。包括封装长度、封装不平整和长度方向安装的任何引出端的自由部分。

BS 3934-1:1975

AAG021-001 01 NR3..3.3ES2 T03

等级 miNoMax 实数度量

m

封装宽度区 G_E

G_E

封装宽度方向区的等级(miNoMax)规定的长度(m)。包括封装宽度、封装不平整和宽度方向安装的任何引出端的自由部分。

BS 3934-1:1975

DAE021-001= 封装总宽度

AAG022-001 01 NR3..3.3ES2 T03

等级 miNoMax 实数度量

m

封装直径区 $fG

ϕG

包括封装直径、封装不平整和放射状安装的任何引出端的自由部分的区域的等级(miNoMax)规定的直径(m)。

BS 3934-1:1975

AAG023-001 01 NR3..3.3ES2 T03
等级 miNoMax 实数度量
m
总长度 H_D
H_D
封装长度方向的等级(miNoMax)规定的最大总尺寸(m)。包括封装长度和长度方向安装的任何引出端。
BS 3934-1:1975

AAG024-001 01 NR3..3.3ES2 T03
等级 miNoMax 实数度量
m
总宽度 H_E
H_E
封装宽度方向的等级(miNoMax)规定的最大总尺寸(m)。包括封装宽度和宽度方向安装的任何引出端。
BS 3934-1:1975
DAE021-001= 封装总宽度

AAG025-001 01 NR3..3.3ES2 T03
等级 miNoMax 实数度量
m
总直径 $fH
ϕH
包括放射状安装的全部引出端的等级(miNoMax)规定的最大总直径(m)。
BS 3934-1:1975

AAG026-001 01 NR3..3.3ES2 T03
等级 miNoMax 实数度量
m
标记高度 h
标记深度 h
标记特征的等级(miNoMax)规定的高度或深度(m)。
BS 3934-1:1975

AAG027-001 01 NR3..3.3ES2 T03
等级 miNoMax 实数度量
m
标记宽度 j
j
标记特征的等级(miNoMax)规定的宽度(m)。
BS 3934-1:1975
DAE004-001 圆柱形封装尺寸

AAG028-001 01 NR3..3.3ES2 T03
等级 miNoMax 实数度量
m
标记长度 k
k
标记特征的等级(miNoMax)规定的长度(m)。
注:在圆柱形封装上,标记长度(例如,标签)从器件的总直径 * D 上测量。
BS 3934-1:1975
DAE004-001 圆柱形封装尺寸

AAG029-001 01 NR3..3.3ES2 T03
等级 miNoMax 实数度量
m
引出端长度 L
引线长度 L
从安装平面测量用于安装的引出端等级(miNoMax)规定的长度(m)。
BS 3934-1:1975
DAE009-001 引线长度和直径

AAG030-001 01 NR3..3.3ES2 T03
等级 miNoMax 实数度量
m
引出端长度 L_0
引线长度 L_0
从安装平面测量用于安装的引出端等级(miNoMax)规定的长度(m)。
注:L_0 是指严格控制直径 ϕb_0 的引出端的那部分。
BS 3934-1:1975
DAE009-001 引线长度和直径

AAG031-001 01 NR3..3.3ES2 T03
等级 miNoMax 实数度量
m
引出端长度 L_1
引线长度 L_1

从安装平面测量用于安装的引出端等级(miNoMax)规定的长度(m)。

注:L_1 是指严格控制直径 ϕb_1 的引出端的那部分。

BS 3934-1:1975

DAE009-001 引线长度和直径

AAG032-001　01　NR3..3.3ES2　T03

等级 miNoMax 实数度量

m

引出端长度　L_2

引线长度　L_2

从安装平面测量用于安装的引出端等级(miNoMax)规定的长度(m)。

注:L_2 是指严格控制直径 ϕb_2 的引出端的那部分。

BS 3934-1:1975

AAG033-001　01　NR3..3.3ES2　T03

等级 miNoMax 实数度量

m

引出端长度　L_D

引线长度　L_D

在封装长度方向从引出端终端测量用于安装的受控制引出端区域的等级(miNoMax)规定的长度(m)。

BS 3934-1:1975

AAG034-001　01　NR3..3.3ES2　T03

等级 miNoMax 实数度量

m

引出端长度　L_E

引线长度　L_E

在封装宽度方向从引出端终端测量用于安装的受控制引出端区域的等级(miNoMax)规定的长度(m)。

BS 3934-1:1975

DAE021-001＝ 封装总宽度

AAG035-001　01　NR3..3.3ES2　T03

等级 miNoMax 实数度量

m

安装高度　M_D

M_D

在封装长度方向包括封装长度和弯曲与安装平面垂直的任何引出端长度等级(miNoMax)规定的总长度(m)。

BS 3934-1:1975

AAG036-001　01　NR3..3.3ES2　T03

等级 miNoMax 实数度量

m

安装宽度　M_E

M_E

在封装宽度方向包括封装宽度和弯曲与安装平面垂直的任何引出端长度等级(miNoMax)规定的总宽度(m)。

BS 3934-1:1975

DAE012-001＝ 引出端张开尺寸

AAG037-002　01　NR1..4　Q56

等级 nom 整数度量

m

引出端位置数　n

可能引出端数量　n

符合规定的引出端命名体系的可能引出端的全部数量。

BS 3934-1:1975

备注:

引出端出现的实际数量可能少于 n。

DAE004-001＝ 圆柱形封装尺寸

AAG038-001　01　NR1..4　Q56

等级 nom 整数度量

m

缺失引出端数量　n_1

n_1

未被占用的可能引出端位置最大数量。

BS 3934-1:1975

AAG039-001　01　NR3..3.3ES2　T03

等级 miNoMax 实数度量

m

安装孔直径　$fp

ϕp

用于安装的封装中的等级(miNoMax)规定的直径(m)。

BS 3934-1:1975

DAE042-001 椭圆法兰安装封装直径

AAG040-001 01 NR3..3.3ES2 T03

等级 miNoMax 实数度量

m

引出端显露高度 Q

Q

安装平面至引出端从封装显露的下面的等级(miNoMax)规定的距离(m)。

BS 3934-1:1975

DAE040-001 圆法兰安装封装直径

AAG041-001 01 NR3..3.3ES2 T03

等级 miNoMax 实数度量

m

引出端显露尺寸 Q_1

Q_1

安装平面至引出端从封装突出的下面的等级(miNoMax)规定的距离(m)。

BS 3934-1:1975

AAG042-001 01 NR3..3.3ES2 T03

等级 miNoMax 实数度量

m

安装孔间距 q

q

两个安装孔中心之间的等级(miNoMax)规定的距离(m)。

BS 3934-1:1975

DAE042-001 椭圆法兰安装封装直径

AAG043-001 01 NR3..3.3ES2 T03

等级 miNoMax 实数度量

m

弯曲半径 r

r

形成封装外形的弯曲的等级(miNoMax)规定的半径(m)。

BS 3934-1:1975

AAG044-001 01 NR3..3.3ES2 T03

等级 miNoMax 实数度量

m

引出端基准位置 S

S

从基准线到引出端位置中心的等级(miNoMax)规定的距离(m)。

BS 3934-1:1975

AAG045-001 01 NR3..3.3ES2 T03

等级 miNoMax 实数度量

m

引出端基准位置 s

s

穿过两个引出端位置中心的线至离线最远的安装孔中心的等级(miNoMax)规定的距离(m)。

BS 3934-1:1975

DAE042-001 椭圆法兰安装封装直径

AAG046-001 01 NR3..3.3ES2 T03

等级 miNoMax 实数度量

m

封装垂悬物 Z

Z

终端引出端真实位置至封装末端的等级(miNoMax)规定的距离(m)。

BS 3934-1:1975

备注:

如果引出端延伸超过封装,Z 应该规定为 0,不应该采用负尺寸。

DAE005-001 直行封装尺寸

AAG047-001 01 NR2..3.3 T01

等级 miNoMax 实数度量

deg

标记数据角 $a

α

标记与引出端圆上第一个引出端真实位置之间的等级(miNoMax)规定的角度间隙(度)。

BS 3934-1:1975

DAE004-001 圆柱形封装尺寸

AAG048-001 01 NR2..3.3 T01

等级 miNoMax 实数度量

deg

标记数据角　　　$a_A

α_A

标记与直径最大的引出端圆上第一个引出端真实位置之间的等级(miNoMax)规定的角度间距(度)。

BS 3934-1:1975

DAE004-001 圆柱形封装尺寸

AAG049-001　01　NR2..3.3　T01

等级 miNoMax 实数度量

deg

角度引出端间距　　　$b

β

引出端圆上引出端中心的真实位置之间的等级(miNoMax)规定的角度间距(度)。

BS 3934-1:1975

DAE004-001 圆柱形封装尺寸

AAG050-001　01　NR2..3.3　T01

等级 miNoMax 实数度量

deg

角度引出端间距　　　$b_A

β_A

直径最大的引出端圆上引出端中心的真实位置之间的等级(miNoMax)规定的角度间距(度)。

BS 3934-1:1975

AAG051-001　01　NR2..3.3　T01

等级 miNoMax 实数度量

deg

有角度引出端展开　　　$h

θ

引出端与安装平面之间的等级(miNoMax)规定的角度(度)。

BS 3934-1:1975

DAE012-001 引出端张开尺寸

AAG052-001　01　NR2..3.3　T01

等级 miNoMax 实数度量

deg

引出端安装角　　　$h_1

θ_1

引出端与安装平面之间的等级(miNoMax)规定的角度(度)。

BS 3934-1:1975

AAG053-001　01　NR3..3.3ES2　T03

等级 miNoMax 实数度量

m

引出端行间距　　　e_E

引线行间距　　　e_E

以与封装宽度平行的方向测量,平行于封装长度并且通过引出端位置中心的线之间的等级(miNoMax)规定的距离(m)。

注:对于表面安装封装,该测量是指封装安装地带的中心。

AAG054-001　02　X 4　A58

简单 非定量代码

引出端变量代码　　　引出端变量

标识封装上引出端形状特定变量的名称的代码。

T000 = 标准形式
T001 = 直引线
T002 = 成形引线
T003 = 圆形上的引线
T004 = 直行直引线
T005 = 直行成形引线
T006 = 成矩形栅格引线
T007 = 偏移引线
T008 = 直接头
T009 = 圆插针
T010 = 矩形插针
T011 = 直扁平引线
T012 = 焊接球
T013 = 一个固定接头
T014 = 两个固定接头
T015 = 一个有接头引线
T016 = 两个有接头引线
T017 = 三个有接头引线
T018 = 无接头引线
T019 = 条状引线
T020 = 多引线
T021 = 三引线
T022 = 短棒和垂片两引线
T023 = 直 V 截面引线

IEC 60191-4:1999

AAG055-001　02　X4　A57

简单　非定量代码

体变量代码　体变量

标识封装上个体形状特定变量的名称的代码。

B000 = 标准形式

B001 = 凸起封装

B002 = 无凸起封装

B003 = 普通圆柱形

B004 = 顶帽封装

B005 = 钳夹安装封装

B006 = 短棒安装封装

B007 = 腔体向上

B008 = 腔体向下

B009 = 无腔体封装(模制)

B010 = 腔体封装(陶瓷)

IEC 60191-4:1999

AAG056-001　01　A4　A58

简单　非定量代码

引出端位置代码　引出端位置

标识封装体上引出端位置的 IEC 60191-4 代码的前缀。

A = 轴向

B = 底面

D = 双

E = 端面

L = 侧面

P = 垂直

Q = 四

R = 径向

S = 单

T = 三

U = 上面

Z = z形

IEC 60191-4:1999

AAG057-001　01　A 2　A58

简单　非定量代码

封装类型代码　封装类型

标识封装的一般物理形式的 IEC 60191-4 代码。

BD = 圆珠形

CC = 芯片载体

CP = 钳夹

CY = 圆柱形

DB = 碟片

FM = 法兰安装

FO = 光纤

FP = 扁平安装

GA = 栅格阵列

IP = 直行

LF = 长形

MA = 微电子

MP = 电源模块

MW = 微波

PF = 按压配合

PM = 接头安装

RC = 矩形

SO = 小外形

SS = 特殊形状

UC = 无外壳芯片

VP = 垂直表面安装

IEC 60191-4:1999

AAG058-001　01　A 1　A58

简单　非定量代码

引出端形状代码　引出端形状

引线形式代码

标识引出端形式或形状的 IEC 60191-4 代码的后缀。

注:如果使用不止一个引出端,所用的代码应该是承载主要电流的引出端的代码。

A = 螺钉

B = 按钮

C = C-弯曲

D = 焊接接线片

E = 扣紧插头

F = 扁平

G = 鸥翼

H = 高电流电缆

I = 绝缘

J = J-弯曲

L = L-弯曲

N = 无引线

P = 插针或拴

Q　= 快速连接
R　= 环绕
S　= S-弯曲
T　= 穿孔
U　= 倒置 J
W　= 导线
Y　= 螺钉
IEC 60191-4:1999

AAG059-001　01　NR1..4　Q56
等级 nom 整数度量
m
实际引出端数量　n_2
实际引出端数　n_2
被占用的可能引出端位置的实际数量。

AAG061-001　01　M..32　A58
简单 字符串
IEC 60191 代码　IEC 60191 代码
用于标识元器件封装物理特征，当和可选后缀使用时能提供封装和相关尺寸集的代码。

注：代码由七个字段和分隔符组成：个体形状（可选）-（连字分隔符）个体材料（可选）引出端位置（可选）封装类型（强制）-（连字分隔符）引出端形状（可选）引出端数量（可选）。

IEC 60191-4:1999
备注：
如果也出现引出端位置前缀，可只使用体材料前缀。当相关前缀和后缀都出现时，只使用连字符号和斜杠。

AAG062-001　01　NR3..3.3ES2　T03
等级 miNoMax 实数度量
m
封装直径　$ fD_1
ϕD_1
平行于安装平面测量，不包括引出端的封装的等级（miNoMax）规定的直径（m）。
BS 3934-1:1975
注：ϕD_1 通常比 ϕD 小。
DAE119-001 带垂物封装的尺寸

AAG063-001　01　NR3..3.3ES2　T03
等级 miNoMax 实数度量
m
法兰长度　D_1
D_1
封装长度方向测量，法兰的等级（miNoMax）规定的长度（m）。

AAG064-001　01　NR3..3.3ES2　T03
等级 miNoMax 实数度量
m
安装孔位置　q_1
q_1
安装孔中心至封装基准线间的等级（miNoMax）规定的距离（m）。

AAG065-001　01　NR3..3.3ES2　T03
等级 miNoMax 实数度量
m
隔开长度　L_1
侧翼长度　L_1
偏离特性的等级（miNoMax）规定的长度（m）。

注：该尺寸适用于单独偏离或影响元器件偏离安装平面的侧翼终端较宽截面的长度。

AAG066-001　01　M 7　A58
简单 字符串
结构图基准代码　结构图基准
识别作为尺寸集合依据的图纸的参考。

注：结构图基准代码由带一个分隔符的四个字段组成：引出端位置（一个字母）封装类型（两个字母）-（连字分隔符）引出端形状（一个字母）数字顺序代码（两位数字）。

IEC 60191-4:1999

AAG067-001　01　M..35　A61
简单 字符串
源文件标识　源文件
尺寸集合来源的文件标识符基准。

注：文件可能是制造商的数据单或数据手册或者可能是 IECQ、CECC 或 MIL 等规范。

AAG068-001　01　M..7　A61
简单 字符串

源文件页码　　源页码

给出尺寸集合的源文件中的页码数。

AAG069-001　01　M..35　A58

简单 字符串

制造商封装代码　　制造商代码

制造商标识封装类型或特定尺寸集合的代码。

注：若有必要，代码可用区别变体的描述文字补充。

AAG070-001　01　M..17　A58

简单 字符串

标准封装代码　　标准代码

来源于标准文件的标准尺寸集合的代码。

备注：

标准文件标识见 AAG071。

AAG071-001　01　M..17　A61

简单 字符串

标准文件基准　　标准基准

包含电气或电子元器件尺寸列表的标准文件的标识。

注：标准可能是 IEC 60191 这样的国际标准，或者 EDEC JESD95，BS 3934 等对应的国家标准。

AAG072-001　02　A..3　A58

简单 非定量代码

引出端计数顺序　　计数顺序

从顶部看时，元器件终端计数顺序的方向。

CW　= 顺时针

ACW　= 逆时针

备注：

引出端位置通常应该是从顶部看时，逆时针方向逐渐增加编号。那么 1 号引出端是从标记标志开始逆时针方向的第一个引出端位置。（参考：BS 3934：1965）

AAG073-001　02　A 1　A56

简单 非定量代码

表面安装标记　　SMD 标记

指明封装是否用于表面安装应用的标记。

Y　= 是

N　= 非

AAG074-001　01　M 10　A31

简单 字符串

建立记录日期　　建立日期

以当前格式首次建立包含尺寸集合的记录日期。

备注：

日期格式应该是：yyyy/mm/dd。

AAG075-001　01　M..35　A41

简单 字符串

建立者识别号　　建立者 ID

首次负责以当前形式建立尺寸集合记录的人或机构的标识。

AAG076-001　01　NR3..3.3ES2　T03

等级 miNoMax 实数度量

m

引出端宽度　　b_p

引线宽　　b_p

表面安装封装上引出端衬垫金属涂层区域的等级（miNoMax）规定的宽度（m）。

注：该尺寸适用于用来或可能用来连接它要安装的电路的引出端那部分。

AAG077-001　01　NR3..3.3ES2　T03

等级 miNoMax 实数度量

m

引出端长度　　L_p

引线长　　L_p

表面安装封装上引出端衬垫金属涂层区域的等级（miNoMax）规定的长度（m）。

注：该尺寸适用于用来或可能用来连接它要安装的电路的引出端那部分。

AAG078-001　01　NR3..3.3ES2　T03

等级 miNoMax 实数度量

m

凸缘高度　　A_3

A_3

围绕下面空腔的封装顶上凸缘的等级（miNoMax）规定的高度（m）。

DAE001-001 封装长度、宽度和高度

AAG079-001　01　NR3..3.3ES2　T03

等级 miNoMax 实数度量

m

其他标记长度 k_1

k_1

第二个标记特性的等级(miNoMax)规定的长度(m)。

注:该长度表示当在封装上采用其他标记特性时,允许标识封装方向的特性长度。

AAG080-001 01 NR3..3.3ES2 T03

等级 miNoMax 实数度量

m

引出端行间距 e_D

引线行间距 e_D

与封装宽度方向并且穿过引出端位置真实中心、以平行于封装长度的方向测量的直线之间的等级(miNoMax)规定的距离(m)。

注:对于表面安装封装,该测量是指封装安装区域的中心。

BS 3934-1:1975

AAG081-001 01 NR3..3.3ES2 T03

等级 miNoMax 实数度量

m

凸缘长度 D_1

D_1

围绕下面空腔的封装顶上凸缘的等级(miNoMax)规定的长度(m)。

DAE001-001= 封装长度、宽度和高度

AAG082-001 01 NR3..3.3ES2 T03

等级 miNoMax 实数度量

m

凸缘宽度 E_1

E_1

围绕下面空腔的封装顶上凸缘的等级(miNoMax)规定的宽度(m)。

DAE001-001= 封装长度、宽度和高度

AAG083-001 01 NR3..3.3ES2 T03

等级 miNoMax 实数度量

m

大法兰半径 r_1

r_1

椭圆形法兰的等级(miNoMax)规定的两个半径中较大的那个(m)。

DAE041-001= 椭圆法兰安装尺寸

AAG084-001 01 NR3..3.3ES2 T03

等级 miNoMax 实数度量

m

小法兰半径 r_2

r_2

椭圆形法兰的等级(miNoMax)规定的两个半径中较小的那个(m)。

DAE041-001= 椭圆法兰安装尺寸

AAG085-001 01 NR3..3.3ES2 T03

等级 miNoMax 实数度量

m

法兰总长度 U_1

U_1

安装法兰的等级(miNoMax)规定的总长度(m)。

DAE041-001= 椭圆法兰安装尺寸

AAG086-001 01 NR3..3.3ES2 T03

等级 miNoMax 实数度量

m

法兰总宽度 U_2

U_2

安装法兰的等级(miNoMax)规定的总宽度(m)。

DAE041-001= 椭圆法兰安装尺寸

AAG087-001 01 NR3..3.3ES2 T03

等级 miNoMax 实数度量

m

引出端行间距 e_A

e_A

安装时,引出端两平行行中心之间的等级(miNoMax)规定的距离(m)。

DAE012-001= 引出端张开尺寸

AAG088-001 01 NR3..3.3ES2 T03

等级 miNoMax 实数度量

m

引出端行张开 e_B

e_B

安装前，引出端两平行行末梢中心之间的等级(miNoMax)规定的距离(m)。

备注：

对于DIP封装，元器件常常以终端张开提供。对于张开角的限制，见AXD051。

DAE012-001＝引出端张开尺寸

AAG089-001　01　NR3..3.3ES2　T03

等级 miNoMax 实数度量

m

封装长度　G

G

不包括引出端和小突出物的封装的等级(miNoMax)规定的总长度(m)。

BS 3934-1:1975

AAG090-001　01　NR3..3.3ES2　T03

等级 miNoMax 实数度量

m

总长度　H

H

包括引出端的封装的等级(miNoMax)规定的总长度(m)。

BS 3934-1:1975

AAG091-001　01　NR3..3.3ES2　T03

等级 miNoMax 实数度量

m

曲引出端间距　e

e

轴向空间大的封装引线可能弯曲的中心之间的等级(miNoMax)规定的距离(m)。

AAG092-001　01　NR3..3.3ES2　T03

等级 miNoMax 实数度量

m

封装高度区　G_A

G_A

包括封装高度、封装不规则点和高度方向出现的任何引出端的自由部分的区域的等级(miNoMax)规定的总高度(m)。

DAE92-001＝圆柱形按扣安装封装尺寸

AAG093-002　01　NR3..3.3ES2　T03

等级 miNoMax 实数度量

m

按扣螺栓直径　%fM

ϕM

用于安装封装的有按扣螺栓的等级(miNoMax)规定的直径(m)。

DAE92-001＝圆柱形按扣安装封装尺寸

AAG094-002　01　NR3..3.3ES2　T03

等级 miNoMax 实数度量

m

引出端螺栓直径　%fM

ϕM

螺栓引出端的等级(miNoMax)规定的直径(m)。

DAE92-001＝圆柱形按扣安装封装尺寸

AAG095-001　01　NR3..3.3ES2　T03

等级 miNoMax 实数度量

m

按扣长度　N

N

用于安装封装的有螺纹螺栓的等级(miNoMax)规定的长度(m)。

DAE92-001＝圆柱形按扣安装封装尺寸

AAG096-001　01　M..17　A58

简单 字符串

m

按扣螺栓　按扣螺栓

用于安装封装的螺栓的螺纹标准号。

AAG097-001　01　M..17　A58

简单 字符串

m

引出端螺栓　引出端螺栓

引出端的螺栓标准号。

AAG098-001　01　NR3..3.3ES2　T03

等级 miNoMax 实数度量

m

主引出端长度　Q_1

Q_1

用两个引出端引线中较长的一个的末端离基准面的等级(miNoMax)规定的距离(m)。

备注:

Q_1 比 Q_2 长。

AAG099-001　01　NR3..3.3ES2　T03

等级 miNoMax 实数度量

m

次引出端长度　Q_2

Q_2

用两个引出端引线中较短的一个的末端离基准面的等级(miNoMax)规定的距离(m)。

备注:

Q_2 比 Q_1 短。

AAG100-001　01　NR3..3.3ES2　T03

等级 miNoMax 实数度量

m

主总长度　G_2

G_1

从基准面测量,不包括引出端但包括接线片的封装等级(miNoMax)规定的最长总长度(m)。

备注:

G_1 比 G_2 长。

AAG101-001　01　NR3..3.3ES2　T03

等级 miNoMax 实数度量

m

次总长度　G_2

G_2

从基准面测量,不包括引出端但包括接线片的封装等级(miNoMax)规定的较短总长度(m)。

备注:

G_2 短于 G_1。

AAG102-001　01　NR3..3.3ES2　T03

等级 miNoMax 实数度量

m

突出物直径　%fM

ϕM

突出物的等级(miNoMax)规定的直径(m)。

AAG103-001　01　NR3..3.3ES2　T03

等级 miNoMax 实数度量

m

突出物宽度　M_1

M_1

突出物的等级(miNoMax)规定的宽度(m)。

AAG104-001　01　M..20　A58

简单 字符串

m

结构图顺序代码　结构图 ID

结构图后缀

用来标识与图纸相关的特定尺寸集合的图纸代码的后缀。

备注:

后缀是用斜线连字符与图纸参考隔开的一串数字:例如 BCY-W01/24。

AAG105-001　01　NR3..3.3ES2　T03

等级 miNoMax 实数度量

m

弯曲引出端间距　Q

Q

引线弯曲成直角之后轴向空间较大的封装引出端引线中心之间的等级(miNoMax)规定的距离(m)。

注:假设引线对称弯曲并且与封装体的末端等距离。

AAG107-001　01　M..175　A58

简单 字符串

m

引出端式样　引出端式样

栅格阵列上引出端的式样。

注:引出端式样表示为 1s 和 0s 的顺序来分别代表规则矩形阵列上有或没有引出端。

AAG108-001　01　NR3..3.3ES2　T03

等级 miNoMax 实数度量

m

引出端基准位置　S_1

S_1

基准线到引出端位置中心的等级(miNoMax)规定的距离(m)。

DAE042-001 椭圆法兰安装封装尺寸

AAG109-001 01 NR1..4 Q56

等级 Nom 整数度量

m

引出端位置数量 n_D

n_D

平行于长度方向的行中的引出端位置数量。

AAG110-001 01 NR1..4 Q56

等级 Nom 整数度量

m

引出端位置数量 n_E

n_E

平行于宽度方向的行中的引出端位置数量。

AAG111-001 01 NR3..3.3ES2 T03

等级 miNoMax 实数度量

m

引出端长度 *l*

l

体长方向从体测量引出端的等级(miNoMax)规定的长度(m)。

注:符号 l 通常用于非刚性引出端的长度。

AAG112-001 01 NR3..3.3ES2 T03

等级 miNoMax 实数度量

m

引出端基准位置 S_E

S_E

平行于封装长度方向测量,基准线到引出端位置中心的等级(miNoMax)规定的距离(m)。

AAG113-001 01 NR3..3.3ES2 T03

等级 miNoMax 实数度量

m

引出端基准位置 S_D

S_D

平行于封装宽度方向测量,基准线到引出端位置中心的等级(miNoMax)规定的距离(m)。

AAG114-001 01 NR3..3.3ES2 T03

等级 miNoMax 实数度量

m

法兰宽度 E_1

E_1

封装宽度方向测量,法兰的等级(miNoMax)规定的尺寸(m)。

AAG115-001 01 NR3..3.3ES2 T03

等级 miNoMax 实数度量

m

标记引出端长度 L_1

L_1

比其他引出端长并且有意用作标记基准的引出端的等级(miNoMax)规定的长度(m)。

备注:

标记引出端通常指示引出端 1。

AAG116-001 01 NR3..3.3ES2 T03

等级 miNoMax 实数度量

m

封装直径 $ fD_2

ϕD_2

在平行于安装平面的平面上测量,不包括引出端的封装的等级(miNoMax)规定的直径(m)。

BS 3934-1:1975

备注:

ϕD_2 通常比 ϕD_1 小。

AAG117-001 01 NR3..3.3ES2 T03

等级 miNoMax 实数度量

m

标签孔宽度 *t*

t

引出端标签或突出物上非圆孔的等级(miNoMax)规定的最小尺寸(m)。

BS 3934-1:1975

AAG118-001 01 NR3..3.3ES2 T03

等级 miNoMax 实数度量

m

标签孔直径 $ ft

ϕt

引出端接线片或突出物上孔的等级(miNoMax)规定的直径(m)。

BS 3934-1:1975

AAG119-001　01　NR3..3.3ES2　T03

等级 miNoMax 实数度量

m

标签孔直径　$ft_1

ϕt_1

在平行于安装平面的平面上测量，不包括引出端的封装的等级(miNoMax)规定的直径(m)。

备注：

ϕt_1通常比ϕt_2大。

DAE119-001 带标签封装直径

AAG120-001　01　NR3..3.3ES2　T03

等级 miNoMax 实数度量

m

标签孔直径　$ft_2

ϕt_2

引出端接线片或突出物上孔的等级(miNoMax)规定的直径(m)。

备注：

ϕt_2通常比ϕt_1小。

DAE119-001 带标签封装直径

AAG121-001　01　NR3..3.3ES2　T03

等级 miNoMax 实数度量

m

标签孔距离　O

O

安装平面与引出端标签上孔的中心之间的等级(miNoMax)规定的距离(m)。

BS 3934-1:1975

AAG122-001　01　NR3..3.3ES2　T03

等级 miNoMax 实数度量

m

标签孔距离　O_1

O_1

安装平面与引出端标签上孔的中心之间的等级(miNoMax)规定的距离(m)。

DAE119-001 带标签封装直径

AAG123-001　01　NR3..3.3ES2　T03

等级 miNoMax 实数度量

m

标签孔距离　O_2

O_2

安装平面与引出端标签上孔的中心之间的等级(miNoMax)规定的距离(m)。

DAE119-001 带标签封装直径

AAG124-001　01　NR3..3.3ES2　T03

等级 miNoMax 实数度量

m

高度区　Q

Q

柔性引线可弯曲成与安装平面平行的区域的等级(miNoMax)规定的高度(m)。

DAE119-001 带标签封装直径

AAG125-001　01　NR3..3.3ES2　T03

等级 miNoMax 实数度量

m

总高度　H_A

H_A

包括封装高度和在安装方向出现的任何引出端的封装高度方向的等级(miNoMax)规定的最大总尺寸(m)。

AAG129-001　01　NR3..3.3ES2　T03

等级 miNoMax 实数度量

m

引出端长度　l

引线长度　l

从安装平面测量，用来安装的引出端的等级(miNoMax)规定的长度(m)。

注：符号l通常用于非刚性和非固定位置引出端的长度。

BS 3934-1:1975

AAG130-001　01　NR2..3.3　T01

等级 miNoMax 实数度量

deg

标记角度　$b

β

用作标记特性的斜面的等级(miNoMax)规定的角度(度)。

BS 3934-1:1975

AAG131-001　01　NR2..3.3　T03

等级 miNoMax 实数度量

deg

六角形宽度　*H*

交叉平直尺寸　*H*

六角形平行对边之间的等级(miNoMax)规定的距离(m)。

AAG133-001　01　NR3..3.3ES2　T03

等级 max 实数度量

m

无螺栓按扣长度　N_1

N_1

用于安装封装的螺栓无螺纹部分的等级(miNoMax)规定的最大长度(m)。

DAE092-001 圆柱形按扣安装封装尺寸

AAJ001-001　01　M..8　A57

简单 非定量代码

电解电容器类型　电解

电解电容器类型的代码。

NAL　= 电解非固体铝

NTAN　= 电解非固体钽

SAL　= 电解固体铝

STAN　= 电解固体钽

AAJ002-001　01　M..8　A57

简单 非定量代码

可变电容器类型　可变

可变电容器类型的代码。

PRESET= 预置电容器

TRIM = 微调电容器

TUNE = 调谐电容器

AAJ003-001　01　M..8　A57

简单 非定量代码

单个电阻器类型　电阻器

单个线性电阻器类型的代码。

CHIP　= 固定芯片电阻器

FUS　= 固定熔断电阻器

LP　= 固定低功率电阻器

PREC　= 固定精密电阻器

PWR　= 固定功率电阻器

THERM　= 固定恒温电阻器

AAJ004-001　01　M..8　A57

简单 非定量代码

NTC 热敏电阻类型　NTC 热敏电阻

NTC 热敏电阻应用类型的代码。

CURR　= 电流控制 NTC 热敏电阻

AAJ006-002　01　M..8　A57

简单 非定量代码

调节类型　调节类型

根据调节值的意义,电位器类型的代码。

LPROT　= 低功率旋转电位器

PRECROT = 旋转精密电位器

PRESET　= 预置电位器

PWRROT　= 功率旋转电位器

SLEDE　= 滑动电位器

AAJ007-001　01　A 1　A56

简单 非定量代码

内置熔断器　内置熔断器

固体钽电容器是否包含内置熔断器的指示(Y或N)。

N　= 无内置熔断器

Y　= 有内置熔断器

AAJ008-001　01　M..8　A58

简单 字符串

尺寸代码　尺寸代码

用于表面安装的电容器封装的尺寸代码。

注:代码由都用 0.1 mm 为单位表示的标称长度后接标称宽度构成。

AAJ009-001　01　M..35　A55

简单 字符串

结构　结构

预计高功率应用的电阻器的结构。

AAJ010-001　01　NR3..3.3ES2　E06

等级 max 实数度量

V

额定电压　V_r

V_r

任何低于额定温度的工作温度下,可连续施加于电阻器上额定功耗与额定电阻的乘积的平方根算得的最大直流或交流有效值电压(V)。

注:高电阻值时(高于临界电阻值),由于电阻器的尺寸和结构,额定电压可能不适用。

IEC 60115-1,JIS C 5201-1

AAJ011-001 01 NR3..3.3ES2 E35
等级 min 实数度量
W
熔断功率 P_fuse
P_{fuse}
保证在规定的时间期内熔断电阻器烧断的最小功率(W)。
AAJ049-001=熔断时间
EIAJ RC-2124

AAJ012-002 01 M..8 A57
简单 非定量代码
熔断器类型 熔断器类型
熔断器类型代码。
CUR=电流激励熔断器
THERM=热激励熔断器

AAJ013-001 01 NR3..3.3ES2 E06
等级 nom 实数度量
%
电阻 TC 公差 TC_tol
TCR 公差 TC_{tol}
用于温度传感的电阻器电阻温度系数的标称公差(%)。
IEC 60115-1,JIS C 5201-1

AAJ014-001 01 NR3..3.3ES2 T03
等级 nom 实数度量
%
电位器尺寸 D
D
在垂直于操作杆方向测量,旋转电位计壳体的主尺寸的标称值(m)。

AAJ015-001 01 NR3..3.3ES2 K12
等级 minMax 实数度量
N.m
旋转力矩 T_rot
T_{rot}
操作旋转电位计杆需要的力矩的等级(minMax)规定的值(N.m)。

AAJ016-001 01 M..8 A56
简单 非定量代码
应用类型 应用
电阻器或电位计的应用类别的代码。
备注:
精密电阻器是有稳定的特性和如果是电位计能精密设置的电阻器。能消耗功率多到 1 W 的元器件通常认为是低功率类型,而能消耗功率超过 5 W 的元器件是高功率类型。这两个值之间,根据结构确定类型之间的区别。

AAJ017-001 01 M..8 A58
简单 非定量代码
调节方向 调节方向
预设电位计相对它安装的表面的操作方向代码。
HORIZ = 水平(侧面调节)
VERT = 垂直(顶面调节)

AAJ018-001 01 M..8 A56
简单 非定量代码
密封类别 密封
为从环境保护滑块接触区域提供的密封代码。
DUSTP = 防尘密封
OPEN = 开口-无密封
SEAL = 全密封

AAJ019-001 01 NR3..3.3ES2 T03
等级 nom 实数度量
m
滑动长度 l_sl
行程长度 l_{sl}
滑动电位计移动接触传动机构的行程标称距离(m)。

AAJ020-001 01 NR3..3.3ES2 K09
等级 minMax 实数度量

N

滑动力　F_sl

F_{sl}

操作滑动电位计需要的力的等级(minMax)规定的值(N)。

AAJ021-001　01　NR3..3.3ES2　K09

等级 minMax 实数度量

N

杠杆停止力　F_st

F_{st}

阻止滑动电位计终点停止需要的力的等级(min-Max)规定的值(N)。

AAJ022-001　01　M..8　A57

简单 非定量代码

PCB 连接器类型　PCB 连接器

预定和 PC 电路板使用的连接器的类型代码。

BTB　= 板-到-板
BTC　= 板-到-电缆
EDGE　= 卡边缘连接器
FPC　= FPC/FFC
JUMP　= PCB 插针

AAJ023-001　01　M..8　A57

简单 非定量代码

接触类型　接触

连接器接触类型代码。

CRIMP　= 波纹连接
ID　= 绝缘位移连接
SCREW　= 螺钉连接
SOLDER　= 焊接连接

AAJ024-001　01　M..8　A57

简单 非定量代码

插头/插座类型　插头/插座

插头或插座的类型代码。

ASSY　= 插头组件
CMPLX　= 综合插座板
CONC　= 同心插头或插座
PIN　= 插针插头或插座
PWR　= 直流电源插头或插座

AAJ025-001　01　M..8　A57

简单 非定量代码

同心插头/插座类型　同心

同心插头或插座的类型代码。

JACK　= 同心插座
MULT　= 同心多插座
PLUG　= 同心插头

AAJ026-001　01　M..8　A57

简单 非定量代码

插针插头/插座类型　插针

插针插头或插座的类型代码。

JACK　= 插针插座
MULT　= 插针多插座
PLUG　= 插针插头
SHLD　= 屏蔽插针插座

AAJ027-001　01　M..8　A57

简单 非定量代码

直流电源插头/插座类型　直流电源

预计用于直流电源应用的插头座或插座类型代码。

CAR　= 汽车插座
JACK　= 直流电源插头
PLUG　= 直流电源插座

AAJ028-001　01　M..8　A57

简单 非定量代码

插座类型　插座

插座类型的代码。

ANT　= 天线馈线插座
FUSE　= 熔断保持器或插座
IC　= 集成电路插座
LIGHT　= 灯插座
PCB　= PCB 插座
PWR　= 电源插座
SIG　= 信号插座
TRA　= 晶体管插座
TUBE　= 显像管插座
XTAL　= 石英晶体插座

AAJ029-001　01　M..8　A57

简单 非定量代码

电子管插座类型　　电子管插座
预定和真空电子管使用的插座的类型代码。
CRT　= CRT 插座
OTH　= 非 CRT 插座

AAJ030-001　01　M..8　A57
简单 非定量代码
电源插座类型　　电源插座
预定用于电源应用的插座类型代码。
IN　= 电源入口插座
OUT　= 电源出口插座
XOVER = 电源更换插座

AAJ031-001　01　M..8　A57
简单 非定量代码
引出端类型　　引出端
引出端类型的代码。
ARRY= 引出端阵列
BRD　= 引出端板
ROD　= 引出端棒
SM　= 小引出端

AAJ032-001　01　M..8　A57
简单 非定量代码
小引出端类型　　小引出端
小引出端类型的代码。
GND　= 接地引出端
LS　= 扬声器引出端

AAJ033-001　01　M..8　A57
简单 非定量代码
引出端阵列类型　　引出端阵列
引出端阵列类型的代码。
BLOCK = 模块型阵列
HARM = 谐和型阵列

AAJ034-001　01　NR3..3.3ES2　F01
等级 min 实数度量
s
熔断器预燃时间　　t_fus
t_{fus}
t_{arc}
从超过熔断电流的瞬间到开始放出火花的瞬间的最小时间(s)。
AAE014-005 = 环境温度
JIS C 6575

AAJ035-001　01　NR3..3.3ES2　E35
等级 minMax 实数度量
W/K
损耗因数　　P_T
P_T
平衡状态下，热敏电阻温度升高 1 K 需要的功率(W)的等级(minMax)规定的值。
注：耗散因数通过热敏电阻消耗的功率(W)除以产生的温度上升(K)计算。
JIS 2570

AAJ036-001　01　M..8　A55
简单 非定量代码
有源元件　　有源元件
热激励熔断器中有源元件的代码。
ELEM　= 热元件
PELL　= 热小球

AAJ037-001　01　M..8　A55
简单 非定量代码
终止类型　　终止
将导体连接到连接器触点的方法的代码。
A　= 螺钉
C　= 纹波
ID　= 绝缘位移
M　= 表面安装
P　= 压入
S　= 焊接
T　= 垂挂
W　= 缠绕

AAJ038-001　01　M..8　A55
简单 非定量代码
耦合类型　　耦合
连接类型
连接器的两个部分耦合或锁定在一起的方法代码。
BAY　= 卡销

PUSH = 推压
SCREW = 螺钉

AAJ039-001 01 NR3..3.3ES2 T03
等级 nom 实数度量
m
触点间距 *e*
e
矩形阵列中有触点的一行连接器中相邻触点之间的名义距离(m)。

AAJ040-001 01 NR3..3.3ES2 T03
等级 minMax 实数度量
m
电路板厚度 *t*
板厚 *t*
可能连上连接器的电路板的厚度的等级(minMax)规定的值。

AAJ041-001 01 NR2 S..3.3 E06
等级 nom 实数度量
dB
电压驻波比 *VSWR*
VSWR
无线电频率连接器或微波元器件的电压驻波比(dB)的名义值。

AAJ042-001 01 NR3..3.3ES2 E06
等级 max 实数度量
V
连接器额定电压 V_r
V_r
U_r
任何两个触点之间或任何触点与连接器的屏蔽或外壳之间可能存在的最大电压(V)。

AAJ043-001 01 NR3..3.3ES2 E01
等级 max 实数度量
A
连接器额定电流 I_r
I_r
连接器可能承载的最大总电流(A)。

AAJ044-001 01 NR3..3.3ES2 T03
等级 miNoMax 实数度量
m
连接器直径 *D*
D
有圆形或接近圆形横截面的连接器的全径的等级(miNoMax)规定的值。

AAJ045-001 01 M..8 A56
简单 非定量代码
插入方向 插入方向
插座插入方向的代码。
HORIZ = 水平(平行于安装平面)
VERT = 垂直(垂直于安装平面)

AAJ046-001 01 M..35 A58
简单 字符串
封装类型 封装
IC 封装
包含插座预定用于的、一个或多个集成电路的封装类型。

AAJ047-001 01 M..8 A58
简单 非定量代码
开关类型 开关类型
包含有电源插座的开关类型的代码。
DPDT = 双刀双掷
DPST = 双刀单掷
NONE = 无开关
SPDT = 单刀双掷
SPST = 单刀单掷

AAJ048-001 01 M..8 A57
简单 非定量代码
光纤元器件 光纤
光纤元器件类型的代码。
ATT = 光纤衰减器
BRA = 光纤支路
CAB = 光纤电缆
CONN = 光纤连接器
COUP = 光纤耦合器/接合器
DET = 光纤探测器
FIL = 光纤滤波器

ISOL　= 光纤隔离器
LENS　= 光纤透镜
LINK　= 光纤链接
MOD　= 光纤调制器
NETW　= 光纤网络
SOURC = 光纤光源
SWI　= 光纤开关
TXRX　= 光纤发射器/接收器
WG　= 光波导管

AAJ049-001　01　NR3..3.3ES2　T07
简单 实数度量
s
熔断时间　@t_fuse
$@t_{fuse}$
当熔断电阻器中消耗的功率不少于规定的熔断功率时，它应该烧断的时间(s)。
EIAJ RC-2124

AAJ051-001　01　M..17　A55
简单 字符串
电解液类型　电解液
电解电容器中电解液的物理结构。

AAJ052-001　01　M..17　A55
简单 字符串
阳极类型　阳极类型
电解电容器中阳极的孔隙类型。

AAJ053-001　01　NR3..3.3ES2　E06
等级 minMax 实数度量
V
范畴电压　V_c
V_c
U_c
电容器范畴电压范围(V)的等级(minMax)规定的值。
注：范畴电压表示在范畴温度范围内所有温度下允许的工作电压范围。

AAJ054-001　01　NR3..3.3ES2　E06
等级 minMax 实数度量
V
浪涌电压　V_surge
V_{surge}
U_{surge}
电容器浪涌电压范围(V)的等级(minMax)规定的值。

AAJ055-001　01　NR3..3.3ES2　H02
等级 minMax 实数度量
Cel
额定温度　T_r
T_r
电容器额定温度范围(Cel)的等级(minMax)规定的值。

AAJ056-001　01　NR3..3.3ES2　H02
等级 minMax 实数度量
Cel
范畴温度　T_c
T_c
元器件范畴温度范围(Cel)的等级(minMax)规定的值。
注：范畴温度范围可连续在元器件上工作的环境温度范围。

AAJ057-001　01　NR3..3.3ES2　E09
等级 minNoMax 实数度量
%
电容温度变化　$ DC/C
$\Delta C/C$
规定温度范围内($T_1 \sim T_2$)，电容(%)随温度变化的等级(miNoMax)规定的值。
AAE958-005 = 温度 T_1
AAE959-005 = 温度 T_2

AAJ058-001　01　NR3..3.3ES2　E44
等级 minNoMax 实数度量
Ω
电容器阻抗　Z
Z
规定频率下，电容器阻抗(ohm)的模数的等级(miNoMax)规定的值。
AAE029-005= 频率

AAJ059-001 01 M..8 A57
简单 非定量代码
滤波器类型 滤波器类型
滤波器类型的代码。
ACT = 有源滤波器
DIET = 电介质滤波器
LCR = LCR 滤波器
MECH = 机械滤波器
PIEZO = 压电陶瓷滤波器
SAW = 表面声波滤波器
TRAP = 陷波滤波器
XTL = 石英晶体滤波器

AAJ060-001 01 NR2..3.3 E06
等级 nom 实数度量
V
额定电压 V_r
V_r
U_r
作用于 PTC 热敏电阻两端、希望器件工作的标称电压(V)值。

AAJ061-001 01 NR2..3.3 E06
等级 max 实数度量
V
最大工作电压 V_max
V_{max}
U_{max}
可适用于 PTC 热敏电阻两端的最大电压(V)值。

AAJ062-001 01 NR3..3.3ES2 E01
等级 max 实数度量
A
最大电流 I_max
I_{max}
PTC 热敏电阻在额定电压下，可以通过它的最大电流(A)值。

AAJ063-001 01 NR3..3.3ES2 E49
等级 nom 实数度量
W
功率耗散 P_I
P_I
在环境温度和施加额定电压下，PTC 热敏电阻中可能消耗最大功率值。
AAE014-005 = 环境温度

AAJ064-001 01 NR1..4 Q56
等级 nom 整数度量
1
杆数 n_p
n_p
由开关控制、电气独立的导电通路的数量。

AAJ065-001 01 NR3..3.3ES2 T03
等级 nom 实数度量
m
行程 e_tr
e_{tr}
直线工作开关的相邻位置之间的标称距离(m)。

AAJ066-001 01 NR2..3.3 T01
等级 nom 实数度量
deg
角程 $ a_tr
$ a_{tr}
旋转工作开关的相邻位置之间的标称角度距离(度)。

AAJ067-001 01 NR2..3.3 A59
等级 miNoMax 实数度量
1
工作寿命 n_cyc
n_{cyc}
在其寿命期间开关设计经历的工作循环的最小数量。

AAJ068-001 01 M..35 A58
简单 字符串
转动轴类型 转动轴类型
旋转开关的操作转动轴的类型。

AAJ069-001 01 NR3..3.3ES2 T03
等级 miNoMax 实数度量
m
转动轴长度 L_shaft

L_{shaft}

从轴顶到安装表面测得的、旋转开关的转动轴长度(m)的等级(miNoMax) 规定的值。

AAJ070-001　01　NR3..3.3ES2　T03

等级 miNoMax 实数度量

m

转动轴直径　d_shaft

d_{shaft}

旋转开关的转动轴直径(m)的等级(miNoMax)规定的值。

AAJ071-001　01　M..70　A55

简单 字符串

附加特性　附加特性

与开关合成一体、开关动作之外的特性描述。

AAJ072-001　01　M..70　A55

简单 字符串

密封　密封

开关密封方法的描述。

AAJ073-001　01　NR2..3.3　F02

等级 nom 实数度量

s

热时间常数(功率)　$t_p

T_p

定常环境温度下,消耗的功率急变后初始和最后温度之差变化 63.2%时热敏电阻元件的温度标称时间(s)。

AAJ074-001　01　M..8　A57

简单 非定量代码

图像拾取器件类型　图像拾取类型

图像拾取器件类型的代码。

CCDA　= CCD 面积传感器

CCDL　= CCD 直线传感器

MOS　= MOS 传感器

AAJ075-001　01　M..8　A57

简单 非定量代码

信号变压器类型　信号变压器

信号变压器类型的代码。

HYB　= 混合

LF　= 低频

PUL　= 脉冲

RF　= 射频

ROT　= 旋转

WB　= 宽带

AAJ076-001　01　NR2..3.3　E22

等级 nom 实数度量

%

电感公差(%)　L_tol%

$L_{tol\%}$

电感器电感值的标称公差(%)。

备注:

仅用于正、负公差值相等的情况下。

AAJ077-001　01　NR2..3.3　E22

等级 nom 实数度量

H

电感公差　L_tol

L_{tol}

电感器电感值的标称公差(H)。

备注:

仅用于正、负公差值相等的情况下。

AAJ078-001　01　M..8　A57

简单 非定量代码

可变电感器类型　可变电感器

可变电感器类型的代码。

ANT　= 天线电感器

LF　= 低频

RF　= 射频

AAJ079-001　01　NR3..3.3ES2　E22

等级 miNoMax 实数度量

H

最小电感　L_min

L_{min}

在规定的频率下,可变电感器电感(H)值范围的最小值的等级(miNoMax)规定的值。

AAE029-005 = 频率

AAJ080-001　01　NR3..3.3ES2　E22

等级 miNoMax 实数度量
H
最大电感 L_max
L_{max}
在规定的频率下，可变电感器电感(H)值范围的最大值的等级(miNoMax)规定的值。
AAE029-005 = 频率

AAJ081-001 01 M..8 A57
简单 非定量代码
火花隙类型 火花隙类型
火花隙类型的代码。
AIR = 空气火花隙
GAS = 充气火花隙

AAJ082-001 01 NR2..3.3 E06
等级 nom 实数度量
V
直流击穿电压 V_BR
V_{BR}
U_{BR}
电压逐渐增加时，火花隙电极之间出现放电的电压(V)标称值。
注：直流击穿电压用 100 V/s 和 500 V/s 之间的电压增加等级测量。

AAJ083-001 01 NR2..3.3 E06
等级 nom 实数度量
V
击穿电压公差 V_BR(tol)
$V_{BR(tol)}$
$U_{BR(tol)}$
火花隙直流击穿电压的公差(V)标称值。
备注：
仅用于正、负公差值相等的情况下。

AAJ084-001 01 NR3..3.3ES2 E09
等级 max 实数度量
F
电容 C_gap
C_{gap}
在规定的频率和温度下，火花隙电极之间电容(F)的最大值。
AAE029-005 = 频率
AAE685-005 = 温度

AAJ085-001 01 NR2..3.3 E06
等级 max 实数度量
V
抗压强度 V_with
V_{with}
U_{with}
可施加于充气火花隙电极之间、不会引起击穿的交流电压的最大值。

AAJ086-001 01 NR2..3.3 E01
等级 max 实数度量
A
浪涌电流 I_surge
I_{surge}
能通过充气火花隙的脉冲电流(A)的最大值。
备注：
试验测量由 8 μs～ 20 μs 的脉冲波形构成。

AAJ087-001 01 NR3..3.3ES2 E33
等级 min 实数度量
Ω
绝缘电阻 R_ins
R_{ins}
在规定的电压下，一个引出端或几个连接在一起的引出端与元器件盒或外壳之间的最小电阻(ohm)。

AAJ088-001 01 M..8 A57
简单 非定量代码
谐振器类型 谐振器类型
谐振器类型的代码。
CAV = 腔体谐振器
DIET = 电介质谐振器
LCR = LC/CR 谐振器
MECH = 机械谐振器
MR = 磁致伸缩谐振器
PIEZO = 压电陶瓷谐振器
SAW = 表面声波谐振器
XTL = 石英晶体谐振器

AAJ089-001　01　NR3..3.3ES2　F03

等级 nom 实数度量

Hz

谐振频率　f_0

f_0

谐振器产生最大响应时的标称频率(Hz)。

AAJ090-001　01　NR3..3.3ES2　E46

等级 miNoMax 实数度量

1

质量因数　Q

Q-因数　Q

在规定的频率下,谐振器的质量因数的等级(miNoMax)规定的值。

AAE029-005 = 频率

AAJ091-001　01　NR3..3.3ES2　T07

等级 max 实数度量

s

地址访问时间　t_AA

t_{AA}

其他必要的输入已经存在,应用地址输入与 DRAM 输出可用有效数据信号之间的最大时间间隔(s)。

AAJ092-001　01　NR3..3.3ES2　T07

等级 max 实数度量

s

脉冲访问时间　t_AC

t_{AC}

其他必要的输入已经存在,应用时钟脉冲与 DRAM 输出可用有效数据信号之间的最大时间间隔(s)。

AAJ093-001　01　NR3..3.3ES2　T07

等级 min 实数度量

s

爆裂模式循环时间　t_CK

t_{CK}

爆裂模式工作的 DRAM 连续读/写操作之间必须经过的最小时间间隔(s)。备注:

试验测量由 8 μs～20 μs 的脉冲波形构成。

AAJ094-001　01　NR3..3.3ES2　T07

等级 min 实数度量

s

随机读/写周期时间　t_RC

t_{RC}

DRAM 随机连续读/写操作之间必须流过的最小时间间隔(s)。

AAJ095-001　01　NR3..3.3ES2　T07

等级 max 实数度量

s

RAS 访问时间　t_RAC

t_{RAC}

其他必要的输入已经存在,应用 RAS(行地址选通)与 DRAM 输出可用有效数据信号之间的最大时间间隔(s)。

AAJ096-001　01　NR3..3.3ES2　T07

等级 max 实数度量

Hz

时钟频率　f_CK

f_{CK}

施加于 DRAM 的时钟信号的最大时间频率(Hz)。

AAJ098-001　01　NR3 S..3.3ES2　T07

等级 min 实数度量

s

地址设定时间　t_AS

t_{AS}

在规定的电源电压和规定的温度(T_1 和 T_2)范围内,从地址输入信号建立到存贮器件被定时信号激活的最小时间间隔(s)。

AAE102-005 = 电源电压

AAE958-005 = 温度 T_1

AAE959-005 = 温度 T_2

备注:

进一步的信息参考 AAF212。

AAJ099-001　01　NR3 S..3.3ES2　T07

等级 min 实数度量

s

地址保持时间　t_AH

t_{AH}

在规定的电源电压和规定的温度(T_1 和 T_2)之间的温度范围内,定时信号激活存贮器件后,输入端必须保持地址信号的最小时间(s)。

AAE102-005 = 电源电压

AAE958-005 = 温度 T_1

AAE959-005 = 温度 T_2

备注:

进一步的信息参考 AAF213。

AAJ100-001 01 NR3 S..3.3ES2 T07

等级 min 实数度量

s

输入设定时间 t_IS

t_{IS}

在规定的电源电压和规定的温度(T_1 和 T_2)之间的温度范围内,从数据输入信号建立到存贮器件被定时信号激活的最少时间间隔(s)。

AAE102-005 = 电源电压

AAE958-005 = 温度 T_1

AAE959-005 = 温度 T_2

备注:

进一步的信息参考 AAF212。

AAJ101-001 01 NR3 S..3.3ES2 T07

等级 min 实数度量

s

输入保持时间 t_IH

t_{IH}

在规定的电源电压和规定的温度(T_1 和 T_2)之间的温度范围内,定时信号激活存贮器件后,输入端必须保持数据信号的最少时间(s)。

AAE102-005 = 电源电压

AAE958-005 = 温度 T_1

AAE959-005 = 温度 T_2

备注:

进一步的信息参考 AAF213。

AAJ102-001 01 NR3 S..3.3ES2 T07

等级 min 实数度量

s

时钟设定时间 t_CKS

t_{CKS}

在规定的电源电压和规定的温度(T_1 和 T_2)之间的温度范围内,从输入端时钟信号到来到定时信号激活存贮器件的最小时间间隔(s)。

AAE102-005 = 电源电压

AAE958-005 = 温度 T_1

AAE959-005 = 温度 T_2

备注:

进一步的信息参考 AAF212。

AAJ103-001 01 NR3 S..3.3ES2 T07

等级 min 实数度量

s

时钟保持时间 t_CKH

t_{CKH}

在规定的电源电压和规定的温度(T_1 和 T_2)之间的温度范围内,定时信号激活存贮器件后,输入端必须保持时钟信号的最少时间(s)。

AAE102-005 = 电源电压

AAE958-005 = 温度 T_1

AAE959-005 = 温度 T_2

备注:

进一步的信息参考 AAF213。

AAJ104-001 01 NR3 S..3.3ES2 T07

等级 min 实数度量

s

输出保持时间 t_OH

t_{OH}

在规定的电源电压和规定的温度(T_1 和 T_2)之间的温度范围内,定时信号激活存贮器件后,输出端必须保持数据信号的最少时间(s)。

AAE102-005 = 电源电压

AAE958-005 = 温度 T_1

AAE959-005 = 温度 T_2

备注:

进一步的信息参考 AAF213。

AAJ105-001 01 NR3 S..3.3ES2 T07

等级 minMax 实数度量

s

转换时间 t_T

t_T

在规定的电元电压和规定的温度(T_1 和 T_2)之间的温度范围内,必须在存贮器件时钟输入观察的HIGH至LOW或LOW至HIGH电平转换时间(s)的等级(minMax)规定的值限制。

注:LOW电压电平规定为 *VIL*,而HIGH电平为 *VIH*。

AAE102-005 = 电源电压

AAE958-005 = 温度 T_1

AAE959-005 = 温度 T_2

AAJ106-001 01 M..8 A57

简单 非定量代码

电介质材料 电介质

电介质

绝缘体

电介质类型的代码。

CER = 陶瓷

CLO = 布料

GLA = 玻璃

MIC = 云母

PAP = 纸

RUB = 橡胶

WOO = 木材

AAJ107-001 01 M..8 A57

简单 非定量代码

印制电路基材 PW基

印制电路基

PW基

用于印制电路薄片的基材类型的代码。

GEN = 玻璃布料,非织品芯陶瓷

GCP = 玻璃布料,纸芯

GLF = 玻璃纤维

GMP = glass mod-and-un polyimide(聚酰亚胺)

GTE = glass ismal/triaz/epox

PER = 纸基,环氧树脂

PPR = 纸基,酚醛树脂

SFF = 合成纤维织物

AAJ108-001 01 NR3..3.3ES2 T03

等级 nom 实数度量

铜厚度 t_Cu

Cu厚度 t_{Cu}

印制电路薄片上铜覆层的标称厚度(m)。

AAJ109-001 01 NR1..2 Q56

等级 nom 整数度量

层数 n_lay

n_{lay}

多层印制电路中的层数。

AAJ110-001 01 NR3..3.3ES2 T03

等级 miNoMax 实数度量

m

电路长度 *D*

板长 *D*

等级(miNoMax)给出的印制电路的长度(m)。

AAJ111-001 01 NR3..3.3ES2 T03

等级 miNoMax 实数度量

m

电路宽度 *E*

板宽 *E*

等级(miNoMax)给出的印制电路的宽度(m)。

AAJ112-001 01 NR3..3.3ES2 T03

等级 min 实数度量

m

印制导线宽 d_w

d_w

印制电路上导电线路的最小宽度(m)。

AAJ113-001 01 NR3..3.3ES2 T03

等级 min 实数度量

m

印制导线间距 d_s

d_s

印制电路上相邻导电线路之间的最小间距(m)。

AAJ114-001 01 M..35 A57

简单 字符串

连接器材料 连接器涂层

连接器涂层

用来涂敷或抛光在印制电路边缘形成连接的导电带的材料。

AAJ115-001 01 NR3..3.3ES2 T03

等级 nom 整数度量

m

连接器间距 *e*

e

在印制电路边缘形成连接的相邻导电带中心之间的标称距离(m)。

AAJ116-001 01 M..8 A55

简单 非定量代码

印制电路类型 PW 类型

印制板类型

PC 板类型

印制线路电路或板的类型代码。

BUP =内建

CER =陶瓷基

DFR =双面刚挠

MET =金属基

MFR =多层刚挠

MLF =多层挠性

MLR =多层刚性

SDF =单或双面挠性

SDR =单或双面刚性

AAJ117-001 01 M..8 A55

简单 非定量代码

微波元器件类型 微波类型

微波元器件类型的代码。

ATT =衰减器

CIRC =循环器

COAX=同轴导管

COUP=耦合器

DET =探测器

DIR =定向耦合器

DIV =分配/组合器

ISO =隔离器

MIX =混合器

PS =相位转换器

RES =共鸣器

SWI =开关

TERM=终止器

WAV =波导管

AAJ118-001 01 M..8 A55

简单 非定量代码

连接类型 连接类型

微波元器件连接的类型代码。

CONN =连接器

PIN =插针

SL =条-线形

SM =表面安装

WAV =波管

AAJ119-001 01 NR1 S..4 E49

等级 miNoMax 整数度量

dB

插入损耗 插入损耗

插入损耗

微波元器件插入损耗(dB)的等级(miNoMax)规定的值。

AAJ120-001 01 NR1 S..4 E49

等级 miNoMax 整数度量

dB

隔离 隔离

隔离

以与微波元器件正常信号流向相反的方向提供的衰减(dB)的等级(miNoMax)规定的值。

AAJ121-001 01 NR3..3.3ES2 E35

等级 max 实数度量

W

最大功率处理 P_max

最大功率 P_{max}

微波元器件可以处理或传送的功率(W)最大值。

AAJ122-001 01 NR3..3.3ES2 F35

等级 miMax 实数度量

Hz

频率范围 f_range

频带 f_{range}

为微波元器件设计工作的频率(Hz)的等级(min-Max)规定的值。

AAJ123-001　01　M..8　A55

简单 非定量代码

电位器类型　电位器类型

电位器类型代码。

MULT　= 多圈旋转

SING　= 单圈旋转

AAJ124-001　01　NR2..3.3　Q56

等级 nom 实数度量

l

圈数　n_turn

n_{turn}

覆盖多圈旋转电位器整个电气范围需要圈数的标称值。

附 录 D
（规范性附录）
结 构 图

D.1 结构图定义

下表列出本附录中包含的结构图。

DAA001-001 01

ABD-W-T001

直轴向引线圆珠封装。

DXF DAA001.DXF
JPEG DAA001.JPG
Windows Meta-File DAA001.WMF

DAA002-001 01

BBD-W-T001

直底面引线圆珠封装。

DXF DAA002.DXF
JPEG DAA002.JPG
Windows Meta-File DAA002.WMF

DAA003-001 01

BBD-W-T002

变形底面引线圆珠封装。

DXF DAA003.DXF
JPEG DAA003.JPG
Windows Meta-File DAA003.WMF

DAA004-001 01

BCY-W-T003

环行底面引线圆柱封装。

DXF DAA004.DXF
JPEG DAA004.JPG
Windows Meta-File DAA004.WMF

DAA005-001 01

BCY-W-T004

直行底面引线圆柱封装。

DXF DAA005.DXF
JPEG DAA005.JPG
Windows Meta-File DAA005.WMF

DAA006-001 01

BCY-W-T005

弯曲行底面引线圆柱封装。

DXF DAA006.DXF
JPEG DAA006.JPG
Windows Meta-File DAA006.WMF

DAA007-001 01

BCY-W-T006

方栅格底面引线圆柱封装。

DXF DAA007.DXF
JPEG DAA007.JPG
Windows Meta-File DAA007.WMF

DAA008-001 01

BCY-W-T007

偏移行底面引线圆柱封装。

DXF DAA008.DXF
JPEG DAA008.JPG
Windows Meta-File DAA008.WMF

DAA009-001 01

ECY-R-T000

包圆接端圆柱封装。

DXF DAA009.DXF
JPEG DAA009.JPG
Windows Meta-File DAA009.WMF

DAA010-001 01

RCY-D-T001

直径向附加引线圆柱封装。

DXF DAA010.DXF
JPEG DAA010.JPG
Windows Meta-File DAA010.WMF

DAA011-001 01

RCY-W-T001

直轴向引线圆柱封装。

DXF DAA011.DXF
JPEG DAA011.JPG
Windows Meta-File DAA011.WMF

DAA012-001 01

ADB-W-T001

直轴向引线碟片封装。

DXF DAA012.DXF
JPEG DAA012.JPG
Windows Meta-File DAA012.WMF

DAA013-001 01

BDB-W-T001

直底面引线碟片封装。

DXF DAA013.DXF
JPEG DAA013.JPG
Windows Meta-File DAA013.WMF

DAA014-001 01

BDB-W-T002

弯曲底面引线碟片封装。

DXF DAA014.DXF
JPEG DAA014.JPG
Windows Meta-File DAA014.WMF

DAA015-001 01

BFM-P-T007

偏移底面插针椭圆法兰安装封装。

DXF DAA015.DXF
JPEG DAA015.JPG
Windows Meta-File DAA015.WMF

DAA016-001 01

BFM-P-T003

环行底面插针椭圆法兰安装封装。

DXF DAA016.DXF
JPEG DAA016.JPG
Windows Meta-File DAA016.WMF

DAA017-001 01

DFM-P-T009

双行插针法兰安装封装。

DXF DAA017. DXF
JPEG DAA017. JPG
Windows Meta-File DAA017. WMF

DAA018-001 01

SFM-T-T011

单行直贴面引线法兰安装封装。

DXF DAA018. DXF
JPEG DAA018. JPG
Windows Meta-File DAA018. WMF

DAA019-001 01

SFM-T-T023

单行直 V 截面法兰安装封装。

DXF DAA019. DXF
JPEG DAA019. JPG
Windows Meta-File DAA019. WMF

DAA020-001 01

DFP-F-T011

直贴面引线双边封装。

DXF DAA020. DXF
JPEG DAA020. JPG
Windows Meta-File DAA020. WMF

DAA021-001 01

BGA-B-T012

底面接端球形栅格阵列封装。

DXF DAA021. DXF
JPEG DAA021. JPG
Windows Meta-File DAA021. WMF

DAA022-001 01

DIP-P-T009

圆针双排直行封装。

DXF DAA022. DXF
JPEG DAA022. JPG
Windows Meta-File DAA022. WMF

DAA023-001 01

DIP-P-T010

矩形针双排直行封装。

DXF DAA023. DXF
JPEG DAA023. JPG
Windows Meta-File DAA023. WMF

DAA024-001 01

DIP-T-T000

标准穿孔引线双排直行封装。

DXF DAA024. DXF
JPEG DAA024. JPG
Windows Meta-File DAA024. WMF

DAA025-002 01

UPM-D-T013

一个固定标记、按钮安装封装。

DXF DAA025. DXF
JPEG DAA025. JPG

Windows Meta-File DAA025. WMF

DAA026-002 01

UPM-D-T014

两个固定标记、按钮安装封装。

DXF DAA026. DXF
JPEG DAA026. JPG
Windows Meta-File DAA026. WMF

DAA027-002 01

UPM-H-T015

一个带标记柔性引线、按钮安装封装。

DXF DAA027. DXF
JPEG DAA027. JPG
Windows Meta-File DAA027. WMF

DAA028-002 01

UPM-H-T016

两个带标记柔性引线、按钮安装封装。

DXF DAA028. DXF
JPEG DAA028. JPG
Windows Meta-File DAA028. WMF

DAA029-002 01

UPM-H-T017

三个带标记柔性引线、按钮安装封装。

DXF DAA029. DXF
JPEG DAA029. JPG
Windows Meta-File DAA029. WMF

DAA030-001 01

UPM-H-T018

一个无标记柔性引线、按钮安装封装。

DXF DAA030. DXF
JPEG DAA030. JPG
Windows Meta-File DAA030. WMF

DAA031-001 01

ARC-D-T019

轴向条形引线、矩形封装。

DXF DAA031. DXF
JPEG DAA031. JPG
Windows Meta-File DAA031. WMF

DAA032-001 01

ARC-W-T007

偏移轴向导线引线、矩形封装。

DXF DAA032. DXF
JPEG DAA032. JPG
Windows Meta-File DAA032. WMF

DAA033-001 01

BRC-W-T001

直底面导线引线、矩形封装。

DXF DAA033. DXF
JPEG DAA033. JPG
Windows Meta-File DAA033. WMF

DAA034-001 01

BRC-W-T002

成形底面导线引线、矩形封装。

DXF DAA034. DXF
JPEG DAA034. JPG
Windows Meta-File DAA034. WMF

DAA035-001 01

ERC-M-T000

镀金属端面、矩形封装。

DXF DAA035. DXF
JPEG DAA035. JPG
Windows Meta-File DAA035. WMF

DAA036-001 01

ERC-R-T000

环形包裹、矩形封装。

DXF DAA036. DXF
JPEG DAA036. JPG
Windows Meta-File DAA036. WMF

DAA037-001 01

DSO-G-T020

多鸥翼引线、双小外形封装。

DXF DAA037. DXF
JPEG DAA037. JPG
Windows Meta-File DAA037. WMF

DAA038-001 01

DSO-G-T021

三鸥翼引线、小外形封装。

DXF DAA038. DXF
JPEG DAA038. JPG
Windows Meta-File DAA038. WMF

DAA039-001 01

SSO-G-T022

两鸥翼引线、按钮和短片、小外形封装。

DXF DAA039. DXF
JPEG DAA039. JPG
Windows Meta-File DAA039. WMF

DAA040-001 01

QCC-J-T000-B002

四芯片载体、J 弯曲引线、无凸出封装。

DXF DAA040. DXF
JPEG DAA040. JPG
Windows Meta-File DAA040. WMF

DAA041-001 01

QCC-N-T000-B009

四芯片载体、无引线、无腔体封装(模制)。

DXF DAA041. DXF
JPEG DAA041. JPG
Windows Meta-File DAA041. WMF

DAA042-001 01

QCC-N-T000-B010

四芯片载体、无引线腔体封装(陶瓷)。

DXF DAA042. DXF
JPEG DAA042. JPG
Windows Meta-File DAA042. WMF

DAA043-001 01

ACY-W-T001-B003

直轴向导线引线圆柱封装。

DXF DAA043. DXF
JPEG DAA043. JPG
Windows Meta-File DAA043. WMF

DAA044-001 01

ACY-W-T001-B004

直轴向导线引线顶帽封装。

DXF DAA044. DXF
JPEG DAA044. JPG
Windows Meta-File DAA044. WMF

DAA045-001 01

UCY-D-T000-B005

顶部标记引出端、钳夹安装圆柱封装。

DXF DAA045. DXF
JPEG DAA045. JPG
Windows Meta-File DAA045. WMF

DAA046-002 01

UCY-D-T000-B006

顶附加引出端按钮安装圆柱封装。

DXF DAA046. DXF
JPEG DAA046. JPG
Windows Meta-File DAA046. WMF

DAA047-001 01

UCY-Y-T000-B005

顶面螺旋引出端夹钳安装圆柱封装。

DXF DAA047. DXF
JPEG DAA047. JPG
Windows Meta-File DAA047. WMF

DAA048-002 01

UCY-Y-T000-B006

顶面螺旋引出端按钮安装圆柱封装。

DXF DAA048. DXF
JPEG DAA048. JPG
Windows Meta-File DAA048. WMF

DAA049-001 01

QFP-G-T000-B002

鸥翼引线、无凸起封装四边贴面封装。

DXF DAA049. DXF
JPEG DAA049. JPG
Windows Meta-File DAA049. WMF

DAA050-001 01

PGA-P-T009-B007

向上腔体插针栅格阵封装。

DXF DAA050. DXF
JPEG DAA050. JPG
Windows Meta-File DAA050. WMF

DAA051-001 01

PGA-P-T009-B008

向下腔体插针栅格阵封装。

DXF DAA051. DXF
JPEG DAA051. JPG
Windows Meta-File DAA051. WMF

D.2　结构图

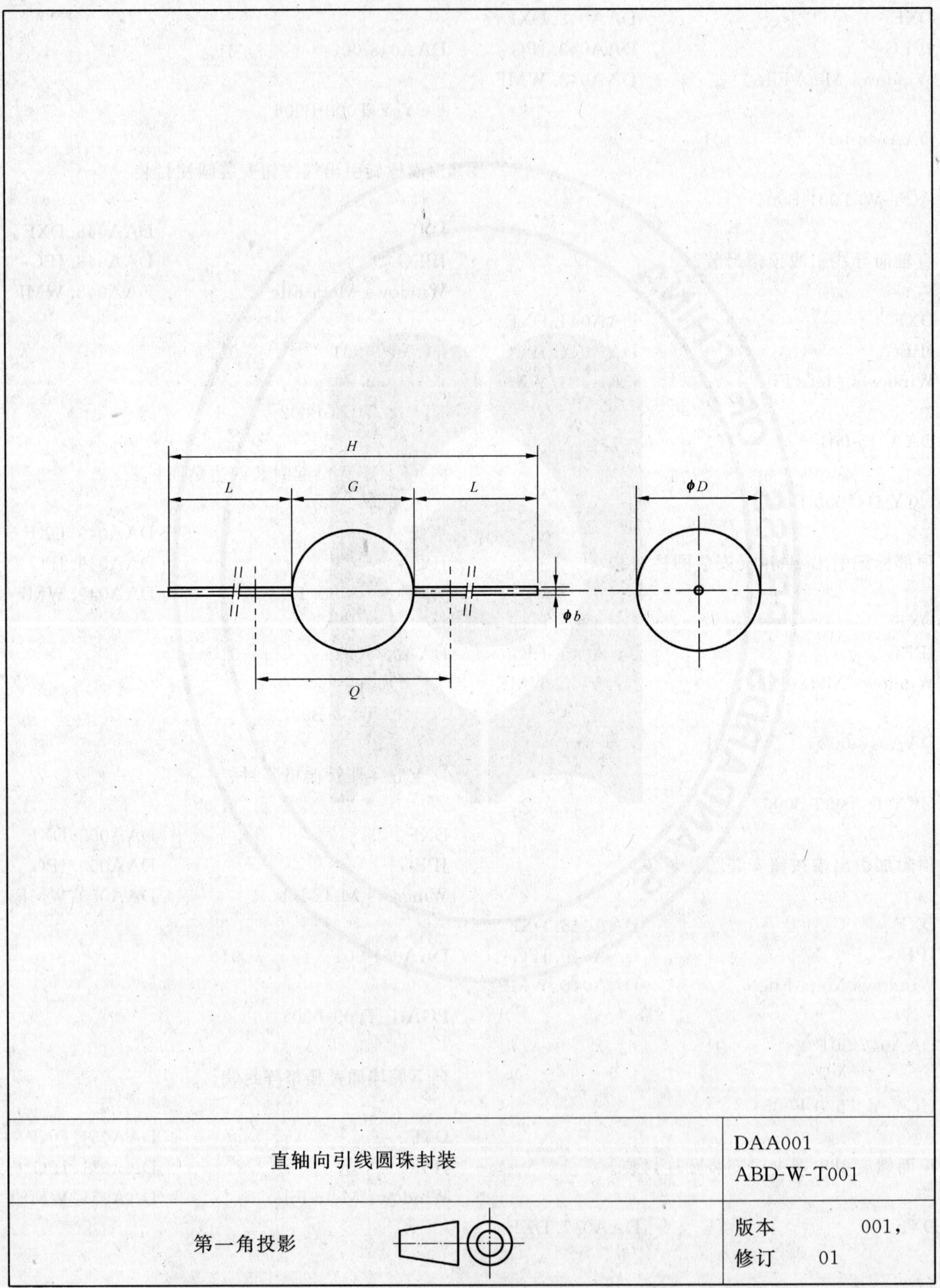

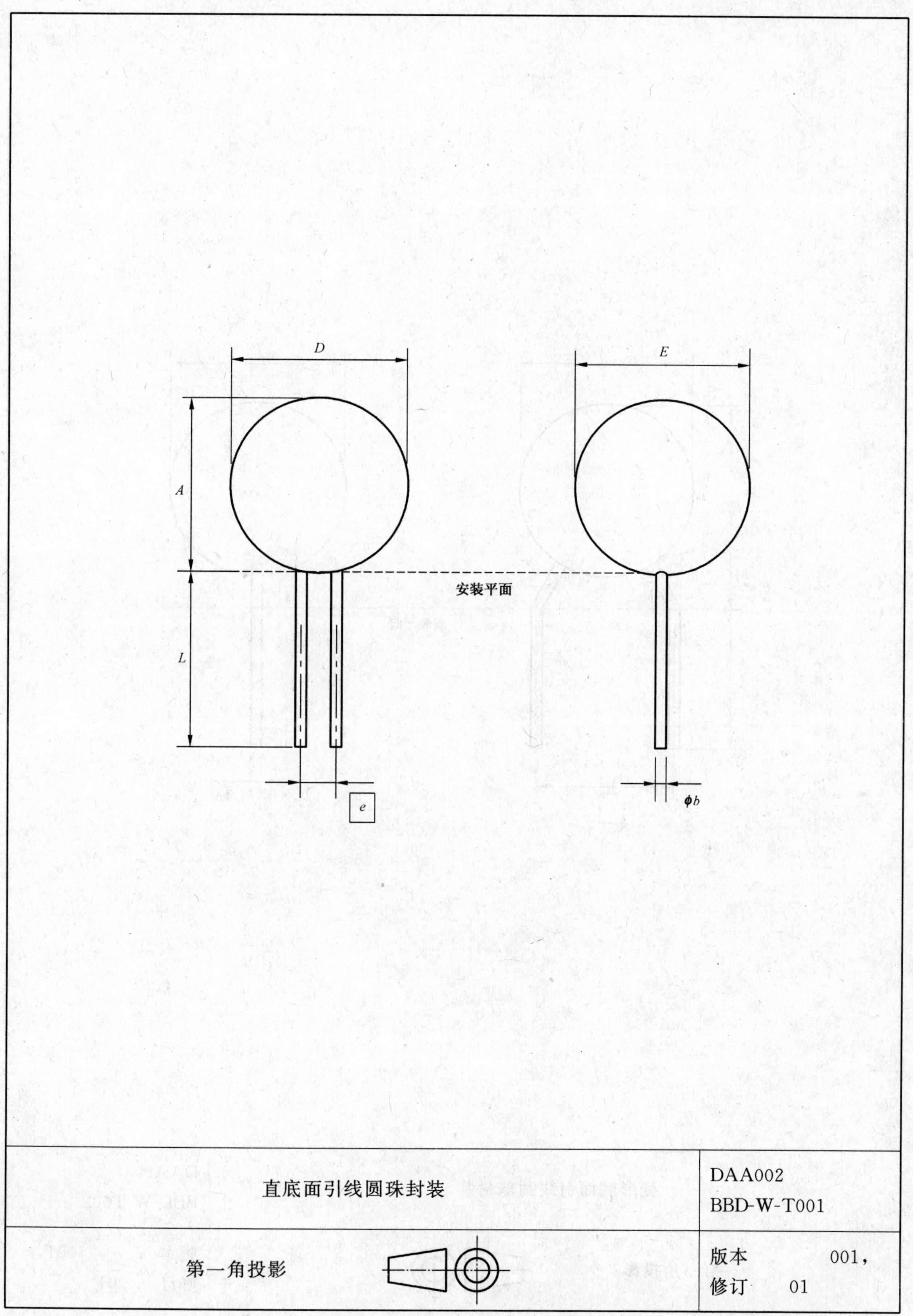
D
E
A
L
安装平面
e
ϕb
直底面引线圆珠封装
DAA002
BBD-W-T001
第一角投影
版本 001，
修订 01

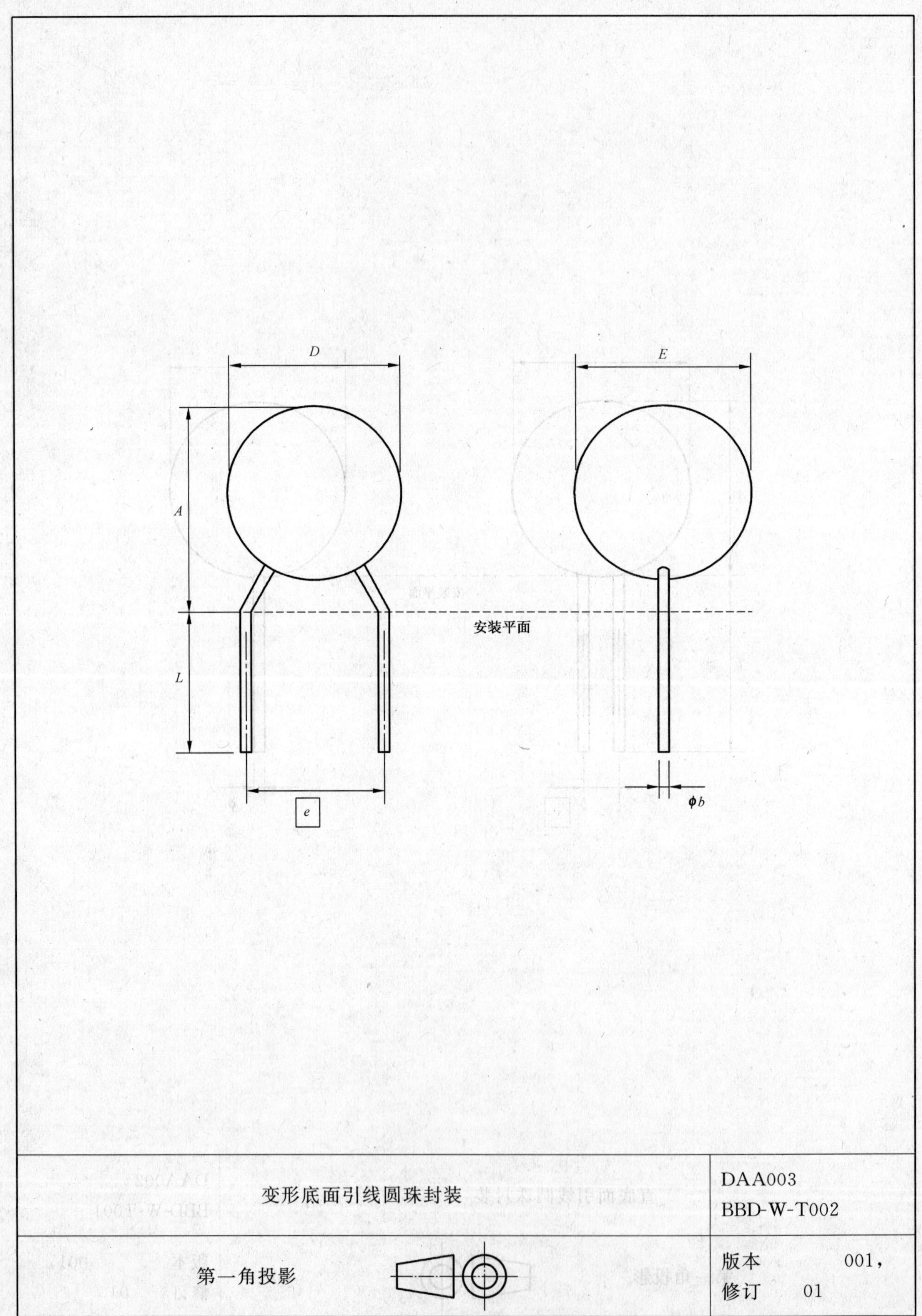
D
E
A
L
安装平面
e
φb
变形底面引线圆珠封装
DAA003
BBD-W-T002
第一角投影
版本 001，
修订 01

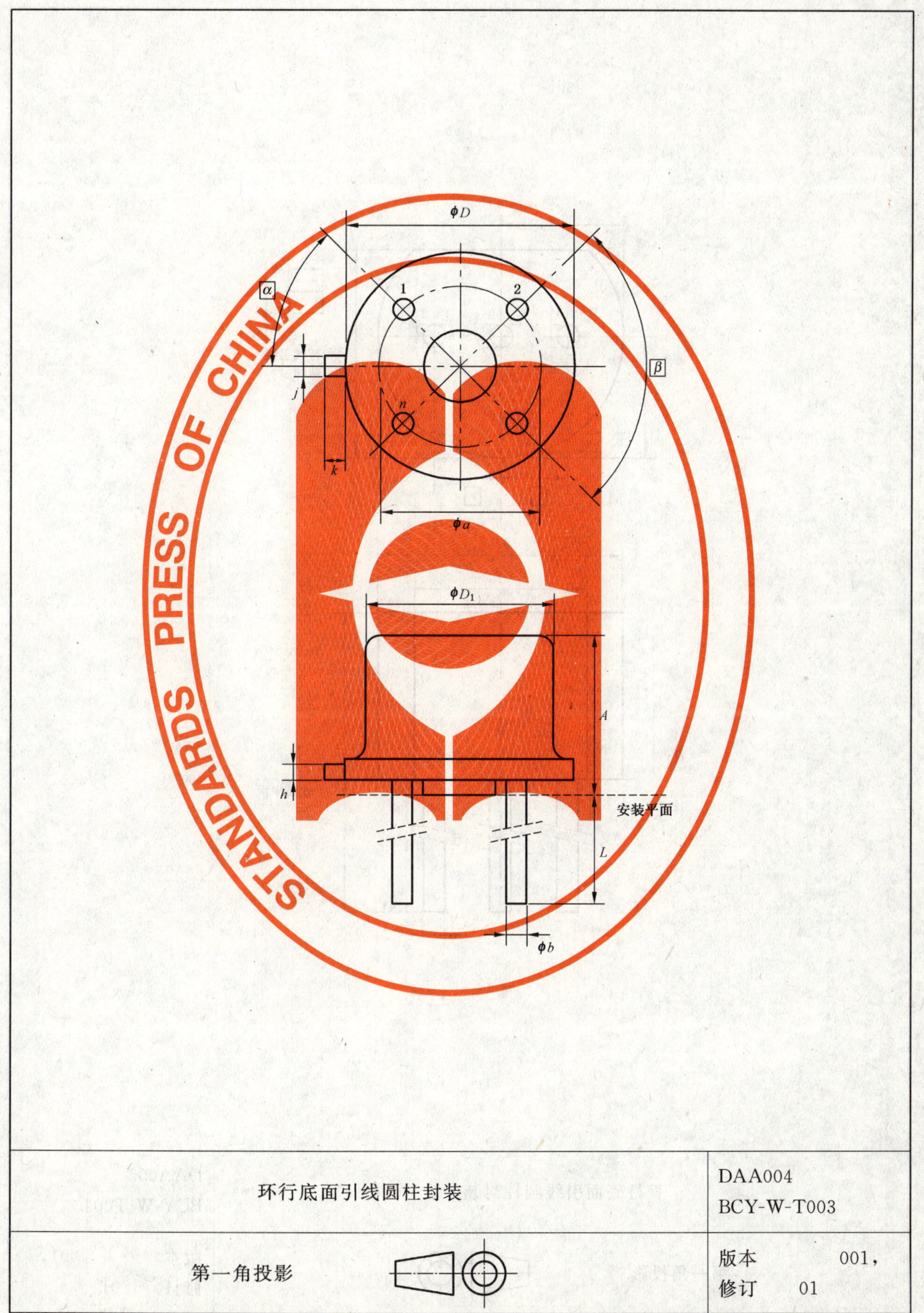

环行底面引线圆柱封装	DAA004 BCY-W-T003
第一角投影	版本 001, 修订 01

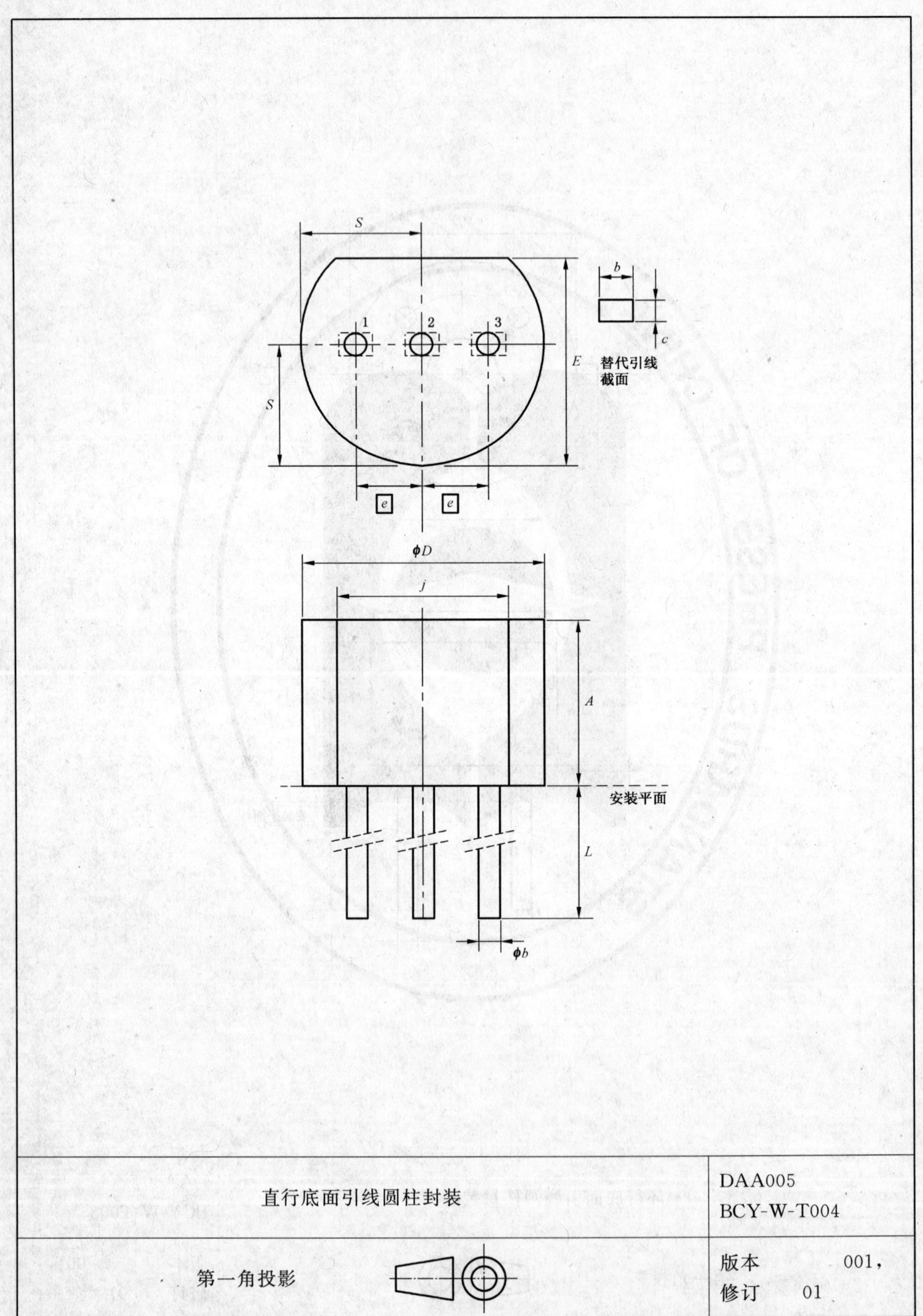
S
b
1
2
3
c
E
替代引线
截面
S
e
e
ϕD
j
A
安装平面
L
ϕb
直行底面引线圆柱封装
DAA005
BCY-W-T004
第一角投影
版本 001,
修订 01

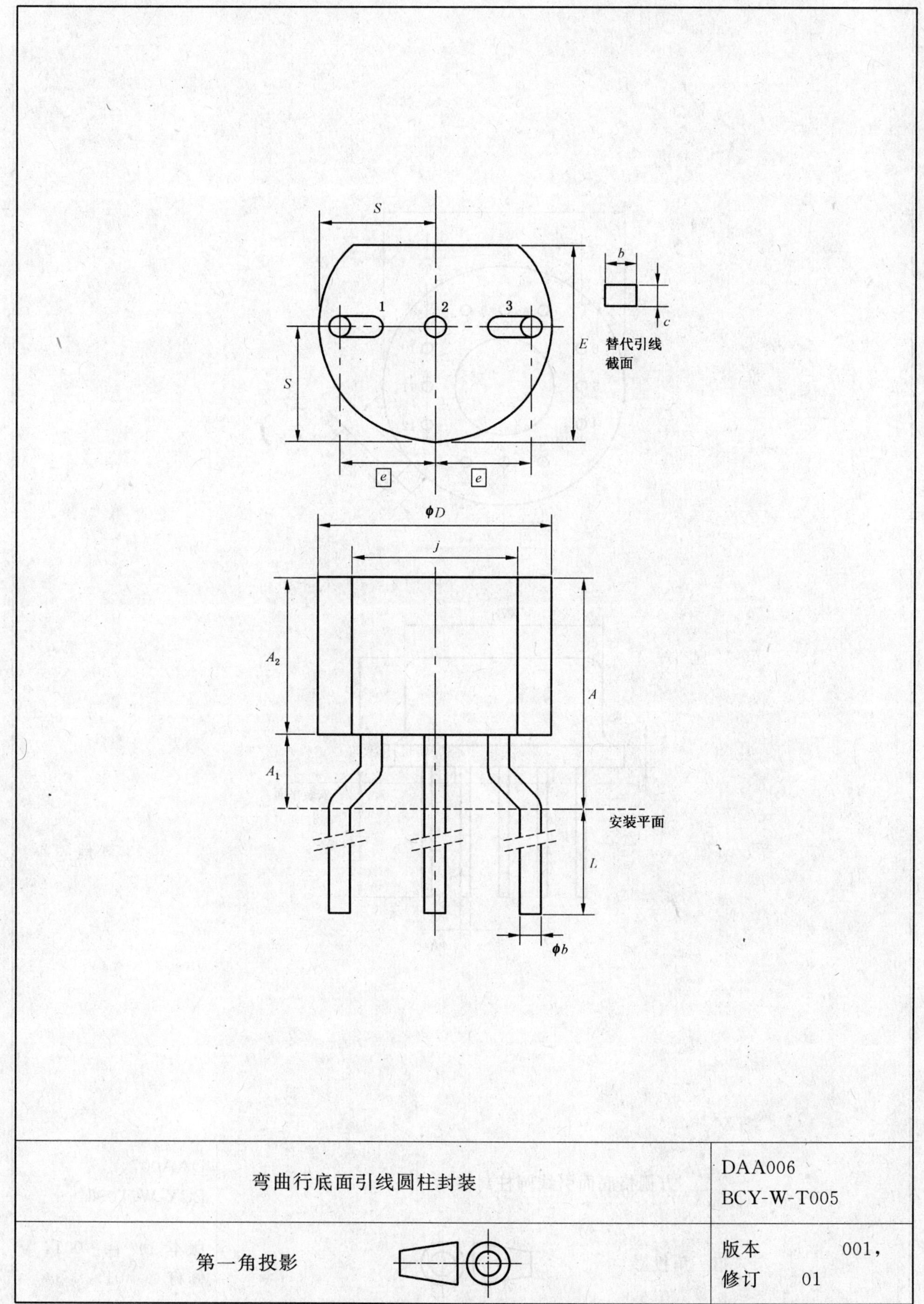
S
1
2
3
b
c
E
替代引线
截面
S
e
e
φD
j
A_2
A
A_1
安装平面
L
φb
弯曲行底面引线圆柱封装
DAA006
BCY-W-T005
第一角投影
版本 001，
修订 01

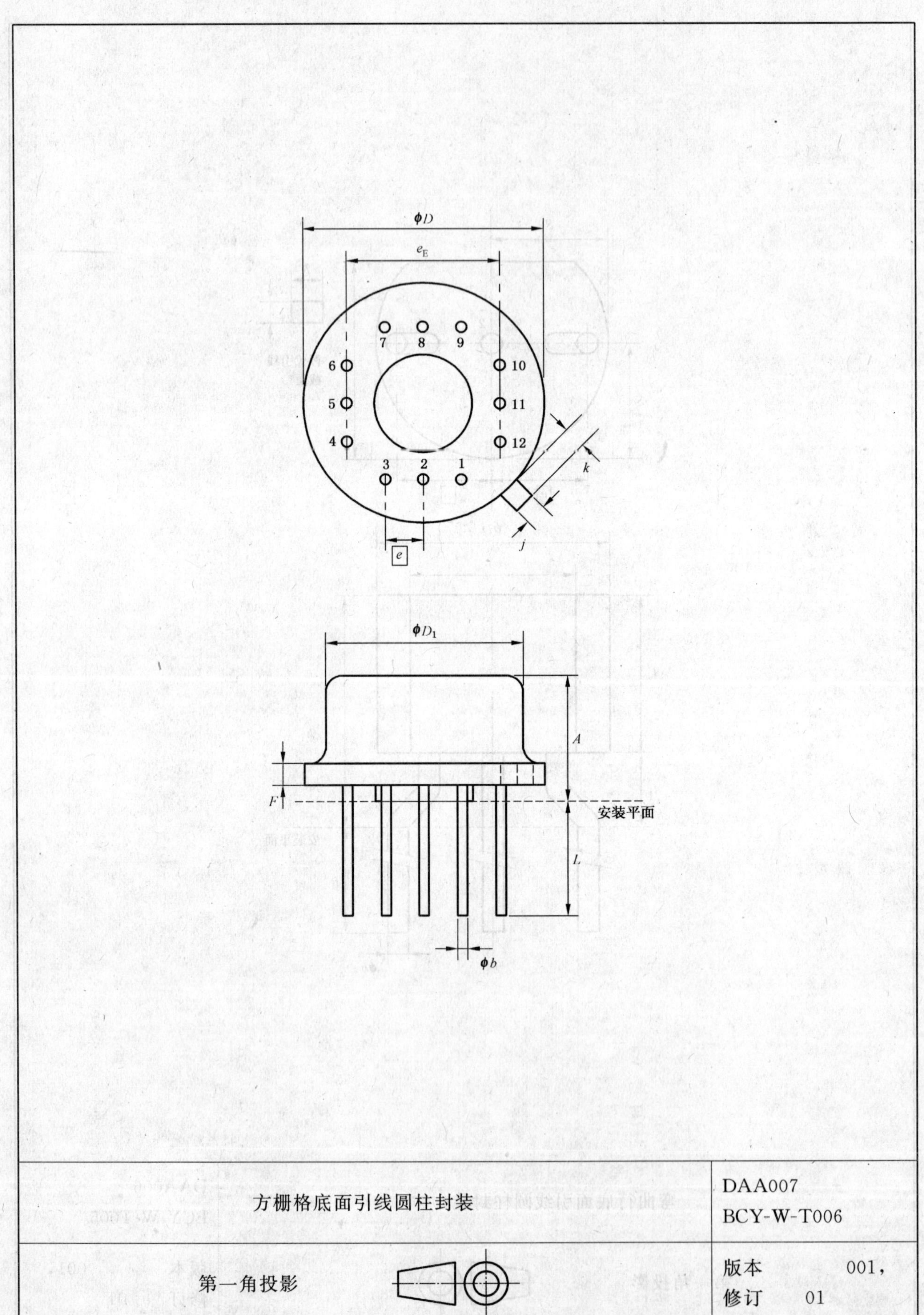

方栅格底面引线圆柱封装	DAA007 BCY-W-T006
第一角投影	版本 001， 修订 01

偏移行底面引线圆柱封装	DAA008 BCY-W-T007
第一角投影	版本 001， 修订 01

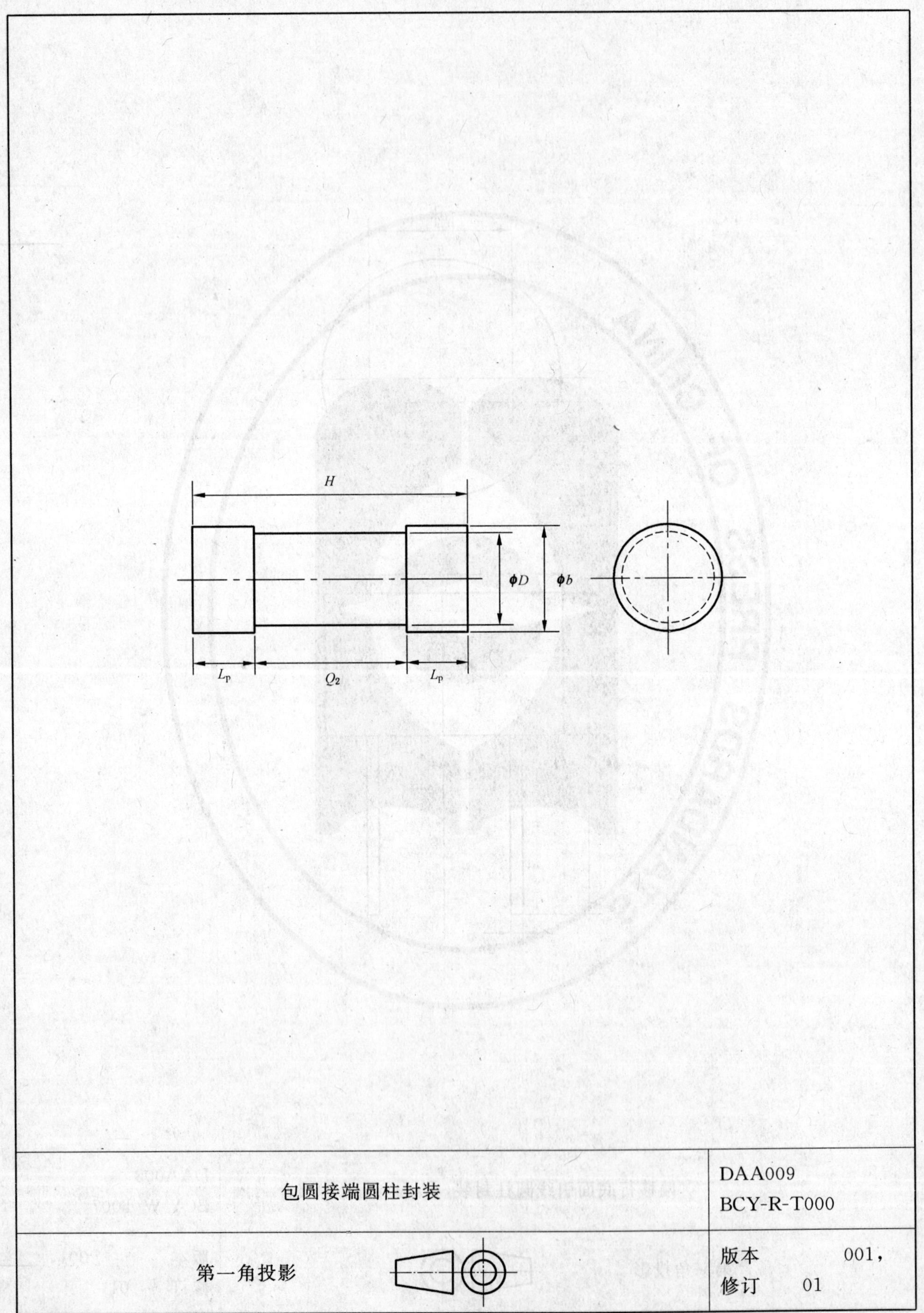

包圆接端圆柱封装	DAA009 BCY-R-T000
第一角投影	版本 001, 修订 01

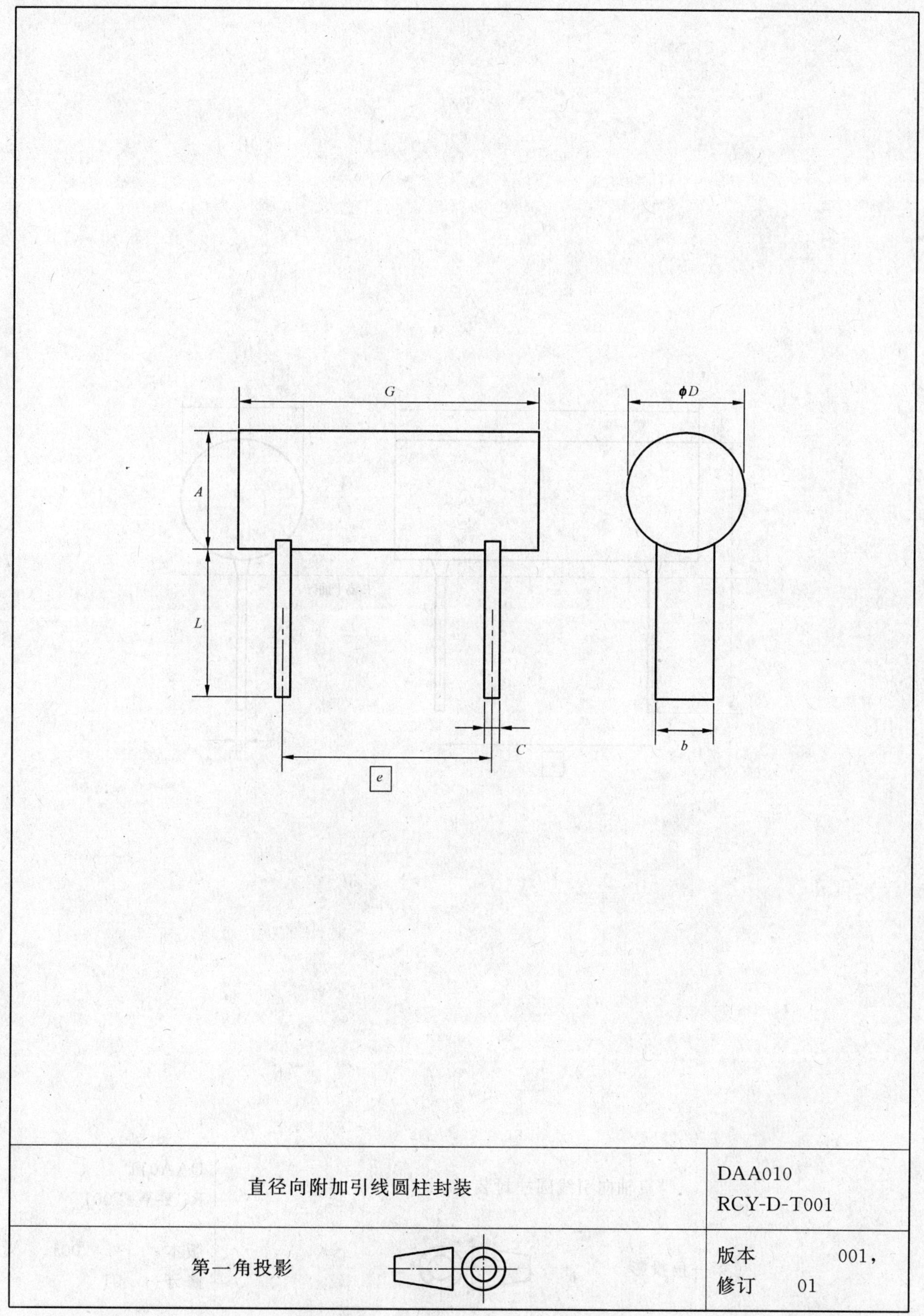
G
φD
A
L
C
b
e
直径向附加引线圆柱封装
DAA010
RCY-D-T001
第一角投影
版本 001,
修订 01

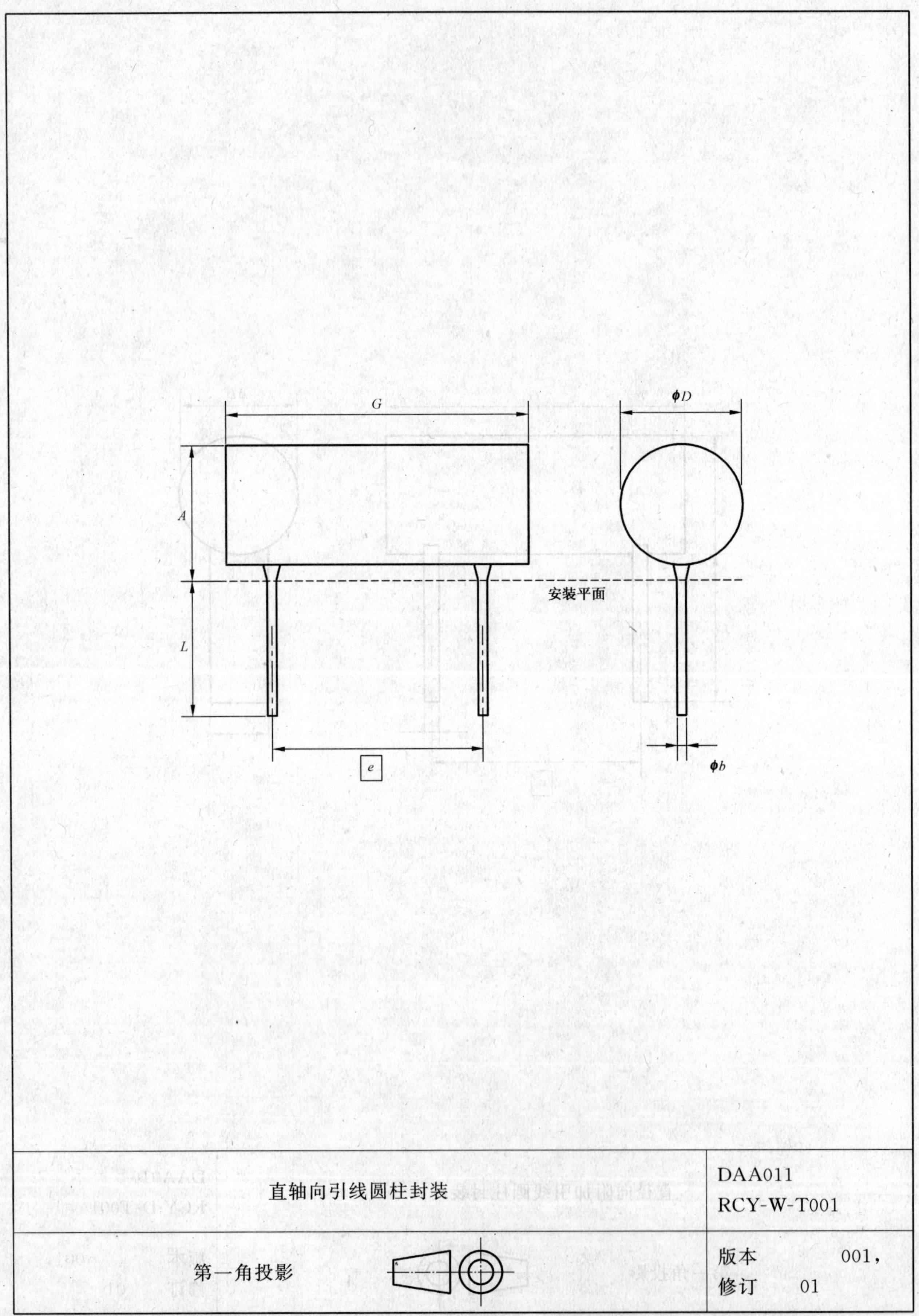
G
ϕD
A
安装平面
L
e
ϕb
直轴向引线圆柱封装
DAA011
RCY-W-T001
第一角投影
版本 001，
修订 01

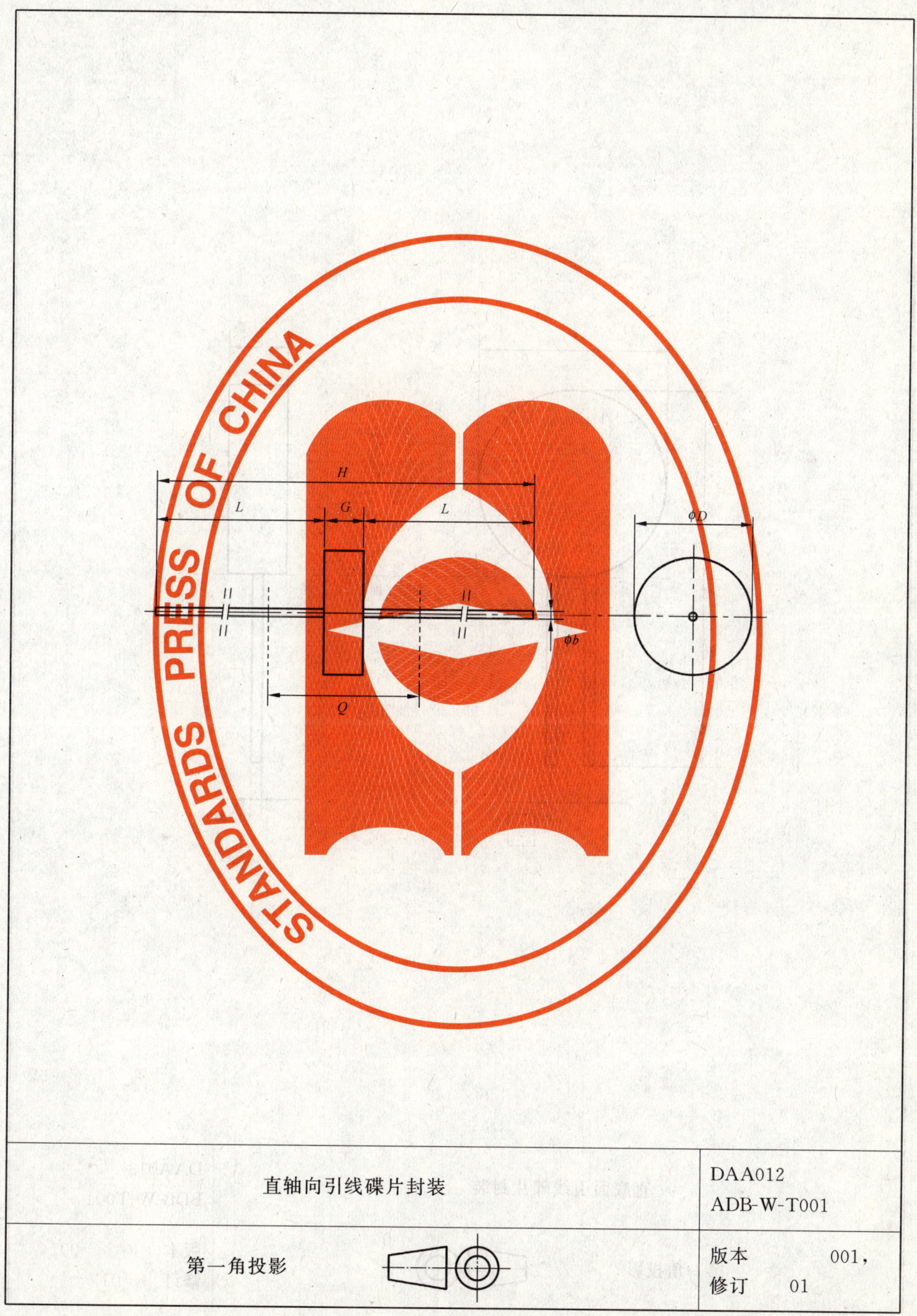
H
L
G
L
φD
φb
Q
直轴向引线碟片封装
DAA012
ADB-W-T001
第一角投影
版本 001,
修订 01

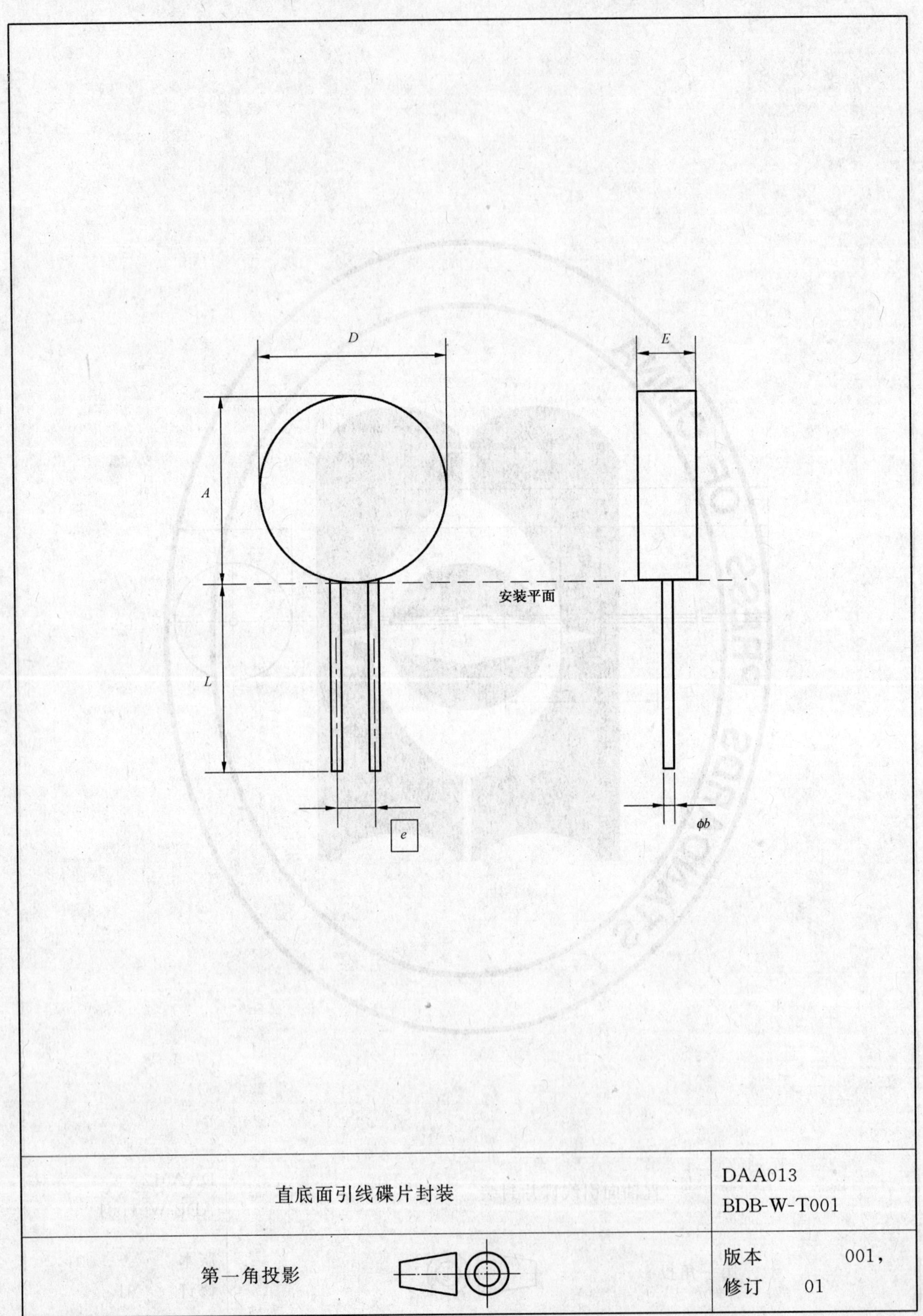
D
A
L
e
E
安装平面
ϕb
直底面引线碟片封装
DAA013
BDB-W-T001
第一角投影
版本 001,
修订 01

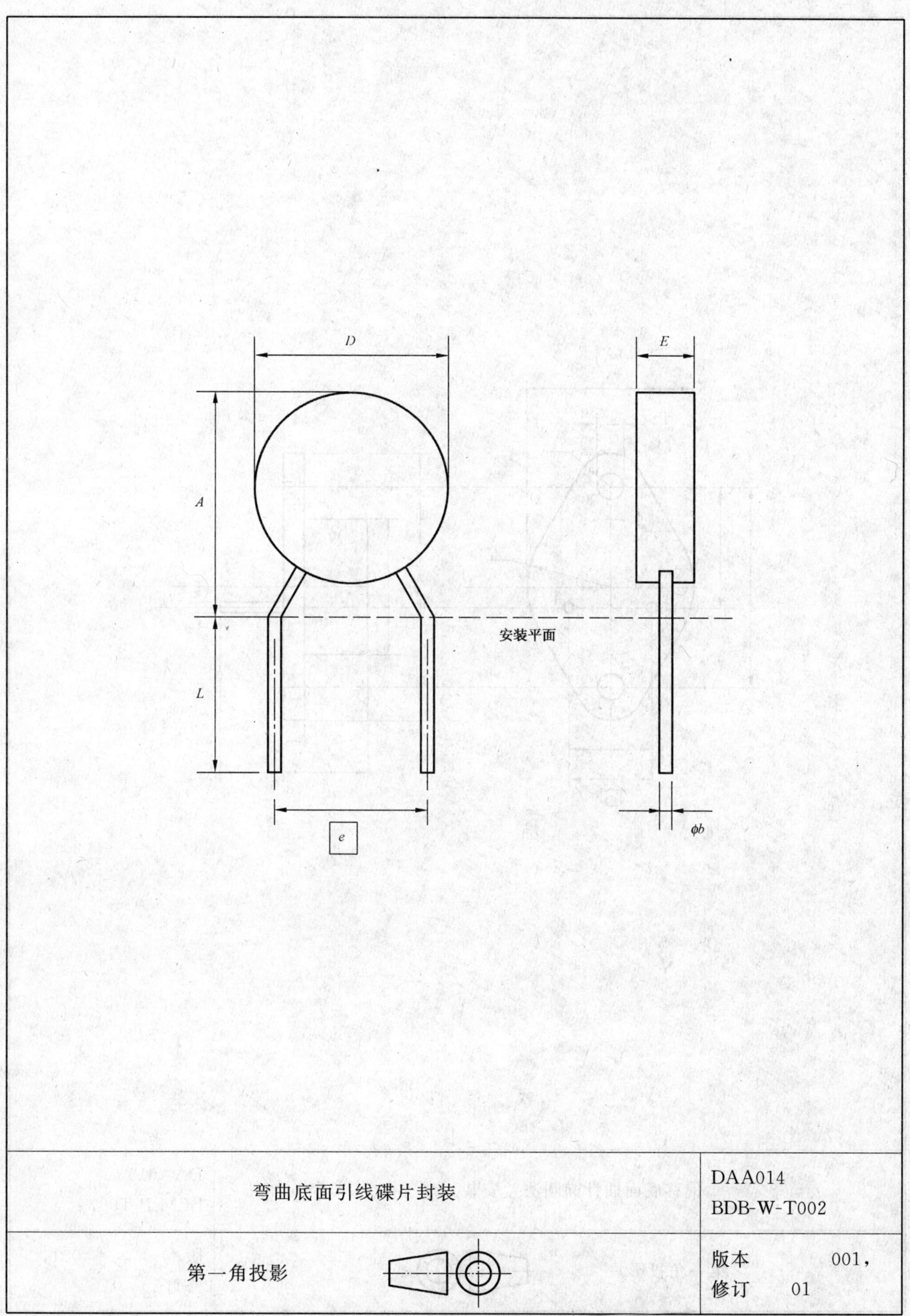
D
E
A
安装平面
L
e
φb
弯曲底面引线碟片封装
DAA014
BDB-W-T002
第一角投影
版本 001,
修订 01

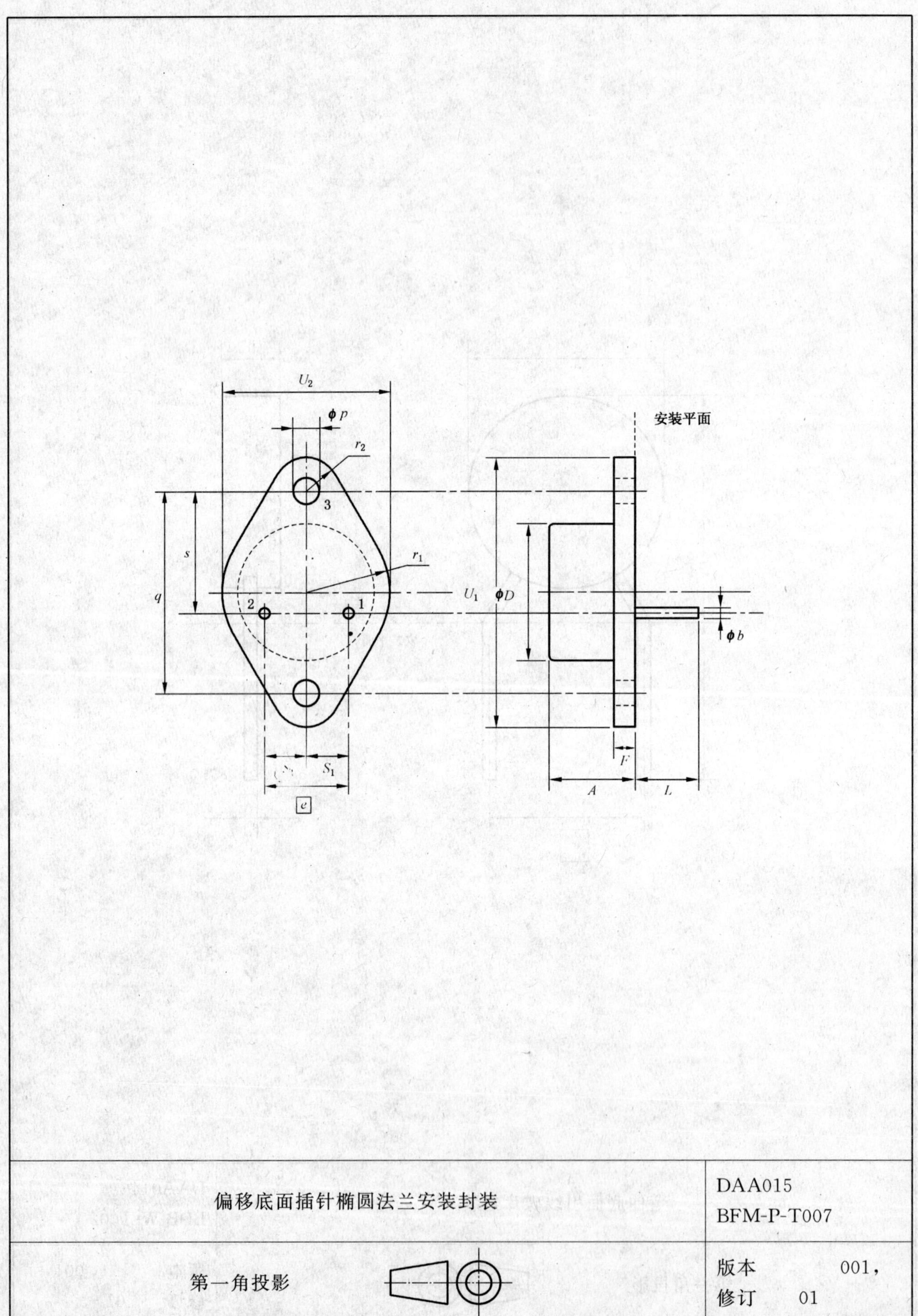

偏移底面插针椭圆法兰安装封装		DAA015 BFM-P-T007
第一角投影		版本　　001， 修订　　01

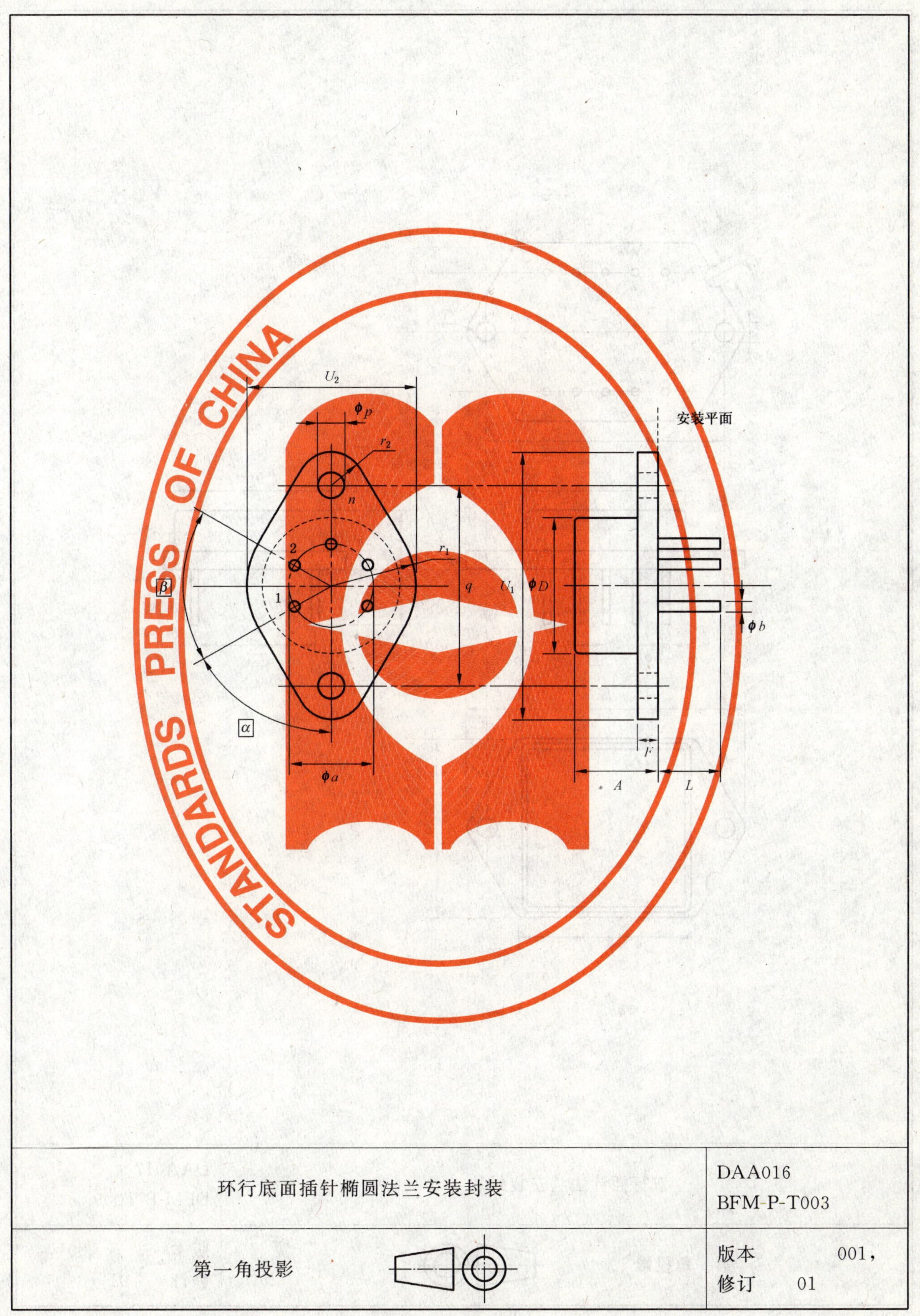

环行底面插针椭圆法兰安装封装	DAA016 BFM-P-T003
第一角投影	版本 001, 修订 01

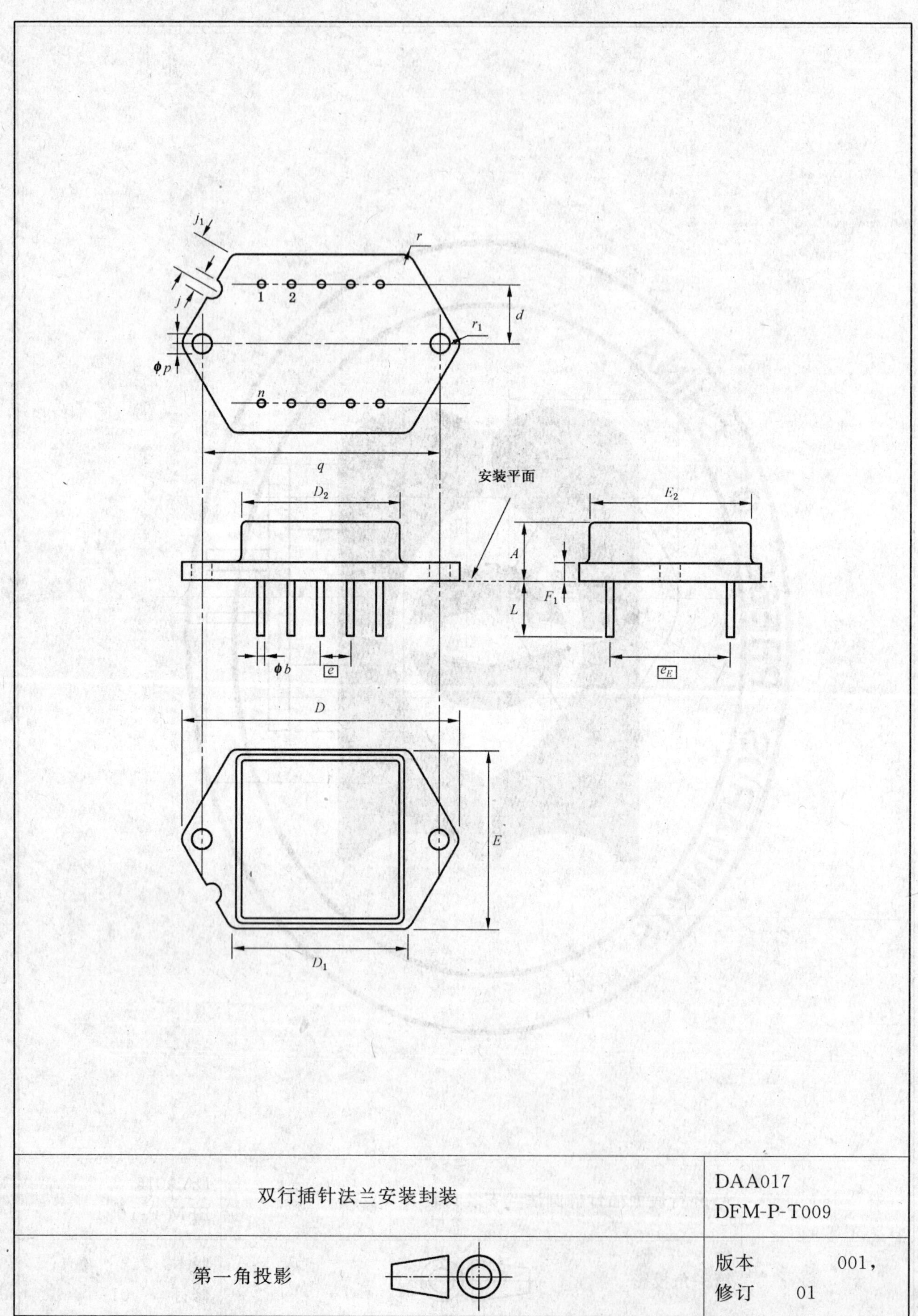

双行插针法兰安装封装	DAA017 DFM-P-T009
第一角投影	版本　　001, 修订　　01

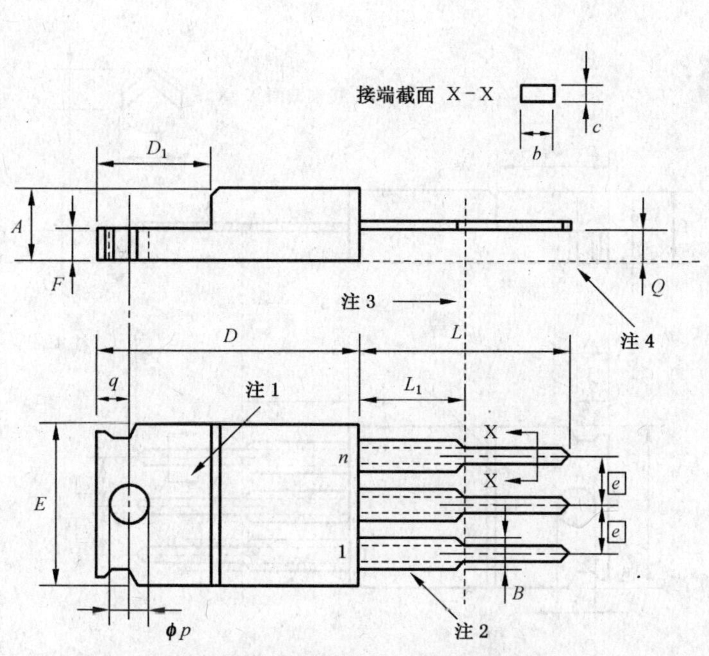

注 1：短片形状可在 E 和 D_1 的限制内变化；

注 2：L_1 内，接端形状可随在点划线后；

注 3：接端安装平面；

注 4：热沉安装平面。

<table>
<tr><td>单行直贴面引线法兰安装封装</td><td>DAA018
SFM-T-T011</td></tr>
<tr><td>第一角投影</td><td>版本　　　001，
修订　　01</td></tr>
</table>

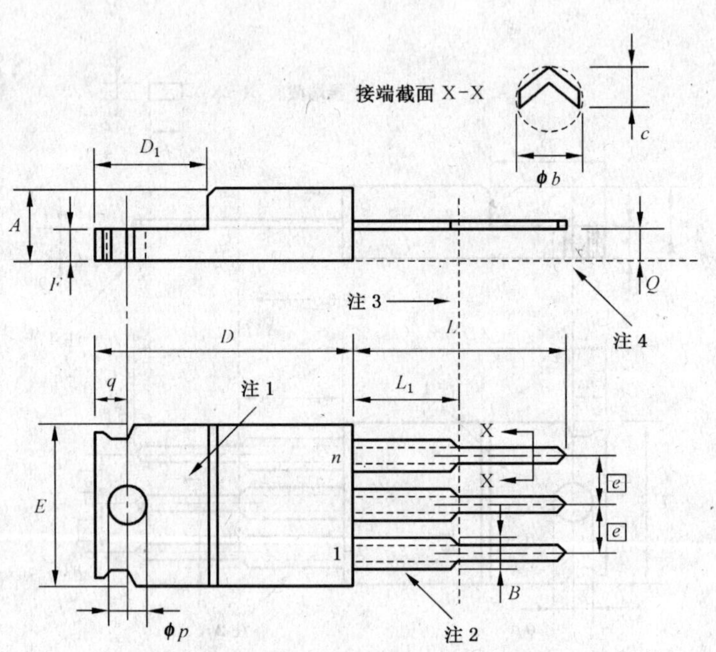

注 1：短片形状可在 E 和 D_1 的限制内变化；

注 2：L_1 内，接端形状可随在点划线后；

注 3：接端安装平面；

注 4：热沉安装平面。

单行直 V 截面法兰安装封装	DAA019 SFM-T-T023
第一角投影	版本 001， 修订 01

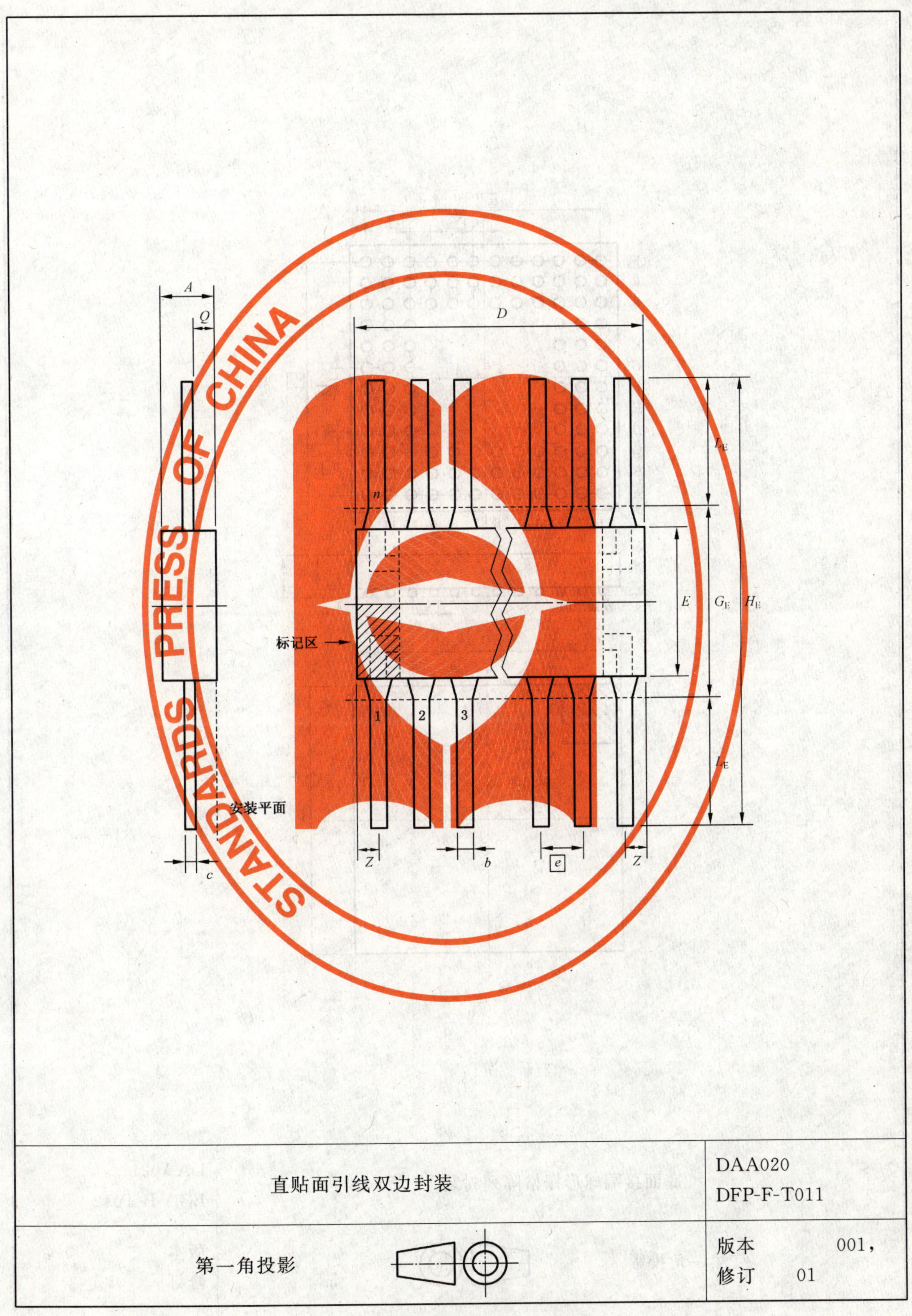
A
Q
D
n
L_E
E
G_E
H_E
标记区
1
2
3
安装平面
Z
b
e
c
直贴面引线双边封装
DAA020
DFP-F-T011
第一角投影
版本 001，
修订 01
STANDARDS PRESS OF CHINA

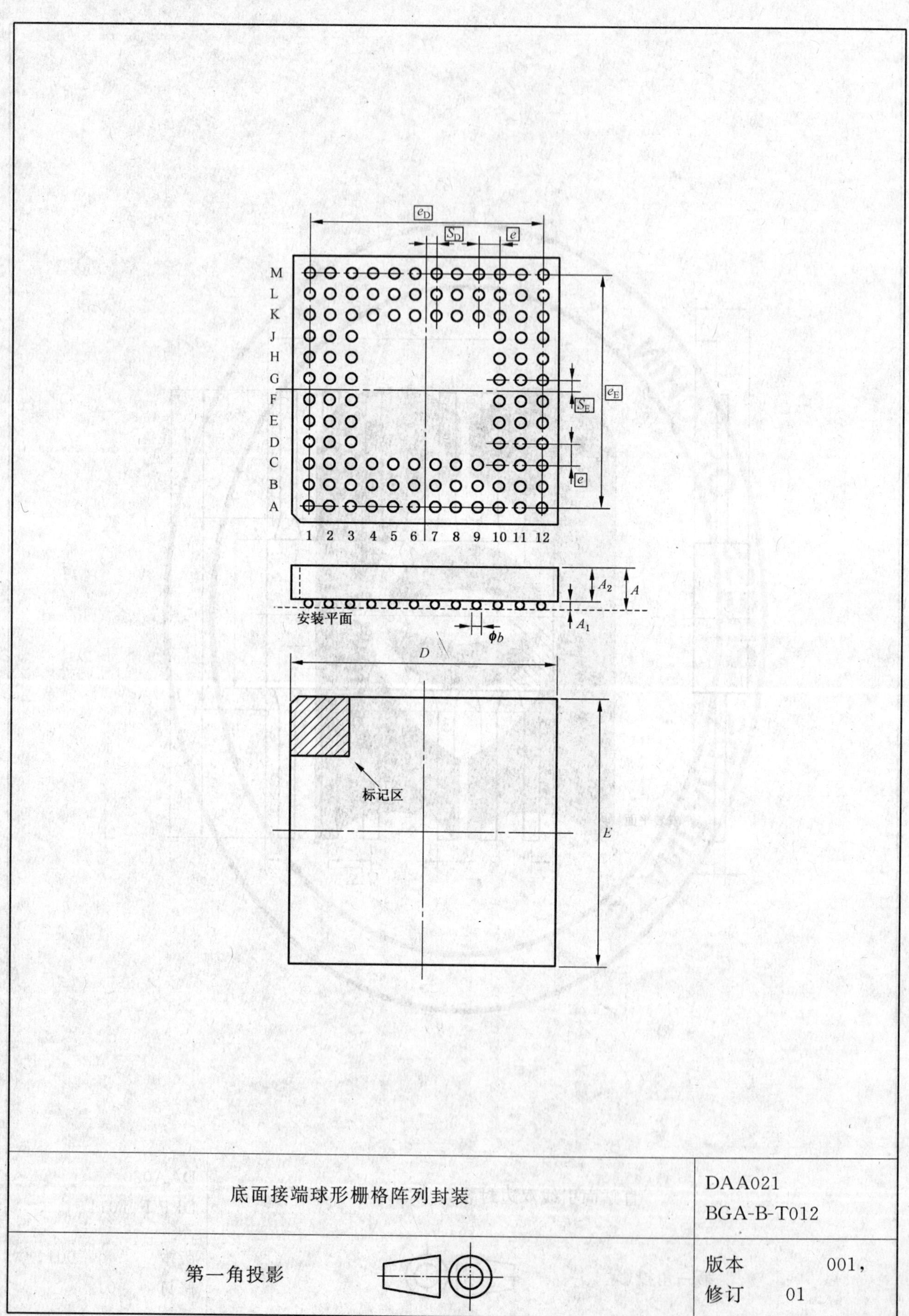

底面接端球形栅格阵列封装	DAA021 BGA-B-T012
第一角投影	版本 001， 修订 01

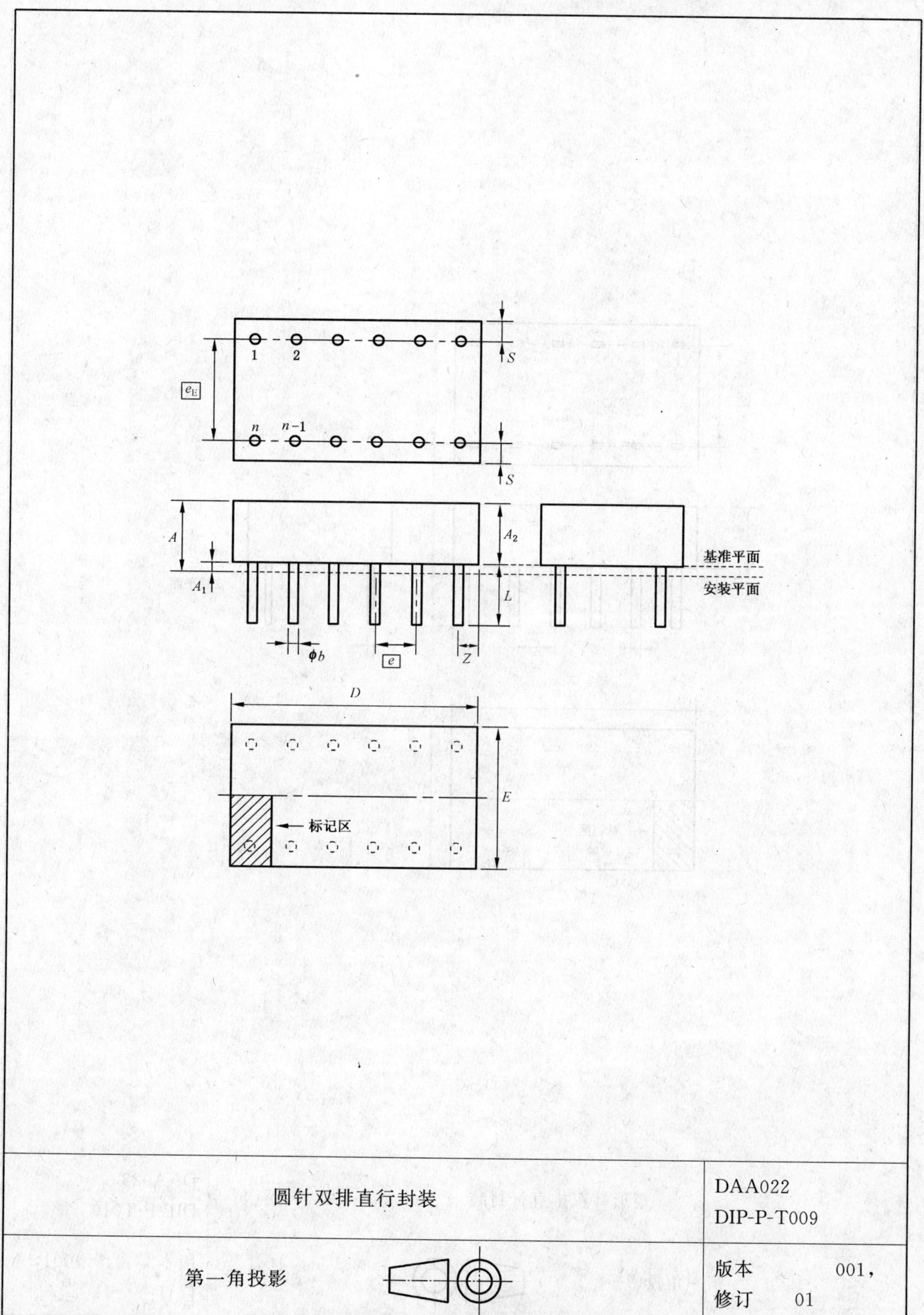

圆针双排直行封装	DAA022 DIP-P-T009
第一角投影	版本 001, 修订 01

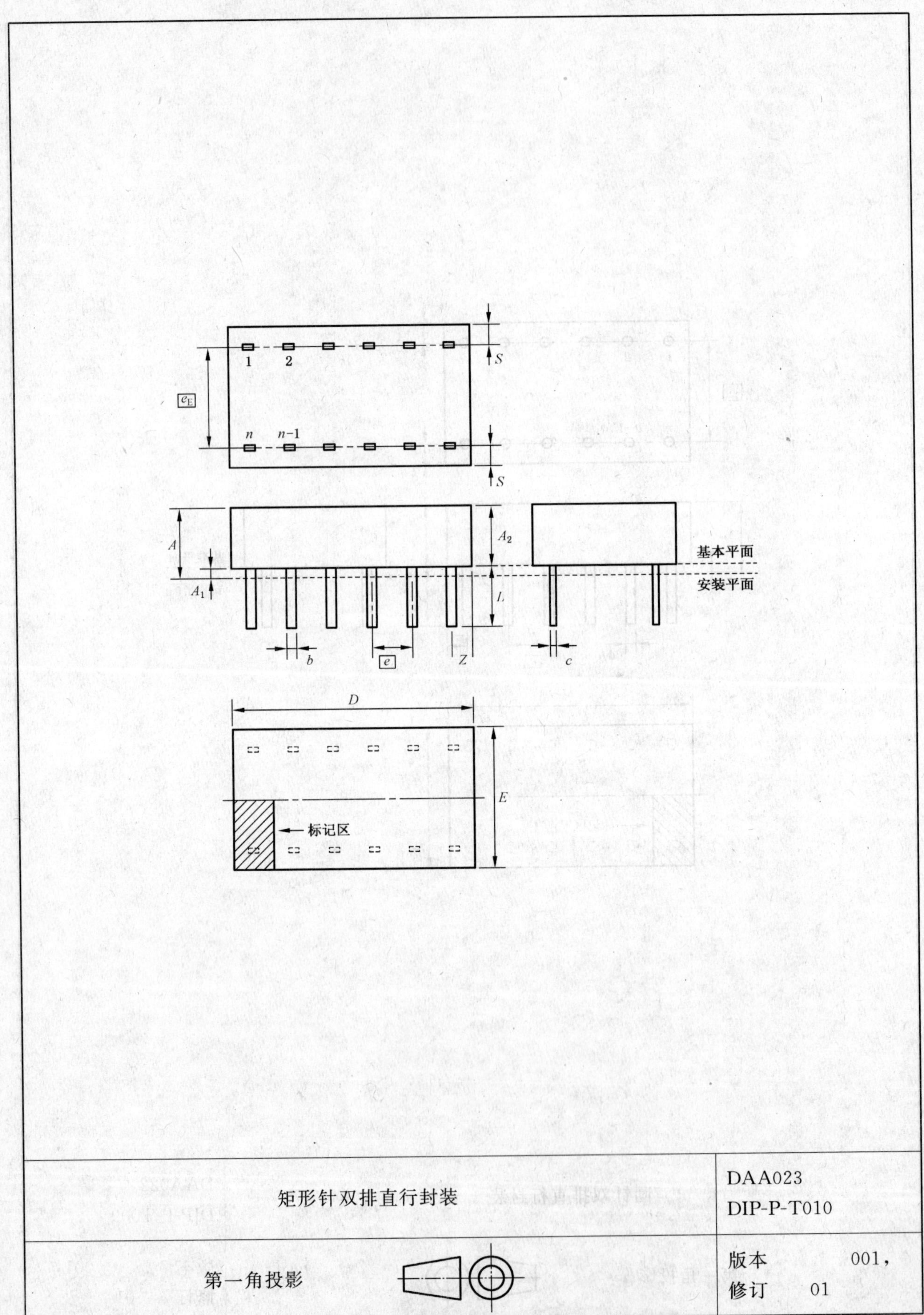
1
2
n
n-1
e_E
S
S
A
A_2
基本平面
安装平面
A_1
L
b
e
Z
c
D
E
标记区
矩形针双排直行封装
DAA023
DIP-P-T010
第一角投影
版本 001,
修订 01

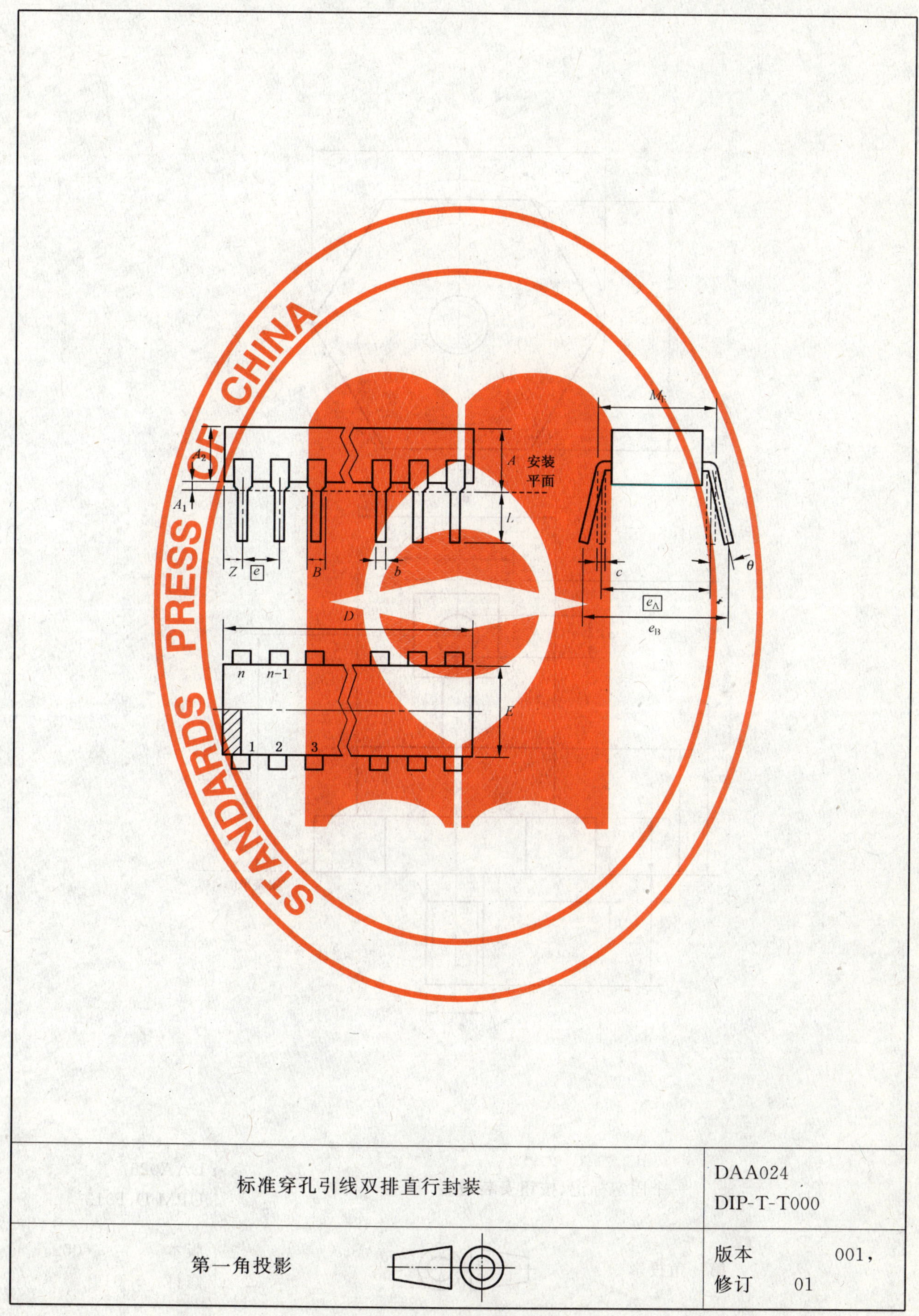

标准穿孔引线双排直行封装		DAA024 DIP-T-T000
第一角投影		版本　001, 修订　01

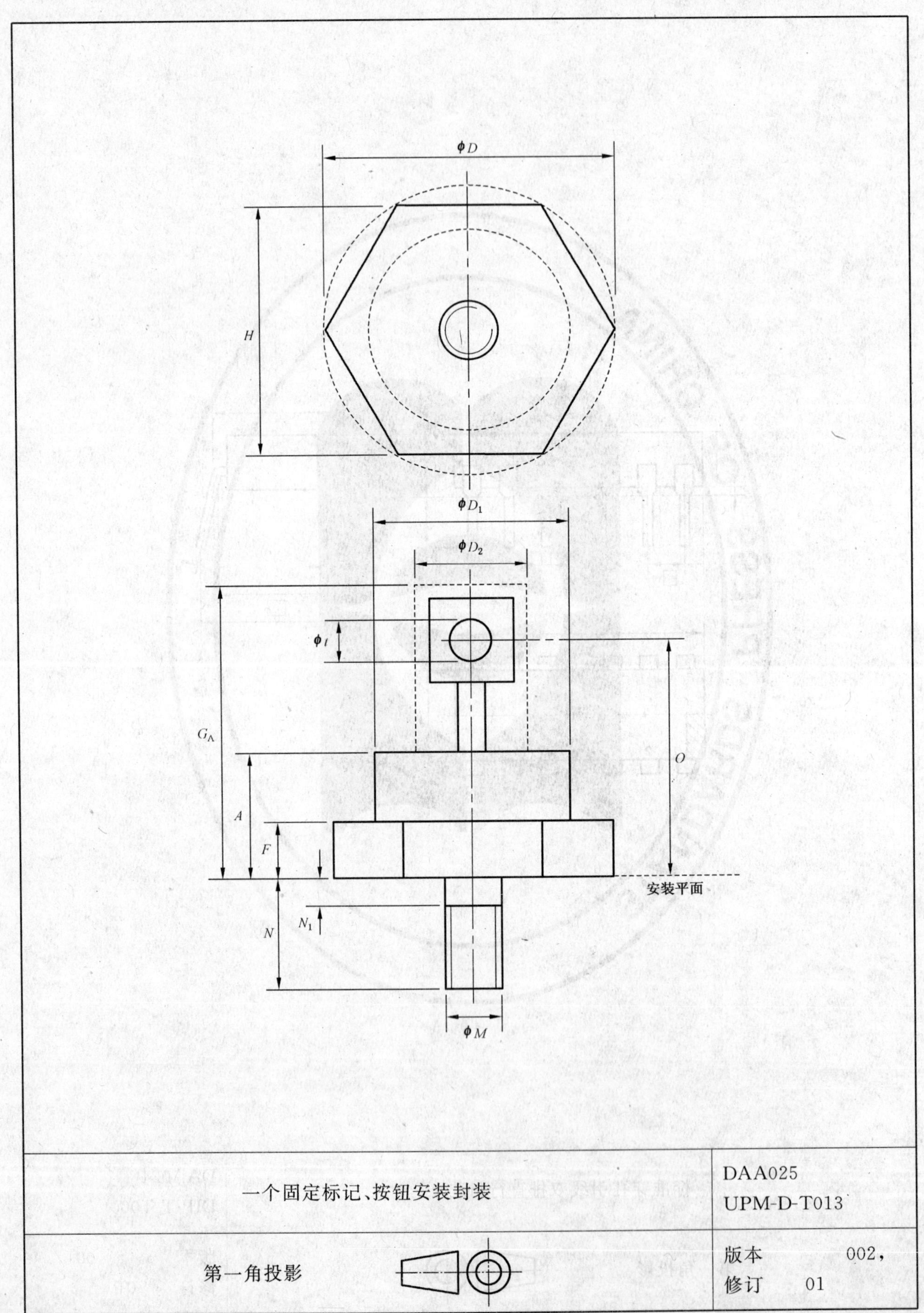
φD
H
φD_1
φD_2
φt
G_A
O
A
F
安装平面
N
N_1
φM
一个固定标记、按钮安装封装
DAA025
UPM-D-T013
第一角投影
版本 002,
修订 01

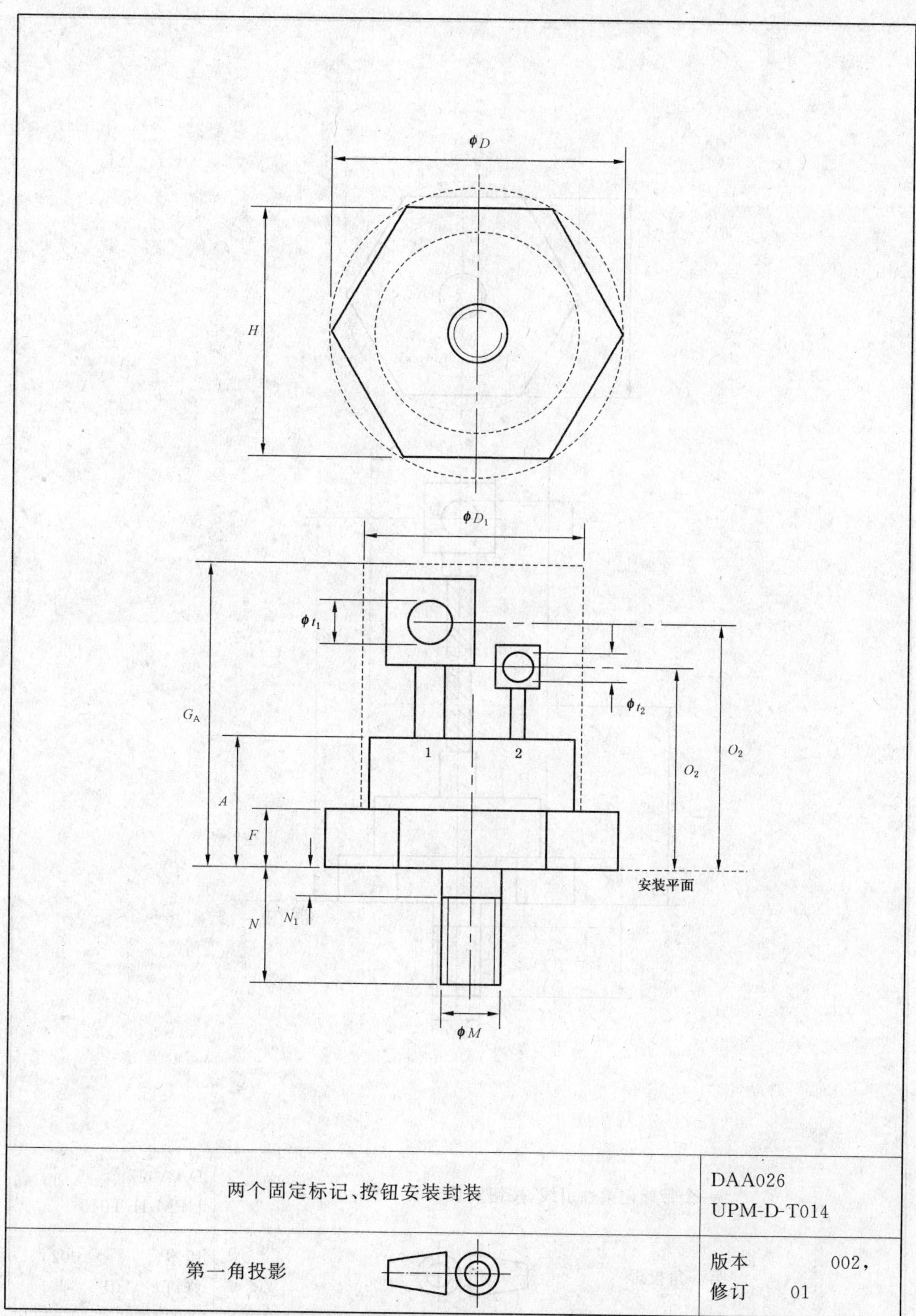

两个固定标记、按钮安装封装	DAA026 UPM-D-T014
第一角投影	版本 002, 修订 01

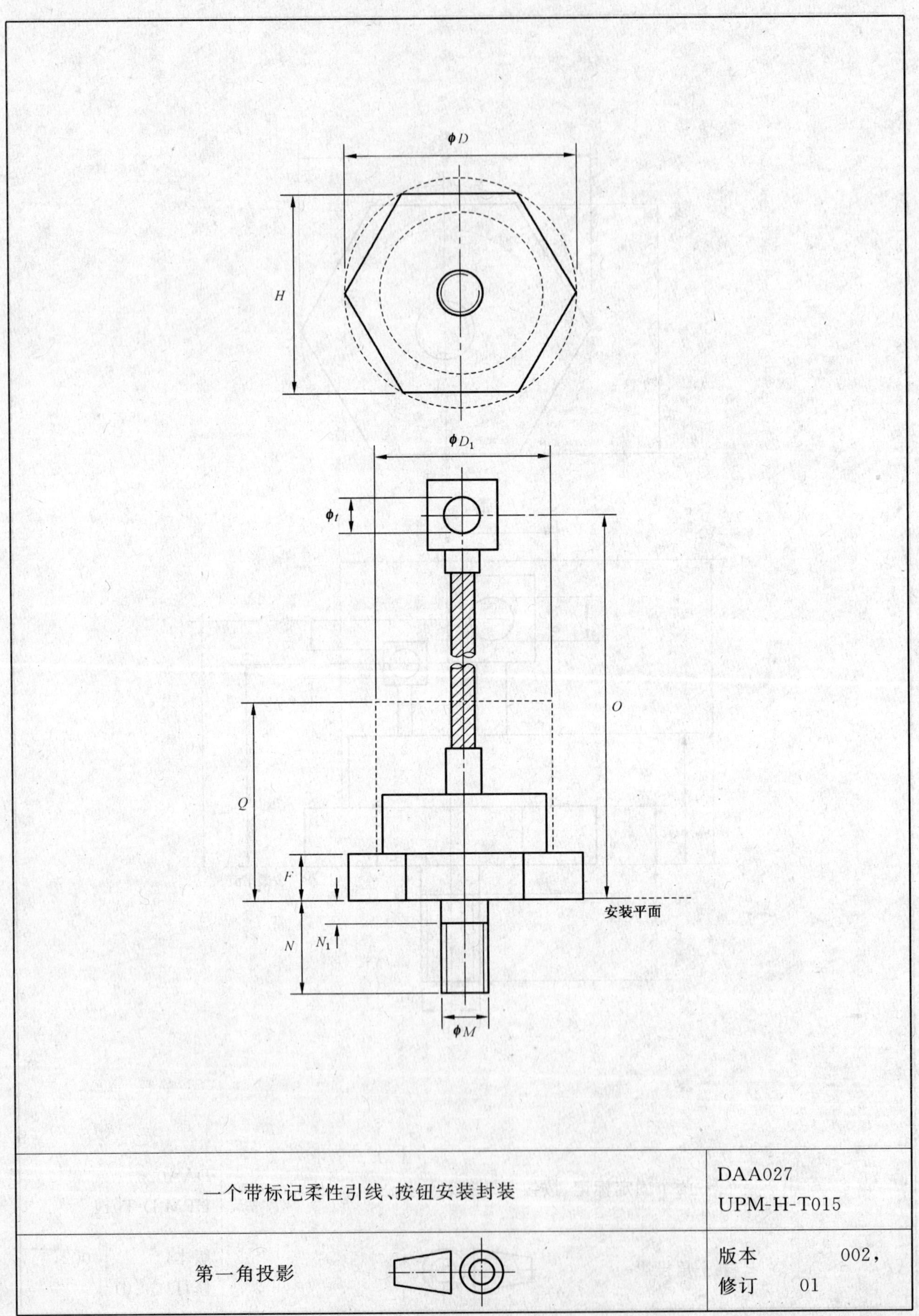
ϕD
H
ϕD_1
ϕt
O
Q
F
安装平面
N
N_1
ϕM
一个带标记柔性引线、按钮安装封装
DAA027
UPM-H-T015
第一角投影
版本 002，
修订 01

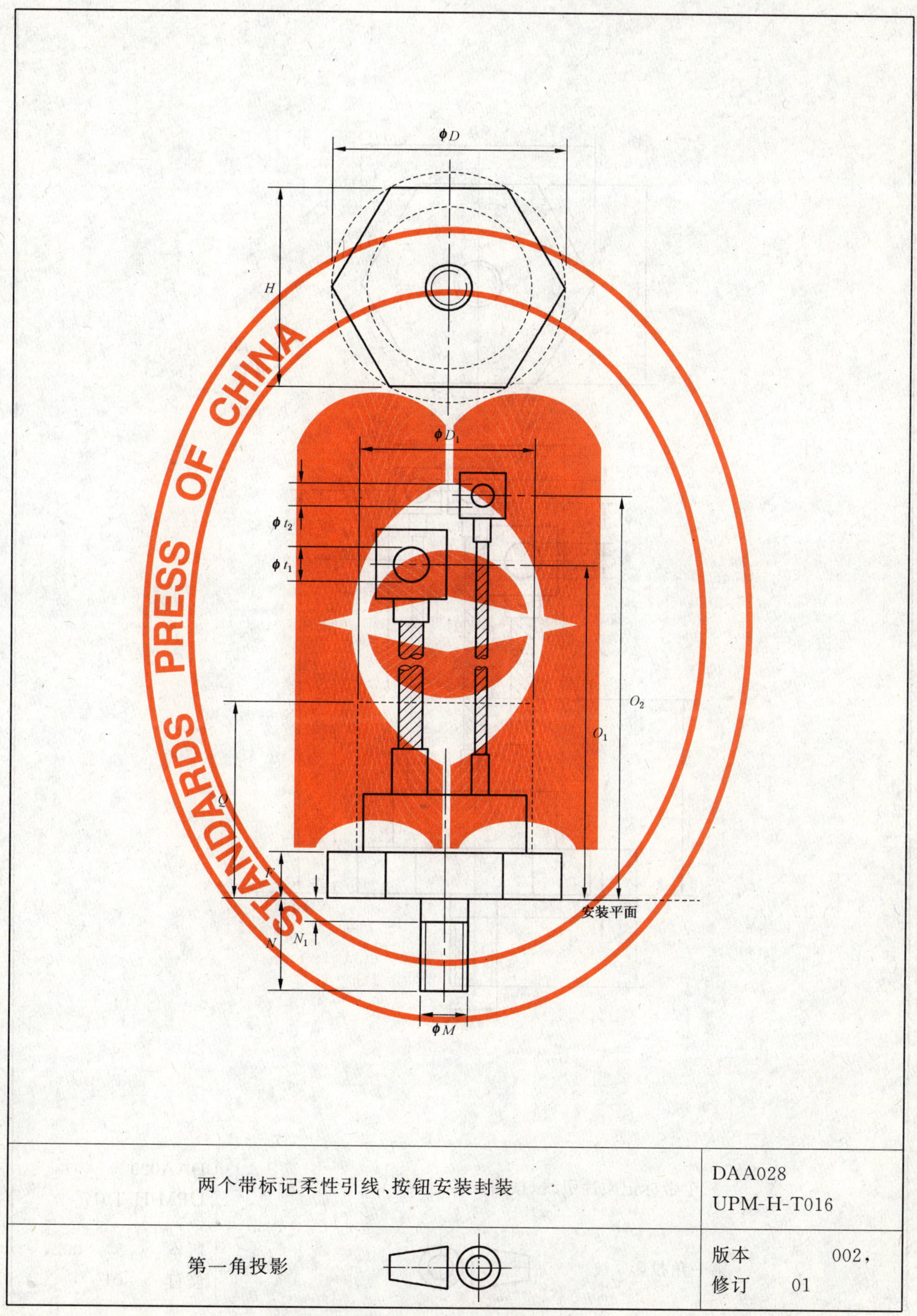

两个带标记柔性引线、按钮安装封装	DAA028 UPM-H-T016
第一角投影	版本 002, 修订 01

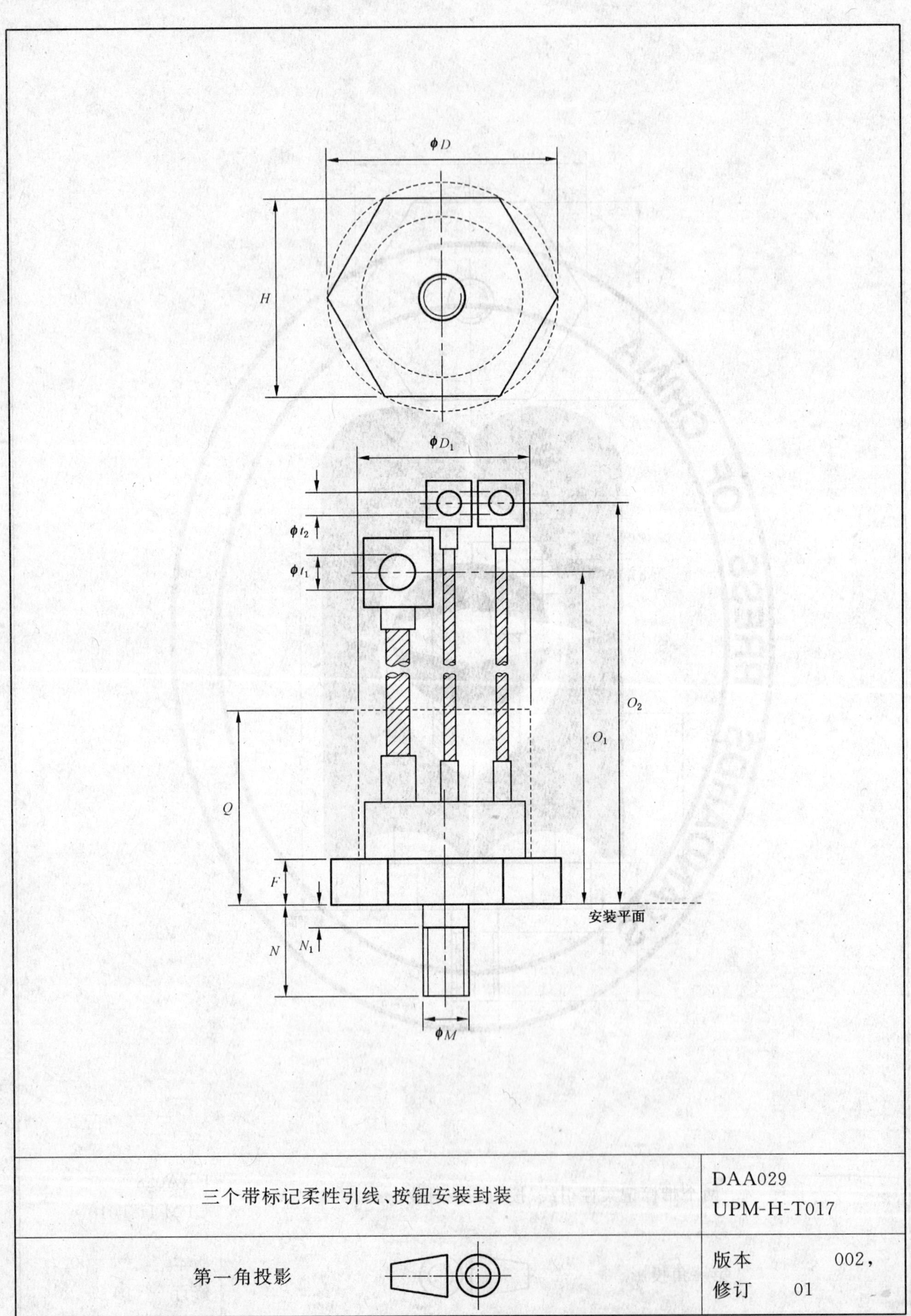
φD
H
φD1
φt2
φt1
O2
O1
Q
F
N
N1
φM
安装平面
三个带标记柔性引线、按钮安装封装
DAA029
UPM-H-T017
第一角投影
版本 002,
修订 01

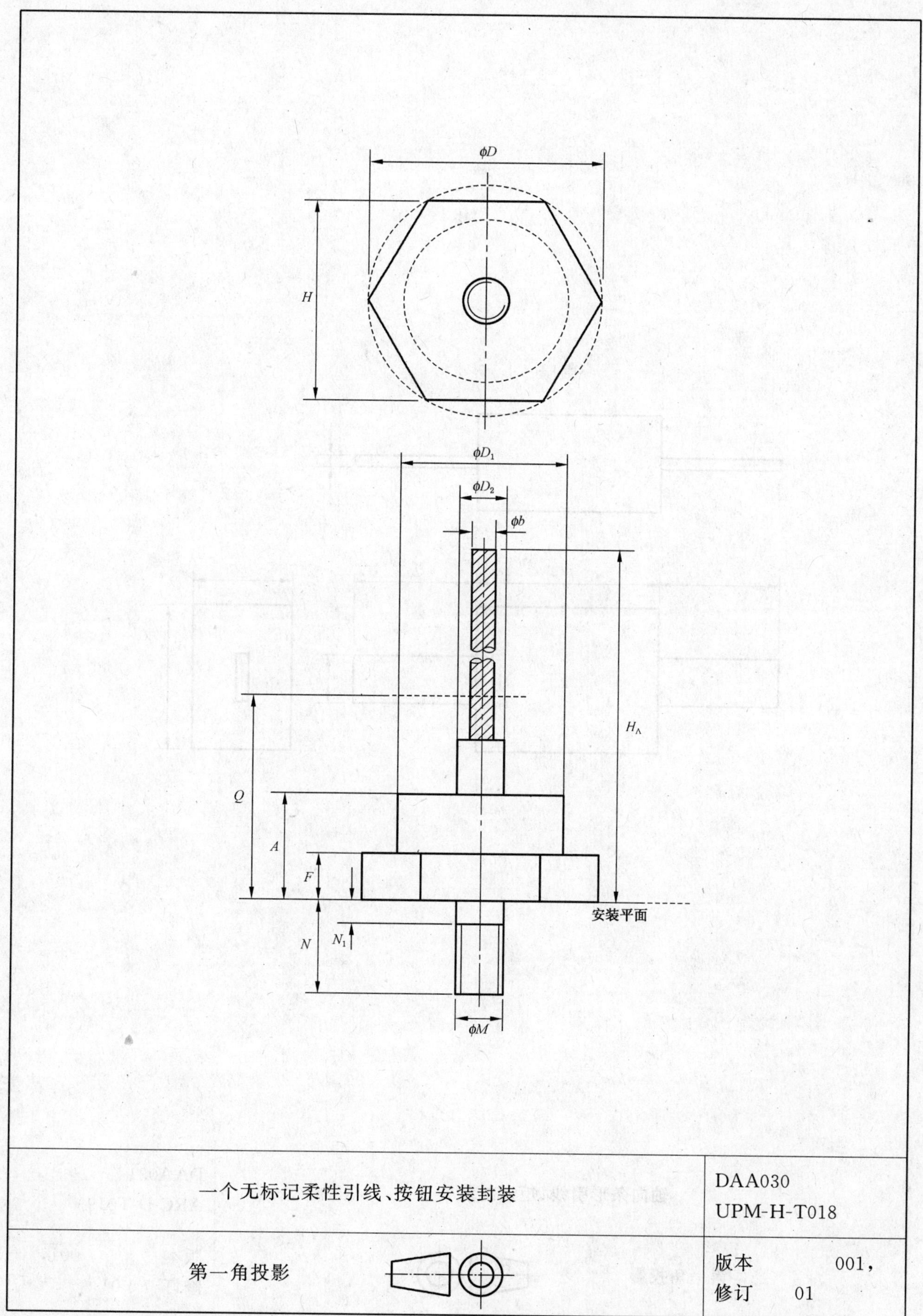

一个无标记柔性引线、按钮安装封装	DAA030 UPM-H-T018
第一角投影	版本 001， 修订 01

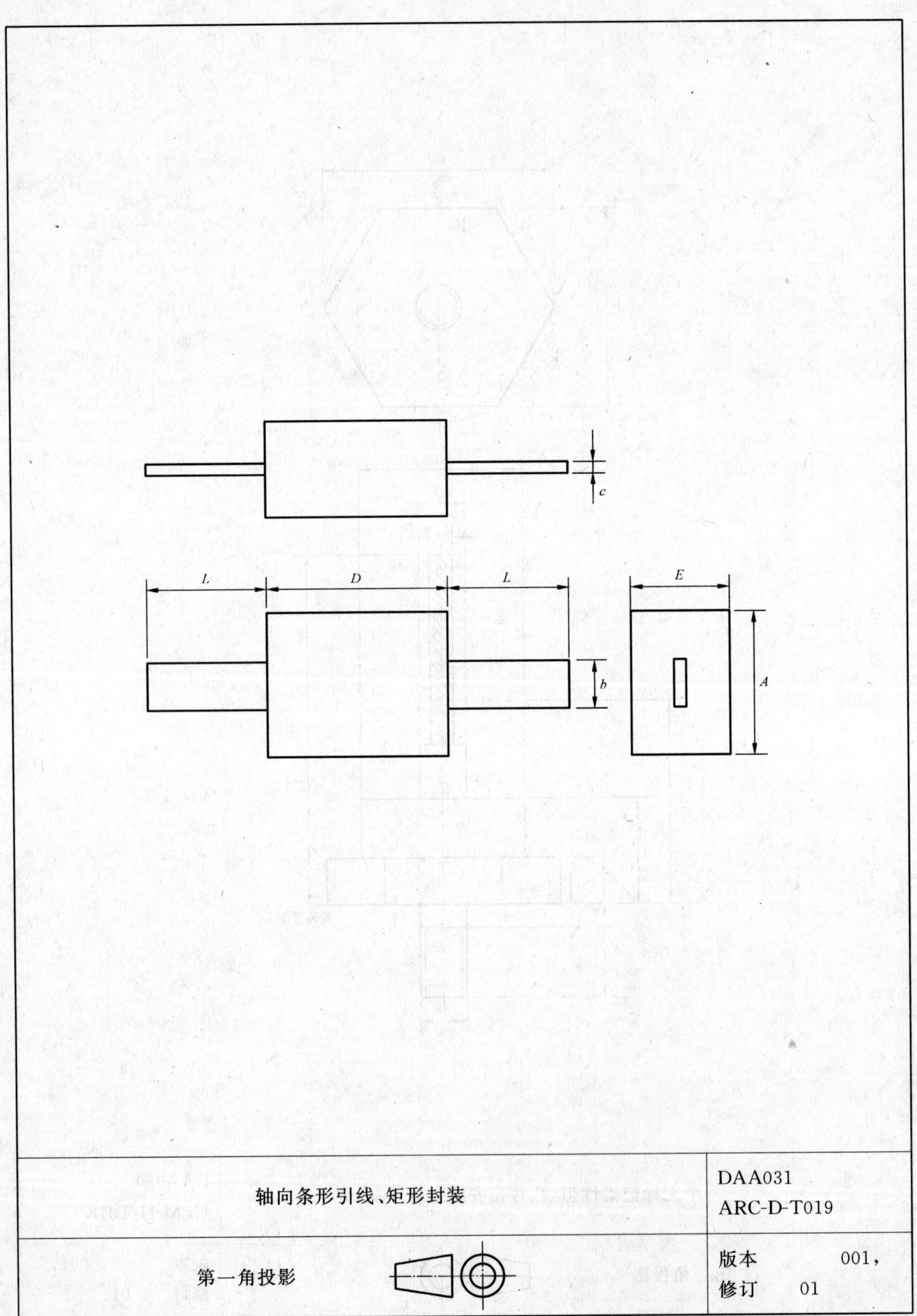
c
L
D
L
E
b
A
轴向条形引线、矩形封装
DAA031
ARC-D-T019
第一角投影
版本 001,
修订 01

偏移轴向导线引线、矩形封装	DAA032 ARC-W-T007
第一角投影	版本 001， 修订 01

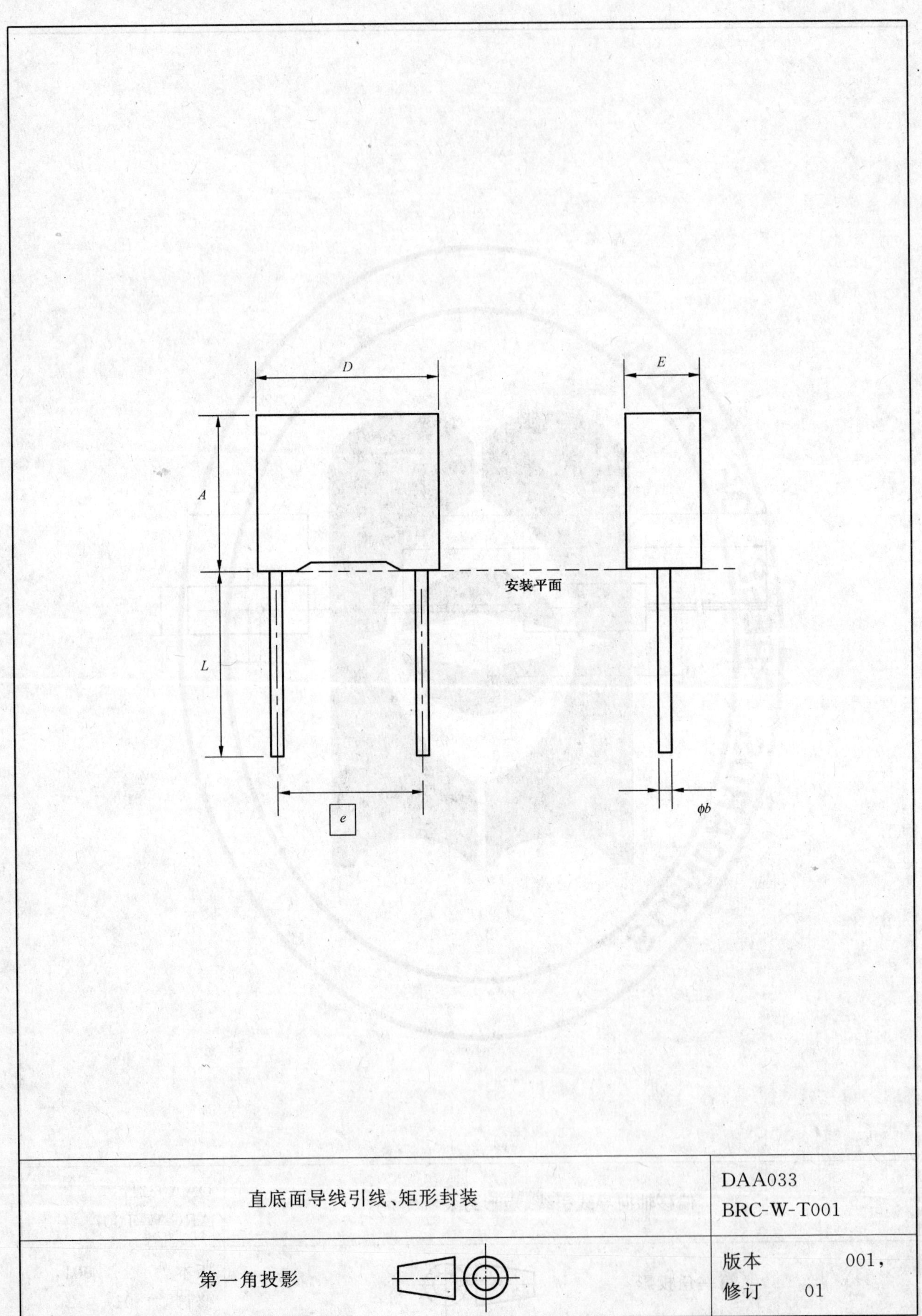
D
E
A
L
安装平面
e
ϕb
直底面导线引线、矩形封装
DAA033
BRC-W-T001
第一角投影
版本 001,
修订 01

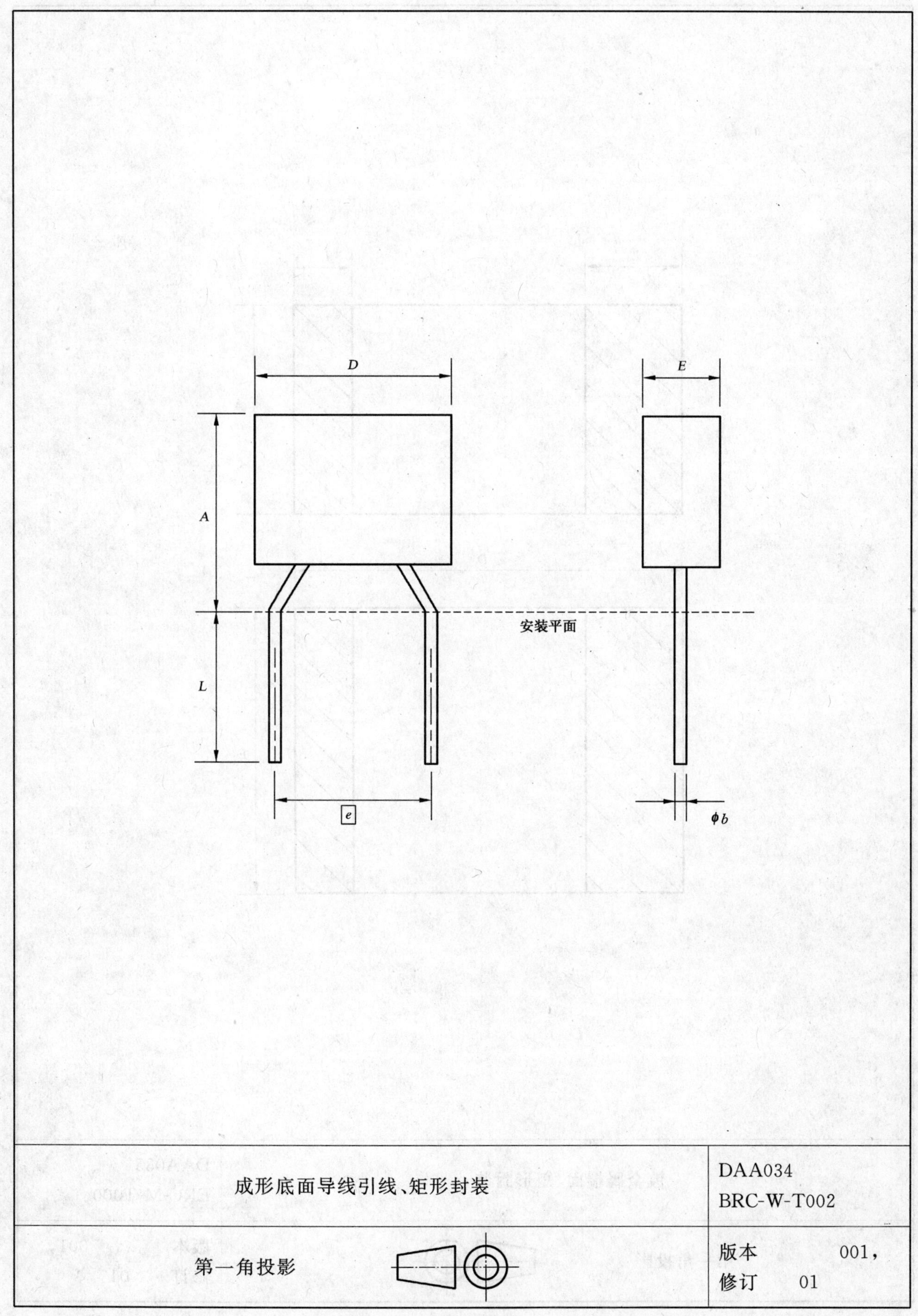
D
E
A
安装平面
L
e
φb
成形底面导线引线、矩形封装
DAA034
BRC-W-T002
第一角投影
版本 001,
修订 01

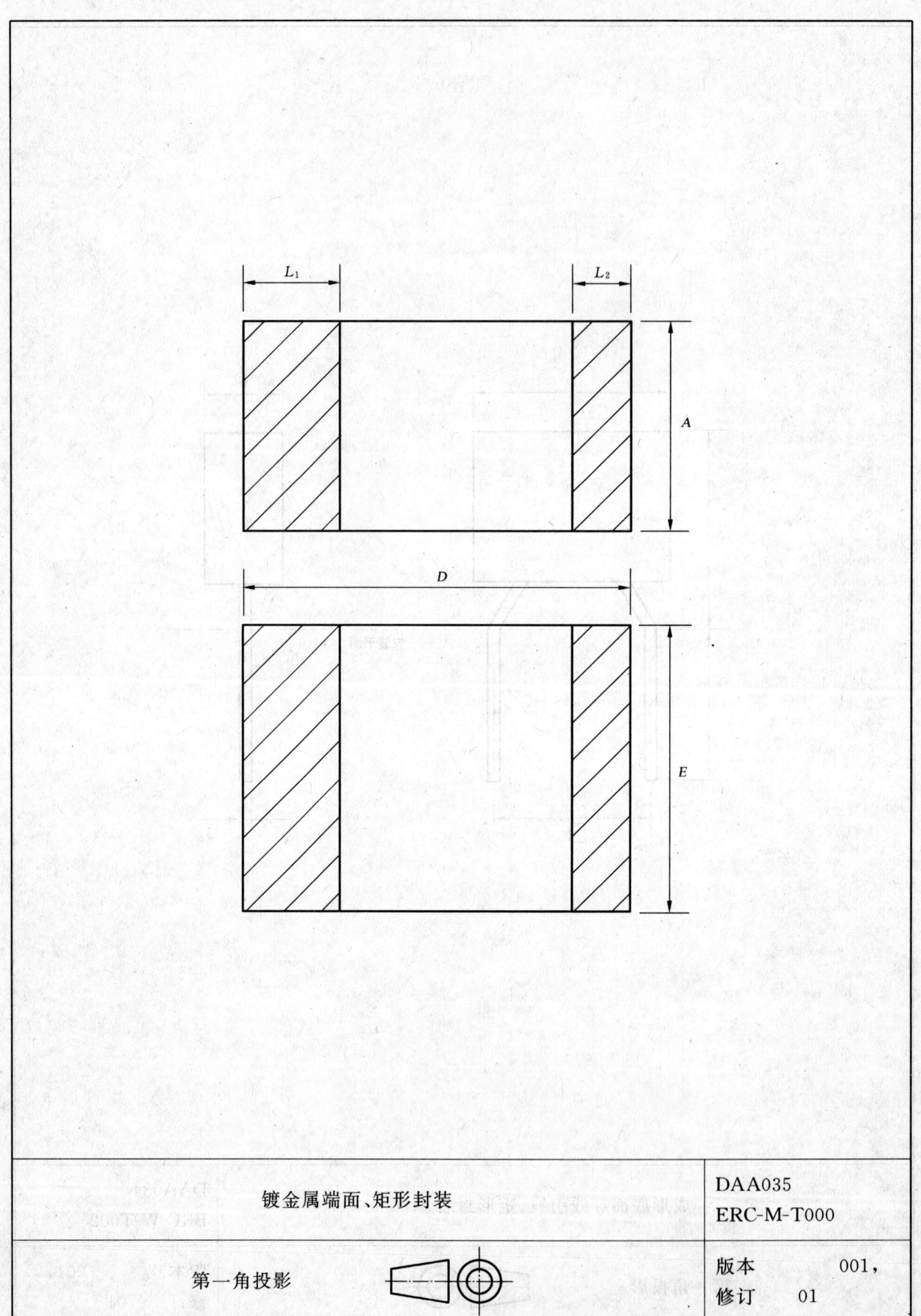

镀金属端面、矩形封装	DAA035 ERC-M-T000
第一角投影	版本 001， 修订 01

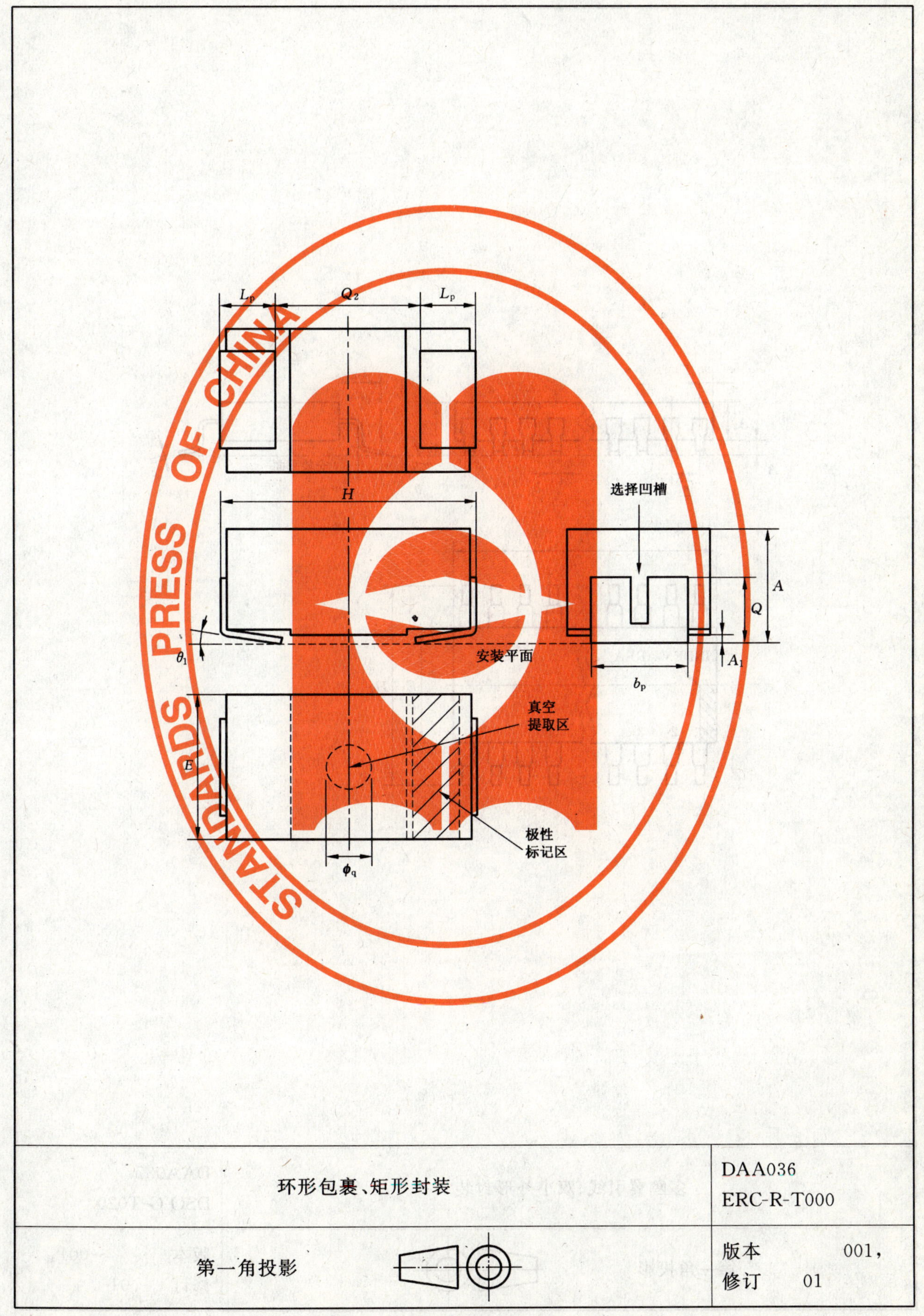

环形包裹、矩形封装	DAA036 ERC-R-T000
第一角投影	版本 001， 修订 01

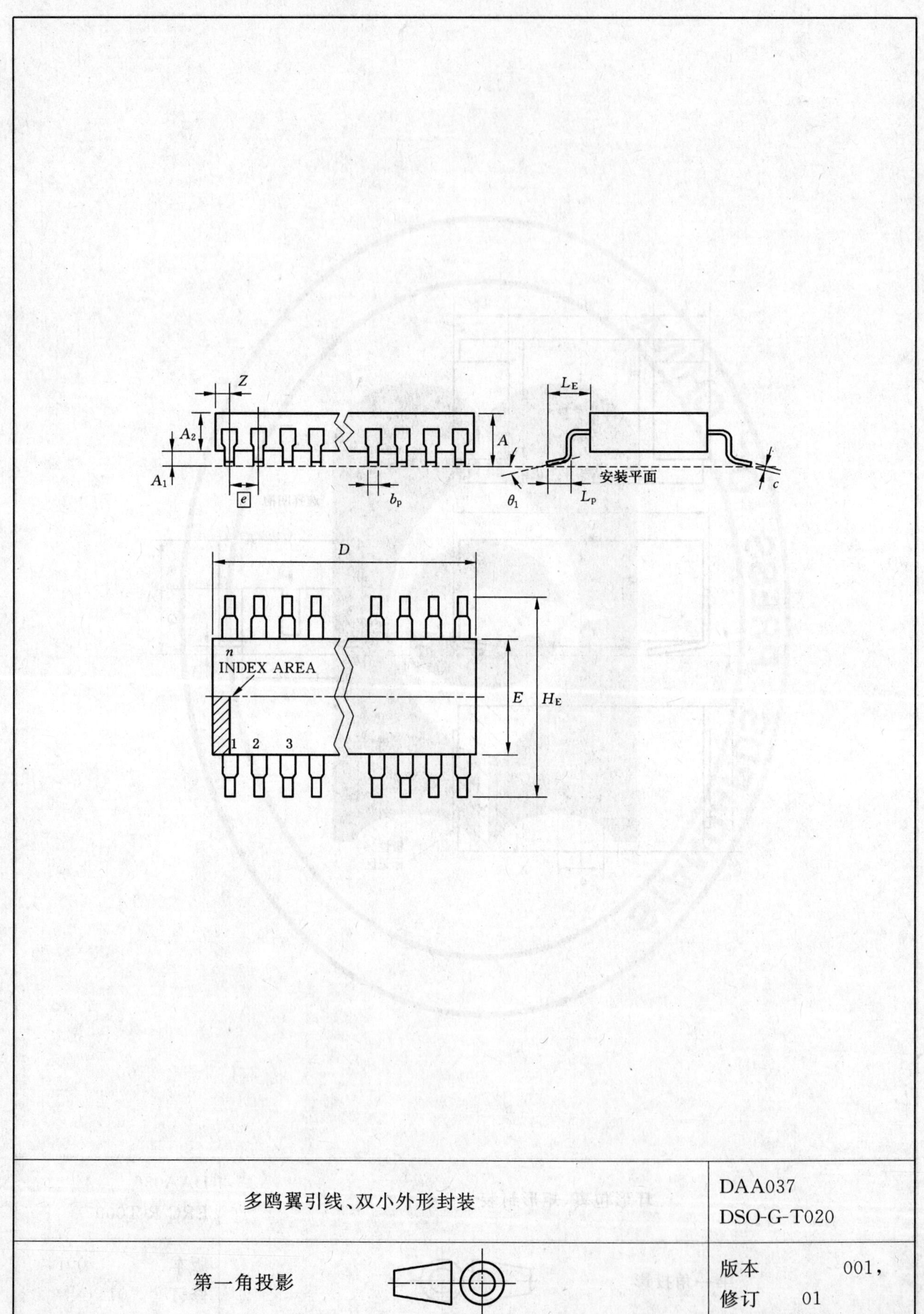

多鸥翼引线、双小外形封装	DAA037 DSO-G-T020
第一角投影	版本 001, 修订 01

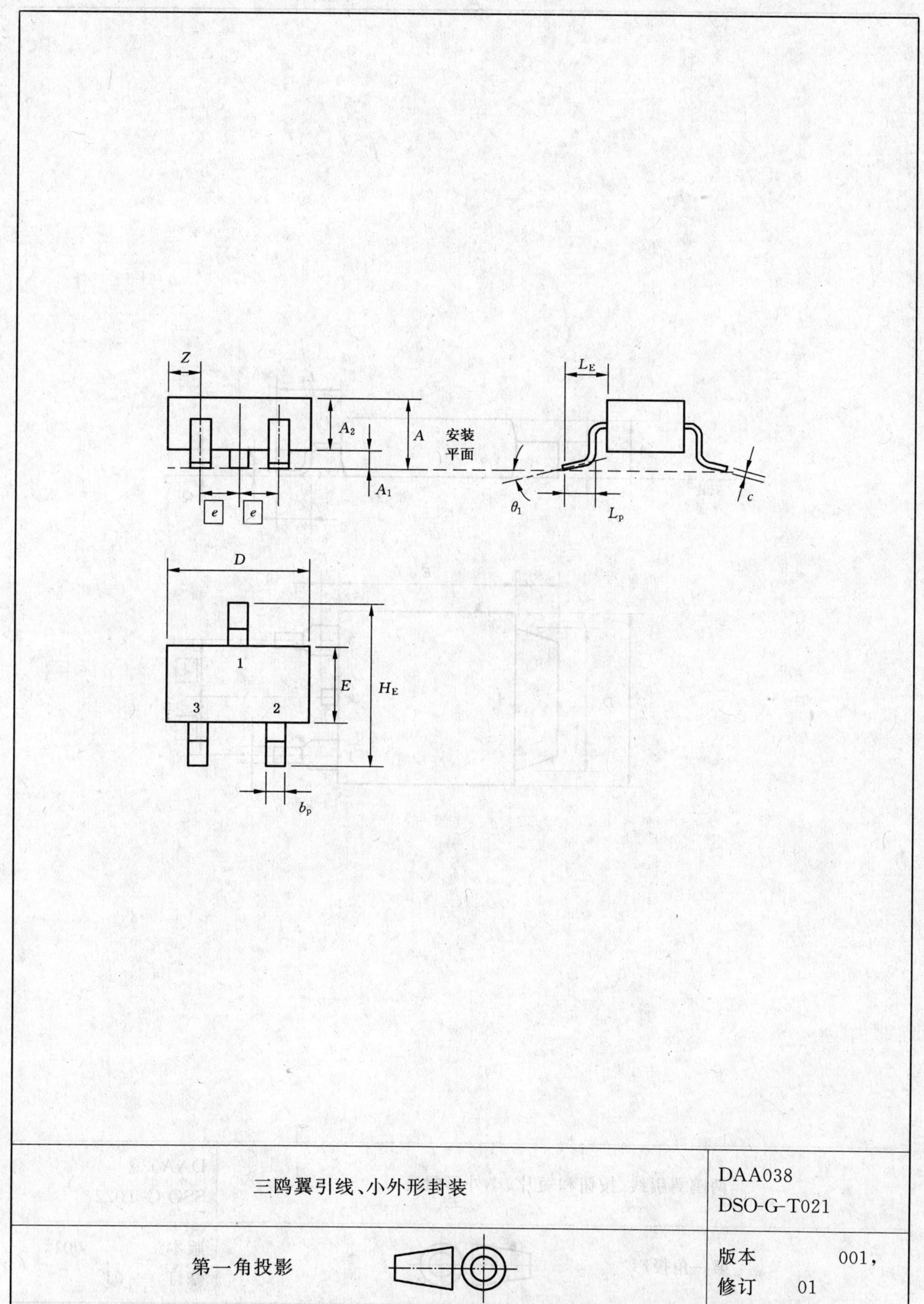

三鸥翼引线、小外形封装	DAA038 DSO-G-T021
第一角投影	版本　　001, 修订　　01

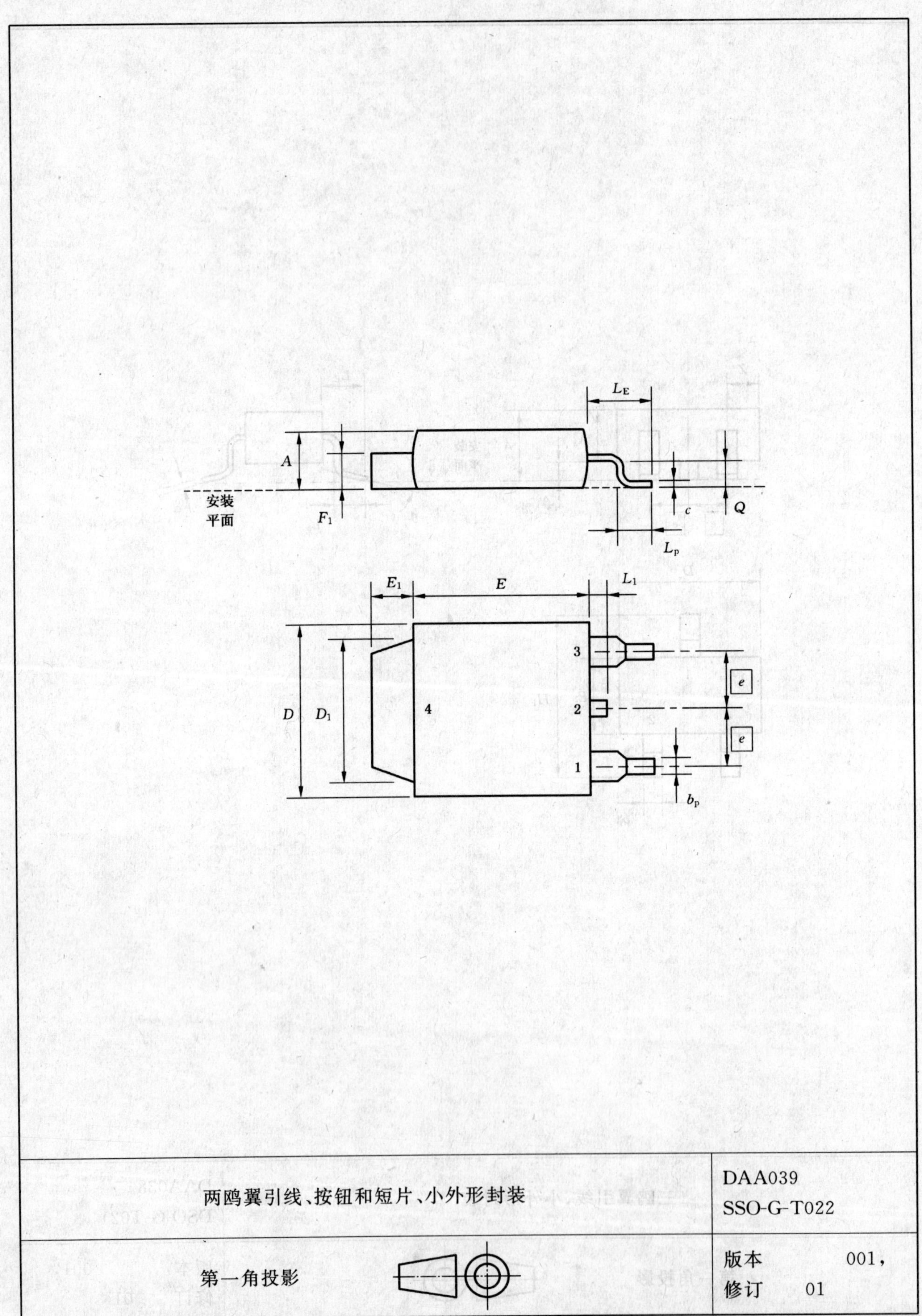
L_E
A
安装
平面
F_1
c
Q
L_p
E_1
E
L_1
D
D_1
4
3
2
1
e
e
b_p
两鸥翼引线、按钮和短片、小外形封装
DAA039
SSO-G-T022
第一角投影
版本 001,
修订 01

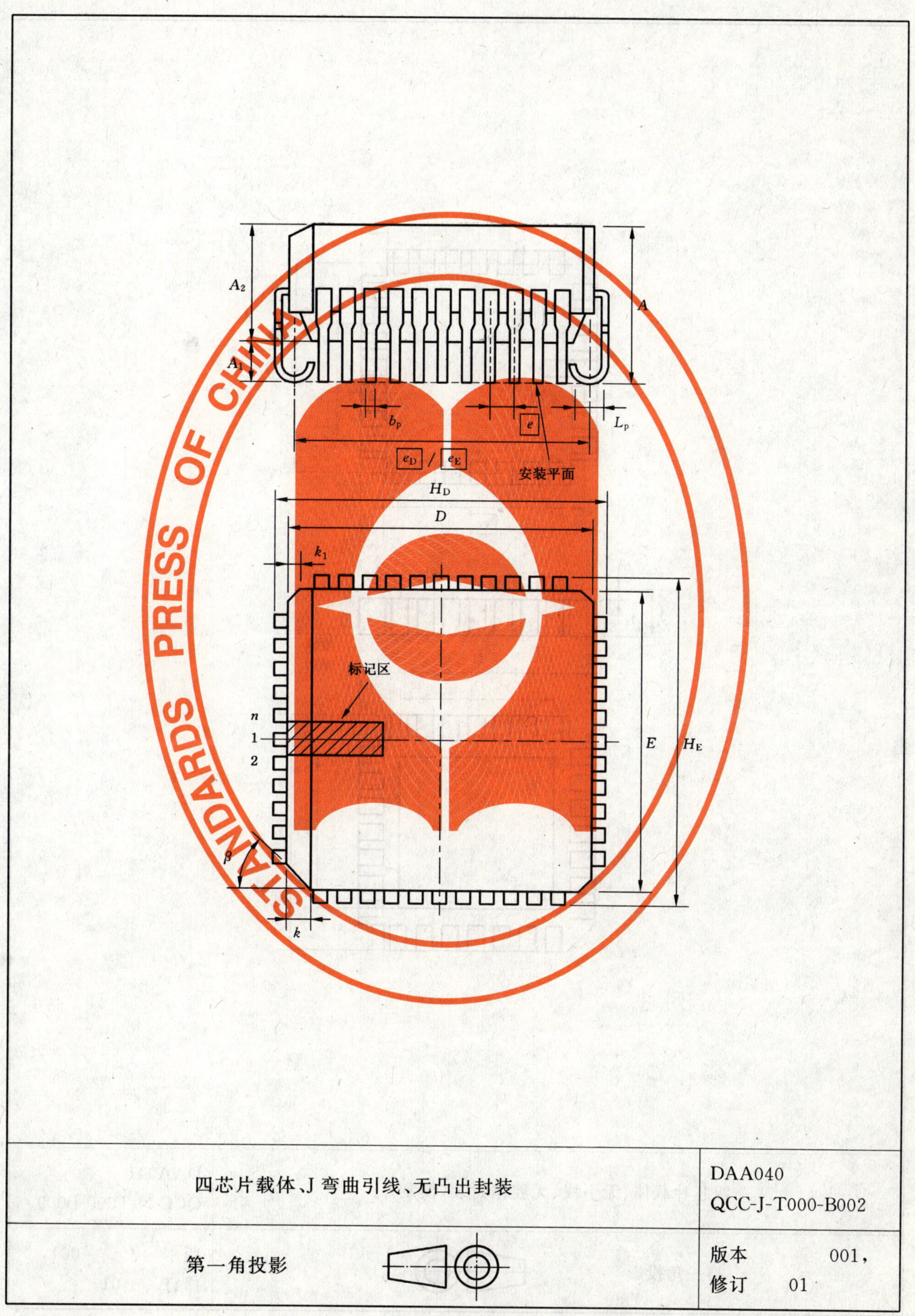

四芯片载体、J弯曲引线、无凸出封装	DAA040 QCC-J-T000-B002
第一角投影	版本 001, 修订 01

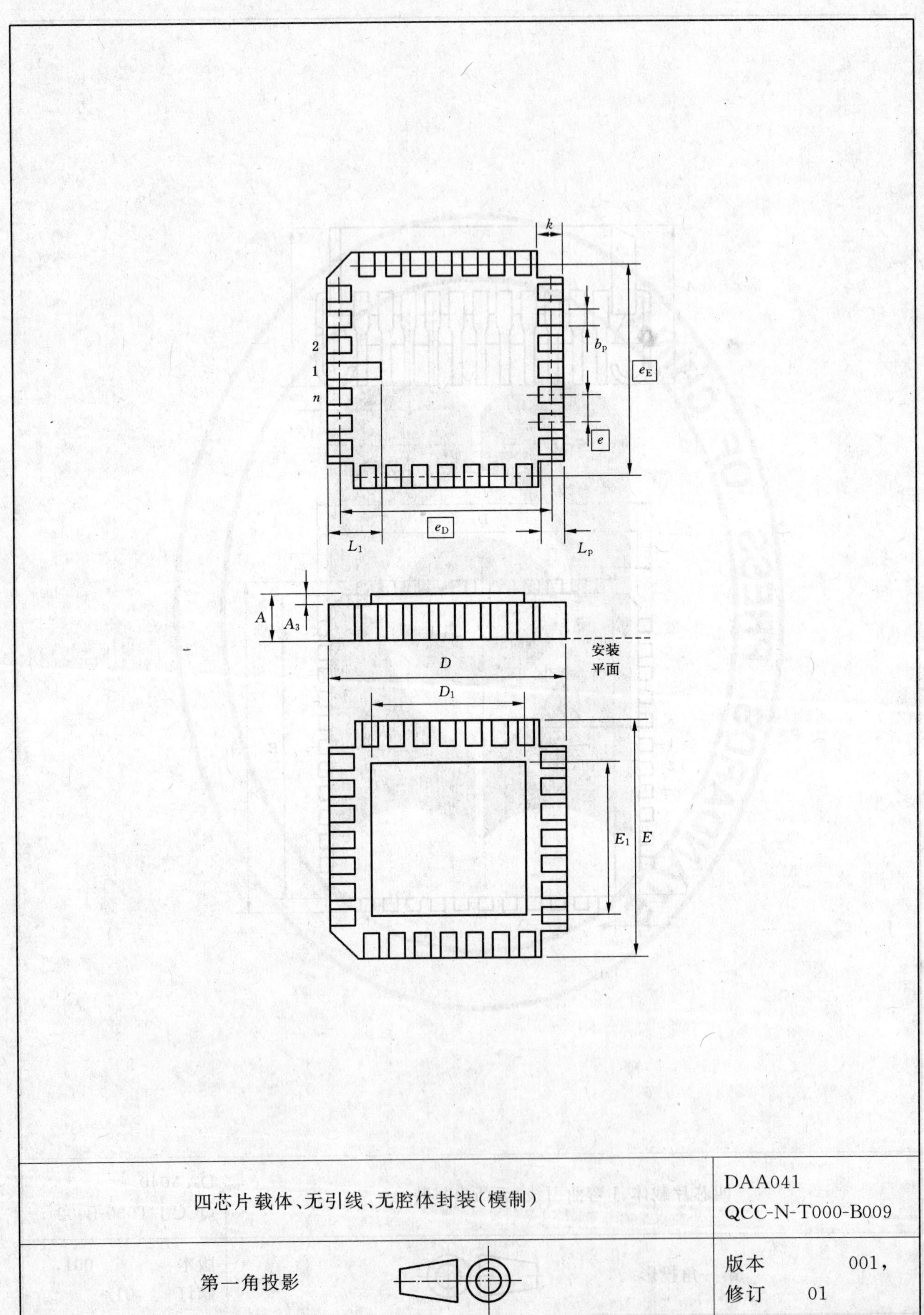

四芯片载体、无引线、无腔体封装(模制)	DAA041 QCC-N-T000-B009
第一角投影	版本 001, 修订 01

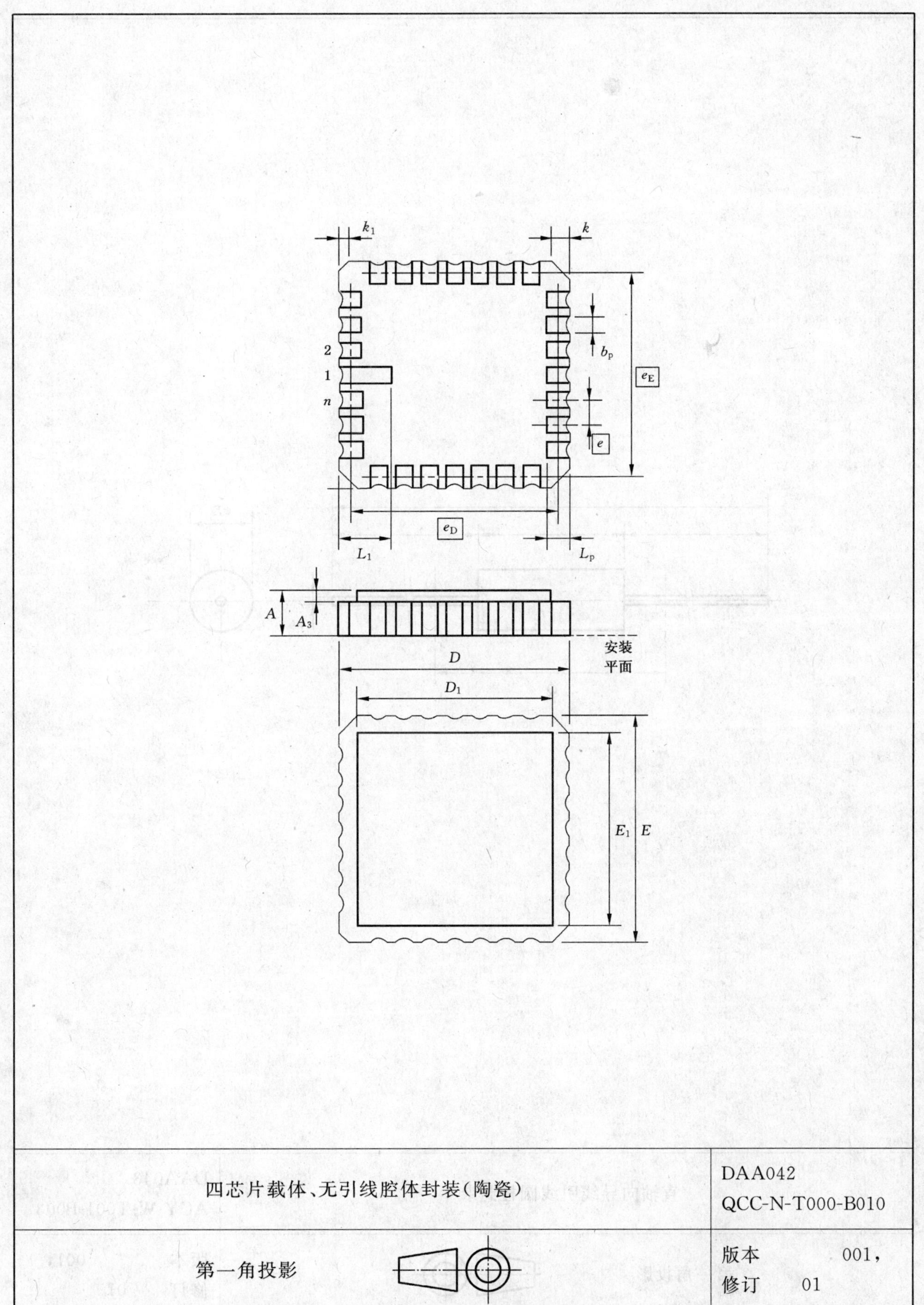
k1
k
2
1
n
bp
eE
e
eD
L1
Lp
A
A3
安装
平面
D
D1
E1
E
四芯片载体、无引线腔体封装(陶瓷)
DAA042
QCC-N-T000-B010
第一角投影
版本 001,
修订 01

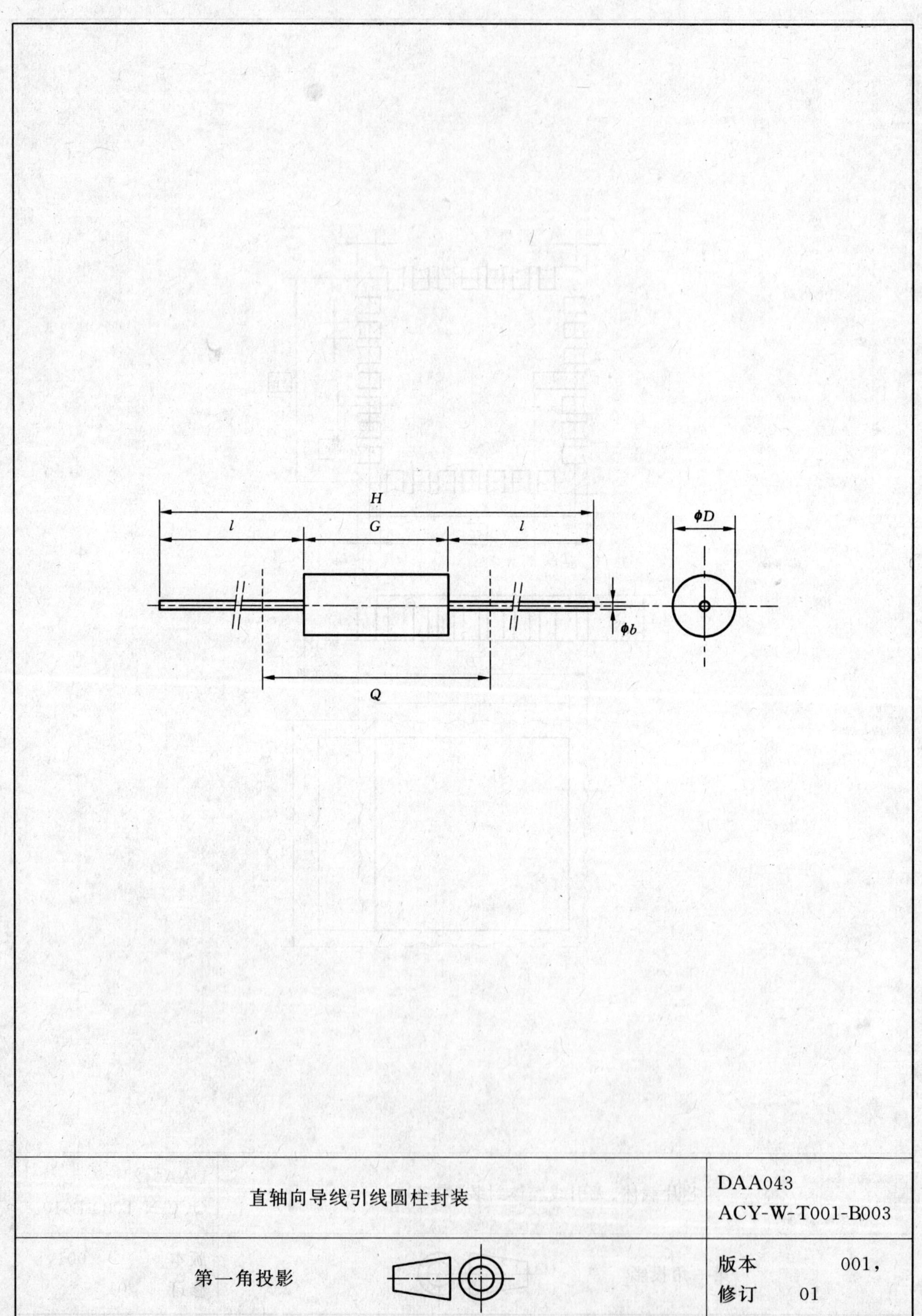
H
l
G
l
φD
φb
Q
直轴向导线引线圆柱封装
DAA043
ACY-W-T001-B003
第一角投影
版本 001,
修订 01

直轴向导线引线顶帽封装	DAA044 ACY-W-T001-B004
第一角投影	版本 001， 修订 01

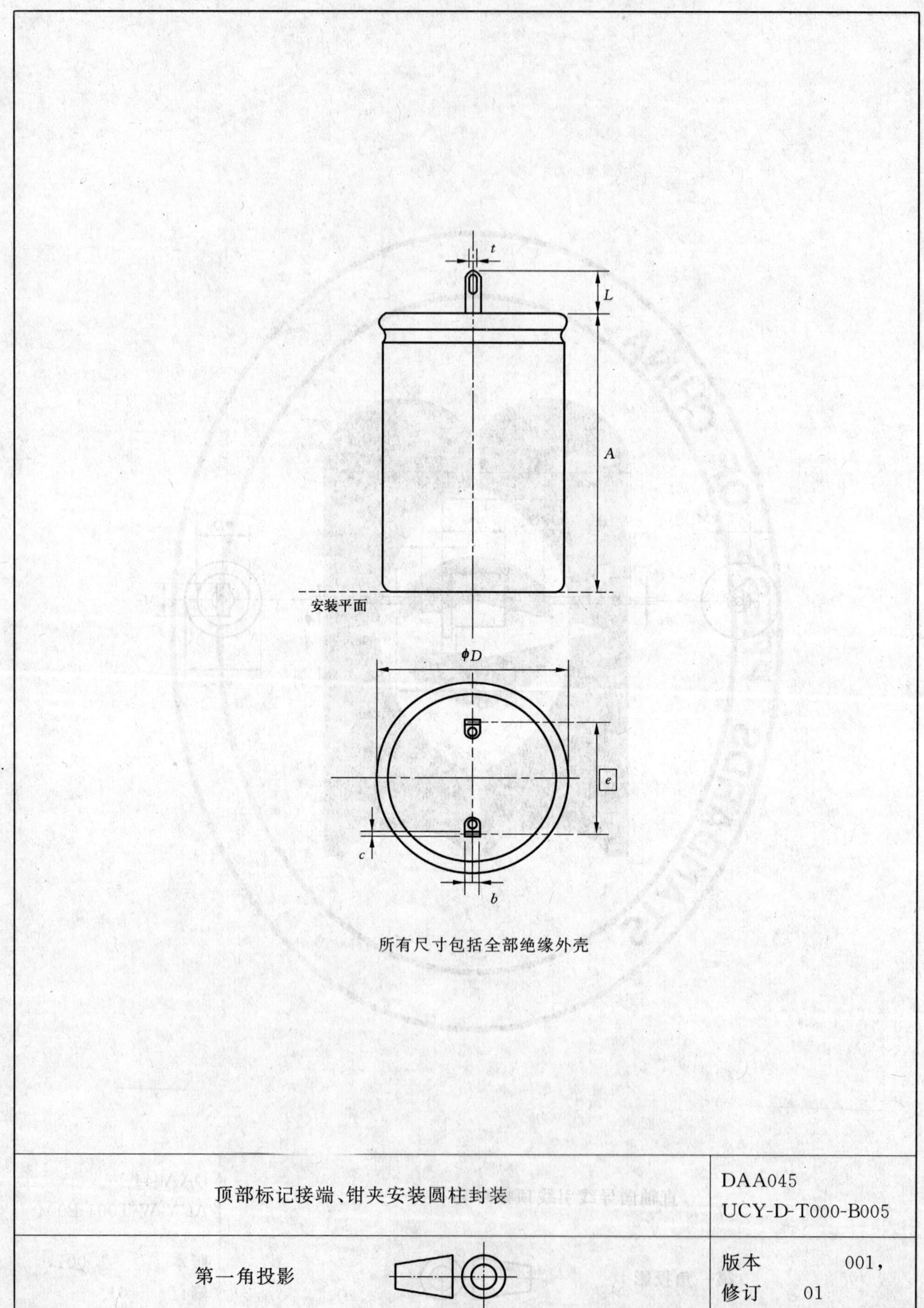
t
L
A
安装平面
ϕD
e
c
b
所有尺寸包括全部绝缘外壳
顶部标记接端、钳夹安装圆柱封装
DAA045
UCY-D-T000-B005
第一角投影
版本 001,
修订 01

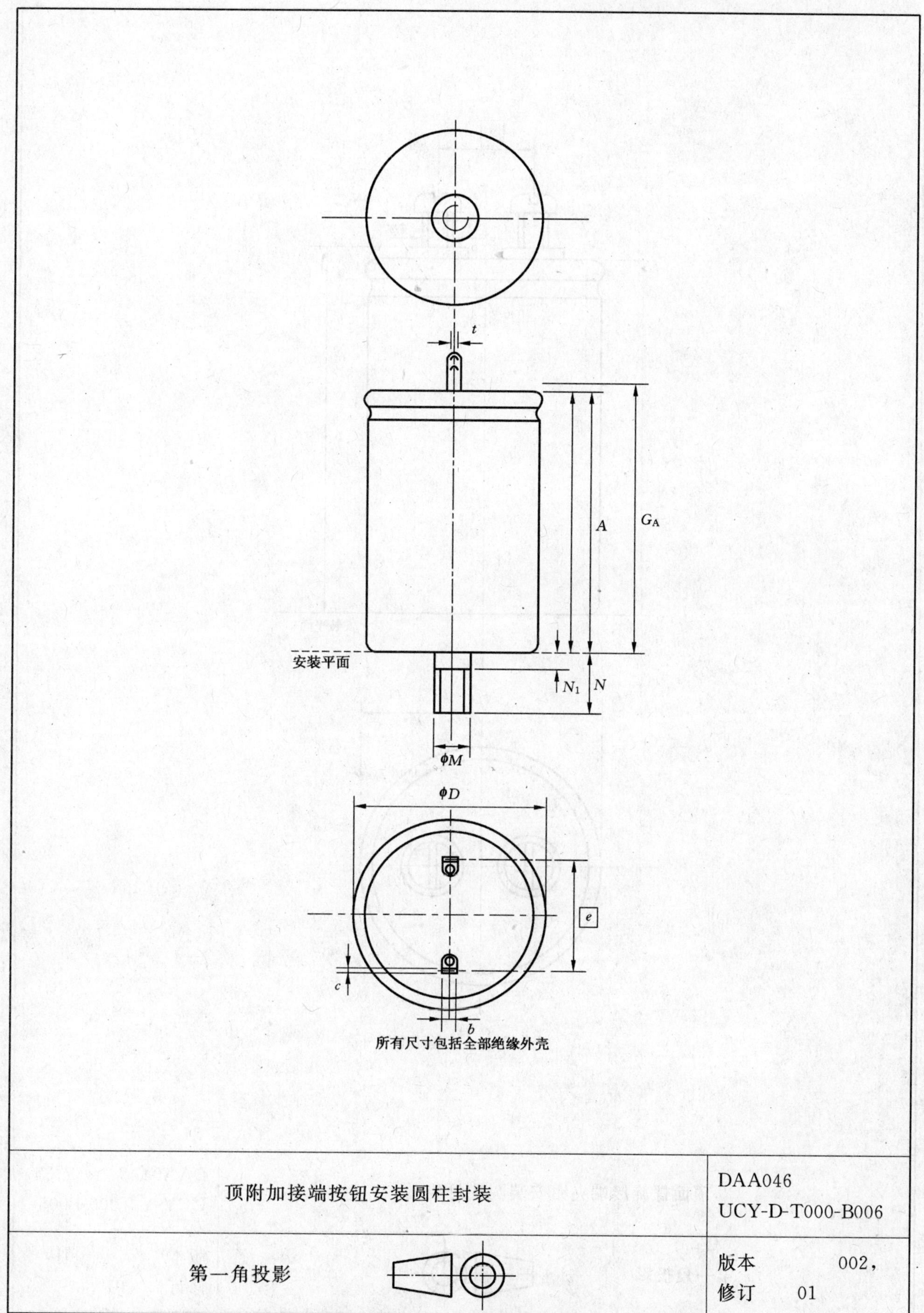

顶附加接端按钮安装圆柱封装	DAA046 UCY-D-T000-B006
第一角投影	版本 002， 修订 01

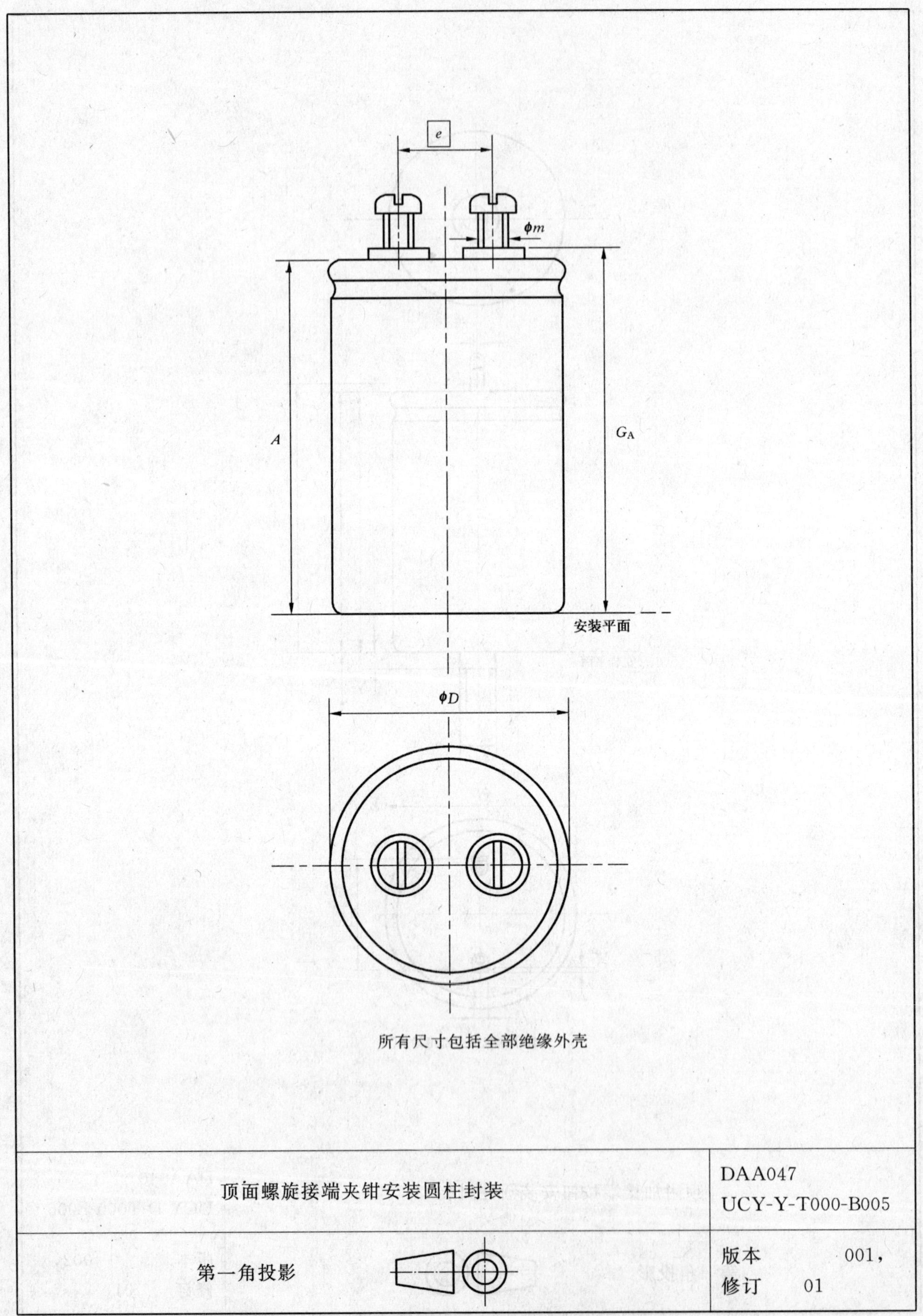

所有尺寸包括全部绝缘外壳

顶面螺旋接端夹钳安装圆柱封装		DAA047 UCY-Y-T000-B005
第一角投影		版本 001， 修订 01

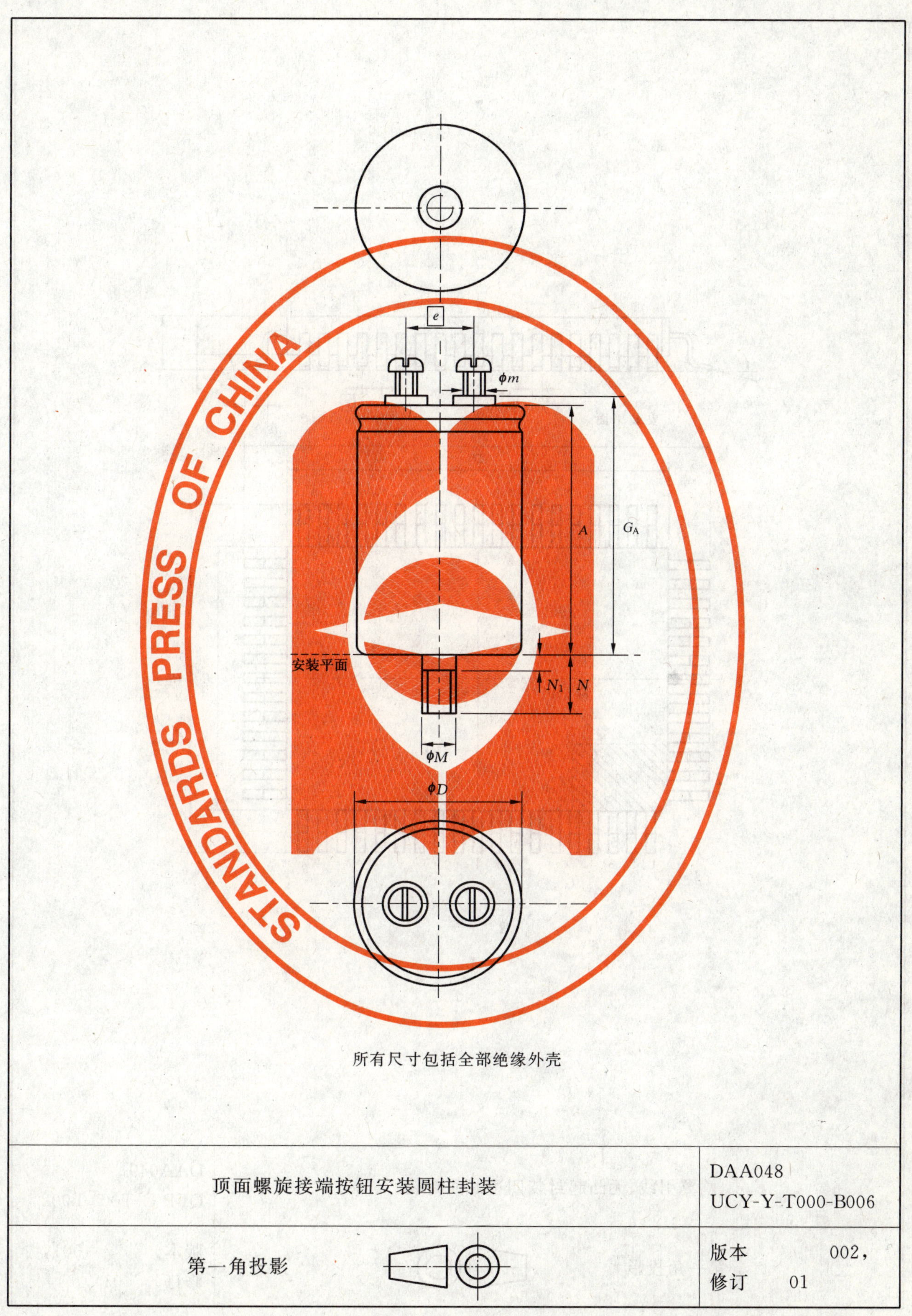

所有尺寸包括全部绝缘外壳

顶面螺旋接端按钮安装圆柱封装	DAA048 UCY-Y-T000-B006
第一角投影	版本 002, 修订 01

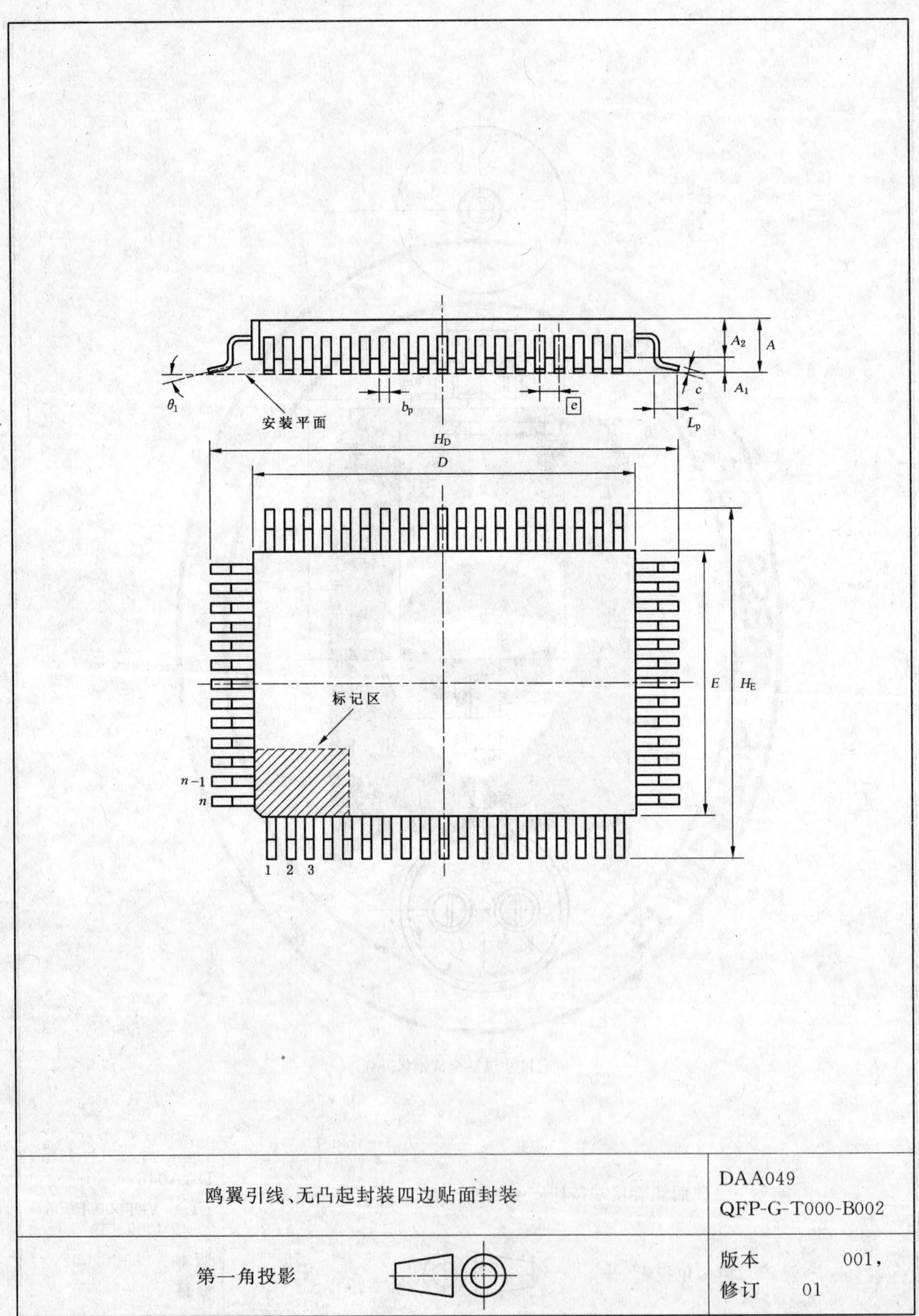

鸥翼引线、无凸起封装四边贴面封装	DAA049 QFP-G-T000-B002
第一角投影	版本 001, 修订 01

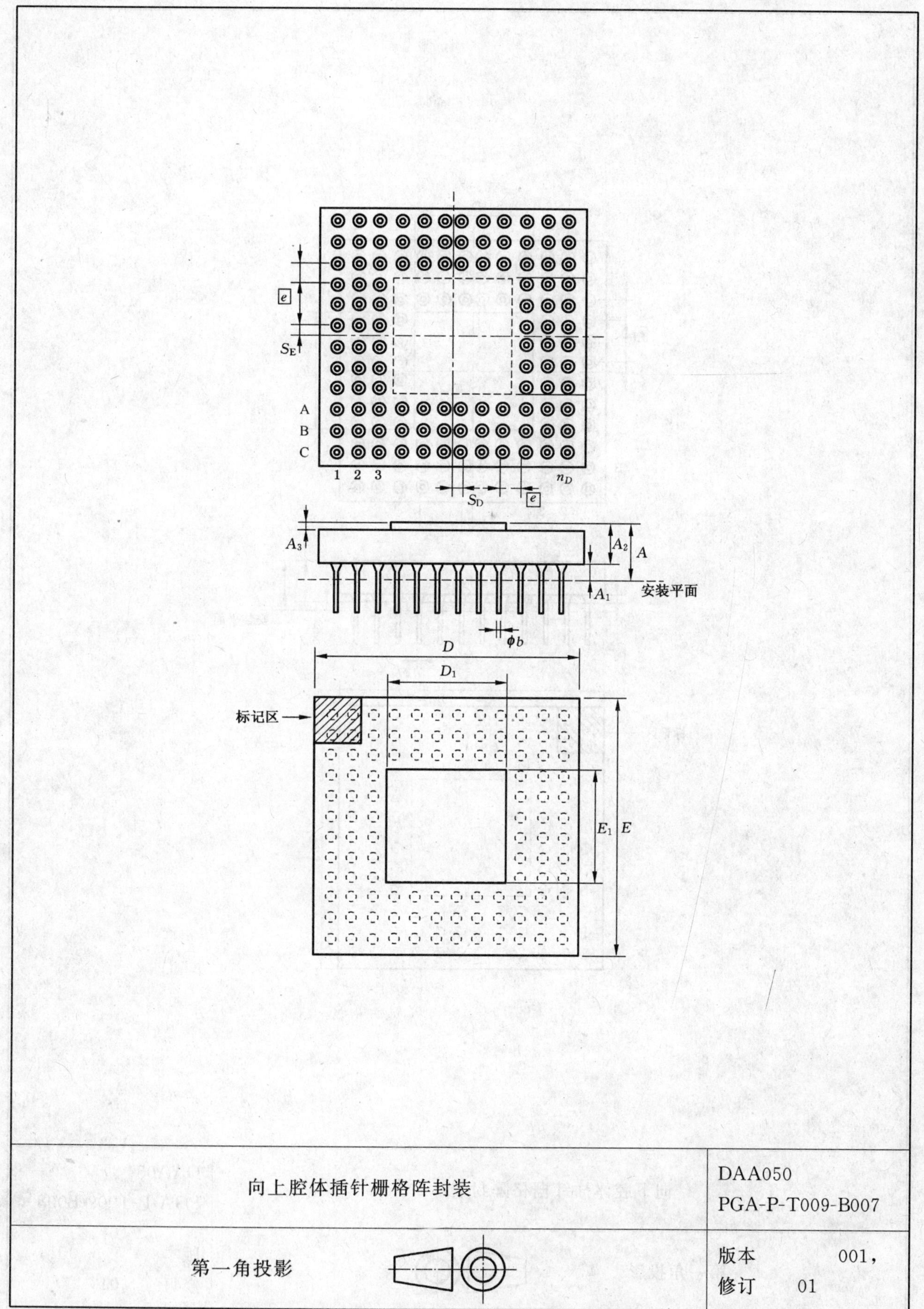

e
S_E
A
B
C
1 2 3
n_D
S_D
e
A_3
A_2
A
A_1
安装平面
φb
D
D_1
标记区
E_1
E
向上腔体插针栅格阵封装
DAA050
PGA-P-T009-B007
第一角投影
版本 001，
修订 01

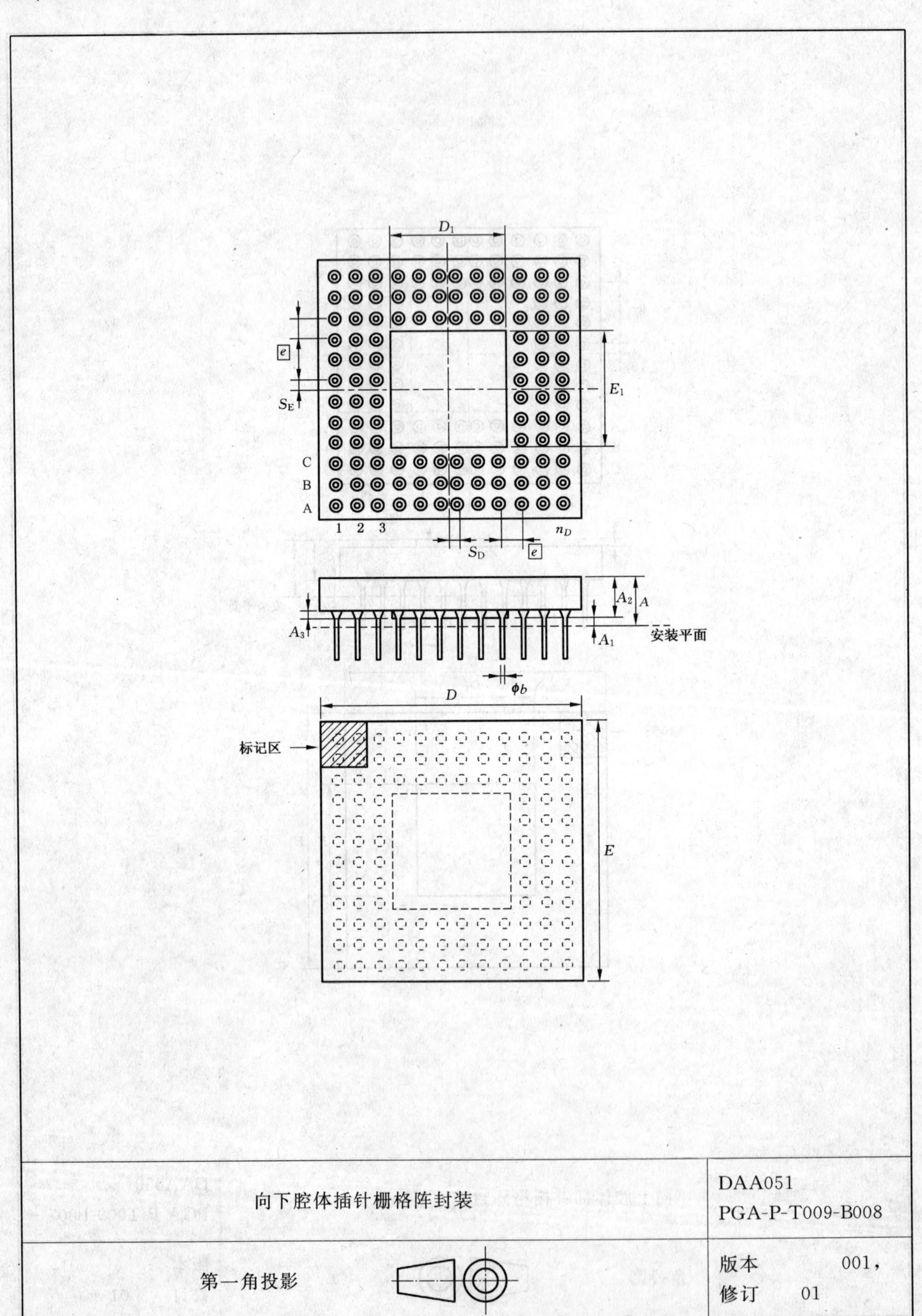
D_1
e
S_E
E_1
C
B
A
1 2 3
n_D
S_D
e
A_2
A
A_3
A_1
安装平面
ϕb
D
标记区
E
向下腔体插针栅格阵封装
DAA051
PGA-P-T009-B008
第一角投影
版本 001,
修订 01

附 录 E
（规范性附录）
尺 寸 图

E.1 尺寸图定义

DAE001-001 01

封装长、宽和高。

DXF DAE001.DXF
JPEG DAE001.JPG
Windows Meta-File DAE001.WMF

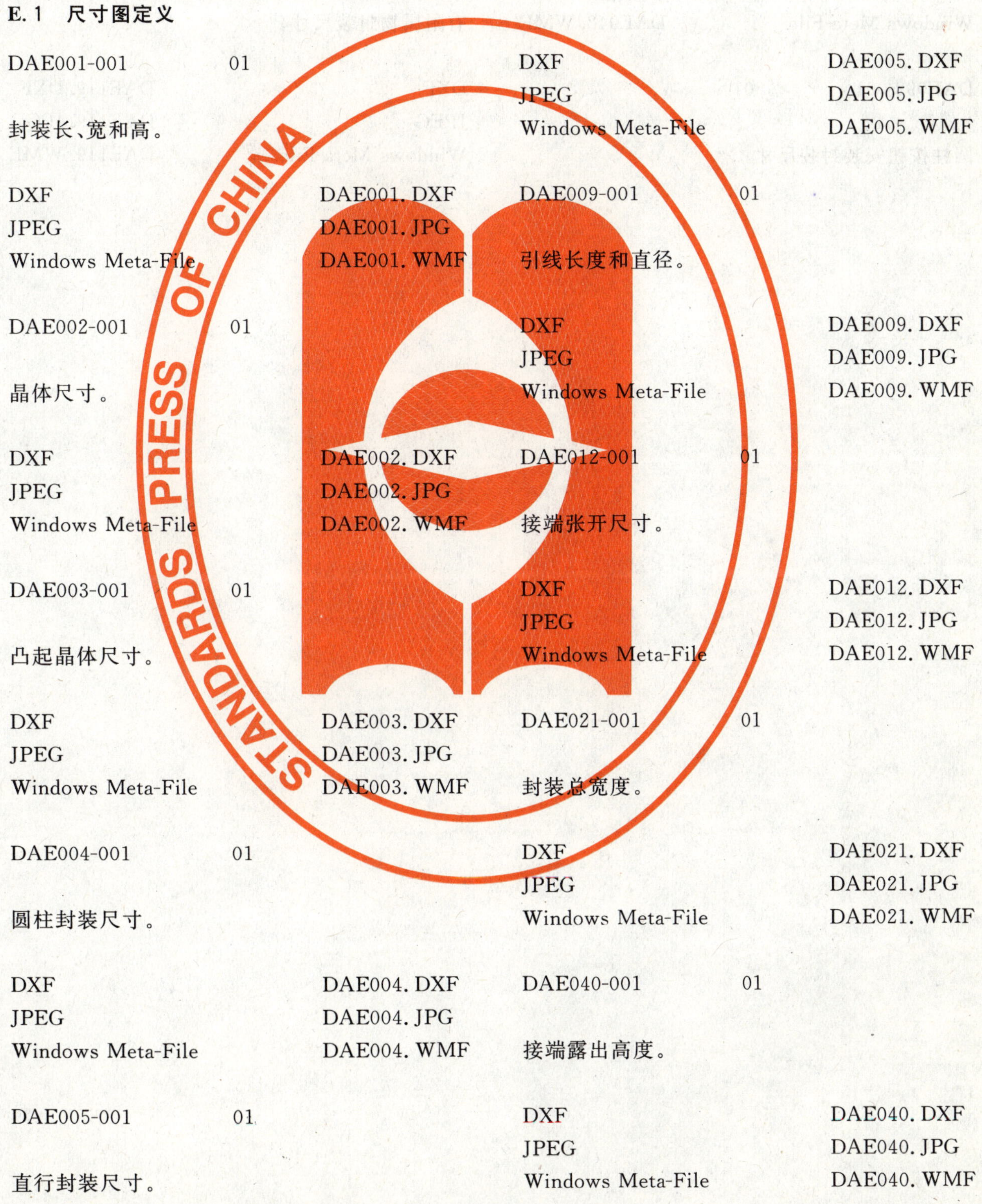

DAE002-001 01

晶体尺寸。

DXF DAE002.DXF
JPEG DAE002.JPG
Windows Meta-File DAE002.WMF

DAE003-001 01

凸起晶体尺寸。

DXF DAE003.DXF
JPEG DAE003.JPG
Windows Meta-File DAE003.WMF

DAE004-001 01

圆柱封装尺寸。

DXF DAE004.DXF
JPEG DAE004.JPG
Windows Meta-File DAE004.WMF

DAE005-001 01

直行封装尺寸。

DXF DAE005.DXF
JPEG DAE005.JPG
Windows Meta-File DAE005.WMF

DAE009-001 01

引线长度和直径。

DXF DAE009.DXF
JPEG DAE009.JPG
Windows Meta-File DAE009.WMF

DAE012-001 01

接端张开尺寸。

DXF DAE012.DXF
JPEG DAE012.JPG
Windows Meta-File DAE012.WMF

DAE021-001 01

封装总宽度。

DXF DAE021.DXF
JPEG DAE021.JPG
Windows Meta-File DAE021.WMF

DAE040-001 01

接端露出高度。

DXF DAE040.DXF
JPEG DAE040.JPG
Windows Meta-File DAE040.WMF

DAE042-001 01

椭圆法兰安装封装尺寸。

DXF DAE042.DXF
JPEG DAE042.JPG
Windows Meta-File DAE042.WMF

DAE092-001 01

圆柱按钮安装封装尺寸。

DXF DAE092.DXF
JPEG DAE092.JPG
Windows Meta-File DAE092.WMF

DAE0119-001 01

有附属物封装尺寸。

DXF DAE119.DXF
JPEG DAE119.JPG
Windows Meta-File DAE119.WMF

E.2 尺寸图

A_3
A_2
A
基本平面
安装平面
A_1
D
D_1
E_1
E
封装长、宽和高
DAE001
第一角投影
版本 001,
修订 01
A
X_0
2
1
n
$n-1$
b
Y_0
衬垫 y
c
E
衬垫 x
D
几何原点位于衬垫 1 的中心
晶体尺寸
DAE002
第一角投影
版本 001,
修订 01

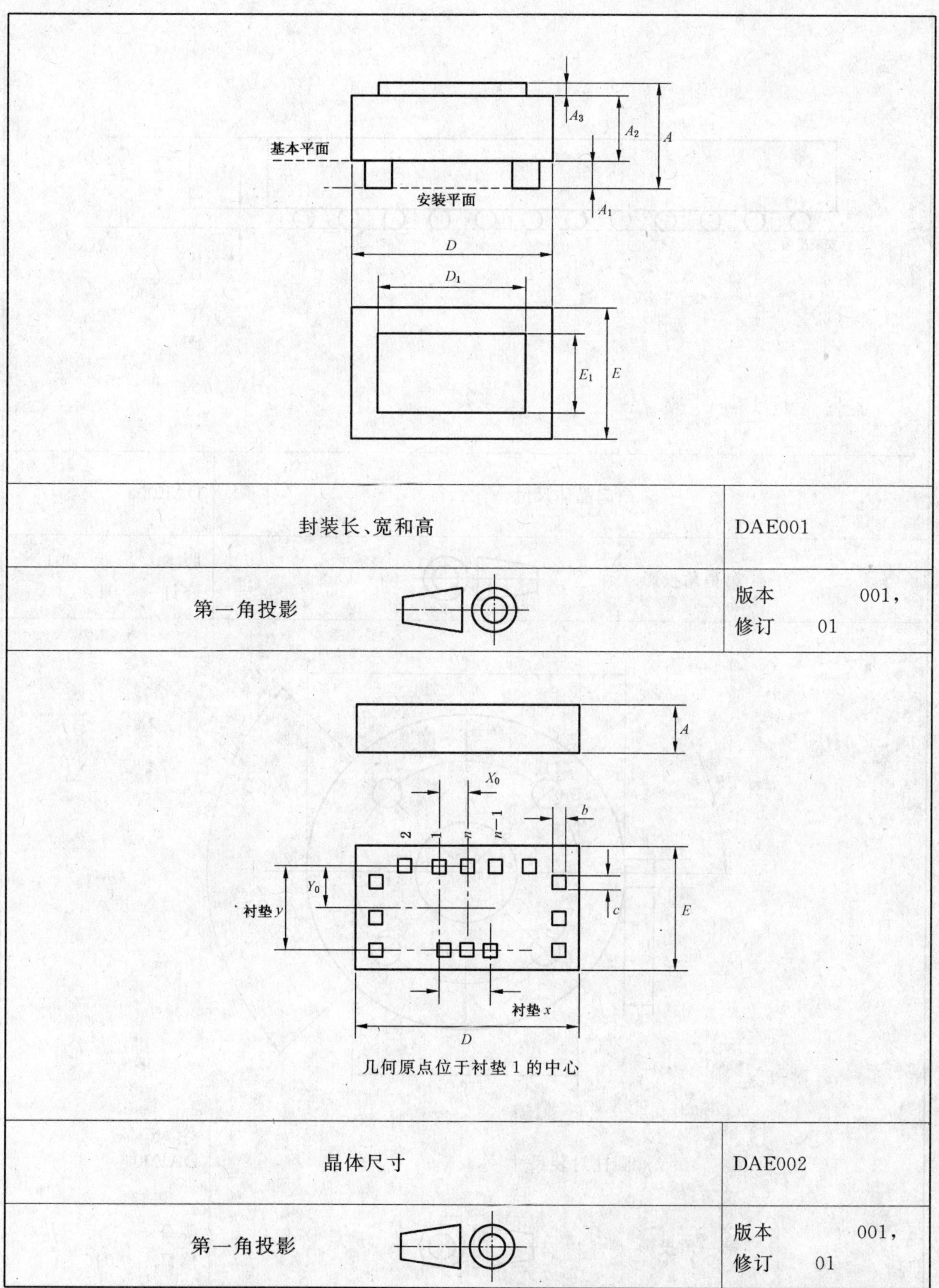

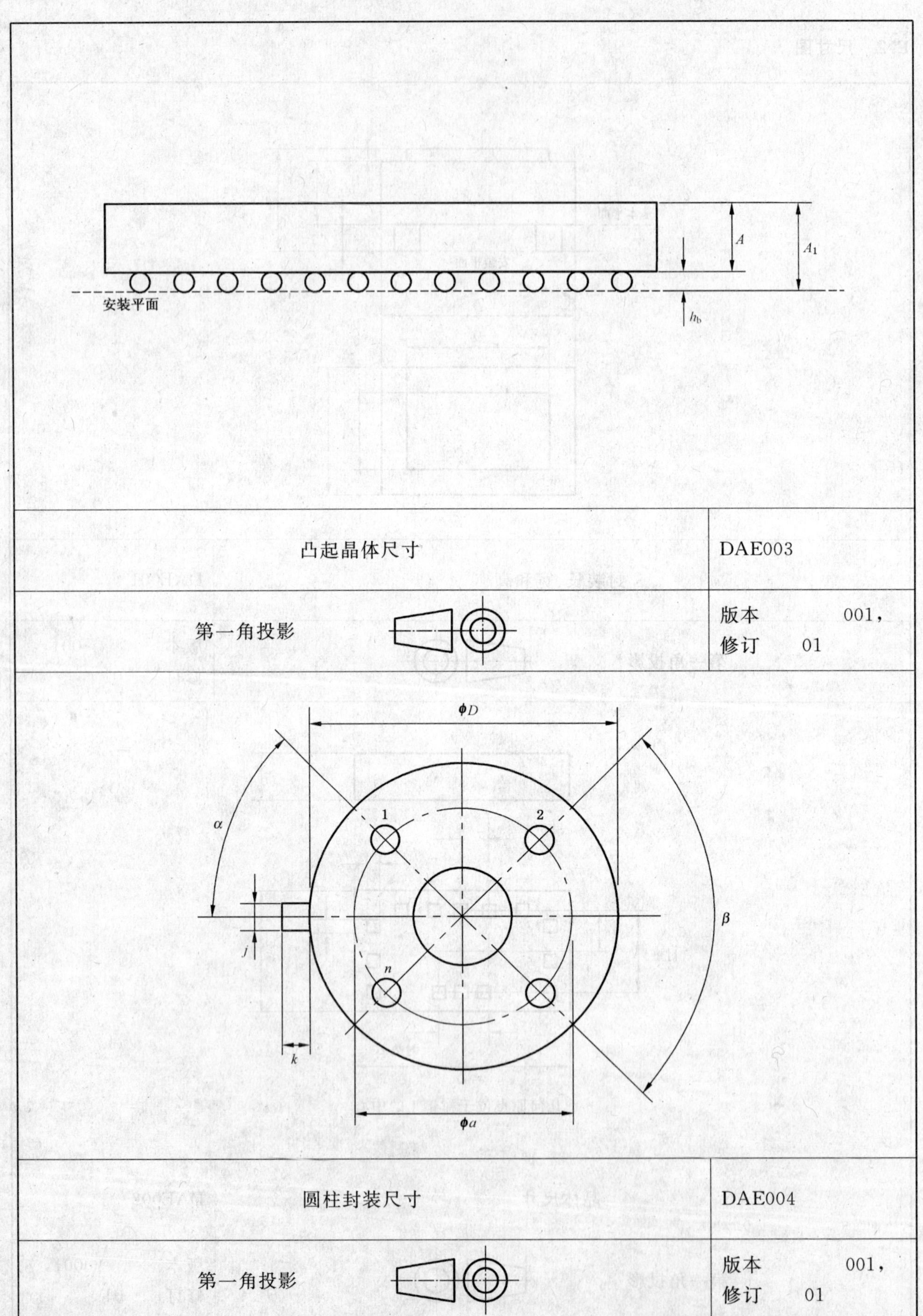
A
A_1
安装平面
h_b
凸起晶体尺寸
DAE003
第一角投影
版本 001,
修订 01
ϕD
α
1
2
β
j
n
k
ϕa
圆柱封装尺寸
DAE004
第一角投影
版本 001,
修订 01

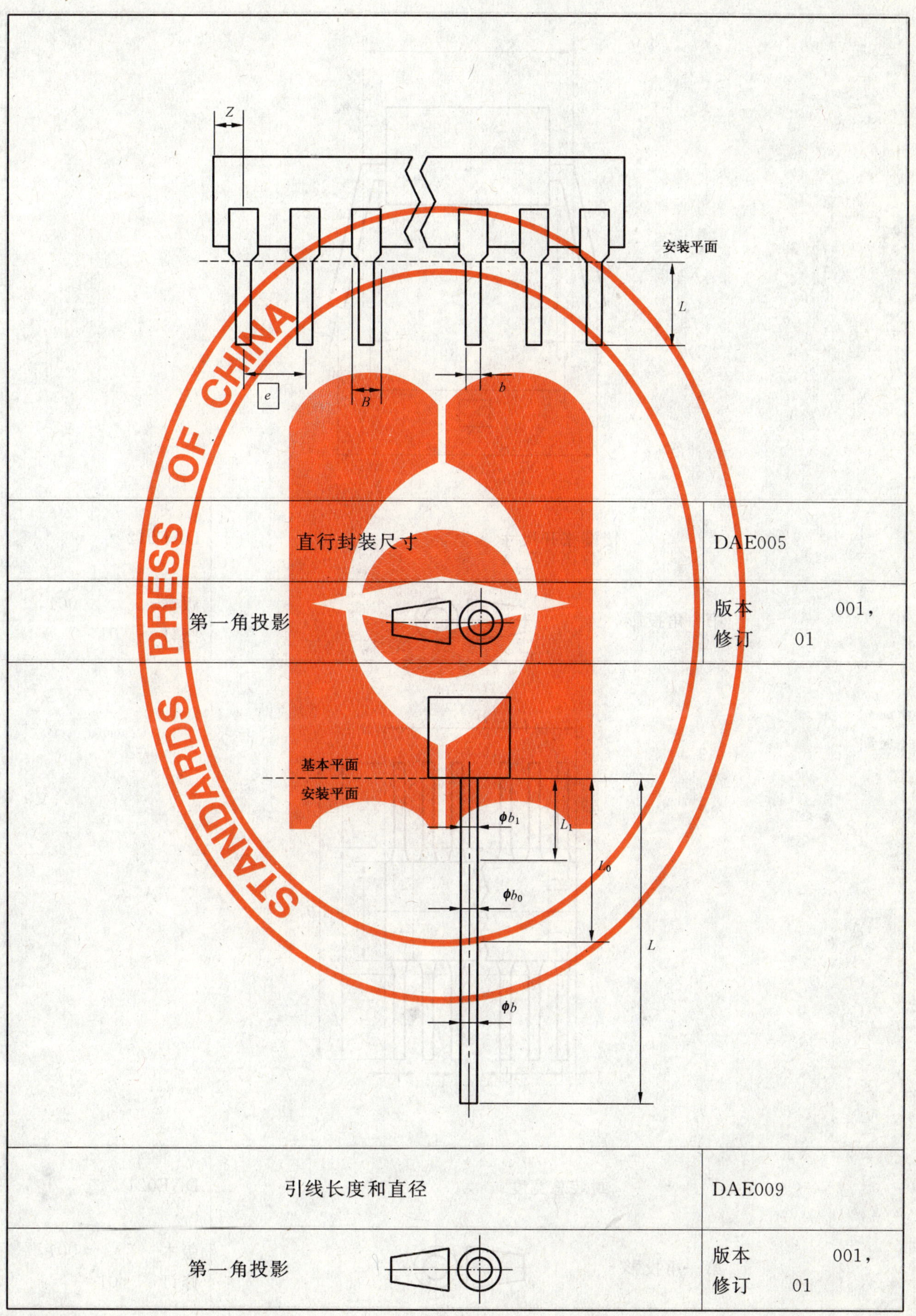
Z
安装平面
L
e
B
b
直行封装尺寸
DAE005
第一角投影
版本 001，
修订 01
基本平面
安装平面
ϕb_1
L_1
l_0
ϕb_0
L
ϕb
引线长度和直径
DAE009
第一角投影
版本 001，
修订 01

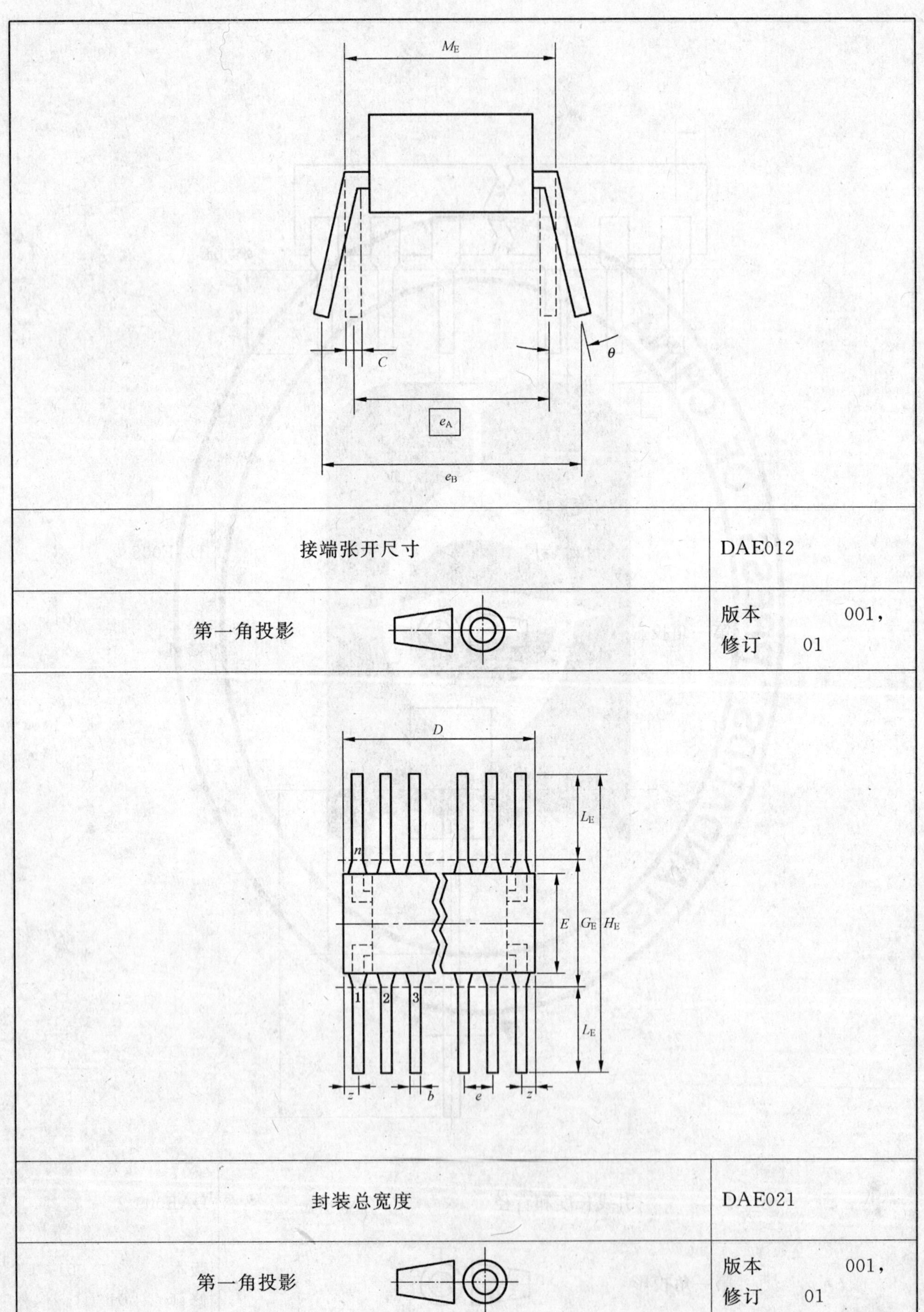

接端张开尺寸		DAE012
第一角投影		版本 001, 修订 01

封装总宽度		DAE021
第一角投影		版本 001, 修订 01

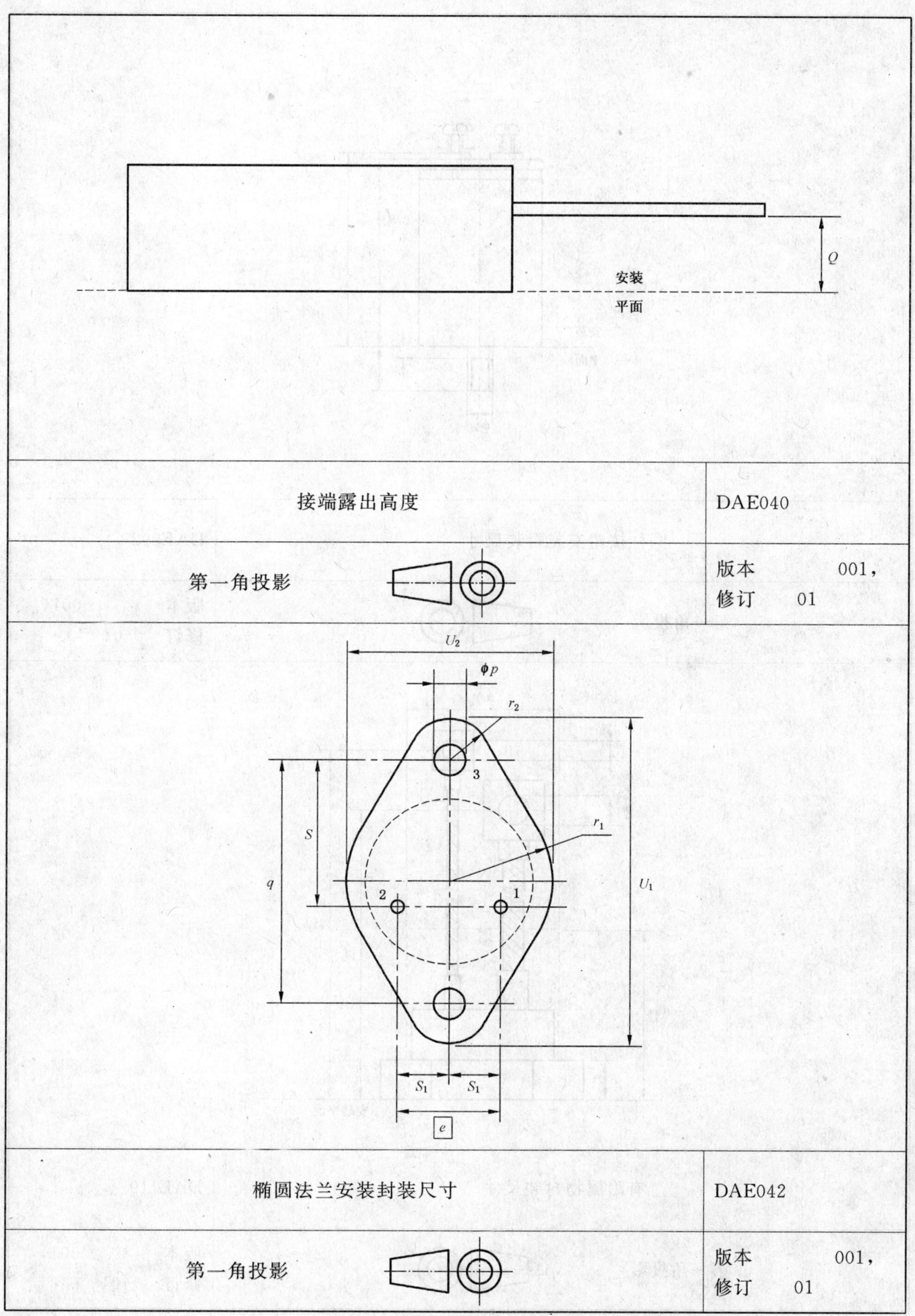

Q
安装
平面
接端露出高度
DAE040
第一角投影
版本 001，
修订 01
U_2
ϕp
r_2
3
r_1
S
q
U_1
2
1
S_1
S_1
e
椭圆法兰安装封装尺寸
DAE042
第一角投影
版本 001，
修订 01

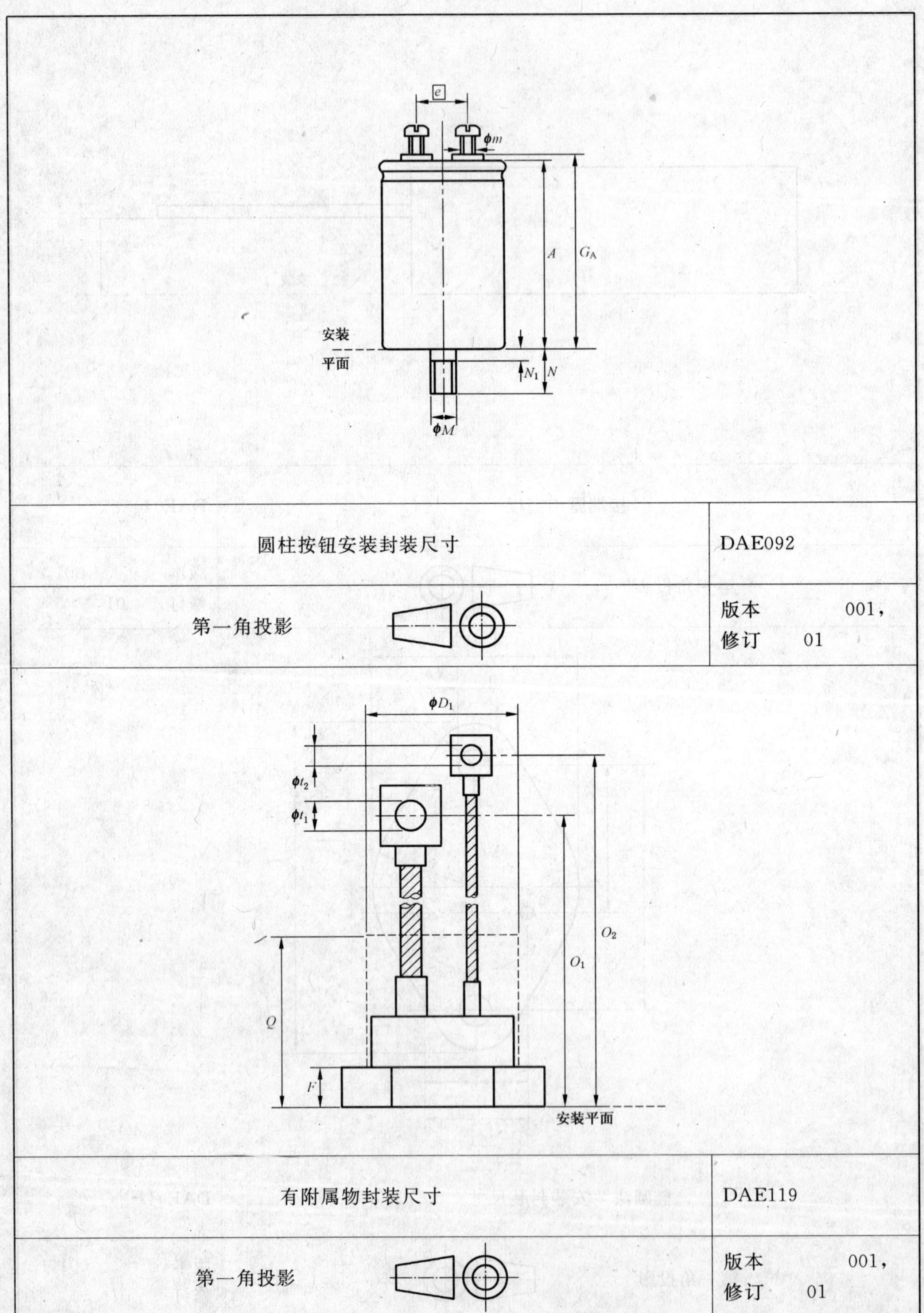
e
φm
A
G_A
安装
平面
N_1
N
φM
圆柱按钮安装封装尺寸
DAE092
第一角投影
版本 001,
修订 01
$φD_1$
$φt_2$
$φt_1$
O_2
O_1
Q
F
安装平面
有附属物封装尺寸
DAE119
第一角投影
版本 001,
修订 01

附 录 F
（资料性附录）
数据元素类型和条件数据元素类型推荐名关键词索引

关键词	完整推荐名	标识符	关键词	完整推荐名	标识符
第2阶	第2阶差拍	AAE700-005	地址	地址设定时间	AAJ098-001
2-τ	寄生信号等级(2-τ)	AAE888-005	地址	地址到输出延迟	AAE720-005
三态	三态输出漏电流	AAE239-005	可寻址	可寻址存贮容量	AAF228-005
三态	三态输出漏电流	AAE240-005	寻址	寻址模式	AAF326-005
3-τ	寄生信号等级(3-τ)	AAE879-005	调节	调节类别	AAE070-005
绝对	导纳的绝对值	AAF459-001	可调性	可调性类型	AAE003-005
绝对	阻抗的绝对值	AAF456-001	可调性	可调性类型	AAF151-005
吸收	最大能量吸收容量	AAE430-005	调节	调节类型	AAJ006-002
加速器	最后加速器电压	AAE590-005	调节器	调节器放置	AAF371-001
访问	访问时间	AAE720-005	调节	调节方向	AAJ017-001
访问	地址访问时间	AAJ091-001	导纳	导纳的模数	AAF459-001
访问	来自CAS的访问时间	AAE721-005	导纳	导纳的绝对值	AAF459-001
			导纳	转移导纳	AAE396-005
访问	脉冲访问时间	AAJ092-001	空气	(空气)间隙长度	AAE778-005
访问	来自RAS的访问时间	AAE720-005	空气	自由空气环境温度	AAE014-005
			空气	应力环境自由空气温度	AAF278-002
访问	RAS访问时间	AAJ095-001			
附件	附件名称	AAF309-005	环境	环境温度	AAE891-005
附件	附件类型	AAF465-001	环境	环境温度	AAE014-005
交叉平面	交叉平面尺寸	AAG131-001	环境	应力环境自由空气温度	AAF278-002
激励	激励显示区域电流	AAE845-005			
有源	有源元件	AAJ036-001	环境	应力环境温度	AAF278-002
实际	实际引出端数量	AAG059-001	放大	放大量	AAF169-005
实际	实际引出端数	AAG059-001	放大器	放大器封装	AAE969-005
驱动	驱动力	AAE932-005	幅值	磁导率幅值	AAE773-005
激励	激励量	AAE926-005	模拟	模拟功能	AAE084-005
驱动	开关驱动	AAE931-005	角	对x-轴角轴	AAF411-001
驱动件	驱动件类型	AAE142-005	角	对y-轴角轴	AAF412-001
驱动件	运动触点驱动件类型	AAE142-005	角	对z-轴角轴	AAF413-001
AD	AD功能	AAE788-005	角	机械旋转角	AAE173-005
附加	附加特性	AAJ071-001	角	偏转角	AAE588-005
附加	附加q-电源电流	AAE897-005	角	半值射束角	AAE558-005
附加	附加静态电流	AAE897-005	角	标记角度	AAG130-001
地址	地址访问时间	AAJ091-001	角	标记数据角	AAG047-001
地址	地址总线宽度	AAF226-005	角	标记数据角	AAG048-001
地址	地址保持时间	AAJ099-001	角	相位角	AAF454-001

关键词	完整推荐名	标识符
角	相位角	AAF455-001
角	半角	AAF416-001
角	步进角	AAE208-005
角	损耗角的正切值	AAE065-005
角	引出端安装角	AAG052-001
角	引出端到接触件的角度	AAE352-005
角	视角	AAE993-005
角度	角度引出端间距	AAG049-001
角度	角度引出端间距	AAG050-001
角度	角度引出端展开	AAG051-001
角度	角程	AAJ066-001
阳极	平均阳极电流	AAF203-005
阳极	峰值阳极电流	AAF204-005
阳极	阳极类型	AAJ052-001
阳极	阳极电压	AAE590-005
阳极	阳极限制电压	AAF315-005
阳极	阳极-栅极到阳极电流	AAE749-005
阳极	阳极-栅极到阳极电压	AAE751-005
阳极	可控制阳极电流	AAE745-005
阳极-栅极	阳极-栅极到阳极电流	AAE749-005
阳极-栅极	阳极-栅极到阳极电压	AAE751-005
间距	间距	AAE362-005
应用	应用代码	AAE606-005
应用	应用模式	AAE864-005
应用	应用类型	AAJ016-001
应用	(电容器)电路应用	AAE034-005
应用	延迟线应用	AAE542-005
应用	二极管应用	AAE273-007
应用	EHT 组合应用	AAE503-005
应用	频率应用	AAE055-005
应用	频率应用	AAF119-005
应用	频率应用	AAF146-005
应用	IC 应用领域	AAE074-005
应用	功率变压器应用	AAF098-005
应用	PTC 应用	AAE618-005
应用	整流二极管应用	AAE505-005
应用	电压应用	AAE033-005

关键词	完整推荐名	标识符
应用	导线应用	AAF262-005
认证	质量认证机构	AAE687-005
认证	安全认证	AAE149-005
结构	指令集体系结构	AAF222-005
区域	激励显示区域电流	AAE845-005
面积	有效横截面面积	AAE782-005
面积	总面积	AAF398-001
面积	最小横截面面积	AAF283-005
面积	净面积	AAF397-001
区域	视区高度	AAE855-005
区域	视区长度	AAE854-005
电枢	电枢材料	AAE176-005
排列	包装排列	AAF265-005
排列	插针排列	AAE348-005
阵列	引出端阵列类型	AAJ033-001
特征	基本特征	AAF352-001
组装件	触点组装件数量	AAE921-005
组装	最大组装温度	AAD149-001
保证	质量保证	AAE687-005
衰减	衰减	AAF261-005
衰减	带通衰减	AAF121-005
衰减	转换器衰减	AAE887-005
机构	质量认证机构	AAE687-005
雪崩	反向不重复峰值雪崩能量	AAE304-005
平均	平均阳极电流	AAF203-005
平均	平均偏置电流	AAF154-005
平均	平均正向电流	AAE966-005
平均	平均噪声因子	AAE647-005
平均	平均噪声指数	AAE647-005
平均	平均导通态电流	AAE744-005
平均	平均输出电流	AAE286-005
平均	正态平均值	AAF365-001
AWG	导体规格 AWG	AAF244-005
轴	最大轴向力	AAE200-005
轴	对 x-轴角轴	AAF411-001
轴	对 y-轴角轴	AAF412-001
轴	对 z-轴角轴	AAF413-001
背光	背光	AAE989-005
背部	背部光洁度	AAD119-001
声障板	声障板孔宽	AAE056-005
声障板	声障板孔长度	AAE054-005

关键词	完整推荐名	标识符	关键词	完整推荐名	标识符
频带	频带	AAE487-005	结合	结合点数	AAD018-001
带宽	带宽	AAE534-005	下端	下端插口	AAE345-005
带宽	带宽	AAE934-005	抖动	抖动时间	AAE930-005
带宽	增益带宽	AAF167-005	Br	温度系数 Br	AAF297-005
带宽	增益带宽乘积	AAF167-005	宽度	物体宽度	AAE021-005
带宽	光谱带宽	AAE557-005	宽度	声障板孔宽	AAE056-005
裸露/绝缘	裸露/绝缘	AAF239-005	宽度	光谱带宽	AAE557-005
基极	基极电流（直流）	AAE409-005	宽度	法兰宽度	AAF318-001
管基	管基类型	AAE598-005	宽度	引出端宽度	AAF338-001
基座	安装基座温度	AAE336-005	弹回	弹回电压	AAE726-005
基座	安装基座温度	AAE272-005	破坏	破坏力矩	AAE201-005
基极-发射极	基极-发射极电阻	AAE906-005	击穿	击穿电压	AAF302-005
			击穿	击穿电压公差	AAJ083-001
基极-发射极	基极-发射极饱和电压	AAF114-005	击穿	集电极-发射极击穿电压	AAF066-005
基极-发射极	基极-发射极电压	AAE427-005	击穿	直流击穿电压	AAJ082-001
			击穿	最小击穿电压	AAF251-005
基极-发射极	基极-发射极电压差	AAE418-005	断开	额定断开容量	AAF122-005
			击穿	击穿电压	AAE725-005
基本	基本特征	AAF352-001	亮度	亮度对比率	AAE848-005
射束	半值射束角	AAE558-005	电刷	电刷寿命	AAE170-005
射束宽度	50%值之间的射束宽度	AAE558-005	电刷	电刷寿命期望值	AAE171-005
			BSI	BSI 形状/尺寸代码	AAE259-005
差拍	第二阶差拍	AAE700-005	内置	内置熔断器	AAJ007-001
差拍	合成三倍差拍	AAE699-005	主体	主体材料	AAD148-001
弯曲	弯曲半径	AAF434-001	凸出	凸出高度	AAD146-001
弯曲	曲引出端间距	AAG091-001	凸出	凸出高度误差	AAD147-001
弯曲	弯曲引出端间距	AAG105-001	凸出	凸出材料	AAD124-001
BH	最大 BH 乘积	AAF295-005	凸出	凸出尺寸	AAD122-001
偏置	平均偏置电流	AAF154-005	凸出	凸出高度	AAD123-001
偏置	输入偏置电流	AAF154-005	爆裂模式	爆裂模式循环时间	AAJ093-001
位	位数	AAE459-005	总线	地址总线宽度	AAF226-005
板	电路板厚度	AAJ040-001	总线	总线结构	AAF221-005
板	印制板厚度	AAE362-005	总线	数据总线宽度	AAF227-005
物体	物体宽度	AAE021-005	总线	I/O 总线宽度	AAF328-005
物体	体的直径	AAF320-001	电缆	电缆结构	AAF254-005
物体	物体高度	AAE020-005	电缆	LF 电缆单元	AAF253-005
物体	物体长度	AAE019-005	电缆	MIL 电缆类型	AAF252-005
物体	体形状	AAF344-001	电缆	电缆单元数	AAF255-005
物体	体变量代码	AAG055-001	电缆	RF 电缆单元	AAF256-005
物体	接触体材料	AAE355-005	电缆	斜率电缆等效值	AAE705-005
物体	最大物体温度	AAE115-005	电缆/导线	电缆/导线	AAF249-005

关键词	完整推荐名	标识符	关键词	完整推荐名	标识符
电容器	介质类别(陶瓷电容器)	AAE038-005	电容	传输电容	AAE421-005
			电容	压敏电阻器电容	AAE429-005
电容	(电容)温度系数	AAE067-005	电容器	(电容器)介质	AAE004-007
电容	电容量	AAE046-005	电容器	(电容器)电路应用	AAE034-005
电容	电容	AAF446-001	电容器	电解电容器类型	AAJ001-001
电容	电容	AAJ084-001	电容器	电容器阻抗	AAJ058-001
电容	电容	AAE957-005	电容器	(电容器的)时间常数	AAE066-005
电容	导体之间的电容	AAF259-005	电容器	可变电容器类型	AAJ002-001
电容	电容温度变化	AAJ057-001	容量	最大能量吸收容量	AAE430-005
电容	电容下限公差	AAE269-001	容量	热容量	AAE135-005
电容	电容下公差 %	AAE018-001	容量	标称容量	AAE530-005
电容	电容比	AAE502-005	容量	功率处理容量	AAE048-005
电容	电容误差	AAE071-005	容量	额定断开容量	AAF122-005
电容	电容上限公差	AAE268-001	容量	存贮容量	AAE474-005
电容	电容量上公差 %	AAE047-001	容量	电压处理能力	AAE338-005
电容	线圈-触点电容	AAE918-005	板	板厚	AAJ040-001
电容	集电极电容	AAE420-005	载体	载体存贮时间	AAF055-005
电容	集电极-基极电容	AAF116-005	CAS	来自CAS的访问时间	AAE721-005
电容	触点电容	AAE919-005	外壳	外壳规格	AAF388-001
电容	二极管电容	AAE496-005	外壳	壳体温度	AAE260-005
电容	二极管电容	AAE497-005	种类	EE 元器件种类	AAE002-006
电容	二极管下限电容	AAF304-005	种类	EM 种类元器件	AAE060-005
电容	二极管上限电容	AAF303-005	种类	二极管器件种类	AAF305-005
电容	发射极-基极输入电容	AAF117-005	种类	温度种类	AAE891-005
电容	反馈电容	AAE390-005	范畴	范畴温度	AAJ056-001
电容	反馈电容	AAE421-005	范畴	范畴电压	AAJ053-001
电容	输入电容	AAE898-005	种类	气候种类	AAE010-005
电容	输入电容	AAE982-005	种类	U/I 种类	AAE509-005
电容	栅极输入电容	AAE655-005	阴极	阴极电压	AAE591-005
电容	负载电容	AAE256-005	阴极	阴极关断电压	AAE591-005
电容	最大电容量	AAE068-005	阴极	阴极关断电压	AAE603-005
电容	最小电容量	AAE069-005	阴极	阴极-栅极到阴极电流	AAE748-005
电容	负电容公差	AAF448-001	阴极-栅极	阴极-栅极到阴极电流	AAE748-005
电容	输出电容	AAE983-005	阴极-栅极	阴极-栅极触发电压	AAE750-005
电容	正电容公差	AAF449-001	CECC	CECC 规范	AAE347-005
电容	基准电容	AAE860-005	原电池	串联的原电池数	AAE940-005
电容	短路输入电容	AAE982-005	中心	中心频率	AAE527-005
电容	短路输出电容	AAE983-005	中心	(x-轴)重心	AAF362-001
电容	特定电容	AAE990-005	中心	(y-轴)重心	AAF363-001
电容	对称电容公差	AAF447-001	中心	中心柱直径	AAE051-005
电容	有公差电容	AAF462-001	中心	晶体中心 x 位置	AAD129-001
电容	传输电容	AAE390-005	中心	晶体中心 y 位置	AAD130-001

关键词	完整推荐名	标识符
中心	中心的 x 坐标	AAF418-001
中心	中心的 y 坐标	AAF419-001
中心	中心的 z 坐标	AAF420-001
陶瓷	介质类别(陶瓷电容器)	AAE038-005
确认	质量确认	AAE687-005
变化	电容温度变化	AAJ057-001
变化	差分电流变化	AAE642-005
变化	差分电压变化	AAE644-005
变化	输出电压最大变化速率	AAF162-005
变化	正向电流变化率	AAE275-005
沟道	沟道类型	AAE366-005
字符	字符高度	AAE851-005
字符	字符长度	AAE850-005
特性	特性阻抗	AAF260-005
特性	EIA 温度特性代码	AAE037-005
特性	输入/输出特性	AAE787-005
充电	充电时间	AAE943-005
充电	充电循环次数	AAE944-005
充电	充电电压	AAE941-005
可充电性	可充电性类型	AAE510-005
芯片	芯片无效待机电流	AAF336-005
斩波	斩波频率	AAE935-005
色度	色度	AAF202-005
圆	节距圆直径	AAF337-005
圆	引出端圆直径	AAG004-001
电路	(电容器)电路应用	AAE034-005
电路	电路板厚度	AAJ040-001
箝位	箝位电压	AAE313-005
箝位	输入箝位电流	AAE217-005
箝位	最大箝位电压	AAE319-005
箝位	输出箝位电流	AAE218-005
类别	调节类别	AAE070-005
类别	矫顽力类别	AAE759-005
类别	介质类别(陶瓷电容器)	AAE038-005
类别	IEC 基准类别	AAE000-001
类别	发光密度类别	AAE562-005
类别	元器件主类别	AAE001-005
类别	性能类别	AAE357-005
类别	安全类别	AAE036-005

关键词	完整推荐名	标识符
类别	密封类别	AAJ018-001
类别	类别电流电压(IEC)	AAE319-005
间隔	间隔	AAG002-001
间距	对地间距	AAE158-005
气候	气候种类	AAE010-005
时钟	脉冲访问时间	AAJ092-001
时钟	时钟频率	AAF224-005
时钟	时钟频率	AAJ096-001
时钟	时钟保持时间	AAJ103-001
时钟	时钟设定时间	AAJ102-001
时钟	内部时钟频率	AAF225-005
时钟	最大时钟频率	AAF211-005
时钟	时钟周期数	AAF223-005
代码	应用代码	AAE606-005
代码	体变量代码	AAG055-001
代码	颜色代码	AAF250-005
代码	连接要求代码	AAD006-001
代码	连接-节点代码	AAF391-001
代码	磁芯规格代码	AAE765-005
代码	晶体试验等级代码	AAD008-001
代码	晶体类型代码	AAD004-001
代码	晶体回收率代码	AAD095-001
代码	结构图基准代码	AAG066-001
代码	结构图顺序代码	AAG104-001
代码	包封代码	AAE838-005
代码	IC 封装代码	AAE838-005
代码	IEC 60191 代码	AAG061-001
代码	引线形式代码	AAG058-001
代码	制造商封装代码	AAG069-001
代码	安装灯口代码	AAE522-005
代码	封装标识符代码	AAG060
代码	封装类型代码	AAG057-001
代码	荧光体代码	AAE605-005
代码	投视代码	AAF392-001
代码	BSI 形状/尺寸代码	AAE259-005
代码	尺寸代码	AAJ008-001
代码	EIA 规格代码	AAF353-001
代码	标准封装代码	AAG070-001
代码	供应形式代码	AAD056-001
代码	供应包装代码	AAD055-001
代码	温度系数代码	AAE035-005
代码	引出端位置代码	AAG056-001

关键词	完整推荐名	标识符
代码	引出端形状代码	AAG058-001
代码	引出端变量代码	AAG054-001
代码	试验成熟性代码	AAD154-001
代码	试验可靠性代码	AAD153-001
代码	交换代码	AAD023-001
系数	输入偏移电流温度系数	AAF153-005
系数	输入偏移电压温度系数	AAF156-005
系数	温度系数	AAE113-005
系数	温度系数	AAE876-005
系数	温度系数	AAF350-001
系数	(电容)温度系数	AAE067-005
系数	温度系数 Br	AAF297-005
系数	温度系数代码	AAE035-005
系数	温度系数 H_cJ	AAF291-005
系数	温度系数 S_F	AAE329-005
系数	温度系数 S_Z	AAE322-005
系数	试验电压系数	AAF369-001
矫顽力	矫顽力类别	AAE759-005
矫顽力	矫顽力 H_cB	AAF287-005
矫顽力	矫顽力 H_Cj	AAF288-005
线圈	线圈连接	AAE175-005
线圈	激励线圈电感	AAE608-005
线圈	激励线圈电阻	AAE610-005
线圈	行线圈电感	AAE607-005
线圈	行线圈电阻	AAE609-005
线圈-触点	线圈-触点电容	AAE918-005
线圈	初级线圈数	AAF048-005
线圈	次级线圈数	AAF099-005
集电极	集电极电容	AAE420-005
集电极	集电极电流(直流)	AAE406-005
集电极	集电极电流(直流)最大值	AAE405-005
集电极	集电极光电流	AAF138-005
集电极	集电极光电流	AAF140-005
集电极	集电极电流峰值	AAE407-005
集电极	集电极电流比率	AAE640-005
集电极	集电极关断暗电流	AAF139-005
集电极	集电极关断电流 I_CB	AAF109-005
集电极	集电极关断电流 I_CE	AAF115-005
集电极	集电极饱和电流	AAE641-005
集电极-基极	集电极-基极电容	AAF116-005
集电极-基极	集电极-基极电压	AAE419-005
集电极-基极	集电极-基极电压 V_CBO	AAE417-005
集电极-发射极	集电极-发射极击穿电压	AAF066-005
集电极-发射极	集电极-发射极峰值电压	AAE415-005
集电极-发射极	集电极-发射极饱和电压	AAE416-005
集电极-发射极	集电极-发射极饱和电压	AAE551-005
集电极-发射极	集电极-发射极电压	AAE412-005
集电极-发射极	集电极-发射极电压 V_CER	AAE413-005
集电极-发射极	集电极-发射极电压 V_CEO	AAE414-005
集电极-发射极	集电极-发射极电压 V_CEX	AAF113-005
颜色	颜色代码	AAF250-005
颜色	颜色温度	AAE623-005
颜色	彩色电视发射	AAE442-005
颜色	包封颜色	AAE560-005
颜色	包封颜色	AAF128-005
颜色	LED 光的颜色	AAE564-005
颜色	光颜色	AAE564-005
颜色	封装颜色	AAE560-005
颜色	封装颜色	AAF128-005
柱面	圆柱类型	AAF437-001
柱面	柱面数	AAF437-001
梳齿	梳齿深度	AAF120-005
共模	共模输入电阻	AAF164-005
共模	共模输入电压	AAF157-005
共模	共模输入电压范围	AAF157-005
共模	共模抑制比	AAE374-005
共模	共模抑制比	AAF160-005

关键词	完整推荐名	标识符	关键词	完整推荐名	标识符
整流	整流电流上升速率	AAE735-005	连接	基座连接	AAD093-001
整流	整流断开时间	AAE747-005	连接	引出端连接类型	AAF435-001
整流	整流电压上升速率	AAE741-005	连接-节点	连接-节点代码	AAF391-001
兼容性	接口兼容性	AAF323-005	连接-节点	连接器直径	AAJ044-00
补偿	补偿类型	AAE968-005	连接-节点	连接器开口	AAE362-005
复	复数	AAF441-001	连接-节点	连接器额定电流	AAJ043-001
元器件	EE 元器件种类	AAE002-006	连接-节点	连接器额定电压	AAJ042-001
元器件	EM 种类元器件	AAE060-005	连接-节点	连接器形状	AAE356-005
元器件	元器件说明	AAE834-005	连接-节点	连接器类型	AAE349-005
元器件	元器件状态	AAE965-005	连接-节点	PCB 连接器类型	AAJ022-001
元器件	直流电压部分	AAE843-005	常数	磁滞材料常数	AAF306-005
元器件	光纤元器件	AAJ048-001	常数	机械时间常数	AAE187-005
元器件	集成元器件	AAE177-005	常数	热时间常数	AAE131-005
元器件	集成元器件	AAF124-005	常数	时间常数	AAE746-005
元器件	元器件主类别	AAE001-005	常数	(电容器的)时间常数	AAE066-005
合成	合成三倍差拍	AAE699-005	结构	介质结构	AAF257-005
同心	同心插头或插座类型	AAJ025-001	结构	显示结构	AAE849-005
条件	基准条件	AAE995-005	结构	布局结构	AAE849-005
电导	电导	AAF460-001	消耗	电流消耗	AAE697-005
传导率	转移传导率	AAE656-005	损耗	功率损耗	AAE987-005
导电	导电材料	AAF241-005	损耗	功率耗散	AAJ063-001
导体	导体结构	AAF243-005	损耗	特定电流损耗	AAE845-005
导体	导体直径	AAF246-005	接触	接触体材料	AAE355-005
导体	导体涂覆	AAF240-005	接触	触点电容	AAE919-005
导体	导体形状	AAF242-006	接触	触点电流(交流)	AAE515-005
导体	导体规格 AWG	AAF244-005	接触	触点电流(直流)	AAF106-005
导体	导体之间的电容	AAF259-005	接触	接触件电流最大值	AAE358-005
锥形	锥形高度	AAF415-001	接触	接触件涂覆	AAE350-005
锥形	锥形半径	AAF414-001	接触	壳体内的接触长度	AAE363-005
结构	电缆结构	AAF254-005	接触	触点件力	AAE925-005
结构	导体结构	AAF243-005	接触	触点间距	AAJ039-001
结构	二极管结构	AAE488-005	接触	接触件位置	AAE359-005
结构	输入结构	AAF191-005	接触	触点功率(交流)	AAE928-005
结构	绕线结构	AAE151-005	接触	触点功率(直流)	AAF130-005
符合性	符合性等级	AAD137-001	接触	接触电阻	AAE920-005
一致性	频率响应一致性	AAE706-005	接触	接触件类别	AAE353-005
连接	连接类型	AAJ038-001	接触	接触件弹性材料	AAF125-005
连接	线圈连接	AAE175-005	接触	接触类型	AAJ023-001
连接	连接方法	AAE985-005	接触	触点电压(交流)	AAE512-005
连接	连接要求	AAD091-001	接触	触点电压(直流)	AAF107-005
连接	连接要求代码	AAD006-001	接触	限制触点电压	AAE513-005
连接	基座连接	AAD007-001	接触	运动触点驱动件类型	AAE142-005

关键词	完整推荐名	标识符	关键词	完整推荐名	标识符
接触	触点组装件数量	AAE921-005	电流	三态输出漏电流	AAE240-005
接触电路	接触电路电阻	AAE920-005	电流	激励显示区域电流	AAE845-005
接触	接触件数量	AAE359-005	电流	附加 q-电源电流	AAE897-005
接触	每行触点数	AAF150-005	电流	附加静态电流	AAE897-005
接触	接触件类别	AAE353-005	电流	平均阳极电流	AAF203-005
连续	连续直流反向电流	AAE276-005	电流	峰值阳极电流	AAF204-005
连续	连续过载	AAE168-005	电流	阳极-栅极到阳极电流	AAE749-005
连续	连续漏电流	AAE043-005	电流	平均偏置电流	AAF154-005
对比	亮度对比率	AAE848-005	电流	平均正向电流	AAE966-005
对比	对比率	AAE848-005	电流	平均导通态电流	AAE744-005
对比	发光对比率	AAE848-005	电流	平均输出电流	AAE286-005
控制	控制栅格电压	AAE578-005	电流	基极电流（直流）	AAE409-005
控制	控制模式	AAE464-005	电流	阴极-栅极到阴极电流	AAE748-005
可控制	可控制阳极电流	AAE745-005	电流	集电极电流(直流)	AAE406-005
通用	最接近通用类型	AAE494-005	电流	集电极电流(直流)最大值	AAE405-005
坐标	顶点 x 坐标	AAD029-001			
坐标	顶点 y 坐标	AAD030-001	电流	集电极光电流	AAF138-005
芯	芯直径	AAE051-005	电流	集电极光电流	AAF140-005
芯	磁芯因子 C_1	AAE777-005	电流	集电极电流峰值	AAE407-005
芯	磁芯电感参数	AAE777-005	电流	集电极电流比率	AAE640-005
芯	磁芯形状	AAE766-005	电流	集电极关断暗电流	AAF139-005
芯	磁芯规格代码	AAE765-005	电流	集电极关断电流 I_CB	AAF109-005
数	衬垫几何形状数	AAD116-001	电流	集电极关断电流 I_CE	AAF115-005
数	引出端数	AAD145-001	电流	集电极饱和电流	AAE641-005
数	引出端计数顺序	AAG072-001	电流	连接器额定电流	AAJ043-001
耦合	耦合方法	AAF192-005	电流	触点电流(交流)	AAE515-005
耦合	耦合类型	AAJ038-001	电流	触点电流(直流)	AAF106-005
建立	建立记录日期	AAG074-001	电流	接触件电流最大值	AAE358-005
建立者	建立者识别号	AAG075-001	电流	连续直流反向电流	AAE276-005
爬弧	爬弧距离	AAE159-005	电流	可控制阳极电流	AAE745-005
波峰	波峰工作输入电压	AAE292-005	电流	电流(交流)	AAE933-005
峰值	反向峰值工作电压	AAE299-005	电流	电流(直流)	AAE945-005
交叉	交叉调制	AAE703-005	电流	电流(脉冲)	AAE125-005
横截面	横截面	AAF247-005	电流	电流消耗	AAE697-005
横截面	引出端横截面形状	AAF376-001	电流	直流电流	AAF103-005
横截面	有效横截面面积	AAE782-005	电流	每相电流	AAE203-005
横截面	最小横截面积	AAF283-005	电流	电流有效值	AAE540-005
晶体	LED 晶体材料	AAE563-005	电流	电流转移率	AAE548-005
CSI	CSI 功能	AAE790-005	电流	关断暗电流 I_CBO	AAF142-005
居里	居里点	AAE761-005	电流	关断暗电流 I_CEO	AAF141-005
居里	居里温度	AAE761-005	电流	数据保持电流	AAF332-005
电流	三态输出漏电流	AAE239-005	电流	直流电流增益	AAE402-005

关键词	完整推荐名	标识符
电流	饱和直流电流增益	AAE952-005
电流	直流输入二极管电流	AAE217-005
电流	直流输出二极管电流	AAE218-005
电流	直流电源电流	AAE691-005
电流	差分电流变化	AAE642-005
电流	漏极电流(直流)	AAE368-005
电流	漏极电流(直流)	AAE370-005
电流	漏极电流(直流)	AAE367-005
电流	漏极关断电流	AAE371-005
电流	动态输出电流	AAF207-005
电流	发射极电流(直流)	AAE408-005
电流	发射极关断电流 I_EBO	AAF110-005
电流	激励电流(交流)	AAE912-005
电流	激励电流(直流)	AAE911-005
电流	激励偏转电流	AAE612-005
电流	正向电流	AAE274-005
电流	正向限制电流	AAE546-005
电流	栅极电流	AAE731-005
电流	栅极关断电流	AAE372-005
电流	栅极触发电流	AAE732-005
电流	加热器电流	AAE580-005
电流	高电平截止态输出电流	AAE239-005
电流	高电平输入电流	AAE899-005
电流	高电平输出电流	AAE255-005
电流	高电平状态输入电流	AAE899-005
电流	高电平状态输出电流	AAE255-005
电流	高电平状态电源电流	AAE901-005
电流	保持电流	AAF136-005
电流	输入偏置电流	AAF154-005
电流	输入箝位电流	AAE217-005
电流	输入电流	AAE895-005
电流	输入电流限制	AAE217-005
电流	输入漏电流	AAE223-005
电流	输入偏移电流	AAF152-005
电流	锁定电流	AAF137-005
电流	连续漏电流	AAE043-005
电流	短期漏电流	AAE042-005
电流	行偏转电流	AAE611-005
电流	低电平截止态输出电流	AAE240-005
电流	低电平输入电流	AAE900-005
电流	低电平输出电流	AAE254-005
电流	低电平状态输入电流	AAE900-005
电流	低电平状态输出电流	AAE254-005
电流	低电平状态电源电流	AAE902-005
电流	最大电流	AAJ062-001
电流	最大输出电流	AAE168-005
电流	标称电流	AAE521-005
电流	标称输出电流	AAE160-005
电流	不重复峰值输入电流限制	AAE285-005
电流	不重复峰值导通态电流	AAE730-005
电流	反向不重复峰值电流	AAE315-005
电流	不重复可变电阻器峰值电流	AAE298-005
电流	正向不重复峰值电流	AAE294-005
电流	反向不重复峰值电流	AAE318-005
电流	不重复浪涌电流	AAE298-005
电流	不重复瞬间电流	AAE298-005
电流	非跃变电流	AAE137-005
电流	截止态电流	AAE239-005
电流	截止态电流	AAE240-005
电流	截止态电流	AAF135-005
电流	截止态电源电流	AAE903-005
电流	导通态电流	AAE733-005
电流	输出箝位电流	AAE218-005
电流	输出电流	AAE867-005
电流	输出电流	AAE226-005
电流	EHT 电源输出电流	AAE282-005
电流	聚焦电源输出电流	AAE283-005
电流	输出电流限制	AAE218-005
电流	输出短路电流	AAF207-005
电流	输出吸收电流	AAE254-005
电流	输出电源电流	AAE255-005
电流	衬垫电流	AAD033-001
电流	衬垫电源电流	AAD033-001
电流	峰值启动电流限制	AAE284-005
电流	峰值工作电流	AAE317-005
电流	编程电流	AAF237-005
电流	PTC 峰值电流	AAE620-005
电流	PTC 峰值浪涌电流	AAE619-005

关键词	完整推荐名	标识符	关键词	完整推荐名	标识符
电流	PTC 残余电流	AAE629-005	电流	跃变电流	AAE136-005
电流	静态电流	AAE896-005	电流	类别电流电压(IEC)	AAE319-005
电流	静态电源电流	AAE896-005	电流	工作电流	AAE316-005
电流	正向电流变化率	AAE275-005	电流	工作电流	AAE500-005
电流	整流电流上升速率	AAE735-005	电流	正向工作峰值电流	AAE296-005
电流	栅极电流上升速率	AAE736-005	电流噪声	电流噪声指数	AAE621-005
电流	导通态电流上升速率	AAE684-005	曲率	屏幕曲率半径	AAE804-005
电流	导通态电流上升速率	AAE734-005	弯曲	弯曲半径	AAG043-001
电流	额定电流	AAE525-005	关断	阴极关断电压	AAE591-005
电流	额定输入电流	AAE197-005	关断	阴极关断电压	AAE603-005
电流	额定工作电流(直流)	AAF106-005	关断	集电极关断暗电流	AAF139-005
电流	正向重复峰值电流	AAE293-005	关断	集电极关断电流 I_CB	AAF109-005
电流	重复峰值导通态电流	AAE729-005	关断	集电极关断电流 I_CE	AAF115-005
电流	重复峰值输出电流	AAE287-005	关断	关断暗电流 I_CBO	AAF142-005
电流	重复峰值恢复电流	AAE297-005	关断	关断暗电流 I_CEO	AAF141-005
电流	反向重复峰值电流	AAE297-005	关断	关断频率	AAE426-005
电流	反向电流	AAE276-005	关断	漏极关断电流	AAE371-005
电流	反向电流	AAE994-005	关断	发射极关断电流 I_EBO	AAF110-005
电流	反向暗电流	AAF144-005			
电流	反向光电流	AAF143-005	关断	栅极关断电流	AAE372-005
电流	反向栅极电流	AAE372-005	关断	栅-源关断电压	AAE386-005
电流	波纹电流	AAE960-005	关断	栅格 1 关断电压	AAE578-005
电流	导通态电流有效值	AAE728-005	关断	栅格 2 关断电压	AAE584-005
电流	导通状态电流有效值	AAF063-005	关断	源极关断电流	AAE373-005
电流	小信号电流增益	AAE410-005	循环	爆裂模式循环时间	AAJ093-001
电流	源极关断电流	AAE373-005	循环	循环寿命	AAE944-005
电流	特定电流损耗	AAE845-005	循环	机器周期	AAF223-005
电流	待机电流	AAF336-005	循环	随机读/写周期时间	AAJ094-001
电流	芯片无效待机电流	AAF336-005	循环	充电循环次数	AAE944-005
电流	禁止使用的待机电流	AAE692-005	圆柱	圆柱高度	AAF410-001
电流	启动的待机电流	AAE693-005	圆柱	圆柱半径	AAF409-001
电流	电源电流	AAD054-001	暗	集电极关断暗电流	AAF139-005
电流	电源电流	AAE691-005	暗	关断暗电流 I_CBO	AAF142-005
电流	电源电流	AAE901-005	暗	关断暗电流 I_CEO	AAF141-005
电流	电源电流	AAE902-005	暗	暗电阻	AAE123-005
电流	电源电流	AAE903-005	暗	反向暗电流	AAF144-005
电流	电源电流类型	AAE178-005	数据	数据总线宽度	AAF227-005
电流	浪涌电流	AAJ086-001	数据	数据保持电流	AAF332-005
电流	浪涌导通态电流	AAE730-005	数据	数据保持电压	AAF333-005
电流	输入偏移电流温度系数	AAF153-005	数据	晶体数据源	AAD142-001
			有效数据	输出有效数据时间	AAF232-005
电流	热敏电阻器电流	AAE625-005	日期	建立记录日期	AAG074-001

关键词	完整推荐名	标识符
数据	标记数据角	AAG047-001
数据	标记数据角	AAG048-001
减少	阻抗减少	AAE756-005
失效	失效率	AAD131-001
偏转	偏转角	AAE588-005
偏转	激励偏转电流	AAE612-005
偏转	行偏转电流	AAE611-005
延迟	地址到输出延迟	AAE720-005
延迟	(断开)延迟时间	AAE981-005
延迟	延迟(断开)时间	AAF055-005
延迟	(导通)延迟时间	AAE980-005
延迟	延迟(导通)时间	AAF056-005
延迟	延迟线应用	AAE542-005
延迟	延迟线类型	AAE878-005
延迟	延迟时间	AAE231-005
延迟	延迟时间	AAE543-005
延迟	延迟时间	AAF056-005
延迟	高到低延迟时间	AAE233-005
延迟	低到高延迟时间	AAE237-005
延迟	相位延迟漂移	AAE886-005
延迟	相位延迟时间	AAE544-005
延迟	传输延迟	AAE231-005
供货	MPD供货形式	AAD155-001
Δ	每次输入的 ΔI_CC	AAE897-005
密度	密度	AAF286-005
密度	(BH)_max 磁通密度	AAF293-005
密度	磁通量密度	AAE769-005
密度	峰值磁通量密度	AAE768-005
密度	剩磁磁通密度	AAF292-005
密度	饱和磁通密度	AAF308-005
密度	总损耗体积密度	AAF300-005
依赖性	电阻依赖性	AAE122-005
深度	梳齿深度	AAF120-005
深度	标记深度	AAG026-001
降额	损耗降额系数	AAE905-005
说明	元器件说明	AAE834-005
描述	晶体描述	AAD010-001
描述	晶体类型描述	AAD086-001
描述	供货形式描述	AAD088-001
描述	供货包装描述	AAD090-001
描述	试验程序描述	AAD060-001
偏差	安装偏差 y/x	AAF405-001
偏差	安装偏差 y/z	AAF404-001
偏差	正态标准偏差	AAF366-001
器件	二极管器件种类	AAF305-005
器件	图像拾取器件类型	AAJ074-001
装置	锁紧装置	AAF051-005
器件	光电器件功能	AAE545-005
器件	触发器件功能	AAE724-005
对角线	屏幕对角线长	AAE592-005
直径	体的直径	AAF320-001
直径	中心柱直径	AAE051-005
直径	导体直径	AAF246-005
直径	连接器直径	AAJ044-00
直径	芯直径	AAE051-005
直径	法兰直径	AAF342-001
直径	内径	AAE753-005
直径	引线直径	AAG009-001
直径	引线直径	AAG010-001
直径	引线直径	AAG011-001
直径	安装孔直径	AAG039-001
直径	管颈直径	AAE589-005
直径	外径	AAE022-005
直径	总直径	AAG025-001
直径	封装直径	AAG014-001
直径	封装直径	AAG062-001
直径	封装直径	AAG116-001
直径	封装直径区	AAG022-001
直径	衬垫直径	AAD121-001
直径	节距圆直径	AAF337-005
直径	转动轴直径	AAJ070-001
直径	突出物直径	AAG102-001
直径	轴杆直径	AAE148-005
直径	隔开直径	AAG007-001
直径	按扣螺栓直径	AAG093-002
直径	标签孔直径	AAG118-001
直径	标签孔直径	AAG119-001
直径	标签孔直径	AAG120-001
直径	引出端圆直径	AAG004-001
直径	引出端直径	AAE023-005
直径	引出端直径	AAG009-001
直径	引出端直径	AAG010-001
直径	引出端直径	AAG011-001
直径	引出端螺栓直径	AAG094-002

关键词	完整推荐名	标识符
晶体	晶体中心 x 位置	AAD129-001
晶体	晶体中心 y 位置	AAD130-001
晶体	晶体数据源	AAD142-001
晶体	晶体描述	AAD010-001
晶体	晶体长度	AAD070-001
晶体	晶体制造商	AAD140-001
晶体	晶体名称	AAD002-001
晶体	晶体图片	AAD127-001
晶体	晶体梯级 x 尺寸	AAD070-001
晶体	晶体梯级 y 尺寸	AAD071-001
晶体	晶体供应商	AAD141-001
晶体	晶体表面	AAD081-001
晶体	晶体试验等级代码	AAD008-001
晶体	晶体厚度	AAD072-001
晶体	晶体类型	AAD085-001
晶体	晶体类型代码	AAD004-001
晶体	晶体类型描述	AAD086-001
晶体	晶体版本	AAD003-001
晶体	晶体宽度	AAD071-001
晶体	晶体回收率	AAD009-001
晶体	晶体回收率代码	AAD095-001
介质	(电容器)介质	AAE004-007
介质	介质类别(陶瓷电容器)	AAE038-005
介质	介质结构	AAF257-005
介质	介质材料类型	AAE004-007
介质	介电强度	AAF251-005
介质	介质子类别 1	AAE266-005
介质	介质子类别 2	AAE076-005
介质	薄膜介质材料	AAE039-005
差	基极-发射极电压差	AAE418-005
差	穿透速率之差	AAE716-005
差	转移阻抗之差	AAE717-005
差	栅-源电压差	AAE383-005
差分	差分电流变化	AAE642-005
差分	差分输入电阻	AAF163-005
差分	差分电阻	AAE323-005
差分	差分电阻	AAE328-005
差分	差分行程	AAE869-005
差分	差分电压变化	AAE644-005
数字	数字高度	AAE984-005
数字	数字长度	AAF145-005
数字	数字功能	AAE085-005
尺寸	交叉平直尺寸	AAG131-001
尺寸	晶体梯级 x 尺寸	AAD070-001
尺寸	晶体梯级 y 尺寸	AAD071-001
尺寸	隔开主尺寸	AAG005-001
尺寸	隔开小尺寸	AAG006-001
尺寸	引出端显露尺寸	AAG041-001
二极管	二极管器件种类	AAF305-005
二极管	直流输入二极管电流	AAE217-005
二极管	直流输出二极管电流	AAE218-005
二极管	二极管应用	AAE273-007
二极管	二极管电容	AAE496-005
二极管	二极管电容	AAE497-005
二极管	二极管结构	AAE488-005
二极管	二极管包封	AAE331-005
二极管	二极管正向电阻	AAE310-005
二极管	二极管功能	AAE312-005
二极管	二极管下限电容	AAF304-005
二极管	二极管封装	AAE331-005
二极管	二极管反向电阻	AAE311-005
二极管	二极管串联电阻	AAE310-005
二极管	二极管串联电阻	AAE311-005
二极管	二极管技术	AAE489-005
二极管	二极管上限电容	AAF303-005
二极管	整流二极管应用	AAE505-005
方向	连续直流反向电流	AAE276-005
方向	调节方向	AAJ017-001
方向	插入方向	AAJ045-001
方向	旋转方向	AAE188-005
方向	输入/输出方向	AAD022-001
方向	优选视角	AAE991-005
方向	信号方向	AAD022-001
无效	输出截止时间	AAF215-005
无效	芯片无效待机电流	AAF336-005
无效	禁止使用的待机电流	AAE692-005
磁导衰减	磁导衰减系数	AAF299-005
显示	激励显示区域电流	AAE845-005
显示	显示结构	AAE849-005
显示	显示格式	AAF273-005
损耗	反向不重复峰值功率损耗	AAE303-006

关键词	完整推荐名	标识符
损耗	反向不重复峰值功率损耗	AAE327-006
损耗	反向不重复峰值功率损耗	AAF389-001
损耗	损耗降额系数	AAE905-005
损耗	损耗因数	AAE065-005
损耗	损耗因数	AAE130-005
损耗	损耗因数	AAJ035-001
损耗	功率损耗	AAE257-005
损耗	每次输出的功率损耗	AAE214-005
损耗	每次输出的直流功率损耗	AAE214-005
距离	爬弧距离	AAE159-005
距离	转换距离磁滞	AAE869-005
距离	打火距离	AAE158-005
距离	标签孔距离	AAG121-001
距离	标签孔距离	AAG122-001
距离	标签孔距离	AAG123-001
距离	联结点距离	AAE937-005
距离	转换距离行程	AAE869-005
失真	互调失真 d_3	AAE710-005
失真	互调失真 d_im	AAE709-005
失真	互调失真 d_3	AAE712-005
失真	互调失真 d_im	AAE711-005
分布	概率分布	AAF364-001
文件	源文件标识	AAG067-001
文件	源文件页码	AAG068-001
文件	标准文件基准	AAG071-001
点	点高	AAE853-005
点	点长	AAE852-005
点	点间距	AAE986-005
漏极	漏极电流(直流)	AAE368-005
漏极	漏极电流(直流)	AAE370-005
漏极	漏极电流(直流)	AAE367-005
漏极	漏极关断电流	AAE371-005
漏极-栅极	漏极-栅极电压	AAE375-005
漏-源	漏-源截止态电阻	AAE394-005
漏-源	漏-源导通态电阻	AAE391-005
漏-源	漏-源导通态电阻	AAE393-005
漏-源	漏-源电压	AAE376-005
漏-源	漏-源限制电压	AAE377-005
漏极-衬底	漏极-衬底电压	AAE378-005

关键词	完整推荐名	标识符
漏极-衬底	漏极-衬底限制电压	AAE379-005
结构图	结构图基准代码	AAG066-001
结构图	结构图顺序代码	AAG104-001
结构图	结构图后缀	AAG104-001
漂移	相位延迟漂移	AAE886-005
漂移	栅-源电压热漂移	AAE389-005
驱动	驱动频率	AAE844-005
驱动	驱动单元类型	AAE005-006
驱动	驱动电压	AAE992-005
驱动	驱动方法	AAF264-005
驱动	驱动电压	AAE842-005
驱动	驱动特征	AAF014-005
驱动	驱动方法	AAE839-005
驱动	驱动方法	AAF264-005
驱动	驱动模式	AAE839-005
驱动	驱动电压	AAE184-005
驱动	电压降	AAF123-005
持续时间	持续时间	AAE028-005
持续时间	高脉冲持续时间	AAF216-005
持续时间	低脉冲持续时间	AAF217-005
期间	充电电压	AAE941-005
动态	动态输出电流	AAF207-005
E	E 系列	AAE030-005
地	对地间距	AAE158-005
边缘	主边缘	AAF426-001
边缘	小边缘	AAF427-001
边缘长度	边缘长度	AAF429-001
EE	EE 元器件种类	AAE002-006
有效	有效横截面面积	AAE782-005
有效	有效频率 f_e1	AAE341-005
有效	有效频率 f_e2	AAE340-005
有效	有效磁通路长度	AAE776-005
有效	有效磁导率	AAE771-005
效率	效率	AAE715-005
EHT	EHT 组合应用	AAE503-005
EHT	EHT 电源输出电流	AAE282-005
EHT	EHT 电源输出电压	AAE289-005
EIA	EIA 温度特性代码	AAE037-005
EIA	EIA 规格代码	AAF353-001
电气	电气基准	AAD021-001
电化学	原电池的电化学系统	AAE531-005

关键词	完整推荐名	标识符
电化学	二次电池的电化学系统	AAE532-005
电极	电极材料类型	AAE040-005
电极	电极技术	AAE031-005
电解液	电解液类型	AAJ051-001
电解液	电解电容器类型	AAJ001-001
电动	电动势	AAE180-005
元件	有源元件	AAJ036-001
元件	元件宽度	AAE577-005
元件	元件间距	AAE575-005
元件	元件长度	AAE576-005
元件	元件分离	AAE575-005
单元	LF 电缆单元	AAF253-005
元件	限制电阻体电压(交流)	AAF281-005
元件	限制电阻体电压(直流)	AAE118-005
元件	电阻体材料	AAE116-005
元件	RF 电缆单元	AAF256-005
元件	电缆单元数	AAF255-005
元件	可变元件的数量	AAE172-005
EM	EM 种类元器件	AAE060-005
显露	引出端显露尺寸	AAG041-001
显露	引出端显露高度	AAG040-001
发射	峰值发射的波长	AAE556-005
发射极	发射极电流(直流)	AAE408-005
发射极	发射极关断电流 I_EBO	AAF110-005
发射极-基极	发射极-基极输入电容	AAF117-005
发射极-基极	发射极-基极电压 V_EBO	AAF112-005
启动	输出启动时间	AAF214-005
启动	启动的待机电流	AAE693-005
封装	封装材料	AAD150-001
封装	封装技术	AAE262-005
耐久性	耐久性	AAE073-005
耐久性	机械耐久性	AAE361-005
激励	激励电流(交流)	AAE912-005
激励	激励电流(直流)	AAE911-005
激励	激励电压(交流)	AAE916-005
激励	激励电压(直流)	AAE915-005

关键词	完整推荐名	标识符
能量	最大能量吸收容量	AAE430-005
能量	反向不重复峰值雪崩能量	AAE304-005
啮合	啮合力	AAF045-005
插口	下端插口	AAE345-005
插口	阴性插口	AAE345-005
包封	二极管包封	AAE331-005
包封	包封代码	AAE637-005
包封	包封	AAE816-005
包封	包封	AAE969-005
包封	包封代码	AAE838-005
包封	包封颜色	AAE560-005
包封	包封颜色	AAF128-005
包封	峰值包络功率	AAE708-005
包封	峰值包络功率 PEP	AAE707-005
等值	等值输入噪音电压	AAE380-005
等值	等值噪音辐射	AAE572-005
等值	等值噪音电压	AAE380-005
等值	等效串联电阻	AAE064-005
等值	噪音等值功率	AAE572-005
等值	斜率电缆等效值	AAE705-005
出口	引出端出口位置非 SMD	AAF346-001
出口	引出端出口位置 SMD	AAF345-001
期望	电刷寿命期望值	AAE171-005
期望	泊松期望值	AAF368-001
拉伸	拉伸长度	AAE997-005
外部	外部半径	AAF431-001
面板	面板半径	AAE804-005
因子	平均噪声因子	AAE647-005
因子	磁芯因子 C_1	AAE777-005
因子	穿透速率之差	AAE716-005
系数	磁导衰减系数	AAF299-005
系数	损耗降额系数	AAE905-005
因数	损耗因数	AAE065-005
因数	损耗因数	AAE130-005
因数	损耗因数	AAJ035-001
因子	电感因子	AAE770-005
系数	损耗系数	AAF298-005
因子	质量因子	AAE518-005
因数	质量因数	AAJ090-001

关键词	完整推荐名	标识符	关键词	完整推荐名	标识符
因子	同时性因子	AAF436-001	薄膜	薄膜介质材料	AAE039-005
因子	聚光点噪声因子	AAE648-005	滤波器	滤波器	AAE343-005
因子	聚光点噪声因子	AAE657-005	滤波器	滤波器类型	AAJ059-001
系数	磁导率的温度系数	AAF307-005	最后	最后加速器电压	AAE590-005
系数	磁阻率的温度系数	AAF307-005	光洁度	背部光洁度	AAD119-001
下降	下降时间	AAE746-005	光洁度	导体涂覆	AAF240-005
下降	下降时间	AAE977-005	光洁度	接触件涂覆	AAE350-005
下降	下降时间	AAF057-005	固定	固定电阻器的线性	AAE114-007
下降	下降时间	AAE904-005	标记	表面安装标记	AAG073-001
下降	输出下降时间	AAE235-005	燃烧性	IEC 燃烧性	AAF127-005
特征	驱动特征	AAF014-005	燃烧性	UL 燃烧性	AAF126-005
特征	附加特性	AAJ071-001	法兰	法兰宽度	AAF318-001
特征	特征	AAF440-001	法兰	法兰直径	AAF342-001
特征	安装特性	AAE006-006	法兰	法兰高度	AAF319-001
反馈	反馈电容	AAE390-005	法兰	法兰高度	AAG019-001
反馈	反馈电容	AAE421-005	法兰	法兰长度	AAF317-001
阴性	阴性插口	AAE345-005	法兰	法兰长度	AAG063-001
FET-技术	FET-技术	AAE973-005	法兰	法兰总长度	AAG085-001
光纤	光纤元器件	AAJ048-001	法兰	法兰总宽度	AAG086-001
基准	基准文件名称	AAD157-001	法兰	法兰厚度	AAG019-001
基准	基准高度	AAD159-001	法兰	法兰宽度	AAG114-001
基准	基准名称	AAD156-001	法兰	法兰区高度	AAG018-001
基准	基准方向	AAD162-001	法兰	大法兰半径	AAG083-001
基准	基准宽度	AAD158-001	法兰	法兰形状	AAE061-005
基准	基准 x 位置	AAD160-001	法兰	小法兰半径	AAG084-001
基准	基准 y 位置	AAD161-001	均匀性	均匀性	AAE706-005
激励	激励线圈电感	AAE608-005	均匀性	频率响应均匀性	AAE706-005
激励	激励线圈电阻	AAE610-005	流程	试验流程	AAD132-001
激励	激励偏转电流	AAE612-005	磁通	(BH)_max 磁通密度	AAF293-005
场	(BH)_max 的场强	AAF289-005	磁通	磁通量密度	AAE769-005
场	IC 应用领域	AAE074-005	磁通	峰值磁通量密度	AAE768-005
场	磁场强度	AAE863-005	磁通	辐射通量	AAE561-005
场	磁场强度	AAF284-005	磁通	辐射流量	AAF065-005
场	峰值磁场强度	AAE767-005	磁通	剩磁磁通密度	AAF292-005
场	饱和磁场强度	AAF290-005	磁通	饱和磁通密度	AAF308-005
指数	平均噪声指数	AAE647-005	聚焦	聚焦电源输出电流	AAE283-005
指数	噪声指数	AAE647-005	聚焦	聚焦电压	AAE585-005
指数	噪声指数	AAE648-005	聚焦	聚焦电压	AAE586-005
指数	噪声指数	AAE657-005	聚焦	聚焦限制电压	AAF314-005
指数	聚光点噪声指数	AAE648-005	力	驱动力	AAE932-005
指数	聚光点噪声指数	AAE657-005	力	触点件力	AAE925-005
文件	基准文件名称	AAD157-001	力	电动势	AAE180-005

关键词	完整推荐名	标识符	关键词	完整推荐名	标识符
力	啮合力	AAF045-005	频率	频率应用	AAF119-005
力	保持力	AAF062-005	频率	频率应用	AAF146-005
力	插入力	AAF045-005	频率	h_fe 为-3dB 处的频率	AAE426-005
力	杠杆停止力	AAJ021-001	频率	Z_max 处的频率	AAE758-005
力	最大轴向力	AAE200-005	频率	频带	AAE487-005
力	最大径向力	AAE190-005	频率	频率 f_1	AAE963-005
力	额定力	AAF133-005	频率	频率 f_2	AAE964-005
力	分离力	AAF046-005	频率	基本谐振频率	AAE050-005
力	滑动力	AAJ020-001	频率	内部时钟频率	AAF225-005
力	拔出力	AAF046-005	频率	行频	AAF274-005
强	强增益	AAE952-005	频率	下限频率	AAE157-005
形式	引线形式代码	AAG058-001	频率	最低谐振频率	AAE050-005
形式	MPD 供货形式	AAD155-001	频率	最大时钟频率	AAF211-005
形式	供应形式代码	AAD056-001	频率	工作频率	AAE166-005
形式	供货形式描述	AAD088-001	频率	工作频率	AAE872-005
格式	显示格式	AAF273-005	频率	谐振频率	AAE050-005
正向	平均正向电流	AAE966-005	频率	谐振频率	AAF052-005
正向	二极管正向电阻	AAE310-005	频率	谐振频率	AAJ089-001
正向	正向电流	AAE274-005	频率	转换频率	AAE872-005
正向	正向限制电流	AAE546-005	频率	跃迁频率	AAE425-005
正向	正向电压	AAE279-005	频率	单位增益频率	AAF166-005
正向	正向电压	AAE499-005	频率	上限频率	AAE156-005
正向	正向不重复峰值电流	AAE294-005	频率	上限额定频率	AAE339-005
正向	正向电流变化率	AAE275-005	前	视在波前时间	AAE332-005
正向	正向重复峰值电流	AAE293-005	功能	AD 功能	AAE788-005
正向	正向工作峰值电流	AAE296-005	功能	模拟功能	AAE084-005
自由	自由空气环境温度	AAE014-005	功能	数字功能	AAE085-005
自由	应力环境自由空气温度	AAF278-002	功能	二极管功能	AAE312-005
			功能	集成功能	AAF134-005
频率	中心频率	AAE527-005	功能	存储/寄存功能	AAE722-007
频率	斩波频率	AAE935-005	功能	光电器件功能	AAE545-005
频率	时钟频率	AAF224-005	功能	周期/直流功能	AAE789-005
频率	时钟频率	AAJ096-001	功能	光发射器功能	AAE555-005
频率	频率响应一致性	AAE706-005	功能	存贮功能	AAE722-007
频率	关断频率	AAE426-005	功能	开关功能	AAE506-005
频率	驱动频率	AAE844-005	功能	晶闸管功能	AAE743-005
频率	有效频率 f_e1	AAE341-005	功能	触发器件功能	AAE724-005
频率	有效频率 f_e2	AAE340-005	功能	CSI 功能	AAE790-005
频率	频率响应均匀性	AAE706-005	功能	功能数目	AAE106-005
频率	频率	AAE541-005	基本	基本谐振频率	AAE050-005
频率	频率	AAE029-005	熔断器	内置熔断器	AAJ007-001
频率	频率应用	AAE055-005	熔断器	熔断器预燃时间	AAJ034-001

关键词	完整推荐名	标识符	关键词	完整推荐名	标识符
熔断器	熔断器类型	AAJ012-002	等级	性能等级	AAE009-005
熔断	熔断功率	AAJ011-001	等级	质量等级	AAE840-005
熔断	熔断时间	AAJ049-001	等级	软磁性材料等级	AAE764-005
熔断	熔断的 I^2t	AAE305-005	重心	(x-轴)重心	AAF362-001
增益	直流电流增益	AAE402-005	重心	(y-轴)重心	AAF363-001
增益	饱和直流电流增益	AAE952-005	栅格	控制栅格电压	AAE578-005
增益	增益带宽	AAF167-005	栅格	栅格 1 关断电压	AAE578-005
增益	增益带宽乘积	AAF167-005	栅格	栅格 2 电压	AAF206-005
增益	插入增益	AAE887-005	栅格	栅格 2 关断电压	AAE584-005
增益	大信号电压增益	AAF159-005	总	总面积	AAF398-001
增益	功率增益	AAE424-005	总	总空间	AAF400-001
增益	小信号电流增益	AAE410-005	导向	导向类别	AAE353-005
增益	小信号单位增益	AAF166-005	半值	半值射束角	AAE558-005
增益	单向功率增益	AAE713-005	半值	视在半峰值宽度	AAE333-005
共轴	共轴数量	AAE172-005	处理	功率处理容量	AAE048-005
共轴	共轴公差	AAE146-005	处理	信号处理类型	AAE971-007
间隙	(空气)间隙长度	AAE778-005	处理	电压处理能力	AAE338-005
间距	元件间距	AAE575-005	硬	硬磁性材料等级	AAE762-005
间隙	间隙长度	AAE778-005	热	热容量	AAE135-005
间隙	打火间隙	AAE158-005	加热器	加热器电流	AAE580-005
间隙	火花隙类型	AAJ081-001	加热器	加热器电压	AAE579-005
栅极	栅极电流	AAE731-005	散热	散热温度	AAE400-005
栅极	栅极关断电流	AAE372-005	高度	物体高度	AAE020-005
栅极	栅极触发电流	AAE732-005	高度	凸出高度	AAD146-001
栅极	栅极触发电压	AAE742-005	高度	凸出高度误差	AAD147-001
栅极	栅极类型	AAE364-005	高度	凸出高度	AAD123-001
栅极	栅极输入电容	AAE655-005	高度	字符高度	AAE851-005
栅极	栅极电流上升速率	AAE736-005	高度	锥形高度	AAF415-001
栅极	反向栅极电流	AAE372-005	高度	圆柱高度	AAF410-001
栅-源	栅-源关断电压	AAE386-005	高度	数字高度	AAE984-005
栅-源	栅-源门限电压	AAE384-005	高度	点高	AAE853-005
栅-源	栅-源电压	AAE381-005	高度	基准高度	AAD159-001
栅-源	栅-源电压差	AAE383-005	高度	法兰高度	AAF319-001
栅-源	栅-源电压限制	AAF118-005	高度	法兰高度	AAG019-001
栅-源	栅-源电压热漂移	AAE389-005	高度	法兰区高度	AAG018-001
几何形状	几何形状单位	AAD115-001	高度	高度区	AAG124-001
几何形状	几何形状视图	AAD144-001	高度	标记高度	AAG026-001
几何形状	几何形状类型	AAG000-001	高度	凸缘高度	AAG078-001
几何形状	衬垫几何形状数	AAD116-001	高度	安装高度	AAE027-005
几何形状	衬垫几何形状名称	AAD014-001	高度	安装高度	AAG001-001
玻璃	玻璃发射	AAE596-005	高度	安装高度	AAE027-005
等级	硬磁性材料等级	AAE762-005	高度	总高度	AAG125-001

关键词	完整推荐名	标识符	关键词	完整推荐名	标识符
高度	封装高度	AAG003-001	保持	输入保持时间	AAJ101-001
高度	封装高度区	AAG092-001	保持	输出保持时间	AAJ104-001
高度	基本单元高度	AAF428-001	保持	保持电流	AAF136-005
高度	安装高度	AAE027-005	保持	保持力	AAF062-005
高度	安装高度	AAG001-001	保持	保持力矩	AAE207-005
高度	隔开高度	AAG002-001	孔	声障板孔宽	AAE056-005
高度	引出端显露高度	AAG040-001	孔	声障板孔长度	AAE054-005
高度	视区高度	AAE855-005	孔	孔的间距	AAF316-001
六角形	六角形宽度	AAG131-001	孔	安装孔直径	AAG039-001
高	高电平截止态输出电流	AAE239-005	孔	安装孔位置	AAG064-001
			孔	安装孔间距	AAG042-001
高	高到低延迟时间	AAE233-005	孔	标签孔直径	AAG118-001
高	高到低传输时间	AAE233-005	孔	标签孔直径	AAG119-001
高	高到低转换时间	AAE235-005	孔	标签孔直径	AAG120-001
高	高输入电压	AAE718-005	孔	标签孔距离	AAG121-001
高	低到高延迟时间	AAE237-005	孔	标签孔距离	AAG122-001
高	低到高传输时间	AAE237-005	孔	标签孔距离	AAG123-001
高	低到高转换时间	AAE238-005	孔	标签孔宽度	AAG117-001
高	高输出电压	AAE092-005	孔	孔数	AAF351-001
高	高输出电压	AAE093-005	水平	水平分辨率	AAE806-005
高	高脉冲持续时间	AAF216-005	水平	水平象素间距	AAE805-005
高	高脉冲宽度	AAF216-005	水平	有用屏幕水平宽度	AAE593-005
高电平	高电平输入电流	AAE899-005	热	热聚焦温度	AAE115-005
高电平	高电平输入电压	AAE718-005	壳体	壳体内的接触长度	AAE363-005
高电平	高电平输出电流	AAE255-005	壳体	壳体材料	AAE351-005
高电平	高电平输出电压	AAE092-005	壳体	屏蔽类型	AAF467-001
高电平	高电平输出电压	AAE093-005	壳体	外壳侧旁的引出端长度	AAF053-005
高电平状态	高电平状态输入电流	AAE899-005	湿度	工作湿度	AAE857-005
高电平状态	高电平状态输入电压	AAE718-005	湿度	相对湿度	AAE859-005
			湿度	相对湿度 RH_1	AAE954-005
高电平状态	高电平状态输出电流	AAE255-005	湿度	相对湿度 RH_2	AAE953-005
			湿度	贮存湿度	AAE858-005
高电平状态	高电平状态输出电压	AAE092-005	湿度	应力相对湿度	AAF279-002
			滞后	滞后	AAF210-005
高电平状态	高电平状态输出电压基准	AAE093-005	滞后	转换距离磁滞	AAE869-005
			滞后	磁滞材料常数	AAF306-005
高电平状态	高电平状态电源电流	AAE901-005	I/O	I/O 总线宽度	AAF328-005
			I/O	I/O 类型	AAD020-001
保持	地址保持时间	AAJ099-001	IC	IC 应用领域	AAE074-005
保持	时钟保持时间	AAJ103-001	IC	IC 封装	AAJ046-001
保持	保持时间	AAF213-005	IC	IC 封装代码	AAE838-005

关键词	完整推荐名	标识符	关键词	完整推荐名	标识符
IC	IC技术	AAE686-005	标记	热敏指数 B25/85	AAE132-005
识别	建立者识别号	AAG075-001	指示符	可置换性指示符	AAF359-001
识别	源文件标识	AAG067-001	指示符	交换性指示符	AAF358-001
标识符	晶体标识符	AAD001-001	电感	磁芯电感参数	AAE777-005
标识符	制造商衬垫标识符	AAD013-001	电感	激励线圈电感	AAE608-005
标识符	封装标识符代码	AAG060-001	电感	电感	AAE517-005
标识符	引出端标识符	AAF357-001	电感	电感因子	AAE770-005
标识符	终端标识符	AAD012-001	电感	电感等级	AAF266-005
IEC	IEC 60191代码	AAG061-001	电感	电感公差	AAJ077-001
IEC	IEC燃烧性	AAF127-005	电感	电感公差(%)	AAJ076-001
IEC	IEC基准类别	AAE000-001	电感	行线圈电感	AAE607-005
IEC	电阻定律(IEC)	AAE141-005	电感	最大电感	AAJ080-001
IEC	类别电流电压(IEC)	AAE319-005	电感	最小电感	AAJ079-001
照明度	照明度	AAE624-005	导	磁导	AAE769-005
发光	发光模式	AAE856-005	电感器	电感器类型	AAF390-002
图像	图像拾取器件类型	AAJ074-001	电感器	可变电感器类型	AAJ078-001
阻抗	阻抗的绝对值	AAF456-001	惯量	转子惯量	AAE189-005
阻抗	特性阻抗	AAF260-005	初始	初始磁导率	AAE772-005
阻抗	转移阻抗之差	AAE717-005	内部	内部胶带间距	AAF267-005
阻抗	阻抗	AAE755-005	输入	共模输入电阻	AAF164-005
阻抗	阻抗减少	AAE756-005	输入	共模输入电压	AAF157-005
阻抗	电容器阻抗	AAJ058-001	输入	共模输入电压范围	AAF157-005
阻抗	阻抗类型	AAE511-007	输入	波峰工作输入电压	AAE292-005
阻抗	输入阻抗	AAE533-005	输入	直流输入二极管电流	AAE217-005
阻抗	负载阻抗	AAE938-005	输入	每次输入的 ΔI_CC	AAE897-005
阻抗	阻抗的模数	AAF456-001	输入	差分输入电阻	AAF163-005
阻抗	输出阻抗	AAF044-005	输入	发射极-基极输入电容	AAF117-005
阻抗	额定阻抗	AAE049-005	输入	等值输入噪音电压	AAE380-005
阻抗	电源阻抗	AAE936-005	输入	高电平输入电流	AAE899-005
增加	增加规格	AAE805-005	输入	高电平输入电压	AAF718-005
指数	电流噪声指数	AAE621-005	输入	高电平状态输入电流	AAE899-005
标记	标记角度	AAG130-001	输入	高电平状态输入电压	AAE718-005
标记	标记数据角	AAG047-001	输入	平均偏置电流	AAF154-005
标记	标记数据角	AAG048-001	输入	输入电容	AAE898-005
标记	标记深度	AAG026-001	输入	输入电容	AAE982-005
标记	标记高度	AAG026-001	输入	栅极输入电容	AAE655-005
标记	标记长度	AAG028-001	输入	输入箝位电流	AAE217-005
标记	标记引出端长度	AAG115-001	输入	输入结构	AAF191-005
标记	标记宽度	AAG027-001	输入	输入电流	AAE895-005
标记	其他标记长度	AAG079-001	输入	输入电流限制	AAE217-005
指数	电阻器噪声指数	AAE621-005	输入	输入保持时间	AAJ101-001
标记	热敏感度指数 B25/75	AAE616-005	输入	输入阻抗	AAE533-005

关键词	完整推荐名	标识符	关键词	完整推荐名	标识符
输入	输入漏电流	AAE223-005	插入	插入	AAE361-005
输入	输入偏移电流	AAF152-005	内	内径	AAE753-005
输入	输入偏移电压	AAF155-005	安装	安装说明	AAF433-001
输入	输入功率	AAE182-005	说明	安装说明	AAF433-001
输入	输入回路损耗	AAE701-005	指令	指令速度	AAF229-005
输入	输入设定时间	AAJ100-001	指令	指令集	AAF324-005
输入	输入驻波比	AAE974-005	指令	指令集体系结构	AAF222-005
输入	输入电压	AAE163-005	绝缘	绝缘材料	AAF248-005
输入	输入电压	AAE224-005	绝缘	绝缘电阻	AAE063-005
输入	高输入电压	AAE718-005	绝缘	绝缘电阻	AAE155-005
输入	输入电压限制	AAE210-005	绝缘	绝缘电阻	AAF349-001
输入	低输入电压	AAE719-005	绝缘	绝缘电阻	AAJ087-001
输入	峰-峰值输入电压	AAE288-005	绝缘	绝缘电压	AAE513-005
输入	低电平输入电流	AAE900-005	集成	集成元器件	AAE177-005
输入	低电平输入电压	AAE719-005	集成	集成元器件	AAF124-005
输入	低电平状态输入电流	AAE900-005	集成	集成功能	AAF134-005
输入	低电平状态输入电压	AAE719-005	密度	发光密度	AAE565-005
输入	不重复峰值输入电流限制	AAE285-005	密度	发光密度类别	AAE562-005
			密度	辐射强度	AAF064-005
输入	额定输入电流	AAE197-005	互连	电阻器互连	AAF102-005
输入	额定输入电压(交流)	AAE184-005	接口	接口兼容性	AAF323-005
输入	额定输入电压(直流)	AAE186-005	互调	互调失真 d_3	AAE710-005
输入	额定输入电压(脉冲)	AAE204-005	互调	互调失真 d_im	AAE709-005
输入	重复峰值输入电压	AAE290-005	互调	互调失真 d_3	AAE712-005
输入	输入电压有效值	AAE291-005	互调	互调失真 d_im	AAE711-005
输入	传感器输入量	AAE892-005	内部	内部时钟频率	AAF225-005
输入	短路输入电容	AAE982-005	内部	内部半径	AAF430-001
输入	输入偏移电流温度系数	AAF153-005	内部	内部寄存器数量	AAF230-005
			国际	国际标准	AAE012-005
输入	输入偏移电压温度系数	AAF156-005	中断	中断类型	AAF325-005
			时间间隔	时间间隔	AAE028-005
输入	输入/输出特性	AAE787-005	时间间隔	刷新时间间隔	AAF331-006
输入	输入/输出方向	AAD022-001	辐照度	辐照度	AAE570-005
输入	输入数	AAE458-005	辐照度	等值噪音辐射	AAE572-005
启动	峰值启动电流限制	AAE284-005	隔离	最小隔离电压	AAE550-005
浪涌	PTC 峰值浪涌电流	AAE619-005	焦耳积分	焦耳积分	AAE305-005
插入物	插入物材料	AAF469-001	焦耳积分	焦耳积分	AAE523-005
插入物	插入物类型	AAF468-001	结	结应力温度	AAF275-002
插入	插入方向	AAJ045-001	结	结温	AAE337-005
插入	插入力	AAF045-005	结	结温	AAE271-005
插入	插入增益	AAE887-005	结	实际结应力温度	AAF275-002
插入	插入损耗	AAE887-005	结	有效结温	AAE337-005

关键词	完整推荐名	标识符	关键词	完整推荐名	标识符
涂漆	涂漆长度	AAE633-005	长度	点长	AAE852-005
大	大法兰半径	AAG083-001	长度	有效磁通路长度	AAE776-005
大信号	大信号电压增益	AAF159-005	长度	元件长度	AAE576-005
锁定	锁定电流	AAF137-005	长度	拉伸长度	AAE997-005
定律	电阻定律(IEC)	AAE141-005	长度	法兰长度	AAF317-001
布局	布局结构	AAE849-005	长度	法兰长度	AAG063-001
LDR	LDR 恢复速率	AAE617-005	长度	法兰总长度	AAG085-001
引线	引线直径	AAG009-001	长度	间隙长度	AAE778-005
引线	引线直径	AAG010-001	长度	标记长度	AAG028-001
引线	引线直径	AAG011-001	长度	标记引出端长度	AAG115-001
引线	引线形式代码	AAG058-001	长度	涂漆长度	AAE633-005
引线	引线长度	AAG029-001	长度	引线长度	AAG029-001
引线	引线长度	AAG030-001	长度	引线长度	AAG030-001
引线	引线长度	AAG031-001	长度	引线长度	AAG031-001
引线	引线长度	AAG032-001	长度	引线长度	AAG032-001
引线	引线长度	AAG033-001	长度	引线长度	AAG033-001
引线	引线长度	AAG034-001	长度	引线长度	AAG034-001
引线	引线长	AAG077-001	长度	引线长	AAG077-001
引线	引线长度	AAG129-001	长度	引线长度	AAG129-001
引线	引线行间距	AAG053-001	长度	凸缘长度	AAG081-001
引线	引线行间距	AAG080-001	长度	主总长度	AAG100-001
引线	引线间距	AAG017-001	长度	主引出端长度	AAG098-001
引线	引线厚度	AAG012-001	长度	安装高度	AAG035-001
引线	引线宽度	AAG008-001	长度	非拉伸长度	AAE998-005
引线	引线宽	AAG076-001	长度	无螺栓按扣长度	AAG133-001
引线	预制引线	AAF372-001	长度	其他标记长度	AAG079-001
引线框	引线框材料	AAD125-001	长度	总长度	AAE581-005
漏	三态输出漏电流	AAE239-005	长度	总长度	AAG023-001
漏	三态输出漏电流	AAE240-005	长度	总长度	AAG090-001
漏	输入漏电流	AAE223-005	长度	封装长度	AAG013-001
漏	连续漏电流	AAE043-005	长度	封装长度	AAG089-001
漏	短期漏电流	AAE042-005	长度	封装长度区	AAG020-001
漏	泄漏路径	AAE159-005	长度	衬垫长度	AAD025-001
LED	LED 晶体材料	AAE563-005	长度	次总长度	AAG101-001
LED	LED 光的颜色	AAE564-005	长度	次引出端长度	AAG099-001
长度	(空气)间隙长度	AAE778-005	长度	转动轴长度	AAJ069-001
长度	声障板孔长度	AAE054-005	长度	侧翼长度	AAG065-001
长度	物体长度	AAE019-005	长度	滑动长度	AAJ019-001
长度	字符长度	AAE850-005	长度	轴杆长度	AAE147-005
长度	壳体内的接触长度	AAE363-005	长度	隔开长度	AAG065-001
长度	晶体长度	AAD070-001	长度	步进长度	AAF061-005
长度	数字长度	AAF145-005	长度	行程长度	AAJ019-001

关键词	完整推荐名	标识符	关键词	完整推荐名	标识符
长度	按扣长度	AAG095-001	光	光电阻	AAE124-005
长度	基座长度	AAE870-005	光	光发射	AAE596-005
长度	引出端长度	AAE072-005	光	反向光电流	AAF143-005
长度	引出端长度	AAG029-001	发光	发光模式	AAE856-005
长度	引出端长度	AAG030-001	限制	漏-源限制电压	AAE377-005
长度	引出端长度	AAG031-001	限制	漏极-衬底限制电压	AAE379-005
长度	引出端长度	AAG032-001	限制	正向限制电流	AAE546-005
长度	引出端长度	AAG033-001	限制	栅-源电压限制	AAF118-005
长度	引出端长度	AAG034-001	限制	输入电流限制	AAE217-005
长度	引出端长度	AAG077-001	限制	输入电压限制	AAE210-005
长度	引出端长度	AAG111-001	限制	不重复峰值输入电流限制	AAE285-005
长度	引出端长度	AAG129-001			
长度	外壳侧旁的引出端长度	AAF053-005	限制	输出电流限制	AAE218-005
			限制	峰值启动电流限制	AAE284-005
长度	视区长度	AAE854-005	限制	功率限制	AAD151-001
长度	字长	AAE459-005	限制	源-衬限制电压	AAE387-005
等级	符合性等级	AAD137-001	限制	光谱响应下限	AAE573-005
等级	晶体试验等级代码	AAD008-001	限制	光谱响应上限	AAE574-005
等级	电感等级	AAF266-005	限制	电源电压限制	AAE086-005
等级	等级	AAE682-006	限制	阳极限制电压	AAF315-005
等级	输出声压等级	AAF193-005	限制	聚焦限制电压	AAF314-005
等级	包装等级	AAF270-005	限制	限制触点电压	AAE513-005
等级	响应等级	AAE528-005	限制	限制电阻体电压(交流)	AAF281-005
等级	寄生信号等级	AAE880-005			
等级	寄生信号等级(2τ)	AAE888-005	限制	限制电阻体电压(直流)	AAE118-005
等级	寄生信号等级 (3-τ)	AAE879-005			
杠杆	杠杆停止力	AAJ021-001	限制	限制电压(交流)	AAF281-005
凸缘	凸缘高度	AAG078-001	限制	限制电压(直流)	AAE118-005
凸缘	凸缘长度	AAG081-001	线	延迟线应用	AAE542-005
凸缘	凸缘宽度	AAG082-001	线	延迟线类型	AAE878-005
寿命	电刷寿命	AAE170-005	行	行线圈电感	AAE607-005
寿命	电刷寿命期望值	AAE171-005	行	行线圈电阻	AAE609-005
寿命	循环寿命	AAE944-005	行	行偏转电流	AAE611-005
寿命	机械寿命	AAE922-005	行	行频	AAF274-005
寿命	工作寿命	AAJ067-001	线性	固定电阻器的线性	AAE114-007
寿命	贮藏寿命	AAE041-005	负载	负载电容	AAE256-005
寿命	搁置寿命	AAE942-005	负载	负载阻抗	AAE938-005
寿命	贮存寿命	AAE942-005	负载	负载功率	AAE422-005
光	集电极光电流	AAF138-005	负载	负载电阻	AAE212-005
光	集电极光电流	AAF140-005	负载	最大载荷力矩	AAE191-005
光	光颜色	AAE564-005	负载	负载功率	AAE955-005
光	LED光的颜色	AAE564-005	定位	x-坐标位置定位	AAF406-001

关键词	完整推荐名	标识符	关键词	完整推荐名	标识符
定位	y-坐标位置定位	AAF407-001	低电平状态	低电平状态输出电压	AAE097-005
定位	z-坐标位置定位	AAF408-001			
锁紧	锁紧装置	AAF051-005	低电平状态	低电平状态输出电压基准	AAE094-005
损耗	插入损耗	AAE887-005			
损耗	损耗系数	AAF298-005	低电平状态	低电平状态电源电流	AAE902-005
损耗	功率损耗	AAE775-005			
损耗	特定总损耗	AAF300-005	亮度	亮度对比率	AAE848-005
损耗	损耗角的正切值	AAE065-005	发光	发光密度	AAE565-005
损耗	总损耗体积密度	AAF300-005	发光	发光密度类别	AAE562-005
损耗	总功率损耗	AAE775-005	机器	机器周期	AAF223-005
损耗	输入回路损耗	AAE701-005	磁铁	磁铁	AAE053-005
损耗	输出回路损耗	AAE702-005	磁铁	磁铁材料	AAE053-005
扬声器	扬声器安装	AAE342-005	磁铁	磁铁材料	AAE174-005
低	高到低延迟时间	AAE233-005	磁铁	磁铁类型	AAE174-005
低	高到低传输时间	AAE233-005	磁	有效磁通路长度	AAE776-005
低	高到低转换时间	AAE235-005	磁	硬磁性材料等级	AAE762-005
低	低输入电压	AAE719-005	磁	磁场强度	AAE863-005
低	低电平截止态输出电流	AAE240-005	磁	磁场强度	AAF284-005
			磁	磁通量密度	AAE769-005
低	低到高延迟时间	AAE237-005	磁	磁导	AAE769-005
低	低到高传输时间	AAE237-005	磁	峰值磁通量密度	AAE768-005
低	低到高转换时间	AAE238-005	磁	峰值磁场强度	AAE767-005
低	低输出电压	AAE094-005	磁	软磁性材料等级	AAE764-005
低	低脉冲持续时间	AAF217-005	磁化	磁化系统	AAE174-005
低	低脉冲宽度	AAF217-005	主	元器件主类别	AAE001-005
下限	电容下限公差	AAE269-001	主	主总长度	AAG100-001
下限	电容下公差 %	AAE018-001	主	主引出端长度	AAG098-001
下限	二极管下限电容	AAF304-005	主	主边缘	AAF426-001
下限	下限频率	AAE157-005	主	椭圆环面的主半径	AAF421-001
下限	光谱响应下限	AAE573-005	主	隔开主尺寸	AAG005-001
最低	最低谐振频率	AAE050-005	制造商	晶体制造商	AAD140-001
低电平	低电平输入电流	AAE900-005	制造商	制造商封装代码	AAG069-001
低电平	低电平输入电压	AAE719-005	制造商	制造商衬垫标识符	AAD013-001
低电平	低电平输出电流	AAE254-005	标志	标志方法	AAF269-005
低电平	低电平输出电压	AAE094-005	质量	质量	AAE752-005
低电平	低电平输出电压	AAE097-005	材料	电枢材料	AAE176-005
低电平状态	低电平状态输入电流	AAE900-005	材料	主体材料	AAD148-001
			材料	凸出材料	AAD124-001
低电平状态	低电平状态输入电压	AAE719-005	材料	导电材料	AAF241-005
			材料	接触体材料	AAE355-005
低电平状态	低电平状态输出电流	AAE254-005	材料	接触件弹性材料	AAF125-005
			材料	介质材料类型	AAE004-007

关键词	完整推荐名	标识符	关键词	完整推荐名	标识符
材料	电极材料类型	AAE040-005	最大	最大电流	AAJ062-001
材料	封装材料	AAD150-001	最大	最大电感	AAJ080-001
材料	薄膜介质材料	AAE039-005	最大	最大噪声功率	AAE048-005
材料	硬磁性材料等级	AAE762-005	最大	最大噪声电压	AAE338-005
材料	壳体材料	AAE351-005	最大	最大工作电压	AAJ061-001
材料	磁滞材料常数	AAF306-005	最大	最大输出电流	AAE168-005
材料	插入物材料	AAF469-001	最大	最大径向力	AAE190-005
材料	绝缘材料	AAF248-005	最大	最大表面温度	AAE115-005
材料	引线框材料	AAD125-001	最大	最大工作力矩	AAE201-005
材料	LED 晶体材料	AAE563-005	机械	机械旋转角	AAE173-005
材料	磁铁材料	AAE053-005	机械	机械耐久性	AAE361-005
材料	磁铁材料	AAE174-005	机械	机械寿命	AAE922-005
材料	材料类型	AAF311-007	机械	机械时间常数	AAE187-005
材料	钝化材料	AAD078-001	机械	总机械旋转	AAE173-005
材料	电阻体材料	AAE116-005	件	触点件力	AAE925-005
材料	电阻材料	AAE116-005	存贮器	芯片存贮器	AAF327-005
材料	软磁性材料等级	AAE764-005	存贮/寄存	存贮/寄存功能	AAE722-007
材料	轴杆材料	AAE145-005	金属涂覆	衬垫金属涂覆	AAD120-001
材料	电位器轴杆材料	AAE145-005	亚稳	亚稳窗口	AAF218-005
材料	基座材料	AAD005-001	方法	连接方法	AAE985-005
材料	引出端材料	AAE634-005	方法	耦合方法	AAF192-005
成熟性	试验成熟性代码	AAD154-001	方法	驱动方法	AAE839-005
最大	最大 BH 乘积	AAF295-005	方法	驱动方法	AAF264-005
最大	集电极电流(直流)最大值	AAE405-005	方法	标志方法	AAF269-005
			方法	调制方式	AAE490-005
最大	接触件电流最大值	AAE358-005	方法	安装方法	AAF343-001
最大	最大能量吸收容量	AAE430-005	MIL	MIL 电缆类型	AAF252-005
最大	输出电压最大变化速率	AAF162-005	MIL	MIL 规范	AAF370-001
			最小	最小隔离电压	AAE550-005
最大	最大载荷力矩	AAE191-005	最小	最小范围值	AAF361-001
最大	I_类别时的最大峰值电压	AAE319-005	最小	最小应力温度	AAF276-002
			最小	最小击穿电压	AAF251-005
最大	最大推入	AAE202-005	最小	最小电容量	AAE069-005
最大	最大范围值	AAF360-001	最小	最小横截面积	AAF283-005
最大	最大工作力矩	AAE191-005	最小	最小电感	AAJ079-001
最大	最大应力温度	AAF277-002	最小	最小试验电压	AAF251-005
最大	最大组装温度	AAD149-001	小	小边缘	AAF427-001
最大	最大轴向力	AAE200-005	小	小半径	AAF432-001
最大	最大物体温度	AAE115-005	小	椭圆环面的小半径	AAF422-001
最大	最大电容量	AAE068-005	小	隔开小尺寸	AAG006-001
最大	最大箝位电压	AAE319-005	缺失	缺失引出端数量	AAG038-001
最大	最大时钟频率	AAF211-005	模式	寻址模式	AAF326-005

关键词	完整推荐名	标识符	关键词	完整推荐名	标识符
模式	应用模式	AAE864-005	名称	基准名称	AAD156-001
模式	共模抑制比	AAE374-005	名称	封装部件名称	AAD143-001
模式	驱动模式	AAE839-005	名称	衬垫几何形状名称	AAD014-001
模式	发光模式	AAE856-005	名称	信号名称	AAD019-001
模式	发光模式	AAE856-005	名称	电源名称	AAD049-001
模式	控制模式	AAE464-005	名称	试验名称	AAD082-001
模式	工作模式	AAE786-005	国家	国家标准	AAF043-005
模式	压力模式	AAE864-005	最接近	最接近通用类型	AAE494-005
型式	变压器型式	AAE167-005	管颈	管颈直径	AAE589-005
调制	交叉调制	AAE703-005	负	负电容公差	AAF448-001
调制	调制方式	AAE490-005	负	负电阻公差	AAF452-001
模数	导纳的模数	AAF459-001	负	负公差	AAF444-001
模数	阻抗的模数	AAF456-001	负向	负向门限	AAF209-005
运动	运动轨迹	AAE179-005	净	净面积	AAF397-001
电动机	同步交流电动机	AAE183-005	净	净空间	AAF399-001
安装	安装高度	AAE027-005	网络	网络	AAE343-005
安装	安装高度	AAG001-001	噪声	平均噪声因子	AAE647-005
安装	安装高度	AAG035-001	噪声	平均噪声指数	AAE647-005
安装	安装宽度	AAG036-001	噪声	等值输入噪音电压	AAE380-005
安装	安装基座温度	AAE336-005	噪声	等值噪音辐射	AAE572-005
安装	安装基座温度	AAE272-005	噪声	等值噪音电压	AAE380-005
安装	安装偏差 y/x	AAF405-001	噪声	最大噪声功率	AAE048-005
安装	安装偏差 y/z	AAF404-001	噪声	最大噪声电压	AAE338-005
安装	安装特性	AAE006-006	噪声	噪音等值功率	AAE572-005
安装	安装高度	AAE027-005	噪声	噪声指数	AAE647-005
安装	安装孔直径	AAG039-001	噪声	噪声指数	AAE648-005
安装	安装孔位置	AAG064-001	噪声	噪声指数	AAE657-005
安装	安装孔间距	AAG042-001	噪声	电阻器噪声指数	AAE621-005
安装	安装方法	AAF343-001	噪声	聚光点噪声因子	AAE648-005
安装	扬声器安装	AAE342-005	噪声	聚光点噪声因子	AAE657-005
安装	安装位置	AAE144-005	噪声	聚光点噪声指数	AAE648-005
安装	x-坐标优选安装位置	AAF401-001	噪声	聚光点噪声指数	AAE657-005
安装	y-坐标优选安装位置	AAF402-001	无负载	无负载输出电压	AAE164-005
安装	z-坐标优选安装位置	AAF403-001	标称	标称容量	AAE530-005
安装	安装灯口代码	AAE522-005	标称	标称电流	AAE521-005
安装	运动触点驱动件类型	AAE142-005	标称	标称输出电流	AAE160-005
MPD	MPD 供货形式	AAD155-001	标称	标称电压	AAE519-005
多路	多路比率	AAE839-005	非拉伸	非拉伸长度	AAE998-005
倍数	倍数	AAF101-005	不重复	不重复峰值输入电流限制	AAE285-005
名称	附件名称	AAF309-005			
名称	晶体名称	AAD002-001	不重复	不重复峰值导通态电流	AAE730-005
名称	基准文件名称	AAD157-001			

关键词	完整推荐名	标识符
不重复	反向不重复峰值雪崩能量	AAE304-005
不重复	反向不重复峰值电流	AAE315-005
不重复	反向不重复峰值功率损耗	AAE303-006
不重复	反向不重复峰值功率损耗	AAE327-006
不重复	反向不重复峰值功率损耗	AAF389-001
不重复	不重复可变电阻器峰值电流	AAE298-005
不重复	正向不重复峰值电流	AAE294-005
非 SMD	引出端出口位置非 SMD	AAF346-001
非 SMD	引出端形状非 SMD	AAF347-001
无螺栓	无螺栓按扣长度	AAG133-001
非跃变	非跃变电流	AAE137-005
正态	正态平均值	AAF365-001
正态	正态标准偏差	AAF366-001
NTC	NTC 热敏电阻类型	AAJ004-001
数	实际引出端数	AAG059-001
数	共轴数量	AAE172-005
数	位数	AAE459-005
数	结合点数	AAD018-001
数	电缆单元数	AAF255-005
数	串联的原电池数	AAE940-005
数	充电循环次数	AAE944-005
数	时钟周期数	AAF223-005
数	柱面数	AAF437-001
数	触点组装件数量	AAE921-005
数	接触件数量	AAE359-005
数	每行触点数	AAF150-005
数	功能数目	AAE106-005
数	孔数	AAF351-001
数	输入数	AAE458-005
数	内部寄存器数量	AAF230-005
数	外围设备数	AAF329-005
数	相位数	AAF131-005
数	针数	AAE754-005
数	间距数(x-轴)	AAF374-001
数	间距数(y-轴)	AAF375-001
数	刀数	AAE921-005

关键词	完整推荐名	标识符
数	杆数	AAJ064-001
数	多边形顶点数	AAD027-001
数	可能引出端数量	AAG037-002
数	初级线圈数	AAF048-005
数	行数	AAE360-005
数	次级线圈数	AAF099-005
数	节数	AAE996-005
数	稳定位置的数量	AAE929-005
数	按扣数	AAF373-001
数	引出端数目	AAE139-005
数	引出端数	AAE754-005
数	可变元件的数量	AAE172-005
数	字数	AAE474-005
数	终端数	AAD012-001
数	顶点数	AAD028-001
数	复数	AAF441-001
数字	数字体制	AAE457-005
偏移	输入偏移电流	AAF152-005
偏移	输入偏移电压	AAF155-005
偏移	偏移(x-轴)	AAF341-001
偏移	偏移(y-轴)	AAF340-001
偏移	输入偏移电流温度系数	AAF153-005
偏移	输入偏移电压温度系数	AAF156-005
截止态	漏-源截止态电阻	AAE394-005
截止态	高电平截止态输出电流	AAE239-005
截止态	低电平截止态输出电流	AAE240-005
截止态	截止态电流	AAE239-005
截止态	截止态电流	AAE240-005
截止态	截止态电流	AAF135-005
截止态	截止态电源电流	AAE903-005
截止态	截止态电压	AAE738-005
截止态	截止态电压	AAE737-005
截止态	截止态电压上升速率	AAE727-005
截止态	截止态电压上升速率	AAE740-005
截止态	重复峰值截止态电压	AAE739-005
芯片	芯片存贮器	AAF327-005
导通态	平均导通态电流	AAE744-005

关键词	完整推荐名	标识符	关键词	完整推荐名	标识符
导通态	漏-源导通态电阻	AAE391-005	输出	直流输出二极管电流	AAE218-005
导通态	漏-源导通态电阻	AAE393-005	输出	动态输出电流	AAF207-005
导通态	导通态电压	AAE499-005	输出	高电平截止态输出电流	AAE239-005
导通态	不重复峰值导通态电流	AAE730-005	输出	高电平输出电流	AAE255-005
导通态	导通态电流	AAE733-005	输出	高电平输出电压	AAE092-005
导通态	导通态电压	AAE279-005	输出	高电平输出电压	AAE093-005
导通态	导通态电流上升速率	AAE684-005	输出	高电平状态输出电流	AAE255-005
导通态	导通态电流上升速率	AAE734-005	输出	高电平状态输出电压	AAE092-005
导通态	重复峰值导通态电流	AAE729-005	输出	高电平状态输出电压基准	AAE093-005
导通态	导通态电流有效值	AAE728-005			
导通态	导通状态电流有效值	AAF063-005	输出	低电平截止态输出电流	AAE240-005
导通态	浪涌导通态电流	AAE730-005			
开路	开路敏感度	AAE862-005	输出	低电平输出电流	AAE254-005
开路	开路电压	AAE529-005	输出	低电平输出电压	AAE094-005
开口	连接器开口	AAE362-005	输出	低电平输出电压	AAE097-005
工作	工作时间	AAE923-005	输出	低电平状态输出电流	AAE254-005
工作	最大工作电压	AAJ061-001	输出	低电平状态输出电压	AAE097-005
工作	工作频率	AAE166-005	输出	低电平状态输出电压基准	AAE094-005
工作	工作频率	AAE872-005			
工作	工作湿度	AAE857-005	输出	输出电压最大变化速率	AAF162-005
工作	工作寿命	AAJ067-001			
工作	工作压力	AAE866-005	输出	最大输出电流	AAE168-005
工作	工作电压	AAE992-005	输出	无负载输出电压	AAE164-005
工作	工作电压	AAE842-005	输出	标称输出电流	AAE160-005
工作	工作模式	AAE786-005	输出	输出电容	AAE983-005
工作	额定工作电流(直流)	AAF106-005	输出	输出箝位电流	AAE218-005
工作	额定工作电压(交流)	AAE512-005	输出	输出电流	AAE867-005
工作	额定工作电压(直流)	AAF107-005	输出	输出电流	AAE226-005
光纤	光纤元器件	AAJ048-001	输出	EHT电源输出电流	AAE282-005
选择	过程选择	AAD134-001	输出	聚焦电源输出电流	AAE283-005
选择	试验选择	AAD134-001	输出	输出电流限制	AAE218-005
光电	光电器件功能	AAE545-005	输出	输出有效数据时间	AAF232-005
光电	光电封装	AAE816-005	输出	输出截止时间	AAF215-005
方向	基准方向	AAD162-001	输出	输出启动时间	AAF214-005
方向	定向	AAF268-005	输出	输出下降时间	AAE235-005
方向	衬垫方向	AAD017-001	输出	输出保持时间	AAJ104-001
其他	其他标记长度	AAG079-001	输出	输出阻抗	AAF044-005
输出	三态输出漏电流	AAE239-005	输出	输出功率	AAE165-005
输出	三态输出漏电流	AAE240-005	输出	输出功率	AAE422-005
输出	地址到输出延迟	AAE720-005	输出	输出功率	AAE955-005
输出	平均输出电流	AAE286-005	输出	输出电阻	AAF165-005

关键词	完整推荐名	标识符	关键词	完整推荐名	标识符
输出	输出回路损耗	AAE702-005	封装	光电封装	AAE816-005
输出	输出上升时间	AAE238-005	封装	封装颜色	AAE560-005
输出	输出短路电流	AAF207-005	封装	封装颜色	AAF128-005
输出	输出吸收电流	AAE254-005	封装	封装直径	AAG014-001
输出	输出声压等级	AAF193-005	封装	封装直径	AAG062-001
输出	输出电源电流	AAE255-005	封装	封装直径	AAG116-001
输出	输出驻波比	AAE975-005	封装	封装直径区	AAG022-001
输出	输出电压	AAE169-005	封装	封装高度	AAG003-001
输出	输出电压	AAE698-005	封装	封装高度区	AAG092-001
输出	输出电压	AAE726-005	封装	封装标识符代码	AAG060-001
输出	输出电压	AAE228-005	封装	封装长度	AAG013-001
输出	EHT 电源输出电压	AAE289-005	封装	封装长度	AAG089-001
输出	高输出电压	AAE092-005	封装	封装长度区	AAG020-001
输出	高输出电压	AAE093-005	封装	封装垂悬物	AAG046-001
输出	低输出电压	AAE094-005	封装	封装类型代码	AAG057-001
输出	峰-峰输出电压	AAF158-005	封装	封装厚度	AAG003-001
输出	输出电压波动	AAF158-005	封装	封装类型	AAJ046-001
输出	每次输出的功率损耗	AAE214-005	封装	封装宽度	AAG016-001
输出	辐射输出功率	AAE561-005	封装	封装宽度区	AAG021-001
输出	重复峰值输出电流	AAE287-005	封装	标准封装代码	AAG070-001
输出	短路输出电容	AAE983-005	封装	晶体管封装代码	AAE637-005
输出	同步输出功率	AAE704-005	封装	封装部件名称	AAD143-001
输出	同步输出功率	AAE714-005	包装	包装排列	AAF265-005
输出	总辐射输出功率	AAF065-005	包装	包装等级	AAF270-005
外	外径	AAE022-005	包装	包装类型	AAE111-005
总	法兰总长度	AAG085-001	包装	供货包装	AAD089-001
总	法兰总宽度	AAG086-001	包装	供应包装代码	AAD055-001
总	主总长度	AAG100-001	包装	供货包装描述	AAD090-001
总	总直径	AAG025-001	包装	制造商衬垫标识符	AAD013-001
总	总高度	AAG125-001	衬垫	衬垫电流	AAD033-001
总	总长度	AAE581-005	衬垫	衬垫直径	AAD121-001
总	总长度	AAG023-001	衬垫	衬垫几何形状数	AAD116-001
总	总长度	AAG090-001	衬垫	衬垫几何形状名称	AAD014-001
总	总宽度	AAG024-001	衬垫	衬垫长度	AAD025-001
总	次总长度	AAG101-001	衬垫	衬垫金属涂覆	AAD120-001
垂悬物	封装垂悬物	AAG046-001	衬垫	衬垫方向	AAD017-001
过载	连续过载	AAE168-005	衬垫	衬垫形状	AAD024-001
封装	放大器封装	AAE969-005	衬垫	衬垫电源电流	AAD033-001
封装	二极管封装	AAE331-005	衬垫	衬垫宽度	AAD026-001
封装	IC 封装	AAJ046-001	衬垫	衬垫 x 位置	AAD015-001
封装	IC 封装代码	AAE838-005	衬垫	衬垫 y 位置	AAD016-001
封装	制造商封装代码	AAG069-001	页码	源文件页码	AAG068-001

关键词	完整推荐名	标识符
参数	磁芯电感参数	AAE777-005
部件	封装部件名称	AAD143-001
带通	带通衰减	AAF121-005
钝化	钝化材料	AAD078-001
通路	有效磁通路长度	AAE776-005
通路	泄漏路径	AAE159-005
式样	引出端式样	AAG107-001
PCB	PCB 连接器类型	AAJ022-001
峰值	峰值阳极电流	AAF204-005
峰值	集电极电流峰值	AAE407-005
峰值	集电极-发射极峰值电压	AAE415-005
峰值	I_类别时的最大峰值电压	AAE319-005
峰值	不重复峰值输入电流限制	AAE285-005
峰值	不重复峰值导通态电流	AAE730-005
峰值	反向不重复峰值电流	AAE315-005
峰值	反向不重复峰值功率损耗	AAE303-006
峰值	反向不重复峰值功率损耗	AAE327-006
峰值	反向不重复峰值功率损耗	AAF389-001
峰值	不重复可变电阻器峰值电流	AAE298-005
峰值	正向不重复峰值电流	AAE294-005
峰值	反向不重复峰值电流	AAE318-005
峰值	反向不重复峰值电压	AAE301-005
峰值	峰值包络功率	AAE708-005
峰值	峰值包络功率 PEP	AAE707-005
峰值	峰值磁通量密度	AAE768-005
峰值	峰值启动电流限制	AAE284-005
峰值	峰值磁场强度	AAE767-005
峰值	峰值工作电流	AAE317-005
峰值	PTC 峰值电流	AAE620-005
峰值	PTC 峰值浪涌电流	AAE619-005
峰值	正向重复峰值电流	AAE293-005
峰值	重复峰值输入电压	AAE290-005
峰值	重复峰值截止态电压	AAE739-005
峰值	重复峰值导通态电流	AAE729-005

关键词	完整推荐名	标识符
峰值	重复峰值输出电流	AAE287-005
峰值	重复峰值恢复电流	AAE297-005
峰值	反向重复峰值电流	AAE297-005
峰值	反向重复峰值功率	AAE302-005
峰值	反向重复峰值电压	AAE300-005
峰值	峰值发射的波长	AAE556-005
峰值	峰值响应的波长	AAE568-005
峰值	峰值的波长	AAE569-005
峰值	正向工作峰值电流	AAE296-005
峰值发射	峰值发射波长	AAE556-005
峰值响应	峰值响应波长	AAE568-005
峰-峰	峰-峰值输入电压	AAE288-005
峰-峰	峰-峰输出电压	AAF158-005
穿透	穿透速率之差	AAE716-005
PEP	峰值包络功率 PEP	AAE707-005
百分比	百分比公差	AAF443-001
性能	性能类别	AAE357-005
性能	性能等级	AAE009-005
周期/直流	周期/直流功能	AAE789-005
周期	时钟周期数	AAF223-005
外围设备	外围设备类型	AAF335-005
外围设备	外围设备字规格	AAF330-005
外围设备	外围设备数	AAF329-005
磁导率	磁导率幅值	AAE773-005
磁导率	有效磁导率	AAE771-005
磁导率	初始磁导率	AAE772-005
磁导率	弹回磁导率	AAF294-005
磁导率	磁导率的温度系数	AAF307-005
可置换性	可置换性指示符	AAF359-001
相位	每相电流	AAE203-005
相位	相位角	AAF454-001
相位	相位角	AAF455-001
相位	相位延迟漂移	AAE886-005
相位	相位延迟时间	AAE544-005
相位	相位关系	AAE885-005
相位	相位数	AAF131-005
荧光体	荧光体代码	AAE605-005
光发射器	光发射器功能	AAE555-005
拾取	图像拾取器件类型	AAJ074-001
图片	晶体图片	AAD127-001
插针	插针插头或插座类型	AAJ026-001
插针	插针排列	AAE348-005

关键词	完整推荐名	标识符
插针	针数	AAE754-005
间距	触点间距	AAJ039-001
间距	孔的间距	AAF316-001
间距	间距(x-轴)	AAF321-001
间距	间距(y-轴)	AAF322-001
间距	节距圆直径	AAF337-005
间距	水平象素间距	AAE805-005
间距	引出端间距	AAE024-005
间距	间距数(x-轴)	AAF374-001
间距	间距数(y-轴)	AAF375-001
象素	水平象素间距	AAE805-005
放置	调节器放置	AAF371-001
放置	引出端位置	AAE008-005
PLD	PLD 可编程性	AAF231-005
插头或插座	同心插头或插座类型	AAJ025-001
插头或插座	直流电源插头/插座类型	AAJ027-001
插头或插座	插针插头或插座类型	AAJ026-001
插头或插座	插头/插座类型	AAJ024-001
点	居里点	AAE761-005
点	基准点的 x-坐标	AAF393-001
点	基准点的 y-坐标	AAF394-001
点	基准点的 z-坐标	AAF395-001
泊松	泊松期望值	AAF368-001
泊松	泊松方差值	AAF367-001
定位	定位	AAE354-005
极性	极性类型	AAE263-005
极性	晶体管极性	AAE638-005
柱	中心柱直径	AAE051-005
刀	刀数	AAE921-005
杆	杆数	AAJ064-001
多边形	多边形顶点数	AAD027-001
位置	基准 x 位置	AAD160-001
位置	基准 y 位置	AAD161-001
位置	安装孔位置	AAG064-001
位置	安装位置	AAE144-005
位置	衬垫 x 位置	AAD015-001
位置	衬垫 y 位置	AAD016-001
位置	引出端出口位置非SMD	AAF346-001
位置	引出端出口位置SMD	AAF345-001
位置	引出端位置代码	AAG056-001
位置	引出端基准位置	AAG044-001
位置	引出端基准位置	AAG045-001
位置	引出端基准位置	AAG108-001
位置	引出端基准位置	AAG112-001
位置	引出端基准位置	AAG113-001
位置	x-坐标优选安装位置	AAF401-001
位置	y-坐标优选安装位置	AAF402-001
位置	x-坐标位置定位	AAF406-001
位置	y-坐标位置定位	AAF407-001
位置	z-坐标优选安装位置	AAF403-001
位置	z-坐标位置定位	AAF408-001
位置	接触件位置	AAE359-005
位置	稳定位置的数量	AAE929-005
位置	引出端位置数	AAG037-002
位置	引出端位置数量	AAG109-001
位置	引出端位置数量	AAG110-001
位置	稳定位置	AAE929-005
正	正电容公差	AAF449-001
正	正电阻公差	AAF453-001
正	正公差	AAF445-001
正向	正向门限	AAF208-005
可能	可能引出端数量	AAG037-002
电位器	电位器尺寸	AAJ014-001
电位器	电位器轴杆材料	AAE145-005
功率	触点功率(交流)	AAE928-005
功率	触点功率(直流)	AAF130-005
功率	每次输出的直流功率损耗	AAE214-005
电源	直流电源插头/插座类型	AAJ027-001
功率	熔断功率	AAJ011-001
功率	输入功率	AAE182-005
功率	负载功率	AAE422-005
功率	最大噪声功率	AAE048-005
功率	噪音等值功率	AAE572-005
功率	反向不重复峰值功率损耗	AAE303-006

关键词	完整推荐名	标识符	关键词	完整推荐名	标识符
功率	反向不重复峰值功率损耗	AAE327-006	原理	传感器工作原理	AAE893-005
			原理	变换器原理	AAE005-006
功率	反向不重复峰值功率损耗	AAF389-001	原理	工作原理	AAE877-005
			印制	印制板厚度	AAE362-005
功率	输出功率	AAE165-005	概率	概率分布	AAF364-001
功率	输出功率	AAE422-005	程序	试验程序描述	AAD060-001
功率	输出功率	AAE955-005	过程	过程选择	AAD134-001
功率	峰值包络功率	AAE708-005	乘积	B_r x H_cJ 乘积	AAF296-005
功率	峰值包络功率 PEP	AAE707-005	乘积	最大 BH 乘积	AAF295-005
功率	功率损耗	AAE987-005	乘积	增益带宽乘积	AAF167-005
功率	功率耗散	AAJ063-001	乘积	RC 乘积	AAE066-005
功率	功率损耗	AAE257-005	可编程性	PLD 可编程性	AAF231-005
功率	每次输出的功率损耗	AAE214-005	可编程性	ROM 可编程性	AAF236-005
功率	功率增益	AAE424-005	编程	编程电流	AAF237-005
功率	功率处理容量	AAE048-005	编程	编程电压	AAF238-005
功率	功率限制	AAD151-001	投视	投视代码	AAF392-001
功率	功率损耗	AAE775-005	传输	高到低传输时间	AAE233-005
电源	电源插座类型	AAJ030-001	传输	低到高传输时间	AAE237-005
电源	电源抑制比	AAF170-005	传输	传输延迟	AAE231-005
功率	功率变压器应用	AAF098-005	PTC	PTC 应用	AAE618-005
功率	辐射输出功率	AAE561-005	PTC	PTC 峰值电流	AAE620-005
功率	额定功率	AAE048-005	PTC	PTC 峰值浪涌电流	AAE619-005
功率	反向重复峰值功率	AAE302-005	PTC	PTC 残余电流	AAE629-005
功率	同步输出功率	AAE704-005	PTC	PTC 转换电阻	AAE626-005
功率	同步输出功率	AAE714-005	推入	最大推入	AAE202-005
功率	热时间常数(功率)	AAJ073-001	推入	推入速率	AAE205-005
功率	总功率损耗	AAE775-005	推入	推入力矩	AAE202-005
功率	总辐射输出功率	AAF065-005	拔拉	拔拉速率	AAE206-005
功率	单向功率增益	AAE713-005	拔拉	拔拉力矩	AAE201-005
功率	功率/信号	AAE152-005	脉冲	电流(脉冲)	AAE125-005
预燃	熔断器预燃时间	AAJ034-001	脉冲	高脉冲持续时间	AAF216-005
优选	优选视角	AAE991-005	脉冲	低脉冲持续时间	AAF217-005
优选	x-坐标优选安装位置	AAF401-001	脉冲	脉冲形状	AAE622-005
优选	y-坐标优选安装位置	AAF402-001	脉冲	高脉冲宽度	AAF216-005
优选	z-坐标优选安装位置	AAF403-001	脉冲	低脉冲宽度	AAF217-005
预制	预制引线	AAF372-001	脉冲	额定输入电压(脉冲)	AAE204-005
压力	工作压力	AAE866-005	Q-因数	Q-因数	AAJ090-001
压力	输出声压等级	AAF193-005	q-电源	附加 q-电源电流	AAE897-005
压力	压力模式	AAE864-005	质量	质量认证机构	AAE687-005
初级	初级线圈数	AAF048-005	质量	质量保证	AAE687-005
原电池	原电池的电化学系统	AAE531-005	质量	质量确认	AAE687-005
基本	基本单元高度	AAF428-001	质量	质量因子	AAE518-005

关键词	完整推荐名	标识符	关键词	完整推荐名	标识符
质量	质量因数	AAJ090-001	速度	指令速度	AAF229-005
质量	质量等级	AAE840-005	速度	LDR 恢复速率	AAE617-005
数	实际引出端数	AAG059-001	速度	输出电压最大变化速率	AAF162-005
数	激励量	AAE926-005			
数	放大量	AAF169-005	速度	推入速率	AAE205-005
数	缺失引出端数量	AAG038-001	速度	拔拉速率	AAE206-005
数	引出端位置数	AAG037-002	速度	正向电流变化率	AAE275-005
数	引出端位置数	AAG109-001	速度	整流电压上升速率	AAE741-005
数	引出端位置数	AAG110-001	速度	整流电流上升速率	AAE735-005
数	传感器输入量	AAE892-005	速度	栅极电流上升速率	AAE736-005
静态	附加静态电流	AAE897-005	速度	截止态电压上升速率	AAE727-005
静态	静态电流	AAE896-005	速度	截止态电压上升速率	AAE740-005
静态	静态电源电流	AAE896-005	速度	导通态电流上升速率	AAE684-005
径向	最大径向力	AAE190-005	速度	导通态电流上升速率	AAE734-005
辐射	辐射通量	AAE561-005	速度	变化速率	AAF162-005
辐射	辐射流量	AAF065-005	速度	步进速率	AAE209-005
辐射	辐射强度	AAF064-005	额定	连接器额定电流	AAJ043-001
辐射	辐射输出功率	AAE561-005	额定	连接器额定电压	AAJ042-001
辐射	总辐射输出功率	AAF065-005	额定	额定断开容量	AAF122-005
辐射	辐射类型	AAE566-005	额定	额定电流	AAE525-005
半径	弯曲半径	AAF434-001	额定	额定力	AAF133-005
半径	锥形半径	AAF414-001	额定	额定阻抗	AAE049-005
半径	弯曲半径	AAG043-001	额定	额定输入电流	AAE197-005
半径	圆柱半径	AAF409-001	额定	额定输入电压(交流)	AAE184-005
半径	外部半径	AAF431-001	额定	额定输入电压(直流)	AAE186-005
半径	面板半径	AAE804-005	额定	额定输入电压(脉冲)	AAE204-005
半径	内部半径	AAF430-001	额定	额定工作电流(直流)	AAF106-005
半径	大法兰半径	AAG083-001	额定	额定工作电压(交流)	AAE512-005
半径	椭圆环面的主半径	AAF421-001	额定	额定工作电压(直流)	AAF107-005
半径	小半径	AAF432-001	额定	额定功率	AAE048-005
半径	椭圆环面的小半径	AAF422-001	额定	额定速度	AAE195-005
半径	屏幕曲率半径	AAE804-005	额定	额定温度	AAE267-005
半径	小法兰半径	AAG084-001	额定	额定温度	AAJ055-001
半径	球体半径	AAF417-001	额定	额定力矩	AAE191-005
RAM	RAM 类型	AAF233-005	额定	额定电压	AAJ010-001
随机	随机读/写周期时间	AAJ094-001	额定	额定电压	AAJ060-001
范围	共模输入电压范围	AAF157-005	额定	额定电压(交流)	AAE045-005
范围	最大范围值	AAF360-001	额定	额定电压(直流)	AAE044-005
范围	最小范围值	AAF361-001	额定	上限额定频率	AAE339-005
RAS	来自 RAS 的访问时间	AAE720-005	比率	亮度对比率	AAE848-005
RAS	RAS 访问时间	AAJ095-001	比率	电容比	AAE502-005
速度	失效率	AAD131-001	比率	集电极电流比率	AAE640-005

关键词	完整推荐名	标识符
比率	共模抑制比	AAE374-005
比率	共模抑制比	AAF160-005
比率	对比率	AAE848-005
比率	电流转移率	AAE548-005
比率	输入驻波比	AAE974-005
比率	发光对比率	AAE848-005
比率	多路比率	AAE839-005
比率	输出驻波比	AAE975-005
比率	电源抑制比	AAF170-005
比率	电阻比率 R_Tamb/R_Tref	AAE875-005
比率	电源电压抑制比	AAF170-005
比率	电压驻波比	AAJ041-001
RC	RC 乘积	AAE066-005
电抗	电抗	AAF458-001
读/写	随机读/写周期时间	AAJ094-001
弹回	弹回磁导率	AAF294-005
记录	建立记录日期	AAG074-001
恢复	LDR 恢复速率	AAE617-005
恢复	恢复时间	AAF219-005
恢复	重复峰值恢复电流	AAE297-005
恢复	反向恢复时间	AAE281-005
恢复	反向恢复时间(I)	AAF301-005
恢复	总反向恢复时间	AAE306-005
整流	整流二极管应用	AAE505-005
基准	结构图基准代码	AAG066-001
基准	电气基准	AAD021-001
基准	IEC 基准类别	AAE000-001
基准	基准电容	AAE860-005
基准	基准条件	AAE995-005
基准	基准电阻	AAE874-005
基准	基准温度	AAE017-005
基准	基准视图	AAF356-001
基准	基准电压	AAE324-005
基准	标准文件基准	AAG071-001
基准	引出端基准位置	AAG044-001
基准	引出端基准位置	AAG045-001
基准	引出端基准位置	AAG108-001
基准	引出端基准位置	AAG112-001
基准	引出端基准位置	AAG113-001
基准	基准点的 x-坐标	AAF393-001
基准	基准点的 y-坐标	AAF394-001
基准	基准点的 z-坐标	AAF395-001
刷新	刷新时间	AAF331-006
刷新	刷新时间间隔	AAF331-006
寄存器	寄存器类型	AAF234-005
寄存器	内部寄存器数量	AAF230-005
调节	调节电压	AAE324-005
抑制	共模抑制比	AAE374-005
抑制	共模抑制比	AAF160-005
抑制	电源抑制比	AAF170-005
抑制	电源电压抑制比	AAF170-005
关系	相位关系	AAE885-005
相对	相对湿度	AAE859-005
相对	相对湿度 RH_1	AAE954-005
相对	相对湿度 RH_2	AAE953-005
相对	应力相对湿度	AAF279-002
释放	释放时间	AAE924-005
释放	释放电压(交流)	AAF050-005
释放	释放电压(直流)	AAF129-005
可靠性	试验可靠性代码	AAD153-001
磁阻率	磁阻率的温度系数	AAF307-005
剩磁	剩磁	AAF292-005
剩磁	剩磁磁通密度	AAF292-005
除去	除去时间	AAF219-005
重复	正向重复峰值电流	AAE293-005
重复	重复峰值输入电压	AAE290-005
重复	重复峰值截止态电压	AAE739-005
重复	重复峰值导通态电流	AAE729-005
重复	重复峰值输出电流	AAE287-005
重复	重复峰值恢复电流	AAE297-005
重复	反向重复峰值电流	AAE297-005
重复	反向重复峰值功率损耗	AAE302-005
重复	反向重复峰值电压	AAE300-005
要求	连接要求	AAD091-001
要求	连接要求代码	AAD006-001
残余	PTC 残余电流	AAE629-005
电阻	基极-发射极电阻	AAE906-005
电阻	共模输入电阻	AAF164-005
电阻	接触电阻	AAE920-005
电阻	接触电路电阻	AAE920-005
电阻	暗电阻	AAE123-005
电阻	直流电阻	AAF090-005

关键词	完整推荐名	标识符	关键词	完整推荐名	标识符
电阻	直流电阻	AAF245-005	电阻系数	电阻系数	AAE760-005
电阻	差分输入电阻	AAF163-005	电阻器	固定电阻器的线性	AAE114-007
电阻	差分电阻	AAE323-005	电阻器	电阻器互连	AAF102-005
电阻	差分电阻	AAE328-005	电阻器	电阻器噪声指数	AAE621-005
电阻	二极管正向电阻	AAE310-005	电阻器	单个电阻器类型	AAJ003-001
电阻	二极管反向电阻	AAE311-005	分辨率	水平分辨率	AAE806-005
电阻	二极管串联电阻	AAE310-005	分辨率	垂直分辨率	AAF205-005
电阻	二极管串联电阻	AAE311-005	谐振	基本谐振频率	AAE050-005
电阻	漏-源截止态电阻	AAE394-005	谐振	最低谐振频率	AAE050-005
电阻	漏-源导通态电阻	AAE391-005	谐振	谐振频率	AAE050-005
电阻	漏-源导通态电阻	AAE393-005	谐振	谐振频率	AAF052-005
电阻	等效串联电阻	AAE064-005	谐振	谐振频率	AAJ089-001
电阻	激励线圈电阻	AAE610-005	谐振器	谐振器类型	AAJ088-001
电阻	绝缘电阻	AAE063-005	响应	频率响应一致性	AAE706-005
电阻	绝缘电阻	AAE155-005	响应	响应等级	AAE528-005
电阻	绝缘电阻	AAF349-001	响应	光谱响应下限	AAE573-005
电阻	绝缘电阻	AAJ087-001	响应	光谱响应上限	AAE574-005
电阻	光电阻	AAE124-005	响应	总响应时间	AAF168-005
电阻	行线圈电阻	AAE609-005	响应	峰值响应的波长	AAE568-005
电阻	负载电阻	AAE212-005	响应率	响应率	AAE571-005
电阻	负电阻公差	AAF452-001	响应率	电压响应率	AAE571-005
电阻	输出电阻	AAF165-005	保持	数据保持电流	AAF332-005
电阻	正电阻公差	AAF453-001	保持	数据保持电压	AAF333-005
电阻	PTC 转换电阻	AAE626-005	回路	输入回路损耗	AAE701-005
电阻	基准电阻	AAE874-005	回路	输出回路损耗	AAE702-005
电阻	电阻	AAE119-005	反向	连续直流反向电流	AAE276-005
电阻	电阻	AAF450-001	反向	反向峰值工作电压	AAE299-005
电阻	电阻	AAF457-001	反向	二极管反向电阻	AAE311-005
电阻	电阻	AAE956-005	反向	反向不重复峰值电流	AAE315-005
电阻	25℃时的电阻	AAE127-005	反向	反向不重复峰值功率损耗	AAE303-006
电阻	电阻依赖性	AAE122-005			
电阻	电阻体材料	AAE116-005	反向	反向不重复峰值功率损耗	AAE327-006
电阻	电阻定律（IEC）	AAE141-005			
电阻	电阻比率 R_Tamb/R_Tref	AAE875-005	反向	反向不重复峰值功率损耗	AAF389-001
电阻	电阻公差	AAF100-005	反向	反向不重复峰值电流	AAE318-005
电阻	对称电阻公差	AAF451-001	反向	反向不重复峰值电压	AAE301-005
电阻	热电阻	AAE688-005	反向	反向重复峰值电流	AAE297-005
电阻	热电阻类型	AAE689-005	反向	反向重复峰值功率	AAE302-005
电阻	电阻 TC 公差	AAJ013-001	反向	反向重复峰值电压	AAE300-005
电阻	有公差电阻	AAF463-001	反向	反向电流	AAE276-005
电阻体	电阻体材料	AAE116-005	反向	反向电流	AAE994-005

关键词	完整推荐名	标识符	关键词	完整推荐名	标识符
反向	反向暗电流	AAF144-005	饱和	基极-发射极饱和电压	AAF114-005
反向	反向光电流	AAF143-005			
反向	反向栅极电流	AAE372-005	饱和	集电极饱和电流	AAE641-005
反向	反向恢复时间	AAE281-005	饱和	饱和磁场强度	AAF290-005
反向	反向恢复时间(I)	AAF301-005	饱和	饱和磁通密度	AAF308-005
反向	反向电压	AAE277-005	比例	比例	AAF396-001
反向	反向电压	AAE335-005	屏幕	屏幕曲率半径	AAE804-005
反向	总反向恢复时间	AAE306-005	屏幕	屏幕对角线长	AAE592-005
反向	反向工作电压	AAE299-005	屏幕	屏幕形状	AAF271-005
波纹	波纹电流	AAE960-005	屏幕	有用屏幕水平宽度	AAE593-005
上升	输出上升时间	AAE238-005	屏幕	有用屏幕垂直高度	AAE594-005
上升	整流电压上升速率	AAE741-005	屏蔽	屏蔽	AAF047-005
上升	整流电流上升速率	AAE735-005	密封	密封	AAE508-005
上升	栅极电流上升速率	AAE736-005	密封	密封	AAJ072-001
上升	截止态电压上升速率	AAE727-005	密封	密封类别	AAJ018-001
上升	截止态电压上升速率	AAE740-005	安装	安装高度	AAE027-005
上升	导通态电流上升速率	AAE684-005	安装	安装高度	AAG001-001
上升	导通态电流上升速率	AAE734-005	安装	引出端安装角	AAG052-001
上升	上升时间	AAE976-005	次级	次级线圈数	AAF099-005
上升	上升时间	AAF058-005	二次电池	二次电池的电化学系统	AAE532-005
上升	上升时间	AAE225-005			
ROM	ROM 可编程性	AAF236-005	次级	次总长度	AAG101-001
旋转	机械旋转角	AAE173-005	次级	次引出端长度	AAG099-001
旋转	旋转方向	AAE188-005	节	节数	AAE996-005
旋转	旋转力矩	AAJ015-001	半	半角	AAF416-001
旋转	总机械旋转	AAE173-005	敏感度	开路敏感度	AAE862-005
转子	转子惯量	AAE189-005	敏感度	敏感度	AAE861-005
行	引线行间距	AAG053-001	敏感度	敏感度	AAE865-005
行	引线行间距	AAG080-001	敏感度	敏感度	AAF193-005
行	每行触点数	AAF150-005	敏感度	光谱灵敏度	AAE567-005
行	引出端行间距	AAG053-001	敏感度	电源电压敏感度	AAF161-005
行	引出端行间距	AAG080-001	敏感度	热敏感度指数 B25/75	AAE616-005
行	引出端行间距	AAG087-001	敏感度	热敏指数 B25/85	AAE132-005
行	引出端行张开	AAG088-001	敏感度	热敏感度公差(%)	AAF282-005
行	行数	AAE360-005	传感器	传感器输入量	AAE892-005
安全	安全认证	AAE149-005	传感器	传感器工作原理	AAE893-005
安全	安全类别	AAE036-005	分离	分离力	AAF046-005
饱和	集电极-发射极饱和电压	AAE416-005	分离	元件分离	AAE575-005
			分离	安装孔间距	AAG042-001
饱和	集电极-发射极饱和电压	AAE551-005	分离	分离	AAE151-005
			顺序	结构图顺序代码	AAG104-001
			顺序	引出端计数顺序	AAG072-001

关键词	完整推荐名	标识符	关键词	完整推荐名	标识符
串联	二极管串联电阻	AAE310-005	侧翼	侧翼厚度	AAG005-001
串联	二极管串联电阻	AAE311-005	信号	信号方向	AAD022-001
系列	E 系列	AAE030-005	信号	信号处理类型	AAE971-007
串联	等效串联电阻	AAE064-005	信号	信号名称	AAD019-001
串联	串联的原电池数	AAE940-005	信号	信号变压器类型	AAJ075-001
集	指令集	AAF324-005	信号	信号类型	AAD020-001
集	指令集体系结构	AAF222-005	信号	信号类型	AAE077-005
回复	回复时间	AAF168-005	信号	信号类型	AAE785-005
设定	地址设定时间	AAJ098-001	信号	寄生信号等级	AAE880-005
设定	时钟设定时间	AAJ102-001	信号	寄生信号等级(2τ)	AAE888-005
设定	输入设定时间	AAJ100-001	信号	寄生信号等级 (3-τ)	AAE879-005
设定	建立时间	AAF212-005	同时性	同时性因子	AAF436-001
类别	接触件类别	AAE353-005	单个	单个电阻器类型	AAJ003-001
类别	接触件类别	AAE353-005	吸收	输出吸收电流	AAE254-005
类别	导向类别	AAE353-005	点	结合点数	AAD018-001
转动轴	转动轴直径	AAJ070-001	容量	可寻址存贮容量	AAF228-005
转动轴	转动轴长度	AAJ069-001	尺寸	凸出尺寸	AAD122-001
转动轴	转动轴类型	AAJ068-001	规格	外壳规格	AAF388-001
形状	体形状	AAF344-001	规格	导体规格 AWG	AAF244-005
形状	导体形状	AAF242-006	规格	磁芯规格代码	AAE765-005
形状	连接器形状	AAE356-005	规格	增加规格	AAE805-005
形状	磁芯形状	AAE766-005	规格	外围设备字规格	AAF330-005
形状	衬垫形状	AAD024-001	尺寸	电位器尺寸	AAJ014-001
形状	脉冲形状	AAE622-005	尺寸	尺寸代码	AAJ008-001
形状	屏幕形状	AAF271-005	尺寸	EIA 规格代码	AAF353-001
形状	法兰形状	AAE061-005	尺寸	尺寸公差	AAD117-001
形状	引出端横截面形状	AAF376-001	大小	存贮大小	AAE474-005
形状	引出端形状	AAE007-005	大小	显像管大小(cm)	AAE595-005
形状	引出端形状代码	AAG058-001	尺寸	显像管尺寸(inch)	AAF272-005
形状	引出端形状非 SMD	AAF347-001	尺寸	晶片尺寸	AAD011-001
形状	引出端形状 SMD	AAF348-001	大小	字大小	AAE459-005
形状/尺寸	BSI 形状/尺寸代码	AAE259-005	变化	变化速率	AAF162-005
贮藏	贮藏寿命	AAE041-005	滑动	滑动力	AAJ020-001
搁置	搁置寿命	AAE942-005	滑动	滑动长度	AAJ019-001
壳体	壳体材料	AAE351-005	斜率	斜率电缆等效值	AAE705-005
壳体	屏蔽类型	AAF467-001	突出物	突出物直径	AAG102-001
短路	输出短路电流	AAF207-005	突出物	突出物宽度	AAG103-001
短路	短路输入电容	AAE982-005	小	小引出端类型	AAJ032-001
短路	短路输出电容	AAE983-005	小	小法兰半径	AAG084-001
短期	短期漏电流	AAE042-005	小信号	小信号电流增益	AAE410-005
侧翼	侧翼长度	AAG065-001	小信号	小信号单位增益	AAF166-005
侧翼	侧翼厚度	AAG006-001			

关键词	完整推荐名	标识符	关键词	完整推荐名	标识符
SMD	引出端出口位置 SMD	AAF345-001	规范	温度规范	AAD133-001
			光谱	光谱带宽	AAE557-005
SMD	引出端形状 SMD	AAF348-001	光谱	光谱响应下限	AAE573-005
插座	电源插座类型	AAJ030-001	光谱	光谱响应上限	AAE574-005
插座	插座类型	AAF148-005	光谱	光谱灵敏度	AAE567-005
插座	插座类型	AAJ028-001	速度	额定速度	AAE195-005
插座	电子管插座类型	AAJ029-001	速度	速度	AAE524-005
插座-插口	插座-插口	AAE345-005	速度	速度	AAF049-005
软	软磁性材料等级	AAE764-005	速度	速度	AAE193-005
声	输出声压等级	AAF193-005	速度	同步速度	AAE194-005
源	晶体数据源	AAD142-001	球体	球体半径	AAF417-001
电源	输出电源电流	AAE255-005	轴杆	轴杆直径	AAE148-005
源极	源极关断电流	AAE373-005	轴杆	轴杆长度	AAE147-005
源	源文件标识	AAG067-001	轴杆	轴杆材料	AAE145-005
源	源文件页码	AAG068-001	轴杆	电位器轴杆材料	AAE145-005
电源	电源阻抗	AAE936-005	张开	引出端行张开	AAG088-001
源-衬	源-衬电压	AAE388-005	聚焦	热聚焦温度	AAE115-005
源-衬	源-衬限制电压	AAE387-005	聚光	聚光点噪声因子	AAE648-005
空间	总空间	AAF400-001	聚光	聚光点噪声因子	AAE657-005
空间	净空间	AAF399-001	聚光	聚光点噪声指数	AAE648-005
间距	角度引出端间距	AAG049-001	聚光	聚光点噪声指数	AAE657-005
间距	角度引出端间距	AAG050-001	展开	角度引出端展开	AAG051-001
间距	曲引出端间距	AAG091-001	弹性	接触件弹性材料	AAF125-005
间距	弯曲引出端间距	AAG105-001	寄生	寄生信号等级	AAE880-005
间距	点间距	AAE986-005	寄生	寄生信号等级(2τ)	AAE888-005
间距	内部胶带间距	AAF267-005	寄生	寄生信号等级(3-τ)	AAE879-005
间距	引线行间距	AAG053-001	平方	熔断的 I^2t	AAE305-005
间距	引线行间距	AAG080-001	稳定性	稳定性	AAE907-005
间距	引线间距	AAG017-001	稳定性	试验后稳定性	AAF097-005
间距	隔开间距	AAG015-001	稳定性	稳定性试验	AAF096-005
间距	引出端行间距	AAG053-001	稳定	稳定位置的数量	AAE929-005
间距	引出端行间距	AAG080-001	稳定	稳定位置	AAE929-005
间距	引出端行间距	AAG087-001	组合	EHT 组合应用	AAE503-005
间距	引出端间距	AAG017-001	标准	国际标准	AAE012-005
火花	打火距离	AAE158-005	标准	国家标准	AAF043-005
火花	打火间距	AAE158-005	标准	正态标准偏差	AAF366-001
火花	火花隙类型	AAJ081-001	标准	标准封装代码	AAG070-001
特定	特定电容	AAE990-005	标准	标准文件基准	AAG071-001
特定	特定电流损耗	AAE845-005	待机	待机电流	AAF336-005
特定	特定总损耗	AAF300-005	待机	芯片无效待机电流	AAF336-005
规范	CECC 规范	AAE347-005	待机	禁止使用的待机电流	AAE692-005
规范	MIL 规范	AAF370-001	待机	启动的待机电流	AAE693-005

关键词	完整推荐名	标识符	关键词	完整推荐名	标识符
驻	输入驻波比	AAE974-005	应力	最大应力温度	AAF277-002
驻	输出驻波比	AAE975-005	应力	最小应力温度	AAF276-002
驻	电压驻波比	AAJ041-001	应力	实际结应力温度	AAF275-002
偏离	偏离电压	AAE335-005	滑动	滑动长度	AAJ019-001
隔开	隔开直径	AAG007-001	结构	总线结构	AAF221-005
隔开	隔开高度	AAG002-001	结构	结构	AAJ009-001
隔开	隔开长度	AAG065-001	按扣	无螺栓按扣长度	AAG133-001
隔开	隔开主尺寸	AAG005-001	按扣	按扣长度	AAG095-001
隔开	隔开小尺寸	AAG006-001	按扣	按扣螺栓	AAG096-001
隔开	隔开间距	AAG015-001	按扣	按扣螺栓直径	AAG093-002
偏离	偏离电压	AAE277-005	按扣	按扣数	AAF373-001
启动	启动力矩	AAE196-005	类型	连接类型	AAJ038-001
启动	启动力矩	AAE199-005	类型	耦合类型	AAJ038-001
状态	未编程状态	AAF235-005	类型	封装类型代码	AAG057-001
状态	初始状态	AAF235-005	类型	转动轴类型	AAJ068-001
状态	元器件状态	AAE965-005	类型	终止类型	AAJ037-001
梯级	晶体梯级 x 尺寸	AAD070-001	子类别	介质子类别 1	AAE266-005
梯级	晶体梯级 y 尺寸	AAD071-001	子类别	介质子类别 2	AAE076-005
步进	步进角	AAE208-005	基座	基座连接	AAD007-001
步进	步进长度	AAF061-005	基座	基座连接	AAD093-001
步进	步进速率	AAE209-005	基座	基座长度	AAE870-005
停止	杠杆停止力	AAJ021-001	基座	基座材料	AAD005-001
存贮	可寻址存贮容量	AAF228-005	基座	基座温度	AAE868-005
存贮	载体存贮时间	AAF055-005	基座	基座宽度	AAE871-005
存贮	存贮容量	AAE474-005	后缀	结构图后缀	AAG104-001
存贮	存贮功能	AAE722-007	供应商	晶体供应商	AAD141-001
贮存	贮存湿度	AAE858-005	电源	直流电源电流	AAE691-005
贮存	贮存寿命	AAE942-005	电源	直流电源电压	AAE086-005
存贮	存贮大小	AAE474-005	电源	直流电源电压	AAE690-005
贮存	贮存温度	AAE841-005	电源	高电平状态电源电流	AAE901-005
存贮	存贮器类型	AAF334-005	电源	低电平状态电源电流	AAE902-005
强度	介电强度	AAF251-005	电源	截止态电源电流	AAE903-005
强度	(BH)_max 的场强	AAF289-005	电源	EHT 电源输出电流	AAE282-005
强度	磁场强度	AAE863-005	电源	聚焦电源输出电流	AAE283-005
强度	磁场强度	AAF284-005	电源	EHT 电源输出电压	AAE289-005
强度	峰值磁场强度	AAE767-005	电源	衬垫电源电流	AAD033-001
强度	饱和磁场强度	AAF290-005	电源	电源抑制比	AAF170-005
应力	结应力温度	AAF275-002	电源	静态电源电流	AAE896-005
应力	应力环境自由空气温度	AAF278-002	电源	电源电流	AAD054-001
			电源	电源电流	AAE691-005
应力	应力环境温度	AAF278-002	电源	电源电流	AAE901-005
应力	应力相对湿度	AAF279-002	电源	电源电流	AAE902-005

关键词	完整推荐名	标识符	关键词	完整推荐名	标识符
电源	电源电流	AAE903-005	对称	对称公差	AAF443-001
电源	电源电流类型	AAE178-005	同步	同步输出功率	AAE704-005
供货	供货形式	AAD087-001	同步	同步交流电动机	AAE183-005
供货	供应形式代码	AAD056-001	同步	同步输出功率	AAE714-005
供货	供货形式描述	AAD088-001	同步	同步速度	AAE194-005
电源	电源名称	AAD049-001	系统	磁化系统	AAE174-005
供应	供应包装代码	AAD055-001	系统	数字体制	AAE457-005
供应	供应包装描述	AAD090-001	系统	原电池的电化学系统	AAE531-005
电源	电源可变性	AAD031-001	系统	二次电池的电化学系统	AAE532-005
电源	电源电压	AAD032-001			
电源	电源电压	AAE163-005	标签	标签孔直径	AAG118-001
电源	电源电压	AAE690-005	标签	标签孔直径	AAG119-001
电源	电源电压	AAE102-005	标签	标签孔直径	AAG120-001
电源	电源电压	AAE547-005	标签	标签孔距离	AAG121-001
电源	电源电压限制	AAE086-005	标签	标签孔距离	AAG122-001
电源	电源电压抑制比	AAF170-005	标签	标签孔距离	AAG123-001
电源	电源电压敏感度	AAF161-005	标签	标签孔宽度	AAG117-001
表面	表面温度	AAE260-005	正切值	损耗角的正切值	AAE065-005
表面	晶体表面	AAD081-001	胶带	内部胶带间距	AAF267-005
表面	最大表面温度	AAE115-005	包带	包带	AAE112-005
表面安装	表面安装标记	AAG073-001	TC	电阻 TC 公差	AAJ013-001
浪涌	不重复浪涌电流	AAE298-005	TCR	TCR 公差	AAJ013-001
浪涌	浪涌电流	AAJ086-001	技术	二极管技术	AAE489-005
浪涌	浪涌导通态电流	AAE730-005	技术	电极技术	AAE031-005
浪涌	浪涌电压	AAJ054-001	技术	封装技术	AAE262-005
电纳	电纳	AAF461-001	技术	IC 技术	AAE686-005
交换	交换代码	AAD023-001	技术	晶体管技术	AAE401-005
交换性	交换性指示符	AAF358-001	温度	输入偏移电流温度系数	AAF153-005
波动	输出电压波动	AAF158-005			
开关	开关驱动	AAE931-005	温度	输入偏移电压温度系数	AAF156-005
转换	转换温度	AAE138-005			
开关	开关类型	AAJ047-001	温度	应力环境自由空气温度	AAF278-002
转换	转换距离磁滞	AAE869-005			
转换	PTC 转换电阻	AAE626-005	温度	结应力温度	AAF275-002
转换	转换频率	AAE872-005	温度	环境温度	AAE891-005
转换	开关功能	AAE506-005	温度	环境温度	AAE014-005
转换	转换温度	AAE138-005	温度	电容温度变化	AAJ057-001
转换	转换时间	AAE235-005	温度	壳体温度	AAE260-005
转换	转换时间	AAE238-005	温度	温度种类	AAE891-005
转换	转换距离行程	AAE869-005	温度	范畴温度	AAJ056-001
对称	对称电容公差	AAF447-001	温度	颜色温度	AAE623-005
对称	对称电阻公差	AAF451-001	温度	居里温度	AAE761-005

关键词	完整推荐名	标识符	关键词	完整推荐名	标识符
温度	EIA 温度特性代码	AAE037-005	引出端	角度引出端间距	AAG050-001
温度	散热温度	AAE400-005	引出端	角度引出端展开	AAG051-001
温度	热聚焦温度	AAE115-005	引出端	曲引出端间距	AAG091-001
温度	结应力温度	AAF275-002	引出端	弯曲引出端间距	AAG105-001
温度	结温	AAE337-005	引出端	标记引出端长度	AAG115-001
温度	结温	AAE271-005	引出端	主引出端长度	AAG098-001
温度	最大组装温度	AAD149-001	引出端	引出端位置数	AAG037-002
温度	最大物体温度	AAE115-005	引出端	引出端位置数量	AAG109-001
温度	最大表面温度	AAE115-005	引出端	引出端位置数量	AAG110-001
温度	安装基座温度	AAE336-005	引出端	次引出端长度	AAG099-001
温度	安装基座温度	AAE272-005	引出端	小引出端类型	AAJ032-001
温度	额定温度	AAE267-005	引出端	引出端阵列类型	AAJ033-001
温度	额定温度	AAJ055-001	引出端	引出端宽度	AAF338-001
温度	基准温度	AAE017-005	引出端	引出端圆直径	AAG004-001
温度	贮存温度	AAE841-005	引出端	引出端连接类型	AAF435-001
温度	应力环境温度	AAF278-002	引出端	引出端数	AAD145-001
温度	最大应力温度	AAF277-002	引出端	引出端横截面形状	AAF376-001
温度	最小应力温度	AAF276-002	引出端	引出端直径	AAE023-005
温度	基座温度	AAE868-005	引出端	引出端直径	AAG009-001
温度	转换温度	AAE138-005	引出端	引出端直径	AAG010-001
温度	转换温度	AAE138-005	引出端	引出端直径	AAG011-001
温度	温度	AAE685-005	引出端	引出端显露尺寸	AAG041-001
温度	温度系数	AAE113-005	引出端	引出端显露高度	AAG040-001
温度	温度系数	AAE876-005	引出端	引出端出口位置非 SMD	AAF346-001
温度	温度系数	AAF350-001			
温度	(电容)温度系数	AAE067-005	引出端	引出端出口位置 SMD	AAF345-001
温度	温度系数 Br	AAF297-005			
温度	温度系数代码	AAE035-005	引出端	引出端标识符	AAF357-001
温度	温度系数 H_cJ	AAF291-005	引出端	引出端长度	AAE072-005
温度	温度系数 S_F	AAE329-005	引出端	引出端长度	AAG029-001
温度	温度系数 S_Z	AAE322-005	引出端	引出端长度	AAG030-001
温度	磁导率的温度系数	AAF307-005	引出端	引出端长度	AAG031-001
温度	磁阻率的温度系数	AAF307-005	引出端	引出端长度	AAG032-001
温度	温度规范	AAD133-001	引出端	引出端长度	AAG033-001
温度	温度 T_1	AAE958-005	引出端	引出端长度	AAG034-001
温度	温度 T_2	AAE959-005	引出端	引出端长度	AAG077-001
温度	温度类型	AAE683-005	引出端	引出端长度	AAG111-001
温度	联络点温度	AAE326-005	引出端	引出端长度	AAG129-001
温度	有效结温	AAE337-005	引出端	外壳侧旁的引出端长度	AAF053-005
温度	试验温度	AAD133-001			
引出端	实际引出端数量	AAG059-001	引出端	引出端材料	AAE634-005
引出端	角度引出端间距	AAG049-001	引出端	引出端式样	AAG107-001

关键词	完整推荐名	标识符	关键词	完整推荐名	标识符
引出端	引出端间距	AAE024-005	试验	试验名称	AAD082-001
引出端	引出端位置	AAE008-005	试验	试验选择	AAD134-001
引出端	引出端位置代码	AAG056-001	试验	试验程序描述	AAD060-001
引出端	引出端基准位置	AAG044-001	试验	试验可靠性代码	AAD153-001
引出端	引出端基准位置	AAG045-001	试验	试验温度	AAD133-001
引出端	引出端基准位置	AAG108-001	试验	试验电压系数	AAF369-001
引出端	引出端基准位置	AAG112-001	试验	最小试验电压	AAF251-005
引出端	引出端基准位置	AAG113-001	热	栅-源电压热漂移	AAE389-005
引出端	引出端行间距	AAG053-001	热	热电阻	AAE688-005
引出端	引出端行间距	AAG080-001	热	热电阻类型	AAE689-005
引出端	引出端行间距	AAG087-001	热	热敏感度指数 B25/75	AAE616-005
引出端	引出端行张开	AAG088-001	热	热敏指数 B25/85	AAE132-005
引出端	引出端安装角	AAG052-001	热	热敏感度公差(%)	AAF282-005
引出端	引出端形状	AAE007-005	热	热时间常数	AAE131-005
引出端	引出端形状代码	AAG058-001	热	热时间常数(功率)	AAJ073-001
引出端	引出端形状非 SMD	AAF347-001	热敏电阻	NTC 热敏电阻类型	AAJ004-001
引出端	引出端形状 SMD	AAF348-001	热敏电阻	热敏电阻器电流	AAE625-005
引出端	引出端间距	AAG017-001	热敏电阻	热敏电阻器类型	AAE126-005
引出端	引出端厚度	AAF339-001	厚度	板厚	AAJ040-001
引出端	引出端厚度	AAG012-001	厚度	电路板厚度	AAJ040-001
引出端	引出端螺栓	AAG097-001	厚度	晶体厚度	AAD072-001
引出端	引出端螺栓直径	AAG094-002	厚度	法兰厚度	AAG019-001
引出端	引出端类型	AAJ031-001	厚度	引线厚度	AAG012-001
引出端	引出端变量代码	AAG054-001	厚度	封装厚度	AAG003-001
引出端	引出端宽度	AAG008-001	厚度	印制板厚度	AAE362-005
引出端	引出端宽度	AAG076-001	厚度	侧翼厚度	AAG006-001
引出端	可能引出端数量	AAG037-002	厚度	引出端厚度	AAF339-001
引出端	引出端数目	AAE139-005	厚度	引出端厚度	AAG012-001
引出端	引出端数	AAE754-005	厚度	厚度	AAD072-001
引出端	缺失引出端数量	AAG038-001	厚度	厚度公差	AAD118-001
引出端	引出端到接触件的角度	AAE352-005	厚度	晶片厚度	AAD072-001
			螺栓	按扣螺栓	AAG096-001
引出端	实际引出端数量	AAG059-001	螺栓	按扣螺栓直径	AAG093-002
引出端	引出端计数顺序	AAG072-001	螺栓	引出端螺栓	AAG097-001
终端	终端标识符	AAD012-001	螺栓	引出端螺栓直径	AAG094-002
终端	终端数	AAD012-001	门限	栅-源门限电压	AAE384-005
终止	终止类型	AAJ037-001	门限	负向门限	AAF209-005
试验	晶体试验等级代码	AAD008-001	门限	正向门限	AAF208-005
试验	试验后稳定性	AAF097-005	晶闸管	晶闸管功能	AAE743-005
试验	稳定性试验	AAF096-005	联络点	联络点温度	AAE326-005
试验	试验流程	AAD132-001	联络点	联结点距离	AAE937-005
试验	试验成熟性代码	AAD154-001	时间	访问时间	AAE720-005

关键词	完整推荐名	标识符	关键词	完整推荐名	标识符
时间	地址访问时间	AAJ091-001	时间	输出下降时间	AAE235-005
时间	CAS 访问时间	AAE721-005	时间	输出保持时间	AAJ104-001
时间	脉冲访问时间	AAJ092-001	时间	输出上升时间	AAE238-005
时间	来自 RAS 的访问时间	AAE720-005	时间	相位延迟时间	AAE544-005
时间	来自 RAS 的访问时间	AAJ095-001	时间	随机读/写周期时间	AAJ094-001
时间	地址保持时间	AAJ099-001	时间	恢复时间	AAF219-005
时间	地址设定时间	AAJ098-001	时间	刷新时间	AAF331-006
时间	抖动时间	AAE930-005	时间	刷新时间间隔	AAF331-006
时间	爆裂模式循环时间	AAJ093-001	时间	释放时间	AAE924-005
时间	载体存贮时间	AAF055-005	时间	除去时间	AAF219-005
时间	充电时间	AAE943-005	时间	反向恢复时间	AAE281-005
时间	时钟保持时间	AAJ103-001	时间	反向恢复时间(I)	AAF301-005
时间	时钟设定时间	AAJ102-001	时间	上升时间	AAE976-005
时间	整流断开时间	AAE747-005	时间	上升时间	AAF058-005
时间	(断开)延迟时间	AAE981-005	时间	上升时间	AAE225-005
时间	延迟(断开)时间	AAF055-005	时间	回复时间	AAF168-005
时间	(导通)延迟时间	AAE980-005	时间	建立时间	AAF212-005
时间	延迟(导通)时间	AAF056-005	时间	转换时间	AAE235-005
时间	延迟时间	AAE231-005	时间	转换时间	AAE238-005
时间	延迟时间	AAE543-005	时间	热时间常数	AAE131-005
时间	延迟时间	AAF056-005	时间	时间常数	AAE746-005
时间	时间间隔	AAE028-005	时间	(电容器的)时间常数	AAE066-005
时间	下降时间	AAE746-005	时间	时间 t_1	AAF312-005
时间	下降时间	AAE977-005	时间	时间 t_2	AAF313-005
时间	下降时间	AAF057-005	时间	总响应时间	AAF168-005
时间	下降时间	AAE904-005	时间	总反向恢复时间	AAE306-005
时间	熔断器预燃时间	AAJ034-001	时间	转换时间	AAJ105-001
时间	熔断时间	AAJ049-001	时间	断开时间	AAE553-005
时间	高到低延迟时间	AAE233-005	时间	断开时间	AAE847-005
时间	高到低传输时间	AAE233-005	时间	断开时间	AAE979-005
时间	高到低转换时间	AAE235-005	时间	断开时间	AAF059-005
时间	保持时间	AAF213-005	时间	接通时间	AAE554-005
时间	输入保持时间	AAJ101-001	时间	接通时间	AAE846-005
时间	输入设定时间	AAJ100-001	时间	导通时间	AAE978-005
时间	低到高延迟时间	AAE237-005	时间	导通时间	AAF060-005
时间	低到高传输时间	AAE237-005	时间	视在波前时间	AAE332-005
时间	低到高转换时间	AAE238-005	时间	视在半峰值宽度	AAE333-005
时间	机械时间常数	AAE187-005	时间常数	热时间常数(功率)	AAJ073-001
时间	工作时间	AAE923-005	公差	B_25/85 公差	AAF282-005
时间	输出有效数据时间	AAF232-005	公差	击穿电压公差	AAJ083-001
时间	输出截止时间	AAF215-005	公差	凸出高度误差	AAD147-001
时间	输出启动时间	AAF214-005	公差	电容下限公差	AAE269-001

关键词	完整推荐名	标识符	关键词	完整推荐名	标识符
公差	电容下公差 %	AAE018-001	总	总机械旋转	AAE173-005
公差	电容误差	AAE071-005	总	总功率损耗	AAE775-005
公差	电容上限公差	AAE268-001	总	总辐射输出功率	AAF065-005
公差	电容量上公差 %	AAE047-001	总	总响应时间	AAF168-005
公差	共轴公差	AAE146-005	总	总反向恢复时间	AAE306-005
公差	电感公差	AAJ077-001	轨迹	运动轨迹	AAE179-005
公差	电感公差(%)	AAJ076-001	转换器	转换器衰减	AAE887-005
公差	负电容公差	AAF448-001	转换器	变换器原理	AAE005-006
公差	负电阻公差	AAF452-001	转移	电流转移率	AAE548-005
公差	负公差	AAF444-001	转移	转移阻抗之差	AAE717-005
公差	百分比公差	AAF443-001	转移	转移导纳	AAE396-005
公差	正电容公差	AAF449-001	传输	传输电容	AAE390-005
公差	正电阻公差	AAF453-001	传输	传输电容	AAE421-005
公差	正公差	AAF445-001	转移	转移传导率	AAE656-005
公差	电阻公差	AAF100-005	变压器	功率变压器应用	AAF098-005
公差	尺寸公差	AAD117-001	变压器	信号变压器类型	AAJ075-001
公差	对称电容公差	AAF447-001	变压器	变压器型式	AAE167-005
公差	对称电阻公差	AAF451-001	瞬间	不重复瞬间电流	AAE298-005
公差	对称公差	AAF443-001	晶体管	晶体管封装代码	AAE637-005
公差	TCR 公差	AAJ013-001	晶体管	晶体管极性	AAE638-005
公差	热敏感度公差(%)	AAF282-005	晶体管	晶体管技术	AAE401-005
公差	厚度公差	AAD118-001	转换	高到低转换时间	AAE235-005
公差	电阻 TC 公差	AAJ013-001	转换	低到高转换时间	AAE238-005
公差	有公差电容	AAF462-001	转换	跃迁频率	AAE425-005
公差	有公差电阻	AAF463-001	转换	转换时间	AAJ105-001
公差	公差值	AAF442-001	发射	彩色电视发射	AAE442-005
工具	工具类型	AAF466-001	发射	玻璃发射	AAE596-005
力矩	破坏力矩	AAE201-005	发射	光发射	AAE596-005
力矩	保持力矩	AAE207-005	行程	角程	AAJ066-001
力矩	最大载荷力矩	AAE191-005	行程	差分行程	AAE869-005
力矩	最大工作力矩	AAE191-005	行程	行程	AAF132-005
力矩	推入力矩	AAE202-005	行程	行程	AAJ065-001
力矩	拔拉力矩	AAE201-005	行程	转换距离行程	AAE869-005
力矩	额定力矩	AAE191-005	触发	阴极-栅极触发电压	AAE750-005
力矩	旋转力矩	AAJ015-001	触发	栅极触发电流	AAE732-005
力矩	启动力矩	AAE196-005	触发	栅极触发电压	AAE742-005
力矩	启动力矩	AAE199-005	触发	触发器件功能	AAE724-005
力矩	力矩	AAE192-005	跃变	跃变电流	AAE136-005
椭圆环面	椭圆环面的主半径	AAF421-001	三倍	合成三倍差拍	AAE699-005
椭圆环面	椭圆环面的小半径	AAF422-001	显像管	显像管大小(cm)	AAE595-005
总	特定总损耗	AAF300-005	显像管	显像管尺寸(inch)	AAF272-005
总	总损耗体积密度	AAF300-005	电子管	电子管插座类型	AAJ029-001

关键词	完整推荐名	标识符	关键词	完整推荐名	标识符
电子管	电子管类型	AAE696-005	值	公差值	AAF442-001
断开	整流断开时间	AAE747-005	可变性	电源可变性	AAD031-001
断开	断开时间	AAE553-005	可变	可变元件的数量	AAE172-005
断开	断开时间	AAE847-005	可变	可变电容器类型	AAJ002-001
断开	断开时间	AAE979-005	可变	可变电感器类型	AAJ078-001
断开	断开时间	AAF059-005	方差	泊松方差值	AAF367-001
接通	接通时间	AAE554-005	变量	体变量代码	AAG055-001
接通	接通时间	AAE846-005	变量	引出端变量代码	AAG054-001
导通	导通时间	AAE978-005	可变电阻器	不重复可变电阻器峰值电流	AAE298-005
导通	导通时间	AAF060-005			
TV	彩色电视发射	AAE442-005	可变电阻器	压敏电阻器电容	AAE429-005
类型	外围设备类型	AAF335-005			
类型	存贮器类型	AAF334-005	可变电阻器	1 mA 时可变电阻器电压	AAE334-005
类型	温度类型	AAE683-005			
类型	热电阻类型	AAE689-005	版本	晶体版本	AAD003-001
UL	UL 燃烧性	AAF126-005	顶点	顶点数	AAD028-001
内	壳体内的接触长度	AAE363-005	顶点	顶点 x 坐标	AAD029-001
底层填料	底层填料	AAD126-001	顶点	y 坐标	AAD030-001
单向	单向功率增益	AAE713-005	垂直	有用屏幕垂直高度	AAE594-005
单元	驱动单元类型	AAE005-006	垂直	垂直分辨率	AAF205-005
单位	几何形状单位	AAD115-001	顶点	多边形顶点数	AAD027-001
单位	小信号单位增益	AAF166-005	视图	几何形状视图	AAD144-001
单位	单位增益频率	AAF166-005	视图	投视代码	AAF392-001
未编程	未编程状态	AAF235-005	视图	基准视图	AAF356-001
上限	电容上限公差	AAE268-001	视图	优选视角	AAE991-005
上限	电容量上公差%	AAE047-001	视图	视角	AAE993-005
上限	二极管上限电容	AAF303-005	视图	视区高度	AAE855-005
上限	光谱响应上限	AAE574-005	视图	视区长度	AAE854-005
上限	上限频率	AAE156-005	初始	初始状态	AAF235-005
上限	上限额定频率	AAE339-005	有效	有效结温	AAE271-005
有用	有用屏幕水平宽度	AAE593-005	视在	视在波前时间	AAE332-005
有用	有用屏幕垂直高度	AAE594-005	实际	实际结应力温度	AAF275-002
值	B_25/75 值	AAE616-005	有效	有效结温	AAE337-005
值	B_25/85 值	AAE132-005	视在	视在半峰值宽度	AAE333-005
值	集电极电流峰值	AAE407-005	电压	交流电压	AAE045-005
值	最大范围值	AAF360-001	电压	阳极电压	AAE590-005
值	最小范围值	AAF361-001	电压	阳极限制电压	AAF315-005
值	正态平均值	AAF365-001	电压	阳极-栅极到阳极电压	AAE751-005
值	泊松期望值	AAF368-001	电压	基极-发射极饱和电压	AAF114-005
值	泊松方差值	AAF367-001	电压	基极-发射极电压	AAE427-005
值	50% 值之间的射束宽度	AAE558-005	电压	弹回电压	AAE726-005
			电压	击穿电压	AAF302-005

关键词	完整推荐名	标识符
电压	击穿电压公差	AAJ083-001
电压	击穿电压	AAE725-005
电压	范畴电压	AAJ053-001
电压	阴极电压	AAE591-005
电压	阴极关断电压	AAE591-005
电压	阴极关断电压	AAE603-005
电压	阴极-栅极触发电压	AAE750-005
电压	箝位电压	AAE313-005
电压	集电极-基极电压	AAE419-005
电压	集电极-基极电压 V_CBO	AAE417-005
电压	集电极-发射极击穿电压	AAF066-005
电压	集电极-发射极峰值电压	AAE415-005
电压	集电极-发射极饱和电压	AAE416-005
电压	集电极-发射极饱和电压	AAE551-005
电压	集电极-发射极电压	AAE412-005
电压	集电极-发射极电压 V_CER	AAE413-005
电压	集电极-发射极电压 V_CEO	AAE414-005
电压	集电极-发射极电压 V_CEX	AAF113-005
电压	共模输入电压	AAF157-005
电压	共模输入电压范围	AAF157-005
电压	连接器额定电压	AAJ042-001
电压	触点电压(交流)	AAE512-005
电压	触点电压(直流)	AAF107-005
电压	控制栅格电压	AAE578-005
电压	波峰工作输入电压	AAE292-005
电压	反向峰值工作电压	AAE299-005
电压	数据保持电压	AAF333-005
电压	直流击穿电压	AAJ082-001
电压	直流电源电压	AAE086-005
电压	直流电源电压	AAE690-005
电压	直流电压部分	AAE843-005
电压	基极-发射极电压差	AAE418-005
电压	差分电压变化	AAE644-005
电压	漏极-栅极电压	AAE375-005

关键词	完整推荐名	标识符
电压	漏-源电压	AAE376-005
电压	漏-源限制电压	AAE377-005
电压	漏极-衬底电压	AAE378-005
电压	漏极-衬底限制电压	AAE379-005
电压	驱动电压	AAE992-005
电压	驱动电压	AAE184-005
电压	发射极-基极电压 V_EBO	AAF112-005
电压	激励电压(交流)	AAE916-005
电压	激励电压(直流)	AAE915-005
电压	等值输入噪音电压	AAE380-005
电压	等值噪音电压	AAE380-005
电压	最后加速器电压	AAE590-005
电压	聚焦电压	AAE585-005
电压	聚焦电压	AAE586-005
电压	聚焦限制电压	AAF314-005
电压	正向电压	AAE279-005
电压	正向电压	AAE499-005
电压	栅极触发电压	AAE742-005
电压	栅-源关断电压	AAE386-005
电压	栅-源门限电压	AAE384-005
电压	栅-源电压	AAE381-005
电压	栅-源电压差	AAE383-005
电压	栅-源电压限制	AAF118-005
电压	栅格 1 关断电压	AAE578-005
电压	栅格 2 电压	AAF206-005
电压	栅格 2 关断电压	AAE584-005
电压	加热器电压	AAE579-005
电压	高电平输入电压	AAE718-005
电压	高电平输出电压	AAE092-005
电压	高电平输出电压	AAE093-005
电压	高电平状态输入电压	AAE718-005
电压	高电平状态输出电压	AAE092-005
电压	高电平状态输出电压基准	AAE093-005
电压	输入偏移电压	AAF155-005
电压	输入电压	AAE163-005
电压	输入电压	AAE224-005
电压	高输入电压	AAE718-005
电压	输入电压限制	AAE210-005
电压	低输入电压	AAE719-005
电压	峰-峰值输入电压	AAE288-005

关键词	完整推荐名	标识符	关键词	完整推荐名	标识符
电压	绝缘电压	AAE513-005	电压	整流电压上升速率	AAE741-005
电压	限制电阻体电压(交流)	AAF281-005	电压	截止态电压上升速率	AAE727-005
			电压	截止态电压上升速率	AAE740-005
电压	限制电阻体电压(直流)	AAE118-005	电压	额定输入电压(交流)	AAE184-005
			电压	额定输入电压(直流)	AAE186-005
电压	限制电压(交流)	AAF281-005	电压	额定输入电压(脉冲)	AAE204-005
电压	限制电压(直流)	AAE118-005	电压	额定工作电压(交流)	AAE512-005
电压	低电平输入电压	AAE719-005	电压	额定工作电压(直流)	AAF107-005
电压	低电平输出电压	AAE094-005	电压	额定电压	AAJ010-001
电压	低电平输出电压	AAE097-005	电压	额定电压	AAJ060-001
电压	低电平状态输入电压	AAE719-005	电压	额定电压(交流)	AAE045-005
电压	低电平状态输出电压	AAE097-005	电压	额定电压(直流)	AAE044-005
电压	低电平状态输出电压基准	AAE094-005	电压	基准电压	AAE324-005
			电压	调节电压	AAE324-005
电压	输出电压最大变化速率	AAF162-005	电压	释放电压(交流)	AAF050-005
			电压	释放电压(直流)	AAF129-005
电压	I_类别时的最大峰值电压	AAE319-005	电压	重复峰值输入电压	AAE290-005
			电压	重复峰值截止态电压	AAE739-005
电压	最大箝位电压	AAE319-005	电压	反向重复峰值电压	AAE300-005
电压	最大噪声电压	AAE338-005	电压	反向电压	AAE277-005
电压	最大工作电压	AAJ061-001	电压	反向电压	AAE335-005
电压	最小击穿电压	AAF251-005	电压	输入电压有效值	AAE291-005
电压	无负载输出电压	AAE164-005	电压	源-衬电压	AAE388-005
电压	标称电压	AAE519-005	电压	源-衬限制电压	AAE387-005
电压	反向不重复峰值电压	AAE301-005	电压	偏离电压	AAE277-005
电压	截止态电压	AAE738-005	电压	电源电压	AAD032-001
电压	截止态电压	AAE737-005	电压	电源电压	AAE163-005
电压	导通态电压	AAE279-005	电压	电源电压	AAE690-005
电压	开路电压	AAE529-005	电压	电源电压	AAE102-005
电压	工作电压	AAE992-005	电压	电源电压	AAE547-005
电压	工作电压	AAE842-005	电压	电源电压限制	AAE086-005
电压	输出电压	AAE169-005	电压	电源电压抑制比	AAF170-005
电压	输出电压	AAE698-005	电压	电源电压敏感度	AAF161-005
电压	输出电压	AAE726-005	电压	浪涌电压	AAJ054-001
电压	输出电压	AAE228-005	电压	输入偏移电压温度系数	AAF156-005
电压	EHT 电源输出电压	AAE289-005			
电压	高输出电压	AAE092-005	电压	试验电压系数	AAF369-001
电压	高输出电压	AAE093-005	电压	最小试验电压	AAF251-005
电压	低输出电压	AAE094-005	电压	栅-源电压热漂移	AAE389-005
电压	峰-峰输出电压	AAF158-005	电压	1 mA 时可变电阻器电压	AAE334-005
电压	输出电压波动	AAF158-005			
电压	编程电压	AAF238-005	电压	电压(交流)	AAE150-005

关键词	完整推荐名	标识符	关键词	完整推荐名	标识符
电压	电压(直流)	AAE013-005	宽度	封装宽度	AAG016-001
电压	电压应用	AAE033-005	宽度	封装宽度区	AAG021-001
电压	类别电流电压(IEC)	AAE319-005	宽度	衬垫宽度	AAD026-001
电压	电压降	AAF123-005	宽度	高脉冲宽度	AAF216-005
电压	充电电压	AAE941-005	宽度	低脉冲宽度	AAF217-005
电压	电压处理能力	AAE338-005	宽度	侧翼厚度	AAG005-001
电压	电压响应率	AAE571-005	宽度	突出物宽度	AAG103-001
电压	电压驻波比	AAJ041-001	宽度	基座宽度	AAE871-005
电压	电压 V_1	AAE961-005	宽度	标签孔宽度	AAG117-001
电压	电压 V_2	AAE962-005	宽度	引出端宽度	AAG008-001
电压	抗压强度	AAJ085-001	宽度	引线宽度	AAG076-001
电压	反向工作电压	AAE299-005	绕线	绕线结构	AAE151-005
电压	工作电压	AAE324-005	窗口	亚稳窗口	AAF218-005
电压	工作电压	AAF258-005	导线	导线应用	AAF262-005
体积	总损耗体积密度	AAF300-005	拔出	拔出力	AAF046-005
晶片	晶片尺寸	AAD011-001	抗压	抗压强度	AAJ085-001
晶片	晶片厚度	AAD072-001	字	外围设备字规格	AAF330-005
波	输入驻波比	AAE974-005	字	字长	AAE459-005
波	输出驻波比	AAE975-005	字	字大小	AAE459-005
波	电压驻波比	AAJ041-001	字	字数	AAE474-005
波长	峰值发射波长	AAE556-005	工作	最大工作力矩	AAE201-005
波长	峰值响应波长	AAE568-005	工作	波峰工作输入电压	AAE292-005
波长	峰值发射的波长	AAE556-005	工作	反向峰值工作电压	AAE299-005
波长	峰值响应的波长	AAE568-005	工作	最大工作力矩	AAE191-005
波长	峰值的波长	AAE569-005	工作	峰值工作电流	AAE317-005
楔形	楔形 x-规格	AAF423-001	工作	传感器工作原理	AAE893-005
楔形	楔形 y-规格	AAF424-001	工作	工作电流	AAE316-005
楔形	楔形 z-规格	AAF425-001	工作	工作电流	AAE500-005
宽度	地址总线宽度	AAF226-005	工作	正向工作峰值电流	AAE296-005
宽度	数据总线宽度	AAF227-005	工作	工作原理	AAE877-005
宽度	晶体宽度	AAD071-001	工作	反向工作电压	AAE299-005
宽度	基准宽度	AAD158-001	工作	工作电压	AAE324-005
宽度	法兰总宽度	AAG086-001	工作	工作电压	AAF258-005
宽度	法兰宽度	AAG114-001	x-轴	对 x-轴角轴	AAF411-001
宽度	六角形宽度	AAG131-001	x-轴	(x-轴)重心	AAF362-001
宽度	I/O 总线宽度	AAF328-005	x-轴	间距数(x-轴)	AAF374-001
宽度	标记宽度	AAG027-001	x-轴	偏移(x-轴)	AAF341-001
宽度	引线宽度	AAG008-001	x-轴	间距(x-轴)	AAF321-001
宽度	引线宽	AAG076-001	x-坐标	x-坐标优选安装位置	AAF401-001
宽度	凸缘宽度	AAG082-001	x-坐标	中心的 x-坐标	AAF418-001
宽度	安装宽度	AAG036-001	x-坐标	基准点的 x-坐标	AAF393-001
宽度	总宽度	AAG024-001	x-坐标	x-坐标位置定位	AAF406-001

关键词	完整推荐名	标识符	关键词	完整推荐名	标识符
x位置	晶体中心 x 位置	AAD129-001	y位置	晶体中心 y 位置	AAD130-001
x-规格	楔形 x-规格	AAF423-001	y-规格	楔形 y-规格	AAF424-001
y/x	安装偏差 y/x	AAF405-001	z-轴	对 z-轴角轴	AAF413-001
y/x	安装偏差 y/z	AAF404-001	z-坐标	z-坐标优选安装位置	AAF403-001
y-轴	对 y-轴角轴	AAF412-001	z-坐标	中心的 z-坐标	AAF420-001
y-轴	(y-轴)重心	AAF363-001	z-坐标	基准点的 z-坐标	AAF395-001
y-轴	间距数(y-轴)	AAF375-001	z-坐标	z-坐标位置定位	AAF408-001
y-轴	偏移(y-轴)	AAF340-001	区	法兰区高度	AAG018-001
y-轴	间距(y-轴)	AAF322-001	区	高度区	AAG124-001
y-坐标	y-坐标优选安装位置	AAF402-001	区	封装直径区	AAG022-001
y-坐标	中心的 y-坐标	AAF419-001	区	封装高度区	AAG092-001
y-坐标	基准点的 y-坐标	AAF394-001	区	封装长度区	AAG020-001
y-坐标	y-坐标位置定位	AAF407-001	区	封装宽度区	AAG021-001
回收率	晶体回收率	AAD009-001	z-规格	楔形 z-规格	AAF425-001
回收率	晶体回收率代码	AAD095-001			

附 录 G
（资料性附录）
外 形

G.1 外形类型

分类的第一级是两字母外形代码构成的代码，如下表 G.1(来自 IEC 60191-4)。

表 G.1 外形类型代码

代码	名 称	描 述
BD	圆珠	球形或近似球形封装
CC	芯片载体	芯片腔体或安装区占大部分封装区且引出端由金属垫片面(在无引线时)或围绕各边及封装下面或封装外面形成的引线(有引线时)组成的低侧面封装。 注 1：芯片载体的个体，通常是正方形或低外表比率，与扁平包封装的相似。 注 2：引线延伸到封装外时，推荐名是扁平包装(见 FP)
CP	夹钳	对强电流器件，圆柱形封装，每端有平、圆形的强电流引出端，预定当作热沉用于正面夹紧两母线或夹于母线之间
CY	圆柱/罐状	普通圆柱封装。通常有这样的引出端：从一顶端出来，与封装的中心轴平行并且与安装平面垂直安装
DB	碟片/按钮	像碟片或按钮的底面封装。通常有这样的引出端：像轮幅从封装外围、或者从碟片中心径向出来。引出端可能是各种各样的形状
FM	凸起安装	有凸起热沉的封装，是封装的完整部分并且提供到封装互相连接结构或冷盘机械安装。通常有这样的引出端：以各种各样的形式从封装任一表面出来、或贴在任一表面上
FO	光纤	有一个或多个光纤连接器的微电路封装。其引出端可能从封装任一表面出来或贴在任一表面上并且可能是各种各样的引线形式。 注：光纤连接器就认为是引出端
FP	贴面包装	引线与安装平面平行而且主要设计为平行附加在安装面的底面封装。 注 1：引线典型地从封装两边或四边产生。 注 2：贴面封装的个体与芯片载体的相似。 注 3：引线通常可能远离封装个体。如果引线在封装个体后面，正确的术语是“芯片载体”(见 CC)
GA	栅格阵	引线以至少 3 行和 3 列的矩阵置于一个表面的底面封装。引线可能在某些行列交叉点没有
IL	行	有一行、两行或多行主要设计为垂直于安装面插入安装的引线的矩形封装。 注 1：引线可能在单边或两个平行边上的引线形成平行行。 注 2：推荐代码是“IP”
IP	行	有一行、两行或多行主要设计为垂直于安装面插入安装的引线的矩形封装。 注 1：引线可能在单边或两个平行边上的引线形成平行行。 注 2：限制在 DIP/SIP/ZIP
LF	长形	有引出端端帽或轴向引线的圆柱或椭圆管状封装。其长个体通常平行于安装面安装

表 G.1（续）

代码	名称	描述
MA	微电子	未封装（裸露）的微电路和/或封装的微电路组件，也可能包含分立器件，在封装互连结构上这样构造是为了规范、测试、销售和维护，封装认为是不可分割的元器件。无源和/或有源的分立及微电子器件可安装在封装互连结构的一边或两边上，并且外部引出端通常组件的一边出来。可能有各种封装尺寸、形状和外部引出端形状
MP	功率模块	设计为贮藏两个或多个有无引出端安装外壳和几个螺钉和/或在安装外壳对面快速装或插针引出端的功率半导体芯片的封装
MW	微波	为器件以微波频率工作特别设计的封装。 注："特别设计"包括但不限于微波腔、或带受控公共元件阻抗的引出端
PF	挤压安装	挤压机械安装区到封装互连结构或冷盘上以便热和电气连接的圆或椭圆封装。其引出端可能是各种各样的形状
PM	柱安装	机械安装装置是线状按钮、穿孔或者为了安装在封装和互连结构或冷盘的柱的封装。可能有各式封装形状和外部引出端形状
RC	矩形	个体是矩形盒的封装
SO[a]	小外形	底面矩形表面安装元器件封装。其芯片（晶体）固定于内部领域接触区、主引线框。外部引出端与模制、扁平封装的两个相对边上的安装平面平行伸出。 注1：引线形状常常为鸥翼，但也可能是其他形式。 注2：根据引线形状，不用该术语，而用"芯片载体"（见CC）或"贴面包装"（见FP）
SS	特殊形状	器件要求特殊形状的微型元器件封装。其引线可能从一或几个面凸出
UC	无外壳	无外壳、超小型芯片（晶体）。通常其芯片有结合垫片、凸块等将垫片或基固定在引线框、带、或基座上
VP	垂直表面安装	用于垂直安装于座落平面的表面安装封装。引出端以一或多个平行行放置。封装可能有支撑柱（对于插入座落表面）或底座（对于附在坐落表面）
XA-XZ	未定义族	任何其他IEC批准的封装类型中不包括的封装。 注：这些销售商或者用户规定的封装外形类型代码是暂时的并且今后可能被IEC批准的代码代替。他们可反复使用、也没有唯一、固定的含义

[a] 工业实践中该字段占据的位置有时用"P"代表"封装"（没有前置连字符除外），例如：SOP。

G.2 引出端位置

第二级分类代码是单字母引出端位置代码，如下表G.2（来自IEC 60191-4）。

表 G.2 引出端位置代码

代码	名称	描述
A	轴向	引出端从圆柱或椭圆封装主轴方向两顶端伸出
B	底面	引出端从封装底面伸出
D	双行	引出端在方形或矩形封装的对边或两平行行放置
E	顶端	引出端是圆或椭圆截面的封装端帽
L	侧面	引出端在方形或矩形封装四边。推荐名称是"四边"，代码Q
P	垂直	引出端与方形或矩形封装的安装面垂直。 县志载PGA族

表 G.2（续）

代码	名　称	描　　述
Q	四边	引出端在方形或矩形封装四边或四行放置
R	径向	引出端径向从圆柱或球形封装外围伸出
S	单行	引出端单行在方形或矩形封装表面
T	三边	引出端在方形或矩形封装的三边
U	向上	引出端垂直面向安装面并在封装的一个表面上
X	其他	引出端位置是其他没有描述的
Z	Z形	引出端交错配置排列在方形或矩形封装的一个表面
注1：这些说明假设安装面是封装底面。 注2：基准封装形状不考虑凸出、凹痕或其他不规则形状。		

G.3　引出端形状

第三级分类代码由单字母引出端形状代码构成，如表 G.3(来自 IEC 60191-4)。

表 G.3　引出端位置代码

代码	形　状	描　　述
A	螺钉	封装顶面有螺钉穿孔
B	柄或球	用于垂直附在本体的短引线或焊接球
C	“C”弯曲	向下弯曲并在封装体下面的“C”形顺从或非顺从引线
D	焊片	封装上的接线片引出端
E	紧固销	封装体扩展的紧固销
F	扁平	从封装体向外伸出的顺从或非顺从、非成形扁平引线
G	鸥翼	从封装体向下弯曲，端点的脚从封装向外的顺从引线
H	强电流电缆	柔性引线端的接线片引出端
I	绝缘	支持绝缘膜上薄导体沉积而成的扁平引线
J	“J”弯曲	封装体下向下、向后弯曲的“J”型顺从引线
L	“L”弯曲	用于表面安装的“L”型顺从引线
N	无引线	封装体上的镀膜引出端垫
P[a]	插针或钉	封装体上伸出的淬火引线，用于附在陆基的平板穿孔上
Q	快速连接	封装体伸出的 tab 似的引出端
R	包裹	包裹封装体的镀膜非顺从引出端
T	“S”弯曲	封装体下弯曲的“S”型顺从引线
U	穿孔	扁平或 V 型截面引出端，用于附在陆基的平板穿孔上
X	倒“J”型	从封装体向下弯曲的“J”型顺从或非顺从引线。弯曲端指向封装外
Y	导线	封装体伸出的非淬火导线引线
	其他	定义之外的引线形状或引出端形状
	螺钉	穿孔
[a] 工业实践中该字段占据的位置有时用“P”代表“封装”(没有前置连字符除外)，例如：SOP。		

G.4　引出端变量

第 4 级分类代码是 4 字符引出端变量代码，见表 G.4。

表 G.4 引出端变量代码

代码	描述
T000	标准形式
T001	直引线
T002	成形引线
T003	引线环形排列
T004	行直引线
T005	行成行引线
T006	引线在方形栅格上
T007	偏移引线
T008	直带
T009	圆形插针
T010	矩形插针
T011	直扁平引线
T012	焊接球
T013	一个固定带
T014	二个固定带
T015	一个有带引线
T016	二个有带引线
T017	三个有带引线
T018	条形引线
T019	条形引线
T020	多引线
T021	三引线
T022	柄和 tab 两引线
T023	直 V 截面引线

G.5 个体变量

第 5 级的分类代码是 4 字符个体变量代码，如表 G.5。

表 G.5 个体变量代码

代码	描述
B000	标准形式
B001	凸出封装
B002	非凸出封装
B003	普通圆柱形
B004	顶帽封装
B005	夹钳安装
B006	按钮安装
B007	空腔向上
B008	空腔向下
B009	无空腔封装(模制)
B010	空腔封装(陶瓷)

ICS 27.120.10
F 72

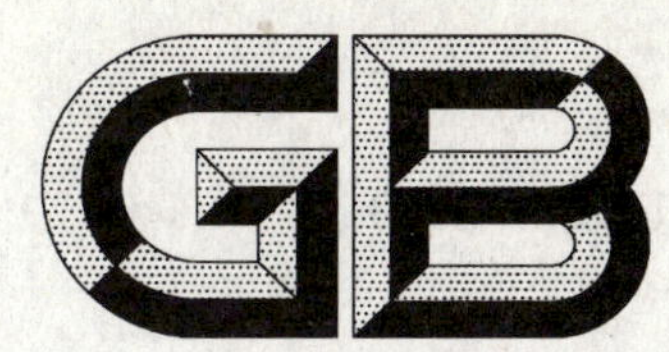

中华人民共和国国家标准

GB/T 17567—2009
代替 GB 17567—1998

核设施的钢铁、铝、镍和铜再循环、再利用的清洁解控水平

Clearance levels for recycle and reuse of steel, aluminum, nickel and copper from nuclear facilities

2009-03-13 发布　　2009-11-01 实施

中华人民共和国国家质量监督检验检疫总局
中国国家标准化管理委员会　发布

前言

本标准代替 GB 17567—1998《核设施的钢铁和铝再循环再利用的清洁解控水平》。

本标准与 GB 17567—1998 相比，主要改变如下：

——增加了关于镍和铜再循环再利用的清洁解控水平；

——对原标准中钢铁中 6 种核素（^{63}Ni，^{90}Sr，^{99}Tc，^{239}Pu，^{241}Pu，^{241}Am），铝中 3 种核素（^{239}Pu，^{241}Pu，^{241}Am）的再循环再利用清洁解控水平作了修订；

——对某些通用名词术语按 GB 18871—2002 作了修订；

——删除原 4.3.2 的“不得用作医用”的内容；

——增加了进出口物料经熔炼后再利用一条。

本标准的附录 A 和附录 B 是资料性附录。

本标准由中国核工业集团公司提出。

本标准由全国核能标准化技术委员会（SAC/TC 58）归口。

本标准起草单位：中国原子能科学研究院、群星集团公司。

本标准主要起草人：夏益华、王锐兵、李夏、冷瑞平、崔宪。

本标准所替代标准的历次版本发布情况为：

——GB 17567—1998。

核设施的钢铁、铝、镍和铜再循环、再利用的清洁解控水平

1 范围

本标准规定了核设施运行和退役中产生的钢铁、铝、镍和铜材料、设备和工具再循环再利用的清洁解控水平。

本标准适用于核设施运行和退役中产生的钢铁、铝、镍和铜材料、设备和工具的再循环、再利用。

2 规范性引用文件

下列文件中的条款通过本标准的引用而成为本标准的条款。凡是注日期的引用文件，其随后所有的修改单(不包括勘误的内容)或修订版均不适用于本标准，然而，鼓励根据本标准达成协议的各方研究是否可使用这些文件的最新版本。凡是不注日期的引用文件，其最新版本适用于本标准。

GB 18871—2002 电离辐射防护与辐射源安全基本标准

3 术语和定义

下列术语和定义适用于本标准。

3.1

实践 practice

以物料移出需要实施管理控制的区域边界(如一个核厂址的边界)作为起点的一组活动，包括可以导致关键组(或几个关键组)受照的所有作业、操作和利用。

3.2

物料 material

拟再循环、再利用的低水平放射性核素污染的钢铁(含不锈钢，下同)、铝、镍、铜材料、设备和工具，在本标准的剂量评价中也可统称为源。

3.3

清洁解控 clearance

审管部门按规定解除对已批准进行的实践中的放射性物料的管理控制。

3.4

清洁解控水平 clearance levels

审管部门规定的、以活度浓度和(或)总活度表示的值，辐射源(物料)的活度浓度和(或)总活度等于或低于该值时，可以不再受审管部门的审管。

3.5

核设施 nuclear facility

以需要考虑安全问题的规模生产、加工或操作放射性物质或易裂变材料的设施(包括其场地、建(构)筑物和设备)，如铀富集设施，铀、钚加工与燃料制造设施，核反应堆(包括临界和次临界装置)，核动力厂，核燃料后处理厂等核燃料循环设施。

3.6

再循环、再利用 recycle and reuse

体污染等于或低于标准给出的清洁解控水平的钢铁、铝、镍和铜物料经审批并经熔炼后作为原材料

利用；表面污染的上述物料，其表面污染水平等于或低于标准给出的表面污染解控水平的可按要求解控再利用。

4 清洁解控

4.1 清洁解控原则

轻微污染的钢铁、铝、镍和铜物料，若符合下列原则，即可解除核审管体系对其的控制：

a) 解控后再循环、再利用所产生的个人危险足够低，以致于不值得继续加以管理；

b) 解控所产生的集体辐射危险足够低，以至于在常见情况下施加（或继续施加）管理控制是不值得的，或者包括管理控制的代价在内的优化分析表明，任何合理的管理几乎已不可能使防护水平得到进一步改善；

c) 解控是以其固有安全性为基础的，因此出现上述两项原则失效的可能性是极小的。

4.2 清洁解控的剂量准则

本标准中采用下列剂量判据作为实施解控的依据：

a) 一年实践使相关人员及公众成员个人受到的有效剂量预计在 10 μSv 量级或更低的水平；

b) 一年实践所产生的集体剂量不超过 1 人·Sv 的水平，或者防护最优化分析表明，解控是最优的选择。

4.3 清洁解控水平

应根据拟解控的钢铁、铝、镍和铜物料的来源，应分清其剩余污染是表面污染还是体（包括活化）污染。

4.3.1 对于确认仅属于表面污染的钢铁、铝、镍和铜物料，当其表面污染水平等于或低于 GB 18871—2002 附录 B 的 B.2.1、B.2.2 和表 B.11 中关于可解控的物体表面放射性物质污染控制水平（控制区控制水平的五十分之一）或审管部门审定的其他水平时，经审管部门同意后，可以直接实施解控，作为普通物品使用。表面污染控制水平见表 1。

4.3.2 对于确认属于体（包括活化）污染的钢铁、铝、镍和铜物料，凡是其活度浓度等于或低于表 2、表 3、表 4 和表 5 给出的清洁解控水平或审管部门审定的其他水平时，经审管部门同意后，可解控使用。推算清洁解控水平时所采用的计算情景、模式和参数见附录 A。

4.3.3 为了防止污染热点的存在，所有污染测量均应按相关质保要求进行，应保证满足其样品代表性和数量统计性的要求。一批物料中的质量活度浓度最大测量值一般不能超过总体平均值的 10 倍。

4.3.4 作为一种校核性指标，再循环后上述四种物料中的质量活度浓度应满足表 2～表 5 的清洁解控水平。

4.4 申报和审批

拟解控物料的所有者，应按本标准的要求或审管部门的其他要求申报解控。审管部门有权对整个过程进行抽样测量和验核。

4.5 多种核素体污染的物料的解控

在一般情况下，污染核素可能是若干种核素的混合，此时可根据式(1)判断该物料是否容许经熔炼后解控：

$$\sum_{i=1}^{n} \frac{C_i}{C_{li}} \leqslant 1 \qquad \cdots\cdots(1)$$

式中：

C_i——放射性核素 i 在所考虑物料中的活度浓度，单位为贝可每克(Bq/g)；

C_{li}——放射性核素 i 在物料中的清洁解控水平，单位为贝可每克(Bq/g)；

n——物料中放射性污染核素的种类数。

4.6 非辐射危害方面的解控要求

上述物料的放射性污染水平对于本标准解控要求的满足,并不能替代其仍然应满足的其他方面的相关管理要求。

4.7 对于涉及进出口物料的解控,凡属于再循环、再利用的物料,可按本标准要求执行。

表 1 物料的表面污染控制水平

(根据 GB 18871—2002 中 B.2.1、B.2.2 和表 B.11) 单位为贝可每平方厘米

α放射性物质		β放射性物质
极毒性	其他	
0.08	0.8	0.8

注1:表中所列数值系指表面上固定污染和松散污染的总数。

注2:表面污染水平超过表中所列数值时,应采取去污措施。

注3:β粒子最大能量小于0.3 MeV的β放射性物质的表面污染控制水平,可为表中所列数值的5倍。

注4:^{227}Ac、^{210}Pb、^{228}Ra 等β放射性物质,按α放射性物质的表面污染控制水平执行。

注5:氚和氚化水的表面污染控制水平,可为表中所列数值的10倍。

注6:表面污染水平可按一定面积上的平均值计算。

表 2 污染钢铁再循环、再利用的清洁解控水平值

核素	^{54}Mn	^{55}Fe	^{60}Co	^{63}Ni	^{65}Zn	^{90}Sr	^{94}Nb
解控水平/(Bq/g)	4×10^{-1}	1×10^{4}	1×10^{-1}	1×10^{4}	6×10^{-1}	9×10^{1}	2×10^{-1}
核素	^{99}Tc	^{137}Cs	^{152}Eu	^{239}Pu	^{241}Pu	^{241}Am	^{238}U*
解控水平/(Bq/g)	2×10^{3}	5×10^{-1}	4×10^{-1}	3×10^{-1}	1×10^{1}	3×10^{-1}	4.0×10^{0}

* 只包括 ^{234}Th 和 ^{234}Pa 两个短寿命子体。

表 3 污染铝再循环、再利用的清洁解控水平值

核素	^{54}Mn	^{55}Fe	^{60}Co	^{63}Ni	^{65}Zn	^{90}Sr	^{94}Nb
解控水平/(Bq/g)	1×10^{0}	2×10^{3}	3×10^{-1}	4×10^{4}	2×10^{0}	2×10^{2}	5×10^{-1}
核素	^{99}Tc	^{137}Cs	^{152}Eu	^{239}Pu	^{241}Pu	^{241}Am	^{238}U*
解控水平/(Bq/g)	9×10^{3}	1×10^{0}	1×10^{0}	1×10^{0}	7×10^{1}	2×10^{0}	2×10^{1}

* 只包括 ^{234}Th 和 ^{234}Pa 两个短寿命子体。

表 4 污染镍再循环、再利用的清洁解控水平值

核素	^{54}Mn	^{55}Fe	^{60}Co	^{63}Ni	^{65}Zn	^{90}Sr	^{94}Nb
解控水平/(Bq/g)	2×10^{0}	8×10^{4}	6×10^{-1}	2×10^{5}	3×10^{0}	1×10^{3}	9×10^{-1}
核素	^{99}Tc	^{137}Cs	^{152}Eu	^{239}Pu	^{241}Pu	^{241}Am	^{238}U*
解控水平/(Bq/g)	4×10^{4}	2×10^{0}	2×10^{0}	7×10^{0}	4×10^{2}	9×10^{0}	1×10^{2}

* 只包括 ^{234}Th 和 ^{234}Pa 两个短寿命子体。

表5 污染铜再循环、再利用的清洁解控水平值

核素	^{54}Mn	^{55}Fe	^{60}Co	^{63}Ni	^{65}Zn	^{90}Sr	^{94}Nb
解控水平/(Bq/g)	7×10^0	5×10^4	2×10^0	7×10^4	1×10^1	4×10^2	4×10^0
核素	^{99}Tc	^{137}Cs	^{152}Eu	^{239}Pu	^{241}Pu	^{241}Am	^{238}U*
解控水平/(Bq/g)	9×10^3	9×10^0	9×10^0	1×10^0	7×10^1	2×10^0	2×10^1

* 只包括^{234}Th和^{234}Pa两个短寿命子体。

附 录 A
（资料性附录）
计算情景、模式和参数

A.1 钢铁再循环、再利用

A.1.1 基本假定

钢铁的再循环再利用全过程包括的主要受照情景有：废金属运输、废金属处理、熔化冶炼、钢材消费品的利用、钢渣利用、尾气排放。

对钢铁的回收利用导出的清洁解控水平是基于下述基本假定：

——每种放射性核素在金属回收利用过程中，在金属铸件、熔渣和废气中的比额并非严格确定。因而假定它们全部进入钢锭、全部进入钢渣或全部进入到废气等；

——废金属的熔炼和制造过程中，未经非放射性材料稀释；

——熔炼 1 t 钢产生约 100 kg 钢渣。

A.1.2 钢铁再循环、再利用的照射情景

A.1.2.1 要点描述

各个步骤的照射情景列于表 A.1，其分别描述如下：

a) 装卸工 1 和 2：

对于废钢铁、工业产品或最后产品均用卡车装与卸。对钢铁，总共考虑五种装卸情景。有两种不同外照射条件的照射情景：小熔炉和大熔炉。一般指利用自动装卸设备（如起重机），一般由 2 个或 5 个装卸工，随操作不同，其受照时间为 2 h～20 h。对外照射，源概化为圆柱型或半圆柱型（见图 A.1），废钢铁概化为 25 t，长度为 253 cm，半径为 127 cm 的半圆柱型，与工作人员的距离平均为 4 m。

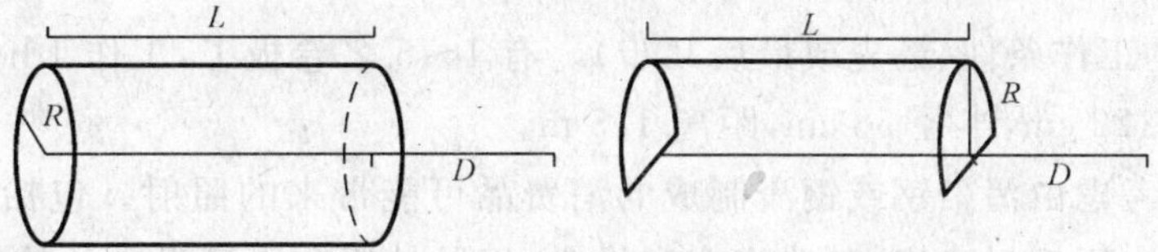

L——圆柱体长；
R——半径；
D——在圆柱体轴线上受照位置 A 距端面距离。

图 A.1 圆柱体和半圆柱体源示意图

b) 卡车司机 1 和 2：

指运送废钢铁和最后产品的卡车司机。对钢铁，卡车司机共有三种受照情景，即运输废钢铁、钢锭和产品。按照受照几何条件其又可分为运废钢铁，及运钢锭和产品两类。每种情景假定有 5 名司机，其受照时间在 4 h～8 h。从外照射来讲，卡车中材料概化为 20 t，长度 900 cm，半径为 60 cm 的半圆柱体，司机与源的平均距离为 2 m。

c) 处理工：

指废钢铁送入熔炉之前的各种处理工作，包括：破碎、切割、粉碎，废钢的整理、捆扎等。三种处理工估计受照时间均为 12 h。对外照射，源为 0.5 t 的半圆柱体，长 60 cm，半径 30 cm，距离平均为 2 m。

d) 工人 1、2 和 3：

有三种情景描述在熔炼、制造和分配设施中的各种操作。假定这些工人是处在储存场所或货栈内。人数为 5 人～10 人，受照时间为 40 h～2 000 h（由具体的循环步骤而定）。工人 1 用于描述在熔炉厂房

内的条件。外照模式是1个100 t的废钢铁堆，其长度为351 cm，半径为175 cm，人距堆的距离为10 m。工人2用于描述钢制备厂房内的工作，外照模式为10 t半圆柱的钢锭堆，长100 m，半径201 cm，距离10 m。工人3用于描述货栈工人分发消费品的活动。外照模式是6个半圆柱形的产品，其厚度为1.2 cm，半径138 cm，距离6 m。

e) 操作工1和2：

两种炉前工的操作情景用于描述小型熔炼炉(10 t)和大型熔炼炉(100 t)的两种典型的工作条件。并假定对小炉子，3名操作工工作50 h，对大炉子，3名操作工工作5 h，两种炉子熔炼100 t钢。外照条件对第一种工人是100 t全圆柱形炉子(装料)，长253 cm，半径127 cm，距离为3 m；对第二种工人是10 t圆柱炉子(装料)，长117 cm，半径59 cm，距离3 m。

f) 铸工1、2和3：

铸工情景用于描述在小型和大型熔炉上浇铸大块钢锭的条件，以及在小型熔炉浇铸小物件的条件。小物件假定是工业产品或消费产品(如炒锅)。假定2名铸工(铸工2)在小型炉工作25 h，以及铸工1在大炉上浇铸10 t钢碇(2.5 h)。在小炉子，2名铸工(铸工3)假定用50 h去浇铸100 t的小物件，前两类铸工假定操作大钢锭，外照射采用一个10 t的全圆柱模式，长100 cm，半径64 cm，人距源1.5 m。第三类铸工假定是操作小物件，外照模型为1 t的全圆柱，厚度1 cm，半径201 cm，距离1 m。

g) 钢渣操作工：

假定照射条件为操作100 t熔炉再循环钢所产生的钢渣。假定10名工人在熔炉上操作钢渣25 h。钢渣中核素含量假定是10 Bq/g(假定10%的初始装炉量转化为钢渣，并假定所有核素浓缩在钢渣中)。外照模型是1个100 t的半圆柱渣堆，长455 cm，半径228 cm，距离1.5 m。

h) 钢板操作工：

描述操作薄板钢材的工作条件(或者是制备或分管工作)。假定有15～20名工人，工作时间为1 h～20 h。外照模型为47 kg的半圆柱体，厚0.2 cm，半径138 cm，操作工距源1 m。

i) 卷板工：

描述操作薄板钢的工作条件(最先或最后几步)。有1～5名卷板工，工作1 h～80 h，外照射是假定10 t全圆柱形卷材，长122 cm，半径58 cm，距离1.5 m。

除以上各步外，还考虑由污染钢或钢渣制成的消费品可能带来的照射。包括钢渣在沥青中的使用(假定用于建造停车场)，用钢板建房、制造汽车和设备，以及炒锅和大型设备的使用等。均假定100 t钢(或10 t钢渣)用于制造一种产品，受照人数和时间见表A.1。

j) 钢渣利用：

假定钢渣混于沥青，用于铺建停车场路面。停车场看守人每年工作2 000 h，40 a。外照为圆盘形源，厚10 cm，半径564 m，距离1 m。

k) 构筑物使用：

假定最大受照个人在由钢板构成墙壁的房内，每年1 500 h，壁厚0.2 cm，内表面积60 m^2，密度7.86 g/cm^3，可估算出每间房使用钢板940 kg。100 t钢可构成110间房，每间房的墙壁由20块钢板组成。房屋四壁假定相当于4块半圆形的钢板，每块钢板的半径为308 cm，厚0.2 cm，人距墙壁3 m。

l) 设备使用：

假定再循环钢被用于制造设备，如炊事炉、洗碗机或者洗衣设备。每件约需钢24 kg，使用人每人受照时间为1 000 h/a。外照模型是1个小的半圆柱源，厚0.1 cm，半径69 cm，距离2 m。

m) 汽车使用：

用于车身，假定为3个薄的圆柱体源，半径1.5 m，厚0.1 cm，总钢167 kg，100 t再循环钢可制造600辆汽车。最大个人剂量是假定每年2 000 h(如出租车司机)，对外照射模拟为3个全圆柱体，厚0.1 cm，半径150 cm，距离50 cm。

n） 炒锅使用：

家庭使用，考虑其外照射和食入腐蚀钢，模拟为1个圆柱盘源，半径15 cm，厚0.5 cm，每个炒锅含钢3 kg，距离60 cm。假定锅是由小型炼钢炉炼制的，总共使用10 t钢，共生产3 300个炒锅，照射时间对最大受照个人是180 h/a（约30 min/d）。食入剂量是根据腐蚀率为0.13 mm/a的假定推算的。

o） 大型设备使用：

假定制造大型设备，如金属车床，重0.5 t，100 t钢能生产200台。工人可以在其附近或直接操作。假定靠近工作2 000 h/a，外照射条件是假定10 t重，201 cm长，1 cm厚的圆柱体的一半长度，距离1 m。对这些分析，假定再循环钢中可挥发物可通过烟囱释放，每年处理100 t钢，设施寿命20 a，下风向照射包括吸入、地表外照、污染食物食入。

A.1.2.2 工人受照射剂量估算

A.1.2.2.1 外照射剂量估算公式

核素 i 所致的外照射有效剂量按式（A.1）估算：

$$H_{\text{ext},i,s}=t\cdot C_{\text{w},i}\cdot DF_{\text{ext},i,s}\cdot W \qquad \text{(A.1)}$$

式中：

$H_{\text{ext},i,s}$——表A.1所示相应外照射类别 s 中放射性核素 i 所致年外照射有效剂量，单位为希每年（Sv/a）；

t——个人受照时间，单位为小时每年（h/a），见表A.1；

$C_{\text{w},i}$——拟解控回收利用物料中放射性核素 i 的初始浓度，单位为贝可每克（Bq/g），假定为1 Bq/g；

W——经工人操作的被解控材料的数量与他们所操作的材料总量的比值，取1.0；

$DF_{\text{ext},i,s}$——外照射类别 s，核素 i 的有效剂量转换因子[（Sv/h）/（Bq/g）]，见表A.3。

在钢铁回收利用的外照射剂量计算中，其外照射剂量转换因子必须按照回收利用的情况把材料模拟为圆柱体、半圆柱体、圆盘源和线源等4种几何条件。图A.1为圆柱体和半圆柱体源的示意图。

对于不同的回收情景，有不同的照射类别，其参数如表A.1所示，不同的外照射类别所对应的源的几何及有关参数如表A.2所示，外照射剂量转换因子参看表A.3。

A.1.2.2.2 吸入内照射剂量估算方法

回收利用情景中因吸入核素 i 的气溶胶所致待积有效剂量的计算见式（A.2）：

$$H_{\text{inh},i}=\xi\cdot t\cdot DF_{\text{inh},i}\cdot W\cdot(C_{\text{d}}\cdot C_{\text{w},i}+C_{\text{s},i}\cdot RF\cdot TF_{\text{inh},i}) \qquad \text{(A.2)}$$

式中：

$H_{\text{inh},i}$——一年内吸入核素 i 所产生的待积有效剂量，单位为希每年（Sv/a）；

ξ——呼吸速率，单位为立方米每小时（m^3/h），取1.2 m^3/h；

t——个人受照时间，单位为小时每年（h/a），见表A.1；

W——经工人操作的被解控材料量与他们所操作的材料总量的比值，取1.0；

$DF_{\text{inh},i}$——吸入1 Bq核素 i 后的待积有效剂量，单位为希每贝可（Sv/Bq），见表A.4；

C_{d}——空气中可吸入尘埃浓度，单位为克每立方米（g/m^3），见表A.1；

$C_{\text{w},i}$——待回炉的解控材料中核素 i 未经稀释时的初始放射性活度浓度，单位为贝可每克（Bq/g），取1.0；

$C_{\text{s},i}$——表面污染浓度，单位为贝可每平方厘米（Bq/cm^2），取1.0；

RF——表面活度再悬浮因子（m^{-1}），取 10^{-6}；

$TF_{\text{inh},i}$——表面活度的吸入转移因子（m^{-1}），取 10^{-2}。

A.1.2.2.3 食入内照射个人剂量估算的方法

回收利用情景中因食入核素 i 所致待积有效剂量的估算见式（A.3）：

$$H_{\text{ing},i}=t\cdot DF_{\text{ing},i}\cdot W\cdot(I_1\cdot C_{\text{ing},i}+I_2\cdot TF_{\text{ing},i}\cdot C_{\text{s},i}) \qquad \text{(A.3)}$$

式中：

$H_{ing,i}$——一年内食入核素 i 后的待积有效剂量，单位为希每年(Sv/a)；

t——个人受照时间，单位为小时每年(h/a)，见表 A.1；

W——解控材料的数量与回收材料总量的比值，取 1.0；

$DF_{ing,i}$——食入 1 Bq 核素 i 后的待积有效剂量，单位为希每贝可(Sv/Bq)，见表 A.4；

I_1——沉降灰造成的可转移表面污染的二次食入速率，单位为克每小时(g/h)，取 0.01；

$C_{ing,i}$——可食入尘埃中的放射性活度浓度，单位为贝可每克(Bq/g)，取 1.0；

I_2——可转移的表面污染二次食入速率，单位为平方米每小时(m^2/h)，取 10^{-4}；

$TF_{ing,i}$——表面活度的食入转移因子，取 0.01；

$C_{s,i}$——表面污染活度浓度，单位为贝可每平方厘米(Bq/cm^2)，取 1.0。

表 A.1 用于估算钢铁再循环、再利用中的照射情景和个人剂量相关参数

(IAEA Safety Series No. 111-P-1.1)

再循环步骤	考虑情景	外照射类别 s[a]	内照射途径	个人受照时间/h	空气中可吸入尘埃浓度/(g/m^3)
废钢铁运输	1.1 装卸工 1	Ⅰ	吸入	4	0.005
	1.2 卡车司机	Ⅱ	—[e]	4	—
废钢铁处理	2.1 处理(切割机、调形)工	Ⅲ	吸入和食入	12	0.000 1
熔炼	3.1 熔炉堆料场工人 1	Ⅳ	吸入	80	0.000 1
	3.2 熔炉装料工 1[b]	Ⅴ	吸入和食入	4	0.001
	3.2 熔炉装料工 2	Ⅴ[a]	吸入和食入	20	0.001
	3.3 熔炉操作工 1[c]	Ⅵ	吸入和食入	5	0.001
	3.3 熔炉操作工 2	Ⅶ	吸入和食入	50	0.001
工业产品或副产品	4.1 大钢锭铸工 1[d]	Ⅷ	吸入和食入	2.5	0.001
	4.1 大钢锭铸工 2	Ⅷ[a]	吸入和食入	25	0.001
	4.2 小件铸工 3	Ⅸ	吸入和食入	50	0.001
	4.3 熔渣收集工	Ⅹ	吸入和食入	25	0.001
	4.4 卡车装卸工 2	Ⅺ	—	2	—
	4.5 卡车司机 2	Ⅻ	—	5	—
初步制备	5.1 制备厂堆料场地工人 2	XⅢ	—	40	—
	5.2 制备厂薄板工	XⅣ	吸入和食入	1	—
	5.3 打卷工	XⅤ	吸入和食入	1	0.001
最终制造	6.1 薄板工	XⅣ	—	1	—
	6.2 打卷工	XⅤ	—	80	—
销售	7.1 卡车装卸工 2	Ⅺ	—	20	—
	7.2 卡车司机 2	Ⅻ	—	8	—
	7.3 建筑、组装工	XⅣ	—	20	—
	7.4 仓库工人 3	XⅥ	—	2 000	—

表 A.1(续)

再循环步骤	考虑情景	外照射类别 s[a]	内照射途径	个人受照时间/h	空气中可吸入尘埃浓度/(g/m³)
消费者使用	8.1 停车场	ⅩⅦ	—	2 000	—
	8.2 房间	ⅩⅧ	—	1 500	—
	8.3 器具	ⅩⅨ	—	1 000	—
	8.4 汽车	ⅩⅩ	—	2 000	—
	8.5 炒锅	ⅩⅪ	食入	180	—
	8.6 大设备	ⅩⅩⅤ	—	2 000	—
尾气排放	9.1 下风向个人	[f]	吸入和食入	2 000	[g]

[a] 外照射类别表示用于计算外照射有效剂量转换因子时的特定几何条件、源半径、厚度及密度如表 A.2 所示。

[b] 2 种装料工表示“装料 1”指对 100 t 炉的熔炼厂,“装料工 2”指对 10 t 炉的熔炼厂。

[c] 2 种熔炉操作工表示:“操作工 1”指对 100 t 炉的熔炼厂,“操作工 2”指对 10 t 炉的熔炼厂。

[d] 3 种铸工表示:“铸工 1”指对 100 t 炉的熔炼厂,“铸工 2”指对 10 t 炉的熔炼厂,两种均指钢锭铸工,“铸工 3”指对小物件的铸工。

[e] “—”表示不考虑该途径。

[f] 浸没和地表外照。

[g] 假定扩散因子平均等于 5×10^{-7} s·m^{-3},再计算出平均污染浓度(Bq/m³)。大量研究表明,下风向个人剂量可以忽略。因此不再计算。

表 A.2 钢铁再循环和工具及设备再利用中的外照射类别的辐照源描述

外照射类别 s	源的描述	源的形状	密度/(g/cm³)	长度 L/cm	半径 R/cm	距离 D/cm
Ⅰ	25 t 废钢铁堆	1 半圆柱体	3.93	253	127	400
Ⅱ	20 t 卡车货物	1 半圆柱体	3.93	900	60	200
Ⅲ	0.5t 废钢铁货物	1 半圆柱体	5.90	60	30	200
Ⅳ	100 t 废钢铁堆	1 半圆柱体	5.90	351	175	1 000
Ⅴ	50 t 废钢铁堆	1 半圆柱体	5.90	279	139	400
Ⅵ[a]	100 t 炼钢炉	1 全圆柱体	7.86	253	127	300
Ⅶ[a]	10 t 炼钢炉	1 全圆柱体	7.86	117	59	300
Ⅷ	10 t 钢锭	1 全圆柱体	7.86	100	64	150
Ⅸ	1 t 铸件	1 全圆柱体	7.86	1	201	100
Ⅹ[b]	100 t 炉渣堆	1 半圆柱体	2.70	455	228	1 500
Ⅺ	5×10 t 铸锭	1 半圆柱体	7.86	100	201	400
Ⅻ	2×10 t 铸锭	1 全圆柱体	7.86	200	64	200
ⅩⅢ	5×10 t 铸锭	1 半圆柱体	7.86	100	201	1 000
ⅩⅣ	47 kg 钢板	1 半圆柱体	7.86	0.2	138	100
ⅩⅤ	10 t 钢卷	1 全圆柱体	7.86	122	58	150

表 A.2(续)

外照射类别 s	源的描述	源的形状	密度/(g/cm³)	长度 L/cm	半径 R/cm	距离 D/cm
XVI	6块钢板	1半圆柱体	7.86	1.2	138	600
XVII[c]	沥青,炉渣,停车场	1全圆柱体	2.70	10	5 642	100
XVIII	20块钢板	4半圆面	7.86	0.2	308	300
XIX	1小块控制板	1半圆柱体	7.86	0.1	69	200
XX	3块钢板(汽车)	3全圆柱体	7.86	0.1	150	50
XXI	1个炒锅	1全圆柱体	7.86	0.5	15	60
XXII[d]	小物件	1半圆盘	—	—	14	60
	小物件	1半圆盘	—	—	14	68
XXIII[e]	小物件	有屏蔽线源	—	20	—	60
XXIV[f]	大设备	2圆盘	—	—	25	100
XXV[g]	大设备	1全圆柱体	—	—	—	—

a 假定有2.5 cm炉壁(铁)及30.5 cm厚的耐火砖衬(铝)的屏蔽。

b 假定由于污染与不污染炉渣的混合后渣中活度浓度为1 Bq/g。

c 假定与其他沥青相混稀释后的活度浓度为0.037 Bq/g。

d 假定四个圆盘表面中的每一个表面活度为1 Bq/cm²。

e 假定活度为63 Bq/cm以及在0.5 cm厚铝箱内。

f 假定个圆盘两个表面活度均为1 Bq/cm²。

g 大铸件,一个体积源,剂量率按外照射Ⅸ类值的一半计算。

表 A.3 污染钢铁再循环、再利用情景下不同外照射类别和不同核素的有效剂量转换因子(Sv/h)/(Bq/g)(IAEA Safefy Series No. 111-P-1.1)

外照射类别 s	核素				
	^{54}Mn	^{55}Fe	^{60}Co	^{63}Ni	^{65}Zn
Ⅰ	4.2×10^{-9}	9.4×10^{-16}	1.4×10^{-8}	—	2.7×10^{-9}
Ⅱ	3.6×10^{-9}	2.7×10^{-15}	1.2×10^{-8}	—	2.3×10^{-9}
Ⅲ	9.7×10^{-10}	7.1×10^{-16}	3.2×10^{-9}	—	6.3×10^{-10}
Ⅳ	1.4×10^{-9}	1.1×10^{-17}	4.6×10^{-9}	—	8.9×10^{-10}
Ⅴ	5.1×10^{-9}	1.1×10^{-15}	1.7×10^{-8}	—	3.3×10^{-9}
Ⅵ	7.5×10^{-10}	—	3.2×10^{-9}	—	5.4×10^{-10}
Ⅶ	1.9×10^{-10}	—	8.2×10^{-10}	—	1.4×10^{-10}
Ⅷ	1.4×10^{-8}	1.3×10^{-14}	4.7×10^{-8}	—	9.2×10^{-9}
Ⅸ	2.8×10^{-8}	9.9×10^{-14}	8.8×10^{-8}	—	1.8×10^{-8}
Ⅹ	1.0×10^{-9}	3.2×10^{-18}	3.3×10^{-9}	—	6.5×10^{-10}
Ⅺ	9.8×10^{-9}	2.0×10^{-15}	3.3×10^{-8}	—	6.4×10^{-9}
Ⅻ	8.5×10^{-9}	5.9×10^{-15}	2.8×10^{-8}	—	5.5×10^{-9}

表 A.3（续）

外照射类别 s	核素				
	^{54}Mn	^{55}Fe	^{60}Co	^{63}Ni	^{65}Zn
XIII	1.8×10^{-9}	1.4×10^{-17}	6.0×10^{-9}	—	1.2×10^{-9}
XIV	2.1×10^{-9}	4.0×10^{-14}	6.6×10^{-9}	—	1.4×10^{-9}
XV	1.2×10^{-8}	1.1×10^{-14}	3.9×10^{-8}	—	7.7×10^{-9}
XVI	5.5×10^{-10}	1.7×10^{-16}	1.7×10^{-9}	—	3.5×10^{-10}
XVII	2.0×10^{-9}	1.1×10^{-14}	6.3×10^{-9}	—	1.3×10^{-9}
XVIII	5.8×10^{-9}	3.3×10^{-14}	1.8×10^{-8}	—	3.6×10^{-9}
XIX	1.1×10^{-10}	3.4×10^{-15}	3.5×10^{-10}	—	7.2×10^{-11}
XX	1.4×10^{-8}	5.1×10^{-13}	4.3×10^{-8}	—	8.8×10^{-9}
XXI	5.9×10^{-10}	8.6×10^{-15}	1.8×10^{-9}	—	3.7×10^{-10}
XXII[a]	2.5×10^{-10}	1.3×10^{-12}	7.5×10^{-10}	—	1.6×10^{-10}
XXIII[a]	2.7×10^{-10}	1.9×10^{-12}	8.3×10^{-10}	—	1.7×10^{-10}
XXIV[a]	3.2×10^{-10}	2.3×10^{-12}	9.8×10^{-10}	—	2.0×10^{-10}
外照射类别 s	核素				
	^{90}Sr	^{94}Nb	^{99}Tc	^{137}Cs	^{152}Eu
I	—	8.4×10^{-9}	—	3.1×10^{-9}	3.6×10^{-9}
II	—	7.2×10^{-9}	—	2.6×10^{-9}	3.1×10^{-9}
III	—	2.0×10^{-9}	—	7.1×10^{-10}	8.3×10^{-10}
IV	—	2.7×10^{-9}	—	1.0×10^{-9}	1.2×10^{-9}
V	—	1.0×10^{-8}	—	3.7×10^{-9}	4.3×10^{-9}
VI	—	1.5×10^{-9}	—	5.3×10^{-10}	7.6×10^{-10}
VII	—	3.9×10^{-10}	—	1.4×10^{-10}	1.9×10^{-10}
VIII	—	2.8×10^{-8}	—	1.0×10^{-8}	1.2×10^{-8}
IX	—	5.7×10^{-8}	—	2.1×10^{-8}	2.3×10^{-8}
X	—	2.0×10^{-9}	—	7.4×10^{-10}	8.7×10^{-10}
XI	—	2.0×10^{-8}	—	7.2×10^{-9}	8.4×10^{-9}
XII	—	1.7×10^{-8}	—	6.2×10^{-9}	7.2×10^{-9}
XIII	—	3.6×10^{-9}	—	1.3×10^{-9}	1.5×10^{-9}
XIV	—	4.3×10^{-9}	—	1.6×10^{-9}	1.8×10^{-9}
XV	—	2.4×10^{-8}	—	8.6×10^{-9}	1.0×10^{-8}
XVI	—	1.1×10^{-9}	—	4.1×10^{-10}	4.6×10^{-10}
XVII	—	3.9×10^{-9}	—	1.5×10^{-9}	1.7×10^{-9}
XVIII	—	1.1×10^{-8}	—	4.3×10^{-9}	4.8×10^{-9}
XIX	—	2.3×10^{-10}	—	8.5×10^{-11}	9.6×10^{-11}
XX	—	2.8×10^{-8}	—	1.1×10^{-8}	1.2×10^{-8}
XXI	—	1.2×10^{-9}	—	4.4×10^{-10}	4.9×10^{-10}
XXII[a]	—	4.9×10^{-10}	—	1.8×10^{-10}	2.1×10^{-10}
XXIII[a]	—	5.4×10^{-10}	—	2.0×10^{-10}	2.3×10^{-10}
XXIV[a]	—	6.4×10^{-10}	—	2.4×10^{-10}	2.8×10^{-10}

表 A.3(续)

外照射类别 s	核素			
	^{238}U	^{239}Pu	^{241}Pu	^{241}Am
Ⅰ	6.1×10^{-11}	3.0×10^{-14}	—	2.9×10^{-12}
Ⅱ	5.3×10^{-11}	2.7×10^{-14}	—	2.6×10^{-12}
Ⅲ	1.4×10^{-11}	7.2×10^{-15}	—	6.8×10^{-13}
Ⅳ	2.0×10^{-11}	9.0×10^{-15}	—	9.0×10^{-13}
Ⅴ	7.4×10^{-11}	3.5×10^{-14}	—	3.4×10^{-12}
Ⅵ	1.1×10^{-11}	3.4×10^{-17}	—	1.4×10^{-22}
Ⅶ	2.9×10^{-12}	9.9×10^{-18}	—	5.6×10^{-23}
Ⅷ	2.1×10^{-10}	1.0×10^{-13}	—	9.8×10^{-12}
Ⅸ	4.5×10^{-10}	6.8×10^{-13}	—	6.9×10^{-11}
Ⅹ	1.8×10^{-11}	3.8×10^{-14}	—	5.9×10^{-12}
Ⅺ	1.4×10^{-10}	6.8×10^{-14}	—	6.5×10^{-12}
Ⅻ	1.2×10^{-10}	6.2×10^{-14}	—	5.8×10^{-12}
XⅢ	2.6×10^{-11}	1.2×10^{-14}	—	1.2×10^{-12}
XⅣ	4.1×10^{-11}	1.2×10^{-13}	—	2.2×10^{-11}
XⅤ	1.7×10^{-10}	8.8×10^{-14}	—	8.2×10^{-12}
XⅥ	8.9×10^{-12}	1.4×10^{-14}	—	1.6×10^{-12}
XⅦ	3.6×10^{-11}	9.0×10^{-14}	—	1.5×10^{-11}
XⅧ	1.1×10^{-10}	3.0×10^{-13}	—	6.2×10^{-11}
XⅨ	2.3×10^{-12}	8.8×10^{-15}	—	1.9×10^{-12}
XX	2.8×10^{-10}	9.4×10^{-13}	—	1.8×10^{-10}
XXⅠ	1.1×10^{-11}	2.6×10^{-14}	—	3.8×10^{-12}
XXⅡ [a]	6.3×10^{-12}	2.5×10^{-13}	—	6.9×10^{-12}
XXⅢ [a]	5.7×10^{-12}	1.3×10^{-14}	—	5.0×10^{-12}
XXⅣ [a]	9.1×10^{-12}	5.3×10^{-13}	—	1.1×10^{-11}

[a] 假定有 2.5 cm 炉壁(铁)及 30.5 cm 厚的耐火砖衬(铝)的屏蔽。

表 A.4 污染钢铁再循环、再利用情景下不同核素的内照射待积有效剂量转换因子(取自 GB 18871—2002)

核素	DF_{inh}	DF_{ing}
^{54}Mn	1.5×10^{-9}	7.1×10^{-10}
^{55}Fe	7.7×10^{-10}	3.3×10^{-10}
^{60}Co	3.1×10^{-8}	3.4×10^{-9}
^{63}Ni	1.3×10^{-9}	1.5×10^{-10}
^{65}Zn	2.2×10^{-9}	3.9×10^{-9}
^{90}Sr	1.6×10^{-7}	2.8×10^{-8}

表 A.4（续）

核　素	DF_{inh}	DF_{ing}
^{94}Nb	4.9×10^{-8}	1.7×10^{-9}
^{99}Tc	1.3×10^{-8}	6.4×10^{-10}
^{137}Cs	3.9×10^{-8}	1.3×10^{-8}
^{152}Eu	4.2×10^{-8}	1.4×10^{-9}
^{239}Pu	1.2×10^{-4}	2.5×10^{-7}
^{241}Pu	2.3×10^{-6}	4.8×10^{-9}
^{241}Am	9.6×10^{-5}	2.0×10^{-7}
^{238}U	8.0×10^{-6}	4.5×10^{-8}

A.2　铝的再循环、再利用

一般情况下，反应堆部件中铝的表面因与冷却剂接触而被污染。所以，其污染放射性核素与钢铁再利用的情况类似，选择了^{55}Fe、^{54}Mn等14种核素，并假定在熔炼过程中被污染的铝均匀地分布于熔炼材料中，浓度为1 Bq/g。

对于铝的再利用过程中的各个情景也与钢铁再利用的情景类似。关于铝的熔炼过程的照射情景主要有“装卸工、卡车司机、处理工”等9种情形；关于用铝材所制造的消费品主要有建材、发动机部件等。有关各情景所涉及的受照人数、时间、途径等参数均在表A.5中列出。

表 A.5　用于估算铝再循环、再利用中的照射情景和个人剂量的相关参数
(IAEA Safety Series No. 111-P-1.1)

考虑情景	外照射类别 s	内照射途径	个人受照时间/h	空气中尘埃浓度/(g/m³)
1.1 装卸工	Ⅰ	吸入	4	0.000 5
1.2 卡车司机	Ⅱ	—	4	—
2.1 处理工	Ⅲ	吸入和食入	12	0.000 1
3.1 熔料堆料厂工人	Ⅳ	吸入	80	0.000 1
3.2 熔炉操作工	Ⅴ	吸入和食入	50	0.001
4.1 铸工	Ⅵ	吸入和食入	25	0.001
4.2 熔渣收集工	Ⅶ	吸入和食入	48	0.001
5.1 薄板工	Ⅷ	吸入和食入	1	0.000 1
5.2 仓库工人	Ⅸ	—	80	—
6.1 建材	Ⅹ	—	1 500	—
6.2 汽车	Ⅹ	—	2 000	—
6.3 炒锅	Ⅺ	食入	180	—

由于铝的密度小于钢铁的密度，相同质量的铝制造的产品的数量比钢铁的多约3倍。因此假定100 t的铝用来制造建材和汽车，10 t的铝用来制造炒锅等。

剂量的估算方法类同于钢铁再循环的情景，在A.1.2.2中已经作了详细描述。

对于铝循环中外照射情景，在表A.6中列出了各个情景的源项类别，表A.7列出了不同核素的外照射剂量转换因子。

表 A.6 铝再循环中外照射类别的辐照源项描述

(IAEA Safefy Series No. 111-P-1.1)

外照射类别 *s*	源的描述	源的形状	密度/(g/cm^3)	长度/cm	半径 *R*/cm	距离 *D*/cm
Ⅰ	10 t 废料堆	1 半圆柱体	1.35	266	133	400
Ⅱ	10 t 卡车货物	1 半圆柱体	1.35	900	72	200
Ⅲ	5 t 废料捆	1 半圆柱体	1.80	192	96	200
Ⅳ	50 t 废料堆	1 半圆柱体	2.70	414	207	1 000
Ⅴ	25 t 装料炉	1 全圆柱体	2.70	228	114	300
Ⅵ	0.5 t 铸件	1 全圆柱体	2.70	1	243	100
Ⅶ	25 t 废料堆	1 半圆柱体	2.70	143	287	1 000
Ⅷ	16 kg 铝板	1 半圆柱体	2.70	0.2	138	100
Ⅸ	20 片铝板	4 半圆柱体	2.70	0.2	308	300
Ⅹ	3 个薄片	3 全圆柱体	2.70	0.1	150	50
Ⅺ	一个炒锅	1 全圆柱体	2.70	1	15	60
Ⅻ	引擎	1 半圆柱体	2.70	24	24	150

表 A.7 污染铝再循环、再利用情景中各外照射类别的不同核素有效剂量转换因子(Sv/h)/(Bq/g)

(IAEA Safefy Series No. 111-P-1.1)

外照射类别 *s*	核素				
	^{54}Mn	^{55}Fe	^{60}Co	^{63}Ni	^{65}Zn
Ⅰ	4.1×10^{-9}	6.8×10^{-15}	1.3×10^{-8}	—	2.6×10^{-9}
Ⅱ	4.3×10^{-9}	2.5×10^{-14}	1.4×10^{-8}	—	2.8×10^{-9}
Ⅲ	7.6×10^{-9}	4.0×10^{-14}	2.5×10^{-8}	—	4.9×10^{-9}
Ⅳ	1.8×10^{-9}	9.5×10^{-17}	6.0×10^{-9}	—	1.2×10^{-9}
Ⅴ	5.9×10^{-10}	0.0	2.5×10^{-9}	—	4.2×10^{-10}
Ⅵ	1.3×10^{-8}	7.0×10^{-13}	3.9×10^{-8}	—	8.1×10^{-9}
Ⅶ	8.9×10^{-10}	4.8×10^{-17}	3.0×10^{-9}	—	5.8×10^{-10}
Ⅷ	7.5×10^{-10}	2.7×10^{-13}	2.3×10^{-9}	—	4.7×10^{-10}
Ⅸ	2.0×10^{-9}	2.2×10^{-13}	6.2×10^{-9}	—	1.3×10^{-9}
Ⅹ	4.9×10^{-9}	3.4×10^{-12}	1.5×10^{-8}	—	3.1×10^{-9}
Ⅺ	4.1×10^{-10}	5.7×10^{-14}	1.3×10^{-9}	—	2.6×10^{-10}
Ⅻ	1.4×10^{-9}	1.1×10^{-14}	4.5×10^{-9}	—	9.0×10^{-10}
外照射类别 *s*	核素				
	^{90}Sr	^{94}Nb	^{99}Tc	^{137}Cs	^{152}Eu
Ⅰ	—	8.2×10^{-9}	—	3.0×10^{-9}	3.6×10^{-9}
Ⅱ	—	8.7×10^{-9}	—	3.2×10^{-9}	3.7×10^{-9}
Ⅲ	—	1.5×10^{-8}	—	5.6×10^{-9}	6.6×10^{-9}
Ⅳ	—	3.6×10^{-9}	—	1.3×10^{-9}	1.6×10^{-9}

表 A.7（续）

外照射类别 s	核素				
	^{90}Sr	^{94}Nb	^{99}Tc	^{137}Cs	^{152}Eu
Ⅴ	—	1.2×10^{-9}	—	4.2×10^{-10}	5.9×10^{-10}
Ⅵ	—	2.6×10^{-8}	—	9.6×10^{-9}	1.1×10^{-8}
Ⅶ	—	1.8×10^{-9}	—	6.6×10^{-10}	7.8×10^{-10}
Ⅷ	—	1.5×10^{-9}	—	5.6×10^{-10}	6.4×10^{-10}
Ⅸ	—	4.0×10^{-9}	—	1.5×10^{-9}	1.7×10^{-9}
Ⅹ	—	9.7×10^{-9}	—	3.7×10^{-9}	4.2×10^{-9}
Ⅺ	—	8.2×10^{-10}	—	3.1×10^{-10}	3.5×10^{-10}
Ⅻ	—	2.8×10^{-9}	—	1.0×10^{-9}	1.2×10^{-9}

外照射类别 s	核素			
	^{238}U	^{239}Pu	^{241}Pu	^{241}Am
Ⅰ	7.5×10^{-11}	1.7×10^{-13}	—	2.7×10^{-11}
Ⅱ	7.9×10^{-11}	2.0×10^{-13}	—	3.0×10^{-11}
Ⅲ	1.4×10^{-10}	3.4×10^{-13}	—	5.1×10^{-11}
Ⅳ	3.3×10^{-11}	7.0×10^{-14}	—	1.1×10^{-11}
Ⅴ	8.8×10^{-12}	1.6×10^{-16}	—	1.0×10^{-21}
Ⅵ	2.7×10^{-10}	1.3×10^{-12}	—	2.6×10^{-10}
Ⅶ	1.6×10^{-11}	3.4×10^{-14}	—	5.3×10^{-12}
Ⅷ	1.7×10^{-11}	2.6×10^{-13}	—	1.9×10^{-11}
Ⅸ	4.6×10^{-11}	5.6×10^{-13}	—	5.0×10^{-11}
Ⅹ	1.2×10^{-10}	2.5×10^{-12}	—	1.3×10^{-10}
Ⅺ	8.9×10^{-12}	5.7×10^{-14}	—	8.9×10^{-12}
Ⅻ	2.6×10^{-11}	6.7×10^{-14}	—	1.0×10^{-11}

A.3 镍的再循环、再利用

镍的回收再循环、再利用工艺流程(见表 A.8)：

a) 镍回收后的最主要用途是冶炼不锈钢，因此回收后的再循环流程与钢铁熔炼炉以后的流程基本相同。不锈钢的镍含量一般不超过 20%，本标准保守地按 20%估计。因此假定在进入熔炼炉之前以镍形态出现，熔炼后按 C=0.2 Bq/g 考虑。

b) 镍很稳定，不会进入熔炼后生成的炉渣中，因此放射性核素也不会进入炉渣。原钢铁流程中“熔渣收集工受照”情景可不予考虑。

c) 由于不锈钢的应用中，不会有“停车场(炉渣修成)”、“汽车”和“房屋”三项，因此在应用中这三项可不予考虑。

表 A.8　污染镍再循环、再利用中的照射情景和个人剂量的相关参数

再循环步骤	考 虑 情 景	外照射类别 s[c]	内照射途径	个人受照时间/h	空气中尘埃浓度/(g/m^3)
废镍运输	1.1 装卸工 1	Ⅰ	吸入	4	0.000 5
	1.2 卡车司机	Ⅱ	—[g]	4	—
材料处理	2.1 处理(清洗、调形)工	Ⅲ	吸入和食入	12	0.000 1
熔炼[a]	3.1 熔炉堆料场工人	Ⅳ	吸入	80	0.000 1
	3.2 熔炉装料工 1[d]	Ⅴ	吸入和食入	4	0.001
	3.2 熔炉装料工 2	Ⅴ[c]	吸入和食入	20	0.001
	3.3 熔炉操作工 1[e]	Ⅵ	吸入和食入	5	0.001
	3.3 熔炉操作工 2	Ⅶ	吸入和食入	50	0.001
工业产品或副产品[b]	4.1 大钢锭铸工 1[f]	Ⅷ	吸入和食入	2.5	0.001
	4.1 大纲锭铸工 2	Ⅷ[c]	吸入和食入	25	0.001
	4.2 小件铸工 3	Ⅸ	吸入和食入	50	0.001
	4.3 卡车装卸工 2	Ⅺ	—	2	—
	4.4 卡车司机 2	Ⅻ	—	5	—
初步制备	5.1 堆料场工人 2	ⅩⅢ	—	40	—
	5.2 制备厂薄板工	ⅩⅣ	吸入和食入	1	0.000 1
	5.3 打卷工	ⅩⅤ	吸入和食入	1	0.000 1
最终制造	6.1 薄板工	ⅩⅣ	—	1	—
	6.2 打卷工	ⅩⅤ	—	80	—
销售	7.1 卡车装卸工 2	Ⅺ	—	20	—
	7.2 卡车司机 2	Ⅻ	—	8	—
	7.3 仓库工人 3	ⅩⅥ	—	2 000	—
消费者使用	8.1 器具	ⅩⅨ		1 000	—
	8.2 炒锅	ⅩⅪ	食入	180	—
	8.3 大设备	ⅩⅩⅤ	—	2 000	—
尾气排放	9.1 下风向个人	[h]	吸入,食入	2 000	[i]

a 从本步骤开始假定不锈钢中含镍 20%,即 $C=0.2$ Bq/g。

b 镍不进入熔渣。

c 外照射类别表示用于计算外照射时的特定几何和源的条件,见表 A.2 所示。

d 2 种装料工"装料工 1"表示对 100 t 炉的熔炼厂,"装料工 2"表示对 10 t 炉的熔炼厂。

e 2 种熔炉操作工,"操作工 1"表示对 100 t 炉的熔炼厂,"操作工 2"表示对 10 t 炉的熔炼厂。

f 3 种铸工,"铸工 1"指 100 t 炉的熔炼厂,"铸工 2"指 10 t 炉的熔炼厂的钢锭铸工,"铸工 3"指对小物件的铸工。

g "—"表示不考虑该途径。

h 表示考虑烟羽浸没和地表外照射。

i 假定扩散因子为 5×10^{-7} s·m^{-3},可计算出空气浓度,但大量计算表明下风向个人剂量可忽略,因此不再计算。

A.4 铜的再循环、再利用

A.4.1 铜的回收再循环、再利用工艺流程(见表 A.9)

a) 作为回收铜(纯铜),直接进入阳极炉再电解;

b) 铜渣不会被排放,而是回收再炼,因此没有“熔渣收集工”受照情景;

c) 铜产品的应用中,主要只考虑“电缆、电线”一项;

d) 由于铜的密度与钢铁相差不大。因此除了“电缆、电线”应用一步由于源的形状与 IAEA 推导的圆柱体相差较大,剂量转换因子是专门推导的,其余各步外照射剂量转换因子,均采用 IAEA 111-P-1.1 为钢铁推荐的外照射剂量转换因子。

表 A.9 用于估算铜再循环、再利用中的照射情景和个人剂量相关参数(本标准推荐)

再循环步骤	考虑情景	外照射类别 s	内照射途径	个人受照时间/h	空气中尘埃浓度/(g/m^3)
废铜运输	1.1 装卸工	Ⅰ	吸入	4	0.000 5
	1.2 货车司机	Ⅱ	—	4	—
废铜前处理	2.1 处理工	Ⅲ	吸入和食入	12	0.000 1
阳极炉精炼	3.1 装卸工	Ⅳ	吸入	80	0.000 1
	3.2 操作工	Ⅵ	吸入和食入	5	0.001
电解精炼	4.2 装槽和运行操作工	Ⅸ	吸入和食入	50	0.001
初加工产品	5.1 板材和棒材延压、拉制工	ⅩⅢ	—	40	—
深加工产品	6.1 电缆、电器件加工	ⅩⅤ[a]	吸入和食入	1	—
销售	7.1 装卸工	Ⅺ	—	2	—
	7.2 货车司机	Ⅻ	—	5	—
	7.3 仓储工人	ⅩⅥ	—	2 000	—
消费	8.1 电缆、电线	编制组推导	—	1 500	—

[a] 关于“电缆、电线”应用情况下的外照射剂量转换因子的推导见 A.4.2。

A.4.2 关于“电缆、电线”应用情况下的外照射剂量转换因子的推导

“电缆、电线”照射示意见图 A.2。

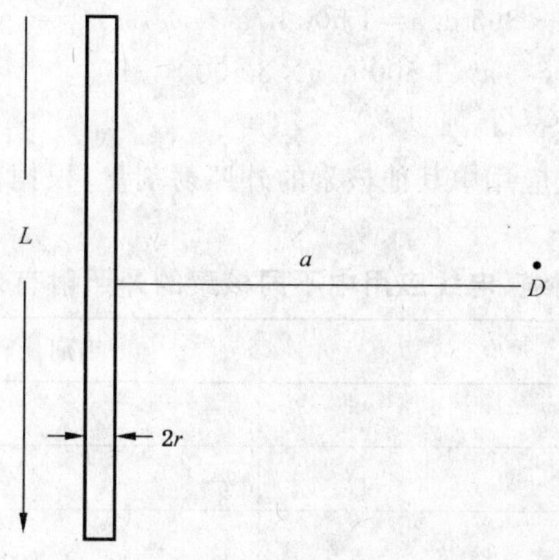

图 A.2 “电缆、电线”照射示意图

对电缆采用“线源”模式，离电缆垂直距离为 a 处的空气中比释动能率($\dot{D}$)的计算见式(A.4)：

$$\dot{D}=\frac{2A\Gamma}{La}\mathrm{tg}^{-1}\left(\frac{L}{2a}\right) \qquad \text{(A.4)}$$

式中：

$\dot{D}$——上述离电缆垂直距离为 a 处的空气中比释动能率；

L——线源长度，室内假定 $L=10$ m；

a——人离线距离，假定 $a=3$ m；

铜的密度为 $\rho=8.93\ \mathrm{g/m^3}$，线中放射性活度 $C=1$ Bq/g。

式中 A 为线源的总活度，计算见式(A.5)：

$$A=L\cdot\pi r^2\times\rho\cdot C=1\,000\ \mathrm{cm}\times\pi\times(0.15\ \mathrm{cm})^2\times8.93\ \mathrm{g/cm^3}\times1\ \mathrm{Bq/g}$$
$$=631.1\ \mathrm{Bq} \qquad \text{(A.5)}$$

Γ——点源的比释动能率常数，不同核素点源的比释动能率常数见表 A.10。

r——线源半径，假定 $r=0.15$ cm。

表 A.10　不同核素点源的比释动能率常数

核素	Γ/(Gy·m²·Bq⁻¹·s⁻¹)	核素	Γ/(Gy·m²·Bq⁻¹·s⁻¹)	核素	Γ/(Gy·m²·Bq⁻¹·s⁻¹)
^{36}Cl	—	^{90}Sr	—	^{239}Pu	—
^{41}Ca	—	^{94}Nb	5.8×10^{-17}	^{241}Pu	—
^{54}Mn	3.08×10^{-17}	^{99}Tc	—	^{241}Am	4.13×10^{-18}
^{55}Fe	—	^{137}Cs	2.12×10^{-17}		
^{60}Co	8.67×10^{-17}	^{152}Eu	3.80×10^{-17}		
^{63}Ni	—	^{238}U	—		
^{65}Zn	2.08×10^{-17}	^{226}Ra(^{238}U＋子体)	6.13×10^{-17}		

根据公式(A.4)及相关参数可计算铜缆线的空气吸收剂量，忽略空气吸收剂量与人体吸收剂量的微小差异，可计算出线源对人体产生的剂量(以^{60}Co 为例)：

$$\dot{D}=\frac{2\times631.1\times8.67\times10^{-17}}{10\times3}\times\mathrm{tg}^{-1}\left[\frac{10}{2\times3}\right]$$
$$=3.65\times10^{-15}\times1.03$$
$$=3.76\times10^{-15}\ (\mathrm{Sv/s})$$

假定一年受照时间 $t\approx4$ h/d×365 d/a＝1 500 h/a

年剂量为：$\dot{D}=3.76\times10^{-15}$ Sv/a×1 500 h/a×3 600 Sv/h

$=2.03\times10^{-8}$ Sv/a

同理，可计算出铜电缆、电线应用中其他核素的外照射剂量，根据算出的剂量可以求得核素别的外照射剂量转换因子，见表 A.11。

表 A.11　铜电缆、电线应用中不同核素的外照射有效剂量转换因子

核　素	年剂量转换因子/[(Sv/a)/(Bq/g)]
^{60}Co	2.08×10^{-8}
^{137}Cs	4.96×10^{-9}
^{152}Eu	8.87×10^{-9}
^{54}Mn	7.19×10^{-9}

表 A.11（续）

核　素	年剂量转换因子/[(Sv/a)/(Bq/g)]
^{94}Nb	1.35×10^{-8}
^{241}Am	1.00×10^{-9}
^{226}Ra(^{238}U+子体)	1.43×10^{-8}

附 录 B
（资料性附录）
不同废金属再循环、再利用中的限制性步骤、照射途径、总有效剂量和推导的活度浓度

B.1 钢铁再循环、再利用中的限制性步骤、照射途径、总有效剂量和推导的活度浓度见表 B.1。

表 B.1

核 素	受剂量最大的步骤	该步骤受剂量最大的照射途径	总有效剂量/(Sv/a)	活度浓度/(Bq/g)
Mn-54	消费者使用汽车	外照射	2.8×10^{-5}	4×10^{-1}
Fe-55	熔渣收集工	食入内照射	1.1×10^{-9}	1×10^{4}
Co-60	消费者使用大设备	外照射	8.8×10^{-5}	1×10^{-1}
Ni-63	熔渣收集工	吸入内照射	7.7×10^{-10}	1×10^{4}
Zn-65	消费者使用大设备	外照射	1.8×10^{-5}	6×10^{-1}
Sr-90	熔渣收集工	食入内照射	1.2×10^{-7}	9×10^{1}
Nb-94	消费者使用大设备	外照射	5.7×10^{-5}	2×10^{-1}
Tc-99	熔渣收集工	吸入内照射	5.5×10^{-9}	2×10^{3}
Cs-137	消费者使用汽车	外照射	2.2×10^{-5}	5×10^{-1}
Eu-152	消费者使用汽车	外照射	2.4×10^{-5}	4×10^{-1}
Pu-239	熔渣收集工	吸入内照射	3.7×10^{-5}	3×10^{-1}
Pu-241	熔渣收集工	吸入内照射	7.0×10^{-7}	1×10^{1}
Am-241	熔渣收集工	吸入内照射	2.9×10^{-5}	3×10^{-1}
U*-238	熔渣收集工	吸入内照射	2.5×10^{-6}	4×10^{0}

B.2 铝再循环、再利用中的限制性步骤、照射途径、总有效剂量和推导的活度浓度见表 B.2。

表 B.2

核 素	受剂量最大的步骤	该步骤受剂量最大的照射途径	总有效剂量/(Sv/a)	活度浓度/(Bq/g)
Mn-54	消费者使用汽车	外照射	9.8×10^{-6}	1×10^{0}
Fe-55	消费者使用汽车	外照射	6.8×10^{-9}	2×10^{3}
Co-60	消费者使用汽车	外照射	3.0×10^{-5}	3×10^{-1}
Ni-63	消费者使用炊具	食入内照射	2.5×10^{-10}	4×10^{4}
Zn-65	消费者使用汽车	外照射	6.2×10^{-6}	2×10^{0}
Sr-90	消费者使用炊具	食入内照射	4.6×10^{-8}	2×10^{2}
Nb-94	消费者使用汽车	外照射	1.9×10^{-5}	5×10^{-1}
Tc-99	消费者使用炊具	食入内照射	1.1×10^{-9}	9×10^{3}
Cs-137	消费者使用汽车	外照射	7.4×10^{-6}	1×10^{0}
Eu-152	消费者使用汽车	外照射	8.4×10^{-6}	1×10^{0}
Pu-239	熔炉操作工	吸入内照射	7.3×10^{-6}	1×10^{0}
Pu-241	熔炉操作工	吸入内照射	1.4×10^{-7}	7×10^{1}
Am-241	熔炉操作工	吸入内照射	5.9×10^{-6}	2×10^{0}
U*-238	熔炉操作工	吸入内照射	5.0×10^{-7}	2×10^{1}

B.3 镍再循环、再利用中的限制性步骤、照射途径、总有效剂量和推导的活度浓度见表 B.3。

表 B.3

核　素	受剂量最大的步骤	该步骤受剂量最大的照射途径	总有效剂量/(Sv/a)	活度浓度/(Bq/g)
Mn-54	消费者使用大设备	外照射	5.6×10^{-6}	2×10^{0}
Fe-55	消费者使用炒锅	食入内照射	1.2×10^{-10}	8×10^{4}
Co-60	消费者使用大设备	外照射	1.8×10^{-5}	6×10^{-1}
Ni-63	消费者使用炒锅	食入内照射	5.4×10^{-11}	2×10^{5}
Zn-65	消费者使用大设备	外照射	3.6×10^{-6}	3×10^{0}
Sr-90	消费者使用炒锅	食入内照射	1.0×10^{-8}	1×10^{3}
Nb-94	消费者使用大设备	外照射	1.1×10^{-5}	9×10^{-1}
Tc-99	消费者使用炒锅	食入内照射	2.3×10^{-10}	4×10^{4}
Cs-137	消费者使用大设备	外照射	4.2×10^{-6}	2×10^{0}
Eu-152	消费者使用大设备	外照射	4.6×10^{-6}	2×10^{0}
Pu-239	小件铸工三	吸入内照射	1.5×10^{-6}	7×10^{0}
Pu-241	熔炉操作工二	吸入内照射	2.8×10^{-8}	4×10^{2}
Am-241	小件铸工三	吸入内照射	1.2×10^{-6}	9×10^{0}
U*-238	小件铸工三	吸入内照射	1.1×10^{-7}	1×10^{2}

B.4 铜再循环、再利用中的限制性步骤、照射途径、总有效剂量和推导的活度浓度见表 B.4。

表 B.4

核　素	受剂量最大的步骤	该步骤受剂量最大的照射途径	总有效剂量/(Sv/a)	活度浓度/(Bq/g)
Mn-54	电解精炼装槽和运行操作工	外照射	1.4×10^{-6}	7×10^{0}
Fe-55	电解精炼装槽和运行操作工	食入内照射	2.2×10^{-10}	5×10^{4}
Co-60	电解精炼装槽和运行操作工	外照射	4.4×10^{-10}	2×10^{0}
Ni-63	电解精炼装槽和运行操作工	吸入内照射	1.5×10^{-10}	7×10^{4}
Zn-65	电解精炼装槽和运行操作工	外照射	9.0×10^{-7}	1×10^{1}
Sr-90	电解精炼装槽和运行操作工	食入内照射	2.4×10^{-8}	4×10^{2}
Nb-94	电解精炼装槽和运行操作工	外照射	2.9×10^{-6}	4×10^{0}
Tc-99	电解精炼装槽和运行操作工	吸入内照射	1.1×10^{-9}	9×10^{3}
Cs-137	电解精炼装槽和运行操作工	外照射	1.1×10^{-6}	9×10^{0}
Eu-152	电解精炼装槽和运行操作工	外照射	1.2×10^{-6}	9×10^{0}
Pu-239	电解精炼装槽和运行操作工	吸入内照射	7.3×10^{-6}	1×10^{0}
Pu-241	电解精炼装槽和运行操作工	吸入内照射	1.4×10^{-7}	7×10^{1}
Am-241	电解精炼装槽和运行操作工	吸入内照射	5.9×10^{-6}	2×10^{0}
U*-238	电解精炼装槽和运行操作工	吸入内照射	5.3×10^{-7}	2×10^{1}
注：由推导的活度浓度取整后作为清洁解控水平。				

ICS 03.220.40
R 22

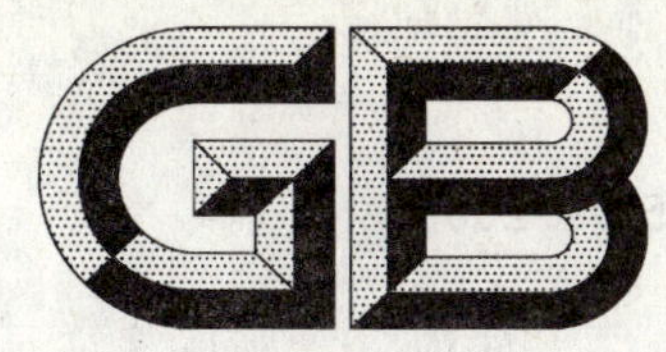

中华人民共和国国家标准

GB 17577—2009
代替 GB 17577.1—1998,GB 17577.2—1998

中华人民共和国航行警告标准格式

The standard form of P. R. C for navigational warnings

2009-11-15 发布　　　　2010-09-01 实施

中华人民共和国国家质量监督检验检疫总局
中国国家标准化管理委员会　发布

前　言

本标准的全部技术内容为强制性。

本标准代替 GB 17577.1—1998《中华人民共和国中文航行警告标准格式》、GB 17577.2—1998《中华人民共和国英文航行警告标准格式》。本标准对 GB 17577.1—1998 和 GB 17577.2—1998 进行整合修订。

本标准与 GB 17577.1—1998 和 GB 17577.2—1998 相比，主要变化如下：

——“术语和定义”中增加“有效期”(见 2.7)；

——警告文件样式中增加了签发人(见 3.2)；

——取消了中文航行警告电文结构中的发布单位；

——交发时间修改为：交发时间采用北京时间(见 3.3.6)；

——表 1 结构进行了修改，将原来“航行警告台中文地名”、“航行警告台英文地名”、“识别码”，调整为“航行警告发布台”、“简称”、“识别码”、“发布单位”四项内容；

——表 1 中的航行警告发布台由 16 个调整为 12 个；

——表 1 中增加三个航行警告发布区台，分别为：中国北部海区航行警告台、中国东部海区航行警告台、中国南部海区航行警告台；

——中文航行警告编号组成修改为“简称”+“航警”+“顺序号”(见 4.2.1)；

——“顺序号”每年从 001 开始排列。修改为：“顺序号”每年从 0001 依次排列(见 4.2.3)。

本标准的附录 B 为规范性附录，附录 A 为资料性附录。

本标准由中华人民共和国交通运输部提出并归口。

本标准起草单位：交通部海事局、天津海事局。

本标准主要起草人：翟久刚、孔繁弘、宋溱、胡锡润、程俊康、刘慧茹、张治源、许吉翔、高万明、冯涛、孙海涛、白树祥、薛韬。

本标准所代替标准的历次版本发布情况为：

——GB 17577.1—1998；

——GB 17577.2—1998。

中华人民共和国航行警告标准格式

1 范围

本标准规定了航行警告文件的构成及样式、电文结构、电文的用语和句型。

本标准适用于沿海中英文航行警告电文的起草、播发和使用。

2 术语和定义

下列术语和定义适用于本标准。

2.1

航行警告文件 document for navigational warning

海事管理机构设置的航行警告发布台(简称发布台)向航行警告播发台(简称播发台)发出的、用于播发航行警告电文的专用公函。

2.2

航行警告电文 the text of navigational warning

由发布台发布，经播发台播发的有关航行安全信息的专用电文(简称电文)。

2.3

播发天数 broadcasting day (s)

发布台要求播发台对每一份航行警告连续播发的天数。

2.4

交发时间 delivering time

发布台将电文交给播发台的时间。

2.5

序列号 serial number

按内部工作顺序设定的、不间断的编排号。

2.6

识别码 identification code

发布台与播发台事先约定的、代表发布台的代码。

2.7

有效期 period of validity

航行警告电文中主体或其影响存在的期限。

3 航行警告文件构成及样式

3.1 航行警告文件构成

内容完整的航行警告文件由如下内容构成：标题、序列号、等级、播发台名称、播发天数、交发时间、电文、印章、拟稿人、审核人、签发人及签发日期。

3.2 航行警告文件样式

航行警告文件利用人工递送或用图文传真(FAX)传送时，文件样式如下：

中华人民共和国×××海事局

航　行　警　告

序列号：

等级：	播发台：	播发天数：	交发时间：
（电文）			

拟稿人：＿＿＿＿＿＿审核人：＿＿＿＿＿＿签发人：＿＿＿＿＿＿签发日期：＿＿＿＿＿＿

3.3　文件样式说明

3.3.1　标题

航行警告文件的标题即为“中华人民共和国×××海事局航行警告”。

3.3.2　序列号

“序列号”由拟稿人统一编排，但不作为航行警告播发内容。

3.3.3　等级

航行警告等级分为“常规（ROUTINE）”、“重要（IMPORTANT）”、“极重要（VITAL）”三个等级。

3.3.4　播发台

“播发台”即为播发航行警告的海岸电台，以其所在城市的中文名称表示。

3.3.5　播发天数

“播发天数”是指最初连续播发的天数，用阿拉伯数字表示。

3.3.6　交发时间

航行警告文件交发时间采用北京时间，并按“月、日、时、分”顺序表示，分别用二位（共八位）阿拉伯数字表示。如：“北京时间 8 月 28 日 0900 时交发”应填写为“08280900”。

3.3.7　电文

拟稿人应本着准确、简明、扼要的原则，采用标准格式及本标准确定的词汇、句型和习惯用语撰写，应以简练的词句，表明在什么地点、什么时间、发生了（或将发生）什么事件。如有必要，可在其中向航行者提出简短的建议，以满足公众获悉有关航行安全信息的需求。

3.3.8　印章

发布台采用人工递送或利用图文传真方式向播发台传送航行警告文件时，在送出之前应在签发日期处加盖发布台的航行警告专用章。

3.3.9　拟稿人、审核人和签发人

拟稿人应在原稿上签名，审核人在对原稿审核后签名，签发人同意审核稿后签发。

3.3.10　签发日期

航行警告文件在签发时应注明签发日期，并按“年、月、日”顺序表示。其中“年”用四位阿拉伯数字表示；“月、日”用二位阿拉伯数字表示。如：北京时间 2007 年 8 月 28 日签发的航行警告应填写为“20070828”。

4　航行警告电文的结构

4.1　电文基本结构

航行警告电文基本结构如下：

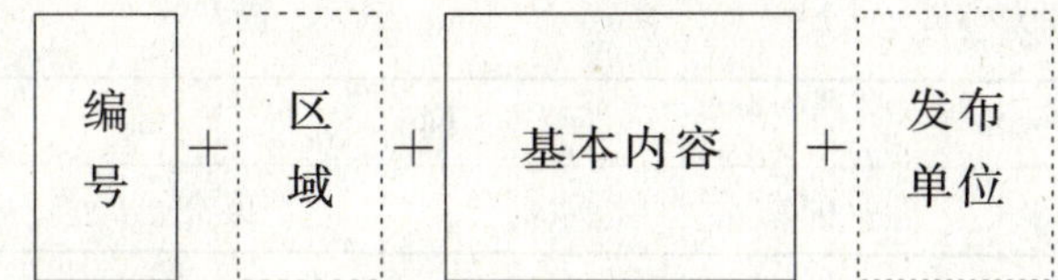

4.2 编号

4.2.1 组成

中文航行警告编号组成为:"简称"+"航警"+"顺序号"。

英文航行警告编号组成为:"识别码"+"顺序号"。

4.2.2 简称和识别码

中国沿海各发布台发布中文航行警告时所使用的简称,发布英文航行警告时所使用的识别码和发布单位见表1。

表 1

序 号	航行警告发布台	中 文	英 文	
		简 称	发布单位	识别码
1	中国北部海区航行警告发布台	北部	BOHAI/YELLOW SEA CHINA	CN
2	中国东部海区航行警告发布台	东部	EAST CHINA SEA CHINA	CE
3	中国南部海区航行警告发布台	南部	SOUTH CHINA SEA CHINA	CS
4	辽宁海事局	辽	LIAONING MSA CHINA	LN
5	河北海事局	冀	HEBEI MSA CHINA	HB
6	天津海事局	津	TIANJIN MSA CHINA	TJ
7	山东海事局	鲁	SHANDONG MSA CHINA	SD
8	江苏海事局	苏	JIANGSU MSA CHINA	JS
9	上海海事局	沪	SHANGHAI MSA CHINA	SH
10	浙江海事局	浙	ZHEJIANG MSA CHINA	ZJ
11	福建海事局	闽	FUJIAN MSA CHINA	FJ
12	广东海事局	粤	GUANGDONG MSA CHINA	GD
13	深圳海事局	深	SHENZHEN MSA CHINA	SZ
14	广西海事局	桂	GUANGXI MSA CHINA	GX
15	海南海事局	琼	HAINAN MSA CHINA	HN

4.2.3 顺序号

发布台自年初至年末发布航行警告的先后顺序编排在电文中的四位号码,按年度从0001依次排列。

示例1:辽宁海事局2007年发布的第5号中文航行警告顺序号为0005,电文编号为辽航警0005。

示例2:中国北部海区发布台2007年发布的第23号英文航行警告顺序号为0023,电文编号编为CN0023。

示例3:上海海事局2007年发布的第129号英文航行警告顺序号为0129,电文编号编为SH0129。

4.3 区域

4.3.1 "区域"表示水上的一个大致的范围,为可选项,但为了方便航海者在海图上标注,拟稿人应尽可能在电文中注明区域。

4.3.2 航行警告区域表述样式及示例见表2。

表 2

区域表述样式		示　　例	
中文	英文	中文	英文
××海	…SEA	东海	EAST CHINA SEA
××海××部	…SEA	黄海北部	NORTH HUANGHAI SEA
××江河	…JIANG(RIVER)	长江	CHANGJIANG
××江(河)口	…JIANG KOU (RIVER MOUTH)	长江口	CHANGJIANG KOU
××水道	…CHANNEL	长江口南水道	CHANGJIANG KOU SOUTH CHANNEL
××湾	…BAY	北部湾	BEIBU BAY
××港	…HARBOUR	天津港	TIANJIN HARBOUR
××海峡	…STRAIT	台湾海峡	TAIWAN STRAIT

4.4　基本内容

4.4.1　结构

中文航行警告电文基本内容的结构为：

“时间”+“地点”+“主体”+“主述”+“补充”。

英文航行警告电文基本内容的结构为：

“主体”+“地点”+“主述”+“时间”+“补充”。

4.4.2　时间

4.4.2.1　中文航行警告采用“北京时间”，电文中不再做标注。

4.4.2.2　英文航行警告采用“协调世界时”。英文航行警告电文时间表达顺序为：DDHHMMUTC MoMoMo YY。其中：“DD”为“日”，“HH”为“时”，“MM”为“分”，“UTC”为协调世界时的英文缩写，“MoMoMo”为月份的英文缩写。“YY”为“年份”的后两位数字。

4.4.2.3　有效期在当天的，电文中只出现一个日期；有效期在本月份的，电文中只出现一个月份；有效期跨月份的应分别注明月份；有效期在本年度的，可以省略年份；有效期跨年度的则应注明年份。

4.4.2.4　航行警告电文时间表述样式及示例见表 3。

表 3

时间表述样式		示　　例	
中文	英文	中文	英文
…年…月…日…时	AT DDHHMMUTC MoMoMo YY	06 年 2 月 5 日 1830 时	051030UTC FEB 06
自…年…月…日…时至…年…月…日…时	FROM DDHHMMUTC MoMoMo YY TO DDHHMMUTC MoMoMo YY	自 06 年 12 月 25 日 1830 时至 07 年 1 月 15 日 1830 时	FROM 251030UTC DEC 06 TO 151030UTC JAN 07
自…月…日…时起	FROM DDHHMMUTC MoMo	自 2 月 5 日 1830 时起	FROM 051030UTC FEB
自…月…日至…月…日每日…时至…时	HHMMUTC TO HHMMUTC DAILY FROM DD TO DD MoMo	自 2 月 5 日至 15 日每天 0800 时至 1800 时	0000UTC TO 1000UTC DAILY FROM 05 TO 15 FEB

4.4.3　主体

主体是指对船舶的航行和作业安全直接产生影响的事物或活动，如：助航标志；水下障碍物；水面

(水中)漂流物;水上水下作业;笨重拖带;海难救助;军事活动;发射和回收航天器;临时划定各类禁航区以及海事管理机构认为对航行作业安全产生影响的其他事物或活动等。每一份航行警告只能有一个主体。

4.4.4 地点

4.4.4.1 “地点”可以是一个点,也可以是具有一定范围的水域。主体为固定设施或物体时,“地点”可以并入“主体”。对于无线电导航系统,若电文不涉及其位置变化时,通常可免去“地点”。

4.4.4.2 地点的表示方法如下:

a) 采用地理坐标(即经纬度)表示:

——经度和纬度的表示法分别为 DDD-MM. mmE 和 DD-MM. mmN,其中“DD”和“DDD”为度,“MM. mm”为分的整数位和小数位。当要求精确至“整分”时,写作“MM”;当要求精确至分后一位小数时,“分”写作“MM. m”;当要求精确至分后两位小数时,“分”写作“MM. mm”;

——纬度和经度应采用同样的精确度。

示例:39-15.31N 119-20.54E。

b) 采用极坐标(即相对于显著物标的真方位和距离)表示:

示例 1:位于北纬…东经…的××方位…度,距离…海里处。

IN…DEGREES…MILES FROM…N…E.

示例 2:…位于××方向…海里处。

IN…MILES…OF….

c) 采用概述法表示大概的位置:

示例 1:位于××地点附近。

IN VICINITY OF….

示例 2:位于北纬…东经…与北纬…东经…的连线附近。

NEAR BY THE LINE JOINING…N…E AND…N…E.

示例 3:位于北纬…东经…与北纬…东经…的连线两侧各…海里范围内。

IN…MILES BOTH SIDES FROM THE LINE JOINING…N…E AND…N…E.

d) 采用概括法表示所在的范围:

示例 1:位于北纬…东经…、北纬…东经…及北纬…东经…等诸点连线组成的范围内。

IN AREA BOUNDED BY…N…E,…N…E AND…N…E.

示例 2:位于以北纬…东经…点为圆心,…海里为半径的范围内。

IN AREA WITHIN…MILES RADIUS OF…N…E.

示例 3:位于北纬…东经…、北纬…东经…、……以及北纬…东经…诸点连线上。

ON LINES JOINING…N…E,…N…E,…AND…N…E.

示例 4:位于北纬…至北纬…及东经…至东经…之间的水域范围内。

IN AREA BETWEEN…N,…N AND…E,…E.

4.4.4.3 采用极坐标和概述法表明位置时,所用参照物应是海图上易于找到的明显物标。为了便于航海者查找,应在选用的参照物名称后标注其经纬度。但当采用航标表上所列导航标志为参照物时,可不必在其后标注经纬度。

4.4.4.4 概述法采用的地点应是航海者熟悉的地名。由于概述法和概括法只能提供一个大概范围,不能具体标注位置,因此只能起到一般提示的作用,不宜过多采用。

4.4.4.5 涉及“地点”的名称应以中华人民共和国海图出版机构最新出版的航海图书资料为准。

4.4.5 主述

主述是对主体状态和情况的描述。有时为了叙述方便,可将地点和主述合并叙述。

4.4.6 补充

即补充叙述“主述”不能完全表达的某些重要细节,如海事管理机构向航海者提出的建议和关于警告的有效期等内容。

4.5 发布单位

中文航行警告“发布单位”省略。

英文航行警告“发布单位”为:发布台所在区域地名的拼音+海事局的英文缩写+CHINA。

5 航行警告有效期

5.1 航行警告有效期可以在补充栏中叙述。

5.2 航行警告电文未叙述撤销时间的,其撤销时间通常为主体消失或完成后 1 h;电文仅注明日期的,其撤销时间通常为日期当天的 2400 时。

5.3 航行警告可用专门的电文撤销,撤销电文中一般应简叙撤销警告的原因。其表达格式如下例所示:

沪航警 0009 撤销×××警告,勘测结束。

SH0009 CANCEL…SURVEY COMPLETED. SHANGHAI MSA CHINA.

5.4 当有效期较长时,应同时用航行通告形式发布。

5.5 航行警告的内容超过原公布的时限而仍然有效的,应另发布航行警告予以延期。

6 航行警告电文的用语、句型和示例

6.1 概述

按主体划分,中国沿海常用的航行警告电文分为六类:助航标志类、碍航物类、海上作业类、军事活动及演习类、遇险及救助类、划定区域类。

各表中“主述”及“补充”栏内用语可根据航行警告电文所要表述的内容选用搭配,亦可对“补充”栏内用语作多次、多项选择。

6.2 助航标志类

6.2.1 视觉航标状况

“视觉航标状况”的中英文表述方法见表 4。

表 4

基本内容				
主体	地点	主述	时间	补充
a) ××灯船 …LIGHT VESSEL b) ××灯桩 …LIGHT BEACON c) ××浮标 …BUOY d) ××灯塔 …LIGHTHOUSE e) ××标 …MARK f) ××叠标 …LEADING MARKS g) ××灯叠标 …LEADING LIGHTS	北纬…东经… …N…E	a) 熄灭 UNLIT b) 灯光失常 LIGHT UNRELIABLE c) 损坏 DESTROYED d) 移位 OFF STATION e) 漂失 MISSING f) 受损 DAMAGED g) 雾号失常 FOG SIGNAL NOPERA-TIVE	于…年…月…日…时…分 AT DDHHMMUTC MoMoMo YY	希各航船注意 CAUTION ADVISED

表 4（续）

基本内容				
主体	地点	主述	时间	补充
注 1：航标表上登载的助航标志，其名称后不需标注航标表编号。 注 2："地点"的精度可精确至"分"后小数点两位。 注 3：灯质的改变不属"灯光失常"。 注 4：助航标志的名称采用海图或航标表上的名称。 注 5：由于助航标志"熄灭"、"漂失"、"损坏"等的时间往往难以确定，因此电文中的时间通常为接获报告或发现的时间。 注 6：常用词汇（中英文对照）参见附录 A。				

示例：鲁航警…，3 月 18 日 1800 时，据报…N…E 处××灯桩灯光失常。希各航船注意。

SD… …LIGHT BEACON…N…E LIGHT UNRELIABLE REPORTED AT 181000UTC MAR. CAUTION ADVISED. SHANDONG MSA CHINA.

6.2.2 视觉航标动态

"视觉航标动态"表述方法见表 5，灯质、灯标改变时应叙述其全部特征，见附录 B。

表 5

基本内容				
主体	地点	主述	时间	补充
a) ××灯船 …LIGHT-VESSEL b) ××灯桩 …LIGHT BEACON c) ××灯塔 …LIGHTHOUSE d) ××标 …MARK e) ××灯标 …LIGHTED MARK f) ××灯叠标 …LEADING LIGHTS g) ××浮标 …BUOY h) ××叠标 …LEADING MARKS	北纬…东经… …N…E	a) 改为××闪××色…秒，高…米，射程…海里 CHANGED TO (LIGHT COLOUR)…SECOND(S)…METERS…MILES b) 临时熄灭 TEMPORARILY UNLIT c) 临时改变为… TEMPORARILY CHANGED TO… d) 改变为… AMENDED TO… e) 设置 ESTABLISHED f) 恢复 RESTORED g) 重建 REESTABLISHED h) 替代×× SUPERSEDES… i) 修理 REPAIR j) 移…海里至北纬…东经… MOVED… MILES TO…N…E	a) 自…月…日…时…分至…日…时…分止 FROM DDHHMMUTC TO DDHHMMUTC MoMoMo b) 自…月…日…时…分至…月…日…时…分止 FROM DDHHMMUTC MoMoMo TO DDHHMMUTC MoMoMo c) 于…月…日 ON DD MoMoMo	a) 其余不变 WITHOUT OTHER CHANGES b) 恢复后另行通知 NOTICE AFTER RECOVERY c) 因维修 FOR REPAIR d) 撤销××年第…号警告 CANCEL…/YY
注 1：REESTABLISHED 只适用于曾损毁（并为此发过撤销或删除警告）现在原位置重建的助航标志。 注 2："地点"的精度一般为"整分"，助航标志新设置时，一般情况下按航标部门提供的位置资料，或精确到"分"后小数点两位。 注 3："距离"和"射程"以海里（n mile）为单位，其精度为小数点后一位小数。 注 4：灯质、灯标改变时叙述其全部特征。				

示例1:津航警0001,渤海,位于39-11.1N 119-01.2E的灯标自1月12日至15日每天0800至1800时临时熄灭。

TJ0001 BOHAI SEA LIGHTED MARK 39-11.1N 119-01.2E TEMPORARILY UNLIT FROM 0000UTC TO 1000UTC DAILY 12 TO 15 JAN FOR REPAIR. TIANJIN MSA CHINA.

示例2:粤航警0025,南海,××航道,在22-07.45N 114-25.19E设置无灯北方位标。

GD0025 SOUTH CHINA SEA…CHANNEL UNLIT NORTH CARDINAL MARK ESTABLISHED 22-07.45N 114-25.19E. GUANGDONG MSA CHINA.

示例3:沪航警…,东海,长江口,××灯标1月12日重设于…N…E,闪白6秒,射程7海里。撤除附近的临时灯标。撤销04年沪航警…。

SH…EAST CHINA SEA CHANGJIANG KOU…LIGHTED MARK REESTABLISHED…N…E FLASH WHITE 6 SECONDS 7 MILES ON 12 JAN, TEMPORARY LIGHTED MARK IN VICINITY WITHDRAWN. CANCEL SH…/04. SHANGHAI MSA CHINA.

6.2.3 无线电航标

"无线电航标"表述方法见表6。

表6

基本内容				
主体	地点	主述	时间	补充
a) ××无线电信标 …RADIO BEACON b) ××的雷达信标 RACON OF… c) ××上的雷达信标 THE RACON ON… d) 罗兰C…台 LORAN C … STATION e) …差分GPS DGPS…	北纬…东经… …N…E	a) 关闭 OFF AIR b) 不能使用 UNUSABLE c) ××处于失调中 …DISTURBANCE IN PROGRESS d) 工作失常 INOPERATIVE e) 拆除 REMOVED f) 更换 REPLACEMENT g) 配备 FITTED OUT	a) 自…月…日…时至…日…时 FROM DDHHUTC TO DDHHUTC MoMoMo b) 每天…时至…时 FROM HH TO HHUTC DAILY c) 自…月…日起 FROM DD MoMoMo d) 于…年…月…日…时…分 AT DDHHMMUTC MoMoMo YY	本警告于…月…日…时…分删除 CANCEL THIS MESSAGE DDHHMMUTC MoMoMo
注:如果能够预知开通或恢复正常的时间,则可在"补充"栏中注明本警告的撤销时间。				

示例1:冀航警…,…N…E处的无线电信标工作失常。

HB…RADIO BEACON…N…E INOPERATIVE. HEBEI MSA CHINA.

示例2:浙航警….…N…E处XX灯塔配置雷达信标,莫尔斯信号为(O),射程10海里。

ZJ…RACON ON…LIGHTHOUSE…N…E FITTED OUT MORSE OSCAR 10 MILES. ZHEJIANG MSA CHINA.

示例3:沪航警…,东海,长江口,自10月2日至15日长江口灯船因更换雷达信标,不能使用。

SH…EAST CHINA SEA CHANGJIANGKOU LIGHTVESSEL…N…E UNUSABLE FOR REPLACEMENT OF RACON FROM 02 TO 15 OCT. SHANGHAI MSA CHINA.

6.3 碍航物类

6.3.1 非漂流碍航物

"非漂流碍航物"表述方法见表7。

表 7

基本内容			
主体	主述	时间	补充
a) 海图上未标明的礁石 UNCHARTED REEF b) 危险沉船、残骸 DANGEROUS WRECK c) 沉船、残骸 WRECK d) 名为"××"的沉船 THE WRECK OF M/V… e) 碍航物 OBSTRUCTION f) 不明物 UNKNOWN OBJECT g) 浅滩 SHOAL h) 井口装置 WELL HEAD PROJECT	a) 位于北纬…东经…处 EXIST IN…N…E b) 据报在北纬…东经…处 REPORTED IN…N…E c) 据报在××附近 REPORTED IN VICINITY OF… d) 据报在××以××…海里处 REPORTED TO LIE ABOUT…MILES (DIRECTION) OF… e) 位于××方位…度…海里处 IN…DEGREES…MILES FROM…	于…月…日…时…分 AT DDHHMMUTC MoMoMo	a) 希各航船注意 CAUTION ADVISED b) 希各航船避开 ADVISED TO AVOID c) 在水面以上/下约…米 ABOUT…METRES ABOVE/UNDER WATER d) 上层建筑/桅杆/烟囱/艉楼/艏楼露出水面 SUPERSTRUCTURE/MAST/FUNNEL/POOP/FORECASTLE ABOVE WATER e) 高出海底…米 …METRES OVER SEA BOTTOM f) 水深小于/大于…米 WITH DEPTH OF LESS/MORE THAN…METRES g) 位置未被确定 POSITION UNCONFIRMED h) 位置经测定位于北纬…东经…处 POSITION CONFIRMED BY SURVEY IN…N…E
注：时间通常指发现、确定或报告的时间。			

示例 1：浙航警…，据报在…N…E 处发现碍航物，高出海底 5 米。

ZJ…OBSTRUCTION REPORTED IN…N…E，5 METRES OVER SEA BOTTOM. ZHEJIANG MSA CHINA.

示例 2：粤航警…，南海，沉船"××轮"在…N…E 处水面以下约 8 米。

GD…SOUTH CHINA SEA WRECK OF M/V "…" EXIST IN…N…E ABOUT 8 METRES UNDER WATER. GUANGDONG MSA CHINA.

示例 3：津航警…，渤海，在…N…E 处有一高出海底…米的井口装置。

TJ…BOHAI SEA A WELL HEAD PROJECT EXIST IN…N…E…METRES OVER SEA BOTTOM. TIANJIN MSA CHINA.

6.3.2 漂流碍航物

"漂流碍航物"表述方法见表 8。

表 8

基本内容			
主体	主述	时间	补充
a) 大型浮筒 SUPER BUOY b) 无灯废弃油轮 UNLIT DERELICT TANKER c) 弃船 ABANDONMENT OF SHIP d) 漂移船 DRIFT BOAT e) 水雷 MINE f) 漂流危险物 DRIFTING HAZARDS g) 漂浮物 FLOATING SUBSTANCE h) 浮冰 DRIFTING ICE	a) 漂浮于…附近 ADRIFT IN VICINITY OF… b) 据报在北纬…东经…处 REPORTED IN…N…E c) 在北纬…东经…处 IN…N…E d) 在北纬…东经…附近 IN VICINITY OF…N…E e) 在距××灯标方位…度…海里处 IN…DEGREES…MILES FROM…LIGHTED MARK	a) 于…月…日…时…分 AT DDHHMMUTC MoMoMo b) 自…月…日…时…分至…日…时…分 FROM DDHHMMUTC TO DDHHMMUTC MoMoMo	a) 希各航船注意 CAUTION ADVISED b) 希宽让 WIDE BERTH ADVISED c) 本警告于…月…日…时…分删除 CANCEL THIS MESSAGE DDHHMMUTC MoMoMo
注 1：漂流物的位置有较大变化后，应另发警告，同时撤销原警告。 注 2：发布机关如果对船舶报告的漂流障碍物不能确认是否已发过航行警告，则应将其视为新出现的漂流物，撰文播发警告。 注 3：如果可能，可以在“补充”栏说明漂流物的形状、尺度、颜色或其他可供识别的标志。			

示例 1：沪航警…，东海，据报 1 月 23 日 0800 时一大型浮筒在…N…E 附近漂移，希各航船注意。

SH…EAST CHINA SEA，REPORTED A SUPER BUOY ADRIFT IN VICINITY OF…N…E AT 230000UTC JAN. CAUTION ADVISED. SHANGHAI MSA CHINA.

示例 2：津航警…，渤海西部，据报 2 月 15 日 1330 时在…N…E 处有浮冰，希各航船注意。

TJ…WEST BOHAI SEA DRIFTING ICE REPORTED IN…N…E AT 150530UTC FEB. CAUTION ADVISED. TIANJIN MSA CHINA.

6.4 海上作业类

6.4.1 施工作业

“施工作业”表述方法见表 9。

表 9

基本内容			
主体	主述	时间	补充
a) 救捞/打捞作业 SALVAGE/PICKING UP OPERATION b) 水下施工 UNDER WATER ENGINEERING WORK c) 水下作业 SUBMARINE WORK d) 海底电缆修理工程 SUBMARINE CABLE REPAIRING WORK e) 水下爆破作业 UNDER WATER EXPLOSIVE WORK f) 起重作业 FLOATING CRANE WORK g) 打桩/钻井作业 PILING/DRILLING WORK h) 管缆作业 PIPELINE OPERATION i) 铺缆作业 CABLE LAYING WORK j) 扫海 SWEEPING OPERATION k) 地震勘测/水道测量 SEISMIC/HYDROGRAPHIC SURVEY l) 疏浚/过驳/清油 DREDGING/TRANSHIPMENT/OIL CLEANING OPERATION	a) 由××轮在…附近 BY"…"IN VICINITY OF b) 由××轮在北纬…东经…处 BY"…"IN…N…E c) 由"××"与"××"和"××"轮合作在…与…之间进行 BY"…"COOPERATED WITH"…"AND"…"BETWEEN…AND… d) 由"××"轮拖长为…米的××在北纬…东经…,北纬…东经…、……和北纬…东经…诸点连线范围内进行 BY"…"TOWING…METRES … IN AREA BOUNED BY THE LINES JOINING…N…E,…N…E,…,AND…N…E e) 由××、××和××轮在北纬…东经…处,从××轮 BY"…","…"AND"…"FROM"…"IN…N…E	a) 自…月…日…时…分至…日…时…分 FROM DDHHMMUTC TO DDHHMMUTC MoMoMo b) 自…月…日…时至…月…日…时 FROM DDHHUTC MoMoMo TO DDHHUTC MoMoMo c) 自…月…日至…日每天…时…分至…时…分 HHMMUTC TO HHMMUTC DAILY FROM DD TO DD MoMoMo d) 自…日至…日 FROM DD TO DD e) 自…月…日至…月…日 FROM DD MoMoMo TO DD MoMoMo	a) 昼夜工作 WORK 24h DAILY b) 在××处显示… …EXHIBITED IN… c) 各船应从××侧慢速通过 VESSELS SHOULD PASS…WITH SLOW SPEED d) 建议从"××"的××部通过 ADVISE PASS…OF… e) 请慢速通过 PASS WITH SLOW SPEED f) 航速…节 SPEED…KNOTS g) 请/希宽让 WIDE BERTH REQUESTED/ADVISED h) 过往船舶不要进入下列各点连线水域内 VESSELS ARE NOT ALLOWED TO ENTER THE AREA BOUNDED BY…N…E,…N…E,…AND…N…E i) 禁止驶入以…为圆心…海里为半径水域 ENTRY PROHIBITED WITHIN…MILES RADIUS OF… j) 在 VHF…频道守听 KEEP WATCH ON VHF CHANNEL… k) 希各航船避开 ADVISED TO AVOID
注 1:从保障作业船的安全考虑,要求保持安全距离时用"REQUESTED"(请);从保障航行船舶的安全考虑,要求保持安全距离时用"ADVISED"(希)。 注 2:必要时可补充作业船显示的号灯、号型等可供识别的标志。 注 3:为了简练,拟文时可以不通告作业船的船名和船舶类型或仅通告船名。			

示例 1:粤航警 0001,南海,3 月 8 日 0830 时至 1600 时在蛇口锚地安放"友联 2 号"浮坞。过往船舶不得进入…N…E、…N…E、…N…E 和…N…E 四点连线水域。

GD0001 SOUTH CHINA SEA FLOATING WORK DOCK YOULIAN NO. 2 WILL BE LAID IN SHEKOU ANCHORAGE FROM 080030UTC TO 080800UTC MAR, VESSELS ARE NOT ALLOWED TO ENTER THE AREA BOUNDED BY…N…E,…N…E,…N…E AND…N…E. GUANGDONG MSA CHINA.

示例 2：粤航警 0008，南海，珠江口，2 月 9 日至 13 日由大庆 243 轮、厦池轮和滇池轮在 Y2 锚地从淮河轮过驳。请慢速通过。

GD0008 SOUTH CHINA SEA ZHUJIANG KOU TRANSHIPMENT OPERATION BY M/V DAQING 243, M/V XIACHI AND M/V DIANCHI FROM M/V HUAIHE AT Y2 ANCHORAGE FROM 09 TO 13 FEB. PASS WITH SLOW SPEED. GUANGDONG MSA CHINA.

示例 3：粤航警…，南海，5 月 25 日 0900 至 1600 时将在…N…E 处修理海底电缆。请宽让。

GD… SOUTH CHINA SEA SUBMARINE CABLE REPAIRING WORK IN … N … E FROM 250100UTC TO 250800UTC MAY. WIDE BERTH REQUESTED. GUANGDONG MSA CHINA.

示例 4：鲁航警…，黄海，6 月 13 日至 23 日每天 1000 时至 1500 时由施工工作船××轮在××附近进行水下爆破作业。禁止驶入以…N…E 为圆心 3 海里为半径的水域。

SD… YELLOW SEA UNDER WATER EXPLOSIVE WORK BY M/V… IN VICINITY… 0200UTC TO 0700UTC DAILY FROM 13 TO 23 JUN. ENTERING PROHIBITED WITHIN 3 MILES RADIUS OF… N… E. SHANDONG MSA CHINA.

示例 5：津航警…，渤海南部，从 12 月 15 日起××轮在…N…E 处进行钻井作业，夜间显示大片工作灯，井架顶部设有一盏红灯。禁止驶入其 1 海里范围内。

TJ… SOUTH BOHAI SEA DRILLING WORK BY M/V… IN… N… E FROM 15 DEC OPERATION LIGHTS EXHIBITED AT NIGHT AND ONE RED LIGHT ON TOP ENTRY PROHIBITED WITHIN 1 MILE OF IT. TIANJIN MSA CHINA.

示例 6：沪航警…，东海，××轮自 7 月 24 日 0700 时至 28 日 0600 时在…N…E 附近进行铺缆作业。请宽让。

SH… EAST CHINA SEA CABLE LAYING WORK BY M/V… IN VICINITY OF… N… E FROM 232300UTC TO 272200UTC JUL. WIDE BERTH REQUESTED. SHANGHAI MSA CHINA.

示例 7：粤航警…，南海，汕头港，自 5 月 15 日至 19 日每天 0900 时至 1600 时在…N…E、…N…E、…N…E 和…N…E 连线范围内进行水道测量和扫海工作。希各航船避开。

GD… SOUTH CHINA SEA SHANTOU HARBOUR HYDROGRAPHY AND SWEEPING WORK IN AREA BOUNDED BY THE LINES JOINING… N… E, … N… E, … N… E AND… N… E 0100UTC TO 0800UTC DAILY FROM 15 TO 19 MAY. ADVISED TO AVOID. GUANGDONG MSA CHINA.

6.4.2 笨重拖带

6.4.2.1 “笨重拖带”的表述方法见表 10。

表 10

基本内容			
主体	主述	时间	补充
a) 拖轮“××” TUG… b) ××轮… VESSEL	a) 把××从…拖至… TOWING… FROM …TO b) 续航驶往… CONTINUING VOYAGE TO… c) 将××拖往… TOWING… TO… d) 由“××”轮从…拖至… TOWED BY “…” FROM… TO…	a) 于…月…日…时…分 AT DDHHMMUTC MoMoMo b) 自…年…月…日…时…分至…日…时…分止 FROM DDHHMMUTC TO DDHHMMUTC MoMoMo YY	a) 请/希宽让 WIDE BERTH REQUESTED/ADVISED b) 请/希各航船注意 CAUTION REQUESTED/ADVISED c) 航速…节 SPEED… KNOTS d) 总长…米，拖航速度…节 LENGTH OVERALL… METRES SPEED… KNOTS e) …月…日…时在北纬…东经…处 DDHHUTC MoMoMo IN… N… E f) 航行至北纬…东经…附近 PROCEEDING TO VICINITY OF… N… E g) 抵达北纬…东经…时改航向…度 ON REACHING… N… E COURSE ALTERED TO… DEGRESS h) 航经北纬…东经…、北纬…东经…、……和北纬…东经… VIA… N… E, … N… E, …, AND… N… E

示例 1:津航警…,渤海,滨海 282 拖轮于 11 月 28 日 0800 时拖带渤海 5 号钻井平台从天津港至大连港,总长 500 米,航速 4 节,航经…N…E、…N…E 和…N…E 等处。请宽让。

TJ…BOHAI SEA TUG BINHAI 282 TOWING BOHAI NO. 5 RIG FROM TIANJIN TO DALIAN HARBOUR AT 280000UTC NOV LENGTH OVERALL 500 METRES SPEED 4 KNOTS VIA…N…E,…N…E,…AND…N…E. WIDE BERTH REQUESTED. TIANJIN MSA CHINA.

示例 2:沪航警…,东海,勘探 3 号钻井装置于 11 月 1 日 0200 时在…N…E 由三条拖轮启拖,拖往…N…E,拖带总长 500 米,宽 71 米,航速 6 节。请各航船注意。

SH…EAST CHINA SEA DRILLING PLAT FORM KANTAN NO. 3 TOWED BY THREE TUGS FROM…N…E TO…N…E AT 311800UTC OCT OVERALL LENGTH 500 METRES BREADTH 71 METRES SPEED 6 KNOTS. CAUTION REQUESTED. SHANGHAI MSA CHINA.

6.5 军事活动及演习类

"军事活动及演习"的表述方法见表 11。

表 11

基本内容			
主体	主述	时间	补充
a) 军事演习 MILITARY EXERCISES b) 消防演习 FIRE FIGHTING EXERCISES c) 搜救演习 SEARCH AND RESCUE EXERCISES d) 投弹演练 BOMBING EXERCISES e) 打靶 GUNNERY f) 实弹射击 GUNFIRING g) 导弹打靶 MISSILE FIRING h) 火箭发射 ROCKET FIRING	在由北纬…东经…、北纬…东经…、……和北纬…东经…等点连线范围内进行 IN AREA BOUNDED BY THE LINES JOINING…N…E,…N…E,…,AND…N…E	a) 自…月…日…时…分起 FROM DDHHMMUTC MoMoMo b) 自…月…日…时…分至…日…时…分止 FROM DDHHMMUTC TO DDHHMMUTC MoMoMo c) 自…月…日至…月…日每天…时…分至…时…分 HHMMUTC TO HHMMUTC DAILY FROM DD MoMoMo TO DD MoMoMo	a) 希各航船注意 CAUTION ADVISED b) 禁止驶入 ENTERING PROHIBITED c) 航路封航 FAIRWAY CLOSED d) 在到达…之前请用 VHF…频道与××联系 CONTACT WITH VHF CHANNEL … BEFORE ARIVING…

示例 1:苏航警…,东海,自 1 月 25 日 0800 时至 2 月 1 日 0200 时在…N…E、…N…E、…N…E 和…N…E 诸点连线范围内进行射击演习。禁止驶入。

JS…EAST CHINA SEA GUNNERY IN AREA BOUNDED BY THE LINES JIONING…N…E,…N…E,…,…N…E AND…N…E FROM 250000UTC TO 311800UTC JAN. ENTERING PROHIBITED. JIANGSU MSA CHINA.

示例 2:沪航警…,东海,自 1 月 10 日至 12 日将在以…N…E 为中心,…海里为半径范围内进行实弹射击。禁止驶入。

SH…EAST CHINA SEA GUN FIRING IN AREA WITHIN…MILES RADIUS OF…N…E FROM 10 TO 12 JAN. ENTERING PROHIBITED. SHANGHAI MSA CHINA.

示例 3:粤航警…,南海,自 12 月 15 H 0800 时至 1800 时将在…N…E 和…N…E 连线附近进行搜救演习。

GD…SOUTH CHINA SEA SEARCH AND RESCUE EXERCISES NEAR BY THE LINE JOINING…N…E AND …N…E FROM 150000UTC TO 151000UTC DEC. GUANGDONG MSA CHINA.

示例 4:冀航警…,渤海西部,自 8 月 29 日至 9 月 1 日每天 0800 时至 1400 时将在 1)…N…E;2)…N…E;3)…N…E;

……8)…N…E 诸点连线范围内进行投弹训练,禁止驶入。

HB…WEST BOHAI SEA BOMBING EXERCISES 0000UTC TO 0600UTC DAILY FROM 29 AUG TO 01 SEP IN AREA BOUNDED BY 1)…N…E,2)…N…E,3)…N…E,…8)…N…E. ENTERING PROHIBITED. HEBEI MSA CHINA.

6.6 遇险及救助类

"遇险及救助"的表述方法见表 12。

表 12

基本内容				
主体	地点	主述	时间	补充
a) ××轮遇险/搁浅 "…" DISTRESS/ GROUNDED b) ××轮触礁/失火 "…" ON ROCK/ ON FIRE c) ××轮失控 "…" NOT UNDER COMMAND d) ××轮触碰水雷 "…"HIT MINE e) ××轮与不知名/××轮发生碰撞 "…" COLLIDED WITH UNKNOWN VESSEL/"…" f) ××轮未按时报告 "…"UNREPORTED	a) 自××至××的航行途中 ON VOYAGE FROM … TO… b) 在××附近 IN VICINITY… c) 在北纬…东经…附近 IN VICINITY…N…E d) 在北纬…东经… IN…N…E	a) 沉没 SUNK b) ××轮沉没 "…"SUNK c) 弃船 ABANDONED d) ××轮弃船 "…"ABANDONED e) 有人落水/失踪 …OVERBOARD/ LOST f) 不能控制火势 CAN NOT GET THE FIRE UNDER CONTROL g) ××处进水 …IS FLOODED h) ××轮××处进水 …OF "…" IS FLOODED i) ××处发生爆炸 EXPLOSION HAS OCCURRED IN… j) 倾斜 TILTED k) 漂移于…附近 DRIFT IN VICINITY OF… l) ××轮爆炸起火 "…" ON FIRE FOR EXPLOSION	a) 于…年…月…日…时…分 AT DDHHMMUTC MoMoMo YY b) 于…月…日…时…分 AT DDHHMMUTC MoMoMo	a) 请求援助 ASSISTANCE REQUIRED b) 需要进行救助 RESCUE AND SALVAGE REQUESTED c) 请向××报告见到的情况 REPORT IN SIGHT TO… d) 附近船只需密切注意 SHIPS IN VICINITY REQUIRED TO KEEP SHARP LOOKOUT e) 在距难船…海里范围内的船舶向××搜救中心报告 VESSELS WITHIN… MILES RADIUS OF VESSEL IN DISTRESS REPORT TO…RCC f) 最后船位在北纬…东经… LAST POSITION…N…E g) 不要从…方向接近 DO NOT APPROACH FROM … h) 主机故障 MAIN ENGINE OUT OF ORDER i) 艉轴断裂 BROKEN THE STERN SHAFT j) 螺旋桨丢失 THE PROPELLER LOST k) 舵机失效 THE STEERING GEAR DISABLED l) ××航路/通航分道暂停使用 ROUTE…/TRAFFIC LANE …SUSPENDED

示例 1:鲁航警…,黄海北部,××轮于 16 日 0435 时在自××至××的航行途中,在…N…E 发生火灾,不能控制火势,距其 50 海里范围内的所有船舶请与××或××搜救中心联系。

SD…NORTH YELLOW SEA M/V…ON FIRE ON VOYAGE FROM…TO…IN…N…E 152035UTC CAN NOT GET THE FIRE UNDER CONTROL VESSELS WITHIN 50 MILES REQUIRED TO CONTACT…OR…RCC. SHANDONG MSA CHINA.

示例2:沪航警…,东海,据报5月29日0816时××轮在…N…E附近遇险,正在下沉,需要救助。

SH…EAST CHINA SEA M/V…IN DISTRESS IN VICINITY OF…N…E REPORTED SINKING AT 290016UTC MAY. RESCUE REQUESTED. SHANGHAI MSA CHINA.

示例3:沪航警…,东海,××轮在自厦门至上海的航行中没有报告船位,发现该轮请向上海搜救中心报告见到的情况。

SH…EAST CHINA SEA M/V…UNREPORTED ON VOYAGE FROM XIAMEN TO SHANGHAI. REPORT SIGHTINGS TO SHANGHAI RCC. SHANGHAI MSA CHINA.

6.7 划定区域类

"划定区域"的表述方法见表13。

表13

基本内容			
主体	主述	时间	补充
a) 禁航/禁止抛锚区 NAVIGATION/ANCHORING PROHIBITED AREA b) 管道区/海底电缆 PIPELINE/SUBMARINE CABLE AREA c) 危险水雷区 DANGEROUS MINE AREA d) 海军/潜艇演习/军事训练区 NAVY OPERATION/SUBMARINE EXERCISE/MILITARY TRAINING AREA e) ××锚地 …ANCHORAGE f) 倾废/抛泥区 SPOIL/MUD-DUMPING AREA g) 养殖/水上娱乐区 CULTIVATION/ENTERTAINMENT AREA h) 航道 FAIRWAY i) 船舶报告点 RP j) 交通控制区 TRAFFIC CONTROL AREA	a) 在北纬…东经…、北纬…东经…、……和北纬…东经…连线范围内 BOUNDED BY…N…E, …N…E,…,AND…N…E b) 以北纬…东经…为圆心,…海里为半径 WITHIN…MILES RADIUS OF…N…E	a) 自…年…月…日…时至…日…时 FROM DDHHUTC TO DDHHUTC MoMoMo YY b) 自…月…日至…月…日 FROM DD MoMoMo TO DD MoMoMo c) 自…月…日至…日 FROM DD TO DD MoMoMo d) 自…月…日起 FROM DD MoMoMo e) 自…月…日…时起 FROM DDHHUTC MoMoMo	a) 希各航船注意 CAUTION ADVISED b) 用××为标志 MARKED WITH… c) 禁止驶入 ENTERING PROHIBITED d) 禁止抛锚及捕捞 ANCHORING AND FISHING PROHIBITED e) 禁止航行 NAVIGATION PROHIBITED
注:"时间"通常没有"分",即均为整点。			

示例:辽航警…,渤海北部,自2007年3月1日起在以下四点连线水域设置临时锚地:…N…E,…N…E,…N…E E和…N…E。

LN…NORTH BOHAI SEA TEMPORARY ANCHORAGE ESTABLISHED IN AREA BOUNDED BY…N…E,…N…E,…N…E AND…N…E FROM 01 MAR 07. LIAONING MSA CHINA.

附 录 A
（资料性附录）
常 用 词 汇

常用词汇按汉语拼音字母音序排列如下：

A

碍航物	OBSTRUCTION
暗礁	REEF
安全水域标	SAFE WATER MARK

B

班轮	LINER
半潜式钻井船	SEMISUBMERSIBLE DRILLING VESSEL
报告	REPORT
爆炸	EXPLOSION
驳船	BARGE
驳船队	BARGE TRAIN

C

拆除	REMOVE
超大型油轮	ULCC
沉船	WRECK
沉没	SUNK
沉没物	SUNK OBJECT
重建	REESTABLISH
触礁	STRIKE ON ROCKS

D

打捞作业	SALVAGE OPERATION
打桩船	PILE DRIVER
大型浮标	SUPER BUOY
导管架	LEADING PIPEFRAME
灯标	LIGHTED MARK
灯船	LIGHT-VESSEL
灯塔	LIGHTHOUSE
灯桩	LIGHT BEACON
地震船	SEISMIC VESSEL
地震勘测	SEISMIC SURVEY
地质调查船	GEOLOGICAL INVESTIGATION VESSEL
趸船	PONTOON
舵	RUDDER

F

发射火箭	ROCKET FIRING
方位标	CARDINAL MARK
废钢船	JUNK VESSEL

浮标	BUOY
浮船坞	FLOATING DOCK
浮吊	FLOATING CRANE
浮码头	PONTOON
副台	SLAVE STATION
G	
搁浅	AGROUND
搁浅船	VESSEL AGROUND
更换	REPLACEMENT
工程船	WORKING SHIP
过驳	LIGHTING
H	
海底电缆	SUBMARINE CABLE
海底电缆修理工程	SUBMARINE CABLE REPAIRING WORK
海底管道	SUBMARINE PIPELINE
航道封航	FAIRWAY CLOSED
航速	SPEED
航向	COURSE
恢复	RECOVERY(RESTORE)
J	
机舱	ENGINE ROOM
集装箱	CONTAINER
集装箱船	CONTAINER SHIP
驾驶台	BRIDGE
检疫锚地	GUARANTINE ANCHORAGE
交通控制区	TRAFFIC CONTROL AREA
禁航区	PROHIBITED AREA
禁止航行	NAVIGATION PROHIBITED
禁止入内	ENTERING PROHIBITED
警戒船	GUARDSHIP
救助	RESCUE
军事演习	MILITARY EXERCISES
K	
客船	PASSENGER SHIP
科学调查船	SCIENCE INVESTIGATION VESSEL
L	
雷达反射器	RADAR REFLECTOR
雷达信标	RACON
雷达指向标	RAMARK
罗兰 C	LORAN-C
M	
锚地	ANCHORAGE
锚链	ANCHOR CHAIN

木材船	LUMBER CARGO SHIP

P

碰撞	COLLISION
漂浮物	FLOATING SUBSTANCE
漂航	DRIFTING
漂离	DRIFT AWAY
漂流碍航物	DRIFTING HAZARDS
漂失	MISSING
漂移	DRIFT
频道	CHANNEL
破冰船	ICEBREAKER
铺缆船	CABLE SHIP
铺缆作业	CABLE LAYING OPERATION

Q

起拖	DEPART
弃船(表示行为)	ABANDONED
弃船(表示属性)	ABANDONMENT OF SHIP
弃船救生演习	ABANDON SHIP DRILL
潜水工作船	DIVING BOAT
潜艇	SUBMARINE
浅滩	SHOAL

S

扫海	SWEEPING
上层建筑	SUPERSTRUCTURE
射击	GUNNERY
设置	ESTABLISH
施工船	CONSTRUCTION VESSEL
失控船	VESSEL NOT UNDER COMMAND
艏	BOW
艏楼	FORECASTLE
受损	DAMAGE
受损船	DAMAGED VESSEL
疏浚	DREDGING
水道测量	HYDROGRAPHY
水雷	MINE
水上作业	OPERATION AT SEA
水下作业	UNDER WATER OPERATION
搜救区	SRR
搜索	SEARCH

T

替代	SUPERSEDES
停发	OFF AIR
投弹	BOMBING

拖 TOW
拖船 TUG
拖带 TOWING
拖带长度 LENGTH OF TOW
拖缆 TOWING LINE
推算船位 EP

W

挖泥船 DREDGER
(海图上)未标明的礁石 UNCHARTED REEF
危险 DANGEROUS
危险物 DANGER
桅杆 MAST
艉 STERN
艉楼 POOP
艉轴 TAIL SHAFT
位置未被确定 POSITION UNCONFIRMED
位置经测量验证 POSITION CONFIRMED BY SURVEY
无碍航行 NO HINDRANCE TO NAVIGATION
无线电信标 RADIO BEACON
雾号失常 FOG SIGNAL INOPERATIVE

X

熄灭 EXTINGUISH(UNLIT)
消防演习 FIRE FIGHTING DRILL

Y

烟囱 FUNNEL
演习区 EXERCISE AREA
液化气船 LIQUEFIER GAS CARRIER
液化天然气船 LNG CARRIER
液货船 TANKER
疑存 ED
疑位 PD
引导标(叠标) LEADING MARKS
遇险 DISTRESS
右侧标 STARBOARD HAND MARK
游艇 YACHT

Z

着火 ON FIRE
滞航 HEAVE TO
舯 MIDSHIP
主台 MASTER STATION
专用标 SPECIAL MARK
总长 LOA
总吨 GT

钻井架	DRILLING DERRICK
钻井平台	DRILLING PLATFORM
钻井装置	DRILLING RIG
钻井作业	DRILLING OPERATION
钻探船	DRILLING VESSEL
左侧标	PORT HAND MARK
最终报告	FINAL REPORT

附 录 B
（规范性附录）
助航标志

常规助航标志表述见表 B.1，其他助航标志表述见表 B.2。

表 B.1 常规助航标志

<table>
<tr><th>灯标名称</th><th>灯光节奏和周期</th><th>灯高</th><th>射程</th><th>浮体形状</th></tr>
<tr><td>左侧标
PORT HAND MARK</td><td rowspan="2">(闪)4 秒
FLASH 4 SECONDS
(2 闪)6 秒
FLASH(2)6 SECONDS
(3 闪)10 秒
FLASH(3)10 SECONDS</td><td rowspan="8">…米
…METRES</td><td rowspan="8">…海里
…MILES</td><td rowspan="8">罐形
CAN
柱形
PILLAR
杆形
SPAR
锥形
CONICAL
球形
SPHERICAL</td></tr>
<tr><td>右侧标
STARBOARD HAND MARK</td></tr>
<tr><td>推荐航道左侧标
PREFERRED CHANNEL PORT HAND MARK</td><td rowspan="2">(2 闪＋长闪)6 秒
FLASH (2) PLUS LONG FLASH 6 SECONDS
(2 闪＋长闪)9 秒
FLASH(2) PLUS LONG FLASH 9 SECONDS
(2 闪＋长闪)12 秒
FLASH(2) PLUS LONG FLASH 12 SECONDS</td></tr>
<tr><td>推荐航道右侧标
PREFERRED CHANNEL STARBOARD HAND MARK</td></tr>
<tr><td>北方位标
NORTH(CARDINAL)MARK</td><td>(快闪)
QUICK FLASH
(甚快闪)
VERY QUICK FLASH</td></tr>
<tr><td>东方位标
EAST(CARDINAL) MARK</td><td>(甚快闪 3 闪)5 秒
VERY QUICK FLASH(3)5 SECONDS
(快闪 3 闪)10 秒
QUICK FLASH(3)10 SECONDS</td></tr>
<tr><td>南方位标
SOUTH(CARDINAL)MARK</td><td>(甚快闪 6 闪＋长闪)10 秒
VERY QUICK (6) PLUS LONG FLASH 10 SECONDS
(快闪 6 闪＋长闪)15 秒
QUICK(6) PLUS LONG FLASH 15 SECONDS</td></tr>
</table>

表 B.1（续）

灯标名称	灯光节奏和周期	灯高	射程	浮体形状
西方位标 WEST(CARDINAL)MARK	(甚快闪 9 闪)10 秒 VERY QUICK(9)10 SECONDS (快闪 9 闪)15 秒 QUICK FLASH(9)15 SECONDS	…米 …METRES	…海里 …MILES	罐形 CAN 柱形 PILLAR 杆形 SPAR 锥形 CONICAL 球形 SPHERICAL
孤立危险标 ISOLATED DANGER MARK	(2 闪)5 秒 FLASH(2)5 SECONDS			
安全水域标 SAFE WATER MARK	(等明暗)4 秒 ISOPHASE 4 SECONDS (长闪)10 秒 LONG FLASH 10 SECONDS (莫 A)6 秒 MORSE ALFA 6 SECONDS			
锚地专用标 ANCHORAGE SPECIAL MARK	(莫 Q)12 秒 MORSE QUEBEC 12 SECONDS			
禁航区专用标 NAVIGATION PROHIBITED AREA SPECIAL MARK	(莫 P)12 秒 MORSE PAPA 12 SECONDS			
海上作业专用标 MARITIME OPERATION SPECIAL MARK	(莫 O)12 秒 MORSE OSCAR 12 SECONDS			
分道通航专用标 TRAFFIC SEPARATION SPECIAL MARK	(莫 K)12 秒 MORSE KILO 12 SECONDS			
水中建筑物专用标 STRUCTURE BUILDING SPECIAL MARK	(莫 C)12 秒 MORSE CHARLIE 12 SECONDS			
娱乐区专用标 AMUSEMENT AREA SPECIAL MARK	(莫 Y)12 秒 MORSE YANKEE 12 SECONDS			
水产作业专用标 MARIDUCT OPERATION SPECIAL MARK	(莫 F)12 秒 MORSE FOXTROT 12 SECONDS			

注：常规的助航标志的灯光颜色及浮标的颜色、花纹和顶标不必在电文中表述。

表 B.2　其他助航标志

灯标名称	灯光			灯高	射程	浮体	
	节奏	颜色	周期			颜色	形状
电缆标 CABLE MARK 系船标 MOORING MARK 单点系泊标 S. P. M MARK	闪… FLASH(…) 长闪 LONG FLASH 等明暗 ISO 明暗 OCCULTING 快闪… QUICK FLASH (…) 定光 FIXED 甚快闪… VERY QUICK FLASH(…) 定闪 FIXED AND FLASH 互光 ALTERNATING 莫尔斯… MORSE…	白 WHITE 红 RED 绿 GREEN 黄 YELLOW 兰 BLUE	…秒 …SECONDS	…米、 …METRES	…海里 …MILES	红 RED 黑 BLACK 白 WHITE 绿 GREEN 黄 YELLOW	罐形 CAN 锥形 CONICAL 柱形 PILLAR 杆形 SPAR 球形 SPHERICAL

注 1：应尽可能详细地描述非常规浮标的情况，包括灯光和浮标颜色等；如果必要还应描述浮体的花纹，如：格子花(CHEQUERED)、横纹(HORIZONTAL STRIPED)、竖纹(VERTICAL STRIPED)。

注 2：射程如果有两种，中文是从小到大，英文则写为"…AND…MILES"，其中大射程在前，小射程在后，如：射程为"12、14 海里"时，写为"14 AND 12 MILES"；如果有 3 种或 3 种以上，中文是从小到大，英文则写为"…TO…MILES"，其中最大者在前，最小者在后，如：射程为"18 海里～22 海里"时，写为"22 TO 18 MILES"。

ICS 75.040
E 21

中华人民共和国国家标准

GB/T 17606—2009
代替 GB/T 17606—1998

原油中硫含量的测定 能量色散 X-射线荧光光谱法

Determination of sulfur in crude-oil by energy-dispersive X-ray fluorescence spectrometry

2009-04-08 发布 2009-11-01 实施

中华人民共和国国家质量监督检验检疫总局
中国国家标准化管理委员会 发布

前 言

本标准修改采用ASTM D 4294:2003《石油及石油产品硫含量测定标准试验方法　能量色散X-射线荧光光谱法》(英文版)。

本标准根据ASTM D 4294:2003重新起草。本标准与ASTM D 4294:2003的主要差异如下:

——ASTM D 4294:2003的名称为《石油及石油产品中硫含量测定标准试验方法　能量色散X-射线荧光光谱法》,本标准名称为《原油中硫含量的测定　能量色散X-射线荧光光谱法》;

——ASTM D 4294:2003适用于石油及石油产品,本标准适用于原油;

——本标准适用于含水质量分数不超过0.5%的原油样品;

——本标准没有采纳ASTM D 4294:2003中专门关于石油产品的叙述。

本标准代替GB/T 17606—1998《原油中硫含量的测定　能量色散X-射线荧光光谱法》。

本标准与GB/T 17606—1998的主要技术差异如下:

——本标准在“1 范围”中,将硫含量质量分数测定范围从GB/T 17606—1998中的“0.05%～5.00%”改为“0.015 0%～5.00%”;

——本标准增加了“4 干扰”;

——本标准将GB/T 17606—1998中“4 试剂”改为“6 试剂及材料”;

——GB/T 17606—1998中规定用氮气做光路,本标准不再对光路提出要求;

——GB/T 17606—1998中校准标样为三组14个,本标准为两组10个;

——GB/T 17606—1998中没有对稠油和重油的装样问题进行叙述,本标准增加了这部分内容;

——GB/T 17606—1998中没有进行质量控制的叙述,本标准增加了“13 质量控制”;

——本标准依ASTM D 4294:2003对GB/T 17606—1998中“9 精密度”中的公式进行了修改。

本标准由中国石油天然气集团公司提出。

本标准由全国石油天然气标准化技术委员会归口。

本标准起草单位:中国石油大庆油田工程有限公司分析检测中心、中国石化石油化工科学研究院、中国石油大连石化公司质量环保检测中心、中国石化西北石油地质中心实验室。

本标准主要起草人:李季成、高萍、于婴、蒋齐光、李飞雪。

本标准于1998年首次发布。

原油中硫含量的测定 能量色散X-射线荧光光谱法

1 范围

1.1 本标准适用于测定原油的总硫含量,硫含量质量分数测定范围为0.015 0%～5.00%。

1.2 本标准适用于含水质量分数不超过0.5%的原油样品,如果原油样品含水质量分数超过0.5%,可在不破坏样品完整性的情况下进行脱水。原油水含量依据GB/T 8929—2006进行检测。

1.3 以国际单位制中规定的浓度单位作为标准,首选的硫含量单位为质量分数。

1.4 此标准没有列出所有的安全问题,使用者应建立一些合适的安全措施和实用的管理制度,以确保安全,预防知识见第5章。

2 规范性引用文件

下列文件中的条款通过本标准的引用而成为本标准的条款。凡是注日期的引用文件,其随后所有的修改单(不包括勘误的内容)或修订版均不适用于本标准,然而,鼓励根据本标准达成协议的各方研究是否可使用这些文件的最新版本。凡是不注日期的引用文件,其最新版本适用于本标准。

GB 4075—2003 密封放射源 一般要求和分级

GB/T 4756—1998 石油液体手工取样法

GB/T 8929—2006 原油水含量测定法 蒸馏法

3 方法概述

将样品放在X-射线源发出的射线束中,测定硫的特征X-射线谱线强度,并将累积的谱线强度与预先制备好的标准样品的谱线强度相比较,且样品的硫含量应在已知校准标样的硫含量范围内,从而得到样品用质量分数表示的硫含量。

4 干扰

4.1 当原油样品中其他元素发射X-射线,产生光谱干扰时,检测器就不能正确检测硫元素发射的X-射线,结果产生光谱叠加。样品中含水、烷基铅、硅、磷、钙、钾以及卤化物时,含量超过硫含量十分之一或几百毫克每千克时,会产生光谱干扰。按照仪器生产厂家的操作说明书去校正仪器,从而消除干扰。

4.2 样品中元素浓度的变化可使基质发生变化,直接影响X-射线吸收,从而改变每种元素的测量结果。此干扰通常发生在X-射线荧光分析中,但不是光谱干扰。

4.3 有的仪器装有减少干扰的软件,可自动检查并减少干扰。

4.4 成分与8.1中所述的白油有较大差别的原油样品,可由选用基质物的成分与之成分相同或相近的标样进行分析。

5 仪器

能量色散X-射线荧光光谱分析仪,只要是设计结构完整的能量色散X-射线荧光光谱分析仪都可使用,仪器至少应具有下列部件:

5.1 X-射线发射源,其能量高于2.5 keV。

警告:除其他的预防之外,使用放射源时,应按照GB 4075—2003要求将其很好地屏蔽起来,以免

出现任何危险。任何时候都应注意,取出放射源时,应由经过专门训练并有能力的人员用正确的防护技术来完成。使用X-射线管分析操作时,应符合厂家的安全指导和国家的相关规定。

5.2 样品盒,装样深度至少4 mm,使用可更换的,能被X-射线穿透的透明塑料膜做窗口。

5.3 X-射线检测器,在能量为2.3 keV处具有最佳灵敏度,并且分辨率数值不应超过800 eV。可使用已见的一种气体填充式的均衡检测器。

5.4 过滤器或能把硫Kα谱线与能量高于Kα谱线区分开的其他装置。

5.5 信号调节和数据处理电子元件,包括如下功能:计算X-射线强度、至少有两个能量区间(更正背景的X-射线)、矫正光谱叠加、将硫X-射线强度转化成硫含量。

5.6 显示器和打印机,能给出硫的质量分数。

6 试剂及材料

6.1 试剂纯度,本标准使用的所有试剂都是分析纯以上级别,或是取得国家标准物质证书的标准物质。

6.2 2-正丁基硫醚,硫含量分析标准试剂。

警告:2-正丁基硫醚是可燃和有毒的化合物。

注:应掌握2-正丁基硫醚中硫含量的确切浓度,不纯的2-正丁基硫醚可能含有其他硫化物。

6.3 白油(MOW),硫含量质量分数小于0.000 2%。

6.4 能被X-射线穿透的透明窗膜,需保证样品不受污染、不影响X-射线的辐射、不影响硫含量的测定。

6.5 样品盒,防止样品污染,满足光谱仪的结构特点。

7 取样及样品的准备工作

7.1 按照GB/T 4756—1998方法中相应的细则进行取样,将样品倒入样品盒后,应立即测定,避免产生气泡。

7.2 如果使用可重复使用样品盒,在使用之前应保证其清洁、干燥。在用可重复使用样品盒测量样品时,首先要求X-射线的透明窗膜应是新的,不得触摸样品盒的内侧和样品盒上透明窗膜或仪器上透明窗膜暴露在X-射线中的部分。因为指纹留下的油印可影响低硫样品的读数,透明窗膜上的褶皱也可影响硫X-射线的辐射强度。因此,为获得可靠结果,应拉展透明窗膜,并保持其清洁。如果透明窗膜的类型或厚度改变时,分析仪器需重新校准。

8 校准及标准化

8.1 校准标样的准备

8.1.1 用白油(见6.3)作为配制硫含量校准样品的稀释剂。

8.1.2 分别配制硫含量质量分数为0.1%、5%的初始标样,每个标样硫含量精确计算到四位小数。不得由单一浓度连续稀释。

8.1.3 按照表1称量给定的白油,称准至0.1 mg,倒入合适的细口瓶中,再按给定值称量2-正丁基硫醚,使两者在室温下充分混合(可使用带聚四氟乙烯涂层的磁力搅拌器)。

8.1.4 制备包含样品预计硫浓度的校准标样,用白油(8.1.1)和初始标样(8.1.2)制备空白和已知浓度的标样分别建立不同的校准范围,参阅厂家的建议来确定制备标样的数量和范围。表2提供了一个用白油稀释初始标样来制备两个含量范围的校准标样的例子。

表1 给定初始标样组成

硫质量分数/%	白油用量/g	2-正硫醚用量/g
5	48.6	14.4
0.1	43.6	0.200

表 2　硫标样含量范围

项目	硫的质量分数范围/%	
	0.002 0～0.1	0.1～5.0
标样 1	0.00	0.000
标样 2	0.002 0	0.100
标样 3	0.005 0	0.500
标样 4	0.010 0	1.00
标样 5	0.030 0	2.50
标样 6	0.060 0	5.00
标样 7	0.100	

8.1.5　也可使用按上述方法制备、或由待测基体构成、能溯源到取得国家标准物质证书的标准物质的标样。

8.1.6　如果用于制备标样的白油含有硫，把这个硫的质量分数加到标样的硫含量计算上(参考供应商提供的有书面证明的硫含量。)

8.1.7　按给定质量称量 2-正丁基硫醚和白油，称准至 0.1 mg，确知实际质量是很重要的，因为要计算制备标样的实际含量，并以校准为目的输入仪器。硫含量可用式(1)计算：

$$w_s = [(m_{DBS} \times w_{DBS}) + (m_{MO} \times w_{MO})]/(m_{DBS} + m_{MO}) \qquad (1)$$

式中：

w_s——标样中硫的质量分数，%；

m_{DBS}——2-正丁基硫醚的实际质量，单位为克(g)；

w_{DBS}——2-正丁基硫醚中硫的质量分数，%，其值一般为 21.91%；

m_{MO}——白油的实际质量，单位为克(g)；

w_{MO}——白油中硫的质量分数，%。

8.2　有证标准样品

取得国家标准物质证书的原油或重油含硫标样可取代 8.1 中规定的部分或所有标样。其他国家的一级或二级原油或重油含硫标样也可使用。所用的标样应包括表 2 中给出的浓度范围。

8.3　校准验证标样

额外的没有用来制作校准曲线的那些标样可用来验证校准曲线的可靠性，校准验证标样可以是依 8.1 自行制备的，也可以是 8.2 中的有证标样。校准验证标样的含量应接近预期分析样品的含量。

8.4　质量控制样品

可进行定期检测有代表性的稳定的原油样品，来验证系统是在统计学规律的控制下(见 13 章)。

8.5　标样和质量控制样品的储存

所有标样在不用时都应保存在棕色玻璃瓶中，由玻璃塞子封盖，隋性塑料衬里螺旋帽或其他同样惰性密封的盖子，放在低温黑暗处。一经发现某标样有沉淀或含量变化时，立即废弃该标样。

9　仪器的准备

仪器应该连续通电以保持最佳的稳定性。

10　实验步骤

10.1　注入样品

在分析中注入样品盒的样品量宜为样品盒体积的四分之三。

警告:禁止将可燃性液体渗漏到仪器中。

10.2 仪器校准

根据厂家说明书,将仪器校准到合适的范围。常用的校准步骤包括:通过测量已知标样设定仪器纯硫 X-射线强度记录。按照表 3 给定的仪器计数时间,获得标样的两个读数,在最短的时间内,用新样品盒和新注入的标样重复这一步骤。当所有的标样分析完毕,根据厂家的说明,基于每个标样四次分析得到的纯硫含量,生成最佳校准曲线。当校准完成时,立即测定一份或多份校准验证标样(见 8.3)的硫含量,测量值和标称值的相对偏差不超过 3%。否则,要进行校正检测和重新校准。

表 3 硫含量分析计数时间

硫质量分数范围/ %	计数时间/s
0.000～0.100	200～300
0.100～5.00	100

10.3 未知样品分析

按 10.1 的叙述将待测样品注入样品盒中,在注入样品盒之前,可能要将粘稠的或较重的样品加热使之能容易注入到样品盒内,确保样品盒透明窗膜和液体样品之间不存在气泡。如果样品在注入样品盒前加热超过 50 ℃,应在将样品注入到样品盒后,使样品盒处于不密封状态,防止样品冷却时使透明窗膜变形。依表 3 中根据具体浓度范围给定的计数时间进行样品测量,在最短的时间内,用新样品盒和新注入的样品重复测量,获得两次未知样品硫含量读数的平均值。如果该平均读数不在校准曲线的浓度范围内,用能包括样品平均值的浓度范围的校准曲线,对样品重复进行两次测量。

11 计算

样品硫含量可自动从校准曲线上计算出来。

12 精密度

本试验方法的精密度是实验室间试验结果统计分析获得的,如下所述。

12.1 重复性

同一操作者用同一仪器在恒定的操作条件下,用同一样品,在长期的正常的按此方法正确操作的情况下,连续试验各结果之间的差值,二十次只有一次超过下列数值:

$$0.028\,94(X+0.169\,1) \quad \cdots\cdots(2)$$

式中:

X——硫含量的质量分数,%。

12.2 再现性

工作在不同实验室中的不同操作者用同一样品,获得的独立结果之间的差值,长期情况下,二十次只有一次超过下列数值:

$$0.121\,5(X+0.055\,55) \quad \cdots\cdots(3)$$

式中:

X——硫含量的质量分数,%。

13 质量控制

质量控制程序的运用,能有助于维持本方法的统计学控制。

有效校准以后,以建立试验过程统计学控制状态为目的,依 8.3 和 8.4 选料并保存的质量控制样品就要定期的当作未知样品进行试验。记录结果并立即用控制曲线图或其他相当的统计学技术分析整个试验过程的统计学控制状态。如有超控的数据，就要调查原因，并进行仪器的重新校准。质量控制样品试验的频率依测量质量的临界性和试验过程的稳定性而定，在试验仪器使用状态下，可以每天一次，也可以每周两次。建议每次至少分析一个硫含量与常规分析中原油样品硫含量接近的质量控制样品。

注：强力推荐通过使用质量控制样品来验证系统控制，许多实验室都建立了质量控制措施，从而保证试验数据的准确性。

14 报告

报告样品中硫含量，用质量分数表示，结果取3位有效数字，并注明结果是依据本标准方法获得。

ICS 01.040.03
A 14

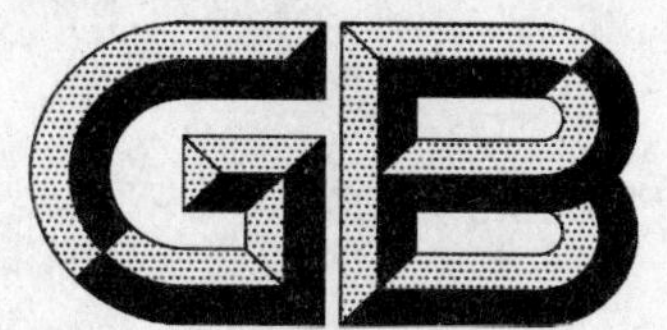

中华人民共和国国家标准

GB/T 17693.3—2009
代替 GB/T 17693.3—1999

外语地名汉字译写导则 德语

Transformation guidelines of geographical names from foreign languages into Chinese—German

2009-02-06 发布 2009-08-01 实施

中华人民共和国国家质量监督检验检疫总局
中国国家标准化管理委员会 发布

前言

GB/T 17693《外语地名汉字译写导则》拟分为以下几部分：

——GB/T 17693.1 英语；

——GB/T 17693.2 法语；

——GB/T 17693.3 德语；

——GB/T 17693.4 俄语；

——GB/T 17693.5 西班牙语；

——GB/T 17693.6 阿拉伯语；

——GB/T 17693.7 葡萄牙语；

——GB/T 17693.8 蒙古语；

……。

本部分是 GB/T 17693 的第 3 部分：德语。

本部分代替 GB/T 17693.3—1999《外语地名汉字译写导则 德语》。

本部分与 GB/T 17693.3—1999 相比主要变化如下：

——增加第 2 章规范性引用文件，原第 2 章及以下章节序号顺延；

——原第 4 章细则部分所有示例以表格形式出现；

——删除原第 5 章，将其内容并入表 1 中。

本部分的附录 A、附录 B 为规范性附录，附录 C 为资料性附录。

本部分由中华人民共和国民政部提出。

本部分由全国地名标准化技术委员会归口。

本部分负责起草单位：民政部地名研究所。

本部分参加起草单位：国家测绘局地名研究所、中国地图出版社、新华社《参考消息》报社。

本部分主要起草人：许启大、李希贤、刘连安、庞森权、胡洋、钟军、刘静、田硕。

本部分所代替标准的历次版本发布情况为：

——GB/T 17693.3—1999。

外语地名汉字译写导则　德语

1　范围

GB/T 17693 的本部分规定了德语地名汉字译写的规则。

本部分适用于以汉字译写德语地名。

2　规范性引用文件

下列文件中的条款通过 GB/T 17693 的本部分的引用而成为本部分的条款。凡是注日期的引用文件，其随后所有的修改单(不包括勘误的内容)或修订版均不适用于本部分，然而，鼓励根据本部分达成协议的各方研究是否可使用这些文件的最新版本。凡是不注日期的引用文件，其最新版本适用于本部分。

GB/T 17693.1　外语地名汉字译写导则　英语

3　术语和定义

GB/T 17693.1 确立的以及下列术语和定义适用于本部分。

3.1

地名　geographical names

人们对各个地理实体赋予的专有名称。

3.2

地名专名　specific terms

地名中用来区分各个地理实体的词。

3.3

地名通名　generic terms

地名中用来区分地理实体类别的词。

3.4

专名化的通名　generic terms used as specific terms

转化为专名组成部分的通名。

3.5

地名的汉字译写　transformation of geographical names from foreign languages into Chinese

用汉字书写其他语言的地名。

4　总则

4.1　地名专名音译。

4.2　地名通名意译。

4.3　惯用汉字译名和以常用人名命名的地名仍旧沿用，其派生的地名同名同译。

4.4　地名译写应采用该国的国家标准和官方最新出版的地图、地名录、地名词典、地名志等文献中的标准地名。

4.5　译写德语地名使用的汉字以德汉音译表为准(见表1)。

表 1 德汉音译表

辅音字母			b bb	p pp	d dd	t dt tt th	g gg	k ck c (在 a, o,u, l,r 前) ch	w v	f ff v ph	ts ths tz z zz ds c (在 e,i, y 和 ä,ö 前)	s ß ss	sch s (在词 首的 p 和 t 前)	tch tsch tzch tzsch zsch	Ch(在 i,e,ä, ö,ü, ei,eu, ey,l, r,n 之后) ig (词尾)	h (词首) ch(在 a,o, u,au 之后)	m mm	n nn	l ll	r rr rh rrh	j y
国际音标			b	p	d	t	g	k	v	f	ts	s		t	ç	xh	m	n	l	r	j
元音字母	国际音标	汉字	布	普	德	特	格	克	夫 (弗)	夫 (弗)	茨	斯 (丝)	施	奇	希	赫	姆	恩	尔	尔	伊
a aa ah	a aː	阿	巴	帕	达	塔	加	卡	瓦	法	察	萨	沙 (莎)	查	夏	哈	马 (玛)	纳 (娜)	拉	拉	亚 (娅)
e ee eh ä äh	e eː ɛ ɛː	埃	贝	佩	代 (黛)	泰	盖	凯	韦	费	采	塞	谢	切	谢	黑	梅	内	莱	雷 (蕾)	耶
i ie ih y (元音后)	I i iː	伊	比	皮	迪	蒂	吉	基	维	菲	齐	西 (锡)	希	奇	希	希	米	尼 (妮)	利 (莉)	里 (丽)	
o oo oh ow (词尾)	□ o oː	奥	博	波	多	托	戈	科	沃	福	措	索	绍	乔	肖	霍	莫	诺	洛	罗	约
ö öh/e (词尾、非重读音节)	œ ø ə	厄	伯	珀	德	特	格	克	沃	弗	策	瑟	舍	彻	谢	赫	默	讷	勒	勒	约/耶
u uh	u uː	乌	布	普	杜	图	古	库	武	富	楚	苏	舒	楚	休	胡	穆	努	卢	鲁	尤
ü üh y (在辅音后)	Y yː	于	比	皮	迪	蒂	居	屈	维	菲	曲	叙	许	曲	许	许	米	尼	吕	吕	于
an aan ahn	an aː n	安	班	潘	丹	坦	甘	坎	万	凡	灿	桑	尚	钱	先	汉	曼	南 (楠)	兰	兰	扬
ang	aŋ	昂	邦	庞	当	唐	冈	康	旺	方	仓	桑	尚	昌	香	杭	芒	南 (楠)	朗	朗	扬
au	au	奥	包	保	道	陶	高	考	沃	福	曹	绍	绍	乔	肖	豪	毛	瑙	劳	劳	尧
ei ey (ai ay)	ai	艾	拜	派	代 (黛)	泰	盖	凯	韦	法伊	蔡	赛	沙伊	柴	夏伊	海 (亥)	迈	奈	莱	赖	

表 1（续）

辅音字母			b bb	p pp	d dd	t dt tt th	g gg	k ck c（在 a，o，u，l，r 前）ch	w v	f ff v ph	ts ths tz z zz ds c（在 e，i，y 和 ä，ö 前）	s ß ss	sch s（在词首的 p 和 t 前）	tch tsch tzch tzsch zsch	Ch（在 i，e，ä，ö，ü，ei，eu，ey，l，r，n 之后）ig（词尾）	h（词首）ch（在 a，o，u，au 之后）	m mm	n nn	l ll	r rr rh rrh	j y
国际音标			b	p	d	t	g	k	v	f	ts	s		t	ç	xh	m	n	I	r	j
元音字母	国际音标	汉字	布	普	德	特	格	克	夫（弗）	夫（弗）	茨	斯（丝）	施	奇	希	赫	姆	恩	尔	尔	伊
ein eyn (ɛin ayn)	ain	艾恩	拜恩	派恩	代恩	泰恩	盖恩	凯恩	韦恩	法恩	蔡恩	赛恩		柴恩		海恩	迈恩	奈恩	莱恩	赖恩	
en een ehn ön eng än ähn	en eːn øn eŋ ɛn	恩	本	彭	登	滕	根	肯	文	芬	岑	森	申	辰	兴	亨	门	嫩	伦	伦	延
eu (äu)	□y	奥伊	博伊	波伊	多伊	托伊	戈伊	科伊	沃伊	福伊	措伊	索伊	绍伊	乔伊	肖伊	霍伊	莫伊	诺伊	洛伊	罗伊	约伊
eun (äun)	□yn	奥因	博因	波因	多因	托因	戈因	科因	沃因	福因	措因	索因	绍因	乔因	肖因	霍因	莫因	诺因	洛因	罗因	约因
in ien ihn yn/ün ühn	in/yn	因/云	宾	平	丁	廷	金	金	温	芬	钦	辛	欣	钦	欣	欣	明	宁	林（琳）	林（琳）	因
ing	iŋ	英	宾	平	丁	廷	京	京	温	芬	青	辛	兴	青	兴	兴	明	宁	灵	灵	英
on ohn ung	on oːn uŋ	翁	邦	蓬	东（栋）	通	贡	孔	翁	丰	聪	松	雄	琼	雄	洪	蒙	衣	隆	龙	永
un uhn	un uː n	温	本	蓬	敦	通	贡	昆	文	丰	聪	孙	顺	春	逊	洪	蒙	嫩	伦	伦	云

注 1：汉字读音以普通话读音为准。

注 2：汉字书写以国家语言文学工作委员会公布的简化汉字为准。

注 3：辅音竖行与元音横行交叉点上的汉字即为该辅音与元音拼读的音译汉字。元音自成音节时，用表 1 中的元音零行汉字译写；而 n、ng 以外的辅音单独发音时，用表 1 中的辅音零行汉字译写。

注 4：汉字译名若产生望文生义现象时，应用该音节的同音异字译写，如“东”、“南”、“西”出现在地名开头时，用“栋”、“楠”、“锡”译写；“海”出现在地名结尾时，用“亥”译写。

注 5：“娅”、“玛”、“娜”、“莉”、“丽”、“琳”、“妮”、“丝”、“莎”、“蕾”、“黛”等汉字用于以女性人名命名的地名。

注 6：“弗”用于译名的词首；“夫”用于译名的词中和词尾。

注：本表格中的空格是地名中不常出现的音节。

5 细则

5.1 地名专名的译写(示例见表2)

5.1.1 专名(含专名化的通名)音译。

5.1.2 专名中的冠词和介词音译,但位于词首的冠词省译。

5.1.3 专名部分变格和不变格的派生形式-er、-isch或-sch,按专名原形译写。

5.1.4 专名中的介词短语用以说明该地名的地理环境位置时意译。

5.1.5 由单音节构成的专名,增加相应的地名通名译写或用两个汉字对译。

5.1.6 以人名命名的专名,人名各部分之间加间隔号"·"(见附录A)。由人名加通名组成的地名,专名与通名之间起连接作用的"s"省略不译。

5.1.7 明显反映地理实体特征的专名,一般意译。

5.1.8 含有数字的地名意译。

5.1.9 对专名起修饰作用的形容词(如表示方位、大小、新旧等)意译。

表2 地名专名译写示例表

序　号	德　语	汉　语
5.1.1	Hartl	哈特尔
	Offenbach	奥芬巴赫
	Waldberg	瓦尔德贝格
5.1.2	Auf der Eck	奥夫德埃克
	Der Hohe Weg	上韦格滩
	Unter den Linden	温特登林登
5.1.3	Bayerisch Eisenstein	拜恩艾森施泰因
	Bründelscher Berg	布林德尔山
	Mecklenburger Bucht	梅克伦堡湾
	Wildenburgisches Land	维尔登堡兰(地区)
5.1.4	Frankfurt am Main	美因河畔法兰克福
	Kemnath am Buchberg	布赫山麓凯姆纳特
	Rohr in Niederbayern	下拜恩地区罗尔
	Sachsen bei Ansbach	安斯巴赫附近萨克森
5.1.5	Bonn	波恩
	Lahn	兰河
5.1.6	Karl-Marx-Stadt	卡尔·马克思城
	Ludwigshafen	路德维希港
	Olsenshaven	奥尔森港
5.1.7	Rheinisches Schiefergebirge	莱茵片岩山脉
	Nord-Süd-Kanal	南北运河
5.1.8	Drei Schwestern	三姊妹山
	Neunzehn-Kirchen-Berg	十九教堂山

表 2（续）

序　号	德　语	汉　语
5.1.9	Oberschöneberg	上舍讷贝格
	Nieder-Ramstadt	下拉姆施塔特
	Große Laber	大拉伯河
	Neu-Ulm	新乌尔姆

5.2 地名通名的译写（示例见表 3）

5.2.1 通名一般意译（见附录 B）。

5.2.2 居民点名称的通名与专名连写时音译，与专名分写时意译。

5.2.3 仅有专名的自然地理实体名称，汉字译写时加相应的通名。

表 3 地名通名译写示例表

序　号	德　语	汉　语
5.2.1	Diemeltalsperre	迪默尔水库
	Haltener Talsperre	哈尔滕水库
	Kap Arkona	阿尔科纳角
	Selenter See	塞伦特湖
5.2.2	Mellrichstadt	梅尔里希施塔特
	Stadt Werben	韦尔本城
	Titisee-Neustadt	蒂蒂塞新城
5.2.3	Brocken	布罗肯山
	Helgoland	黑尔戈兰岛
	Isar	伊萨尔河

5.3 部分字母译写规定（示例见表 4）

5.3.1 辅音字母组合 pf 按表 1 的 p(普)和 f(法)列汉字译写。

5.3.2 字母 x 按表 1 的 k(克)和 s(斯)列汉字译写。

5.3.3 元音字母组合 ae 一般按表 1 的 ä(埃)行汉字译写。

5.3.4 元音字母组合 oe 一般按表 1 的 ö(厄)行汉字译写。

5.3.5 元音字母组合 ue 一般按表 1 的 ü(于)行汉字译写。

5.3.6 字母 v 一般按表 1 的 f(法)列汉字译写；当 v 位于两元音之间时，则按表 1 的 v(瓦)列汉字译写；外来词地名也按表 1 的 v(瓦)列汉字译写。

5.3.7 字母组合 oey 一般按表 1 的 ö(厄)行汉字译写。

5.3.8 元音字母组合 oi 一般按表 1 的 o(奥)行汉字译写。

5.3.9 元音字母组合 ui 在德国西北部地名中，一般按表 1 的 ü(于)行汉字译写。

5.3.10 字母 m 在 b 和 p 前按 n(恩)列译写。

5.3.11 地名常用构词成分的译写（参见附录 C）。

表 4 部分字母译写示例表

序　号	德　语	汉　语
5.3.1	Pfieffe	普菲弗
5.3.2	Lexgaard	莱克斯加德

表 4(续)

序　　号	德　　语	汉　　语
5.3.3	Aegidienburg	埃吉丁堡
	Kevelaer	凯沃拉尔
5.3.4	Oestrich	厄斯特里希
	Itzehoe	伊策霍
5.3.5	Uelzen	于尔岑
	Bernkastel-Kues	贝恩卡斯特-库斯
5.3.6	Valepp	法莱普
	Leverkusen	莱沃库森
	Vals	瓦尔斯(外来词)
5.3.7	Bad Oeynhausen	巴特恩豪森
5.3.8	Grevenbroich	格雷文布罗赫
	Troisdorf	特罗斯多夫
5.3.9	Duisdorf	迪斯多夫
	Gruiten	格吕滕
5.3.10	Jembke	延布克
	Klempau	克伦保

附 录 A
（规范性附录）
德语地名中常用人名译写表

表 A.1 德语地名中常用人名译写表

德 语	译 名	德 语	译 名
Ackermann	阿克曼	Daniel	丹尼尔
Adenauer	阿登纳	Däubler	多伊布勒
Adolff	阿道夫	Denzel	登策尔
Adorf	阿多夫	Dieterich	迪特里希
Affermann	阿费尔曼	Eckmann	埃克曼
Bach	巴赫	Eckstein	埃克施泰因
Bachmann	巴赫曼	Effkemann	埃夫克曼
Bahr	巴尔	Egon	埃贡
Bauch	鲍赫	Eiden	艾登
Bauer	鲍尔	Einstein	爱因斯坦
Baum	鲍姆	Elisabeth	伊丽莎白
Baumgarten	鲍姆加滕	Engels	恩格斯
Baumüller	鲍米勒	Eschenbach	埃申巴赫
Beyer	拜尔	Feuerbach	费尔巴哈
Becher	贝歇尔	Findorff	芬多夫
Beethoven	贝多芬	Fischer	菲舍尔
Benkhoff	本克霍夫	Fraenzel	弗伦策尔
Bennholdt	本霍尔特	Fredemann	弗雷德曼
Benz	本茨	Fritzer	弗里策尔
Blömer	布勒默尔	Gasten	加斯滕
Brandt	勃兰特	Geiler	盖勒
Brecht	布莱希特	Genscher	根舍
Brentano	布伦塔诺	Gottlieb	戈特利布
Carl	卡尔	Grosskopf	格罗斯科普夫
Carsten	卡斯滕	Gruetz	格吕茨
Christiana	克里斯蒂安娜	Grün	格林
Conrad	康拉德	Günter	京特
Constantin	康斯坦丁	Gysi	居西
Dahm	达姆	Haarmeyer	哈尔迈尔
Dahlem	达勒姆	Hanno	汉诺

表 A.1（续）

德　语	译　名	德　语	译　名
Hartkopf	哈特科普夫	Ludwig	路德维希
Haßler	哈斯勒	Max	马克斯
Hatz	哈茨	Mayer	迈尔
Hauser	豪泽尔	Müller	米勒
Haydn	海顿	Neumann	诺伊曼
Hebbel	黑贝尔	Ottomann	奥托曼
Hegel	黑格尔	Reinhold	赖因霍尔德
Heine	海涅	Richard	里夏德
Heller	黑勒	Roehm	勒姆
Herzog	赫尔佐格	Schmidt	施密特
Heyne	海涅	Schwarzkopf	施瓦茨科普夫
Hofmann	霍夫曼	Ulbricht	乌布利希
Jensen	延森	Vandenburg	范登堡
Joachim	阿约希姆	Wald	瓦尔德
Johannes	约翰内斯	Waldheim	瓦尔德海姆
Josef	约瑟夫	Waltz	瓦尔兹
Jürgen	于尔根	Werner	维尔纳
Kauffmann	考夫曼	Wolfram	沃尔夫拉姆
Kohl	科尔	Wörner	韦尔纳
Löer	勒尔	Ziegler	齐格勒

附 录 B
（规范性附录）
德语地名常用通名词汇译写表

表 B.1 德语地名常用通名词汇译写表

德 语	意 译	德 语	意 译
Alm	高山牧场	Fort	堡垒、工事
Alp	高山牧场	Furt	河中浅滩
Bach	溪、河	Gebiet	区、地区
Bad	浴场	Gebirge	山脉
Bahnhof	火车站	Gegend	地区
Bai	海湾	Gemeinde	教区、堂区、乡、镇
Bank	浅滩	Gipfel	峰
Becken	盆地	Gletscher	冰川
Berg	山	Golf	湾
Bergland	山地	Graben	沟
Bergstraße	山路	Grat	山脊
Bezirk	区、专区	Grube	坑
Bodden	浅海湾	Grund	低地、谷底
Bruch	沼泽	Hafen	港
Brücke	桥	Haken	湾、角
Brunnen	井	Halbinsel	半岛
Bucht	湾	Hallig	（沼泽）岛
Burg	堡	Hauptstadt	首都、首府
Damm	坝、堤	Hochland	高原
Deich	堤坝	Höhe	高地
Denkmal	纪念碑	Horn	峰、岬
Dorf	村	Hügel	丘陵
Düne	沙丘	Insel	岛
Ebene	平原	Kanal	运河
Eck	角	Kap	角
Fahrwasser	航道	Kees	冰川
Fähre	渡口	Kirche	教堂
Fels	岩	Klamm	峡谷
Flughafen	机场	Kliff	（海岸）峭壁、陡岩
Fluss	河	Land	地区、州
Forst	森林	Landschaft	地区

表 B.1(续)

德　语	意　译	德　语	意　译
Loch	洞	Schloss	城堡、宫殿
Luch	沼泽、湿地	See	湖、海
Markt	集市	Senke	洼地
Marsch	沼泽	Stadt	城、市
Meer	海、湖	Station	站
Meerbusen	海湾	Stausee	水库
Meerenge	海峡	Stein	石
Moor	沼泽	Strand	海滩、海滨
Moos	沼泽	Straße	街、路、海峡
Mündung	河口	Strom	河
Naturschutzpark	自然保护区、自然保护公园	Sumpf	沼泽
Ortschaft	村	Sund	海峡
Ozean	洋	Tal	河谷、谷
Pass	关口、关隘、山口	Talsperre	水坝、水库
Plateau	高原	Teich	池塘
Platte	台地	Tunnel	隧道
Provinz	省	Turm	塔
Quelle	泉	Vulkan	火山
Republik	共和国	Wald	森林、树林
Ried	沼泽	Wasserfall	瀑布
Riff	礁	Watt	浅滩
Ruine	遗迹、遗址	Weide	草场
Sand	沙、沙丘、沙洲	Weiher	鱼塘
Sandbank	沙滩 、沙丘、沙洲	Wiese	草场
Sandwüste	沙漠		

附 录 C
（资料性附录）
德语地名常用构词成分译写表

表 C.1 德语地名常用构词成分译写表

构词成分	音 译	构词成分	音 译
-ach	阿赫	-hofen	霍芬
-bach	巴赫	-holz	霍尔茨
-baum	鲍姆	-horst	霍斯特
-bauer	鲍尔	-hütten	许滕
-ber	伯	-ich	伊希
-berg	贝格	-ig	伊希
-born	博恩	-kamp	坎普
-bronn	布龙	-ken	肯
-bruck	布鲁克	-ker	克
-brück	布吕克	-kirch	基希
-brunn	布伦	-kirchen	基兴
-büll	比尔	-land	兰
-buch	布赫	-laun	劳恩
-burg	堡	-leben	雷本
-by	比	-len	伦
-che	谢，赫（在 a，o，u，au 之后）	-ler	勒
-chen	兴	-lingen	林根
-cken	肯	-loch	洛赫
-den	登	-loh	洛
-der	德	-los	洛斯
-dow	多	-meer	梅尔
-dorf	多夫	-mel	默尔
-feld(er)	费尔德	-mer	默
-fer	弗	-mert	梅特
-furth	富特	-moos	莫斯
-gen	根	-münd(e)	明德
-ger	格	-nach	纳赫
-grün	格林	-ner	讷
-hain	海恩	-per	珀
-heid	海德	-point	波因特
-heim	海姆	-ren	伦

表 C.1（续）

构词成分	音　译	构词成分	音　译
-reuth	罗伊特	-ten	滕
-run(n)	伦	-ter	特
-schaid	沙伊德	-thal	塔尔
-schei(d)t	沙伊特	-than(n)	坦
-schen	申	-torf	托夫
-scher	舍	-tsch	奇
-sen	森	-tum	图姆
-ser	瑟	-um	乌姆
-sig	斯希	-ver	沃
-ssig	斯希	-wald	瓦尔德
-ßig	斯希	-wang	旺
-stadt	施塔特	-weier	韦尔
-statt	施塔特	-weiler	韦勒
-stedt	施泰特	-worm	沃姆
-stein	施泰因	-zell	采尔
-tach	塔赫	-zen	岑
-tal	塔尔	-zer	策

ICS 01.040.03
A 14

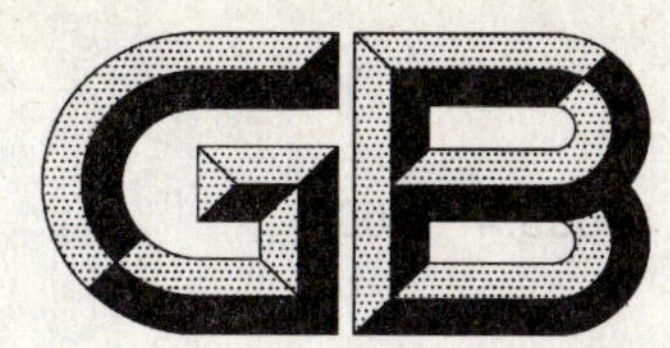

中华人民共和国国家标准

GB/T 17693.4—2009
代替 GB/T 17693.4—1999

外语地名汉字译写导则 俄语

Transformation guidelines of geographical names from foreign languages into Chinese—Russian

2009-02-06 发布 2009-08-01 实施

中华人民共和国国家质量监督检验检疫总局
中国国家标准化管理委员会 发布

前言

GB/T 17693《外语地名汉字译写导则》拟分为以下几部分：

——GB/T 17693.1 英语；

——GB/T 17693.2 法语；

——GB/T 17693.3 德语；

——GB/T 17693.4 俄语；

——GB/T 17693.5 西班牙语；

——GB/T 17693.6 阿拉伯语；

——GB/T 17693.7 葡萄牙语；

——GB/T 17693.8 蒙古语；

……。

本部分是 GB/T 17693 的第 4 部分：俄语。

本部分代替 GB/T 17693.4—1999《外语地名汉字译写导则 俄语》。

本部分与 GB/T 17693.4—1999 相比主要变化如下：

——增加第 2 章规范性引用文件，原第 2 章及以下章节序号顺延；

——原第 4 章细则部分所有示例以表格形式出现；

——原第 4 章细则部分所有示例添加了 GOST—1983 转写形式；

——删除原第 5 章，将其内容并入表 1 中；

——表 1《俄汉音译表》在元音字母中增添“иа、ие、ыи、иу、уи”；

——附录 D 表头中的“意译”改为“音译”；附录 B、附录 C、附录 D、附录 F 中的示例均有增添。

本部分的附录 A、附录 C 为资料性附录，附录 B、附录 D、附录 E、附录 F 为规范性附录。

本部分由中华人民共和国民政部提出。

本部分由全国地名标准化技术委员会归口。

本部分负责起草单位：民政部地名研究所。

本部分参加起草单位：国家测绘局地名研究所、中国地图出版社、新华社《参考消息》报社。

本部分主要起草人：许启大、李红、刘连安、庞森权、钟军、胡洋、刘静、田硕。

本部分所代替标准的历次版本发布情况为：

——GB/T 17693.4—1999。

外语地名汉字译写导则　俄语

1　范围

GB/T 17693 的本部分规定了俄语地名汉字译写的规则。

本部分适用于以汉字译写俄语地名。

2　规范性引用文件

下列文件中的条款通过 GB/T 17693 的本部分的引用而成为本部分的条款。凡是注日期的引用文件，其随后所有的修改单(不包括勘误的内容)或修订版均不适用于本部分，然而，鼓励根据本部分达成协议的各方研究是否可使用这些文件的最新版本。凡是不注日期的引用文件，其最新版本适用于本部分。

GB/T 17693.1　外语地名汉字译写导则　英语

3　术语和定义

GB/T 17693.1 确定的以及下列术语和定义适用于本部分。

3.1

地名　geographical names

人们对各个地理实体赋予的专有名称。

3.2

地名专名　specific terms

地名中用来区分各个地理实体的词。

3.3

地名通名　generic terms

地名中用来区分地理实体类别的词。

3.4

专名化的通名　generic terms used as specific terms

转化为专名组成部分的通名。

3.5

地名的汉字译写　transformation of geographical names from foreign languages into Chinese

用汉字书写其他语言的地名。

4　总则

4.1　地名专名音译。

4.2　地名通名意译。

4.3　惯用汉字译名和以常用人名命名的地名仍旧沿用，其派生的地名同名同译。

4.4　地名译写应采用该国的国家标准和官方最新出版的地图、地名录、地名词典、地名志等文献中的标准地名。

4.5　译写俄语地名使用的汉字以俄汉音译表选用的汉字为准(见表 1)。

表 1 俄汉音译表

辅音字母			б	п	д	т	г	к	в	ф	з/дз	с	ж	ш	дж	ч	щ	ц	х	м	н	л	р
罗马字母转写			b	p	d	t	g	k	v	f	z/dz	s	□/zh	š/sh	dž/dzh	č/ch	šč/shch	c/ts	h/kh	m	n	l	r
元音字母	罗马字母转写	汉字	布	普	德	特	格	克	夫(弗)	夫(弗)	兹	斯	日	什	季	奇	希	茨	赫	姆	恩	尔(勒)	尔(勒)
а	a	阿	巴(芭)	帕	达	塔	加	卡	瓦(娃)	法	扎	萨	扎	沙(莎)	贾	恰	夏	察	哈	马(玛)	纳(娜)	拉	拉
я ия	ja ya ia	亚(娅)	比亚	皮亚	佳	佳	吉亚	基亚	维亚	菲亚	贾	夏	扎	沙(莎)				齐亚	希亚	米亚	尼亚	利亚	里亚
э/эй	è e/èj èy ej ey	埃	贝	佩	代(黛)	泰	盖	凯	韦	费	泽	塞	热	舍	杰	切		采	海/黑(亥)	梅	内	莱	雷(蕾)
е ие	e ye ie iye	耶(叶)	别	佩	杰	捷	格	克	韦	费	泽	谢	热	舍	杰	切	谢	采	赫	梅	涅	列	列
ы/ый ыи	y/yj yy yi	厄	贝	佩	德	特	格	克	维	菲	济	瑟	日	希	吉			齐	黑	梅	内	雷(蕾)	雷(蕾)
и ий ьи ь	i ij iy' i'	伊	比	皮	季	季	吉	基	维	菲	济	西(锡)	日	希	吉	奇	希	齐	希	米	尼(妮)	利(莉)	里(丽)
о	o	奥	博	波	多	托	戈	科	沃	福	佐	索	若	绍	焦	乔	晓	措	霍	莫	诺	洛	罗(萝)
ё йо	ë yë jo yo	约	比奥	皮奥	焦	乔	吉奥	基奥	维奥	菲奥	焦	肖	若	绍	焦	乔	晓			苗	尼奥	廖	廖
у	u	乌	布	普	杜	图	吉	库	武	富	祖	苏	茹	舒	朱	丘	休	楚	胡	穆	努	卢	鲁
ю ью иу	ju yu' ju' yu iu	尤	比尤	皮尤	久	秋	久	丘	维尤	菲尤	久	休(秀)	茹	舒	久		休	秋	什	缪	纽	柳	留
ай аи	aj ay ai	艾	拜	派	代(黛)	泰	盖	凯	瓦伊	法伊	宰	赛	扎伊	沙伊	贾伊	柴	夏伊	采	海(亥)	迈	奈	莱	赖
ау ао	au ao	奥	包	保	道	陶	高	考	沃	福	藻	绍	饶	绍	焦	乔	肖	曹	豪	毛	瑙	劳	劳
уй уи	uj uy ui	维	布伊	普伊	杜伊	图伊	圭	奎	维	富伊	祖伊	绥	瑞	舒伊	朱伊	崔	休伊	崔	惠	穆伊	努伊	卢伊	鲁伊
ан -ань	an -an'	安	班	潘	丹	坦	甘	坎	万	凡	赞	桑	然	尚	占	昌	先	灿	汉	曼	南(楠)	兰	兰

表 1（续）

辅音字母			б	п	д	т	г	к	в	ф	з/дз	с	ж	ш	дж	ч	щ	ц	х	м	н	л	р
罗马字母转写			b	p	d	t	g	k	v	f	z/dz	s	□/zh	š/sh	dž/dzh	č/ch	šč/ shch	c/ts	h/kh	m	n	l	r
元音字母	罗马字母转写	汉字	布	普	德	特	格	克	夫（弗）	夫（弗）	兹	斯	日	什	季	奇	希	茨	赫	姆	恩	尔（勒）	尔（勒）
ян -янь	jan yan -jan' -yan'	扬	比扬	皮扬	江（姜）	强	吉扬	基扬	维扬		江（姜）	相	让	尚	江（姜）	强			希扬	米扬	尼扬	良	良
ен -ень	en -en'	延	边	片	坚	坚	根	肯	文	芬	津	先	任	申	真（珍）	琴	先	岑	亨	缅	年	连	连
эн -энь ын -ынь	èn en -èn'-en' yn -yn'	恩	本	彭	登	滕	根	肯	文	芬	曾	森	任	申	真（珍）	琴	欣	岑	亨	门	嫩	伦	伦
ин -инь	in -in'	因	宾	平	金	京	金	金	温	芬	津	辛	任	申	金	钦	辛	钦	欣	明	宁	林（琳）	林（琳）
он -онь	on -on'	翁	邦	蓬	东（栋）	通	贡	孔	翁	丰	宗	松	容	雄	忠	琼	雄	聪	洪	蒙	农	隆	龙
ун -унь	un -un'	温	本	炯	敦	通	贡	昆	文	丰	尊	孙	容	顺	准	春	逊	聪	洪	蒙	嫩	伦	伦
юн -юнь	jun yun -jun' -yun'	云			久恩	琼						雄								敏	纽恩		

注 1：汉字读音以普通话读音为准。

注 2：汉字书写以国家语言文字工作委员会公布的简化汉字为准。

注 3：辅音竖行与元音横行交叉点上的汉字即为该辅音与元音拼读的音译汉字。元音自成音节时，用表 1 中的元音零行汉字译写；而 н 以外的辅音单独发音时，用表 1 中的辅音零行汉字译写。

注 4：汉字译名若产生望文生义现象时，应用该音节的同音异字译写。如"东"、"南"、"西"出现在地名开头时，用"栋"、"楠"、"锡"译写；"江"、"海"出现在地名结尾时，用"姜"、"亥"译写。

注 5："娅"、"玛"、"娜"、"莉"、"丽"、"琳"、"妮"、"蕾"、"黛"、"芭"、"娃"、"秀"、"珍"、"莎"、"萝"等汉字用于以女性人名命名的地名。

注 6："叶"、"弗"用于译名的词首；"耶"、"夫"用于译名的词中和词尾。

注 7：罗马字母转写收录了英、美转写法和 1983 年苏联国家标准（GOST—1983）两种转写系统（参见附录 A）。

注 8：常见构词成分的固定词尾译写：

-бург 译"堡"　　-город 译"哥罗德"

-град 译"格勒"　　-цов 译"佐夫"

5 细则

5.1 地名专名的汉字译写(示例见表 2)

5.1.1 专名(含专名化的通名)一般音译。但具有 город(城)、село(村)等含义的专名化通名与专名分写时意译。

5.1.2 以数词或日期命名的专名意译;但序数词单独作专名时音译。

5.1.3 在自然地理实体和行政区域名称中,修饰地名通名的形容词(大小、新旧、上下、颜色,见附录 B)音译,但表示东南西北方位的形容词意译。

5.1.4 明显反映地理实体特征的专名一般意译。

5.1.5 具有一定历史意义或音译过长的专名一般意译。

5.1.6 对专名起修饰作用的形容词(如表示大小、方位、新旧、颜色等,其缩写形式参见附录 C)和形容词词干意译;但表示颜色的形容词词干音译。

5.1.7 以居民点或自然地理实体的名称派生的行政区域、自然地理实体名称,汉字译写时应将形容词形式的专名复原为主格译写。

5.1.8 前置词短语或形容词构成的地名用以说明该地名所处的地理位置特征时意译。

5.1.9 在以人名命名的地名中(见附录 D),专名以二格形式出现,汉字译写时专名恢复主格音译。

5.1.10 在以人名命名的居民点名称中,人名以二格形式出现在 имени 之后,汉字译写时人名恢复主格音译并加"镇"、"村"等相应通名。

5.1.11 单音节词构成的专名,汉字译写时增加相应的地名通名或用两个汉字译写。

表 2 地名专名译写示例表

序 号	俄 语	GOST—1983 转写形式	汉字译写
5.1.1	Пеньково	Pen'kovo	佩尼科沃
	Дмитровка	Dmitrovka	德米特罗夫卡
	Ленск	Lensk	连斯克
	Сменый Мыс	Smenyj Mys	斯梅内梅斯
	Гусиное Озеро	Gusinoe Ozero	古西诺耶奥泽罗
	Лесной Городок	Lesnoj Gorodok	列斯诺伊镇
	Белгород	Belgorod	别尔哥罗德
5.1.2	Первый остров	Pervyj ostrov	佩尔维岛
	Третья гора	Tret'ja gora	特列季亚山
	Волочаевка Вторая	Voločaevka Vtoraja	第二沃洛恰耶夫卡
	гора Три Брата	gora Tri Brata	三兄弟山
	Первомайск	Pervomajsk	五一城
	Двадцать Восьмого Апреля	Dvadcat' Vos'mogo Aprelja	4 月 28 日村
5.1.3	Большое Село	Bol'šoe Selo	博利绍耶村
	Новый остров	Novyj ostrov	诺维岛
	Верхнее озеро	Verhnee ozero	韦尔赫涅耶湖
	Красная гора	Krasnaja gora	克拉斯纳亚山
	мыс Северо-Восточный	mys Severo-Vostočnyj	东北角

表 2（续）

序　号	俄　　语	GOST—1983 转写形式	汉字译写
5.1.3	пролив Восточный	proliv Vostočnyj	东部海峡
	Северо-Байкальский район	Severo-Bajkal'skij rajon	北贝加尔区
5.1.4	острова Северная Земля	ostrova Severnaja Zemlja	北地群岛
5.1.5	остров Октябрьской Революции	ostrov Oktjab'skoj Revoljucii	十月革命岛
	острова Арктического Института	ostrova Arktičeskogo Instituta	北极研究所群岛
	Красноармейск	Krasnoarmejsk	红军城
5.1.6	Северо-Енисейск	Severo-Enisejsk	北叶尼塞斯克
	Южно-Сахалинск	Južno-Sahalinsk	南萨哈林斯克
	Верхнезейская равнина	Verhnezejskaja ravnina	上结雅平原
	Нижнеангарск	Nižneangarsk	下安加尔斯克
	Большой Саян	Bol'šoj Sajan	大萨彦岭
	Малоархангельск	Maloarhangel'sk	小阿尔汉格尔斯克
	Новониколаевск	Novonikolaevsk	新尼古拉耶夫斯克
	Староконстантинов	Starokonstantinov	旧康斯坦丁诺夫
	Красная Поляна	Krasnaja Poljana	红波利亚纳
	Краснокаменск	Krasnokamensk	克拉斯诺卡缅斯克
5.1.7	Хабаровский край (边疆区名得名于首府名 Хабаровск)	Habarovskij kraj	哈巴罗夫斯克边疆区
	Орловская область (州名得名于首府名 Орёл)	Orlovskaja oblast'	奥廖尔州
	Енисейский залив (湾名得名于河流名 Енисей)	Enisejskij zaliv	叶尼塞湾
	Вяземская возвышенность (高地得名于河流名 Вязьма)	Vjazemskaja vozvyšennost'	维亚济马高地
	Онежский полуостров (半岛得名于河流名 Онега)	Onežskij poluostrov	奥涅加半岛
5.1.8	Ростов-на-Дону	Rostov-na-Donu	顿河畔罗斯托夫
	Комсомольск-на-Амуре	Komsomol'sk-na-Amure	阿穆尔河畔共青城
	Петровск-Забайкальский	Petrovsk-Zabajkal'skij	外贝加尔地区彼得罗夫斯克
	Покровск-Уральский	Pokrovsk-Ural'skij	乌拉尔地区波克罗夫斯克
5.1.9	бухта Марии Прончищевой	buhta Marii Prončiševoj	玛丽亚·普龙奇谢娃湾
	мыс Дежнёва	mys Dežnëva	杰日尼奥夫角
	хребет Черского	hrebet Čerskogo	切尔斯基山脉
	острова Сергея Кирова	ostrova Sergeja Kirova	谢尔盖·基洛夫群岛
	улица Ломоносова	ulica Lomonosova	罗蒙诺索夫大街

表 2（续）

序　号	俄　语	GOST—1983 转写形式	汉字译写
5.1.10	имени Горького	imeni Gor'kogo	高尔基村
	имени Ленина	imeni Lenina	列宁村
5.1.11	Дон	Don	顿村
	Дон	Don	顿河
	Кын	Kyn	克恩

5.2　**地名通名的汉字译写**(见附录 E,示例见表 3)

5.2.1　通名一般意译;通名在出版物中常以缩写形式出现(参见附录 C)。

5.2.2　由同义双通名构成的地名,视为一个通名意译。

5.2.3　仅有专名的自然地理实体名称,汉字译写时加相应的通名。

5.2.4　当通名一词多义时,应视其所指的地理实体类别意译。

表 3　地名通名译写示例表

序　号	俄　语	GOST—1983 转写形式	汉字译写
5.2.1	Таймырский залив	Tajmyrskij zaliv	泰梅尔湾
	озеро Байкал	ozero Bajkal	贝加尔湖
	Кировская область	Kirovskaja oblast'	基洛夫州
5.2.2	волкан Авачинская сопка (сопка 和 волкан 意为“火山”)	volkan Avačinskaja sopka	阿瓦恰火山
	возвышенность Ямжачная парма (парма 和 возвышенность 意为“高地”)	vozvyšennost' Jamžačnaja parma	亚姆扎奇纳亚高地
5.2.3	Лена	Lena	勒拿河
	Топко	Topko	托普科山
5.2.4	Березанский лиман	Berezanskij liman	别列赞溺谷
	лиман Сладкий	liman Sladkij	斯拉德基泻湖

5.3　**部分字母的译写规定**(示例见表 4)

5.3.1　两个相同辅音字母构成的音组按单辅音译写;但 НН 作为两个辅音译写。

5.3.2　辅音字母 д、т 在 ч、ц 前不发音。

5.3.3　特殊发音的辅音字母组合的译写

5.3.3.1　зш、сш 发 ш 的音,按表 1“什”列汉字译写;дс、тс、цс 发 ц 音,按表 1“茨”列汉字译写。

5.3.3.2　жч、зч、сч 发 щ 音,按表 1“希”列汉字译写。

5.3.3.3　гк 中的 г 发 х 音,按表 1“赫”列汉字译写。

5.3.3.4　三辅音字母组合-стн、-стл、-здн、-рдц 中间的辅音 д、т 不发音,三辅音字母组合 лнц 中的辅音 л 不发音。

5.3.3.5　形容词和序数词的单数第二格词尾-ого、-его 中的 г 发 в 音。

5.3.4　凡词干以辅音字母 н 结尾,后缀以元音字母开头,汉字译写时 н 双拼仅限于 н 双拼词干表(见附录 F),超出此范围的原则上不按双拼处理。以词干 антон 为例。

5.3.5　辅音字母后的硬音符号 ъ 只起隔音作用。

5.3.6　词首的 р 和 л 后跟辅音字母时,р 和 л 译“勒”。

5.3.7 辅音字母 м 在 б 和 п 前按 н 译写。

表 4 部分字母译写示例表

序 号	俄 语	GOST—1983 转写形式	汉字译写
5.3.1	Коммуна	Kommuna	科穆纳
	Миллерово	Millerovo	米列罗沃
	Анновка	Annovka	安诺夫卡
5.3.2	Отчаяния	Otčajanija	奥恰亚尼亚
	Подчинный	Podčinnyj	波钦内
5.3.3.1	Расшеватская	Rasševatskaja	拉舍瓦茨卡亚
	Красноводск	Krasnovodsk	克拉斯诺沃茨克
	Братск	Bratsk	布拉茨克
5.3.3.2	Извозчик	Izvozčik	伊兹沃希克
	Счастье	Sčast’e	夏斯季耶
5.3.3.3	Легков	Legkov	列赫科夫
5.3.3.4	Местный	Mestnyj	梅斯内
	Бесчастнов	Besčastnov	别夏斯诺夫
	Счастливцево	Sčastlivcevo	夏斯利夫采沃
	Поздняковка	Pozdnjakovka	波兹尼亚科夫卡
	Сердце	Serdce	谢尔采
	Солнцевка	Solncevka	松采夫卡
5.3.3.5	Второго	Vtorogo	弗托罗沃
5.3.4	Антон	Anton	安东
	Антоний	Antonij	安东尼
	Антонов	Antonov	安东诺夫
	Антоновка	Antonovka	安东诺夫卡
5.3.5	Съезжая	S″ezžaja	斯耶兹扎亚
	Объячево	Ob″jačevo	奥布亚切沃
5.3.6	Ржев	Ržev	勒热夫
	Лжа	Lža	勒扎
5.3.7	Амбарчик	Ambarčik	安巴奇克
	Импилахти	Impilahti	因皮拉赫季

附 录 A
（资料性附录）
俄语字母与罗马字母转写对照表

表 A.1 俄语字母与罗马字母转写对照表

俄文字母	83-GOST 转写法	美、英转写法
А,а	a	a
Б,б	b	b
В,в	v	v
Г,г	g	g
Д,д	d	d
Е,е	e	e,ye
Ё,ё	ë	ë,yë
Ж,ж	ž	zh
З,з	z	z
И,и	i	i
Й,й	j	y
К,к	k	k
Л,л	l	l
М,м	m	m
Н,н	n	n
О,о	o	o
П,п	p	p
Р,р	r	r
С,с	s	s
Т,т	t	t
У,у	u	u
Ф,ф	f	f
Х,х	h	kh
Ц,ц	c	ts
Ч,ч	č	ch
Ш,ш	š	sh
Щ,щ	šč	shch
ъ	”	”
Ы,ы	y	y
ь	’	’

表 A.1（续）

俄文字母	83-GOST 转写法	美、英转写法
Э,э	è	e
Ю,ю	ju	yu
Я,я	ja	ya

附 录 B
（规范性附录）
俄语地名常用形容词译写表

表 B.1 俄语地名常用形容词译写表

俄 语	音 译	意 译	俄 语	音 译	意 译
белый	别雷	白色的	малый	马雷	小的
-ая	别拉亚		-ая	马拉亚	
-ое	别洛耶		-ое	马洛耶	
-ые	别雷耶		-ые	马雷耶	
большой	博利绍伊	大的	нижний	尼日尼	下的
-ая	博利沙亚		-яя	尼日尼亚亚	
-ое	博利绍耶		-ее	尼日涅耶	
-ие	博利希耶		-ие	尼日尼耶	
великий	韦利基	大的	новый	诺维	新的
-ая	韦利卡亚		-ая	诺瓦亚	
-ое	韦利科耶		-ое	诺沃耶	
-ие	韦利基耶		-ые	诺维耶	
верхний	韦尔赫尼	上的	правый	普拉维	右的
-яя	韦尔赫尼亚亚		-ая	普拉瓦亚	
-ее	韦尔赫涅耶		-ое	普拉沃耶	
-ие	韦尔赫尼耶		-ые	普拉维耶	
восточный	沃斯托奇内	东的	северный	谢韦尔内	北的
-ая	沃斯托奇纳亚		-ая	谢韦尔纳亚	
-ое	沃斯托奇诺耶		-ое	谢韦尔诺耶	
-ые	沃斯托奇内耶		-ые	谢韦尔内耶	
западный	扎帕德内	西的	средний	斯列德尼	中的
-ая	扎帕德纳亚		-яя	斯列德尼亚亚	
-ое	扎帕德诺耶		-ее	斯列德涅耶	
-ые	扎帕德内耶		-ие	斯列德尼耶	
зелёный	泽廖内	绿色的	старый	斯塔雷	旧的
-ая	泽廖纳亚		-ая	斯塔拉亚	
-ое	泽廖诺耶		-ое	斯塔罗耶	
-ые	泽廖内耶		-ые	斯塔雷耶	
красный	克拉斯内	红色的	чёрный	乔尔内	黑色的
-ая	克拉斯纳亚		-ая	乔尔纳亚	
-ое	克拉斯诺耶		-ое	乔尔诺耶	
-ые	克拉斯内耶		-ые	乔尔内耶	
левый	列维	左的	южный	尤日内	南的
-ая	列瓦亚		-ая	尤日纳亚	
-ое	列沃耶		-ое	尤日诺耶	
-ые	列维耶		-ые	尤日内耶	

附 录 C
（资料性附录）
俄语地名常用通名和常用形容词缩写表

表 C.1 俄语地名常用通名和常用形容词缩写表

缩 写	全 称	意 译	缩 写	全 称	意 译
а. о.	автонмная область	自治州	кр.	красный	红色的
авт. обл.	автонмная область	自治州	ледн.	ледник	冰川
авт. окр.	автонмный округ	自治区	лим.	лиман	河口湾、溺谷
арх.	архипелаг	群岛	м.	мыс	岬、角
ат.	атолл	环礁	мал.	малый	小的
аэр.	аэродром	机场	м-к.	маяк	灯塔
аэрп.	аэропорт	机场	муз.	музей	博物馆
б. ,бол.	большой	大的	ниж.	нижний	低的
б-ка	банка	浅滩、沙洲	низм	низменность	低地
бас.	бассейн	盆地	н. п.	населённый пункт	居民点
бол.	болото	沼泽	нов.	новый	新的
бух.	бухта	湾、港口	обл.	область	州
вел.	великий	伟大的	оз.	озеро	湖
верх.	верхний	上的	окр.	округ	区
вдп.	водопад	瀑布	о.	остров	岛
вдхр.	водохранилище	水库	о-ва	острова	群岛
влк.	вулкан	火山	пер.	перевал	山口、隘口
возв.	возвышенность	高地	плскг.	плоскогорье	台原
впад.	впадина	洼地	п-ов	полуостров	半岛
врем. оз.	временное озеро	时令湖	пор.	порог	急流、急滩、石滩
г.	гора	山	пра.	правый	右的
ж. д.	железная дорога	铁路	прол.	пролив	海峡
зал.	залив	湾	пр. ,просп.	проспект	大街
зап.	западный	西的	прот.	проток	水道、支流
запов.	заповедник	自然保护区	пуст.	пустыня	沙漠、荒漠
им.	имени	以……命名的	равн.	равнина	平原
ист.	источник	泉	разв.	развалины	遗址、遗迹
к.	колодец	井	респ.	республика	共和国
к.	край	边疆区	р.	река	河
кан.	канал	运河	р-н	район	区
котл.	котловина	盆地	родн.	родник	泉

表 C.1（续）

缩　写	全　称	意　译	缩　写	全　称	意　译
св.	святой	圣的	стар.	старый	旧的
сев.	северный	北的	сух. рус.	сухое русло	干涸河
ск.	скала	岩、陡崖	ул.	улица	街
слнч.	солончак	盐沼	хр.	хребет	山脉、山
ст.	станция	站、车站	юж.	южный	南的

附 录 D
（规范性附录）
俄语地名中常用人名译写表

表 D.1 俄语地名中常用人名译写表

俄 语	译 名	俄 语	译 名
Александр	亚历山大	Елицин	叶利钦
Алексей	阿列克谢	Жданов	日丹诺夫
Андреев	安德烈耶夫	Зиновьев	季诺维也夫
Андрей	安德烈	Зоя	卓娅
Анна	安娜	Иван	伊万，伊凡（沙皇名）
Антонов	安东诺夫	Иванов	伊万诺夫
Богданов	波格丹诺夫	Игорь	伊戈里
Брежнев	勃列日涅夫	Ильич	伊里奇
Будённый	布琼尼	Иосиф	约瑟夫
Булганин	布尔加宁	Каганович	卡冈诺维奇
Бухарин	布哈林	Калинин	加里宁
Василий	瓦西里	Катерина	卡捷琳娜
Василь	瓦西里	Киров	基洛夫
Виктория	维多利亚	Константин	康斯坦丁
Владимир	弗拉基米尔	Кузьмин	库兹明
Воробьёв	沃罗比约夫	Кузьнецов	库兹涅佐夫
Ворошилов	伏罗希洛夫	Куйбышев	古比雪夫
Вышинский	维辛斯基	Ленин	列宁
Гагарин	加加林	Лермонтов	莱蒙托夫
Георгиев	格奥尔基耶夫	Ломоносов	罗蒙诺索夫
Гоголь	果戈里	Луначарский	卢那察尔斯基
Гончаров	冈察罗夫	Мария	玛丽亚
Горбачёв	戈尔巴乔夫	Матвей	马特维
Горький	高尔基	Матросов	马特洛索夫
Громыко	葛罗米柯	Маяковский	马雅可夫斯基
Джамбул	江布尔	Медведев	梅德韦杰夫
Дзержинский	捷尔任斯基	Менделеев	门捷列夫
Димитров	季米特洛夫	Микоян	米高扬
Дмитриев	德米特里耶夫	Михайл	米哈伊尔
Екатерина	叶卡捷琳娜	Михайлов	米哈伊洛夫
Елизавета	伊丽莎白	Мичурин	米丘林

表 D.1（续）

俄 语	译 名	俄 语	译 名
Надежда	娜杰日达	Туманов	图曼诺夫
Некрасов	涅克拉索夫	Тургенев	屠格涅夫
Нина	尼娜	Ульян	乌里扬
Николай	尼古拉	Ульянов	乌里扬诺夫
Николаев	尼古拉耶夫	Усов	乌索夫
Ольга	奥莉加	Фадеев	法捷耶夫
Орджоникидзе	奥尔忠尼启则	Фёдоров	费奥多罗夫
Павлов	巴甫洛夫	Фрунзе	伏龙芝
Павлович	巴甫洛维奇	Хабаров	哈巴罗夫
Петр	彼得	Хрущёв	赫鲁晓夫
Петров	彼得罗夫	Чайковский	柴可夫斯基
Петрович	彼得罗维奇	Чапаев	恰帕耶夫
Плеханов	普列汉诺夫	Чапаев В. И.	夏伯阳
Пономарёв	波诺马廖夫	Чернышевский	车尔尼雪夫斯基
Путин	普京	Червоненко	契尔沃年科
Пушкин	普希金	Чехов	契诃夫
Романов	罗曼诺夫	Шаумян	邵武勉
Рублёв	鲁布廖夫	Шевченко	舍甫琴科
Свердлов	斯维尔德洛夫	Шелепин	谢列平
Семёнов	谢苗诺夫	Шолохов	肖洛霍夫
Сергеев	谢尔盖耶夫	Щербаков	谢尔巴科夫
Спартак	斯巴达克	Юсуф	优素福
Суворов	苏沃洛夫	Яковлев	雅科夫列夫
Татьяна	塔季扬娜	Ярослав	雅罗斯拉夫
Титов	季托夫	Якубовский	雅库鲍夫斯基
Толстой	托尔斯泰		

附 录 E
（规范性附录）
俄语地名常用通名和常用词汇译写表

表 E.1 俄语地名常用通名和常用词汇译写表

俄 语	意 译	俄 语	意 译
автономная область	自治州	виноградник	葡萄园
автономный округ	自治区	водовместилище	贮水池
арборетум	种植园	водоём	水池、水库、水塘
архипелаг	群岛	водокачка	抽水站、给水塔
атолл	环礁	водопад	瀑布
аэродром	机场	водосток	水渠、排水沟
аэропорт	机场	водоток	水渠、水沟
базар	市场、集市	водохранилище	水库
балка	峡谷、山沟	возвышенность	高地
банка	浅滩、沙洲	вокзал	火车站
барак	营棚、大棚	впадина	洼地
бассейн	盆地	временное озеро	时令湖
башня	塔	вулкан	火山
белок	雪山	гавань	港、港湾
берег	岸	гидроэлектростанция	水电站
библиотека	图书馆	голец	秃岭
болотина	沼泽地	гора	山
болото	沼泽	город	城市
бор	松林	горы	山、山脉
ботанический сад	植物园	гостиница	旅馆
брод	徒涉场、浅滩	граница	界线、境界
бугор	丘、丘陵、岗	грива	长丘、沙嘴
бугорок	小丘	грот	洞、岩洞
буерак	谷、沟	гряда	垄岗
бульвар	大道、林荫道	губа	湾、港湾
бухта	海湾	дамба	堤、坝
быстрины	急流	двор	庭院、农户
вал	土堤、围墙、土墙	дворец	宫、宫殿
вершина	峰	дельта	三角洲
ветвь	支脉、支流	депрессия	洼地
виадук	高架桥、栈道	деревня	村

表 E.1（续）

俄　语	意　译	俄　语	意　译
долина	谷、谷地	лагуна	潟湖
дорога	路、道路	ледник	冰川
дюна	沙丘	лес	森林
ерик	湖汊、河汊	лиман	河口湾、溺谷、咸湖
железная дорога	铁路	ложбина	谷地、凹地
завод	工厂	луг	草地、牧场
заводь	湾、小河湾	массив	山岭、山地
заимка	村庄（西伯利亚一带）	мель	浅滩、沙滩
залив	海湾	метро	地铁
заповедник	自然保护区	мечеть	清真寺
запруда	拦河坝、蓄水池	монастырь	修道院、寺院
затон	河湾、牛轭湖	монумент	纪念碑
зоопарк	动物园	море	海
источник	泉	музей	博物馆
канава	沟、渠	мыс	岬、角
канал	运河	нагорье	山原
каньон	峡谷	национальный парк	国家公园
каскад	急流、瀑布	низменность	低地
катаракт	瀑布	нос	角
кладбище	墓地	область	州
ключ	泉	обрыв	陡崖、陡岸
колодец	井	овраг	沟、冲沟
колхоз	集体农庄	огород	菜园
коммуна	公社	ограда	栅栏、围墙
копи	矿场、矿山	озеро	湖
коса	沙嘴	округ	区
котловина	盆地	остановка	汽车站
коттедж	别墅	остров	岛
кошка	浅沙滩、石滩	острова	群岛
край	边疆区	островок	小岛、屿
крепость	要塞	осушитель	排水沟
кряж	岭、丘	отмель	浅滩
курган	墓地、土岗	падь	谷、山沟
курорт	疗养地	памятник	纪念碑
куст	灌木丛	перевал	山口、隘口

表 E.1（续）

俄　语	意　译	俄　语	意　译
перевоз	渡口	река	河
перекат	浅滩、浅水处	республика	共和国
перекресток	十字路口	ресторан	餐厅
пески	沙漠、沙地	рёлка	土岗
переулок	胡同	риф	礁
перешеек	地峡	рифт	裂谷、峡谷
пик	峰、山峰	ров	沟、壕
плато	高原	родник	泉
плоскогорье	台原	рудник	矿场、矿井
плотина	坝、堤	рукав	支流
площадь	广场	русло	干河、河床、河道
пляж	沙滩，沙滩浴场	ручей	河、小河
пойма	河漫滩	рынок	市场
поле	田地、田野	сад	花园、果园
полустанок	小车站	санаторий	疗养院
полуостров	半岛	село	村庄
порог	急流、石滩、急滩	скала	岩、陡崖
порт	港、港口	слобода	市镇、郊区
посёлок	市镇、新村	собор	教堂
пост	哨所、台站	совхоз	国营农场
поток	急流、水流	солончак	盐沼
предместье	郊区、居住区（在城外）	сопка	火山（勘察加一带）、山岗、山丘（远东、西伯利亚一带）
пристань	码头		
причал	码头、停泊处	сор	盐沼
пролив	海峡	стадион	体育场
проспект	大街	станица	市镇
проток	水道、支流	станция	车站
проход	通道、山口	степь	草原
пруд	池塘、水池	сток	排水沟
пустыня	沙漠、荒漠	суховое русло	干涸河
путь	道路、大道	трава	草地
равнина	平原	тропинка	小路，小径
развалина	遗址	тротуар	人行道
развязка	立交桥	трясина	泥泞地、泥塘
район	区	тундра	苔原、冻土带

表 E.1（续）

俄 语	意 译	俄 语	意 译
туннель	隧道	холм	丘陵
увал	垄岗	храм	教堂
улица	街道	хребет	山脉、山
умёт	旅店、车店(草原上的)	хутор	村、庄园
усадьба	庄园	церковь	教堂
уступ	阶地	чабарня	(牧羊人)窝棚
устье	河口、口	шахта	矿井
утёс	陡崖	шлюз	闸、闸门
участок	地区、地段	шхеры	岩岛、岩礁
фарватер	航道、水道	шоссе	公路
форт	城堡、要塞	яр	陡崖、谷地
хижина	农舍、茅舍	ярмо	牛轭湖

附 录 F
（规范性附录）
常用姓氏构词中“н”双拼词干表

表 F.1 常用姓氏构词中“н”双拼词干表

俄 语	音 译	俄 语	音 译
Амин	阿明	Плехан	普列汉
Антон	安东	Пушкин	普希金
Богдан	波格丹	Рахман	拉赫曼
Валентин	瓦连京	Роман	罗曼
Виссарион	维萨里昂	Рязан	梁赞
Евген	叶夫根	Симон	西蒙
Ждан	日丹	Соломон	所罗门
Иван	伊万	Стан	斯坦
Иоган	约翰	Степан	斯捷潘
Иордан	约尔丹	Стефан	斯特凡
Калинин	加里宁	Султан	苏丹
Камен	卡缅	Тихон	吉洪
Константин	康斯坦丁	Троян	特罗扬
Кузьмин	库兹明	Улан	乌兰
Курбан	库尔班	Ульян	乌里扬
Курман	库尔曼	Харитон	哈里东
Ленин	列宁	Хасан	哈桑
Леон	列昂	Хусайн(Хусейн)	侯赛因
Лукьян	卢基扬	Юдин	尤金
Мартин	马丁	Янин	亚宁

ICS 01.040.03
A 14

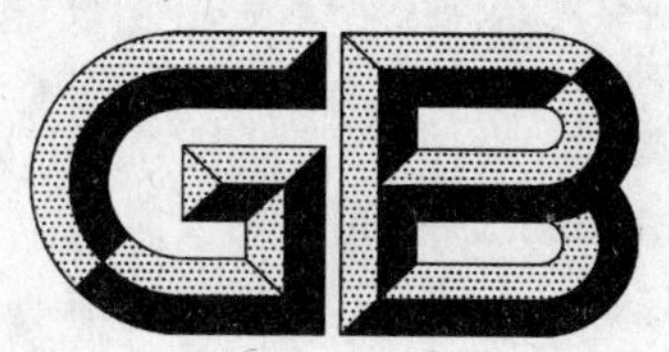

中华人民共和国国家标准

GB/T 17693.5—2009
代替 GB/T 17693.5—1999

外语地名汉字译写导则　西班牙语

Transformation guidelines of geographical names from foreign languages into Chinese—Spanish

2009-02-06 发布　　2009-08-01 实施

中华人民共和国国家质量监督检验检疫总局
中国国家标准化管理委员会　发布

前言

GB/T 17693《外语地名汉字译写导则》拟分为以下几部分：

——GB/T 17693.1 英语；

——GB/T 17693.2 法语；

——GB/T 17693.3 德语；

——GB/T 17693.4 俄语；

——GB/T 17693.5 西班牙语；

——GB/T 17693.6 阿拉伯语；

——GB/T 17693.7 葡萄牙语；

——GB/T 17693.8 蒙古语；

……。

本部分是 GB/T 17693 的第 5 部分：西班牙语。

本部分代替 GB/T 17693.5—1999《外语地名汉字译写导则 西班牙语》。

本部分与 GB/T 17693.5—1999 相比主要变化如下：

——增加第 2 章规范性引用文件，原第 2 章及以下章节序号顺延；

——原第 4 章细则部分所有示例以表格形式出现；

——删除原第 5 章，将其内容并入表 1 中；

——原 4.1.9 序号改为 5.1.4.1，表述改为“连词 y 用‘和’意译”；

——原 4.1.10 序号改为 5.1.4.2，表述改为“连词 o 或 u 后面的地名的译写用圆括号括注”；

——原 4.1.14 删除；

——原 4.2.4 序号改为 5.1.2，表述改为“专名中的冠词音译；地理实体名称中的专名冠词省译”；

——增加 5.3.6“辅音字母 h 系无声字母，不译写”；

——附录 A、附录 B 中的示例各有增删。

本部分的附录 A、附录 B 为规范性附录。

本部分由中华人民共和国民政部提出。

本部分由全国地名标准化技术委员会归口。

本部分负责起草单位：民政部地名研究所。

本部分参加起草单位：国家测绘局地名研究所、中国地图出版社、新华社《参考消息》报社。

本部分主要起草人：许启大、周定国、刘连安、庞森权、钟军、胡洋、刘静、田硕。

本部分所代替标准的历次版本发布情况为：

——GB/T 17693.5—1999。

外语地名汉字译写导则　西班牙语

1　范围

GB/T 17693 的本部分规定了西班牙语地名汉字译写的规则。

本部分适用于以汉字译写西班牙语地名。

2　规范性引用文件

下列文件中的条款通过 GB/T 17693 的本部分的引用而成为本部分的条款。凡是注日期的引用文件,其随后所有的修改单(不包括勘误的内容)或修订版均不适用于本部分,然而,鼓励根据本部分达成协议的各方研究是否可使用这些文件的最新版本。凡是不注日期的引用文件,其最新版本适用于本部分。

GB/T 17693.1　外语地名汉字译写导则　英语

3　术语和定义

GB/T 17693.1 确定的以及下列术语和定义适用于本部分。

3.1

地名　geographical names

人们对各个地理实体赋予的专有名称。

3.2

地名专名　specific terms

地名中用来区分各个地理实体的词。

3.3

地名通名　generic terms

地名中用来区分地理实体类别的词。

3.4

专名化的通名　generic terms used as specific terms

转化为专名组成部分的通名。

3.5

地名的汉字译写　transformation of geographical names from foreign languages into Chinese

用汉字书写其他语言的地名。

4　总则

4.1　地名专名音译。

4.2　地名通名意译。

4.3　惯用汉字译名和以常用人名命名的地名仍旧沿用,其派生的地名同名同译。

4.4　地名译写应采用该国的国家标准和官方最新出版的地图、地名录、地名词典、地名志等文献中的标准地名。

4.5　译写西班牙语地名使用的汉字以西(班牙)汉音译表为准(见表 1)。

表 1　西(班牙)汉音译表

辅音字母			B(v)(词首或m,n后)	p	d	t/th	g	gu	gü	gh	qu	c	v(b)(词尾或词中)	f	s z	ch	j	m	n	ñ	l	ll	r	Y ll
国际音标			b	p	d	t				g			v	f	θs	t	x	m	n		l	ʎ	r	j
元音字母	国际音标	汉字	布	普	德	特	格			格		克	夫(弗)	夫(弗)	斯	奇	赫	姆	恩	尼	尔	利	尔	伊
a	a	阿	巴	帕	达	塔	加	瓜		加	夸	卡	瓦	法	萨	查	哈	马(玛)	纳(娜)	尼亚	拉	利亚	拉	亚(娅)
e/ei(ey)	eɛ/ei	埃	贝	佩	德/代(黛)	特/泰	赫/黑	格/盖	圭	格/盖	克/凯	塞	韦	费	塞	切	赫/黑	梅	内	涅	莱	列	雷(蕾)	耶
i y	i	伊	比	皮	迪	蒂	希	吉	圭	吉	基	西(锡)	维	菲	西(锡)	奇	希	米	尼(妮)	尼(妮)	利(莉)	利(莉)	里(丽)	伊
o/ou	o/ou	奥/欧	博	波	多	托	戈			戈		科	沃	福	索	乔	霍	莫	诺	尼奥	洛	略	罗	约
u	u	乌	布	普	杜	图	古			古		库	武	富	苏	丘	胡	穆	努	纽	卢	柳	鲁	尤
ai ay ae	ai	艾	拜	派	代(黛)	泰	盖	瓜伊		盖		凯	瓦伊	法伊	赛	柴	海(亥)	迈	奈		莱	利艾	赖	
an	an	安	班	潘	丹	坦	甘	关		甘	宽	坎	万	凡	桑	钱	汉	曼	南(楠)	尼扬	兰	良	兰	扬
au ao	au	奥	包	保	道	陶	高			高		考	沃	福	绍	乔	豪	毛	瑙	尼奥	劳	廖	劳	尧
en ein	enein	恩	本	彭	登	滕	亨	根		根	肯	森	文	芬	森	琴	亨	门	嫩		伦	连	伦	延
ia	ja	亚	比亚	皮亚	迪亚	蒂亚	希亚	吉亚		贾		西亚	维亚	菲亚	西亚	恰	希亚	米亚	尼亚		利亚	利亚	里亚	
ie	je	耶	别	彼	迭	铁	谢				基耶	谢	维耶	菲耶	谢	切	谢	米耶	涅	涅	列	列	列	耶
ien	jen	延	比恩	皮恩	迪恩	蒂恩	希恩					先	维恩	菲恩	先	钱	希恩	缅	年	年	连	连	连	延
in yn	in	因	宾	平	丁	廷	欣	金		金	金	辛	温	芬	辛	钦	欣	明	宁	宁	林(琳)	林(琳)	林(琳)	因

表 1（续）

辅音字母			B(v)（词首或m，n后）	p	d	t/th	g	gu	gü	gh	qu	c	v(b)（词尾或词中）	f	s z	ch	j	m	n	ñ	l	ll	r	Y ll
国际音标			b	p	d	t				g			v	f	θs	t	x	m	n		l	ʎ	r	j
元音字母	国际音标	汉字	布	普	德	特	格			格		克	夫（弗）	夫（弗）	斯	奇	赫	姆	恩	尼	尔	利	尔	伊
ion	joun	永	比翁	皮翁	迪翁	蒂翁	希翁					西翁	维翁	菲翁	西翁	琼	希翁	米翁	尼翁		利翁	利翁	里翁	
iu	ju	尤	比乌	皮乌	迪乌	蒂乌	休					休	维乌	菲乌	休	丘	休	谬	纽	纽	柳	柳	留	
on oun	onoun	翁	邦	蓬	东（栋）	通	贡			贡	孔	孔	翁	丰	松	琼	洪	蒙	农		隆		龙	永
ua	ua	瓦	布阿	普阿	杜阿	图阿	瓜					夸	瓦	富阿	苏阿	丘阿	华	穆阿	努阿		卢阿	柳阿	鲁阿	
uan	uan	万	班	潘	端	图安	关					宽	万	富安	苏安	丘安	胡安	曼	努安		卢安		鲁安	元
ueueiuey	ueuei	韦	布埃	普埃	杜埃	图埃						库埃	武埃	富埃	苏埃	丘埃	胡埃	穆埃	努埃	纽埃	卢埃	柳埃	鲁埃	
ui uy	ui	维	布伊	普伊	杜伊	图伊						奎	维	菲	绥	崔	惠	穆伊	努伊		卢伊	柳伊	鲁伊	
un/uen	un/wen	温	本	蓬	敦	通	贡			贡		昆	文	丰	孙	春	洪	蒙/门	嫩		伦		伦	云
uo	wou	沃	博	波	多	托	果			果		阔	沃	福	索	乔	霍	莫	诺	尼奥	洛	略	罗	约

注 1：汉字读音以普通话读音为准。

注 2：汉字书写以国家语言文字工作委员会公布的简化汉字为准。

注 3：辅音竖行与元音横行交叉点上的汉字即为该辅音与元音拼读的意译汉字。元音自成音节时，用元音零行汉字译写；而 n 以外的辅音单独发音时，用辅音零行汉字译写。

注 4：汉字译名若产生望文生义现象时，应用该音节的同音异字译写，如“东”、“南”、“西”出现在地名开头时，用“栋”、“楠”、“锡”译写；“海”出现在地名结尾时，用“亥”译写。

注 5：“娅”、“玛”、“娜”、“莉”、“丽”、“琳”、“妮”、“蕾”、“黛”等汉字用于以女性人名命名的地名。

注 6：“弗”用以译名的词首；“夫”用以译名的词中和词尾。

注 7：“oa”、“oe”、“io”、“aí”、“ei”、“iú”、“ui”分别按两个元音译写。

注 8：“uai”按“u”加“ai”译写，“ain”及其组合按“ai”横行汉字加“恩”译写，“ian”及其组合按“i”横行汉字加“安”译写。

5 细则

5.1 地名专名的汉字译写(示例见表2)

5.1.1 专名(含专名化的通名)一般音译。

5.1.2 专名中的冠词音译;地理实体名称中专名的冠词省译。

5.1.3 专名中的介词短语。

5.1.3.1 介词短语一般音译,音译过长在介词前加连接号"-"。

5.1.3.2 介词短语用以说明该地名的地理位置时意译。

5.1.4 专名中的连词

5.1.4.1 连词 y 用"和"意译。

5.1.4.2 连词 o 或 u 后面的地名的译写用圆括号括注。

5.1.5 明显反应地理实体特征的专名,一般意译。

5.1.6 以人名命名的专名(见附录 A)

5.1.6.1 以人名命名的专名,名、姓各部分之间加间隔号"·";单字母缩写省译。

5.1.6.2 以冠有衔称的人名命名的专名,衔称意译。

5.1.6.3 有双重衔称的地名,音译人名居于意译两衔称之间。

5.1.7 具有一定意义或音译过长的专名一般意译。

5.1.8 以数词或日期命名的专名意译。

5.1.9 对专名起修饰作用的词(如表示大小、方位、新旧等)意译;常用词汇的译写(见附录 B)。

5.1.10 对行政区域名称和自然地理实体通名(省、地区、岛、礁、角等)起修饰作用的方位词意译。

5.1.11 由单音节构成的专名,汉字译写时加相应的通名。

5.1.12 由两个以上的词组成的地名,其音译译名超过八个字时,各词间加连接号"-"。

表2 地名专名译写示例表

序号	西班牙语	汉语
5.1.1	Córdoba	科尔多瓦
	Granada	格拉纳达
	Río Grande	里奥格兰德
	Monte Alegre	蒙特阿莱格雷
5.1.2	El Dorado	埃尔多拉多
	La Paz	拉巴斯
	Los Naranjos	洛斯纳兰霍斯
	Embalse de la Breña	布雷尼亚水库
	Sierra de las Cabras	卡夫拉斯山
	Cabo de los Aguillones	阿吉略内斯角
5.1.3.1	Almadén de la Plata	阿尔马登-德拉普拉塔
	Benalúa de las Villas	贝纳卢阿-德拉斯比利亚斯
	El Barranco de los Lobos	埃尔巴兰科-德洛斯洛沃斯
	Santiago de Compostela	圣地亚哥-德孔波斯特拉
5.1.3.2	Aranda de Duero	杜罗河畔阿兰达
	Ametlla de Mar	滨海阿梅特利亚

表 2（续）

序　　号	西班牙语	汉　　语
5.1.3.2	San Carlos de Río Negro	内格罗河畔圣卡洛斯
	Zahara de la Sierra	山麓萨阿拉
	San Esteban del Valle	谷地圣埃斯特万
5.1.4.1	Comunidad Autónoma Castilla y Léon	卡斯蒂利亚和莱昂自治区
	Canal de Aragón y Cataluña	阿拉贡和加泰罗尼亚运河
	Archipiélago de San Andrés y Providencia	圣安德烈斯和普罗维登西亚群岛
5.1.4.2	Cerro San Clemente o San Valentín	圣克莱门特山(圣巴伦廷山)
5.1.5	Islas de Barlovento	向风群岛
	Islas de Sotavento	背风群岛
5.1.5	Costa Darada	金色海岸
5.1.6.1	Fortín Carlos Antonio Lopéz	卡洛斯・安东尼奥・洛佩斯堡
	Ciudad Miguel Alemán	米格尔・阿莱曼城
5.1.6.2	Lago Presidente Rios	里奥斯总统湖
	General San Martín	圣马丁将军镇
5.1.6.3	Libertador General San Martín	解放者圣马丁将军镇
5.1.7	Bahía de Independencia	独立湾
	Jardines de la Reina	女王花园群岛
	Isla Grande de Tierra del Fuego	火地岛
5.1.8	El Cincuenta y Ocho	五十八镇
	Treinta y Tres	三十三人城
	Puerto Dos de Mayo	5 月 2 日港
5.1.9	Sierra Madre Oriental	东马德雷山脉
	Sierra Madre Occidental	西马德雷山脉
	Algameca Grande	大阿尔加梅卡
	Algameca Chica	小阿尔加梅卡
	Castilla la Nueva	新卡斯蒂利亚
	Castilla la Vieja	旧卡斯蒂利亚
5.1.10	Cayo del Norte	北岛
	Punta del Este	东角
	Canal Oeste	西海峡
5.1.11.1	Cha	查村
	Sa	萨镇
5.1.12	Guadalupe Victoria	瓜达卢佩-维多利亚
	San Cristóbal Acasaguastlán	圣克里斯托瓦尔-阿卡萨瓜斯特兰

5.2 地名通名的汉字译写(见附录B,示例见表3)

5.2.1 通名一般意译。

5.2.2 当通名一词多义时,应视其所指的地理实体类别意译。

5.2.3 仅有专名的自然地理实体名称,汉字译写时加相应的通名。

表3 地名通名译写示例表

序号	西班牙语	汉语
5.2.1	Río Magdalena	马格达莱纳河
	Sierra de Guadarrama	瓜达拉马山
5.2.2	Puerto de Pajares	帕哈雷斯山口
	Puerto de Santiago	圣地亚哥港
5.2.3	Chimborazo	钦博拉索山

5.3 部分字母译写规定(示例见表4)

5.3.1 辅音字母ll的汉字译写。

5.3.1.1 以人名命名的地名按表1"利"行汉字译写。

5.3.1.2 辅音字母ll在西班牙王国地名中发[λ],按表1"利"行汉字译写。

5.3.2 辅音字母m在b和p前按表1"恩"行汉字译写。

5.3.3 双字母cc在a、o、u前按表1"克"译写;在e、i前按表1"克"加"斯"行汉字译写。

5.3.4 双辅音字母ss和sc(和e、i相拼时)按表1"斯"行汉字译写。

5.3.5 辅音字母x在辅音前按表1"斯"行汉字译写;在两个元音之间和词尾按"克"加"斯"行汉字译写。

5.3.6 辅音字母h系无声字母,不译写。

表4 部分字母译写示例表

序号	西班牙语	汉语
5.3.1.1	Trujullo	特鲁希略
	Pedro Juan Caballero	佩德罗·胡安·卡瓦列罗
5.3.1.2	Castilla	卡斯蒂利亚(西班牙)
	Castilla	卡斯蒂亚(拉丁美洲)
5.3.2	Cambre	坎布雷
	Pampa	潘帕
5.3.3	Occopata	奥科帕塔
	Occitania	奥克西塔尼亚
5.3.4	Passim	帕西姆
	Oscilación	奥西拉西翁
5.3.5	Extremadura	埃斯特雷马杜拉
	Loxicha	洛克西查
5.3.6	Huelva	韦尔瓦
	Hidalgo	伊达尔戈

附 录 A
（规范性附录）
西班牙语地名中常用人名译写表

表 A.1 西班牙语地名中常用姓名译写表

西班牙语	译 名	西班牙语	译 名
Agustín	阿古斯丁	Isabel	伊莎贝尔
Alberto	阿尔韦托	Jiménez	希门尼斯
Alejandro	亚历杭德罗	Joaquín	华金
Alfonso	阿方索	Jorge	豪尔赫
Ana	安娜	José	何塞
Andrés	安德烈斯	Juan	胡安
Antón	安东	Juana	胡安娜
Antonio	安东尼奥	Juanito	华尼托
Asunción	亚松森	Léon	莱昂
Bolivar	玻利瓦尔	Luis	路易斯
Carlos	卡洛斯	Magdalena	玛格达莱娜
Catalina	卡塔利娜	Manuel	曼努埃尔
Catarina	卡塔里娜	Margarita	玛加丽塔
Cecilia	塞西利娅	María	玛丽亚
Cervantes	塞万提斯	Mariana	玛丽亚娜
Cid	熙德	Marina	马丽娜
Colón	科隆	Marta	玛尔塔
Concepción	康塞普西翁	Martín	马丁
Constancia	康斯坦西亚	Nicolás	尼古拉斯
Cristóbal	克里斯托瓦尔	O'Higgins	奥伊金斯
Domingo	多明各	Pablo	巴勃罗
Don	唐	Quixote	吉诃德
Don Quixote	唐吉诃德	Rafael	拉斐尔
Doña	唐娜	Rita	丽塔
Eduardo	爱德华多	Rosa	罗莎
Elena	埃莱娜	Rosalía	罗萨莉娅
Eugenio	欧亨尼奥	Sánchez	桑切斯
Eulalía	欧拉利娅	Santiago	圣地亚哥
Fernando	费尔南多	Silva	席尔瓦
Francisco	弗朗西斯科	Sofía	索菲亚
Franco	佛朗哥	Teresa	特雷莎
Gómez	戈麦斯	Vicente	维森特
Gonzalez	冈萨雷斯	Victoria	维多利亚

附 录 B
（规范性附录）
西班牙语地名常用通名和常用词汇译写表

表 B.1 西班牙语地名常用通名和常用词汇译写表

西班牙语	意 译	西班牙语	意 译
abajo	下	arriba	上
abra	小港湾、山口	arroyo	溪、干谷
acequia	水渠	arsenal	军械库、造船厂
acueducto	高架渠、渡槽	arzobispo	大主教
aduar	村(美洲印第安部落居住)	austral	南的
aeródromo	机场	avenida	大街
aeropuerto	机场	bahía	湾
afluente	支流	bajo，baja	下、浅滩、礁
agua	水、泉、井、池	balneario	浴场、疗养地、矿泉
alberca	池、沼泽、水库	balsa	池、湖、水库
albufera	潟湖、沼泽	bañado	沼泽
alcalá	城堡、要塞	banco	浅滩、沙洲
alcazaba	军事要塞	baños	浴场、矿泉
alcázar	城堡、王宫	barranca，barranco	陡崖、峡谷
aldea	村	barrio	(城市的)区
aldeanueva	新村	boca	河口、湾、海峡
aldehuela	小村	boreal	北的
aljibe	水库	bosque	森林
almirante	海军上将	brazo	支流、河、汊道
altiplanicie	高原	caballero	骑士
altiplano	台地	cabeza	峰、山、角
alto(s)	高地、丘陵、山、峰	cabildo	市政厅
altura(s)	山、高地、丘陵	cabo	角
ancón	小港湾	cachuela	急流
angla	角	cala	小海湾
anse	湾	caldera	火山口
archipiélago	群岛	caleta	湾
arco	拱门	calle	街道
arenas	沙滩、海滩	callejón	巷、胡同
arenal	沙滩、海滩	camino	道路
arrecife(s)	礁、群礁	Campo(s)	平原、田园、场地

表 B.1（续）

西班牙语	意　译	西班牙语	意　译
cañadón	峡谷、沟谷	cuesta	山坡、坡道、单面山
canal	运河、渠、水道、海峡	cueva(s)	洞穴
capital	首都、首府	cumbre(s)	山峰
capitán	上尉、船长	dehesa	牧场
carretera	公路	delta	三角洲
casa	家、房子、住宅、府	departamento	州(一级或二级行政区划名称)
cascada(s)	瀑布	depresión	洼地
castillo	城堡	desfiladero	山口
catarata(s)	瀑布	desierto	沙漠、荒漠
cayo(s)	岛、礁、群岛、群礁	dique	坝、池
cerro	山、山脊	distrito	区(行政区划名称)
chico	小的	embalse	水库
chorrera	急流、瀑布	embarcadero	码头、月台
chorro(s)	急流、泉	ensenada	海湾
ciénaga	沼泽	entrada	湾、入口
cima	峰、山	estación	车站
circo	冰斗	estanca	水库、湖
ciudad	城市	estancia	庄园
ciudadela	城堡	estanque	湖、潟湖
cocha	湖	este	东
colina(s)	丘陵	estero	溪、海峡、湾、潟湖、湖
collada, collado	山口、峡谷	estrecho	海峡
colonia	移民	faldas	丘陵
comandante	少校、指挥官、司令	farallón	礁、岩
concha	小海湾	faro	灯塔
cordillera	山系、山脉	fortaleza	城堡、要塞
cordón	山	fortín	城堡
coronel	上校	frontera	边境
corriente	急流、水流	fuente	泉
costa	海岸	fuerte	城堡
cráter	火山口	garganta	峡
cruz	十字架	general	将军
cuchilla	丘陵、山	glaciar	冰川
cuenca	谷地、盆地	gogernador	省长、总督
cuerda	分水岭、山脊	golfo	湾

表 B.1（续）

西班牙语	意　译	西班牙语	意　译
grande	大	océano	洋
hacienda	庄园	oeste	西
hondo, honda	深的	ojo(s)	泉
ibón	冰斗湖	oriental	东的
iglesia	教堂	palacio	宫、府
isla(s)	岛；群岛	pampa	草原
isleta(s)	岛；群岛	pamtano	湖、水库
islote(s)	岩、岛；群岩、群岛	páramo(s)	高原
istmo	地峡	parque	公园
jardín	花园	pasaje	海峡、地下通道
lago	湖	paso	山口、海峡
laguna	潟湖	peña(s)	岩、山、峰
Llano(s)	平原	península	半岛
Llanura(s)	平原	peñón	岩、山
manantial	泉	picacho	山、峰
mar	海、洋、湖	pico	峰、山
mariscal	元帅	piedra	岩
mayor	大、少校	pinar	松林
menor	小	plana(s)	平原、高地、台地
mesa	方山	planicie	平原
meseta	台地、高原	playa	海滩
monasterio	修道院	plaza	广场、大厦
montaña	山地、山区	portilla, portillo	山口
monte	山	pozo	井、泉、水坑
monumento	纪念碑	presa	水库、湖
morro(s)	陡崖、岩	provincia	省（一级、二级行政区划名称）
municipio	市	Puebla, pueblo	村
museo	博物馆	puerta	门
navajo	池	puerto	港、湾、山口
negro	黑色的	puna	高原
nevado, nevada	雪山、山	punta	角
norte	北	puntilla	角
nuevo, nueva	新的	quebrada	溪、峡
occidental	西的	rambla	大道
occidente	西	rancho	牧场